U0792234

全国水利水电高职教研会规划推荐教材　高职高专土建类专业系列教材

土木工程施工技术

（第二版）

主　编　钟汉华　黄泽钧　沈维明
副主编　付　平　高秀清　刘军号
主　审　张亚庆　鲁立中

中国水利水电出版社
www.waterpub.com.cn

内 容 提 要

本书按照高等职业教育土建施工类专业的教学要求，以国家现行建设工程标准、规范和规程为依据，根据编者多年工作经验和教学实践，在第一版教材的基础上修改、补充编纂而成。本书对土木工程施工工序、工艺、质量标准等做了详细的阐述，坚持以就业为导向，突出实用性、实践性；吸取了建筑施工的新技术、新工艺、新方法，内容的深度和难度按照高等职业教育的特点，重点讲授理论知识在工程实践中的应用，培养高职学生的实践能力；内容通俗易懂，叙述规范、简练，图文并茂。全书共分 13 个单元，包括爆破工程施工、土方工程施工、地基与基础工程施工、砌筑工程施工、钢筋混凝土结构工程施工、钢结构工程施工、防水工程施工、装饰工程施工、桥梁工程施工、道路工程施工、地下工程施工、供排水管网施工、水利水电工程施工等。

本书具有较强的针对性、实用性和通用性，既可作为高等职业院校工程监理、工程测量技术、工程造价等专业的教学用书，也可供建设单位经济管理工作者、建筑安装施工企业工程技术人员学习参考。

图书在版编目（CIP）数据

土木工程施工技术 / 钟汉华，黄泽钧，沈维明主编. -- 2版. -- 北京 : 中国水利水电出版社，2016.1(2023.7重印)

全国水利水电高职教研会规划推荐教材 高职高专土建类专业系列教材

ISBN 978-7-5170-4065-1

Ⅰ. ①土… Ⅱ. ①钟… ②黄… ③沈… Ⅲ. ①土木工程－工程施工－高等职业教育－教材 Ⅳ. ①TU7

中国版本图书馆CIP数据核字(2016)第022706号

书　　名	全国水利水电高职教研会规划推荐教材 高职高专土建类专业系列教材 **土木工程施工技术（第二版）**
作　　者	主　编　钟汉华　黄泽钧　沈维明 副主编　付　平　高秀清　刘军号 主　审　张亚庆　鲁立中
出版发行	中国水利水电出版社 （北京市海淀区玉渊潭南路 1 号 D 座　100038） 网址：www.waterpub.com.cn E-mail：sales@mwr.gov.cn 电话：(010) 68545888（营销中心）
经　　售	北京科水图书销售有限公司 电话：(010) 68545874、63202643 全国各地新华书店和相关出版物销售网点
排　　版	中国水利水电出版社微机排版中心
印　　刷	北京市密东印刷有限公司
规　　格	184mm×260mm　16 开本　25.25 印张　630 千字
版　　次	2008 年 7 月第 1 版　2008 年 7 月第 1 次印刷 2016 年 1 月第 2 版　2023 年 7 月第 3 次印刷
印　　数	4001—5500 册
定　　价	**69.00** 元

第二版前言

本书根据《国务院关于大力发展职业教育的决定》《教育部关于加强高职高专教育人才培养工作的意见》和《面向21世纪教育振兴行动计划》等文件及党的二十大精神要求、高等职业教育土建类各专业人才培养目标，遵循高等职业院校学生的认知规律，以专业知识和职业技能、自主学习能力及综合素质培养为课程目标，紧密结合职业资格证书中相关考核要求，在第一版使用的基础上确定本书的内容。本书按照爆破工程施工、土方工程施工、地基与基础工程施工、砌筑工程施工、钢筋混凝土工程施工、钢结构工程施工、防水工程施工、装饰工程施工、桥梁工程施工、道路工程施工、地下工程施工、管道工程施工、水利水电工程施工等进行内容安排。

土木工程施工技术是一门实践性很强的课程。为此，本书始终坚持“素质为本、能力为主、需要为准、够用为度”的原则进行编写。本书对爆破工程、土方工程、地基与基础工程、砌筑工程、钢筋混凝土结构工程、钢结构工程、防水工程、装饰工程、桥梁工程、道路工程、地下工程、供排水管网、水利水电工程等土木工程施工做了详细阐述。本书结合我国土木工程施工的实际精选内容，力求理论联系实际，注重实践能力的培养，突出针对性和实用性，以满足学生学习的需要。同时，本书还在一定程度上反映了国内外土木工程施工的先进经验和技术成就。本次再版，是在前教材的基础上，通过收集前版教材使用者的意见而修订和提升的，并依据最新施工规范要求对全书进行了修订，删除了工程上现已淘汰的施工工艺和材料，增加了近年来出现的新技术、新设备，并邀请企业专家参与。本书建议安排60～80学时进行教学。

本书由钟汉华、黄泽钧、沈维明任主编，付平、高秀清、刘军号任副主编，武汉市城建工程有限公司张亚庆、湖北卓越工程监理有限责任公司鲁立中任主审。具体编写人员及分工如下：湖北水利水电职业技术学院钟汉华编写单元1，黄泽钧编写单元2，杨如华编写单元10，余丹丹编写单元11，郑玲编写单元12，冷涛编写单元13；北京市昌平区农村工作委员会沈维明编写单元3；新疆新华布尔津河乔巴特水利水电开发有限公司付平编写单元4；北京农业职业学院高秀清编写单元5；安徽水利水电职业技术学院刘军号编写单元6；湖北孝天水利水电建设有限公司汪红英编写单元7、湖北省监利市洪湖围堤管理段唐三平编写单元8，湖北润琪建设工程有限公司胡婵娟编写单元9，湖北凯耀宏建设工程有限公司关先娥编写单元 10，湖北弘禹工程管理有限公司陈卫军编写单元 12，湖北禹昌建筑工程有限公司彭峰编写单元 13。

在本书编写过程中，湖北水利水电职业技术学院薛艳、余燕君、金芳、李翠华、张少坤、刘宏敏、欧阳钦、曲炳良等老师做了一些辅助性工作，在此对他们的辛勤工作表示感谢。

本书参考和引用了有关专业文献和资料，未在书中一一注明出处，在此对有关文献的作者表示感谢。由于编者水平有限，加之时间仓促，难免存在错误和不足之处，诚恳地希望读者与同行批评指正。

编者

2023 年 6 月

第一版前言

本教材是根据教育部《关于加强高职高专人才培养工作意见》和《面向21世纪教育振兴行动计划》等文件精神，根据土木工程类专业指导性教学计划及教学大纲组织编写的。

本教材内容包括土建工程常见工种施工工艺及各类建筑物施工技术两大部分。在编写过程中，主要体现高等职业技术教育教学特点，并结合我国土木工程施工的实际精选内容，以贯彻理论联系实际，注重实践能力的整体要求，突出针对性和实用性，便于学生学习。同时，还适当照顾了不同地区的特点和要求，力求反映国内外土木工程施工的先进经验和技术成就。

参加本教材编写的有中国水利水电第七工程局朱力（第1章）、湖北水利水电职业技术学院钟汉华（第5章）、董伟（第3章）、余丹丹（第10章）、徐燕丽（第11章）、徐宏广（第12章）、罗岚（第13章），山东水利职业学院刘宁（第7章、第9章）、刘昌礼（第8章），福建水利电力职业技术学院颜志敏（第6章），襄樊市住宅经营公司余辉（第2章），湖北水总水利水电建设股份有限公司聂红峡（第4章）。全书由钟汉华、刘宁任主编，颜志敏、王启亮任副主编，湖北卓越工程建设监理公司鲁立中主审。

本教材大量引用了有关专业文献和资料，未在书中一一注明出处，在此对有关文献的作者表示感谢。由于编者水平有限，加之时间仓促，难免存在错误和不足之处，诚恳地希望读者批评指正。

编者

2008年5月

目录

单元1 爆破工程施工

教学目标：了解爆破的概念、分类方法，掌握装药量的计算方法；了解常用炸药、起爆器材的类型、适用场合，掌握正确选用炸药、起爆器材的方法；了解常用的起爆型式，熟悉常用的起爆方法；了解常用的爆破方法，能根据有关条件选用施工方案；掌握爆破施工各工序的要求、操作方法；了解预裂爆破、光面爆破、微差控制爆破等方法的适用场合。

课题1.1 爆破的基本知识

1.1.1 爆破的概念

爆破是炸药爆炸作用于周围介质的结果。埋在介质内的炸药引爆后，在极短的时间内，由固态转变为气态，体积增加数百倍至数千倍，伴随产生极大的压力和冲击力，同时还产生很高的温度，使周围介质受到各种不同程度的破坏，称为爆破。

爆破的常用术语如下。

1. 爆破作用圈

当具有一定质量的球形药包在无限均质介质内部爆炸时，在爆炸作用下，距离药包中心不同区域的介质，由于受到的作用力有所不同，因而产生不同程度的破坏或振动现象。整个被影响的范围称为爆破作用圈。这种现象随着与药包中心间的距离增大而逐渐消失，按对介质作用不同可分为四个作用圈。

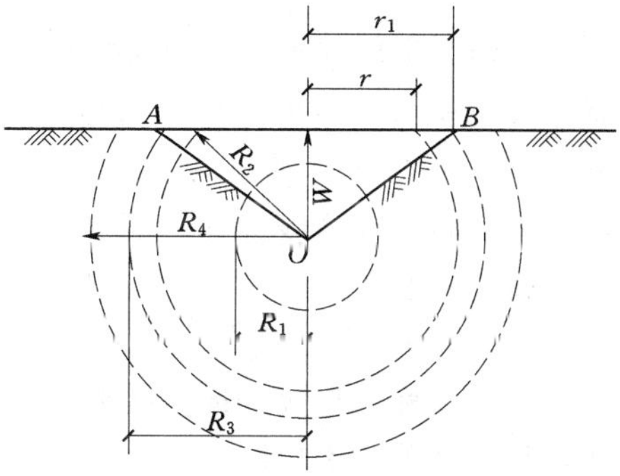

图1.1 爆破影响范围示意图

（1）压缩圈。图1.1中R_1表示压缩圈半径，在这个作用圈范围内，介质直接承受了药包爆炸而产生的极其巨大的作用力，因而如果介质是可塑性的土壤，便会遭到压缩形成孔腔；如果是坚硬的脆性岩石便会被粉碎。所以把R_1这个球形地带称为压缩圈或破碎圈。

（2）抛掷圈。图1.1围绕在压缩圈范围以外至R_2的地带，其受到的爆破作用力虽较压缩圈范围内小，但介质原有的结构受到破坏，分裂成为各种尺寸和形状的碎块，而且爆破作用力尚有余力足以使这些碎块获得能量。如果这个地带的某一部分处在临空的自由面条件下，破坏了的介质碎块便会产生抛掷现象，因而称为抛掷圈。

（3）松动圈。松动圈又称破坏圈。图1.1中在抛掷圈以外至R_3的地带，爆破的作用力更弱，除了能使介质结构受到不同程度的破坏外，没有余力可以使破坏了的碎块产生抛掷运动，因而称为破坏圈。工程上为了实用起见，一般还把这个地带被破碎成为独立碎块的一部分称为松动圈，而把只是形成裂缝、互相间仍然连成整块的一部分称为裂缝圈或破裂圈。

（4）震动圈。在破坏圈范围以外，微弱的爆破作用力甚至不能使介质产生破坏。这时介质只能在应力波的作用下，产生振动现象，这就是图1.1中 R_4 所包括的地带，通常称为震动圈。震动圈以外爆破作用的能量就完全消失了。

2. 爆破漏斗

在有限介质中爆破，当药包埋设较浅，爆破后将形成以药包中心为顶点的倒圆锥形爆破坑，称为爆破漏斗。爆破漏斗的形状多种多样，随着岩土性质、炸药的品种性能和药包大小及药包埋置深度等不同而变化。

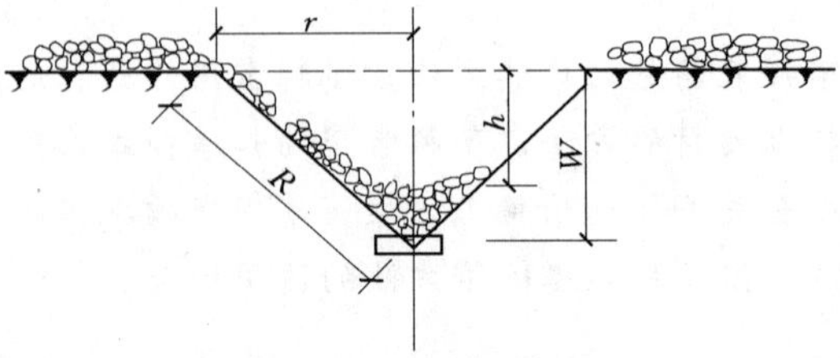

图1.2 爆破漏斗

r—爆破漏斗半径；R—爆破作用半径；W—最小抵抗线；h—漏斗可见深度

3. 最小抵抗线

由药包中心至自由面的最短距离称为最小抵抗线，如图1.2中的 W 所示。

4. 爆破漏斗半径

爆破漏斗半径即在介质自由面上的爆破漏斗半径，如图1.2中的 r 所示。若 $r=W$，则 r 为标准抛掷漏斗半径。

5. 爆破作用指数

爆破作用指数指爆破漏斗半径 r 与最小抵抗线 W 的比值。即

$$n=\frac{r}{W} \tag{1.1}$$

爆破作用指数的大小可判断爆破作用性质及岩石抛掷的远近程度，也是计算药包量、决定漏斗大小和药包距离的重要参数。一般用 n 来区分不同爆破漏斗，划分不同爆破类型：当 $n=1$ 时，称为标准抛掷爆破漏斗；当 $n>1$ 时，称为加强抛掷爆破漏斗；当 $0.75<n<1$ 时，称为减弱抛掷爆破漏斗；当 $0.33<n\leqslant 0.75$ 时，称为松动爆破漏斗；当 $n\leqslant 0.33$ 时，称为裸露爆破漏斗。

6. 自由面

自由面又称临空面，指被爆破介质与空气或水的接触面。同等条件下，临空面越多炸药用量越小，爆破效果越好。

7. 单位耗药量

单位耗药量指爆破单位体积岩石的炸药消耗量。

1.1.2 药包及其装药量计算

为了爆破某一物体而在其中放置一定数量的炸药，称为药包。药包的分类及使用可见表1.1、图1.3。

表1.1 药包的分类及使用

分类名称	药包形状	作用效果
集中药包	长边小于短边4倍	爆破效率高，省炸药和减少钻孔工作量，但破碎岩石块度不够均匀。多用于抛掷爆破
延长药包	长边大于短边4倍。延长药包又有连续药包和间隔药包两种形式	可均匀分布炸药，破碎岩石块度较均匀。一般用于松动爆破

爆破工程中的炸药用量计算，是一个十分复杂的问题，影响因素较多。实践证明，炸药的用量是与被破碎的介质体积成正比的。而被破碎的单位体积介质的炸药用量，其最基本的

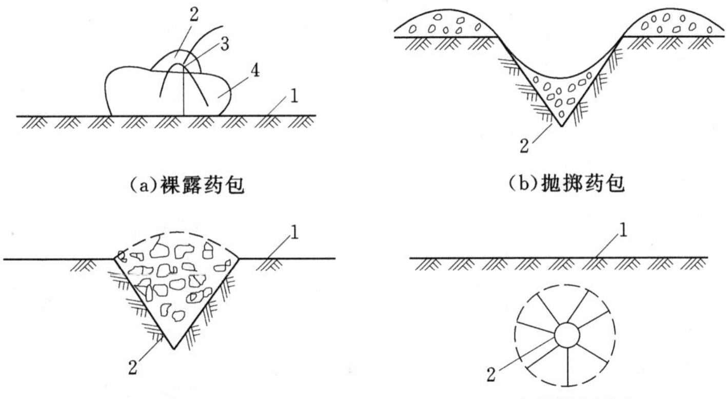

(a)裸露药包　(b)抛掷药包

(c)松动药包　(d)内部作用药包

图 1.3　爆破作用分类

1—临空面；2—药包；3—覆盖物（砂或黏土）；4—被爆破的物体

影响因素又与介质的硬度有关。目前，由于还不能较精确地计算出各种复杂情况下的相应用药量，所以一般都是根据现场试验方法，大致得出爆破单位体积介质所需的用药量，然后再按照爆破漏斗体积计算出每个药包的装药量。

药包药量的基本计算公式是

$$Q=KV \tag{1.2}$$

其中

$$V=\frac{\pi}{3}W^3\approx W^3$$

式中　K——爆破单位体积岩石的耗药量，简称单位耗药量，kg/m^3（需要注意的是，单位耗药量 K 值的确定，应考虑多方面的因素，经综合分析后定出，常见岩土的标准单位耗药量见表 1.2）；

V——标准抛掷漏斗内的岩石体积，m^3。

故标准抛掷爆破药包药量计算公式（1.2）可以写为：

$$Q=KW^3 \tag{1.3}$$

对于加强抛掷爆破

$$Q=(0.4+0.6n^3)KW^3 \tag{1.4}$$

对于减弱抛掷爆破

$$Q=\left(\frac{4+3n}{7}\right)^3KW^3 \tag{1.5}$$

对于松动爆破

$$Q=0.33KW^3 \tag{1.6}$$

式中　Q——药包重量，kg；

W——最小抵抗线，m；

n——爆破作用指数。

表 1.2　　单位耗药量 K 值　　单位：kg/m^3

岩石种类	K	岩石种类	K
黏土	1.0～1.1	砾岩	1.4～1.8
坚实黏土、黄土	1.1～1.25	片麻岩	1.4～1.8
泥灰岩	1.2～1.4	花岗岩	1.4～2.0
页岩、板岩、凝灰岩	1.2～1.5	石英砂岩	1.5～1.8
石灰岩	1.2～1.7	闪长岩	1.5～2.1
石英斑岩	1.3～1.4	辉长岩	1.6～1.9
砂岩	1.3～1.6	安山岩、玄武岩	1.6～2.1
流纹岩	1.4～1.6	辉绿岩	1.7～1.9
白云岩	1.4～1.7	石英岩	1.7～2.0

1.1.3 爆破的分类

爆破可按爆破规模、凿岩情况、要求等不同进行分类。

(1) 按爆破规模分，爆破可分为小爆破、中爆破、大爆破。

(2) 按凿岩情况分，爆破可分为浅孔爆破、深孔爆破、药壶爆破、洞室爆破、二次爆破。

(3) 按爆破要求分。爆破可分为松动爆破、减弱抛掷爆破、标准抛掷爆破、加强抛掷爆破及定向爆破、光面爆破、预裂爆破、特殊物爆破（冻土、冰块等）。

课题 1.2　爆破材料及起爆方法

1.2.1 爆破材料

1.2.1.1 炸药

1. 炸药的基本性能

(1) 爆力。爆力是指炸药在介质内部爆炸时对其周围介质产生的整体压缩、破坏和抛移能力。它的大小与炸药爆炸时释放出的能量大小成正比，炸药的爆热越高，生成气体量越多，爆力也就越大。测定炸药爆力的方法常用铅铸扩孔法和爆破漏斗法。

(2) 猛度。炸药的猛度是指炸药在爆炸瞬间对与药包相邻的介质所产生的局部压缩、粉碎和击穿能力。炸药爆速越高，密度越大，其猛度越大。测量炸药猛度的方法是铅柱压缩法。

(3) 爆速。爆速是指爆炸时爆炸波沿炸药内部传播的速度。爆速测定方法有导爆索法、电测法和高速摄影法。

(4) 殉爆。炸药爆炸时引起与它不相接触的邻近炸药爆炸的现象称为殉爆。殉爆反映了炸药对冲击波的感度。主发药包的爆炸引爆被发药包爆炸的最大距离称为殉爆距离。影响殉爆的因素有装药密度、药量和直径、药卷约束条件和药卷放置方向等。

(5) 感度。炸药在外能作用下起爆的难易程度称为该炸药的感度。不同的炸药在同一外能作用下起爆的难易程度是不同的，起爆某炸药所需的外能小，则该炸药的感度高；起爆某炸药所需的外能高，则该炸药的感度低。炸药的感度对于炸药的制造加工、运输、储存、使用的安全十分重要。感度过高的炸药容易发生爆炸事故，而感度过低的炸药又给起爆带来困难。工业上大量使用的炸药一般对热能、撞击和摩擦作用的感度都较低，通常要靠起爆能来起爆。根据起爆能的不同，炸药的感度可分为热感度、撞击感度、摩擦感度和爆炸冲能感度。

(6) 炸药的安定性。炸药的安定性指炸药在长期储存中，保持原有物理化学性质的能力。有物理安定性与化学安定性之分。物理安定性主要是指炸药的吸湿性、挥发性、可塑性、机械强度、结块、老化、冻结、收缩等一系列物理性质。物理安定性的大小，取决于炸药的物理性质。如在保管使用硝化甘油类炸药时，由于炸药易挥发收缩、渗油、老化和冻结等导致炸药变质，严重影响保管和使用的安全性及爆炸性能。铵油炸药和矿岩石硝铵炸药易吸湿、结块，导致炸药变质严重，影响使用效果。炸药化学安定性的大小，取决于炸药的化学性质及常温下化学分解速度的大小，特别是取决于储存温度的高低。有的炸药要求储存条件较高，如 5 号浆状炸药要求不会导致硝酸铵重结晶的库房温度是 20～30℃，而且要求通风良好。

(7) 氧平衡。氧平衡是指炸药在爆炸分解时的氧化情况。如果炸药中的氧恰好等于其中可燃物完全氧化所需的氧量，即产生二氧化碳和水，没有剩余的氧成为零氧平衡；若含氧量不足，可燃物不能完全氧化且产生一氧化碳，此时称为负氧平衡；若含氧量过多，将炸药所放出的氮也氧化成有害气体一氧化氮称为正氧平衡。

2. 工程炸药的种类、品种及性能

(1) 炸药的分类。按其作用特点和应用范围，一般工程爆破使用的炸药可分为三种类型，见表 1.3。

表 1.3　　工程爆破常用炸药分类

分类	特点	品种	应用范围
起爆药	感度高、加热、摩擦或撞击易引起爆炸	主要有二硝基重氮酚、雷汞、迭氮化铅等	用于制作起爆器材，如火雷管、电雷管
猛炸药（单质猛炸药和混合猛炸药）	爆炸威力大，破碎岩石效果好；同起爆药相比，猛炸药感度较低，使用时需用起爆药起爆	单质猛炸药有梯恩梯、黑索金、泰安、硝化甘油等，混合猛炸药有硝铵炸药、浆状炸药、水胶炸药、乳胶炸药、高威力炸药等	混合猛炸药是工业爆破工程中用量最大、最基本的一类炸药；单质猛炸药是制造某种混合猛炸药的主要成分；黑索紧、泰安又常用作导爆索的药芯，黑索金也常用作雷管副起爆药
发射药	对火焰的感度极高，余火能迅速燃烧，在密闭条件下可转为爆炸	常用黑火药	用作导火索的药芯

(2) 常用炸药的性能。常用的炸药主要有梯恩梯、硝铵类炸药、胶质炸药、黑火药等，其主要性能和用途见表 1.4。

表 1.4　　常用炸药主要性能及用途表

名称	主要性能及特性	用途
梯恩梯（TNT、三硝基甲苯）	淡黄色或黄褐色，味苦，有毒，爆烟也有毒。安定性好，对冲击和摩擦的敏感性不大。块状时不易受潮，威力大	1. 作雷管副起爆药； 2. 适于露天及水下爆破，不宜用于通风不良的隧洞爆破和地下爆破

续表

名称	主要性能及特性	用途
硝铵类炸药	硝铵类炸药是以硝酸铵为主要成分的混合炸药，常用的有铵梯炸药（又分露天铵梯炸药、岩石铵梯炸药、煤矿安全铵梯炸药）、浆状炸药、水胶炸药、乳化炸药等。炸药有毒，但爆烟毒气少，对热和机械作用敏感度不大，撞击摩擦不爆炸，不易点燃。易受潮，受潮后威力降低或不爆炸，长期存放易结块，雷管插入药包不得超过一昼夜	应用较广，适于一般岩石爆破，也可用于地下工程爆破
黑色火药	由硝石（75%）、硫黄（15%）、木炭（10%）混合而成。带深蓝黑色，颗粒坚硬明亮，对摩擦、火花、撞击均较敏感，爆速低，威力小，易受潮，但制作简便，起爆容易（不用雷管）	常用于小型工程中的小型岩石爆破，不能用于水下工程
胶质炸药（硝化甘油）	由硝化棉吸收硝化甘油而制成，为淡黄色半透明体的胶状物，不溶于水，可在水中爆炸，威力大，敏感度高，有毒性。受撞击摩擦或折断药包均可引起爆炸，可点燃	主要用于水下爆破

1.2.1.2 起爆器材

起爆器材包括雷管、导电线、导爆索和导爆管等。

1. 雷管

雷管是用来起爆炸药或传爆线（导爆索）的。现一般采用电雷管。电雷管按起爆时间不同可分为：

（1）瞬发电雷管。通电后瞬即爆炸的电雷管，由火雷管和发火元件组成。当接通电源后，电流通过桥丝发热，使引火药头发火，导致整个雷管爆轰。瞬发电雷管是瞬发火引爆的雷管，实际上它是由火雷管和1个发火元件组成，其结构如图1.4（a）所示。电引火元件结构如图1.5所示。当接通电源后，电流通过桥丝发热，使引火药头发火，导致整个雷管爆轰。

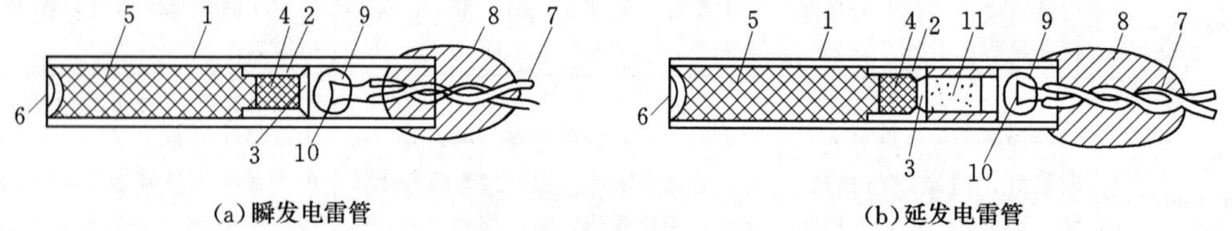

图1.4 电雷管结构图

1—管壳；2—加强帽；3—帽孔；4—正起爆药；5—副起爆药；6—聚能窝槽；7—脚线；8—绝缘涂胶；9—球形发火剂；10—电阻丝；11—缓燃剂

（2）秒延发电雷管。通电后能延迟一秒的时间才起爆的电雷管。秒延发电雷管和瞬发电雷管的区别，仅在于引火头与正起爆炸药之间安置了缓燃物质。通常是用一小段精制的导火索作为延发物，其结构如图1.4（b）所示。秒延发电雷管的结构如图1.6所示。该类雷管主要用于隧道掘进、采石、土方开挖等爆破作业中，在有瓦斯和煤尘爆炸危险的工作面不准使用延期电雷管。

（3）毫秒电雷管。它的构造与秒延期电雷管的差异仅在于延期药不同。毫秒电雷管的延期药是极用易燃的硅铁和铅丹混合而成，再加入适量的硫化锑以调整药剂的燃烧程度，使延发时间准确。它的段数很多，工程常用20段系列的毫秒电雷管。

（4）数码雷管又称电子雷管、数码电子雷管，即采用电子控制模块对起爆过程进行控制的电雷管。其中电子控制模块是指置于数码电子雷管内部，具备雷管起爆延期时间控制、起爆能量控制功能，内置雷管身份信息码和起爆密码，能对自身功能、性能以及雷管点火元件的电性能进行测试，并能和起爆控制器及其他外部控制设备进行通信的专用电路模块。电子雷管起爆系统由雷管、编码器和起爆器三部分组成。

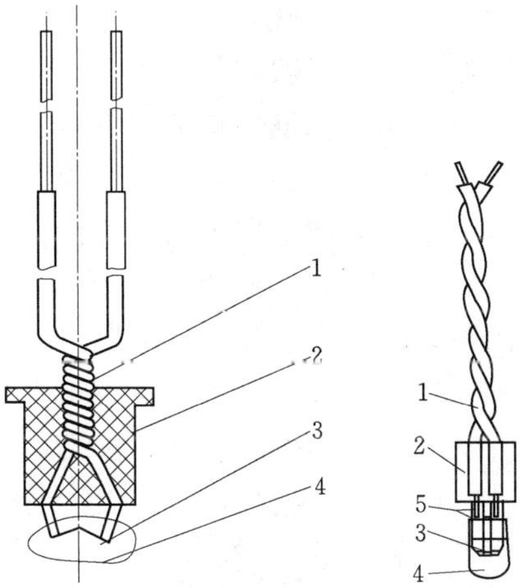

（a）弹性结构　　（b）刚性结构

图 1.5　电引火元件结构示意图

1—脚线；2—塑料塞；3—桥丝；

4—引火药；5—金属脚

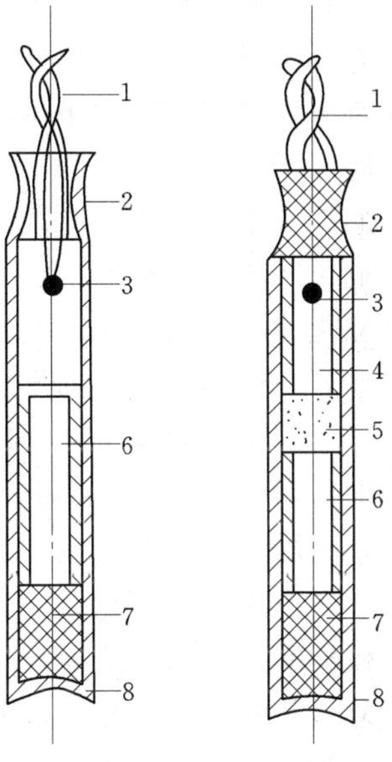

（a）　（b）

图 1.6　普通延期电雷管结构

1—脚线；2—塑料管；3—点火头；

4—延期管；5—延期药；6—起爆元件；

7—黑索金；8—管壳

2. 导电线

导电线是超爆电雷管的配套材料。

3. 导爆索

导爆索用强度大、爆速高的烈性黑索金作为药芯，以棉线、纸条为包缠物，并涂以防潮剂，表面涂以红色。索头涂以防潮剂。

导爆索不受电的干扰，使用安全，起爆准确可靠，并能同时起爆多个炮孔，同步性好，故在控制爆破中应用广泛；施工装药比较安全，网络敷设简单可靠；可在水孔或高温炮孔中使用。

4. 导爆管

导爆管是一种半透明的具有一定强度、韧性、耐温、不透水的塑料管起爆材料。在塑料软管内壁涂薄薄一层胶状高性能混合炸药（主要为黑索金或奥克托金），装药量为（16±1.6）g/m。

具有抗火、抗电、抗冲击、抗水以及导爆安全等特性。

导爆管主要用于无瓦斯、矿尘的露天、井下、深水、杂散电流大和一次起爆多数炮孔的微差爆破作业中，或上述条件下的瞬发爆破或秒延期爆破。

1.2.2 起爆方法

按雷管的起爆方法不同，常用的起爆方法可分为电力起爆法、非电力起爆法和无线起爆法三类。非电力起爆法又包括导爆索起爆法和导爆管起爆法。

1. 电力起爆法

电力起爆法就是利用电能引爆电雷管进而起爆炸药的起爆方法，它所需的起爆器材有电雷管、导线和起爆源等。本法可以同时起爆多个药包，可间隔延期起爆，安全可靠。但是操作较复杂，准备工作量大，需较多电线，需一定的检查仪表和电源设备。电力起爆法适用于大中型重要的爆破工程。

电力起爆网络主要由电源、电线、电雷管等组成。

(1) 起爆电源。电力起爆的电源，可用普通照明电源或动力电源，最好是使用专线。当缺乏电源而爆破规模又较小和起爆的雷管数量不多时，也可用干电池或蓄电池组合使用。另外还可以使用电容式起爆电源，即发爆器起爆。国产的发爆器有 10 发、30 发、50 发和 100 发几种型号，最大一次可起爆 100 个以内串联的电雷管，十分方便。但因其电流很小，故不能起爆并联雷管。常用的形式有 DF-100 型、FR81-25 型、FR81-50 型。

(2) 导线。电爆网络中的导线一般采用绝缘良好的铜线和铝线。在大型电爆网络中的常用导线按其位置和作用划分为端线、连接线、区域线和主线。端线用来加长电雷管脚线，使之能引出孔口或洞室之外。端线通常采用断面为 0.2～0.4mm^2 的铜芯塑料皮软线。连接线是用来连接相邻炮孔或药室的导线，通常采用断面为 1～4mm^2 的铜芯或铝芯线。主线是连接区域城与电源的导线，常用断面为 16～150mm^2 的铜芯或铝芯线。

(3) 电雷管的主要参数。电雷管主要参数有最高安全电流、最低准爆电流、电雷管电阻。

1) 最高安全电流。给电雷管通以恒定的直流电，在较长时间（5min）内不致使受发电雷管引火头发火的最大电流，称为电雷管最高安全电流。按规定，国产电雷管通 50mA 的电流，持续 5min 不爆的为合格产品；测量电雷管电爆网络的爆破仪表，其输出工作电流不得大于 30mA。

2) 最低准爆电流。给电雷管通一恒定的直流电。保证在 1min 内能使任何一发电雷管都能起爆的最小电流，称为最低准爆电流。国产电雷管的准爆电流不大于 0.7A。

3) 电雷管电阻：电雷管电阻是指桥丝电阻与脚线电阻之和，又称电雷管安全电阻。电雷管在使用前应测定每个电雷管的电阻值，在同一爆破网络中使用的电雷管应为同厂同型号产品。康铜桥丝雷管的电阻值差不得超过 0.3Ω；镍铬桥丝雷管的电阻值差不得超过 0.8Ω。电雷管的电阻值是进行电爆网络计算不可缺少的参数。

(4) 电爆网络的连接方式。当有多个药包联合起爆时，电爆网络的连接可以采用串联、并联、串并联、并串联等方式（图 1.7、图 1.8）。

1) 串联法。串联法是将电雷管的脚线一个接一个地连在一起，并将两端的两根脚线接至主线，并通向电源。该法线路简单，计算和检查线路较易，导线消耗较小，需准爆电流小，可用放炮器、干电池、蓄电池做起爆电源。但整个起爆电路可靠性差，如一个雷管发生故障，或敏感度有差别时，易发生拒爆现象。适用于爆破数量不多、炮孔分散、电源电流不大的小规模爆破。

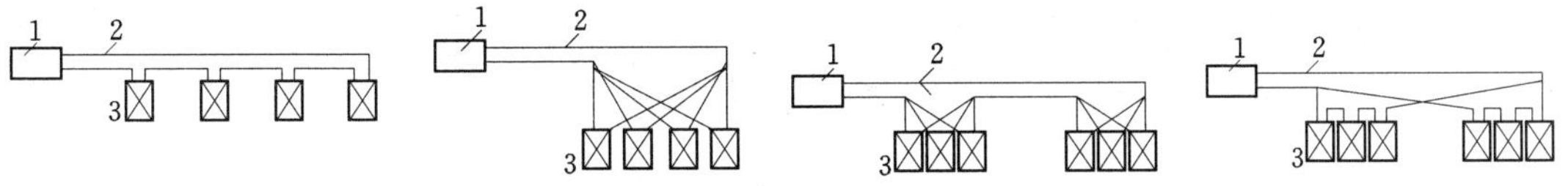

图 1.7 电爆网络连接法

1—电源；2—输电线；3—药包

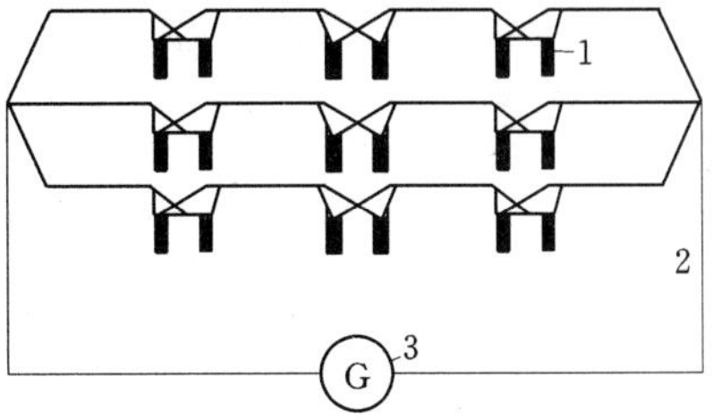

图 1.8 并串并联电爆网络

1—雷管；2—主线；3—电源

2）并连法。并联法是将所有电雷管的两根脚线分别接在两根主线上，或将所有雷管的其中一根脚线集合在一起，然后接在一根主线上，把另一根脚线也集合在一起，接在另一根主线上。其特点是：各个雷管的电流互不干扰，不易发生拒爆现象，当一个电雷管有故障时，不影响整个网络起爆。但导线电流消耗大，需较大截面主线；连接较复杂，检查不便；若分支电阻相差较大，可能产生不同时爆炸或拒爆。适用于炮孔集中、电源容量较大及起爆小量雷管时使用。

3）串并联法。串并联法是将所有雷管分成几组，同一组的电雷管串联在一起，然后组与组之间再并联在一起。这种方法需要的电流容量比并联小，同组中的电流互不干扰；药室中使用成对的电雷管，可增加起爆的可靠性。但线路计算和敷设复杂，导线消耗量大。该法适用于每次爆破的炮孔、药包组很多，且距离较远或全部并联电流不足的场合。

4）并串联法。并串联法是将所有雷管分成几组，同一组的电雷管并联在一起。其特点是：可采用较小的电容量和较低的电压，可靠性比串联强。但线路计算和敷设较复杂，有一个雷管拒爆时，将切断一个分组的线路。该法各分支线路电阻应注意平衡或基本接近。这种方法适用于一次起爆多个药包，且药室距离很长，或每个药室设两个以上的电雷管，而又要求进行迟发起爆的场合。

2. 非电力起爆法

(1) 导爆索起爆法。导爆索起爆法是用导爆索爆炸产生的能量直接引爆药包的起爆方法。这种起爆方法所用的起爆器材有雷管、导爆索、继爆管等。

导爆索起爆法的优点是导爆速度高，可同时起爆多个药包，准爆性好；连接形式简单，无复杂的操作技术；在药包中不需要放雷管，故装药、堵塞时都比较安全。缺点是成本高，不能用仪表来检查爆破线路的好坏。

导爆索的搭接方法和接长方法如图 1.9 所示。

导爆索的网络布置形式有以下两种：

1）开口网络（又称分段并联网络）。开口网络如图 1.10 所示，由一根主干索、若干根并联的支干索以及各深孔中的引爆索组成，整个网络是开口的，为了安全，只允许在起爆前将雷管或药包绑结在导爆索上。

2）环形网络（又称双向并联）。环形网络如图 1.11 所示，各个深孔或药室中的引爆索可以接受从两个方向传来的爆轰波，起爆更加可靠，但导爆索消耗增大。主干索、支干索和引爆索常采用图 1.12 的三角形连接法。

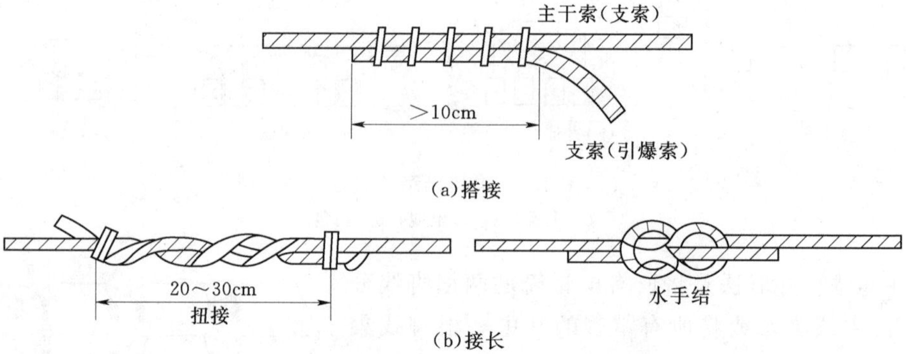

图 1.9 导爆索的搭接方法接和接长方法

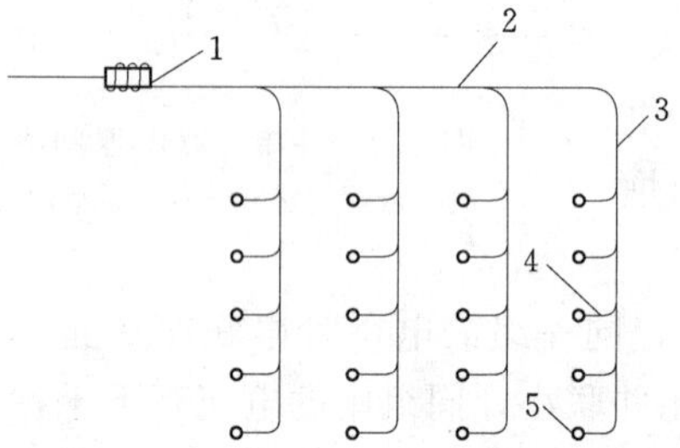

图 1.10 开口网络
1—火线雷管；2—主干索；3—支干索；
4—引爆索；5—炮孔

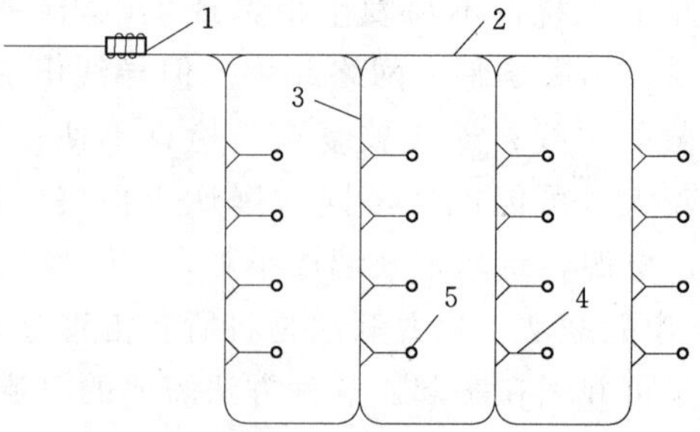

图 1.11 环形网络
1—起爆雷管；2—主干索；3—支干索；
4—引爆索；5—炮孔

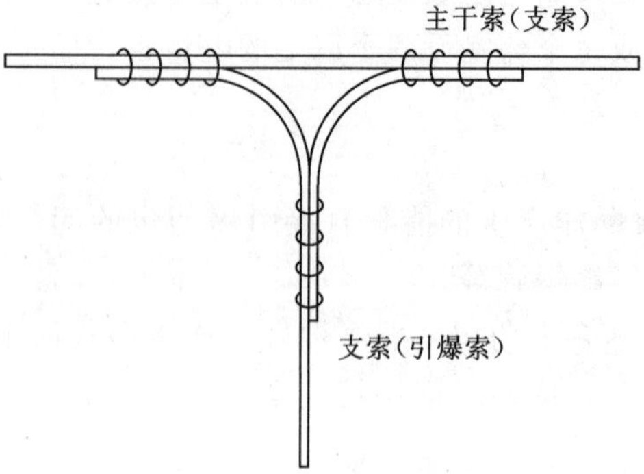

图 1.12 三角形连接法

导爆索起爆法适用于深孔爆破、洞室爆破和光面预裂爆破。导爆索起爆法操作技术简单，与用电雷管起爆方法相比，准备工作量少。安全性较高，一般不受外来电的影响，除非雷电直接击中导爆索。导爆索的爆速较高，有利于提高被起爆炸药传爆的稳定性。可以使成组炮孔或药室同时起爆，而且同时起爆的炮孔数不受限制。但导爆索成本较高，用这种起爆方法的费用几乎比其他起爆方法高1倍以上；在起爆以前，不能用仪表检查起爆网络的质量；难以实现多段微差起爆；在露天爆破时，噪声、空气冲击波较大；不宜在城市拆除爆破中使用。

(2) 导爆管起爆法。导爆管起爆法是利用塑料导爆管来传递冲击波引爆雷管，然后使药包爆炸的一种新式起爆方法。导爆管起爆网络通常由激发元件、传爆元件、起爆元件和连接元件组成。这种方法导爆速度高，可同时起爆多个药包；作业简单、安全；抗杂散电流，起爆可靠。但导爆管连接系统和网络设计较为复杂。适用于露天、井下、深水、杂散电流大和一次起爆多个药包的微差爆破作业中进行瞬发或秒延期爆破。

导爆管起爆系统由三部分组成：击发元件、传爆元件（或称连接元件）和末端工作元件，如图 1.13 所示。击发元件的作用是击发导爆管；传爆元件使爆轰波连续传递下去，它由导爆管和连接元件组成；工作元件由引入炮孔或药室中的导爆管和它末端组装的雷管（即发的或延发的）组成，作用是直接引爆炮孔或药室中的工业炸药。

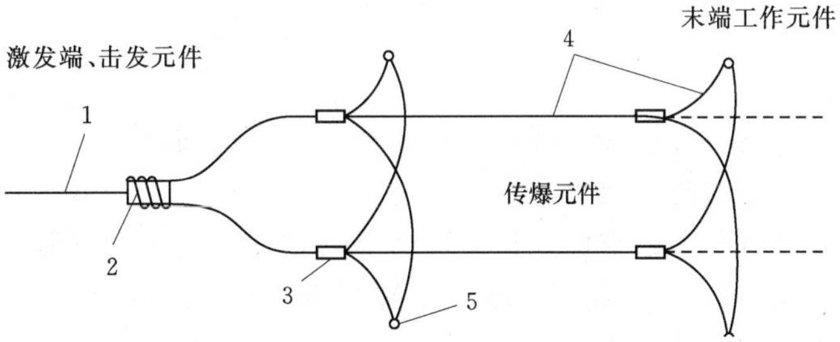

图 1.13　导爆管起爆复式系统的组成

1—导火索；2—8 号雷管；3—连通管；4—导爆管；5—炮孔

导爆管起爆法布设简便，用很少几个段别的延时起爆非电雷管组成微差起爆网络，实现大区域石方控制爆破。在串联和并联基础上的混合联法，如并并联（图 1.14）、并串并联（图 1.15）等。

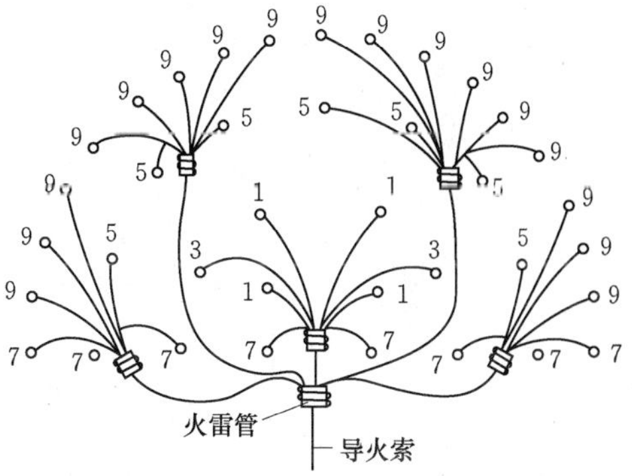

图 1.14　弧形导坑光面爆破并并联网络

（图中数字表示雷管段别）

导爆管可用雷管、击发枪和导爆索等起爆。单发雷管理论上可引爆 50 根以上的导爆管，但为了保证引爆的可靠性，一般不宜超过 20 根，并且导爆管应均匀分布在雷管周围绑扎紧，雷管的聚能穴方向应与导爆管的传爆方向相反，如图 1.16 所示。

用导爆索起爆导爆管时，将导爆管收成一束（每束 10～20 根）紧紧绑扎在导爆索上，绑扎段长度不小于 0.1m，相邻两束之间的距离应大于 0.5m，并使导爆管与导爆索传爆方向的夹角为 25°～80°。

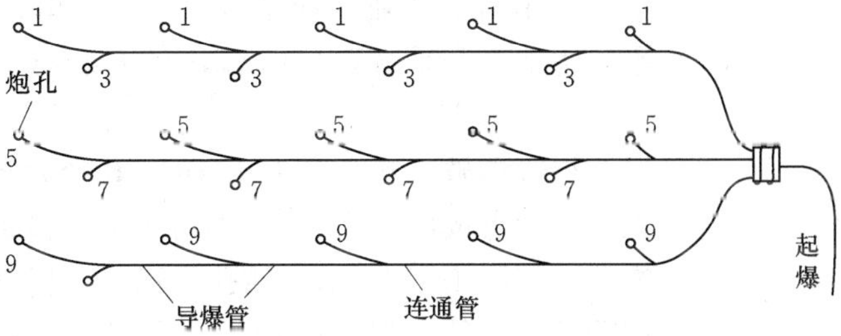

图 1.15　并串并联网络（图中数字表示雷管段别）

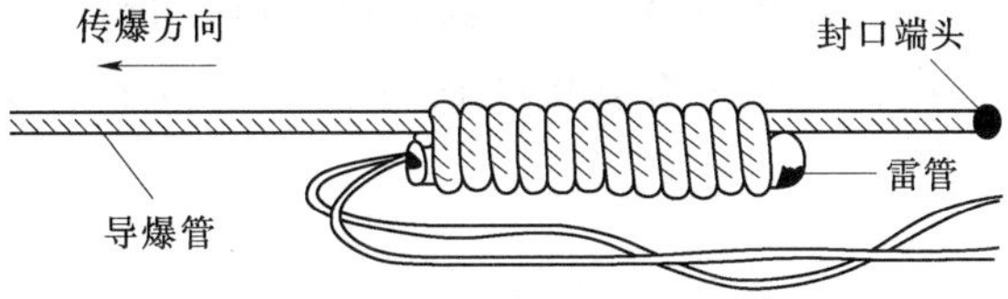

图 1.16　击发雷管与导爆管间的连接

课题1.3 爆 破 施 工

1.3.1 爆破的基本方法

1. 台阶爆破

台阶爆破一般采用浅孔爆破法。浅孔爆破法系在岩石上钻直径25～50mm、深0.5～5m的圆柱形炮孔，装延长药包进行爆破（图1.17）。炮孔直径通常用35mm、42mm、45mm、50mm几种。为使爆破有较多临空面，常按阶梯形爆破使炮孔方向尽量与临空面平行成30°～45°角。炮孔布置一般为交错梅花形，依次逐排起爆，炮孔排距$b=(0.8\sim1.2)W$；同时起爆多个炮孔应采用电力起爆或导爆索起爆。

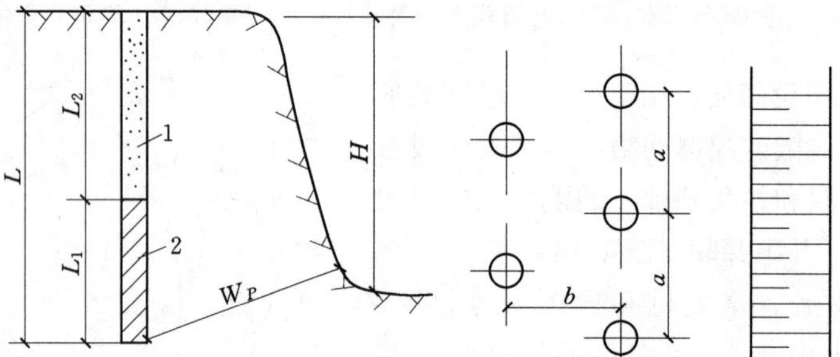

图1.17 浅孔法台阶开挖布置

1—堵塞物；2—药包

L_1—装药深度；L_2—堵塞深度；L—炮孔深度

台阶爆破不需复杂的钻孔设备；施工操作简单，容易掌握；炸药消耗量少，飞石距离较近，岩石破碎均匀，便于控制开挖面的形状和尺寸；可在各种复杂条件下施工，在爆破作业中被广泛采用。但爆破量较小，效率低，钻孔工作量大。适于在各种地形和施工现场比较狭窄的工作面上作业，如基坑、管沟、渠道、隧洞爆破或用于平整边坡、开采岩石、松动冻土以及改建工程拆除控制爆破。

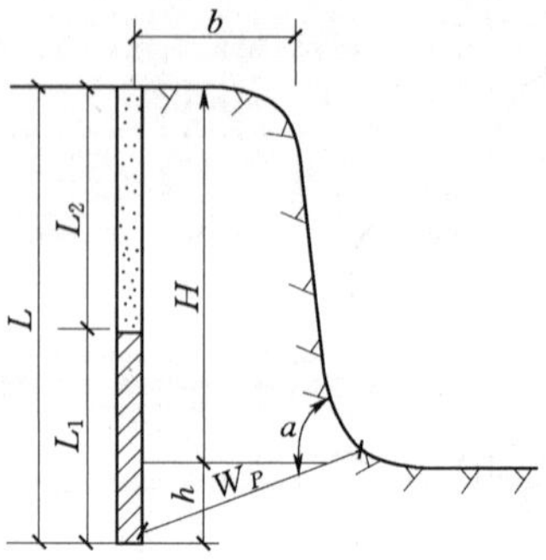

图1.18 深孔爆破法

2. 梯段爆破

梯段爆破一般孔深大于5m，孔径大于75mm。爆破前宜先将地面爆成倾角大于55°的阶梯形，做垂直、水平或倾斜的炮孔，如图1.18所示。钻孔用轻、中型露天潜孔钻，装药采用分段或连续。爆破时，边排先起爆，后排依次起爆。深孔爆破法单位岩石体积的钻孔量少，耗药量少，生产效率高；一次爆落石方量多，操作机械化，可减轻劳动强度。适用于料场、深基坑的松爆，场地整平以及高阶梯中型爆破各种岩石。

3. 预裂爆破

进行石方开挖时，在主爆区爆破之前沿设计轮廓线先爆出一条具有一定宽度的贯穿裂缝，以缓冲、反射开挖爆破的振动波，控制其对保留岩体的破坏影响，使之获得较平整的开挖轮廓，此种爆破技术为预裂爆破。在水利水电工程施工中，预裂爆破不仅在垂直、倾斜开挖壁面上得到广泛应用；在规则的曲面、扭曲面、以及水平建基面等也采用预裂爆破。

预裂爆破要求：

(1) 预裂缝要贯通且在地表有一定开裂宽度。对于中等坚硬岩石，缝宽不宜小于1.0cm；坚硬岩石缝宽应达到0.5cm左右；但在松软岩石上缝宽达到1.0cm以上时，减振作用并未显著提高，应多做些现场试验，以利总结经验，如图1.19所示。

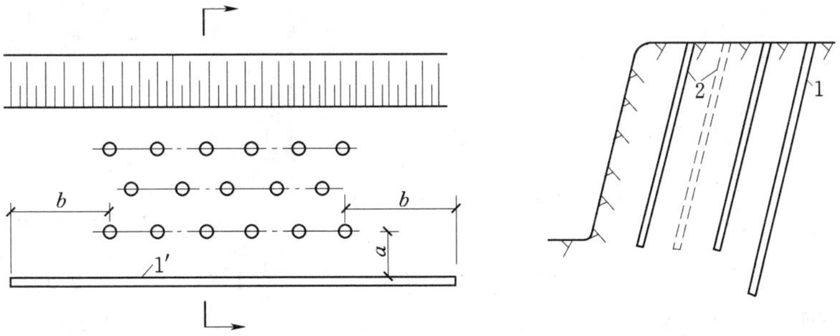

(a)平面图　　(b)剖面图

图1.19　预裂爆破布置图

(2) 预裂面开挖后的不平整度不宜大于15cm。预裂面不平整度通常是指预裂孔所形成之预裂面的凹凸程度，它是衡量钻孔和爆破参数合理性的重要指标，可依此验证、调整设计数据。

(3) 预裂面上的炮孔痕迹保留率应不低于80%，且炮孔附近岩石不出现严重的爆破裂隙。

预裂爆破主要技术措施如下：

(1) 炮孔直径一般为50～200mm，对深孔宜采围较大的孔径。

(2) 炮孔间距宜为孔径的8～12倍，坚硬岩石取小值。

(3) 不耦合系数（炮孔直径d与药卷直径d_0的比值）建议取2～4，坚硬岩石取小值。

(4) 线装药密度一般取250～400g/m。

(5) 药包结构形式，目前较多的是将药卷分散绑扎在传爆线上（图1.20）。分散药卷的相邻间距不宜大于50cm和不大于药卷的殉爆距离。考虑到孔底的夹制作用较大，底部药包应加强，约为线装药密度的2～5倍。

(6) 装药时距孔口1m左右的深度内不要装药，可用粗砂填塞，不必捣实。填塞段过短，容易形成漏斗，过长则不能出现裂缝。

4. 光面爆破

光面爆破也是控制开挖轮廓的爆破方法之一，如图1.21所示。它与预裂爆破的不同之处在于光爆孔的爆破是在开挖主爆孔的药包爆破之后进行。它可以使爆裂面光滑平顺，超欠挖均很少，能近似形成设计轮廓要求的爆破。光面爆破一般多用于地下工程的开挖，露天开挖工程中用得比较少，只是在一些有特殊要求或者条件有利的地方使用。

光面爆破的要领是孔径小、孔距密、装药少、同时爆。

光面爆破主要参数的确定：炮孔直径宜在50mm以下；最小抵抗线W通常采用1～3m，或用$W=(7\sim20)D$计算；炮孔间距$a=(0.6\sim0.8)W$；单孔装药量用线装药密度Q_x

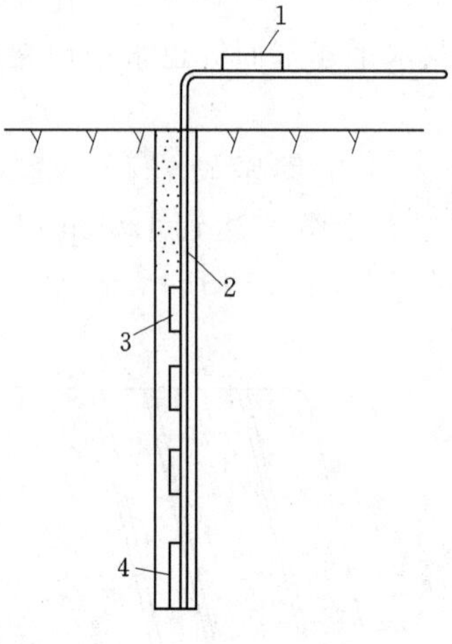

图 1.20　预裂爆破装药结构图

1—雷管；2—导爆索；3—药包；4—底部加强药包

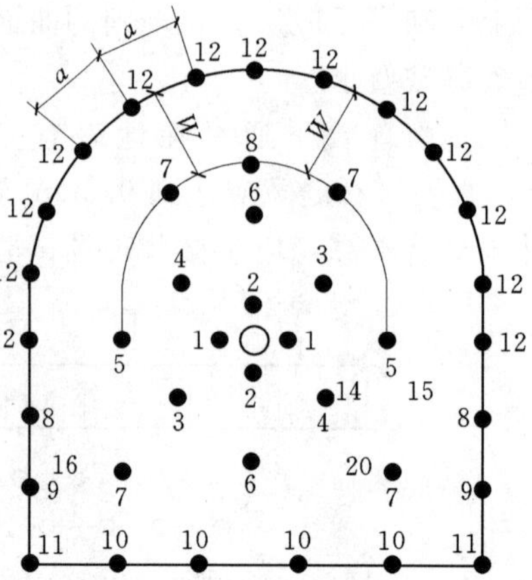

图 1.21　光面爆破洞挖布孔图

1～12—炮孔孔段编号；a—炮孔间距；W—最小抵抗线

表示，即

$$Q_x = k_a W$$

式中　D——炮孔直径，m；

k_a——单位耗药量，可查相关施工手册，kg/m^3。

1.3.2　爆破施工

水利工程施工中一般多采用炮眼法爆破。其施工程序大体为：炮孔位置选择、钻孔、制作起爆药包、装药与堵塞、起爆等。

1. 炮孔位置选择

选择炮孔位置时应注意以下几点：

（1）炮孔方向尽量不要与最小抵抗线方向重合，以免产生冲天炮。

（2）充分利用地形或利用其他方法增加爆破的临空面，提高爆破效果。

理与裂隙，且不要穿过较宽的裂缝以免漏气。

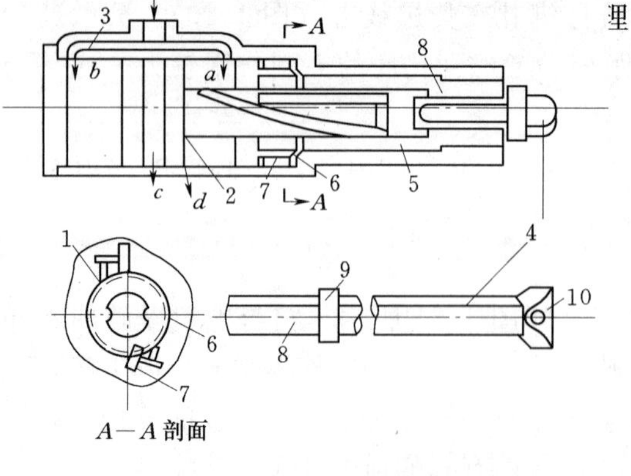

图 1.22　风动冲击凿岩机结构示意图

1—气缸；2—活塞；3—配气孔道；4—钎杆；5—转动套管；6—棘轮；7—棘爪；8—钎尾；9—凸环；10—钻头

2. 钻孔

（1）风钻打眼。风钻是风动冲击式凿岩机的简称，如图 1.22 所示。风钻按其应用条件及架持方法，可分为手持式、柱架式和伸缩式等。风钻用空心钻钎送入压缩空气将孔底凿碎的岩粉吹出，称为干钻；用压力水将岩粉冲出称为湿钻。国家规定地下作业必须使用湿钻以减少粉尘，保护工人身体健康。

（2）潜孔钻。潜孔钻是一种回转冲击式钻孔设备，如图 1.23 所示，其工作机构（冲击器）直接潜入炮孔内进行凿岩，故名潜孔钻。潜孔钻是先进的钻孔设备，它的工效高，构造简单，在大型水利工程中被广泛采用。

3. 制作起爆药包

（1）电雷管检查。对于电雷管应先作外观检查，把有擦痕、生锈、铜绿、裂隙或其他损坏的雷管剔除，再用爆破电桥或小型欧姆计进行电阻及稳定性检查。为了保证安全，测定电雷管的仪表输出电流不得超过 50mA。如发现有不导电的情况，应作为不良的电雷管处理。然后把电阻相同或电阻差不超过 0.25Ω 的电雷管放置在一起，以备装药时串联在一条起爆网络上。

（2）制作起爆药包。起爆药包只许在爆破工点于装药前制作该次所需的数量。不得先做成成品备用。制作好的起爆药包应妥善保管，不得震动，亦不得抽出雷管。

用电雷管起爆导爆索，由导爆索传爆并起爆药包，有三种方法：

（1）将导爆索直接绑扎在药包上［图 1.24（a）］，然后将它送入孔内。

（2）起爆散装炸药。将导爆索的一端系一块石头或药包［图 1.24（b）］，然后将它下放到孔内，接着将散装炸药倒入。

（3）当采用起爆药柱时，将导爆索的一端绑扎在起爆药柱露出的导爆索扣上。

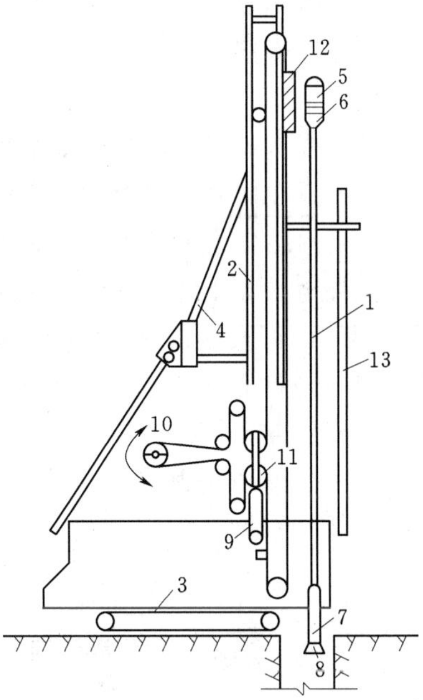

图 1.23 潜孔钻

1—钻杆；2—滑架；3—履带；4—拉杆和调斜度板；5—电动机；6—减速箱；7—冲击器；8—钻头；9—推压气缸；10—卷扬机；11—托架；12—滑板；13—副钻杆

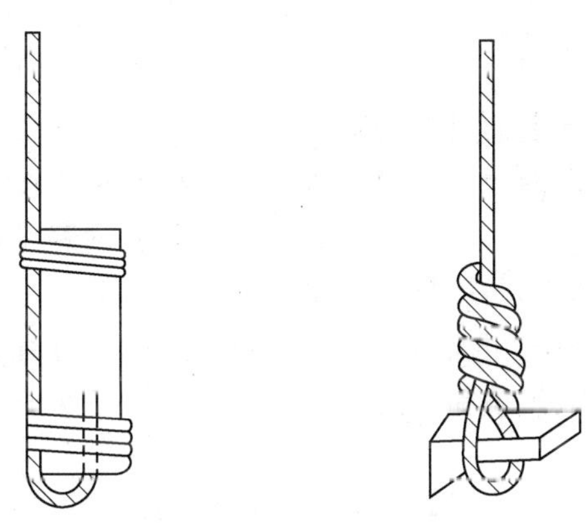

(a)将导爆索直接绑扎在药包上　　(b)将导爆索的一端系一块石头或药包

图 1.24 导爆索起爆药包

4. 装药、堵塞及起爆

（1）装药。在装药前首先了解炮孔的深度、间距、排距等，由此决定装药量。根据孔中是否有水决定药包的种类或炸药的种类。同时还要清除炮孔内的岩粉和水分。在干孔内可装散药或药卷。在装药前，先用硬纸或铁皮在炮孔底部架空，形成聚能药包。炸药要分层用木棍压实，雷管的聚能穴指向孔底，雷管装在炸药全长的中部偏上处。在有水炮孔中装吸湿炸药时，注意不要将防水包装捣破，以免炸药受潮而拒爆。当孔深较大时，药包要用绳子吊下，不允许直接向孔内抛投，以免发生爆炸危险。

（2）堵塞。装药后即进行堵塞。对堵塞材料的要求是：与炮孔壁摩擦作用大，材料本身能结成一个整体，充填时易于密实，不漏气。可用 1∶2 的黏土粗砂堵塞，堵塞物要分层用木棍压实。在堵塞过程中，要注意不要将导火线折断或破坏导线的绝缘层。

（3）网络敷设和连接。实施这项工作时应该十分认真仔细，要求网络敷设牢固、连接紧密、导电性能良好、绝缘可靠和符合设计要求。所有各类导线在连接之前必须短接（即短路），正式连接时将它打开，用砂纸或小刀擦净或刮掉线芯上的氧化物和油污。如果采用的是单股导线，则多采用直线型连接法，如图 1.25 所示。主线一般多采用多股芯线的胶皮线或电缆，连接时，先将导线的各股单线分别扳开成伞骨形，再将每根单线用砂纸或小刀擦净和刮光，然后参差地相向合并，用钳子将各根单线向合并的电线绕接，如图 1.26 所示。

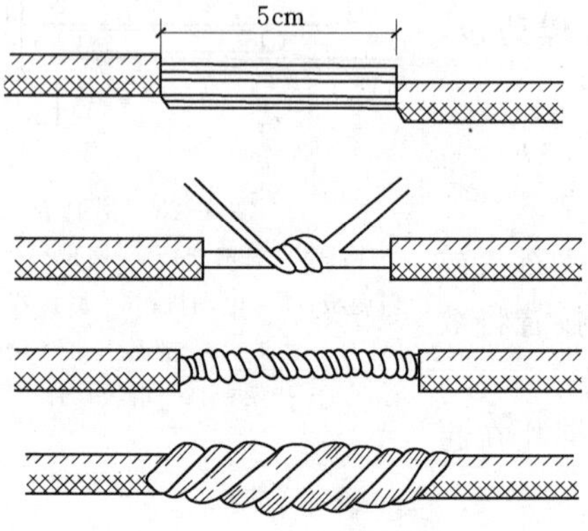

图 1.25　直线型连接法

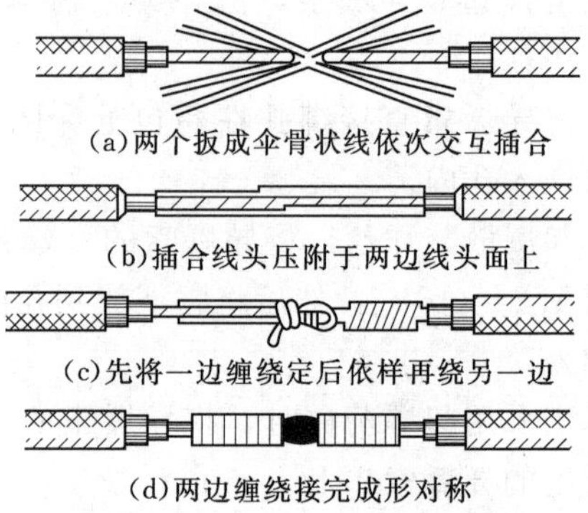

图 1.26　多股绞线连接法

（4）导通和通电起爆。导通的目的是用导通仪来检验网络敷设和连接的质量，以确保网络通电后能顺利地起爆。导通的原理是用导通仪测定整个网络或网络的某一局部的电阻值与设计计算的电阻值进行比较，如果两者相差太大，则证明网路中某部分发生了断路、短路、漏连和漏电等毛病，因此要对网路进行检查和修正。

用来测量电爆网络和电雷管电阻的导通仪必须是爆破专用的爆破线路电桥和爆破欧姆表，不能采用普通的电桥、欧姆表和万能表等。

单 元 小 结

本单元主要学习了爆破的概念与分类，爆破材料及起爆方法，爆破的基本方法、爆破施工过程。要求了解爆破的概念、分类方法，掌握装药量的计算方法；了解常用炸药、起爆器材的类型、适用场合，掌握正确选用炸药、起爆器材的方法；了解常用的起爆型式，熟悉常用的起爆方法；了解常用的爆破方法，能根据有关条件选用施工方案；掌握爆破施工各工序的要求、操作方法；了解预裂爆破、光面爆破、微差控制爆破等方法的适用场合。

拓 展 讨 论

党的二十大报告提出加快建设国家战略人才力量，努力培养造就更多大师、战略科学家、一流科技领军人才和创新团队、青年科技人才、卓越工程师、大国工匠、高技能人才。

请思考：你知道成语“班门弄斧”的故事吗？鲁班为什么会被尊为建筑工匠的祖师？

习 题

1. 什么叫爆破？
2. 什么叫爆破作用圈？
3. 爆破作用圈按对介质作用不同可分为几个作用圈？每个作用圈的含义如何？
4. 什么叫爆破漏斗？
5. 什么叫爆破作用指数？它有哪些作用？
6. 爆破炸药量的基本计算方法是如何确定的？
7. 爆破的分类有几种？
8. 药的基本性能有哪些？
9. 常用的炸药有哪些？
10. 起爆器材一般包括哪几部分？
11. 常用的起爆方法有哪些？各适用于哪些情况？
12. 爆破的基本方法有哪些？各适用于哪些情况？
13. 爆破施工的基本程序有哪些内容？
14. 选择炮孔位置时应注意哪些内容？
15. 什么叫控制爆破？土木工程中常用的控制爆破有哪几种？

单元2　土 方 工 程 施 工

教学目标：熟悉集水井降水法工艺要求，掌握轻型井点、降水井点布置、施工工艺；熟悉土壁塌方的原因、影响土方边坡的因素和土壁支撑方法，掌握常用土方施工机械的性能、特点、适用范围及提高生产率的方法，能够根据土方开挖方式合理选择施工机械；正确选择地基回填土的填方土料及填筑压实方法，能分析填土压实的影响因素。

课题2.1　土 方 开 挖

2.1.1　施工准备

土方开挖前需要做好下列准备工作。

（1）场地清理。施工区域内的障碍物要调查清楚，制订方案，听取主管部门的意见并征得其同意，拆除影响施工的建筑物、构筑物，拆除和改造通信和电力设施、自来水管道、煤气管道和地下管道，迁移树木。

（2）排除地面积水。尽可能利用自然地形和永久性排水设施，采用排水沟、截水沟或挡水坝等措施，把施工区域内的雨雪自然水、低洼地区的积水及时排除，使场地保持干燥，便于土方工程施工。

（3）测设地面控制点。大型场地的平整，利用经纬仪、水准仪，将场地设计平面图的方格网在地面上测设固定下来，各角点用木桩定位，并在桩上注明桩号、施工高度数值，便于施工。

（4）修筑临时设施。修好临时道路、电力、通信及供水设施，以及生活和生产用临时房屋。

2.1.2　土方机械化施工

土方工程施工包括土方开挖、运输、填筑和压实等。由于土方工程量大，劳动繁重，施工时应尽量采用机械化施工，以减少繁重的体力劳动，加快施工进度。

2.1.2.1　推土机施工

推土机由拖拉机和推土铲刀组成。按铲刀的操纵机构不同，推土机分为钢索式和液压式两种。目前常用的主要是液压式，如图2.1所示。

推土机能够单独完成挖土、运土和卸土工作，具有操作灵活、运转方便、所需工作面小、行驶速度快、易于转移等特点。

推土机经济运距在100m以内，效率最高的运距在60m。为提高生产效率，可采用槽形推土、下坡推土及并列推土等方法。

2.1.2.2　铲运机施工

铲运机是一种能独立完成铲土、运土、卸土、填筑、场地平整的土方施工机械。按行走方式分为牵引式铲运机和自行式铲运机，按铲斗操纵系统可分为有液压操纵和机械操纵两种，如图2.2所示。

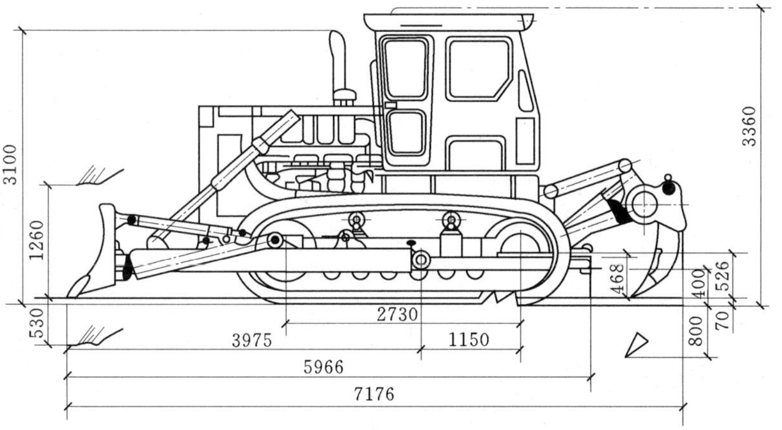

图 2.1　T－L180 型推土机外形图（单位：mm）

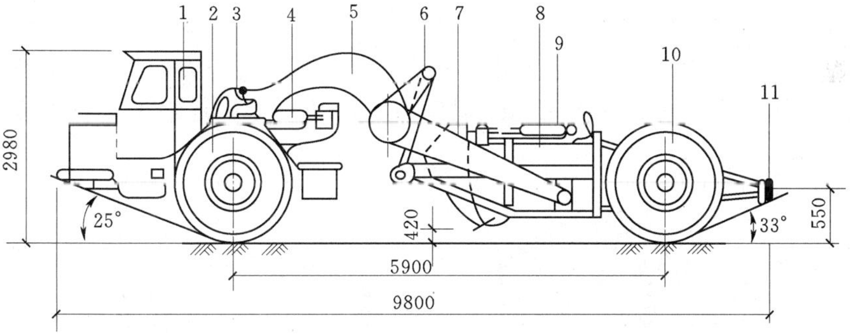

图 2.2　CL_7 型自行式铲运机（单位：mm）

1—驾驶室；2—前轮；3—中央框架；4—转角油缸；5—辕架；6—提斗油缸；
7—斗门；8—铲斗；9—斗门油缸；10—后轮；11—尾架

铲运机对道路要求较低，操纵灵活，具有生产效率较高的特点。它使用在一至三类土中直接挖土、运土。经济运距为 600～1500m，当运距为 800m 时效率最高。常用于坡度在 20°以内的大面积场地平整，大型基坑开挖及填筑路基等，不适用于淤泥层、冻土地带及沼泽地区。

为了提高铲运机的生产效率，可以采取下坡铲土、推土机推土助铲等方法，缩短装土时间，使铲斗的土装得较满。铲运机在运行时，根据填、挖方区分布情况，结合当地具体条件，合理选择运行路线，提高生产率。一般有环形路线和“8”字形路线两种形式。

2.1.2.3　单斗挖土机施工

单斗挖土机是土方开挖常用的一种机械。按工作装置不同，可分为正铲、反铲、抓铲和拉铲 4 种，如图 2.3 所示；按其行走装置不同，分为履带式和轮胎式两种；按操纵机构不同，可分为机械式和液压式两种。液压式单斗挖土机调速范围大，作业时惯性小，转动平稳，结构简单，一机多用，操纵省力，易实现自动化。

1. 正铲挖土机

正铲挖土机的工作特点是：前进行驶，铲斗由下向上强制切土，挖掘力大，生产效率

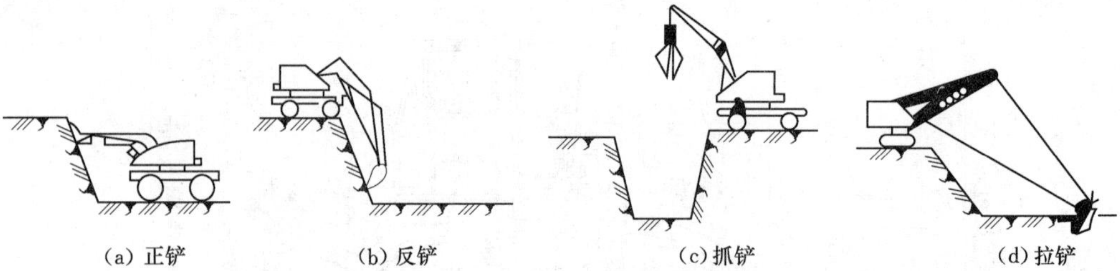

图 2.3 单斗挖土机工作装置类型

高；适用于开挖停机面以上的一至三类土，且与自卸汽车配合完成整个挖掘运输作业，可用于挖掘大型干燥的基坑和土丘等。

正铲挖土机的开挖方式，根据开挖路线与运输车辆相对位置的不同，可分为正向挖土、反向卸土［图 2.4（a）］和正向挖土、侧向卸土［图 2.4（b）］两种。正向挖土、反向卸土，挖土机沿前进方向挖土，运输车辆停在挖土机后方装土。这种作业方式所开挖的工作面较大，但挖土机卸土时动臂回转角度大，生产率低，运输车辆要倒车开入，一般只适宜开挖工作面较小且较深的基坑。正向挖土、侧向卸土，挖土机沿前进方向挖土，运输车辆停在侧面装土。采用这种作业方式，挖土机卸土时动臂回转角度小，运输工具行驶方便，生产率高，使用广泛。

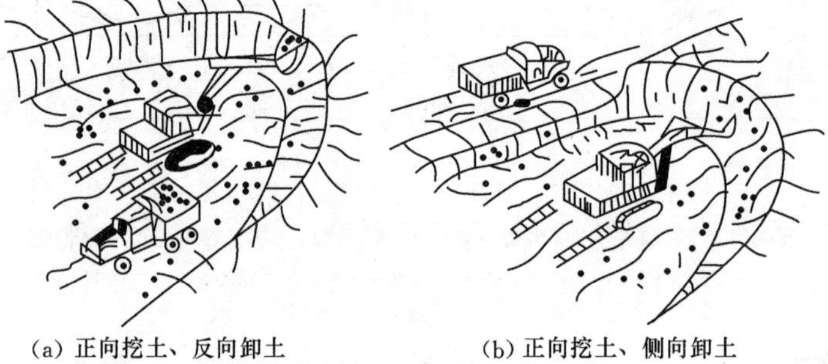

图 2.4 正铲挖土机作业方式

2. 反铲挖土机

反铲挖土机的工作特点是：机械后退行驶，铲斗由上而下强制切土；挖土能力比正铲小；用于开挖停机面以下的一至三类土，适用于挖掘深度不大于 4m 的基坑、基槽、管沟开挖，也可用于湿土、含水量较大及地下水位以下的土壤开挖。

反铲挖土机的开挖方式有沟端开挖和沟侧开挖两种。沟端开挖，如图 2.5（a）所示，挖土机停在沟端，向后倒退挖土，汽车停在两旁装土，开挖工作面宽。沟侧开挖，如图 2.5（b）所示，挖土机沿沟槽一侧直线移动挖土，挖土机移动方向与挖土方向垂直，此法能将土弃于距沟较远处，但挖土宽度受到限制。

3. 拉铲挖土机

拉铲挖土机工作时利用惯性，把铲斗甩出后靠收紧和放松钢丝绳进行挖土或卸土，铲斗由上而下，靠自重切土。可以开挖一、二类土壤的基坑、基槽和管沟，特别适用于含水量较大的水下松软土和普通土的挖掘。拉铲开挖方式与反铲挖土机相似，有沟端开挖、沟侧开挖

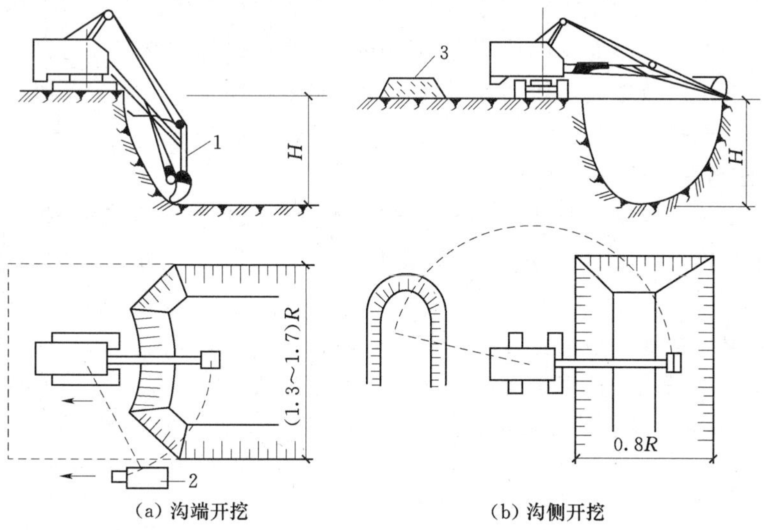

图 2.5 反铲挖土机开挖方式

1—反铲挖土机；2—自卸汽车；3—弃土堆

两种。

4. 抓铲挖土机

抓铲挖土机主要用于开挖土质比较松软、施工面比较狭窄的基坑、沟槽和沉井等工程，特别适于水下挖土，土质坚硬时不能用抓铲施工。

2.1.2.4 装载机

装载机按行走方式分为履带式和轮胎式两种，按工作方式分单斗装载机、链式装载机和轮斗式装载机。土方工程主要使用单斗式装载机，它具有操作灵活、轻便和快速等特点。适用于装卸土方和散料，也可用于松软土的表层剥离、地面平整和场地清理等工作。

2.1.2.5 压实机械

根据土体压实机理，压实机械可分为冲击式、碾压式和振动压实机械三大类。

1. 冲击式压实机械

冲击式压实机械主要有蛙式打夯机和内燃式打夯机两种，蛙式打夯机一般以电为动力。这两种打夯机适用于狭小的场地和沟槽作业，也可用于室内地面的夯实及大型机械无法到达的边角的夯实。

2. 碾压式压实机械

按行走方式不同，碾压式压实机械可分为自行式压路机和牵引式压路机两种。自行式压路机常用的有光轮压路机、轮胎压路机。自行式压路机主要用于土方、砾石、碎石的回填压实及沥青混凝土路面的施工。牵引式压路机的行走动力一般采用推土机（或拖拉机）牵引，常用的有光面碾、羊足碾。光面碾用于土方的回填压实，羊足碾适用于黏性土的回填压实，不能用于砂土和面层土的压实。

3. 振动压实机械

振动压实机械是利用机械的高频振动，把能量传给被压土，降低土颗粒间的摩擦力，在压实能量的作用下，达到较大的密实度。

按行走方式不同，振动压实机械分为手扶平板式振动压实机和振动压路机两类。手扶平板式振动压实机主要用于小面积的地基夯实。振动压路机按行走方式分为自行式和牵引式两种。振动压路机的生产效率高，压实效果好，能压实多种性质的土，主要用在工程量大的大型土方工程中。

2.1.3 土方开挖方式与机械选择

在土方工程施工中合理选择土方机械，充分发挥机械性能，并使各种机械相互配合使用，以加快施工进度，提高施工质量，降低工程成本，具有十分重要的意义。具体举例如下：

(1) 场地平整。场地平整由土方的开挖、运输、填筑和压实等工序。地势较平坦、含水量适中的大面积平整场地，选用铲运机较适宜；地形起伏较大，挖方、填方量大且集中的平整场地，运距在1000m以上时，可选择正铲挖土机配合自卸车进行挖土、运土，在填方区配备推土机平整及压路机碾压施工；挖填方高度不大，运距在100m以内时，采用推土机施工，灵活、经济。

(2) 基坑开挖。单个基坑和中小型基础基坑，多采用抓铲挖土机和反铲挖土机开挖。抓铲挖土机适用于一、二类土质和较深的基坑，反铲挖土机适于四类以下土质、深度在4m以内的基坑。

(3) 基槽、管沟开挖。在地面上开挖具有一定截面、长度的基槽或沟槽，挖大型厂房的柱列基础和管沟，宜采用反铲挖土机挖土。如果在水中取土或开挖土质为淤泥，且坑底较深，则可选择抓铲挖土机挖土。如果土质干燥，槽底开挖不深，基槽长30m以上，可采用推土机或铲运机施工。

(4) 整片开挖。基坑较浅，开挖面积大，且基坑土干燥，可采用正铲挖土机开挖。若基坑内土体潮湿，含水量较大，则采用拉铲或反铲挖土机作业。

(5) 柱基础基坑、条形基础基槽开挖。对于独立柱基础的基坑及小截面条形基础基槽，可采用小型液压轮胎式反铲挖土机配以翻斗车来完成浅基坑（槽）的挖掘和运土。

课题2.2 土方的填筑与压实

建筑工程的回填土主要有地基、基坑（槽）、室内地坪、室外场地、管沟和散水等，回填土一定要密实，使回填后的土体不致产生较大的沉陷。

2.2.1 土料填筑的要求

碎石类土、砂土和爆破石碴，可用作表层以下的填料，当填方土料为黏土时，填筑前应检查其含水量是否在控制范围内。含水量大的黏土不宜作为填土用。含有大量有机质的土，吸水后容易变形，承载能力降低。含水溶性硫酸盐大于5%的土，在地下水的作用下，硫酸盐会逐渐溶解消失，形成孔洞，影响土的密实性。这两种土以及淤泥、冻土、膨胀土等均不应作为填土。

填土应分层进行，并尽量采用同类土填筑。如采用不同土填筑，应将透水性较大的土层置于透水性较小的土层之下，不能将各种土混杂在一起使用，以免填方内形成水囊。

碎石类土或爆破石碴作填料时，其最大粒径不得超过每层铺土厚度的2/3，使用振动碾时，不得超过每层铺土厚度的3/4，铺填时，大块料不应集中，且不得填在分段接头或填方与山坡连接处。

2.2.2　填土压实方法

填土压实方法一般有碾压法、夯实法和振动压实法，如图 2.6 所示。

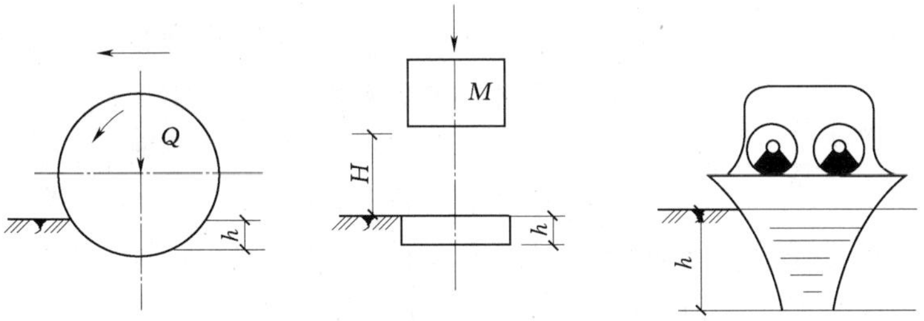

图 2.6　填土压实方法

1. 碾压法

碾压法是利用机械滚轮的压力压实土壤，使之达到所需的密实度，此法多用于大面积填土工程。碾压机械有光面碾（压路机）、羊足碾和气胎碾。光面碾对砂土、黏性土均可压实；羊足碾需要较大的牵引力，且只宜压实黏性土，如图 2.7 所示；气胎碾在工作时是弹性体，其压力均匀，填土压实质量较好。还可利用运土机械进行碾压，也是较经济合理的压实方案。施工时使运土机械行驶路线能大体均匀地分布在填土面积上，并达到一定重复行驶遍数，使其满足填土压实质量的要求。

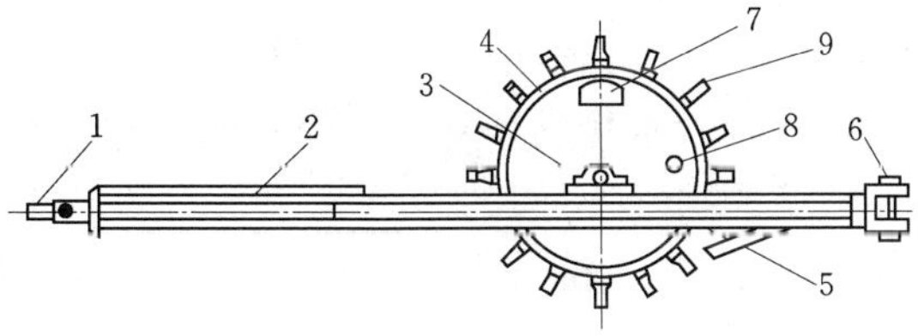

图 2.7　羊足碾构造示意图

1—前拉头；2—机架；3—轴承座；4—碾筒；5—铲刀；6—后拉头；7—装砂口；8—水口；9—羊碾头

碾压机械压实填方时，行驶速度不宜过快，一般平碾控制在 2km/h，羊足碾控制在 3km/h，否则会影响压实效果。

2. 夯实法

夯实法是利用夯锤自由下落的冲击力来夯实土壤，主要用于小面积回填。夯实法分人工夯实和机械夯实两种。常用的夯实机械有夯锤、内燃夯土机和蛙式打夯机，如图 2.8 所示。适用于夯实砂性土、湿陷性黄土、杂填土以及含有石块的填土。

3. 振动压实法

振动压实法是将振动压实机械放在土层表面，借助振动机械使压实机械振动，土颗粒在振动力的作用下发生相对位移而达到紧密状态。这种方法用于振实非黏性土效果较好。

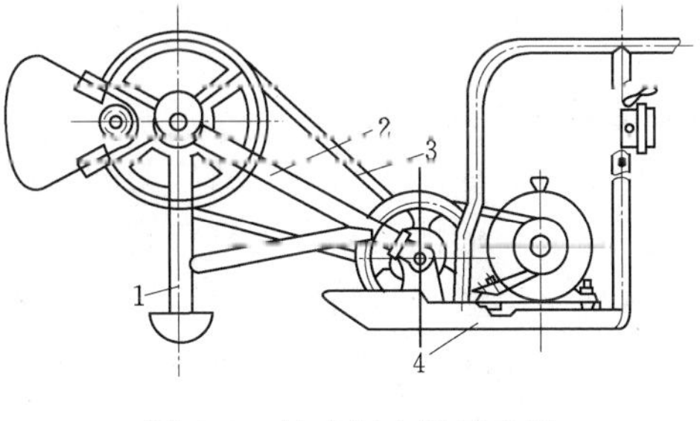

图 2.8　蛙式打夯机示意图

1—夯头；2—夯架；3—三角带；4—底盘

2.2.3　填土压实的影响因素

填土压实的质量与许多因素有关，其中主要影响因素有压实功、土的含水量以及每层铺土厚度。

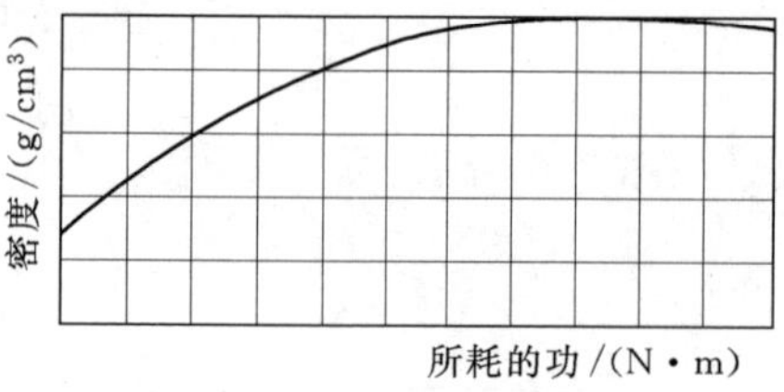

图 2.9 土的密实度与压实功的关系示意图

1. 压实功的影响

填土压实后的密实度与压实机械在其上所施加的功有一定的关系。土的密度与所耗的功的关系如图 2.9 所示。当土的含水量一定，在开始压实时，土的密度急剧增加，待到接近土的最大密实度时，虽然压实功增加许多，但土的密度则变化甚小，实际施工中，对于砂土只需碾压或夯击 2 遍或 3 遍，对粉土只需 3 遍或 4 遍，对粉质黏土或黏土只需 5 遍或 6 遍。此外，松土不宜用重型碾压机械直接滚压，否则土层有强烈起伏现象，效率不高。如果先用轻碾压实，再用重碾压实就会取得较好的效果。

2. 含水量的影响

在同一压实功条件下，填土的含水量对压实质量有直接影响。较为干燥的土，由于颗粒之间的摩阻力较大，因而不易压实。当含水量超过一定限度时，土颗粒之间孔隙由水填充而呈饱和状态，也不能压实。当土的含水量适当时，水起润滑作用，土颗粒之间的摩阻力减小，压实效果好。每种土都有其最佳含水量。土在这种含水量的条件下，使用同样的压实功进行压实，所得到的密度最大，如图 2.10 所示，不同土有不同的最佳含水量，如砂土为 8%～12%，黏土为 19%～23%，粉质黏土为 12%～15%，粉土为 15%～22%。工地上检验黏性土含水量的简易方法一般是以手握成团落地开花为适宜。

为了保证填土在压实过程中处于最佳含水量状态，当土过湿时，应予以翻松晾干，也可掺入同类干土或吸水性土料；当土过干时，则应预先洒水润湿。

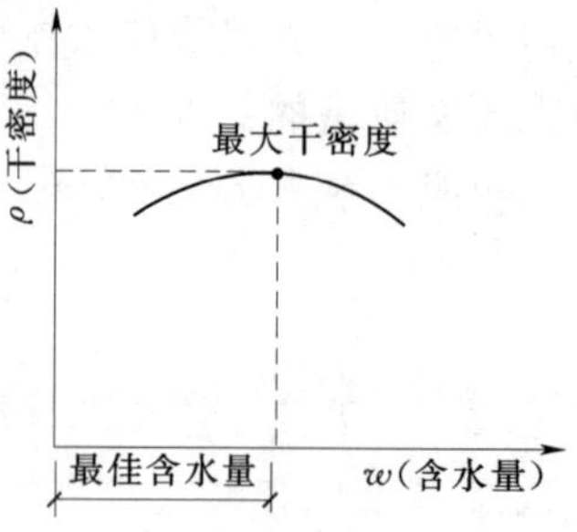

图 2.10 土的干密度与含水量的关系

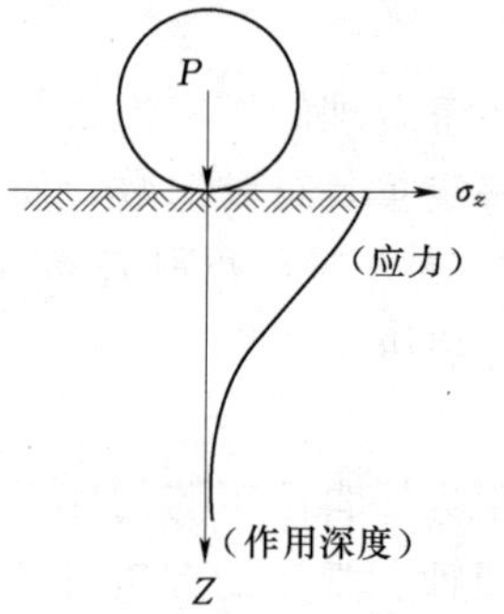

图 2.11 压实作用沿深度变化

3. 铺土厚度的影响

土在压实功的作用下，其应力随深度增加而逐渐减小，如图 2.11 所示，其影响深度与压实机械、土的性质和含水量等有关。铺土厚度应小于压实机械压土时的作用深度，但其中还有最优土层厚度的问题，铺得过厚，要压很多遍才能达到规定的密实度；铺得过薄，则要增加机械的总压实遍数。最优的铺土厚度应能使土方压实而机械的功耗费最少，可按照表 2.1 选用。

上述三个方面的因素相互影响。为了保证压实质量，提高压实机械生产效率，应根据土质和压实机械在施工现场进行压实试验，以确定达到规定密实度所需压实遍数、铺土厚度及最优含水量。

表 2.1　　每层铺土厚度与压实遍数

压　实　机　具	每层铺土厚度/mm	每层压实遍数
平碾	250～300	6～8
振动压实机	250～350	3 或 4
柴油打夯机	200～250	3 或 4
人工打夯	<200	3 或 4

课题 2.3　基坑支护与降排水

在土方工程施工过程中，当开挖的基坑底面低于地下水位时，地下水会不断渗入坑内，如果没有采取降水措施，会恶化施工条件。为了保持基坑干燥，防止由于水的浸泡发生边坡塌方和地基承载力下降，必须做好基坑的支护、排水、降水工作。

2.3.1　土壁支护

在开挖基坑或沟槽时，如果地质水文条件良好，场地周围条件允许，可以采用放坡开挖，这种方式比较经济。但是随着高层建筑的发展，以及建筑物密集地区施工基坑的增多，常因场地的限制而不能采取放坡，或放坡导致土方量增大，或地下水渗入基坑导致土坡失稳。此时，便可以采用土壁支护，以保证施工安全和顺利进行，并减少对邻近已有建筑物的不利影响。基坑支护应综合考虑工程地质与水文地质条件、基础类型、基坑开挖深度、降排水条件、周边环境对基坑侧壁位移的要求、基坑周边荷载、施工季节、支护结构使用期限等因素。

1. 沟槽的支撑

开挖较窄的沟槽多用横撑式支撑。横撑式支撑由挡土板、楞木和工具式横撑组成，根据挡土板的不同，分为水平挡土板和垂直挡土板两类，见表 2.2。

表 2.2　　基槽、管沟的支撑方法

支撑方式	简　　图	支撑方法及适用条件
断续式 水平 支撑	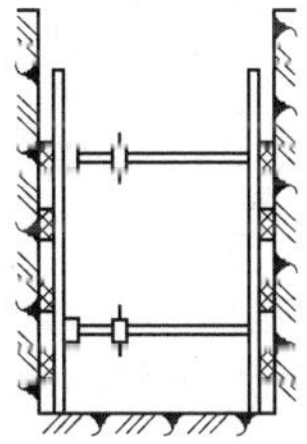	挡土板水平放置，中间留出间隔，并在两侧同时对称立竖枋木，然后用工具式或木横撑上、下顶紧。 适用于能保持直立壁的干土或天然湿度的黏土、深度在 3m 以内的沟槽
连续式 水平 支撑	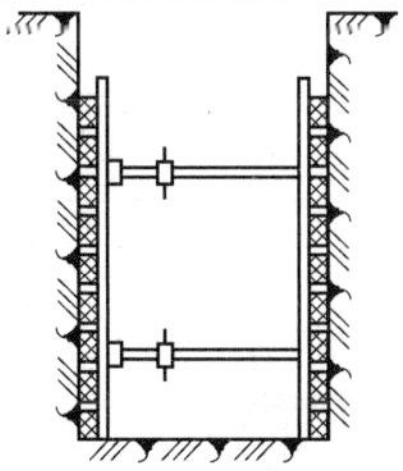	挡土板水平连续放置，不留间隙，再两侧同时对称立竖枋木，上、下各顶一根撑木，端头加木楔顶紧。 适用于较松散的干土或天然湿度的黏土、深度为 3～5m 的沟槽

续表

支撑方式	简图	支撑方法及适用条件
垂直支撑	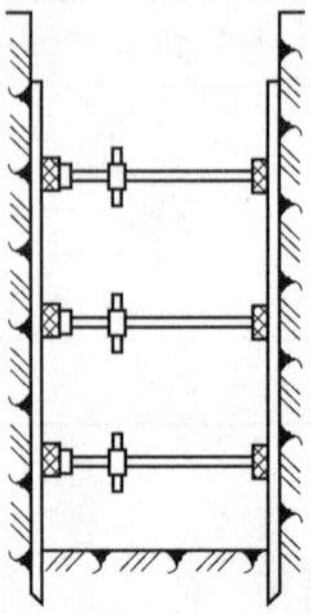	挡土板垂直放置，可连续或留适当间隙，然后每侧上、下各水平顶一根枋木，再用横撑顶紧。 适用于土质较松散或湿度很高的土，深度不限

采用横撑式支撑时，应随挖随撑，支撑牢固。施工中应经常检查，如有松动、变形等现象，应及时加固或更换。支撑的拆除应按回填顺序依次进行，多层支撑应自下而上逐层拆除，随拆随填。

2. 一般浅基坑的支撑方法

一般浅基坑的支撑方法可根据基坑的宽度、深度及大小采用不同形式，见表2.3。

表2.3　一般浅基坑的支撑方法

支撑方式	简图	支撑方法及适用条件
临时挡土墙支撑	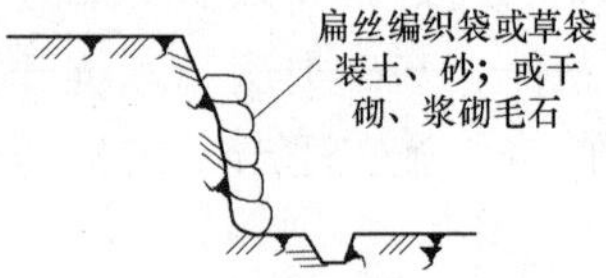	沿坡脚用砖、石叠砌或用装水泥的聚丙烯扁丝编织袋、草袋装土、砂堆砌，使坡脚保持稳定。 适于开挖宽度大的基坑，当部分地段下部放坡不够时使用
斜柱支撑	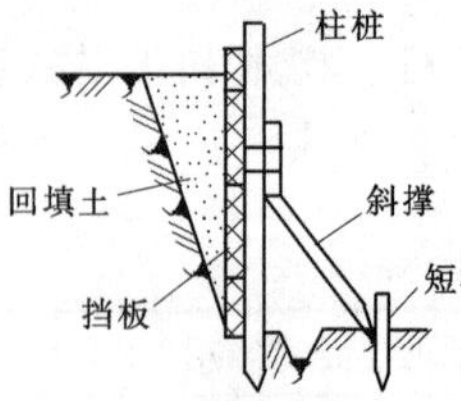	水平挡土板钉在柱桩内侧，柱桩外侧用斜撑支顶，斜撑底端支在木桩上，在挡土板内侧回填土。 适用于开挖较大型、深度不大的基坑或使用机械挖土时
锚拉支撑	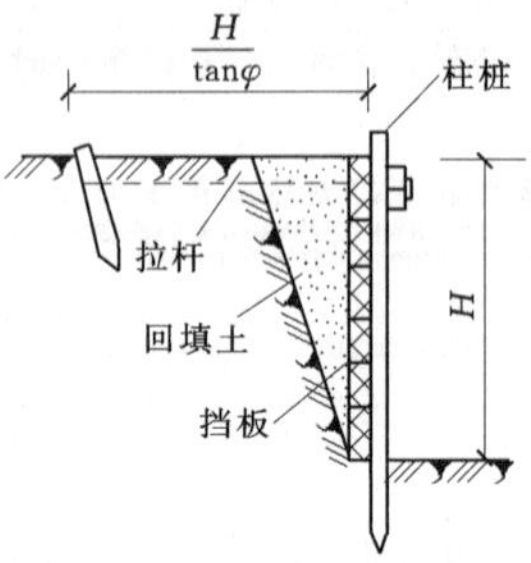	水平挡土板放在柱桩的内侧，柱桩一端打入土中，另一端用拉杆与锚桩拉紧，在挡土板内侧回填土。 适于开挖较大型、深度不大的基坑或使用机械挖土、不能安设横撑时使用

2.3.2 深基坑支护

深基坑一般是指开挖深度超过5m（含5m）或地下室3层以上（含3层），或深度虽未超过5m，但地质条件和周围环境及地下管线特别复杂的工程。深基坑支护是为保证地下结构施工及基坑周边环境的安全，对深基坑侧壁及周边环境采用的支档、加固与保护的措施。随着高层建筑及地下空间的出现，深基坑工程规模不断扩大。

2.3.2.1　钢板桩支护

钢板桩是一种支护结构，既可挡土又可挡水。当开挖的基坑较深，地下水位较高且有出现流砂的危险时，如未采用降低地下水位的措施，则可用板桩打入土中，使地下水在土中渗流的路线延长，降低水力坡度，从而防止流砂现象。靠近原有建筑物开挖基坑时，为了防止和减少原建筑物下沉，也可打钢板桩支护。板桩有钢板桩、木板桩与钢筋混凝土板桩数种。钢板桩除用钢量多之外，其他性能比别的板桩都优越。钢板桩在临时工程中可多次重复使用。

1. 钢板桩分类

钢板桩的种类很多，常见的有U形板桩与Z形板桩、H形板桩，如图2.12所示。其中以U形应用最多，可用于5～10m深的基坑。

(a)U形板桩相互连接　(b)Z形板桩相互连接　(c)H形板桩相互连接

图2.12　常用钢板桩截面形式

钢板桩根据有无锚桩结构，分为无锚板桩（也称悬臂式板桩）和有锚板桩两类。无锚板桩用于较浅的基坑，依靠入土部分的土压力来维持板桩的稳定。有锚板桩，是在板桩墙后设柔性系杆（如钢索、土锚杆等）或在板桩墙前设刚性支撑杆（如大型钢、钢管）加以固定，可用于开挖较深的基坑，该种板桩用得较多。板式支护结构如图2.13所示。

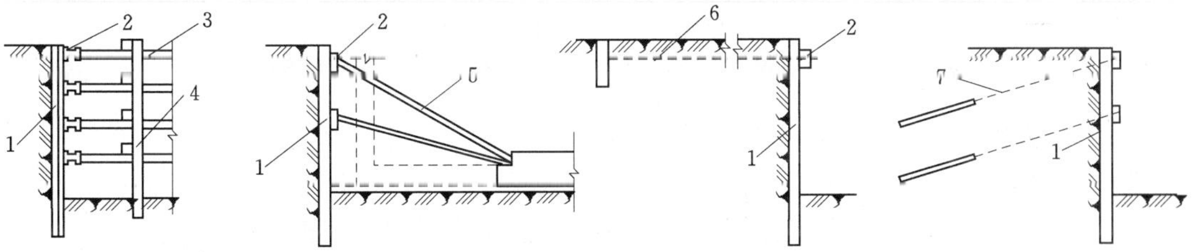

(a)水平支撑式　(b)斜撑式　(c)拉锚式　(d)土锚式

图2.13　板式支护结构

1—板桩墙；2—围檩；3—钢支撑；4—竖撑；5—斜撑；6—拉锚；7—土锚杆

2. 钢板桩施工

钢板桩施工机具有冲击式打桩机（包括自由落锤、柴油锤、蒸汽锤等）、振动打桩机（可用于打桩及拔桩），还有静力压桩机等。

钢板桩的位置应设置在基础最突出的边缘外，留有支模、拆模的余地，便于基础施工。在场地紧凑的情况下，也可利用钢板做底板或承台侧模，但必须配以纤维板（或油毛毡）等隔离材料，以方便钢板桩拔出。

钢板桩的打入方法主要有单根桩打入法、屏风式打入法、围檩打桩法。

(1) 单根桩打入法。将板桩一根根地打入至设计标高。这种施工法速度快，桩架高度相对可低一些，但容易倾斜，当板桩打设要求精度较高、板桩长度较长（大于10m）时，不宜采用这种方法。

（2）屏风式打入法。将10～20根板桩成排插入导架内，使之成屏风状，然后桩机来回施打，并使两端先打到要求深度，再将中间部分的板桩顺次打入。这种屏风施工法可防止板桩的倾斜与转动，对要求闭合的围护结构常用此法；缺点是施工速度比单桩施工法慢，且桩架较高。

（3）围檩打桩法。分单层、双层围檩，是在地面上一定高度处离轴线一定距离，先筑起单层或双层围檩架，而后将钢板桩依次在围檩中全部插好，待四角封闭合拢后，再逐渐按阶梯状将钢板桩逐块打至设计标高。这种方法能保证钢板桩墙的平面尺寸、垂直度和平整度，适用于精度要求高、数量不大的场合；缺点是施工复杂，施工速度慢，封闭合拢时需异形桩，如图2.14所示。

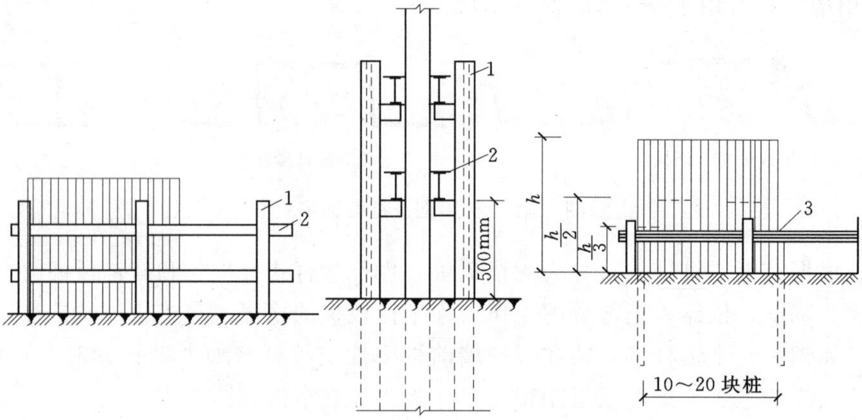

图2.14　单层、双层围檩示意图

1—围檩桩；2—围檩；3—两端先打入的定位钢板桩；h—钢板桩的高度

2.3.2.2　排桩支护

基坑开挖较大、较深（大于6m），邻近有建筑物，不能放坡时，可采用排桩支护。排桩支护可采用钻孔灌注桩、人工挖孔桩、预制钢筋混凝土板桩或钢板桩等。

1. 排桩支护的布置形式

（1）柱列式排桩支护。当边坡土质较好、地下水位较低时，可利用土拱作用，以稀疏钻孔灌注桩或挖孔桩支挡土坡，如图2.15（a）所示。

（2）连续排桩支护。在软土中一般不能形成土拱，支挡桩应该连续密排，如图2.15（b）所示。密排的钻孔桩可以互相搭接，或在桩身混凝土强度尚未形成时，在相邻桩之间做一根素混凝土树根桩把钻孔桩排连起来，如图2.15（c）所示。也可以采用钢板桩支护、钢筋混凝土板桩支护，如图2.15（d）、图2.15（e）所示。

（3）组合式排桩支护。在地下水位较高的软土地区，可采用钻孔灌注桩排桩与水泥土桩防渗墙组合的形式，如图2.15（f）所示。

2. 排桩支护施工

（1）钢筋混凝土挡土桩间距一般为1.0～2.0m，桩直径为0.5～1.1m，埋深为基坑深的0.5～1.0倍。桩配筋由计算确定，一般主筋为$\phi14$～$\phi32$，当为构造配筋时，每根桩不少

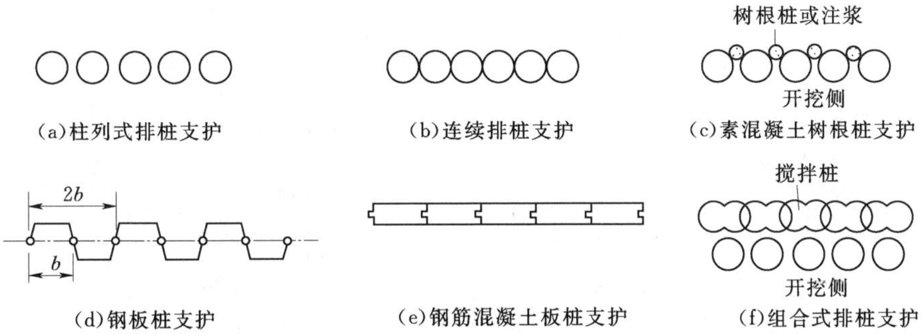

图 2.15 排桩围护的形式

于 8 根，箍筋采用Φ8@100～200。

(2) 对于开挖深度不大于 6m 的基坑，在场地条件允许的情况下，采用重力式深层搅拌桩挡墙较为理想。当场地受限制时，也可先用 ϕ600 密排悬臂钻孔桩，桩与桩之间可用树根桩封密，也可在灌注桩后注浆或打水泥搅拌桩做防水帷幕。

(3) 对于开挖深度为 6～10m 的基坑，常采用 ϕ800～ϕ1000 的钻孔桩，后面加深层搅拌桩或注浆防水，并设 2～3 道支撑，支撑道数视土质情况、周围环境及围护结构变形要求而定。

(4) 对于开挖深度大于 10m 的基坑，以往常采用地下连续墙，设多层支撑，虽然安全可靠，但价格昂贵。近年来，上海常采用 ϕ800～ϕ1000 大直径钻孔桩代替地下连续墙，同样采用深层搅拌桩防水、多道支撑或中心岛施工法。这种支护结构已成功应用于开挖深度达到 13m 的基坑。

(5) 排桩顶部应设钢筋混凝土冠梁连接，冠梁宽度（水平方向）不宜小于桩径，冠梁高度（竖直方向）不宜小于 400mm，排桩与桩顶冠梁的混凝土强度宜大于 C20；当冠梁作为连系梁时可按构造配筋。

(6) 基坑开挖后，排桩的桩间土防护可采用钢丝网混凝土护面、砖砌等处理方法，当桩间渗水时，应在护面设泄水孔。当基坑面在实际地下水位以上且土质较好、暴露时间较短时，可不对桩间土进行防护处理。

2.3.2.3 水泥土桩墙支护

水泥土桩墙支护是加固软土地基的一种新方法，它是利用水泥、石灰等材料作为固化剂，通过深层搅拌机械，将软土和固化剂（浆液或粉体）强制搅拌，利用固化剂和软土之间所产生的一系列物理-化学反应，使软土硬结成具有整体性、水稳定性和一定强度的围护结构。其适用于以下条件：①基坑侧壁安全等级宜为二、三级；②水泥土墙施工范围内地基承载力不宜大于 150kPa；③基坑深度不宜大于 6m；④基坑周围具备水泥土墙的施工宽度；⑤深层搅拌法最适宜于各种成因的饱和软黏土，包括淤泥、淤泥质土、黏土和粉质黏土等。

深层搅拌桩支护结构是由搅拌桩相互搭接而成，平面布置可采用壁状体，如图 2.16 所示。若壁状的挡墙宽度不够，可加大宽度，做成格栅状支护结构，如图 2.17 所示，即在支护结构宽度内，不需整个土体都进行搅拌加固，可按一定间距将土体加固成相互平行的纵向壁，再沿纵向按一定间距加固肋体，用肋体将纵向壁连接起来。这种挡土结构目前常采用双头搅拌机进行施工，一个头搅拌的桩体直径为 700mm，两个搅拌轴的距离为 500mm，搅拌桩之间的搭接距离为 200mm。

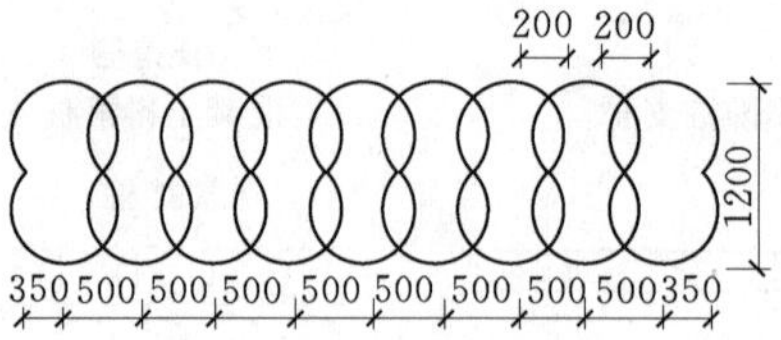

图 2.16 深层搅拌水泥土桩平面布置形式——壁状支护结构（单位：mm）

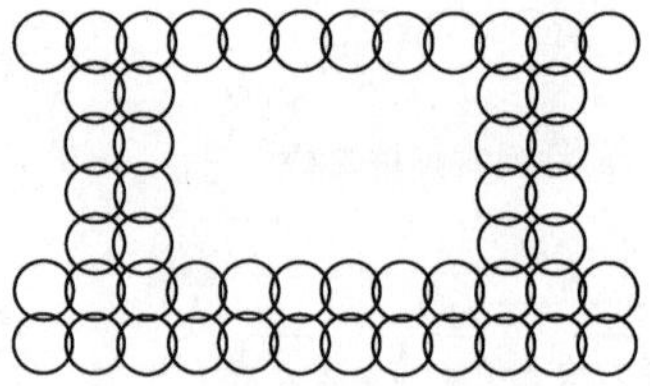

图 2.17 深层搅拌水泥土桩平面布置形式——格栅式支护结构

墙体宽度 B 和插入深度 D 应根据基坑深度、土质情况及其物理、力学性能、周围环境、地面荷载等计算确定。在软土地区，当基坑开挖深度 h 不大于 5m 时，可按经验取 B 为 $(0.6\sim0.8)h$，尺寸以 500mm 进位，D 为 $(0.8\sim1.2)h$。基坑深度一般控制在 7m 以内，过深则不经济。根据使用要求和受力特性，搅拌桩挡土结构的竖向断面形式如图 2.18 所示。

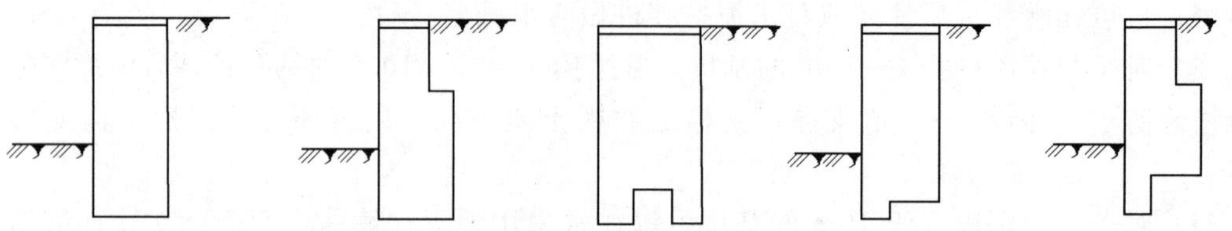

(a)矩形断面　(b)L 形断面　(c)马鞍形断面　(d)倒 L 形断面　(e)F 形断面

图 2.18 搅拌桩支护结构几种竖向断面

水泥土桩墙工程主要施工机械采用深层搅拌机。目前，我国生产的深层搅拌机主要分为单轴搅拌机和双轴搅拌机。水泥土桩墙工程施工工艺如图 2.19 所示。深层搅拌桩施工可采用湿法（喷浆）及干法（喷粉）施工，施工时应优先选用喷浆法双轴型深层搅拌机。

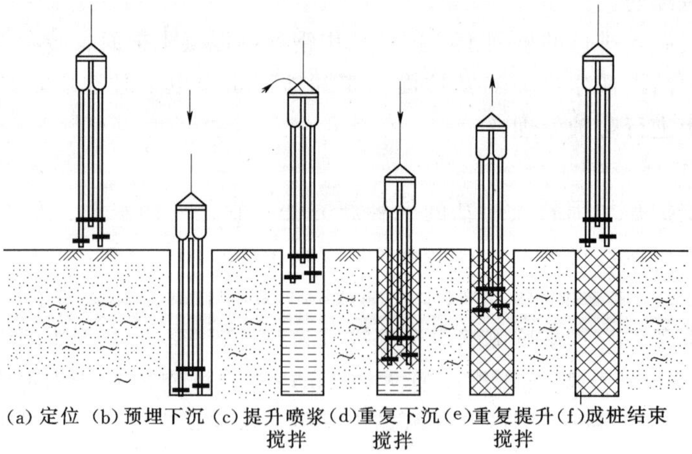

(a) 定位　(b) 预埋下沉　(c) 提升喷浆搅拌　(d) 重复下沉搅拌　(e) 重复提升搅拌　(f) 成桩结束

图 2.19 施工工艺流程

(1) 定位。桩架定位及保证垂直度。深层搅拌机桩架到达指定桩位、对中。当场地标高不符合设计要求或起伏不平时，应先进行开挖、整平。施工时桩位偏差应小于 5cm，桩的垂直度误差不超过 1%。

（2）预搅下沉。待深层搅拌机的冷却水循环正常后，启动搅拌机的电动机，放松起重机的钢线绳，使搅拌机沿导向架搅拌切土下沉，下沉速度可由电动机的电流表控制。工作电流不应大于70A。如果下沉速度太慢，可从输浆系统补给清水以利钻进。

（3）制备水泥浆。按设计要求的配合比拌制水泥浆，压浆前将水泥浆倒入集料斗中。

（4）提升、喷浆并搅拌。深层搅拌机下沉到设计深度后，开启灰浆泵将水泥浆压入地基土中，并且边喷浆、边旋转，同时严格按照设计确定的提升速度提升搅拌头。

（5）重复搅拌或重复喷浆。搅拌头提升至设计加固深度的顶面标高时，集料斗中的水泥浆应正好排空。为使软土和水泥浆搅拌均匀，可再次将搅拌头边旋转边沉入土中，至设计加固深度后再将搅拌头提升出地面。有时可采用复搅、复喷（即二次喷浆）方法。在第一次喷浆至顶面标高，喷完总量60%的浆量，将搅拌头边搅边沉入土中，至设计深度后，再将搅拌头边提升边搅拌，并喷完余下的40%的浆量。喷浆搅拌时搅拌头的提升速度不应超过0.5m/min。

（6）移位。桩架移至下一桩位施工。下一桩位施工应在前桩水泥土尚未固化时进行。相邻桩的搭接宽度不宜小于200mm。相邻桩喷浆工艺的施工时间间隔不宜大于10h。施工开始和结束的头尾搭接处，应采取加强措施，防止出现沟缝。

2.3.2.4 土层锚杆

土层锚杆简称土锚杆，是在地面或深开挖的地下室墙面或基坑立壁未开挖的土层钻孔，达到设计深度后，或在扩大孔端部，形成球状或其他形状，在孔内放入钢筋或其他抗拉材料，灌入水泥浆与土层结合成为抗拉强度高的锚杆。为了均匀分配传到连续墙或柱列式灌注桩上的土压力，减少墙、柱的水平位移和配筋，一端采用锚杆与墙、柱连接，另一端锚固土层在土层中，用以维持坑壁的稳定。

锚杆由锚头、拉杆和锚固体组成。锚头由锚具、承压板、横梁和台座组成；拉杆采用钢筋、钢绞线制成；锚固体是由水泥浆或水泥砂浆将拉杆与土体连接成一体的抗拔构件，如图2.20所示。

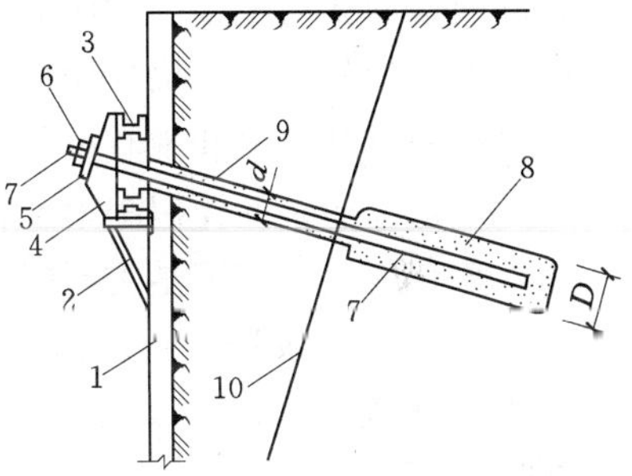

图2.20 土层锚杆的构造
1—挡墙；2—承托支架；3—横梁；4—台座；5—承压板；6—锚具；7—钢拉杆；8—水泥浆或砂浆锚固体；9—非锚固段；10—滑动面；D—锚固体直径；d—拉杆直径

锚杆代替内支撑，它设置在围护墙背后，因而在基坑内有较大的空间，有利于挖土施工。锚杆施工机械及设备的作业空间不大，因此可适用于各种地形及场地。锚杆可采用预加拉力，以控制结构的变形量。施工时的噪声和振动均很小。

适用于基坑侧壁安全等级一、二、三级，一般黏土、砂土地基皆可应用，软土、淤泥质土地基要进行实验确认后应用，适用于难以采用支撑的大面积深基坑，不宜用于地下水多、含有化学腐蚀物的土层和松散软弱土层。

1. 土层锚杆的主要类型

土层锚杆的主要类型有：

（1）一般灌浆锚杆。钻孔后放入受拉杆件，然后用砂浆泵将水泥浆或水泥砂浆注入孔内，经养护后即可承受拉力。

（2）高压灌浆锚杆（又称预压锚杆）。其与一般灌浆锚杆的不同点是在灌浆阶段对水泥砂浆施加一定的压力，使水泥砂浆在压力下压入孔壁四周的裂缝并在压力下固结，从而使锚杆具有较大的抗拔力。

（3）预应力锚杆。先对锚固段进行一次压力灌浆，然后对锚杆施加预应力后锚固并在非锚固段进行不加压二次灌浆，也可一次灌浆（加压或不加压）后施加预应力。这种锚杆可穿过松软地层而锚固在稳定土层中，并使结构物减小变形。我国目前大多采用预应力锚杆。

（4）扩孔锚杆。用特制的扩孔钻头扩大锚固段的钻孔直径，或用爆扩法扩大钻孔端头，从而形成扩大的锚固段或端头，可有效提高锚杆的抗拔力。扩孔锚杆主要用在松软地层中。

灌浆材料可使用水泥浆、水泥砂浆、树脂材料、化学浆液等作为锚固材料。

土锚杆施工机械包括冲击式钻机、旋转式钻机及旋转式冲击钻机等。冲击式钻机适用于砂石层地层。旋转式钻机可用于各种地层，它靠钻具旋转切削钻进成孔，也可加套管成孔。

2. 土层锚杆的施工程序

土层锚杆的施工程序分为以下几步：钻机就位→钻孔→清孔→放置钢筋（或钢绞线）及灌浆管→压力灌浆→养护→放置横梁、台座，张拉锚固。

（1）钻孔。土层锚杆钻孔用的钻孔机械，按工作原理分为旋转式钻孔机、冲击式钻孔机和旋转冲击式钻孔机三类。主要根据土质、钻孔深度和地下水情况进行选择。

锚杆孔壁要求平直，以便安放钢拉杆和灌注水泥浆。孔壁不得塌陷和松动，否则影响钢拉杆安放和土层锚杆的承载能力。钻孔时不得使用膨润土循环泥浆护壁，以免在孔壁上形成泥皮，降低锚固体与土壁间的摩阻力。

（2）安放拉杆。土层锚杆用的拉杆，常用的有钢管、粗钢筋、钢丝束和钢绞线。主要根据土层锚杆的承载能力和现有材料的情况来选择。

（3）灌浆。灌浆的作用是形成锚固段，将锚杆锚固在土层中；防止钢拉杆腐蚀；充填土层中的孔隙和裂缝。灌浆是土层锚杆施工中的一个重要工序，施工时应做好记录。灌浆有一次灌浆法和二次灌浆法。一次灌浆法宜选用灰砂比 0.5～1、水灰比 0.38～0.45 的水泥砂浆，或水灰比 0.4～0.50 的水泥浆；二次灌浆法中的二次高压灌浆，宜用水灰比 0.45～0.55 的水泥浆。

（4）张拉和锚固。锚杆压力灌浆后，待锚固段的强度大于 15MPa 并达到设计强度等级的 75%后方可进行张拉。

锚杆宜张拉至设计荷载的 0.9～1.0 倍后，再按设计要求锁定。锚杆张拉控制应力，不应超过拉杆强度标准值的 75%。张拉所用设备与预应力结构张拉所用设备相同。

2.3.2.5 土钉墙支护结构

土钉墙支护是在基坑开挖过程中将较密排列的土钉（细长杆件）置于原位土体中，并在坡面上喷射钢筋网混凝土面层。通过土钉、土体和喷射混凝土面层的共同工作，形成复合土体。土钉墙支护充分利用土层介质的自承力，形成自稳结构，承担较小的变形压力，土钉承受主要拉力，喷射混凝土面层调节表面应力分布，体现整体作用。同时，由于土钉排列较密，通过高压注浆扩散后使土体性能提高。土钉墙支护如图 2.21 所示。

土钉墙支护是边开挖边支护，流水作业，不占独立工期，施工快捷；设备简单，操作方便，施工所需场地小；材料用量和工程量小，经济效果好；土体位移小，采用信息化施工，发现墙体变形过大或土质变化可及时修改、加固或补救，确保施工安全。适用于基坑侧壁安

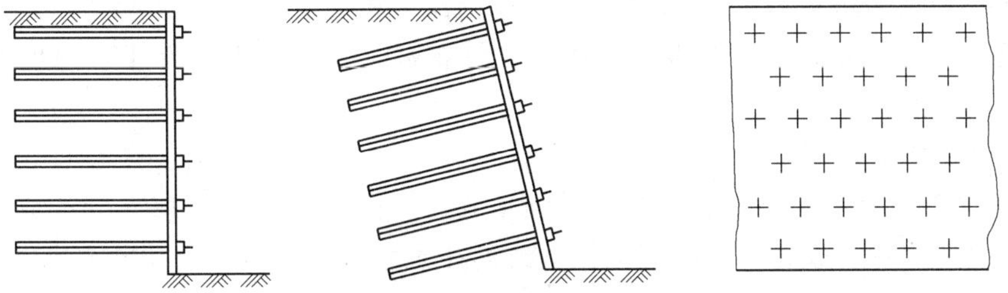
(a)平钉墙剖面 (b)斜钉墙剖面 (c)土钉墙立面

图 2.21 土钉墙支护简图

全等级为二、三级非软土场地，地下水位较低的黏土、砂土、粉土地基，土钉墙基坑深度不宜大于 12m，当地下水位高于基坑底面时，应采取降水或截水措施。

1. 土钉墙的基本构造

（1）土钉长度。一般对非饱和土，土钉长度 L 与开挖深度 H 之比值为 0.6～1.2，密实砂土及干硬性黏土取小值。为减少变形，顶部土钉长度宜适当增加。非饱和土底部土钉长度可适当减少，但不宜小于 $0.5H$。对于饱和软土，由于土体抗剪能力很低，土钉内力因水压作用而增加，设计时取 L/H 值大于 1 为宜。

（2）土钉间距。土钉间距的大小影响土体的整体作用效果，目前尚不能给出有足够理论依据的定量指标。土钉的水平间距和垂直间距一般宜为 1.2～2.0m。垂直间距依土层及计算确定，且与开挖深度相对应。上下插筋交错排列，遇局部软弱土层间距可小于 1.0m。

（3）土钉直径。最常用的土钉材料是变形钢筋、圆钢、钢管及角钢等。当采用钢筋时，一般为 $\phi18$～$\phi32$ 高强度带肋钢筋；当采用角钢时，一般为 └50×50×5 角钢；当采用钢管时，一般为 $\phi50$ 钢管。

（4）土钉倾角。土钉垂直方向向下倾角一般在 5°～20°，土钉倾角取决于注浆钻孔工艺与土体分层特点等多种因素。研究表明，倾角越小，支护的变形越小，但注浆质量较难控制。倾角越大，支护的变形越大，但倾角大，有利于土钉插入下层较好的土层内。

（5）注浆材料。用水泥砂浆或水泥素浆，其强度等级不宜低于 M10。水泥采用普通硅酸盐水泥，水灰比为 0.5～2.5，水泥砂浆配合比宜为 0.5～1（质量比）。

（6）支护面层。土钉支护中的喷射混凝土面层不属于主要挡土部件，在土体自重作用下主要是稳定开挖面上的局部土体，防止其崩落和受到侵蚀。临时性土钉支护的面层通常用 50～150mm 厚的钢筋网喷射混凝土，混凝土强度等级不低于 C20。钢筋网常用 $\phi6$～$\phi8$ 的钢筋焊成 15～30cm 方格网片。永久性土钉墙支护面层厚度为 150～250mm，设两层钢筋网，分两次喷成。

2. 土钉墙支护的施工

土钉墙支护的成功与否不仅与结构设计有关，而且在很大程度上取决于施工方法、施工工序和施工速度，设计与施工的紧密配合是土钉墙支护成功的重要环节。

土钉墙支护施工设备主要有钻孔设备、混凝土喷射机及注浆泵。

土钉墙支护施工应按设计要求自上而下、分层分段进行。土钉墙施工工艺流程及技术要点如下：

（1）开挖、修坡。土方开挖用挖掘机作业，挖掘机开挖应离预定边坡线 0.4m 以上，以保证土方开挖少扰动边坡壁的原状土，一次开挖深度由设计确定，一般为1.0～2.0m，土质较差时应小于0.75m。正面宽度不宜过长，开挖后，用人工及时修整。边坡坡度不宜大于10∶1。

（2）在开挖面上进行土钉施工。

1）成孔。按设计规定的孔径、孔距及倾角成孔，孔径宜为70～120mm。成孔方法有洛阳铲成孔和机械成孔。成孔后及时将土钉（连同注浆管）送入孔中，沿土钉长度每隔2.0m设置一对中支架。

2）设置土钉。土钉的置入可分为钻孔置入、打入或射入方式。最常用的是钻孔注浆型土钉。钻孔注浆土钉是先在土中成孔，置入变形钢筋或钢管，然后沿全长注浆填孔。打入土钉是用机械（振动冲击钻、液压锤）将角钢、钢筋或钢管打入土体。打入土钉不注浆，与土体接触面积小，钉长受限制，所以布置较密。其优点是不需预先钻孔，施工较为快速。射入土钉是用高压气体作动力，将土钉射入土体。射入钉的土钉直径和钉长受一定限制，但施工速度更快。注浆打入钉是将周围带孔、端部密闭的钢管打入土体后，从管内注浆，并透过壁孔将浆体渗到周围土体。

3）注浆。注浆时先高速低压从孔底注浆，当水泥浆从孔口溢出后，再低速高压从孔口注浆。水泥浆、水泥砂浆应拌和均匀，随伴随用，一次拌和的浆液应在初凝前用完。注浆前应将孔内的杂土清除干净；注浆开始或中途停止超过30min时，应用水或稀水泥浆润滑注浆泵及其管路；注浆时，注浆管应插至距孔底250～500mm处，孔口宜设置止浆塞及排气管。

4）绑钢筋网，焊接土钉头。层与层之间的竖筋用对钩连接，竖筋与横筋之间用扎丝固定，土钉与加强钢筋或垫板施焊。

5）喷射混凝土面层。

6）继续向下开挖有限深度，并重复上述步骤。这里需要注意第一层土钉施工完毕后，等注浆材料达到设计强度的70%以上，方可进行下层土方开挖。按此循环，直至坑底标高，最后设置坡顶及坡底排水装置。

当土质较好时，也可采取如下顺序：确定基坑开挖边线→按线开挖工作面→修整边坡→埋设喷射混凝土厚度控制标志→放土钉孔位线并做标志→成孔→安设土钉、注浆→绑扎钢筋网，土钉与加强钢筋或承压板连接，设置钢筋网垫块→喷射混凝土→下一层施工。

2.3.2.6　逆作法支护

逆作法施工是以地面为起点，先建地下室的外墙和中间支撑桩，然后由上而下逐层建造梁、板或框架，利用它们做水平支撑系统，进行下部地下工程的结构施工。这种地下室施工不同于传统方法的先开挖土方到底，浇筑底板，然后自下而上逐层施工的方法，故称为逆作法，如图2.22所示。与传统的施工方法相比，用逆作法施工多层地下室具有可节省支护结构的支撑，可以缩短工程施工的总工期，使基坑变形减小，相邻建筑物等沉降少等优点。逆作法施工可分为封闭式逆作法施工（又称全逆作法施工）和开敞式逆作法施工（又称半逆作法施工），具体选用哪种施工方法，需根据结构体系、基础选型、建筑物周围环境以及施工机具与施工经验等因素确定。

在土方开挖之前，先浇筑地下连续墙，作为该建筑的基础墙或基坑支护结构的围护墙，同时在建筑物内部浇筑或打下中间支撑柱（又称中支桩）。然后开挖土方至地下一层顶面底

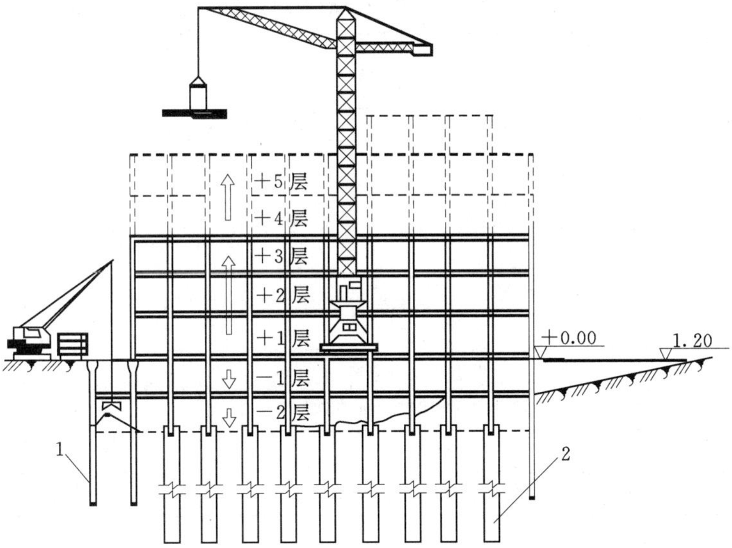

图 2.22　逆作法施工示意图

1—地下连续墙；2—中间撑桩

的标高处，浇筑该层的楼盖结构（留有部分工作面），这样已完成的地下一层顶面楼盖结构即作为周围地下连续墙的水平支撑。然后由上向下逐层开挖土方和浇筑各层地下结构，直至底板封底。同时，由于地面一层的楼面结构已完成，为上部结构施工创造了条件，这样可以同时向上逐层进行地上结构的施工。

开敞式逆作法即在地面以下，从地面开始向地下室底面施工。地下部分施工方法与封闭式逆作法相同，只是不同时施工地上部分。

2.3.3　基坑降水排水

2.3.3.1　降水方法、类别及适用条件

基坑的排水降水方法很多，一般常用的有明式排水法和井点降水法两类。

（1）明式排水法是在基坑开挖过程中，在坑底设置集水井，并沿坑底的周围或中央开挖排水沟，使水流入集水井内，然后用水泵抽出坑外。明式排水法包括普通明沟排水法和分层明沟排水法。

（2）井点降水法是在基坑的周围埋下深于基坑底的井点或管井，以总管连接抽水，使地下水位下降形成一个降落漏斗，并降低到坑底以下 0.5～1.0m，从而保证可在干燥无水的状态下挖土，不但可防止流砂、基坑边坡失稳等问题，而且便于施工。井点降水方法的种类有单层轻型井点、多层轻型井点、喷射井点、电渗井点、管井井点、深井井点等。

井点降水法可根据土的种类，透水层位置、厚度，土的渗透系数，水的补给源，井点布置形式，要求降水深度，邻近建筑，管线情况，工程特点，场地及设备条件以及施工技术水平等情况比较，作出经济和节能的选择，选用一种或两种，或井点降水与明沟排水综合使用，可参照表 2.4。

一般来讲，当土质情况良好、土的降水深度不大时，可采用单层轻型井点；当降水深度超过 6m，且土层垂直渗透系数较小时，宜用二级轻型井点或多层轻型井点，或在坑中另布置井点，以分别降低上层土及下层土的水位。当土的渗透系数小于 0.1m/d 时，可在一侧增

表 2.4 各类井点降水法的适用范围

井点降水法类型	土层渗透系数/(m/d)	降低水位深度/m	适用土层种类
单层轻型井点	0.1～80	3～6	粉砂、砂质粉土、黏质粉土、含薄层粉砂层的粉质黏土
多层轻型井点	0.1～80	6～12（由井点级数决定）	粉砂、砂质粉土、黏质粉土、含薄层粉砂层的粉质黏土
喷射井点	0.1～50	8～20	粉砂、砂质粉土、黏质粉土、粉质黏土、含薄层粉砂层的淤泥质粉质黏土
电渗井点	≤0.1	根据阴极井点确定（宜配合其他形式降水使用）	淤泥质粉质黏土、淤泥质黏土
管井井点	20～200	3～5	各种砂土、砂质粉土
深井井点	10～80	≥10或降低深部地层承压水头	各种砂土、砂质粉土

加电极，改用电渗井点降水；如土质较差，降水深度较大，采用多层轻型井点设备增多，土方量增大，经济效率低，采用喷射井点较为适宜；如果降水深度不大，土的渗透系数大，涌水量大，降水时间长，可选用管井井点；如果降水很深，涌水量大，土层复杂多变，降水时间很长，此时宜选用深井井点，最为有效而经济。当各种井点降水方法影响邻近建筑物产生不均匀沉降和使用安全，应采用回灌井点或在基坑有建筑物一侧采用旋喷桩加固土壤和防渗，对侧壁和坑底进行加固处理。

2.3.3.2 基坑明式排水法

1. 普通明沟排水法

普通明沟排水法是采用截、疏、抽的方法进行排水，即在开挖基坑时，沿坑底周围或中央开挖排水沟，再在沟底设置集水井，使基坑内的水经排水沟流入集水井内，然后用水泵抽出坑外，如图 2.23 和图 2.24 所示。

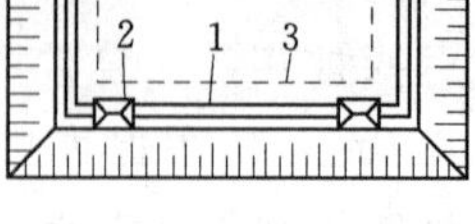

图 2.23 坑内明沟排水

1—排水沟；2—集水井；3—基础外边线

图 2.24 集水井降水

1—基坑；2—水泵；3—集水井；4—排水坑

根据地下水量、基坑平面形状及水泵的抽水能力，每隔 30～40m 设置一个集水井。集水井的截面一般为 0.6m×0.6m～0.8m×0.8m，其深度随着挖土的加深而加深，并保持低于挖土面 0.8～1.0m，井壁可用竹笼、砖圈、木枋或钢筋笼等作简易加固；当基坑挖至设计标高后，井底应低于坑底 1～2m，并铺设 0.3m 碎石滤水层，以免由于抽水时间较长而将泥砂抽出，并防止井底的土被搅动。一般基坑排水沟深 0.3～0.6m，底宽应不小于 0.3m，排水沟的边坡为 1.1～1.5m，沟底设有 0.2%～0.5%的纵坡，其深度随着挖土的加深而加深，并保持水流的畅通。基坑四周的排水沟及集水井必须设置在基础范围以外以及地下水流的上游。

集水坑排水所用机具主要为离心泵、潜水泵和软轴泵。选用水泵类型时，一般取水泵的排水量为基坑涌水量的 1.5～2.0 倍。

2. 分层明沟排水法

基坑较深，开挖土层由多种土壤组成。中部夹有透水性强的砂类土壤时，为避免上层地下水冲刷下部边坡，造成塌方，可在基坑边坡上设置 2～3 层明沟及相应的集水井，分层阻截土层中的地下水，如图 2.25 所示。这样一层一层地加深排水沟和集水井，逐步达到设计要求的基坑断面和坑底标高，其排水沟与集水井的设置及基本构造基本与普通明沟排水法相同。

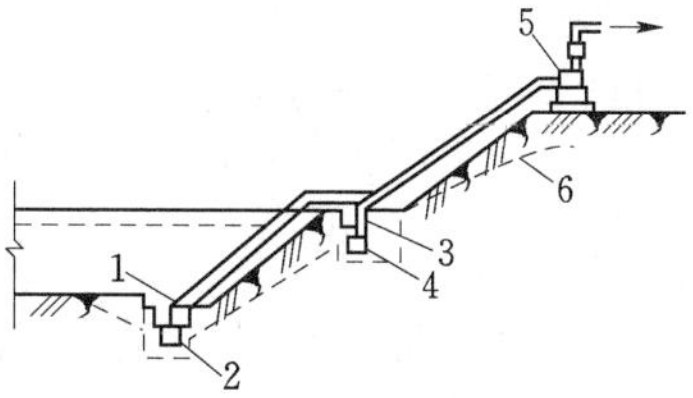

图 2.25　分层明沟排水
1—底层排水沟；2—底层集水井；3—二层排水沟；4—二层集水井；5—水泵；6—水位降低线

2.3.3.3　人工降水

1. 轻型井点

轻型井点降低地下水位是沿基坑周围以一定的间距埋入井点管（下端为滤管），在地面上用水平铺设的集水总管将各井点管连接起来，在一定位置设置离心泵和水力喷射器。离心泵驱动工作水，当水流通过喷嘴时形成局部真空，地下水在真空吸力的作用下经滤管进入井管，然后经集水总管排出，从而降低了水位。

（1）设备。

轻型井点系统由井点管、连接管、集水总管及抽水设备等组成，如图 2.26 所示。

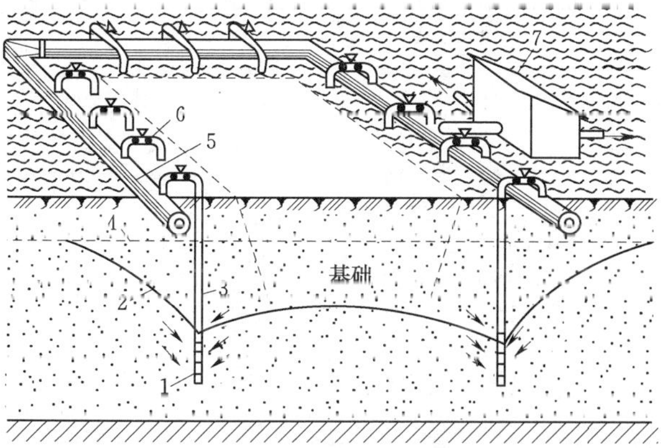

图 2.26　轻型井点降低地下水位全貌示意图
1—滤管；2—降低各地下水位线；3—井点管；4—原有地下水位线；5—总管；6—弯联管；7—水泵房

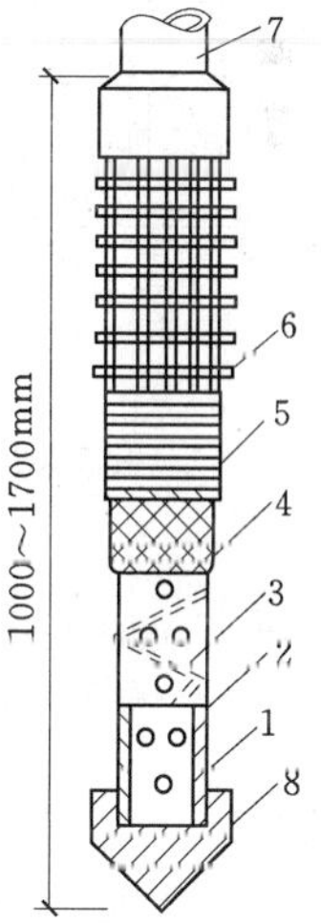

图 2.27　滤管构造
1—钢管；2—管壁上的小孔；3—缠绕的塑料管；4—细滤网；5—粗滤网；6—粗铁丝保护网；7—井点管；8—铸铁头

1）井点管。井点管多用无缝钢管，长度一般为5～7m，用直径为38～55mm的钢管。井点管的下端装有滤管和管尖，其构造如图2.27所示。滤管直径常与井点管直径相同，长度为1.0～1.7m，管壁上钻有直径为12～18mm的星棋状排列滤孔。管壁外包两层滤网，内层为细滤网，采用30～50孔/cm的黄铜丝布或生丝布，外层为粗滤网，采用8～10孔/cm的铁丝布或尼龙丝布。常用的滤网类型有方织网、斜织网和平织网。一般在细砂中适宜采用平织网，中砂中宜采用斜织网，粗砂、砾石中则用方织网。为避免滤孔淤塞，在管壁与滤网间用铁丝绕成螺旋形隔开，滤网外面再围一层8号粗铁丝保护网。滤管下端放一个锥形铸铁头以利井管插埋。井点管的上端用弯管接头与总管相连。

2）连接管与集水总管。连接管用胶皮管、塑料透明管或钢管弯头制成，直径为38～55mm。每个连接管均宜装设阀门，以便检修井点。集水总管一般用直径为100～127mm的钢管分布连接，每节长约4m，其上装有与井点管相连接的短接头，间距0.8m或1.6m或2.2m。

3）抽水设备。现在多使用射流泵井点，如图1.28所示。射流泵采用离心泵驱动工作水运转，当水流通过喷嘴时，由于截面收缩，流速突然增大而在周围产生真空，把地下水吸出，而水箱内的水呈一个大气压的天然状态。射流泵能产生较高真空度，但排气量小，稍有漏气则真空度易下降，因此它带动的井点管根数较少。但它耗电少、重量轻、体积小、机动灵活。

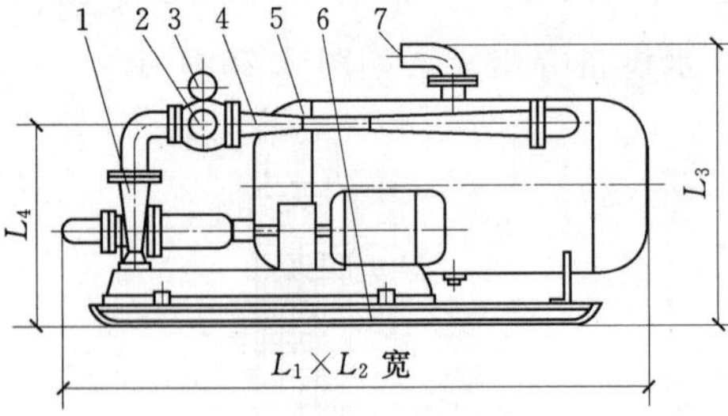

(a)射流泵机组图

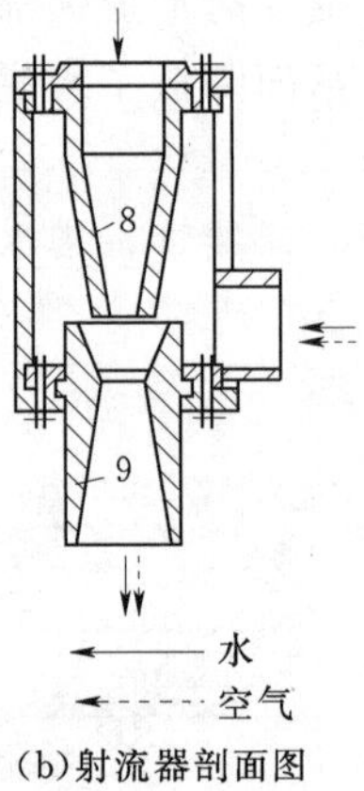

(b)射流器剖面图

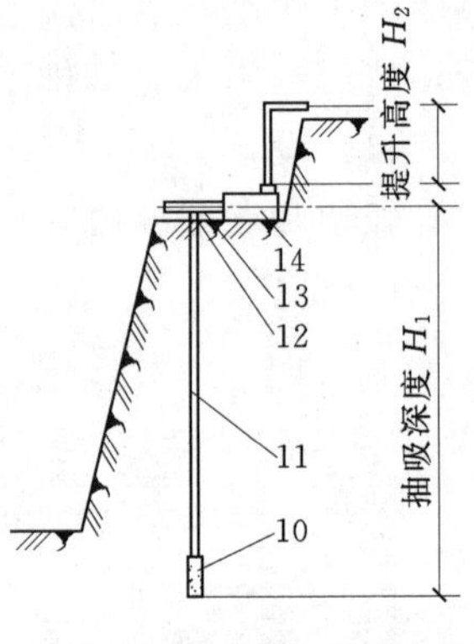

(c)现场布置示意图

图2.28 射流泵井点系统工作简图

1—离心泵；2—进水口；3—真空表；4—射流器；5—水箱；6—底座；7—出水口；8—喷嘴；9—喉管；10—滤水管；11—井点管；12—软管；13—总管；14—机组

（2）布置。

轻型井点系统的布置，应根据基坑平面形状及尺寸、基坑的深度、土质、地下水位及流向、降水深度等因素确定。设计时主要考虑平面和高程两个方面。

当基坑或沟槽宽度小于6m，降水深度不超过5m时，可采用单排井点，将井点管布置在地下水流的上游一侧，两端延伸长度不小于坑槽宽度，如图2.29所示；反之，则应采用双排井点，位于地下水流上游一排井点管的间距应小些，下游一排井点管的间距可大些。当基坑面积较大时，则应采用环形井点，如图2.30所示。井点管距离基坑壁不应小于1～1.5m，间距一般为0.8～1.6m。

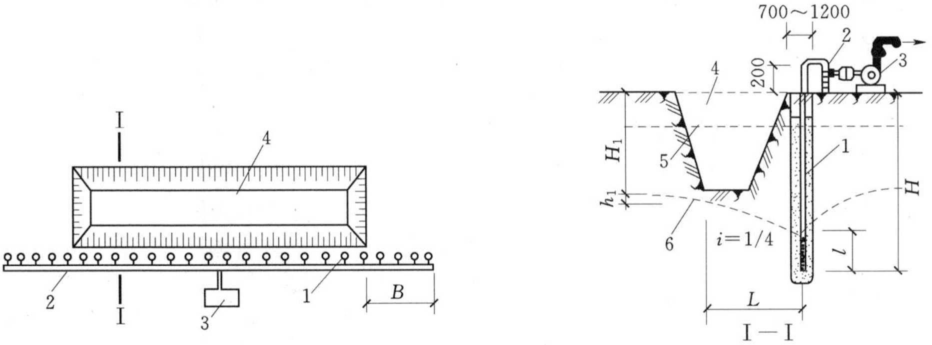

(a)平面布置图　　(b)剖视图

图 2.29　单排井点布置图（单位：mm）

1—井点管；2—集水总管；3—抽水设备；4—基坑；5—原地下水位线；6—降低后地下水位

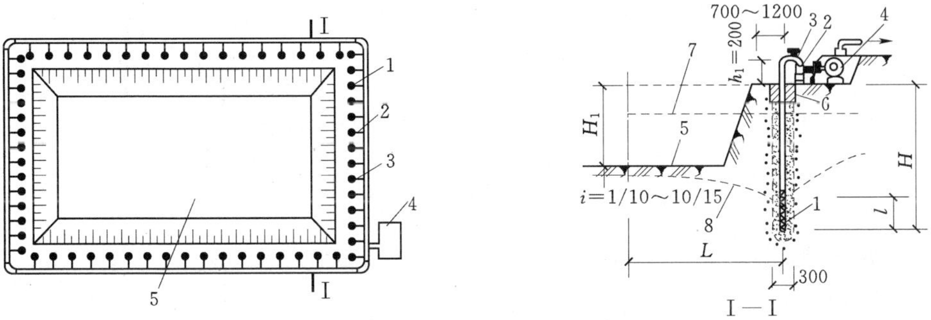

(a)平面布置图　　(b)剖视图

图 2.30　环形井点布置图（单位：mm）

1—井点；2—集水总管；3—弯联管；4—抽水设备；5—基坑；

6—填黏土；7—原地下水位线；8—降低后地下水位线

(3) 施工工艺。

井点施工工艺包括以下步骤：定位放线→铺设总管→冲孔→安装井点管→添砂砾滤料、黏土封口→用弯联管接通井点管与总管→安装抽水设备并与总管接通→安装集水箱和排水管→真空泵排气→离心水泵抽水→测量观测井中地下水位变化。

1）准备工作。根据工程情况与地质条件，确定降水方案，进行轻型井点的设计计算。根据设计准备所需的井点设备、动力装置、井点管、滤管、集水总管及必要的材料。施工现场准备工作包括排挖水沟、泵站的处理等。对于在抽水影响半径范围内的建筑物及地下管线应设置监测标点，并准备好防止沉降的措施。

2）井点管的埋设。井点管的埋设一般用水冲法进行，并分为冲孔与埋管填料两个过程。冲孔时先用起重设备将直径为 50～70mm 的冲管吊起，并插在井点埋设位置上，然后开动高压水泵（一般压力为 0.6～1.2MPa），将土冲松，如图 2.31（a）所示。冲孔时冲管应垂直插入土中，并做上下左右摆动，以加速土体松动，边冲边沉。冲孔直径一般为 250～300mm，以保证井管周围有一定厚度的砂滤层。冲孔深度宜比滤管底深 0.5～1.0m，以防冲管拔出时，部分土颗粒沉淀于孔底而触及滤管底部。

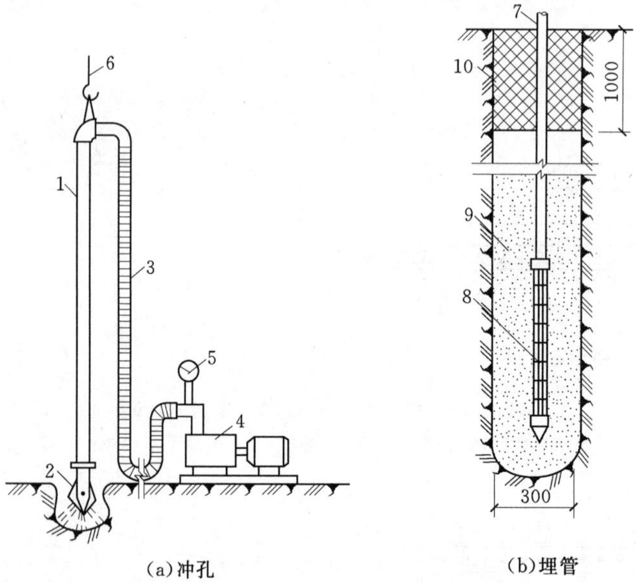

图 2.31　水冲法井点管（单位：mm）

1—冲管；2—冲嘴；3—胶管；4—高压水泵；5—压力表；6—起重机吊钩；7—井点管；8—滤管；9—填砂；10—黏土封口

在埋设井点时，冲孔是一个重要的环节，冲水压力不宜过大或过小。当冲孔达到设计深度时，须尽快减低水压。

井孔冲成后，应立即拔出冲管，插入井点管，并在井点管与孔壁之间迅速填灌砂滤层，以防孔壁塌土，如图 2.31（b）所示。砂滤层一般选用干净粗砂，填灌均匀，并填至滤管顶上部 1.0～1.5m，以保证水流通畅。井点填好砂滤料后，须用黏土封好井点管与孔壁间的上部空间，以防漏气。

3）连接与试抽。将井点管、集水总管与水泵连接起来，形成完整的井点系统。安装完毕，需进行试抽，以检查是否有漏气现象。开始正式抽水后，一般不宜停抽，时抽时停，滤网易堵塞，也易抽出土颗粒，使水混浊，并引起附近建筑物由于土颗粒流失而沉降开裂。正常的降水是细水长流、出水澄清。

4）井点运转与监测。井点运行后要连续工作，应准备双电源以保证连续抽水。真空度能判断井点系统是否运行良好，一般应不低于 55.3～66.7kPa。如真空度不够，通常是由于管路漏气，应及时修复。如果通过检查发现淤塞的井点管太多，严重影响降水效果时，应逐个用高压水反冲洗或拔出重新埋设。

井点运行过程中应加强监测，井点监测项目包括流量观测、地下水位观测、沉降观测三方面。

流量观测可用流量表或堰箱。若发现流量过大而水位降低缓慢甚至降不下去时，可考虑改用流量较大的水泵；若流量较小而水位降低较快则可改用小型水泵以免离心泵无水发热，并可节约电力。

地下水位观测井的位置和间距可按设计需要布置，可用井点管作为观测井。在开始抽水时，每隔 4～8h 测 1 次，以观测整个系统的降水效果。3d 后降水达到预定标高前，每日观测 1～2 次。地下水位降到预定标高后，可数日或一周测 1 次，但若遇下雨，须加密观测。

在抽水影响范围内的建筑物和地下管线，应进行沉降观测。观测次数一般每天 1 次，在异常情况下须加密观测，每天不少于 2 次。

2. 喷射井点

当基坑开挖所需降水深度超过 8m 时，一层轻型井点就难以收到预期的降水效果，这时如果场地许可，可以采用两层甚至多层轻型井点增加降水深度，达到设计要求。但是这样会增加基坑土方施工工程量，增加降水设备用量并延长工期，也扩大了井点降水的影响范围而对环境保护不利。因此，当降水深度超过 8m 时，宜采用喷射井点。

（1）喷射井点设备。

根据工作流体的不同，喷射井点可分为喷水井点和喷气井点两种。两者的工作原理是相同的。喷射井点系统主要由喷射井点管、高压水泵（或空气压缩机）和管路系统组成，如图 2.32 所示。

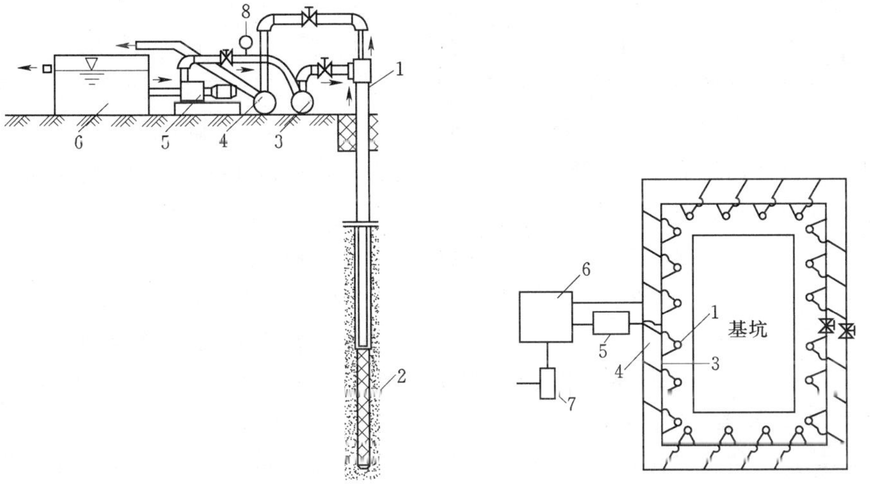

(a)喷射井点设备简图　　(b)喷射井点平面布置图

图 2.32　喷射井点布置图

1—喷射井管；2—滤管；3—供水总管；4—排水总管；5—高压离心水泵；6—水箱；7—排水泵；8—压力表

1）喷射井点管。喷射井点管由内管和外管组成，在内管的下端装有喷射扬水器与滤管相连，如图 2.33 所示。当喷射井点工作时，由地面高压离心水泵供应的高压工作水经过内外管之间的环形空间直达底端，在此处工作流体由特制内管的两侧进水孔至喷嘴喷出，在喷嘴处由于断面突然收缩变小，使工作流体具有极高的流速，在喷口附近造成负压，将地下水经过滤管吸入，吸入的地下水在混合室与工作水混合，然后进入扩散室，水流在强大压力的作用下把地下水同工作水一同扬升出地面，经排水管道系统排至集水池或水箱，一部分用低压泵排走；另一部分供高压水泵压入井管外管内作为工作水流。如此循环作业，将地下水不断从井点管中抽走，使地下水逐渐下降，达到设计要求的降水深度。

2）高压水泵。高压水泵一般可采用流量为 50～80m^3/h、压力为 0.7～0.8MPa 的多级高压水泵，每套约能带动 20～30 根井管。

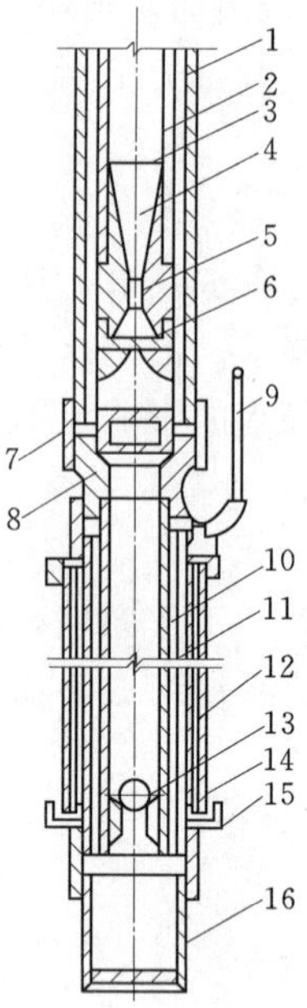

图2.33　喷射井点管构造

1—外管；2—内管；3—喷射器；4—扩散管；5—混合管；6—喷嘴；7—缩节；8—连接座；9—真空测定管；10—滤管芯管；11—滤管有孔套管；12—滤管外缠滤网及保护网；13—逆止球阀；14—逆止阀座；15—护套；16—沉泥管

3）管路系统。管路系统包括进水、排水总管（直径150mm，每套长度60m）、接头、阀门、水表、溢流管、调压管等管件、零件及仪表。

喷射井点用作深层降水，应用在渗透系数在0.1～20m/s的粉土、极细砂和粉砂中较为适用。在较粗的砂粒中，由于出水量较大，循环水流不经济，这时宜采用深井泵。一般一级喷射井点可降低地下水位8～20m，甚至高于20m。

（2）喷射井点设计。

喷射井点在设计时其管路布置和剖面布置与轻型井点基本相同。基坑面积较大时，采用环形布置，如图2.33所示；基坑宽度小于10m时采用单排线型布置；大于10m时作双排布置。喷射井管间距一般为3～6m。当采用环形布置时，进出口（道路）处的井点间距可扩大为5～7m。每套井点的总管数应控制在30根左右。

（3）喷射井点施工工艺及要点。

喷射井点施工工艺为：泵房设置→安装进、排水总管→水冲或钻孔成井→安装喷射井点管、填滤管→接通进、排水总管，并与高压水泵或空气压缩机接通→将各井点管的外管管口与排水管接通，并通过循环水箱→启动高压水泵或空气压缩机抽水→离心水泵排除循环水箱中多余的水→测量观测井中地下水位变化。

喷射井点的施工要点如下。

1）喷射井点管埋设方法与轻型井点相同，其成孔直径为400～600mm。为保证埋设质量，宜用套管法冲孔加水及压缩空气排泥，当套管内含泥量经测定小于5%时，下井管及灌砂，然后再拔套管。对于10m以上的喷射井点管，宜用吊车下管。下井管时，水泵应先开始运转，以便每下好一根井点管立即与总管接通，然后及时进行单根试抽排泥，让井管内出来的泥浆从水沟排出。

2）全部井点管埋设完毕后，再接通回水总管全面试抽，然后使工作水循环，进行正式工作。各套进水总管均应用阀门隔开，各套回水管应分开。

3）为防止喷射器损坏，安装前应对喷射井管逐根冲洗，开泵压力要小些（不大于0.3MPa），以后再将其逐步开足。如果发现井点管周围有翻砂、冒水现象，应立即关闭井管检修。

4）工作水应保持清洁，试抽2d后，应更换清水，以后视水质污浊程度定期更换清水，以减轻对喷嘴及水泵叶轮的磨损。

（4）喷射井点的运转和保养。

喷射井点比较复杂，在井点安装完成后，必须及时试抽，及时发现和消除漏气和“死井”。在其运转期间，需进行监测以了解装置性能，及时观测地下水位变化；测定井点抽水量，通过地下水量的变化，分析降水效果及降水过程中出现的问题；测定井点管真空度，检查井点工作是否正常。此外，还可通过听、摸、看等方法来检查：

听——有上水声是好井点，无声则可能井点已被堵塞；

摸——手摸管壁感到振动，另外，冬天热而夏天凉为好井点，反之则为坏井点；

看——夏天湿、冬天干的井点为好井点。

3. 电渗井点

在渗透系数小于0.1m/d的黏土或淤泥中降低地下水位时，比较有效的方法是电渗井点排水。

电渗井点排水的原理如图2.34所示，以井点管作负极，以打入的钢筋或钢管作正极，当通以直流电后，土颗粒即自负极向正极移动，水则自正极向负极移动而被集中排出。土颗粒的移动称电泳现象，水的移动称电渗现象，故名电渗井点。

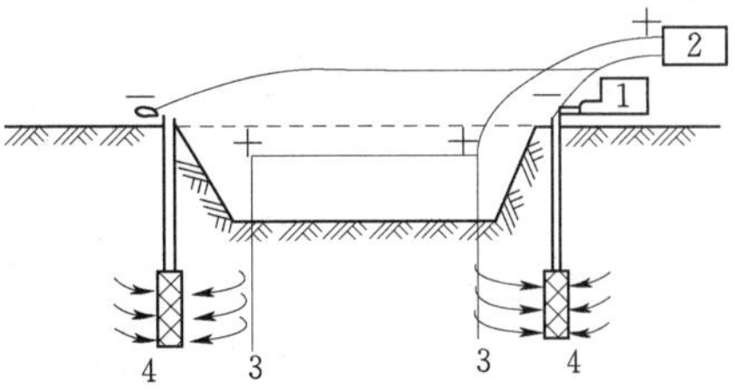

图2.34 电渗井点排水示意图

1—水泵；2—直流发电机；3—钢管；4—井点

电渗井点的施工要点如下：

(1) 电渗井点埋设程序，一般是先埋设轻型井点或喷射井点管，预留出布置电渗井点阳极的位置，待轻型井点或喷射井点降水不能满足降水要求时，再埋设电渗阳极，以改善降水效果。阳极埋设可用75mm旋叶式电钻钻孔埋设，钻进时加水和高压空气循环排泥，阳极就位后，利用下一钻孔排出泥浆倒灌填孔，使阳极与土接触良好，减少电阻，以利电渗。如深度不大，可用锤击法打入。阳极埋设必须垂直，严禁与相邻阴极相碰，以免造成短路，损坏设备。

(2) 通电时，工作电压不宜大于60V，电压梯度可采用50V/m，土中通电的电流密度宜为0.5～1.0A/m^2。为避免大部分电流从土表面通过，降低电渗效果，通电前应清除井点管与阳极间地面上的导电物质，使地面保持干燥，如涂一层沥青绝缘效果更好。

(3) 通电时，为消除由于电解作用产生的气体积聚于电极附近，使土体电阻增大，而加大电能的消耗，宜采用间隔通电法，每通电22h，停电2h，然后再通电，依此类推。

(4) 在降水过程中，应对电压、电流密度、耗电量及观测孔水位等进行量测记录。

4. 深井井点

深井井点降水的工作原理是利用深井进行重力集水，在井内用长轴深井泵或井内用潜水泵进行排水以达到降水或降低承压水压力的目的。深井井点适用于渗透系数较大（$K \geqslant 200$m/d）、涌水量大、降水较深（可达50m）的砂土、砂质粉土，及用其他井点降水不易解决的深层降水。深井井点的降水深度不受吸程限制，由水泵扬程决定，在要求水位降低大于5m，或要求降低承压水压力时，排水效果好。井距大，对施工平面布置干扰小。

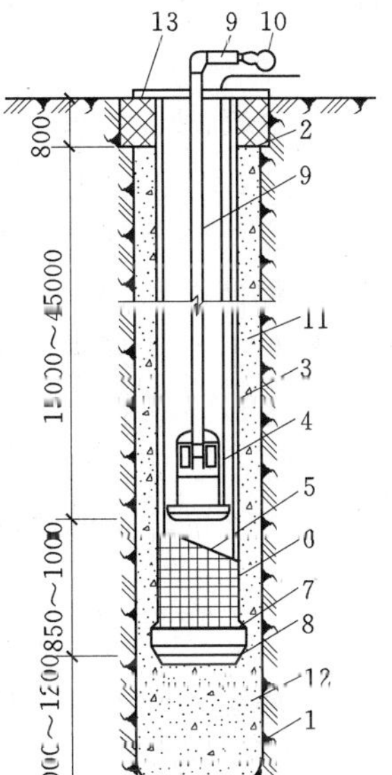

图2.35 深井井点构造示意图（单位：mm）

1—井孔；2—井口（黏土封口）；3—ϕ300井管；4—潜水泵；5—过滤段（内填碎石）；6—滤网；7—导向段；8—开孔底板（下铺滤网）；9—ϕ50出水管；10—ϕ50～ϕ75出水总管；11—小砾石或中粗砂；12—中粗砂；13—钢板井盖

(1) 深井井点设备。深井井点系统由深井、井管和深井泵（或潜水泵）组成，如图2.35所示。

(2) 深井井点布置。对于采用坑外降水的方法，深井井点

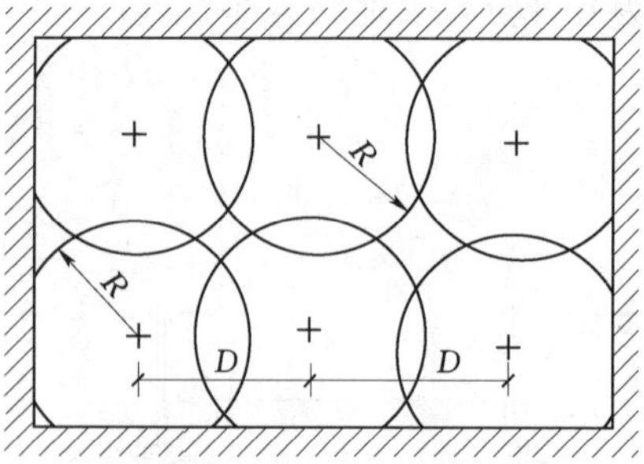

图 2.36 坑内降水井点布置示意图
R—抽水影响半径；D—井点间距

的布置根据基坑的平面形状及所需降水深度，沿基坑四周呈环形或直线型布置，井点一般沿工程基坑周围离开边坡上缘 0.5～1.5m 布置，井距一般为 30m 左右。当采用坑内降水时，同样可按棋盘状点状方式布置，如图 2.36 所示，根据单井涌水量、降水深度及影响半径等确定井距，在坑内呈棋盘形点状布置。一般井距为 10～30m。井点宜深入到透水层 6～9m，通常还应比所应降水深度深 6～8m。

(3) 深井井点施工程序及要点：

1) 井位放样、定位。

2) 做井口，安放护筒。井管直径应大于深井泵最大外径 50mm，钻孔孔径应大于井管直径 300mm 以上。安放护筒以防孔口塌方，并为钻孔起到导向作用。做好泥浆沟与泥浆坑。

3) 钻机就位、钻孔。深井的成孔方法可采用冲击钻、回转钻、潜水电钻等，用泥浆护壁或清水护壁法成孔。清孔后回填井底砂垫层。

4) 吊放深井管与填滤料。井管应安放垂直，过滤部分应放在含水层范围内。井管与土壁间填充粒径大于滤网孔径的砂滤料。填滤料要一次连续完成，从底填到井口下 1m 左右，上部采用黏土封口。

5) 洗井。若水较混浊，含有泥砂、杂物会增加泵的磨损，减少寿命或使泵堵塞，可用空压机或旧的深井泵来洗井，使抽出的井水清洁后，再安装新泵。

6) 安装抽水设备及控制电路。安装前应先检查井管内径、垂直度是否符合要求。安放深井泵时，用麻绳吊入滤水层部位，并安放平稳，然后接电动机电缆及控制电路。

7) 试抽水。深井泵在运转前，应用清水预润（清水通入泵座润滑水孔，以保证轴与轴承的预润)。检查电气装置及各种机械装置，测量深井的静、动水位。达到要求后，即可试抽，一切满足要求后，再转入正常抽水。

8) 降水完毕拆除水泵、拔井管、封井。降水完毕，即可拆除水泵，用起重设备拔除井管。拔出井管所留的孔洞用砂砾填实。

5. 降水对环境的影响及防治措施

井点降水时，井点管周围含水层的水不断流向滤管。在无承压水等环境条件下，经过一段时间之后，在井点周围形成漏斗状的弯曲水面，即“降水漏斗”曲线。经过几天或几周后，降水漏斗渐趋稳定。降水漏斗范围内的地下水位下降后，就必然会造成地基固结沉降。由于降水漏斗不是平面，因而产生的沉降也是不均匀的。在实际工程中，由于井点管滤网和砂滤层结构不良，把土层中的细颗粒同地下水一同抽出，就会使地基不均匀沉降加剧，造成附近建筑物及地下管线不同程度的损坏。

在基坑降水开挖中，为了防止邻近建筑物受影响，可采用以下措施：

(1) 井点降水时应减缓降水速度，均匀出水，勿使土粒带出。降水时要随时注意抽出的地下水是否混浊。抽出的水中带走细颗粒，不但会增加周围地面的沉降，而且会使井管堵塞、井点失效。为此，应选用合适的滤网与回填的砂滤料。

(2) 井点应连续运转，尽量避免间歇和反复抽水，以减小在降水期间引起的地面沉降量。

(3) 降水场地外侧设置挡水帷幕，减小降水影响范围。降水场地外侧设置一圈挡水帷幕，切断“降水漏斗”曲线的外侧延伸部分，减小降水影响范围。一般挡水帷幕底面应在降落后的水位线2m以下。常用的挡水帷幕可采用地下连续墙、深层水泥土搅拌桩等。

(4) 设置回灌水系统，保护邻近建筑物与地下管线。回灌水系统包括回灌井、回灌沟。

6. 基坑外地面排水

基坑（槽）形成以后，地下水渗透流量相应增大，基坑边坡和底部的动水压力加大，容易引起管涌或流土，造成塌坡和基坑底隆起的严重后果。因此，在整个基础工程施工期间，应进行周密的排水系统的布置、渗透流量的计算和排水设备的选择，并注意观察基坑边坡和基坑底面的变化，保证基坑工作顺利进行。基坑排水主要包括基坑外地面排水和坑内排水。

地面水的排除一般采用排水沟、截水沟、挡水土坝等措施。应尽量利用自然地形来设置排水沟，使水直接排至场外，或流向低洼处再用水泵抽走。主排水沟最好设置在施工区域的边缘或道路的两旁，其横断面和纵向坡度应根据最大流量确定。一般排水沟的横断面不小于0.5m×0.5m，纵向坡度一般不小于3：1000。平坦地区，如排水困难，其纵向坡度不应小于2：1000，沼泽地区坡度可减至1：1000。场地平整过程中，要注意使排水沟保持畅通。

山区的场地平整施工，应在较高一面的山坡上开挖截水沟。在低洼地区施工时，除开挖排水沟外，必要时应修筑挡水土坝，以阻挡雨水的流入。

单 元 小 结

土方工程有场地平整、基坑（基槽）与管沟开挖、地坪填土、路基填筑及基坑回填等。土方工程施工包括土（石）的挖掘、运输、填筑、平整和压实等施工过程，以及排水、降水和土壁支撑等准备工作与辅助工作。土方工程量大，施工条件复杂，施工中受气候条件、工程地质条件和水文地质条件影响很大，施工前必须制定合理的施工方案。

土方工程施工中，根据土体开挖的难易程度将土分为松软土、普通土、坚土、砂砾坚土、软石、次坚石、坚石、特坚石8类。土的工程性质有土的含水量、土的质量密度、土的可松性和土的渗透性，土的工程性质对土方工程施工有着直接影响，也是进行土方施工方案确定的基本资料。

场地平整土方量的计算有方格网法和断面法两种。断面法是将计算场地划分成若干横截面后逐段计算，最后将逐段计算结果汇总。断面法计算精度较低，可用于地形起伏变化较大、断面不规则的场地。当场地地形较平坦时，一般采用方格网法。

土方工程施工包括土方开挖、运输、填筑和压实等。由于土方工程量大，劳动繁重，施工时应尽量采用机械化施工，以减少繁重的体力劳动，加快施工进度。

填土的压实方法有碾压法、夯实法和振动压实法。填土压实的质量与许多因素有关，其中主要影响因素有压实功、土的含水量以及每层铺土厚度。

拓 展 讨 论

党的二十大报告提出，尊重自然、顺应自然、保护自然，是全面建设社会主义现代化国家的内在要求。必须牢固树立和践行绿水青山就是金山银山的理念，站在人与自然和谐共生的高度谋划发展。

请思考：土方工程施工如何顺应自然、保护自然，做到绿色施工？

习　题

1. 人工降低地下水位的方法有哪些？适用范围如何？

2. 轻型井点系统的布置方案有哪些？

3. 单斗挖土机有哪几种类型？其工作特点和适用范围如何？正铲、反铲挖土机开挖方式有哪几种？如何选择？

4. 填土压实有哪几种方法？各有什么特点？影响填土压实的主要因素有哪些？

5. 什么是土的最佳含水量？土的含水量和控制干密度对填土压实质量有何影响？

单元3　地基与基础工程施工

教学目标：了解地基局部处理和软土地基加固的方法，熟悉常见浅基础的构造并掌握其施工要点，掌握预制桩和灌注桩的施工方法，了解地下连续墙、箱形基础的基本构造。掌握制定地基加固处理方案及锤击沉入预制桩、现场灌注桩施工方案，学会分析基础施工中常见质量缺陷及质量问题。

课题3.1　地　基　处　理

3.1.1　灰土地基施工

3.1.1.1　概述

灰土地基是将基础底面下要求范围内的软弱土层挖去，用一定比例的石灰和土，在最优含水量情况下充分搅拌，分层回填夯实或压实而成。

灰土地基具有一定的强度、水稳定性和抗渗性，施工工艺简单，取材容易，费用较低，是一种应用广泛、经济、实用的地基加固方法。适用于加固深1～4m厚的软弱土、湿陷性黄土、杂填土等，还可用作结构的辅助防渗层。

3.1.1.2　材料要求

灰土地基是采用石灰与土料的拌和料经压实而成。灰土地基对材料的主要要求有：

1. 土料

采用就地挖掘的黏性土及塑性指数大于14的粉土。土内不能含有松软杂质和耕植土。土料应过筛，其颗粒不大于15mm。严禁采用冻土、膨胀土、盐渍土等活动性较强的土料。

2. 石灰

应用三级以上新鲜的块灰，氧化钙、氧化镁含量越高越好。使用前1～2d消解并过筛，其颗粒不得大于5mm，且不应夹有未熟化的生石灰块粒及其他杂质，也不能含有过多水分。

灰土的配合比采用体积比，除设计有特殊要求外，一般为2∶8或3∶7。基础地基灰应严格控制配合比。拌和时必须均匀一致，至少翻拌两次，拌和好的灰土颜色应一致。

灰土施工时，应适当控制含水量。现场检验方法是：用于将灰土紧握成团，两指轻捏即碎为宜。如土料水分过大或不足，应晾干或洒水润湿。

3.1.1.3　施工准备

1. 机具设备

机具设备包括：压路机、木夯、蛙式或柴油打夯机、手推车、筛子（孔径有6～10mm和16～20mm两种）、标准斗、靠尺、耙子、平头铁锹、胶皮管、小线和木折尺等。

2. 作业条件

（1）基坑（槽）在铺灰土前必须先行钎探验槽，并按要求处理完地基，办理隐检手续。

（2）当地下水位高于基坑（槽）底时，施工前应采取排水或降低地下水位的措施，使地下水位经常保持在施工面以下0.5m左右。

（3）基础施工前，应做好水平高程的标志。如在基坑（槽）或管沟的边坡上每隔3m钉上表示灰土上平面的木橛，在室内和散水的边墙上弹上水平线或在地坪上钉好控制标高的标准木桩。

（4）房心灰土和管沟灰土，应在完成上下水管道的安装或管沟墙间加固等措施之后进行施工，并且将管沟、槽内、地坪上的积水或杂物、垃圾等清除干净。

（5）基础外侧打灰土，必须对基础、地下室墙和地下防水层、保护层进行检查，发现损坏时应及时修补处理，办完隐检手续。现浇的混凝土基础墙、地梁等均应达到规定的强度，不得碰坏损伤混凝土。

3.1.1.4　工艺流程

灰土地基施工工艺流程如图3.1所示。

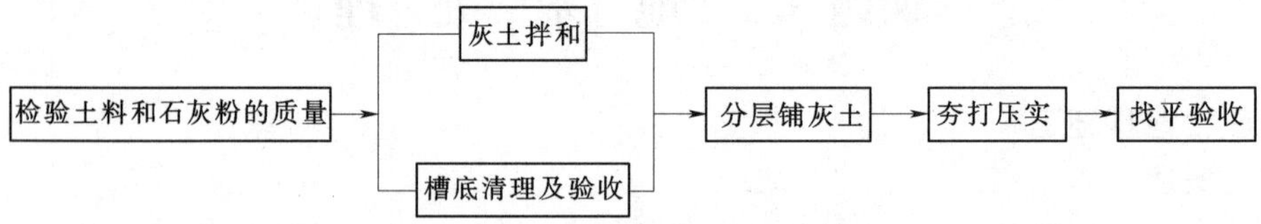

图3.1　工艺流程图

3.1.1.5　施工要点

（1）对基槽（坑）应先验槽，消除松土，并打两遍底夯，要求平整干净。如有积水、淤泥应晾干。局部有软弱土层或孔洞，应及时挖除后用灰土分层回填夯实。

（2）土应分层摊铺并夯实。根据灰土每层最大虚铺厚度，可选择不同夯实机具见表3.1。每层灰土的夯压遍数，应根据设计要求的灰土干密度在现场试验确定，一般不少于3遍。人工打夯应一夯压半夯，夯夯相接，行行相接，纵横交叉。

表3.1　　**灰土最大虚铺厚度**

序号	夯实机具	重量/t	虚铺厚度/mm	备　　注
1	石夯、木夯	0.04～0.08	200～250	人力送夯，落距400～500mm，每夯搭接半夯，夯实后厚80～100mm
2	轻型夯实机械	0.12～0.4	200～250	蛙式打夯机或柴油打夯机，夯实后厚100～150mm
3	压路机	机重6～10	200～300	双轮

（3）灰土回填每层夯（压）实后，应根据规范规定进行质量检验，达到设计要求时，才能进行上一层灰土的铺摊。

（4）当日铺填夯压，入槽（坑）灰土不得隔日夯打。夯实后的灰土3d内不能被水浸泡，并及时进行基础施工与基坑回填，或在灰土表面做临时性覆盖，避免日晒雨淋。

（5）灰土分段施工时，不得在墙角、柱基及承重窗间墙下接缝，上下两层的接缝距离不得小于500mm，接缝处应夯压密实，并做成直槎。

（6）对基础、基础墙或地下防水层、保护层以及从基础墙伸出的各种管线，均应妥善保护，防止回填灰土时碰撞或损坏。

（7）灰土最上一层完成后，应拉线或用靠尺检查标高和平整度，超高处用铁锹铲平，低洼处应及时补打灰土。

(8) 施工时应注意妥善保护定位桩、轴线桩，防止碰撞位移，并应经常复测。

3.1.2 砂和砂石地基施工

砂和砂石地基系采用砂或砂砾石（碎石）混合物，经分层夯实，作为地基的持力层，提高基础下部地基强度，并通过地基的压力扩散作用，降低地基的压应力，减少变形量，如图 3.2 所示。砂地基还可起到排水作用，地基土中孔隙水可通过地基快速地排出，能加速下部土层的沉降和固结。

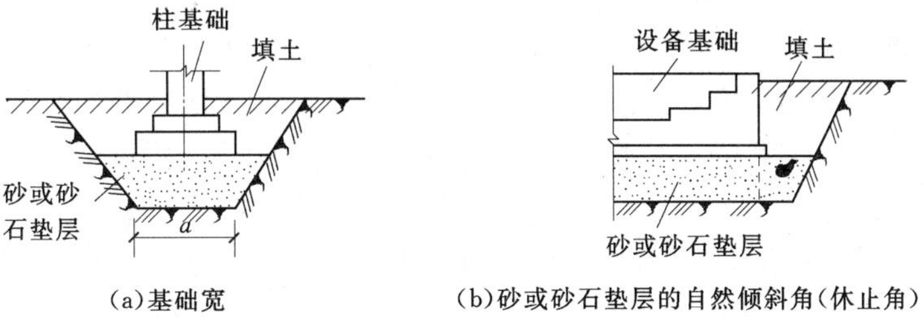

图 3.2 施工做法

砂和石宜用颗粒级配良好，质地坚硬的中砂、粗砂、砾砂、卵石或碎石、石屑，也可用细砂，但宜同时掺入一定数量的卵石或碎石。人工级配的砂石地基，应将砂石拌和均匀。砂砾中石子含量应在 50% 内，石子最大粒径不宜大于 50mm。砂、石子中均不得含有草根、垃圾等杂物，含泥量不应超过 5%；用作排水地基时，含泥量不得超过 3%。

1. 施工准备

机具设备可选择木夯、蛙式或柴油打夯机、推土机、压路机、手推车、标准斗、平头铁锹、喷水用胶皮管、2m 靠尺、小线或细铅丝、钢尺或木折尺等。

2. 作业条件

(1) 砂石地基铺筑前，应验槽，包括轴线尺寸、水平标高、地质情况，如有无孔洞、沟、井、墓穴等；应在未做地基前处理完毕并办理隐检手续。

(2) 设置控制铺筑厚度的标志，如水平标准木桩或标高桩，或在固定的建筑物墙上、槽和沟的边坡上弹上水平标高线或钉上水平标高木橛。

(3) 在地下水位高于基坑（槽）底面的工程中施工时，应采取排水或降低地下水位的措施，使基坑（槽）保持无水状态。

(4) 铺设地基前，应将基底表面浮土、淤泥、杂物清除干净，两侧应设一定坡度，防止振捣时塌方。

3. 工艺流程

砂和砂石地基工艺流程如图 3.3 所示。

图 3.3 砂子地基工艺流程图

4. 施工要点

(1) 地基铺设时，严禁扰动地基下卧层及侧壁的软弱土层，防止被践踏、受冻或受浸泡，降低其强度。如地基下有厚度较小的淤泥或淤泥质土层，在碾压荷载下抛石能挤入该层底面时，可采取挤淤处理。先在软弱土面上堆填块石、片石等，然后将其压入以置换和挤出软弱土，再做地基。

(2) 砂和砂石地基底面宜铺设在同一标高上，如深度不同时，基土面应挖成踏步和斜坡形，踏步宽度不小于500mm，高度同每层铺设厚度，斜坡坡度应大于1∶1.5，搭槎处应注意压（夯）实。施工应按先深后浅的顺序进行。

(3) 应分层铺筑砂石，铺筑砂石的每层厚度，一般为150～200mm，不宜小于100mm或大于300mm。分层厚度可用样桩控制。视不同条件，可选用夯实或压实的方法。大面积的砂石地基，铺筑厚度可达350mm，宜采用6～10t的压路机碾压。

(4) 砂和砂石地基的压实，可采用平振法、插振法、水撼法、夯实法、碾压法。

(5) 砂地基每层夯实后的密实度应达到中密标准，即孔隙比不应大于0.65，干密度不小于1.60g/cm^3。测定方法采用容积不小于200cm^{3}的环刀取样。如系砂石地基，则在砂石地基中设纯砂检验点，在同样条件下用环刀取样鉴定。现场简易测定方法是将直径20mm、长1250mm的平头钢筋，提升至距离砂面700mm处自由下落，插入深度不大于根据该砂的控制干密度测定的深度为合格。

(6) 分段施工时，接槎处应做成斜坡，每层接槎处的水平距离应错开0.5～1.0m，并应充分压（夯）实。

(7) 铺筑的砂石应级配均匀。如发现砂窝或石子成堆现象，应将该处砂子或石子挖出，分别填入级配好的砂石。同时，铺筑级配砂石，在夯实碾压前，应根据其干湿程度和气候条件，适当地洒水以保持砂石的最佳含水量，一般为8%～12%。

(8) 夯实或碾压的遍数，由现场试验确定。用木夯或蛙式打夯机时，应保持落距为400～500mm，要求一夯压半夯，行行相接，全面夯实，一般不少于3遍。采用压路机往复碾压，一般碾压不少于4遍，其轮距搭接不小于500mm。边缘和转角处应用人工或蛙式打夯机补夯密实。

(9) 当采用水撼法或插振法施工时，以振捣棒振幅半径的1.75倍为间距（一般为400～500mm）插入振捣，依次振实，以不再冒气泡为准，直至完成。同时应采取措施做到有控制地注水和排水。

3.1.3　粉煤灰地基施工

粉煤灰地基是以粉煤灰为地基，经压实而成的地基。粉煤灰可用于道路、堆场和小型建筑、构筑物等的地基换填。

基坑（槽）内换填前，应先进行钎探并按要求处理完基层，办理验槽隐检手续。当地下水位高于基坑（槽）底时，应采取排水或降水措施，使地下水位保持在基底以下500mm左右，并在3d之内不得受水浸泡。基础外侧换填前，必须对基础、地下室墙和地下防水层、保护层进行检查，发现损坏时应及时修补，并办理隐检手续；现浇的混凝土基础墙、地梁等均应达到规定的强度，施工中不得损坏混凝土。

粉煤灰地基工艺流程如图3.4所示。

施工要点如下。

(1) 铺设前应先验槽，清除地基表面的垃圾杂物。

(2) 粉煤灰地基应分层铺设与碾压，铺设厚度用机械夯为200～300mm，夯完后厚度为150～200mm；用压路机为300～400mm，压实后为250mm左右。对小面积基坑（槽）地

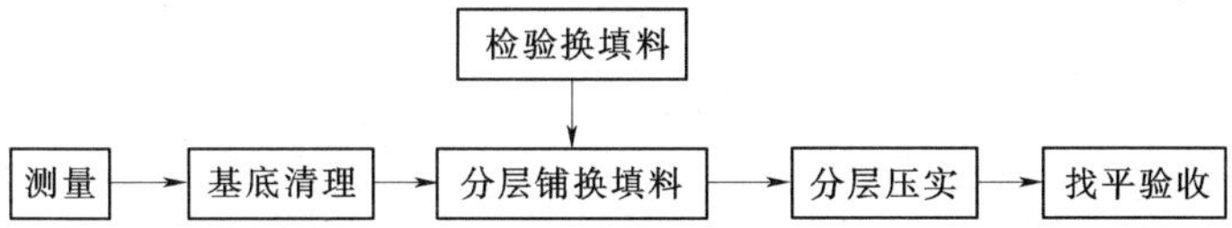

图 3.4 工艺流程图

基，可用人工分层摊铺，用平板振动器或蛙式打夯机进行振（夯）实，每次振（夯）板应重叠 1/2～1/3 板，往复压实，由两侧或四侧向中间进行，夯实不少于 3 遍。大面积地基应采用推土机摊铺，先用推土机预压两遍，然后用 8t 压路机碾压，施工时压轮重叠 1/2～1/3 轮宽，往复碾压，一般碾压 4～6 遍。

（3）粉煤灰铺设含水量应控制在最优含水量 27%～35%内。

（4）每层铺完经检测合格后，应及时铺筑上层，以防干燥、松散、起尘、污染环境，并应严禁车辆在其上行驶。

（5）全部粉煤灰地基铺设完经验收合格后，应及时浇筑混凝土地基，以防日晒、雨淋破坏。

（6）夯实或碾压时，如出现“橡皮土”现象，应暂停压实，可采取将地基开槽、翻松、晾晒或换灰等办法处理。

（7）在软弱地基上填筑粉煤灰地基时，应先铺设 200mm 的中、粗砂或高炉干渣，以免下卧软土层表面受到扰动，同时有利于下卧的软土层的排水固结，并切断毛细水的上升。

（8）冬季施工，最低气温不得低于 0℃，以免粉煤灰含水冻胀。

3.1.4 其他地基施工

3.1.4.1 重锤夯实地基

将 1.5～3t 重锤提升到一定高度后，自由下落，夯击基土表面，一般为 8～12 遍，使浅层地基受到压密加固，加固深度一般为 1.2m。适用于处理离地下水位 0.8m 以上稍湿的黏性土、砂土、杂填土和分层填土。

（1）施工要点。现场进行试夯，选定夯锤重量、底面直径和落距，确定最后下沉量及相应的最少夯击遍数和总下沉量。基槽（坑）的夯实范围应大于基础底面，每边应比设计宽度加宽 0.3m 以上，一夯压半夯，夯实完后，应将基槽（坑）表面修整至设计标高。

（2）质量检查。检查施工记录，除应符合试夯最后下沉量的规定外，并应检查基槽（坑）表面的总下沉量，以不小于试夯总下沉量的 90%为合格。

3.1.4.2 强夯地基

强夯法属高能量夯击，将 8～40t 的夯锤从 6～30m 的高处自由下落，利用其产生的巨大冲击能使土中出现冲击波和很大的应力，迫使土颗粒重新排列，排除孔隙中的气和水，从而提高地基强度，其影响深度一般为 10m 以上。

（1）施工要点。施工前应试夯，确定正式施工的各项参数如锤重、落距、夯击点布置、夯击遍数、加固范围。每夯击一遍完成后，应测量场地平均下沉量，然后用土将夯坑填平，方可进行下一遍夯击。

（2）质量检查。强夯法施工结束后应间隔一定时间方能对地基质量进行检验。对于碎石土和砂土地基，其间隔时间应大于 7d，低饱和度的粉土和黏性土地基应大于 15d。一般可采用标准贯入、静力触探、动力触探或土工实验等方法。

3.1.4.3　灰土挤密桩法

灰土挤密桩法是在基础底面形成若干个桩孔，然后将灰土填入并分层夯实，以提高地基的承载力或水稳性。灰土挤密桩法适用于处理地下水位以上的湿陷性黄土、素填土和杂填土等地基，处理深度宜为5～15m。

1. 材料要求

土料宜用黏性土及塑性指数大于4的粉土，粒径不大于15mm。石灰宜用新鲜的生石灰，其颗粒粒径不得大于5mm。

2. 构造要求

（1）灰土挤密桩处理地基的宽度应大于基础的宽度。

（2）桩孔直径宜为300～600mm，并可根据所选用的成孔设备或成孔方法确定，桩孔宜按等边三角形布置。

（3）灰土的体积配合比宜为2∶8或3∶7，压实系数λ_c不应小于0.97。

3. 施工要点

（1）灰土挤密桩的施工，应按设计要求和现场条件选用沉管（振动、锤击）、冲击或爆扩等方法进行成孔，使土向孔的周围挤密。

（2）成孔施工时地基土宜接近最优含水量，当含水量低于12%时，宜加水增湿至最优含水量。桩孔中心点的偏差不应超过桩距设计值的5%，桩孔垂直度偏差不应大于1.5%。

（3）向孔内填料前，孔底必须夯实，然后用素土或灰土在最优水量状态下分层回填夯实，每层回填厚度为250～400mm，其压实系数及填料质量应符合有关规范要求。

（4）基础地面以上应预留200～300mm厚的土层，待施工结束后，将表层挤松的土挖除或分层夯压密实。

3.1.4.4　振冲法

振冲法又称振动水冲法，是以起重机吊起振冲器，启动潜水电动机带动偏心块，使振动器产生高频振动，同时启动水泵，通过喷嘴喷射高压水流，在边振边冲的共同作用下，将振动器沉到土中的预定深度。经清孔后，从地面向孔内逐段填入碎石，使其在振动作用下被挤密实，达到要求的密实度后即可提升振动器。如此反复直至地面，在地基中形成一个大直径的密实桩体与原地基构成复合地基，提高地基承载力，减少沉降，是一种快速、经济有效的加固方法。

振冲法根据加固机理和效果可分为振冲置换法和振冲密实法两类。

1. 振冲置换法

振冲置换法是利用振冲器或沉桩机，在软弱黏性土地基中成孔，再在孔内分批填入碎石或卵石等材料制成桩体。桩体和原来的黏性土构成复合地基，从而提高地基承载力，减小压缩性。碎石桩的承载力和压缩量在很大程度上取决于周围软土对碎石桩的约束作用。如周围的土过于软弱，对碎石桩的约束作用就差。

振冲置换法适用于不排水抗剪强度不小于20kPa的黏性土、粉土、饱和黄土和人工填土地基。对不排水剪切强度小于20kPa的地基，应慎重对待。

2. 振冲密实法

振冲密实法的原理是依靠振冲器的强力振动使饱和砂层发生液化，砂粒重新排列，孔隙减少，使砂层挤压加密。振冲密实法适用于黏粒含量小于 10%的粗砂、中砂地基。

振冲法施工过程应注意控制密实电流值、留振时间和填料量，并做好记录。

质量检查：振冲地基的质量检验应抽取振冲总桩数的 3%～5%在桩体中心进行动力触探试验。桩间土可用静力触探、动力触探、标准贯入试验或土工试验进行检验。应选取桩体质量较差的 3 个点进行复合地基载荷试验。

3.1.4.5 深层搅拌法

利用水泥、石灰等材料作为固化剂，通过深层搅拌机械在地基深处就地将软土和固化剂（浆液）强制搅拌，利用固化剂和软土之间所产生的一系列物理-化学反应，使软土硬结。

施工过程分以下步骤：定位→预搅下沉→制备水泥浆→喷浆、搅拌和提升→重复上、下搅拌→清洗。

质量检查：深层搅拌施工完毕后，应在 15d 以后进行质量检验。抽取总搅拌桩数的 1%且不少于 3 根进行复合地基载荷试验。

3.1.4.6 地基压浆

将含有胶结材料的浆液或化学溶液，通过压浆泵、灌浆管均匀地注入岩土体中，以填充、渗透和挤密等方式，驱走岩石裂隙中或土颗粒间的水分和气体，并填充其位置，硬化后将土体胶结成一个整体。

压浆分为水泥压浆和硅化压浆。水泥压浆，所用的浆液是以水泥作为胶结材料；硅化压浆，采用硅酸钠（水玻璃）溶液或以这种化学溶液为主，同时灌入氯化钙等附加剂。

1. 施工要点

（1）加固地基前，应通过试验确定压浆段长度、压浆孔距、压浆压力等有关技术参数。

（2）压浆应连续一次压入不得中断。

（3）灌浆完后，拔出灌浆管，留孔用 1∶2 水泥砂浆或砂砾石填塞密实。

（4）压浆次序一般把射管一次沉入整个深度后自下而上分段连续进行，直至孔口为止。

2. 施工过程

（1）按规定位置用钻机或手钻钻孔到要求的深度。

（2）用压力水冲洗孔内污物和石料碎屑。

（3）在孔内插入射管，并密封四周。

（4）压浆，先从稀浆开始，逐渐加浓。

3.1.5 地基局部处理

在基坑开挖施工中，有空洞、墓穴、枯井、暗沟等存在时，就应该进行局部处理。处理的方法和原则：将局部软弱土层或硬物尽可能挖除，回填与天然土压缩性相近的材料，分层夯实；处理后的地基应保证建筑物各部位沉降量趋于一致，以减少地基的不均匀下沉。

1. 软松土坑（填土、墓穴、淤泥）的处理

在基槽范围内，当软松土坑的范围较小时，将坑中的软松土、虚土全部挖除，使坑底及四周均见天然土，然后用与坑边天然土层相近的材料分层夯实回填至坑底标高处。

常用的回填材料有砂、砂砾石、天然土、3∶7 或 2∶8 的灰土。采用天然土分层夯实回填时，每层厚度 200mm。

对于较深的土坑处理后，还可考虑加强上部结构的强度，以抵抗可能发生的不均匀沉降而引起的内力。

在基槽范围内，当古墓、坑穴等松软土的范围较大时，可将该部分基础挖深，并做成1∶2的踏步。踏步多少根据坑深而定，但每步高不大于0.5m，长不小于1.0m。

如遇到地下水位较高或坑内积水无法夯实时，亦可用砂石或混凝土回填。寒冷地区冬季施工时，换土不得使用冻土，因为冻土不易夯实，且解冻后强度会明显降低，造成不均匀沉降。

2. 土井、砖井的处理

若井内填土已较密实，可将井的砖圈拆除至槽底以下1m（或更多些），在此拆除范围内用2∶8或3∶7灰土分层夯实至槽底。井内填土不密实时，可用大块石将下面的软土挤紧，再选用上述办法回填处理。若井内不能夯填密实时，则可在井的砖圈上加钢筋混凝土盖封口，上部再作回填处理。

如井的直径大于1.5m时，应考虑加强上部结构的强度，如在墙内配筋或做地基梁跨越砖井等。

当砖井位于房屋转角处，而基础压在井上部分不多，并且在井上部分所损失的承压面积，可由其余基槽承担而不引起过多的沉降时，可采用从基础中设置挑梁的办法解决。

3. 局部范围内（硬物）的处理

当桩基或部分基槽下有基岩、旧墙基、老灰土、压实路面等硬土或坚硬物时，首先在地坑、地槽范围内尽可能地挖除，以免基础局部落在硬物上造成不均匀沉降使上部建筑物开裂。硬土、硬物挖除后，若深度小于1.5m，可用砂、砂卵石或灰土回填；若长度大于5m，则将槽底做1∶2踏步，灰土地基与两端紧密连接，然后落深基础。

4. “橡皮土”的处理

当地基为黏性土，且含水量较大并趋于饱和时，夯拍后会使地基土变成踩上去有种颤动感觉的“橡皮土”。因此，要避免直接夯拍，这时，可采用晾槽或掺石灰粉的办法降低土的含水量。

如已出现“橡皮土”，可铺填一层碎砖或碎石将土挤紧，或将颤动部分的土挖除，填以砂土或级配砂石。

5. 流砂的处理

当发生流砂现象时，可采取抢挖法或打钢板桩法处理。

（1）抢挖法。抢挖法是对于仅有轻微流砂现象的基坑可组织分段抢挖，即使挖土速度超过冒砂速度，挖到标高后，立即抛入大石块填压，以平衡动水压力。

（2）打钢板桩法。打钢板桩法是将钢板桩打入地底以下一定深度，不仅可以支护坑壁，而且使地下水从坑外渗入坑内的渗流路程增长，从而降低水力坡度，减小了动水压力。

课题3.2　砌体工程基础施工

3.2.1　砖砌基础施工

砖基础用普通烧结砖与水泥砂浆砌成。砖基础砌成的台阶形状称为“大放脚”，有等高式和不等高式两种，如图 3.5 所示。等高式大放脚是两皮一收，两边各收进 1/4 砖长，即高为 120mm，宽为 60mm；不等高式大放脚是两皮一收与一皮一收相间隔，两边各收进 1/4 砖长，即高为 120mm 与 60mm，宽为 60mm。

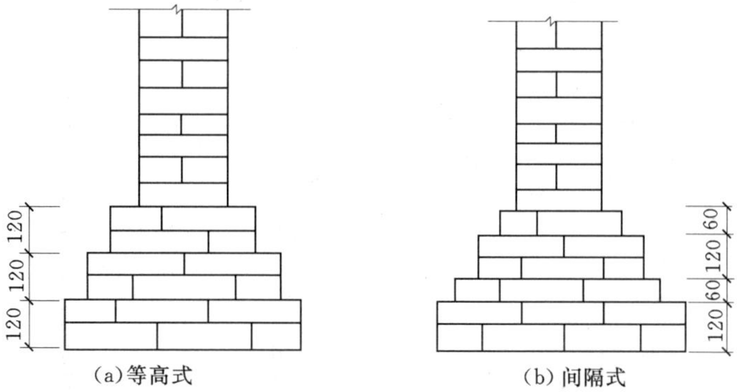

图 3.5　砖基础大放脚形式（单位：mm）

大放脚的底宽应根据计算确定，各层大放脚的宽度应为半砖宽的整数倍。在大放脚的下面一般做地基。地基材料可用 3∶7 或 2∶8 的灰土，也可用 1∶2∶4 或 1∶3∶6 的碎砖三合土。为了防止土中水分沿砖块中毛细管上升而侵蚀墙身，应在室内地坪以下一皮砖处设置防潮层，如图 3.6 所示。防潮层一般用 1∶2 的水泥防水砂浆，厚约 20mm。

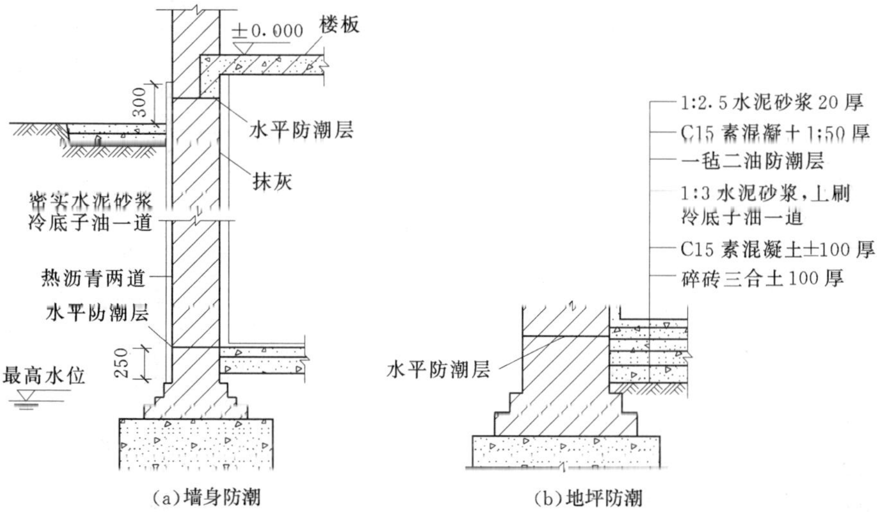

图 3.6　防潮层设置（单位：mm）

大放脚一般采用一顺一丁砌法，上下皮垂直灰缝相互错开 60mm。砖基础的转角处、交接处，为错缝需要应加砌配砖（3/4 砖、半砖或 1/4 砖）。在这些交接处，纵横墙要隔皮砌通；大放脚的最下一皮及每层的最上一皮应以丁砌为主。

底宽为 2.5 砖等高式砖基础大放脚转角处分皮砌法如图 3.7 所示。

砖基础底标高不同时，应从低处砌起，并应由高处向低处搭砌，当设计无要求时，搭砌长度不应小于砖基础大放脚的高度，如图 3.8 所示。

砖基础的转角处和交接处应同时砌筑，当不能同时砌筑时，应留置斜槎。

基础墙的防潮层，当设计无具体要求时，宜用 1∶2 水泥砂浆加适量防水剂铺设，其厚度宜为 20mm。防潮层位置宜在室内地面标高以下一皮砖处。

砖基础施工工艺包括测量放线、确定组砌方法、砖浇水、拌制砂浆、排砖撂底、立皮数杆、砌砖基础、验收等步骤。其工艺流程如图 3.9 所示。

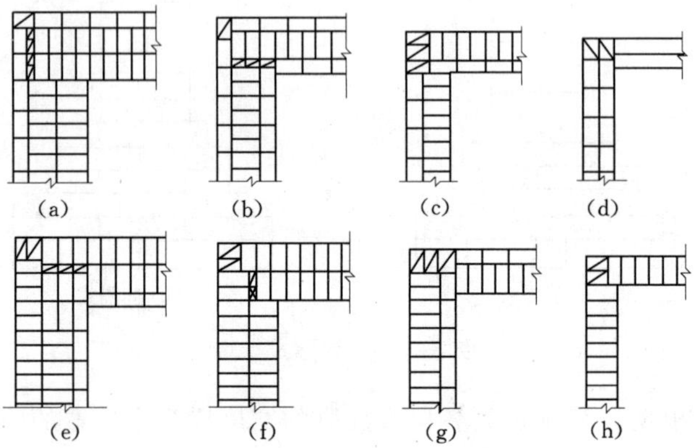

图 3.7　大放脚转角处分皮砌法

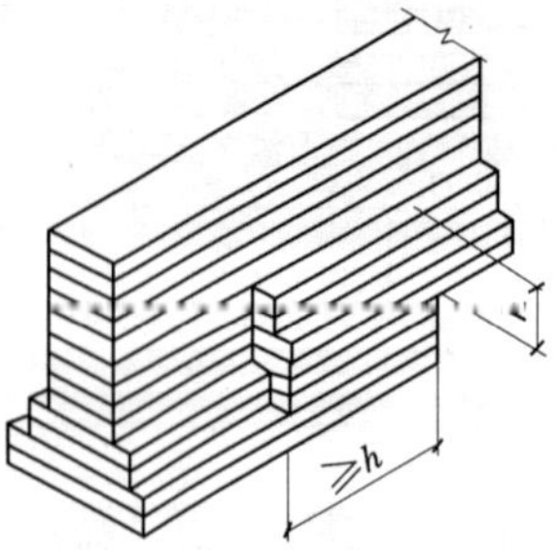

图 3.8　基底标高不同时，砖基础的搭砌

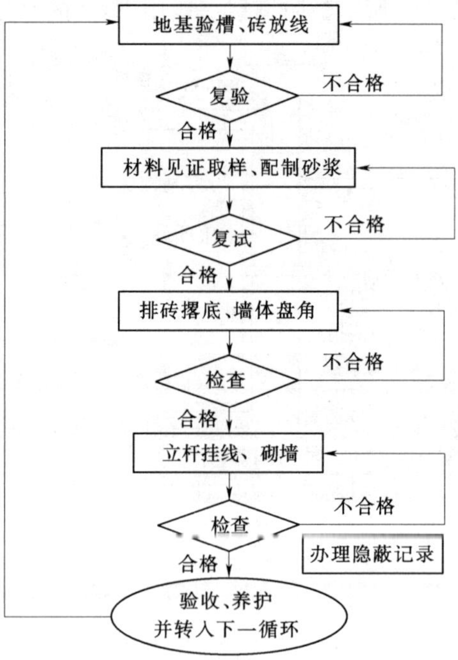

图 3.9　砖基础砌筑工艺流程图

施工要点包括以下几项：

(1) 砌砖基础前，应先将地基清扫干净，并用水润湿，立好皮数杆，检查防潮层以下砌砖的层数是否相符。

(2) 从相对设立的龙门板上拉上大放脚准线，根据准线交点在地基面上弹出位置线，即为基础大放脚边线。基础大放脚的组砌法如图 3.10 所示。大放脚转角处要放七分头，七分头应在山墙和檐墙两处分层交替放置，一直砌到实墙。

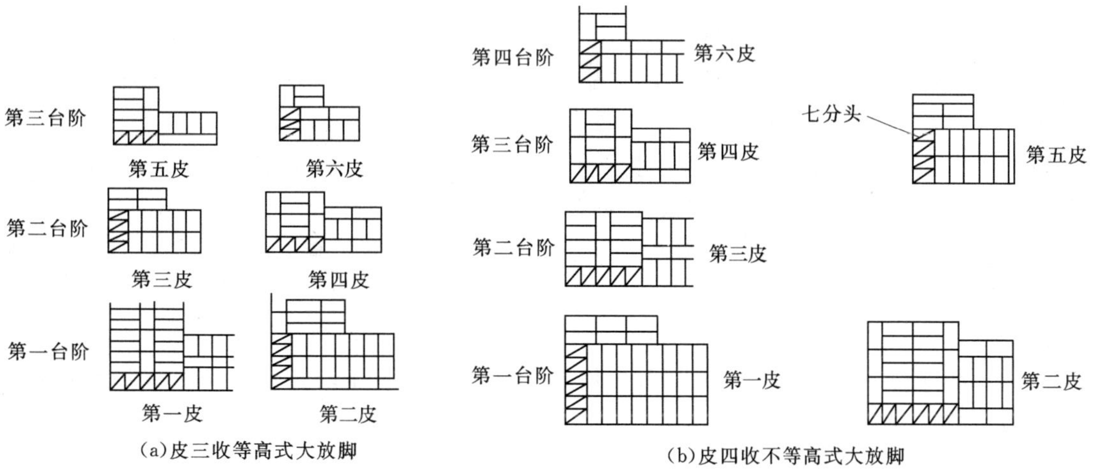

图 3.10　基础大放脚的组砌法

(3) 大放脚一般采用一顺一丁砌筑法，竖缝至少错开 1/4 砖长。大放脚的最下一皮及各个台阶的上面一皮应以丁砌为主，砌筑时宜采用“三一”砌法，即一铲灰、一块砖、一挤揉。

(4) 开始操作时，在墙转角和内外墙交接处应砌大角，先砌筑 4、5 皮砖，经水平尺检查无误后进行挂线，砌好撂底砖，再砌以上各皮砖。挂线方法如图 3.11 所示。

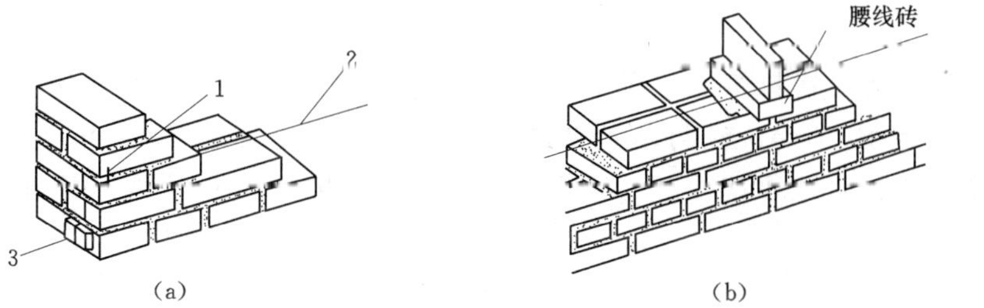

图 3.11　挂线方法示意图

1—别线棍；2—准线；3—简易挂线坠

(5) 砌筑时，所有承重墙基础应同时进行。基础接槎必须留斜槎，高低差不得大于 1.2m。预留孔洞必须在砌筑时预先留出，位置要准确。暖气沟墙可以在基础砌完后再砌，但基础墙上放暖气沟盖板的出檐砖，必须同时砌筑。

(6) 有高低台的基础底面，应从低处砌起，并按大放脚的底部宽度由高台向低台搭接。如设计无规定时，搭接长度不应小于大放脚高度，如图 3.12 所示。

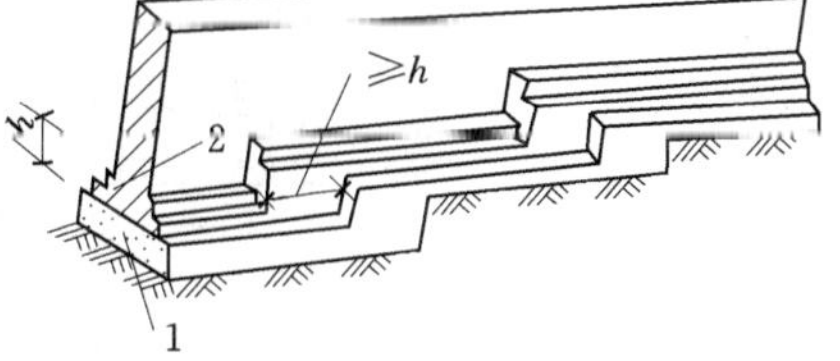

图 3.12　放脚搭接长度做法

1—基础；2—大放脚

(7) 砌完基础大放脚，开始砌实墙部位时，应重新抄平放线，确定墙的中线和边线，再立皮数杆。砌到防潮层时，必须用水平仪找平，并按图样规定铺设防潮层。如设计未作具体规定，宜用1∶2.5水泥砂浆加适量的防水剂铺设，其厚度一般为20mm。砌完基础经验收后，应及时清理基槽（坑）内杂物和积水，应在两侧同时填土，并应分层夯实。

(8) 在砌筑时，要做到上跟线、下跟棱；角砖要平、绷线要紧；上灰要准、铺灰要活；皮数杆要牢固垂直；砂浆饱满，灰缝均匀，横平竖直，上下错缝，内外搭砌，咬槎严密。

(9) 砌筑时，灰缝砂浆要饱满，水平灰缝厚度宜为10mm，不应小于8mm，也不应大于12mm。每皮砖要挂线，它与皮数杆的偏差值不得超过10mm。

(10) 基础中预留洞口及预埋管道，其位置、标高应准确，避免凿打墙洞；管道上部应预留沉降空隙。基础上铺放地沟盖板的出檐砖，应同时砌筑，并应用丁砖砌筑，立缝碰头灰应打严实。

(11) 基础砌至防潮层时，须用水平仪找平，并按设计铺设防水砂浆（掺加水泥重量3%的防水剂）防潮层。

3.2.2 石砌体基础施工

3.2.2.1 石砌体基础构造

1. 毛石基础

毛石基础是用毛石与水泥砂浆或水泥混合砂浆砌成。所用毛石强度等级一般为MU20以上，砂浆宜用水泥砂浆，强度等级应不低于M5。

毛石基础可作墙下条形基础或柱下独立基础。按其断面形式有矩形、阶梯形和梯形。基础的顶面宽度应比墙厚大200mm，即每边宽出100mm，每阶高度一般为300～400mm，并至少砌二皮毛石。上级阶梯的石块应至少压砌下级阶梯的1/2，相邻阶梯的毛石应相互错缝搭砌，如图3.13所示。

毛石基础必须设置拉结石。毛石基础同皮内每隔2m左右设置一块。拉结石长度如基础宽度不大于400mm，应与基础宽度相等；如基础宽度大于400mm，可用两块拉结石内外搭接，搭接长度不应小于150mm，且其中一块拉结石长度不应小于基础宽度的2/3。

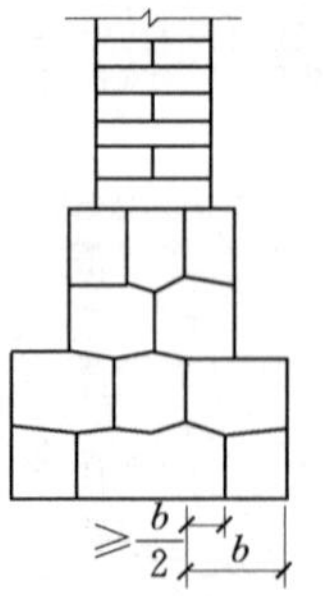

图3.13 阶梯形毛石基础

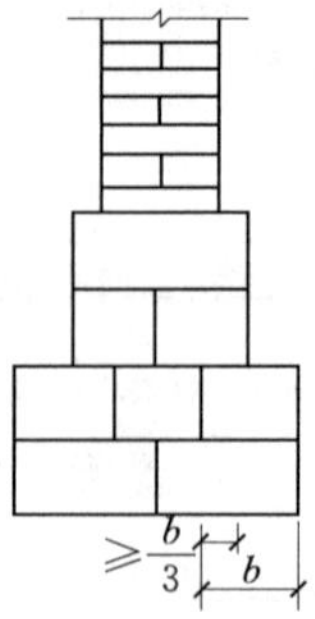

图3.14 阶梯形料石基础

2. 料石基础

砌筑料石基础的第一皮石块应用丁砌层坐浆砌筑，以上各层料石可按一顺一丁进行砌筑。阶梯形料石基础，上级阶梯的料石至少压砌下级阶梯料石的 1/3，如图 3.14 所示。

3.2.2.2 毛石基础施工

毛石基础施工包括地基找平、基墙放线、材料见证取样、配置砂浆、立皮数杆挂线、基底找平、盘角、石块砌筑、勾缝等步骤，其工艺流程如图 3.15 所示。

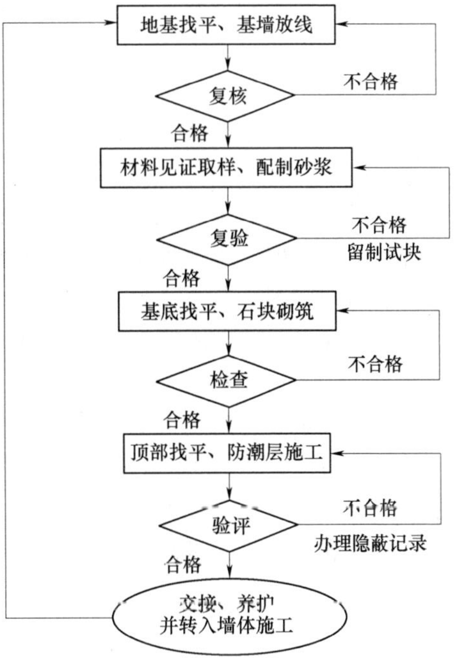

图 3.15 毛石基础工艺流程图

施工要点包括以下几项：

（1）砌筑前应检查基槽（坑）的尺寸、标高、土质，清除杂物，夯平槽（坑）底。

（2）根据设置的龙门板在槽底放出毛石基础底边线，在基础转角处、交接处立上皮数杆。皮数杆上应标明石块规格及灰缝厚度，砌阶梯形基础还应标明每一台阶的高度。

（3）砌筑时，应先砌转角处及交接处，然后砌中间部分。毛石基础的灰缝厚度宜为 20～30mm，砂浆应饱满。石块间较大空隙应先用砂浆填塞后，再用碎石块嵌实，不得先嵌石块后填砂浆或干塞石块。

（4）基础的组砌形式应内外搭砌，上下错缝，拉结石、丁砌石交错设置；毛石墙拉结石每 0.7m^2 墙面不应少于 1 块。

（5）砌筑毛石基础应双面挂线，挂线方法如图 3.16 所示。

（6）基础外墙转角处、纵横墙交接处及基础最上一层，应选用较大的平毛石砌筑。每隔 0.7m 须砌一块拉结石，上下两皮拉结石位置应错开，立面形成梅花形。当基础宽度在 400mm 以内时，拉结石宽度应与基础宽度相等；当基础宽度超过 400mm 时，可用两块拉结石内外搭砌，搭接长度不应小于 150mm，且其中一块长度不应小于基础宽度的 2/3。毛石基础每天的砌筑高度不应超过 1.2m。

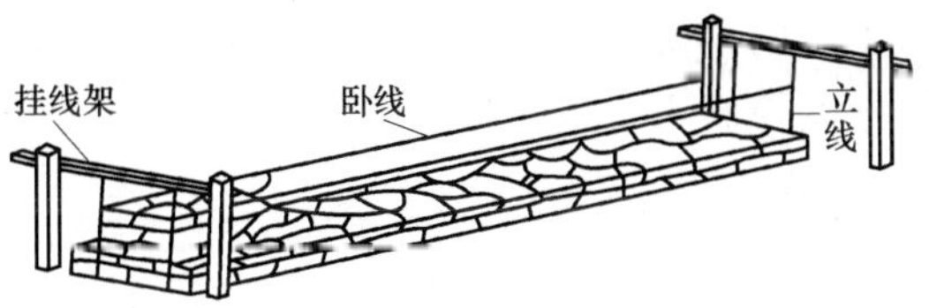

图 3.16 毛石基础挂线图

（7）每天应在当天砌完的砌体上铺一层灰浆，表面应粗糙。夏季施工时，对刚砌完的砌体，应用草袋覆盖养护 5～7d，避免风吹、日晒和雨淋。毛石基础全部砌完后，要及时在基础两边均匀分层回填，分层夯实。

3.2.2.3 料石基础施工

料石应质地坚实，强度不低于 MU20，岩种应符合设计要求，无风化、裂缝；料石中部厚度不小于 200mm；料石厚度一般不小于 200mm，料石应六面方整，四角齐全、边棱整齐。料石的加工细度应符合设计要求，污垢、水锈使用前应用水冲洗干净。

工艺流程分为以下几步：基础抄平、放线→材料见证取样、配置砂浆→基底找平、石块砌筑。

施工要点有以下几项：

（1）砌料石基础应双面拉准线。第一皮按所放的基础边线砌筑，以上各皮按皮数杆准线砌筑。

（2）水泥砂浆和水泥混合砂浆应具有较好的和易性和保水性，一般稠度以5～7cm为宜。外加剂和有机塑化剂的配料精度应控制在±2%以内，其他配料精度应控制在±5%以内。

（3）料石基础的第一皮应丁砌，在基底坐浆。阶梯形基础，上阶料石基础应至少压砌下阶料石的1/3宽度。料石砌筑时可先砌转角处和交接处，后砌中间部分。有高低台的料石基础，应从低处砌起，并由高台向低台搭接，搭接长度不小于基础高度。

（4）灰缝厚度不宜大于20mm，砌筑时，砂浆铺设厚度应略高于规定灰缝厚度，一般高出厚度为6～8mm，砂浆应饱满。

（5）料石基础转角处和交接处应同时砌起，如不能同时砌起又必须留槎时，应留成斜槎，斜槎长度应不小于斜槎高度。斜槎面上毛石不应找平，继续砌筑时应将斜槎面清理干净。

（6）料石基础每天可砌筑高度为1.2m。

课题3.3　钢筋混凝土基础施工

3.3.1　钢筋混凝土条形基础

墙下或柱下钢筋混凝土条形基础较为常见。工程中，柱下基础底面形状很多情况是矩形的，因此也称其为柱下独立基础，柱下独立基础只不过是条形基础的一种特殊形式，有时也统一称为条形基础或条式基础，条形基础构造如图3.17和图3.18所示。条形基础的抗弯和抗剪性能良好，可在竖向荷载较大、地基承载力不高的情况下采用，因为高度不受台阶宽高比的限制，故适宜于“宽基浅埋”的场合下使用，其横断面一般呈倒“T”形。

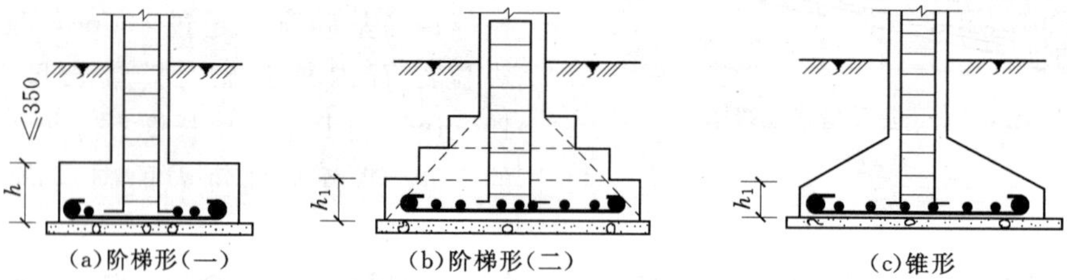

(a)阶梯形(一)　(b)阶梯形(二)　(c)锥形

图3.17　柱下混凝土独立基础

1. 构造要求

（1）地基厚度一般为100mm。

（2）底板受力钢筋的最小直径不宜小于8mm，间距不宜大于200mm。当有垫层时钢筋保护层的厚度不宜小于35mm，无垫层时不宜小于70mm。

（3）插筋的数目与直径应和柱内纵向受力钢筋相同。插筋的锚固及柱的纵向受力钢筋的搭接长度，按国家现行设计规范的规定执行。

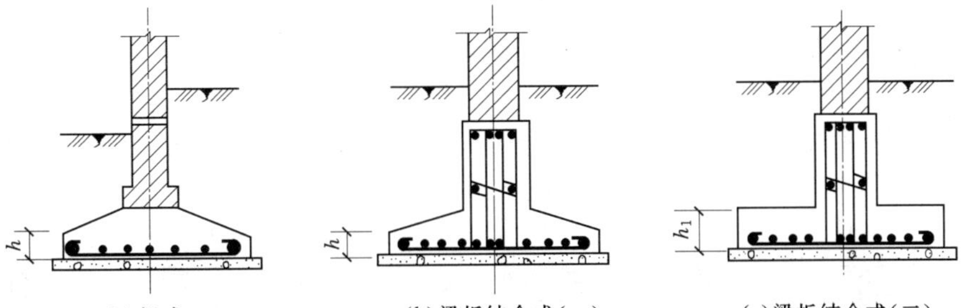

(a)板式　(b)梁板结合式(一)　(c)梁板结合式(二)

图 3.18 墙下混凝土条形基础

2. 工艺流程

土方开挖、验槽→混凝土地基施工→恢复基础轴线、边线、校正标高→基础钢筋、柱、墙钢筋安装→基础模板及支撑安装→钢筋、模板验收→混凝土浇筑、试块制作→养护、模板拆除。

3. 施工要点

(1) 混凝土浇筑前应进行验槽，轴线、基坑（槽）尺寸和土质等均应符合设计要求。

(2) 基坑（槽）内浮土、积水、淤泥、杂物等均应清除干净。基底局部软弱土层应挖去，用灰土或砂砾回填夯实至基底相平。

(3) 当基槽验收合格后，应立即浇筑混凝土地基，以保护地基。

(4) 钢筋经验收合格后，应立即浇筑混凝土。混凝土浇筑方法可参见本书有关内容。

(5) 质量检查。混凝土的质量检查，主要包括施工过程中的质量检查和养护后的质量检查。

3.3.2 杯口基础

杯口基础常用于装配式钢筋混凝土柱的基础，形式有一般杯口基础、双杯口基础、高杯口基础等。

1. 杯口模板

杯口模板可用木模板或钢模板，可做成整体式，也可做成两半形式，中间各加楔形板一块。拆模时，先取出楔形板，然后分别将两半杯口模板取出。为便于拆模，杯口模板外可包钉薄铁皮一层。支模时杯口模板要固定牢固。在杯口模板底部留设排气孔，避免出现空鼓，如图 3.19 所示。

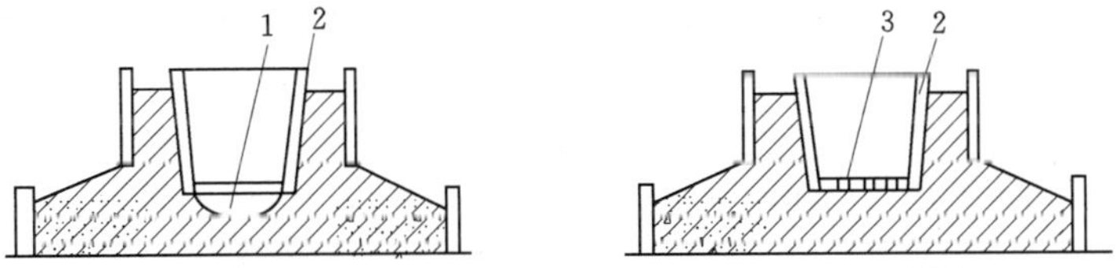

(a)模板底部空鼓　(b)正确做法

图 3.19 杯口内模板排气孔示意

1—空鼓；2—杯口模板；3—底板留排气孔

2. 混凝土浇筑

混凝土要先浇筑至杯底标高，方可安装杯口内模板，以保证杯底标高准确，一般在杯底均留有 50mm 厚的细石混凝土找平层，在浇筑基础混凝土时，要仔细控制标高。

3.3.3　筏形基础

筏形基础是由整板式钢筋混凝土板（平板式）或由钢筋混凝土底板、梁整体（梁板式）两种类型组成，适用于有地下室或地基承载能力较低而上部荷载较大的基础，筏形基础在外形和构造上如倒置的钢筋混凝土楼盖，分为梁板式和平板式两类，如图3.20所示。

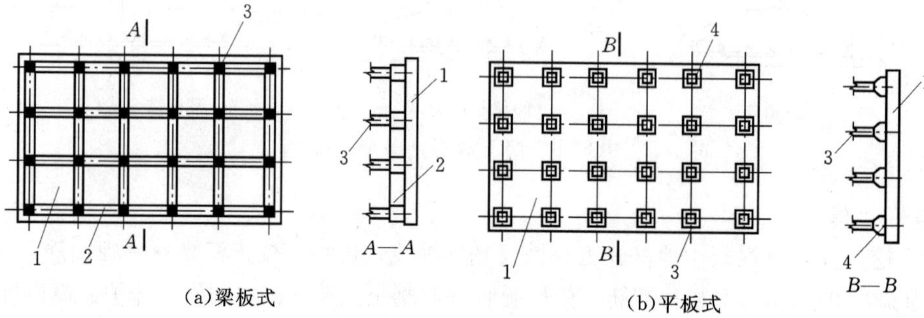

图3.20　筏形基础

1—底板；2—梁；3—柱；4—支墩

施工要点包括以下几项：

(1) 根据地质勘探和水文资料，地下水位较高时，应采用降低水位的措施，使地下水位降低至基底以下不少于500mm；保证在无水情况下，进行基坑开挖和钢筋混凝土筏体施工。

(2) 根据筏体基础结构情况、施工条件等确定施工方案。

(3) 加强养护。混凝土筏形基础施工完毕后，表面应加以覆盖和洒水养护，以保证混凝土的质量。

3.3.4　基础大体积混凝土结构浇筑

基础工程多为大体积混凝土结构，整体性要求较高，往往不允许留施工缝，要求一次连续浇筑完成。根据结构特点不同，可分为全面分层、分段分层、斜面分层等浇筑方案，如图3.21所示。

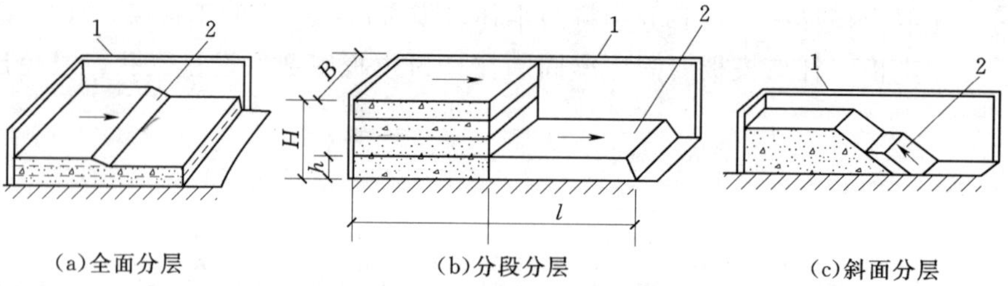

图3.21　大体积混凝土浇筑方案图

1—模板；2—新浇筑的混凝土

(1) 全面分层浇筑方案。当结构平面面积不大时，可将整个结构分为若干层进行浇筑，即第一层全部浇筑完毕后，再浇筑第二层，如此逐层连续浇筑，直到结束。为保证结构的整体性，要求次层混凝土在前层混凝土初凝前浇筑完毕。

(2) 分段分层浇筑方案。当结构平面面积较大时，全面分层已不适应，这时可采用分段分层浇筑方案。即将结构分为若干段，每段又分为若干层，先浇筑第一段各层，然后浇筑第二段各层，如此逐段逐层连续浇筑，直至结束。为保证结构的整体性，要求次段混凝土应在前段混凝土初凝前浇筑并与之捣实成整体。

(3) 斜面分层浇筑方案。当结构的长度超过厚度的 3 倍时，可采用斜面分层的浇筑方案。混凝土从结构一端满足其高度浇筑一定长度，并留设坡度为 1∶3 的浇筑斜面，从斜面下端向上浇筑，逐层进行。振动器应与斜面垂直。

课题 3.4 桩 基 础 施 工

3.4.1 钢筋混凝土预制桩施工

钢筋混凝土预制桩是在预制构件厂或施工现场预制，用沉桩设备在设计位置上将其沉入土中。其特点有：坚固耐久，不受地下水或潮湿环境影响，能承受较大荷载，施工机械化程度高，进度快，能适应不同土层施工。目前最常用的预制桩是预应力混凝土管桩。它是一种细长的空心等截面预制混凝土构件，是在工厂经先张预应力、离心成型、高压蒸养等工艺生产而成。管桩按桩身混凝土强度等级的不同分为 PC 桩（C60，C70）和 PHC 桩（C80）；按桩身抗裂弯矩的大小分为 A 型、AB 型和 B 型（A 型最大，B 型最小）；外径有 300mm、400mm、500mm、550mm 和 600mm，壁厚为 65～125mm，常用节长 7～12m，特殊节长 4～5m。

钢筋混凝土预制桩施工前，应根据施工图设计要求、桩的类型、成孔过程对土的挤压情况、地质探测和试桩等资料制定施工方案。一般的施工程序如图 3.22 所示。

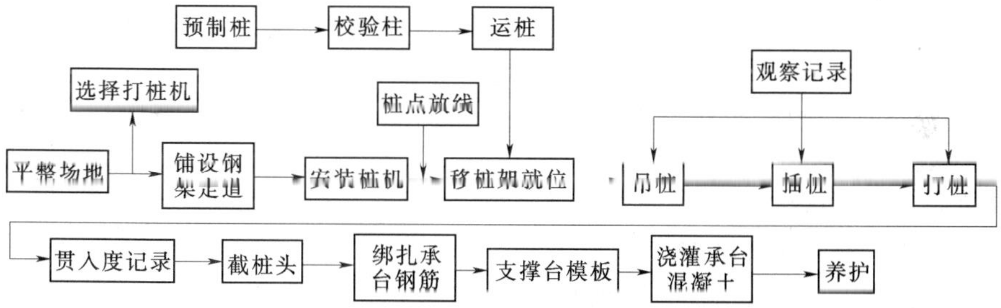

图 3.22 预制桩施工程序图

3.4.1.1 打桩前的准备

桩基础工程在施工前，应根据工程规模的大小和复杂程度，编制整个分部工程施工组织设计或施工方案。沉桩前，现场准备工作的内容有处理障碍物、平整场地、抄平放线、铺设水电管网、沉桩机械设备的进场和安装以及桩的供应等。

(1) 处理障碍物。打桩前，宜向城市管理、供水、供电、煤气、电信、房管等有关单位提出申请，认真处理高空、地上和地下的障碍物。然后对现场周围（一般为 10m 以内）的建筑物、驳岸、地下管线等做全面检查，必须予以加固或采取隔振措施或拆除，以免打桩中由于振动的影响，可能引起倒塌。

(2) 场地平整。打桩场地必须平整、坚实，必要时宜铺设道路，经压路机碾压密实，场地四周应挖排水沟以利排水。

(3) 抄平放线定桩位。在打桩现场附近设水准点，其位置应不受打桩影响，数量不得少于两个，用以抄平场地和检查桩的入土深度。要根据建筑物的轴线控制桩定出桩基础的每个桩位，可用小木桩标记。正式打桩之前，应对桩基的轴线和桩位复查一次。以免因小木桩挪动、丢失而影响施工。桩位放线允许偏差为20mm。

（4）进行打桩试验。施工前应做不少于2根桩的打桩工艺试验，用以了解桩的沉入时间、最终沉入度、持力层的强度、桩的承载力以及施工过程中可能出现的各种问题和反常情况等，以便检验所选的打桩设备和施工工艺，确定是否符合设计要求。

（5）确定打桩顺序。打桩顺序直接影响到桩基础的质量和施工速度，应根据桩的密集程度（桩距大小），桩的规格、长短，桩的设计标高、工作面布置，工期要求等综合考虑，合理确定打桩顺序。根据桩的密集程度，打桩顺序一般分为逐段打设、自中部向四周打设和由中间向两侧打设3种，如图3.23所示。当桩的中心距不大于4倍桩的直径或边长时，应由中间向两侧对称施打，如图3.23（c）所示，或由中间向四周施打，如图3.23（b）所示。当桩的中心距大于4倍桩的边长或直径时，可采用上述两种打法，或逐排单向打设，如图3.23（a）所示。

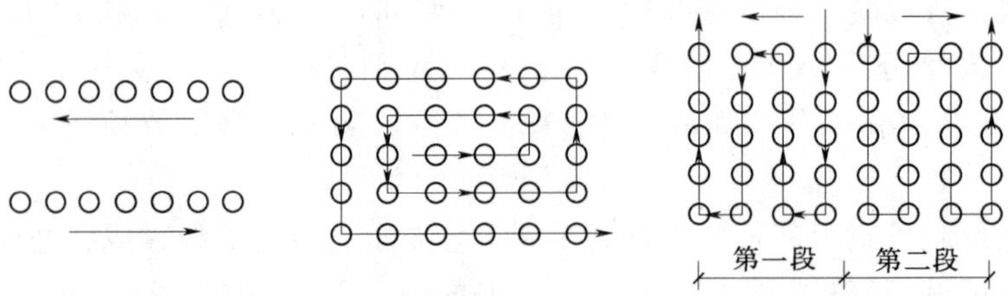

(a)逐排打设　(b)自中部向四周打设　(c)自中间向两侧打设

图3.23　打桩顺序图

根据基础的设计标高和桩的规格，宜按先深后浅、先大后小、先长后短的顺序进行打桩。

（6）桩帽、垫衬和送桩设备机具准备。

3.4.1.2　桩的制作、运输、堆放

1. 桩的制作

较短的桩多在预制厂生产。较长的桩一般在打桩现场附近或打桩现场就地预制。

桩分节制作时，单节长度的确定应满足桩架的有效高度、制作场地条件、运输与装卸能力的要求，同时应避免桩尖接近硬持力层或桩尖处于硬持力层中接桩，上节桩和下节桩应尽量在同一纵轴线上预制，使上下节钢筋和桩身减少偏差。

制桩时，应做好浇筑日期、混凝土强度、外观检查、质量鉴定等记录，以供验收时查用。每根桩上应标明编号、制作日期，如不预埋吊环，则应标明绑扎位置。

2. 桩的运输

钢筋混凝土预制桩达到设计强度70%方可起吊，达到设计强度100%后方可进行运输。如提前吊运，必须验算合格。桩在起吊和搬运时，吊点应符合设计规定，如无吊环，设计又未作规定时，绑扎点的数量及位置按桩长而定，应按起吊弯矩最小的原则进行捆绑。钢丝绳与桩之间应加衬垫，以免损坏棱角。起吊时应平稳提升，吊点同时离地，如要长距离运输，可采用平板拖车或轻轨平板车。长桩搬运时，桩下要设置活动支座。经过搬运的桩，还应进行质量复查。

3. 桩的堆放

桩堆放应遵守：桩堆放时，地面必须平整、坚实，垫木间距应根据吊点确定，各层垫木应位于同一垂直线上，最下层垫木应适当加宽，堆放层数不宜超过4层。不同规格的桩，应分别堆放。

3.4.1.3 施工方法

混凝土预制桩的沉桩方法有锤击沉桩、静力压桩、振动沉桩等。

1. 锤击沉桩

锤击沉桩也称打入桩，如图3.24所示，是利用桩锤下落产生的冲击能量将桩沉入土中，锤击沉桩是混凝土预制桩最常用的沉桩方法。该法施工速度快，机械化程度高，适应范围广，但施工时有噪声振动，对于城市中心和夜间施工有所限制。

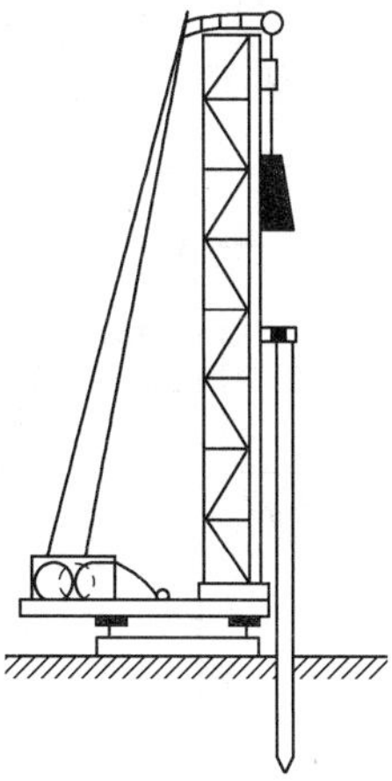

图3.24 打入桩施工

(1) 打桩设备及选择。

打桩所用的机具设备主要包括桩锤（作用是对桩施加冲击力，将桩打入土中）、桩架（作用是支持桩身和桩锤将桩吊到打桩位置，并在打入过程中引导桩的方向，保证桩锤沿着所要求的方向冲击）及动力装置（包括起动桩锤用的动力设施，如卷扬机、锅炉、空气压缩机等）三部分。

桩锤是把桩打入土中的主要机具，有落锤、汽锤（单动汽锤和双动汽锤）、柴油桩锤、振动桩锤等几类。

桩锤的类型应根据施工现场情况、机具设备条件及工作方式和工作效率等条件来选择。锤重的选择，在做功相同而锤重与落距乘积相等的情况下，宜选用重锤低击，这样可以使桩锤动量大而冲击回弹能量消耗小。桩锤过重，所需动力设备大，能源消耗大，经济效率不高；桩锤过轻，施打时必定增大落距，使桩身产生回弹，桩不宜沉入土中，常常打坏桩头或使混凝土保护层脱落，严重者甚至使桩身断裂。

(2) 桩架的选择。

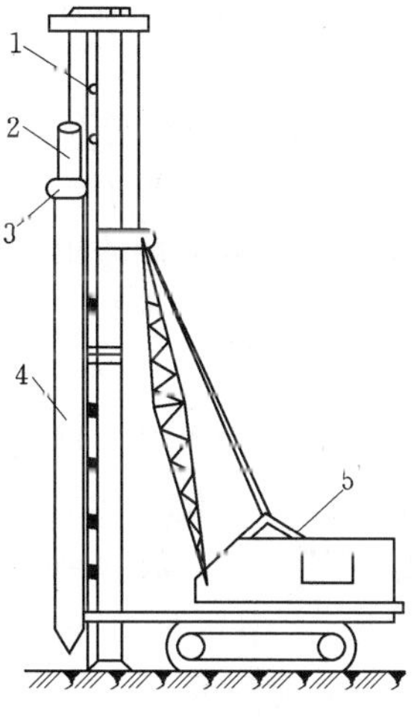

图3.25 履带式桩架

1—导架；2—桩锤；3—桩帽；4—桩；5—吊车

桩架是支持桩身和桩锤，在打桩过程中引导桩的方向及维持桩的稳定，并保证桩锤沿着要求方向冲击的设备。桩架一般由底盘、导向杆、起吊设备、撑杆等组成。根据桩的长度、桩锤的高度及施工条件等选择桩架和确定桩架高度。

桩架的形式很多，常用的通用桩架有两种基本形式：一种是沿轨道行驶的；另一种是装在履带底盘上的履带式桩架。多能桩架是由定柱、斜撑、回转工作台、底盘及传动机构组成。多能桩架的机动性和适应性很大，在水平方向可做360°回转，导架可以伸缩和前后倾斜，底座下装有铁轮，底盘在轨道上行走。这种桩架可适用于各种预制桩及灌注桩施工。履带式桩架以履带式起重机为主机，配备桩架工作装置而组成，如图3.25所示。其操作灵活，移动方便，适用于各种预制桩和灌注桩的施工。

(3) 动力装置的选择。

打桩机械的动力装置是根据所选桩锤而定的。当采用空气锤时，应配备空气压缩机；当选用蒸汽锤时，则要配备蒸汽锅炉和绞盘。

(4) 打桩工艺。

1) 吊桩就位。按既定的打桩顺序，先将桩架移动至桩位处并用缆风绳拉牢，然后将桩运至桩架下，利用桩架上的滑轮组，由卷扬机提升桩。当桩提升至直立状态后，即可将桩送入桩架的龙门导管内，同时把桩尖准确地安放到桩位上，并与桩架导管相连接，以保证打桩过程中不发生倾斜或移动。桩插入时垂直偏差不得超过0.5%。桩就位后，为了防止击碎桩顶，在桩锤与桩帽、桩帽与桩之间应放上硬木、粗草纸或麻袋等桩垫作为缓冲层，桩帽与桩顶四周应留5～10mm的间隙，如图3.26所示。然后进行检查，使桩身、桩帽和桩锤在同一轴线上即可开始打桩。

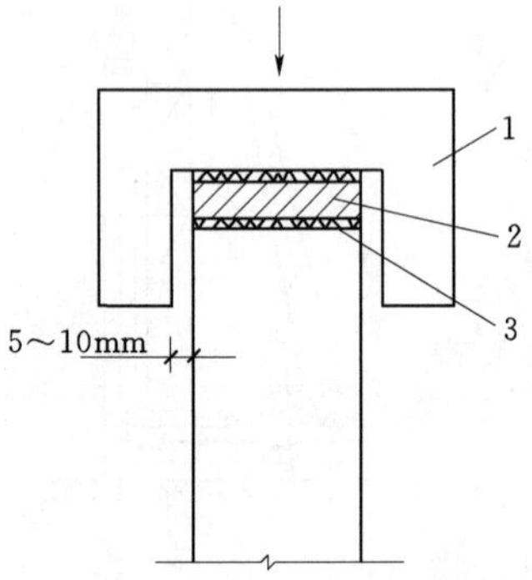

图3.26 自落锤桩帽构造示意图
1—桩帽；2—硬垫木；
3—草纸（弹性衬垫）

2) 打桩。打桩时用“重锤低击”可取得良好效果，这是因为这样桩锤对桩头的冲击小，回弹也小，桩头不易损坏，大部分能量都用于克服桩身与土的摩阻力和桩尖阻力上，桩就能较快地沉入土中。

初打时地层软、沉降量较大，宜低锤轻打。随着沉桩加深（1～2m），速度减慢，再适当增加起锤高度，控制锤击应力。打桩时应观察桩锤回弹情况，如经常回弹较大则说明锤太轻，不能使桩下沉，应及时更换。至于桩锤的落距以多大为宜，根据实践经验，在一般情况下，单动汽锤以0.6m左右为宜，柴油锤不超过1.5m，落锤不超过1.0m为宜。打桩时要随时注意贯入度变化情况，当贯入度骤减，桩锤有较大回弹时，表示桩尖遇到障碍，此时应将桩锤落距减小，加快锤击。如上述情况仍存在，则应停止锤击，查找原因进行处理。

在打桩过程中，如突然出现桩锤回弹、贯入度突增、锤击时桩弯曲、倾斜、颤动、桩顶破坏加剧等情况，则表明桩身可能已破坏。

打桩最后阶段，沉降太小时，要避免硬打，如难沉下，要检查桩垫、桩帽是否适宜，需要时可更换或补充软垫。

3) 接桩。预制桩施工中，由于受到场地、运输及桩机设备等的限制，而将长桩分为多节进行制作。接桩时要注意新接桩节与原桩节的轴线一致。目前预制桩的接桩工艺主要有硫黄胶泥浆锚法、电焊接桩和法兰螺栓接桩等3种。前一种适用于软弱土层，后两种适用于各类土层。

2. 静力压桩

静力压桩是在软土地基上，利用静力压桩机或液压压桩机用无振动的静力压力（自重和配重）将预制桩压入土中的一种新工艺，如图3.27所示。静力压桩已被我国沿海地区较为广泛地采用。与普通的打桩和振动沉桩相比，压桩可以消除噪声和振动的公害。故特别适用于医院和有防震要求部门附近的施工。

静力压桩机的工作原理：通过安置在压桩机上的卷扬机的牵引，由钢丝绳、滑轮及压梁，将整个桩机的自重力（800～1500kN）反压在桩顶上，以克服桩身下沉时与土的摩擦力，迫使预制桩下沉。桩架高度10～40m，压入桩长度已达37m，桩断面为400mm×400mm～500mm×500mm。

近年引进 WYJ－200 型和 WYJ－400 型压桩机，是液压操纵的先进设备。静压力有 2000kN 和 4000kN 两种，单根制桩长度可达 20m。压桩施工，一般情况下都采取分段压入、逐段接长的方法。接桩的方法目前有焊接法、法兰接法和浆锚法三种。

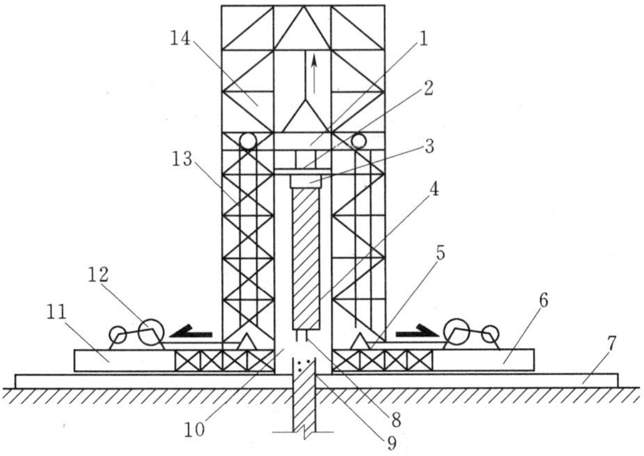

图 3.27　静力压桩机示意图

1—活动压梁；2—油压表；3—桩帽；4—上段桩；5—加重物仓；6—底盘；7—轨道；8—上段接桩锚筋；9—桩；10—压头；11—操作平台；12—卷扬机；13—加压钢绳滑轮组；14—桩架导向笼

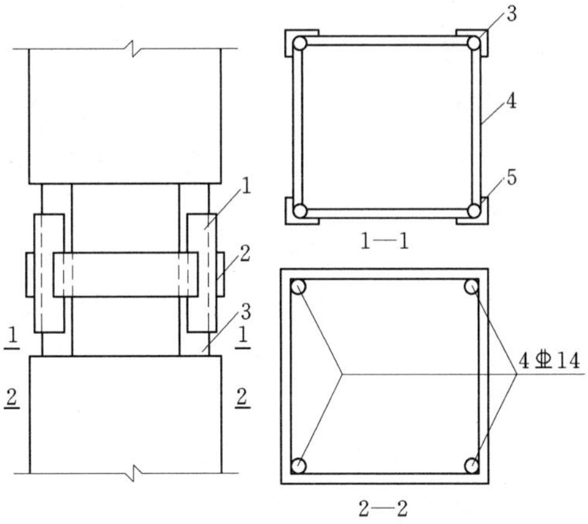

图 3.28　焊接法接桩节点构造

1—角钢与主筋焊接；2—钢板；3—主筋；4—箍筋；5—焊缝

焊接法接桩时，必须对准下节桩并垂直无误后，用点焊将拼接角钢连接固定，再次检查位置正确后则进行焊接，如图 3.28 所示。施焊时，应两人同时对角对称地进行，以防止节点变形不匀而引起桩身歪斜。焊缝要连续饱满。

浆锚法接桩时，首先将上节桩对准下节桩，使四根锚筋插入锚筋孔中（直径为锚筋直径的 2.5 倍），下落压梁并套住桩顶，然后将桩和压梁同时上升约 200mm，以 4 根锚筋不脱离锚筋孔为度，如图 3.29 所示。此时，安设好施工夹箍（施工夹箍由 4 块木板，内侧用人造革包裹 40mm 厚的树脂海绵块而成），将溶化的硫黄胶泥注满锚筋孔内和接头平面上，然后将上节桩和压梁同时下落，当硫黄胶泥冷却并拆除施工夹箍后，即可继续加荷施压。

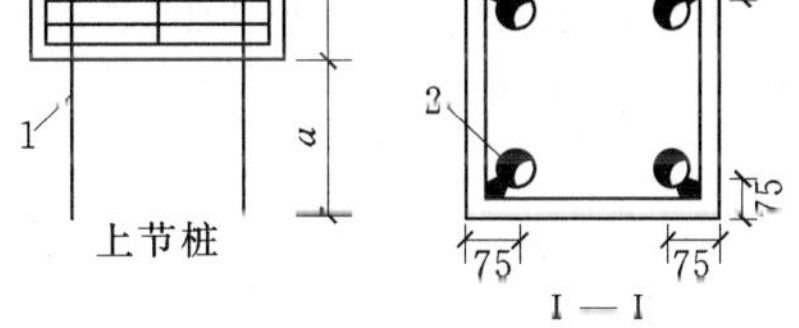

图 3.29　浆锚法接桩节点构造

1—锚筋；2—锚筋孔

为保证接桩质量，应做到锚筋应刷净并调直；锚筋孔内应有完好螺纹，无积水、杂物和油污；接桩时接点的平面和锚筋孔内应灌满胶泥；灌注时间不得超过 2min；灌注后停歇时间应符合有关规定。

3. *其他沉桩方法*

水冲沉桩法是锤击沉桩的一种辅助方法，它利用高压水流经过桩侧面或空心管内部的射水管冲击桩尖附近土层，便于锤击。一般是边冲水边打桩，当沉桩至最后 1～2m 时停止冲水，用锤击至规定标高。水冲法适用于砂土和碎石土，有时对于特别长的预制桩，单靠锤击有一定的困难时，亦用水冲法辅助之。

振动法沉桩是利用振动机，将桩与振动机连接在一起，振动机产生的振动力通过桩身使土体振动，使土体的内摩擦角减小、强度降低而将桩沉入土中。此法在砂土中效率最高。

3.4.2 灌注桩施工

混凝土灌注桩是直接在施工现场桩位上成孔，然后在孔内安装钢筋笼，浇筑混凝土成桩。与预制桩相比，灌注桩具有不受地层变化限制，不需要接桩和截桩，节约钢材、振动小、噪声小等特点，但施工工艺复杂，影响质量的因素多。灌注桩按成孔方法分为以下几种：泥浆护壁成孔灌注桩、干作业钻孔灌注桩、人工挖孔灌注桩、沉管灌注桩等，近年来出现了夯扩桩、管内泵压桩、变径桩等新工艺，特别是变径桩，将信息化技术引进到桩基础中。

3.4.2.1 泥浆护壁成孔灌注桩

泥浆护壁成孔是利用原土自然造浆或人工造浆浆液进行护壁，通过循环泥浆将被钻头切下的土块携带排出孔外成孔，然后安装绑扎好的钢筋笼，用导管法水下灌注混凝土沉桩。此法对无论地下水高或低的土层都适用。但在岩溶发育地区慎用。

1. 泥浆护壁成孔灌注桩施工工艺流程

泥浆护壁成孔灌注桩施工工艺流程如图3.30所示。

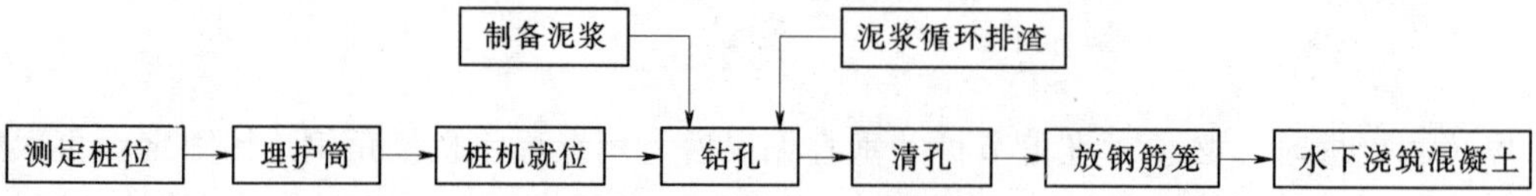

图3.30 泥浆护壁成孔灌注桩工艺流程图

2. 施工准备

(1) 埋设护筒。

护筒是用4～8mm厚钢板制成的圆筒，其内径应大于钻头直径100mm，其上部宜开设1个或2个溢浆孔。

埋设护筒时，先挖去桩孔处表土，将护筒埋入土中，保证其准确、稳定。护筒中心与桩位中心的偏差不得大于50mm，护筒与坑壁之间用黏土填实，以防漏水。护筒的埋设深度，在黏土中不宜小于1.0m，在砂土中不宜小于1.5m。护筒顶面应高于地面0.4～0.6m，并应保持孔内泥浆面高出地下水位1m以上，在受水位涨落影响时，泥浆面应高出最高水位1.5m以上。

护筒的作用是固定桩孔位置，防止地面水流入，保护孔口，增高桩孔内水压力，防止塌孔和成孔时引导钻头方向。

(2) 制备泥浆。

泥浆在桩孔内吸附在孔壁上，将土壁上孔隙填渗密实，避免孔内壁漏水，保持护筒内水压稳定；泥浆比重大，加大孔内水压力，可以稳固土壁、防止塌孔；泥浆有一定黏度，通过循环泥浆可将切削碎的泥石碴屑悬浮后排出，起到携砂、排土的作用。同时，泥浆还可对钻头有冷却和润滑作用。

制备泥浆方法：在黏性土中成孔时可在孔中注入清水，钻机旋转时，切削土屑与水旋伴，用原土造浆，泥浆相对密度值应控制在 1.1～1.2；在其他土中成孔时，泥浆制备应选用高塑性黏土或膨润土。在砂土和较厚的夹砂层中成孔时，泥浆相对密度值应控制在 1.3～1.5；施工中应经常测定泥浆相对密度值，并定期测定黏度、含砂率和胶体率等指标，应根据土质条件确定。对施工中废弃的泥浆、石碴应按环境保护的有关规定处理。

3. 成孔

桩架安装就位后，挖泥浆槽、沉淀池，接通水电，安装水电设备，制备要求相对密度的泥浆。用第一节钻杆（每节钻杆长约 5m，按钻进深度用钢销连接）接好钻机，另一端接上钢丝绳，吊起潜水钻对准埋设的护筒，悬离地面，先空钻然后慢慢钻入土中；注入泥浆，待整个潜水钻入土，观察机架是否垂直平稳，检查钻杆是否平直后，再正常钻进。

泥浆护壁成孔灌注桩成孔方法按成孔机械分类有回转钻机成孔、潜水钻机成孔、冲击钻机成孔、冲抓锥成孔等，其中以钻机成孔应用最多。

（1）回转钻机成孔。

回转钻机是由动力装置带动钻机回转装置转动，再由其带动带有钻头的钻杆移动，由钻头切削土层。适用于地下水位较高的软、硬土层，如淤泥、黏性土、砂土、软质岩层。

回转钻机钻孔方式根据泥浆循环方式的不同，分为正循环回转钻机成孔和反循环回转钻机成孔。

1）正循环回转钻机成孔的工艺如图 3.31 所示。由空心钻杆内部通入泥浆或高压水，从钻杆底部喷出，携带钻下的土渣沿孔壁向上流动，由孔口将土渣带出流入泥浆池。

2）反循环回转钻机成孔的工艺如图 3.32 所示。泥浆带渣流动的方向与正循环回转钻机成孔的情形相反。反循环工艺的泥浆上流的速度较高，能携带较大的土渣。

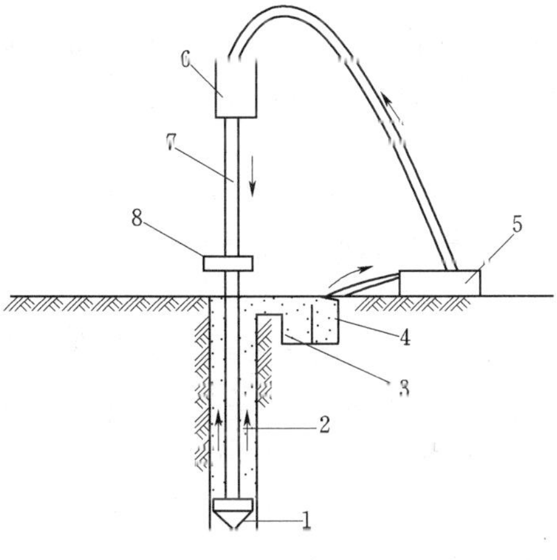

图 3.31　正循环回转钻机成孔工艺原理图

1—钻头；2—泥浆循环方向；3—沉淀池；4—泥浆池；5—泥浆泵；6—水龙头；7—钻杆；8—钻机回转装置

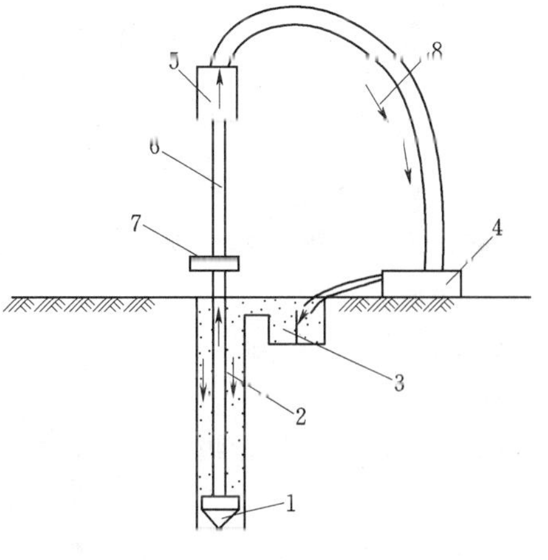

图 3.32　反循环回转钻机成孔工艺原理图

1—钻头；2—新泥浆流向；3—沉淀池；4—砂石泵；5—水龙头；6—钻杆；7—钻机回转装置；8—混合液流向

（2）潜水钻机成孔。

潜水钻机成孔示意图如图 3.33 所示。潜水钻机是一种将动力、变速机构和钻头连在一起加以密封，潜入水中工作的一种体积小而轻的钻机，这种钻机的钻头有多种形式，以适应

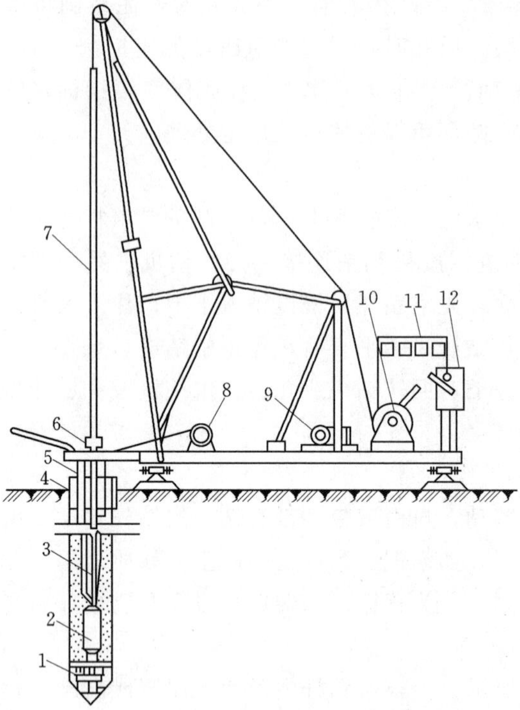

图 3.33 潜水钻机钻孔示意图

1—钻头；2—潜水钻机；3—电缆；4—护筒；5—水管；6—滚轮（支点）；7—钻杆；8—电缆盘；9—5kN 卷扬机；10—10kN 卷扬机；11—电流电压表；12—启动开关

不同桩径和不同土层的需要。钻头可带有合金刀齿，靠电动机带动刀齿旋转切削土层或岩层。钻头靠桩架悬吊吊杆定位，钻孔时钻杆不旋转，仅钻头部分放置切削下来的泥渣通过泥浆循环排出孔外。

钻机桩架轻便，移动灵活，钻进速度快，噪声小，钻孔直径为 500～1500mm，钻孔深度可达 50m，甚至更深。

潜水钻机成孔适用于黏性土、淤泥、淤泥质土、砂土等钻进，也可钻入岩层，尤其适用于地下水位较高的土层中成孔。当钻一般黏性土、淤泥、淤泥质土及砂土时，宜用笼式钻头；穿过不厚的砂夹卵石层或在强风化岩上钻进时，可镶焊硬质合金刀头的笼式钻头；遇孤石或旧基础时，应用带硬质合金齿的筒式钻头。

（3）冲击钻机成孔。

冲击钻机通过机架、卷扬机把带刃的重钻头（冲击锤）提高到一定高度，靠自由下落的冲击力切削破碎岩层或冲击土层成孔，如图 3.34 所示。部分碎渣和泥浆挤压进孔壁，大部分碎渣用掏渣筒掏出。此法设备简单，操作方便，对于有孤石的砂卵石岩、坚质岩、岩层均可成孔。

冲击钻头形式有十字形、工字形、人字形等，一般常用十字形冲击钻头，如图 3.35 所示。在钻头锥顶与提升钢丝绳间设有自动转向装置，冲击锤每冲击一次转动一个角度，从而保证桩孔冲成圆孔。

冲孔前应埋设钢护筒，并准备好护壁材料。若表层为淤泥、细砂等软土，则在筒内加入小块片石、砾石和黏土；若表层为砂砾卵石，则投入小颗粒砂砾石和黏土，以便冲击造浆，并使孔壁挤密实。冲击钻机就位后，校正冲锤中心对准护筒中心，在冲程 0.4～0.8m 范围内应低提密冲，并及时加入石块与泥浆护壁，直至护筒下沉 3～4m 以后，冲程可以提高到 1.5～2.0m，转入正常冲击，随时测定并控制泥浆相对密度。

施工中，应经常检查钢丝绳损坏情况，卡机松紧程度和转向装置是否灵活，以免掉钻。如果冲孔发生偏斜，应回填片石（厚 300～500mm）后重新冲孔。

（4）冲抓锥成孔。

冲抓锥锥头上有一重铁块和活动抓片，通过机架和卷扬机将冲抓锥提升到一定高度，下落时松开卷筒刹车，抓片张开，锥头便自由下落冲入土中，然后开动卷扬机提升锥头，这时抓片闭合抓土，如图 3.36 所示。冲抓锥整体提升至地面上卸去土渣，依次循环成孔。

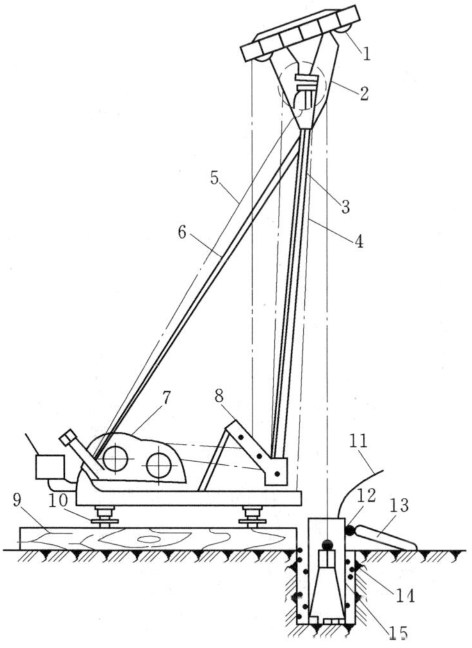

图3.34 简易冲击钻孔机示意图

1—副滑轮；2—主滑轮；3—主杆；4—前拉索；5—后拉索；6—斜撑；7—双滚筒卷扬机；8—导向轮；9—垫木；10—钢管；11—供浆管；12—溢流口；13—泥浆渡槽；14—护筒回填土；15—钻头

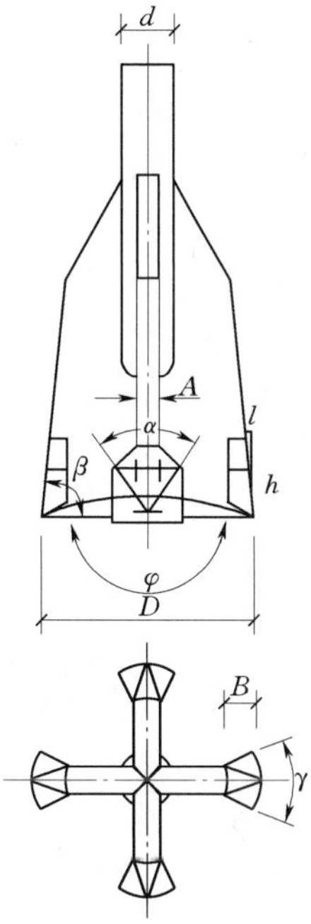

图3.35 十字形冲头示意图

冲抓锥成孔施工过程、护筒安装要求、泥浆护壁循环等与冲击成孔施工相同。

冲抓锥成孔直径为450～600mm，孔深可达10m，冲抓高度宜控制在1.0～1.5m。适用于松软土层（砂土、黏土）中冲孔，但遇到坚硬土层时宜换用冲击钻施工。

4. 清孔

成孔后，必须保证桩孔进入设计持力层深度。当孔达到设计要求后，即进行验孔和清孔。验孔是用探测器检查桩位、直径、深度和孔道情况；清孔即清除孔底沉渣、淤泥浮土，以减少桩基的沉降量，提高承载能力。

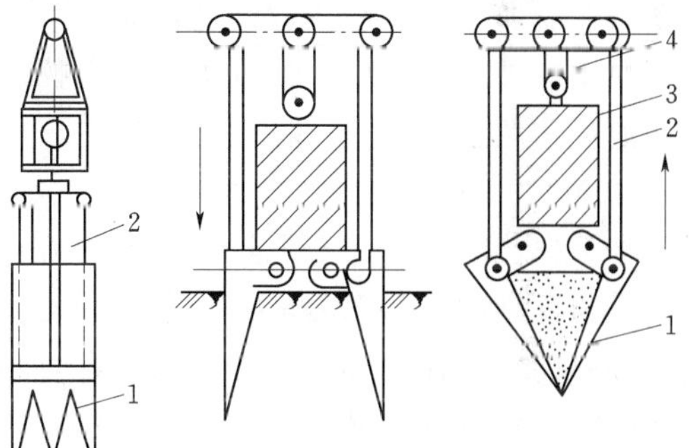

图3.36 冲抓锥锥头

1—抓土；2—连杆；3—压重；4—滑轮组

泥浆护壁成孔清孔时，对于土质较好不易坍塌的桩孔，可用空气吸泥机清孔，气压为0.5MPa，使管内形成强大高压气流向上涌，同时不断地补足清水，被搅动的泥渣随气流上涌从喷口排出，直至喷出清水为止。对稳定性较差的孔壁应采用泥浆循环法清孔或抽筒排渣，清孔后的泥浆相对密度应控制在1.15～1.25；原土造浆的孔，清孔后泥浆相对密度应控制在1.1左右，在清孔时，必须及时补充足够的泥浆，并保持浆面稳定。

5. 水下浇筑混凝土

在灌注桩、地下连续墙等基础工程中，常要直接在水下浇筑混凝土。其方法是利用导管输送混凝土并使之与环境水隔离，依靠管中混凝土的自重，压管口周围的混凝土在已浇筑的混凝土内部流动、扩散，以完成混凝土的浇筑工作，如图3.37所示。

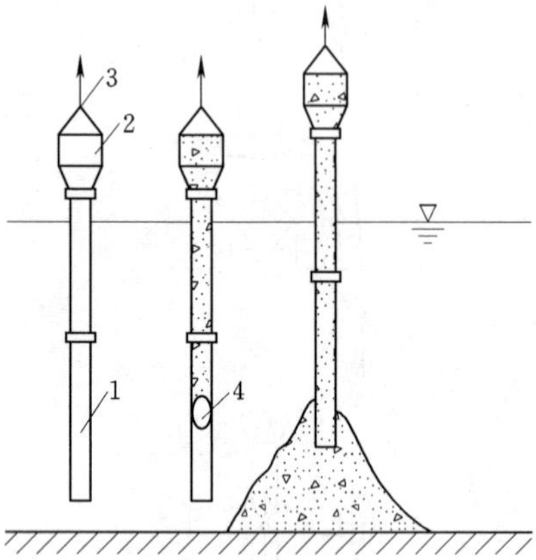

图3.37　导管法浇筑水下混凝土示意图
1—导管；2—承料漏斗；
3—提升机具；4—球塞

在施工时，先将导管放入水中（其下部距离底面约100mm），用麻绳或铅丝将球塞悬吊在导管内水位以上的0.2m（塞顶铺2～3层稍大于导管内径的水泥纸袋，再散铺一些干水泥，以防混凝土中骨料卡住球塞），然后浇入混凝土，当球塞以上导管和承料漏斗装满混凝土后，剪断球塞吊绳，混凝土靠自重推动球塞下落，冲向基底，并向四周扩散。球塞冲出导管，浮至水面，可重复使用。冲入基底的混凝土将管口包住，形成混凝土堆。同时不断地将混凝土浇入导管中，管外混凝土面不断被管内的混凝土挤压上升。随着管外混凝土面的上升，导管也逐渐提高（到一定高度，可将导管顶段拆下）。但不能提升过快，必须保证导管下端始终埋入混凝土内；其最大埋置深度不宜超过5m。混凝土浇筑的最终高程应高于设计标高约100mm，以便清除强度低的表层混凝土（清除应在混凝土强度达到2～2.5N/mm^{2}后方可进行）。

导管由每段长度为1.5～2.5m（脚管为2～3m）、管径200～300mm、厚3～6mm的钢管用法兰盘加止水胶垫用螺栓连接而成。承料漏斗位于导管顶端，漏斗上方装有振动设备以防混凝土在导管中阻塞。提升机具用来控制导管的提升与下降，常用的提升机具有卷扬机、电动葫芦、起重机等。球塞可用软木、橡胶、泡沫塑料等制成，其直径比导管内径小15～20mm。

水下浇筑的混凝土必须具有较大的流动性、黏聚性以及良好的流动性保持能力，能依靠其自重和自身的流动能力来实现摊平和密实，有足够的抵抗泌水和离析的能力，以保证混凝土在堆内扩散过程中不离析，且在一定时间内其原有的流动性不降低。因此要求水下浇筑混凝土中水泥用量及砂率宜适当增加，泌水率控制在2%～3%以内；粗骨料粒径不得大于导管的1/5或钢筋间距的1/4，并不宜超过40mm；坍落度为150～180mm。施工开始时采用低坍落度，正常施工则用较大的坍落度，且维持坍落度的时间不得少于1h，以便混凝土能在较长时间内靠其自身的流动能力实现其密实成型。

每根导管的作用半径一般不大于3m，所浇混凝土覆盖面积不宜大于30m^2，当面积过大时，可用多根导管同时浇筑。混凝土浇筑应从最深处开始，相邻导管下口的标高差不应超过导管间距的1/20～1/15，并保证混凝土表面均匀上升。

导管法浇筑水下混凝土的关键是：①保证混凝土的供应量应大于导管内混凝土必须保持的高度和开始浇筑时导管埋入混凝土堆内必须的埋置深度所要求的混凝土量；②严格控制导管提升高度，且只能上下升降，不能左右移动，以避免造成管内返水事故。

3.4.2.2　干作业钻孔灌注桩

干作业钻孔灌注桩是先用钻机在桩位处进行钻孔，然后在桩孔内放入钢筋骨架，再灌注混凝土而成桩。其施工过程如图 3.38 所示。

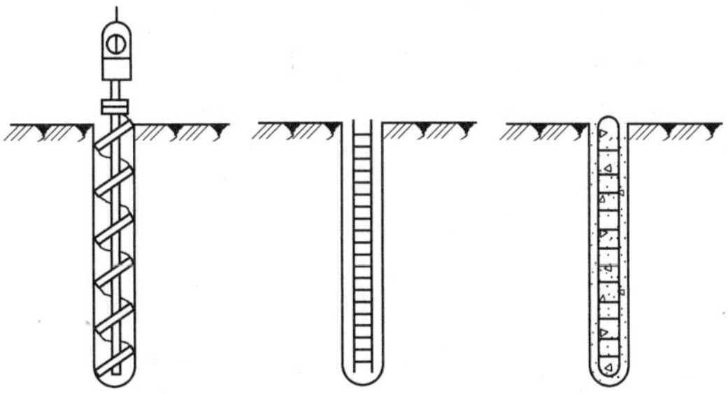

(a)钻机进行钻孔　(b)放入钢筋骨架　(c)浇筑混凝土

图 3.38　螺旋钻机钻孔灌注桩施工过程示意图

1. 施工特点

干作业成孔一般采用螺旋钻机钻孔。螺旋钻机根据钻杆形式不同可分为整体式螺旋、装配式长螺旋和短螺旋三种。螺旋钻杆是一种动力旋动钻杆，它是使钻头的螺旋叶旋转削土，土块由钻头旋转上升而带出孔外。螺旋钻头外径分别为 400mm、500mm、600mm，钻孔深度相应为 12m、10m、8m。适用于成孔深度内没有地下水的一般黏土层、砂土及人工填土地基，不适于有地下水的土层和淤泥质土。

2. 施工工艺

干作业钻孔灌注桩的施工步骤分为以下几步：螺旋钻机就位对中→钻进成孔、排土→钻至预定深度、停钻→起钻，测孔深、孔斜、孔径→清理孔底虚土→钻机移位→安放钢筋笼→安放混凝土溜筒→灌溉混凝土成桩→桩头养护。

钻机就位后，钻杆垂直对准桩位中心，开钻时先慢后快，减少钻杆的摇晃，及时纠正钻孔的偏斜或位移。钻孔时，螺旋刀片旋转削土，削下的土沿整个钻杆螺旋叶片上升而涌出孔外，钻杆可逐节接长直至钻到设计要求规定的深度。在钻孔过程中，若遇到硬物或软岩，应减速慢钻或提起钻头反复钻，穿透后再正常进钻。在砂卵石、卵石或淤泥质土夹层中成孔时，这些土层的土壁不能直立，易造成塌孔，这时，钻孔可钻至塌孔下 1～2m 以内，用低强度等级细石混凝土回填至塌孔 1m 以上；待混凝土初凝后，再钻至设计要求深度。也用 3∶7 夯实灰土回填代替混凝土处理。

钻孔至规定要求深度后，孔底一般都有较厚的虚土，需要进行专门处理。清孔的目的是将孔内的浮土、虚土取出，减少桩的沉降。常用的方法是采用 25～30kg 的重锤对孔底虚土进行夯实，或投入低坍落度素混凝土，再用重锤夯实；或是钻机在原深处空转清土，然后停止旋转，提钻卸土。

钢筋骨架的主筋、箍筋、直径、根数、间距及主筋保护层均应符合设计规定，绑扎牢固，防止变形。用导向钢筋送入孔内，同时防止泥土杂物掉进孔内。钢筋骨架就位后，应立即灌注混凝土，以防塌孔。灌注时，应分层浇筑、分层捣实，每层厚度 50～60cm。

3. 操作要点

(1) 螺旋钻进应根据地层情况，合理选择和调整钻进参数，并可通过电流表来控制进尺速度，如果电流值增大，说明孔内阻力增大，这时应降低钻进速度。

(2) 开始钻进及穿过软硬土层交界处时，应缓慢进尺，保持钻具垂直；钻进含有砖头瓦块卵石的土层时，应控制钻杆跳动与机架摇晃。

(3) 钻进中遇憋车、不进尺或钻进缓慢时，应停机检查，找出原因，采取措施，避免盲目钻进，导致桩孔严重倾斜、垮孔甚至卡钻、折断钻具等恶性孔内事故。

(4) 遇孔内渗水、垮孔、缩径等异常情况时，立即起钻，采取相应的技术措施；上述情况不严重时，可调整钻进参数，投入适量黏土球，经常上下活动钻具等，保持钻进顺畅。

(5) 冻土层、硬土层施工，宜采用高转速，小给进量，恒钻压。

(6) 短螺旋钻进，每回次进尺宜控制在钻头长度的 2/3 左右，砂层、粉土层可控制在 0.8～1.2m，黏土、粉质黏土在 0.6m 以下。

(7) 钻至设计深度后，应使钻具在孔内空转数圈清除虚土，然后起钻，盖好孔口盖，防止杂物落入。

3.4.2.3　人工挖孔灌注桩

人工挖孔灌注桩是采用人工挖掘方法成孔，然后放置钢筋笼，浇筑混凝土而成的桩基础，也称墩基础。其施工特点：①设备简单；②无噪声、无振动、不污染环境，对施工现场周围原有建筑物的影响小；③施工速度快，可按施工进度要求决定同时开挖桩孔的数量，必要时各桩孔可同时施工；④土层情况明确，可直接观察到地质变化，桩底沉渣能清除干净，施工质量可靠。尤其当高层建筑选用大直径的灌注桩，而施工现场又在狭窄的市区时，采用人工挖孔比机械挖孔具有更大的适应性。但其缺点是人工耗量大，开挖效率低，安全操作条件差等。在地下水丰富、软弱土层、流沙等不良地质条件的区域、孔内空气污染物超标准及机械顶层孔设备可以到达的区域不得使用人工挖孔灌柱桩工艺。

1. 施工设备

一般可根据孔径、孔深和现场具体情况选用，常用的有电动葫芦、提土桶、潜水泵、鼓风机和输风管、镐、锹、土筐、照明灯、对讲机及电铃等。

2. 施工工艺

施工时，为确保挖土成孔施工安全，必须考虑预防孔壁坍塌和流砂发生的措施。因此，施工前应根据地质水文资料，拟定出合理的护壁措施和降排水方案，护壁方法很多，可以采用现浇混凝土护壁、沉井护壁、喷射混凝土护壁等。

(1) 现浇混凝土护壁法施工即分段开挖、分段浇筑混凝土护壁，既能防止孔壁坍塌，又能起到防水作用。

桩孔采取分段开挖，每段高度取决于土壁直立状态的能力，一般 0.5～1.0m 为一施工段，开挖井孔直径为设计桩径加混凝土护壁厚度。

护壁施工段，即支设护壁内模板（工具式活动钢模板）后浇筑混凝土，模板的高度取决于开挖土方施工段的高度，一般为 1m，由 4～8 块活动钢模板组合而成，支成有锥度的内模。内模支设后，吊放用角钢和钢板制成的两半圆形合成的操作平台入桩孔内，置于内模板顶部，以放置料具和浇筑混凝土操作之用。混凝土的强度一般不宜低于 C15，浇筑混凝土时要注意振捣密实。

当护壁混凝土强度达到 1MPa（常温下约 24h）时可拆除模板，开挖下段的土方，再支模浇筑护壁混凝土，如此循环，直至挖到设计要求的深度。

当桩孔挖到设计深度，并检查孔底土质是否已达到设计要求后，再在孔底挖成扩大头。待桩孔全部成型后，用潜水泵抽出孔底的积水，然后立即浇筑混凝土。当混凝土浇筑至钢筋笼的底面设计标高时，再吊入钢筋笼就位，并继续浇筑桩身混凝土而形成桩基。

(2) 当桩径较大，挖掘深度大，地质复杂，土质差（松软弱土层），且地下水位高时，应采用沉井护壁法挖孔施工。

沉井护壁施工是先在桩位上制作钢筋混凝土井筒，井筒下捣制钢筋混凝土刃脚，然后在筒内挖土掏空，井筒靠其自重或附加荷载来克服筒壁与土体之间的摩擦阻力，边挖边沉，使其垂直地下沉到设计要求深度。

3.4.2.4　沉管灌注桩

沉管灌注桩是利用锤击打桩设备或振动沉桩设备，将带有钢筋混凝土的桩尖（或钢板靴）或带有活瓣式桩靴的钢管沉入土中（钢管直径应与桩的设计尺寸一致），造成桩孔，然后放入钢筋骨架并浇筑混凝土，随之拔出套管，利用拔管时的振动将混凝土捣实，便形成所需要的灌注桩。利用锤击沉桩设备沉管、拔管成桩，称为锤击沉管灌注桩，如图 3.39 所示；利用振动器振动沉管、拔管成桩，称为振动沉管灌注桩，如图 3.40 所示。

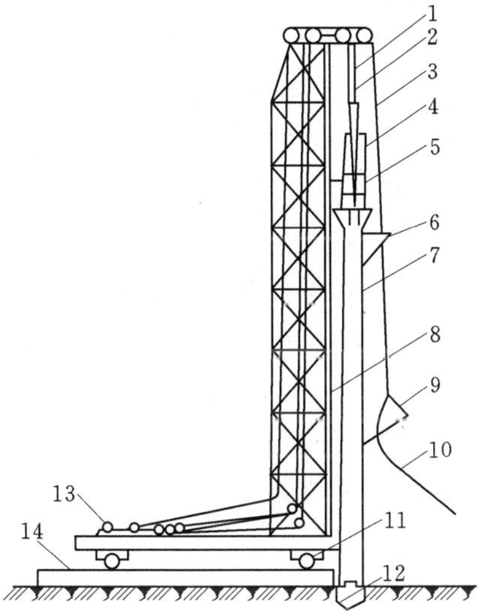

图 3.39　锤击沉管灌注桩

1—桩锤钢丝绳；2—桩管滑轮组；3—吊斗钢丝绳；4—桩锤；5—桩帽；6—混凝土漏斗；7—桩管；8—桩架；9—混凝土吊斗；10—回绳；11—行驶用钢管；12—预制桩靴；13—卷扬机；14—枕木

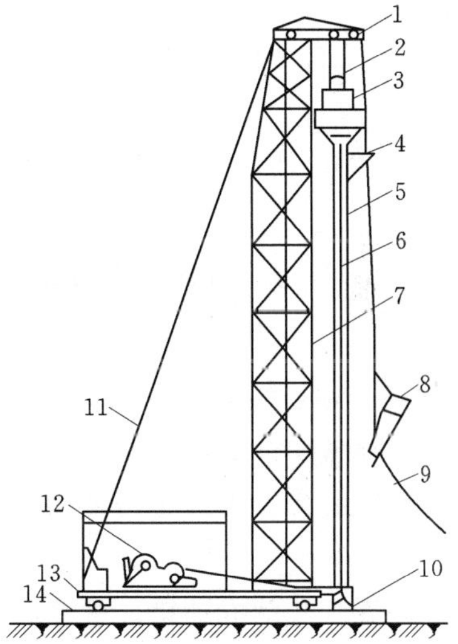

图 3.40　振动沉管灌注桩

1—导向滑轮；2—滑轮组；3—激振器；4—混凝土漏斗；5—桩帽；6—加压钢丝绳；7—桩管；8—混凝土吊斗；9—回绳；10—活瓣桩靴；11—缆风绳；12—卷扬机；13—行驶用钢管；14—枕木

在沉管灌注桩施工过程中，对土体有挤密作用和振动影响，施工中应结合现场施工条件，考虑成孔的顺序：①间隔一个或两个桩位成孔；②在邻桩混凝土初凝前或终凝后成孔；③一个承台下桩数在 5 根以上者，中间的桩先成孔，外围的桩后成孔。

为了提高桩的质量和承载能力，沉管灌注桩常采用单打法、复打法、翻插法等施工工艺。

（1）单打法（又称一次拔管法）。拔管时，每提升 0.5～1.0m，振动 5～10s，然后再拔管 0.5～1.0m，这样反复进行，直至全部拔出。

（2）复打法。在同一桩孔内连续进行两次单打，或根据需要进行局部复打。施工时，应保证前后两次沉管轴线重合，并在混凝土初凝之前进行。

（3）翻插法。钢管每提升 0.5m，再下插 0.3m，这样反复进行，直至拔出。

在施工时，注意及时补充套筒内的混凝土，使管内混凝土面保持一定高度并高于地面。

1. 锤击沉管灌注桩

锤击沉管灌注桩适宜于一般黏性土、淤泥质土和人工填土地基。其施工过程如图 3.41 所示。

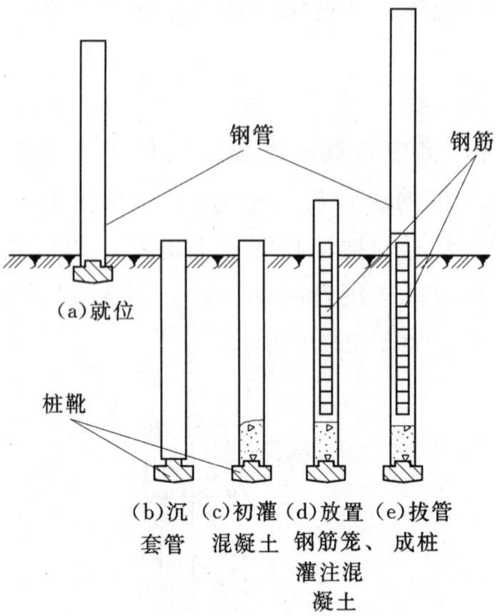

图 3.41　沉管灌注桩施工过程

锤击沉管灌注桩施工要点如下：

(1) 桩尖与桩管接口处应垫麻（或草绳）垫圈，以防地下水渗入管内和作缓冲层。沉管时先用低锤锤击，观察无偏移后，才正常施打。

(2) 拔管前应先锤击或振动套管，在测得混凝土确已流出套管时方可拔管。

(3) 桩管内混凝土尽量填满，拔管时要均匀，保持连续密锤轻击，并控制拔管速度，一般土层以不大于 1m/min 为宜，软弱土层与软硬交界处，应控制在 0.8m/min 以内为宜。

(4) 在管底未拔到桩顶设计标高前，倒打或轻击不得中断，注意使管内的混凝土保持略高于地面，并保持到全管拔出为止。

(5) 桩的中心距在 5 倍桩管外径以内或小于 2m 时，均应跳打施工；中间空出的桩须待邻桩混凝土达到设计强度的 50%以后，方可施打。

2. 振动沉管灌注桩

振动沉管灌注桩采用激振器或振动冲击沉管。其施工过程如下：

(1) 桩机就位。将桩尖活瓣合拢对准桩位中心，利用振动器及桩管自重，把桩尖压入土中。

(2) 沉管。开动振动箱，桩管即在强迫振动下迅速沉入土中。沉管过程中，应经常探测管内有无水或泥浆，如发现水、泥浆较多，应拔出桩管，用砂回填桩孔后方可重新沉管。

(3) 上料。桩管沉到设计标高后停止振动，放入钢筋笼，再上料斗将混凝土灌入桩管内，一般应灌满桩管或略高于地面。

(4) 拔管。开始拔管时，应先启动振动箱 8～10min，并用吊铊测得桩尖活瓣确已张开，混凝土确已从桩管中流出以后，卷扬机方可开始抽拔桩管，边振边拔。拔管速度应控制在 1.5m/min 以内。拔管方法根据承载力的不同要求，可分别采用单打法、复打法和翻插法。

振动沉管灌注桩宜用于一般黏性土、淤泥质土及人工填土地基，更适用于砂土、稍密及中密的碎石土地基。

3. 夯扩桩

夯扩桩（夯压成型灌注桩）是在普通沉管灌注桩的基础上加以改进，增加一根内夯管，使桩端扩大的一种桩型。内夯管的作用是在夯扩工序时，将外管混凝土夯出管外，并在桩端形成扩大头；在施工桩身时利用内管和桩锤的自重将桩身混凝土压实。夯扩桩适用于一般黏性土、淤泥、淤泥质土、黄土、硬黏性土；也可用于有地下水的情况；可在 20 层以下的高层建筑基础中使用。

夯扩桩施工时，先在桩位处按要求放置干混凝土，然后将内外管套叠对准桩位，再通过柴油锤将双管打入地基土中至设计要求深度。将内夯管拔出，向外管内灌入高度为 H 的混凝土，然后将内管放入外管内压实灌入的混凝土，再将外管拔起一定高度 h。通过柴油锤与内夯管夯打管内混凝土，夯打至外管底端深度略小于设计桩底深度处（差值 c）。此过程为一次夯扩，如需第二次夯扩，则重复一次夯扩步骤即可，如图 3.42 所示。

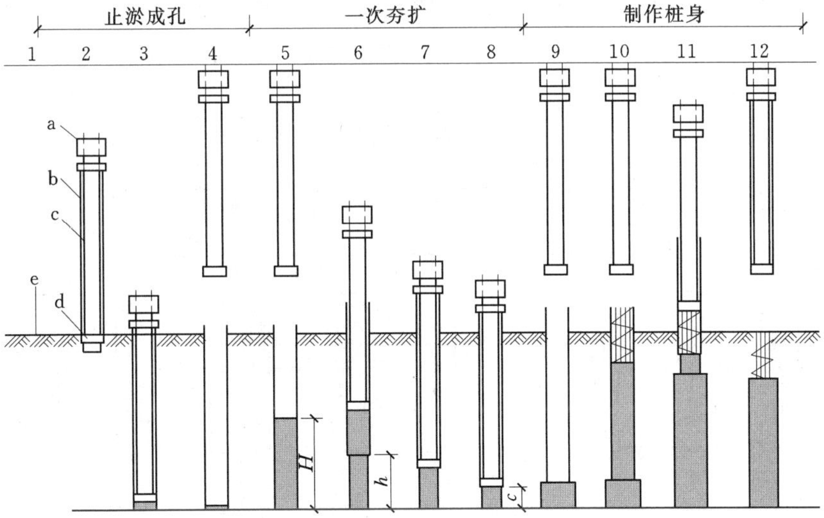

图 3.42　夯扩桩施工

a—柴油锤；b—外管；c—内管；d—内管底板；e—C20 干硬混凝土

注：$H>h>c$。

课题 3.5　地 下 连 续 墙 施 工

地下连续墙的施工是多个单元槽段的重复作业，每个槽段的施工过程大致可分为五步：首先在始终充满泥浆的沟槽中，利用专用挖槽机械进行挖槽；随后在沟槽两端放入接头管；将已制备的钢筋笼下沉到设计高度；然后插入水下灌注混凝土导管，进行混凝土灌注；待混凝土初凝后，拔去接头管，如图 3.43 所示。

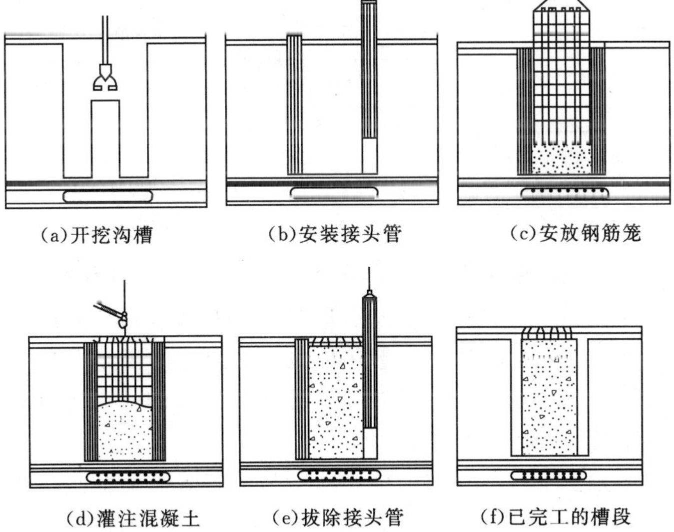

(a)开挖沟槽　(b)安装接头管　(c)安放钢筋笼

(d)灌注混凝土　(e)拔除接头管　(f)已完工的槽段

图 3.43　地下连续墙施工程序

地下连续墙的施工工艺流程如图 3.44 所示。其中修筑导墙、配制泥浆、开挖槽段、钢筋笼制作与吊装以及混凝土浇筑是地下连续墙施工中主要的工序。

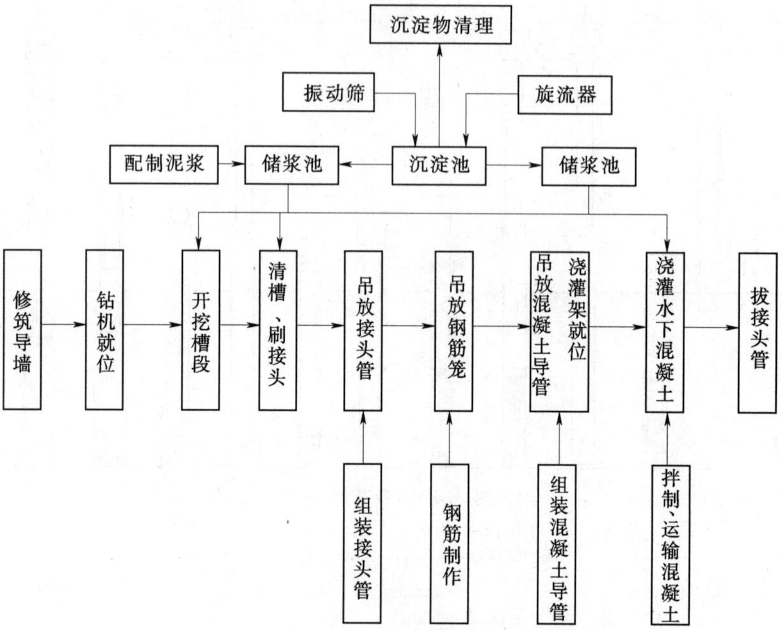

图 3.44 地下连续墙施工工艺流程

3.5.1 修筑导墙

1. 导墙形式

如图 3.45 所示，导墙断面一般为 L 形、匚形或 Γ 形，L 形和匚形用于土质较差的土层；Γ 形用于土质较好的土层。

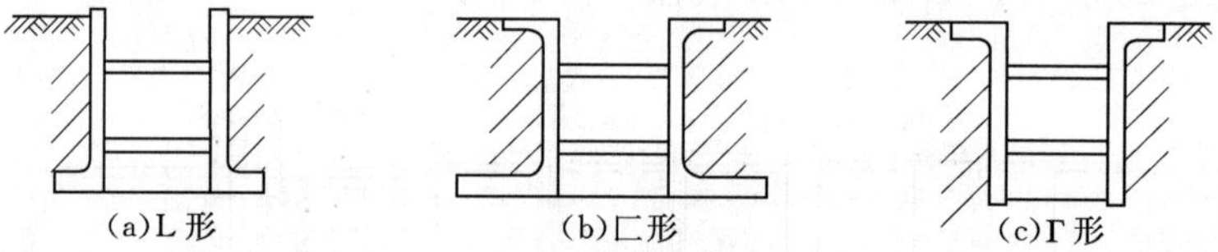

图 3.45 导墙形式

2. 导墙施工

导墙一般用钢筋混凝土浇筑而成，采用 C20 混凝土，配筋较少，多为Φ 12@200，水平钢筋按规定搭接；导墙厚度一般为 150～250mm，深度为 1.5～2.0m，底部应坐落在原土层上，其顶面高出施工地面 50～100mm，并应高出地下水位 1.5m 以上。两侧墙净距中心线与地下连续墙中心线重合。每个槽段内的导墙应设一个以上的溢浆孔。

现浇钢筋混凝土导墙拆模后，应立即在两片导墙间加支撑，其水平间距为 2.0～2.5m，在养护期间，严禁重型机械在附近行走、停置或作业。

导墙的施工允许偏差：①两片导墙的中心线应与地下墙纵向轴线相重合，允许偏差应为±10mm；②导墙内壁面垂直度允许偏差为 0.5%；③两导墙间间距应比地下墙设计厚度加宽 30～50mm，其允许偏差为±10mm；④导墙顶面应平整。

3.5.2　配制泥浆

1. 泥浆制作

(1) 泥浆材料。配制泥浆的主要材料有黏土（一般采用酸性陶土粉）、纯碱（Na_2CO_3）、羧甲基纤维素（CMC）、水（一般采用 pH 值接近中性的自来水）。此外，可根据需要掺入少量硝基腐植酸碱剂（简称硝腐碱）或铁铬木质素硫酸盐（FCLS，简称铁铬盐）。

(2) 泥浆需要量。泥浆的需要量取决于一次同时开挖槽段的大小、泥浆的各种损失、制备和回收处理泥浆的机械能力，一般可参考类似工程的经验决定。

(3) 泥浆配比。纯碱液配制浓度为 1：5 或 1：10。

CMC 液对高黏度泥浆的配制浓度为 1.5%，搅拌时先将水加至 1/3，再把 CMC 粉缓慢撒入，然后用软轴搅拌器将大块 CMC 搅拌成小颗粒，继续加水搅拌。CMC 配制后静置 6h 使用。

硝腐碱液配合比为硝基腐植酸：烧碱：水＝15：1：300，配制时先将烧碱或烧碱液和一半左右水在储液筒里搅拌，待烧碱全部溶解后，放进硝基腐植酸，继续搅拌 15min。

泥浆搅拌前先将水加至搅拌筒 1/3 后开动搅拌机，在定量水箱不断加水的同时，加入陶土粉、纯碱液，搅拌 3min 后，加入 CMC 液及硝腐碱液继续搅拌。

一般情况下，新拌制的泥浆应存放 24h 或加分散剂，使之充分水化后方可使用。

2. 泥浆处理

当泥浆受水泥污染时，黏度会急剧升高，可用 Na_2CO_3 和 FCL（铁铬盐）进行稀释。当泥浆过分凝胶化或泥浆 pH 值大于 10.5 时，则应废弃。废弃的泥浆不能任意倾倒或排入河流、下水道，必须用密封箱、真空车将其运至专用填埋场进行填埋或进行泥水分离处理。

3.5.3　开挖槽段

成槽时间约占工期的一半，挖槽精度决定了墙体制作精度，所以槽段开挖是决定施工进度和质量的关键工序。

挖槽前，预先将地下墙体划分成许多段，每一段称为地下连续墙的一个槽段（又称为一个单元），一个槽段是一次混凝土灌注单位。

槽段的长度，理论上应取得长一些，这样可减少墙段的接头数量，不但可提高地下连续墙的防水性和整体性，而且也减少了循环作业的次数，提高施工效率；但实际上槽段的长度应根据设计要求、土层性质、地下水情况、钢筋笼的轻重大小、设备起吊能力、混凝土供应能力等条件确定，一般槽段长度为 3～7m。

划分单元槽段时应注意合理设置槽段间的接头位置，一般情况下应避免将接头设在转角处、地下连续墙与内部结构的连接处，以保证地下连续墙有较好的整体性。

作为深基坑的支护结构或地下构筑物外墙的地下连续墙，其平面形状一般多为纵向连续一字形。但为了增加地下连续墙的抗挠曲刚度，也可采用工字形、L 形、T 形、Z 形及 U 形。墙厚根据结构受力计算确定，现浇式一般为 600～1000mm，最大为 1200mm；预制式受施工条件限制，厚度一般不大于 500mm。

挖槽过程中应保持槽内始终充满泥浆，根据挖槽方式的不同确定不同的泥浆使用方式。使用抓斗挖槽时，应采用泥浆静止方式，随着挖槽深度的增大，不断向槽内补充新鲜泥浆，使槽壁保持稳定。使用钻头或切削刀具挖槽时，应采用泥浆循环方式，用泵把泥浆通过管道压送到槽底，土渣随泥浆上浮至槽顶面排出称为正循环；泥浆自然流入槽内，土渣被泵管抽吸到地面上称为反循环，反循环的排渣效率高，宜用于容积大的槽段开挖。

非承重墙的终槽深度必须保证设计深度，同一槽段内，槽底深度必须一致且保持平整。承重墙的槽段深度应根据设计入岩深度要求，参照地质剖面图及槽底岩屑样品等综合确定，同一槽段开挖深度宜一致。

槽段开挖完毕，应检查槽位、槽深、槽宽及槽壁垂直度，合格后应尽快清底换浆、安装钢筋笼。

3.5.4　钢筋笼的制作和吊放

1. 钢筋笼的制作

钢筋笼的制作按设计配筋图和单元槽段的划分来制作，一般每一单元槽段做成一个整体。

钢筋笼宽度应比槽段宽度小300～400mm，钢筋笼端部与接头管或混凝土接头面间应留有150～200mm的空隙。主筋净保护层厚度为70～80mm，为了确保保护层厚度，可用钢筋或钢板定位垫块或预制混凝土垫块焊于钢筋笼上，保护层垫块厚50mm。

制作钢筋笼时要预留插放浇筑混凝土用导管的位置，在导管周围增设箍筋和连接筋进行加固；纵向主筋放在内侧，且其底端距槽底面100～200mm，横向钢筋放在外侧。

为防止钢筋笼在起吊时产生过大变形，要根据钢筋笼重量、尺寸以及起吊方式和吊点布置，在钢筋笼内布置一定数量（一般2～4榀）的纵向桁架及横向架立桁架，对宽度较大的钢筋笼在主筋面上增设ϕ25水平筋和斜拉条。

钢筋绑扎一般用铁丝先临时固定，然后用点焊焊牢，再拆除铁丝。为保证钢筋笼的整体刚度，点焊数不得少于交叉点总数的50%。

2. 钢筋笼的吊放

起吊时，用钢丝绳吊住钢筋笼的四个角，为避免在空中晃动，钢筋笼下端可系绳索用人力控制。起吊时不能使钢筋笼下端在地面上拖引，以防造成下端钢筋弯曲变形。

插入钢筋笼时，一定要使钢筋笼和吊点中心都对准槽段中心，徐徐下降，垂直而又准确地插入槽内。此时须注意不要因起重臂摆动或其他影响而使钢筋笼产生横向摆动，造成槽壁坍塌。

钢筋笼插入槽内后，检查其顶端高度是否符合设计要求，然后将其搁置在导墙上。

3.5.5　槽段接头

地下连续墙需承受侧向水压力和土压力，而它又是由若干个槽段连成的，那么各槽段之间的接头就成为连续墙的薄弱部位；此外，地下连续墙与内部主体结构之间的连接接头要承受弯、剪、扭等各种内力，因此接头连接问题就成为了地下连续墙施工中的重点。

地下连续墙的接头形式大致可分为施工接头和结构接头两类。施工接头是浇筑地下连续墙时纵向连接两相邻单元墙段的接头。结构接头是已竣工的地下连续墙在水平方向与其他构件（地下连续墙内部结构的梁、柱、墙、板等）相连接的接头。

3.5.6　水下混凝土浇筑

1. 清底工作

槽段开挖到设计标高后，在插放接头管和钢筋笼之前，应及时清除槽底淤泥和沉渣，否则钢筋笼插不到设计位置，地下连续墙的承载力降低。通常将清除沉渣的工作称为清底。

清底可采用沉淀法或置换法进行。沉淀法是在土渣基本沉淀到槽底之后再进行清底；置换法是在挖槽结束之后，对槽底进行认真清理，然后在土渣还没有沉淀之前就用新泥浆把槽内的泥浆置换出来。工程上一般常用置换法。

清除沉渣的方法常用的有砂石吸力泵排泥法、压缩空气升液排泥法、带搅动翼的潜水泥浆泵排泥法、抓斗直接排泥法。

2. 混凝土浇筑

地下连续墙的混凝土是在护壁泥浆下浇筑，需按水下混凝土的方法配制和浇筑。

课题3.6 箱形基础施工

箱形基础是由钢筋混凝土底板、顶板、侧墙及一定数量的内隔墙构成封闭的箱体。它的整体性和刚度都比较好，有调整不均匀沉降的能力，抗震能力较强，可以消除因地基变形而使建筑物开裂的缺陷，也可以减少基底处原有地基的自重应力，降低总沉降量。箱形基础适用于作为软弱地基上面积较小、平面形状简单、荷载较大或上部结构分布不均的高层建筑物的基础，如图 3.46 所示。

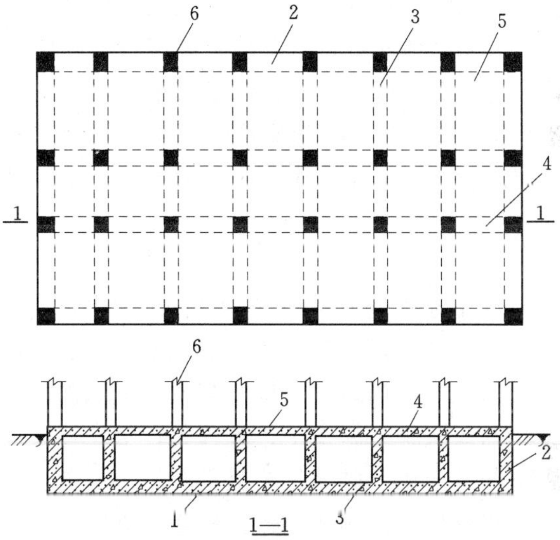

图 3.46 箱形基础

1—底板；2—外墙；3—内横隔墙；4—内纵隔墙；5—顶板；6—柱

基坑开挖如有地下水，应将地下水位降低至设计底板以下 500mm 处。

箱形基础的底板、内外墙和顶板的支模和灌注，可采取内外墙作顶板分次支模灌注方法施工，外墙接缝应设榫接或设止水带。施工缝的处理应符合有关规定。

基础施工完毕，应抓紧基坑四周的回填土工作。停止降水时，应验算箱形基础抗浮稳定性、地下水对基础的浮力，抗浮稳定系数不宜小于 1.1，以防出现基础上浮或倾斜的重大事故。

单 元 小 结

常用的地基加固有地基换填、重锤夯实、强夯地基、灰土挤密桩、振冲地基、深层搅拌及地基压浆等。

预制桩的常用沉桩方法有锤击法、静压法、振动法和水冲法。

灌注桩是在施工现场的桩位上就地成孔，然后在孔内灌注混凝土或钢筋混凝土而成。根据成孔方法的不同可以分为干作业成孔、泥浆护壁成孔、套管成孔、人工挖孔灌注桩等。

泥浆护壁成孔灌注桩有正循环和反循环两种成孔工艺。正循环成孔是泥浆由钻杆输进，泥浆沿孔壁上升进入泥浆池，经处理后进行循环。反循环成孔是从钻杆内腔抽吸泥浆和钻渣，泥浆经处理后进行循环。

沉管灌注桩是指利用锤击打桩法或振动打桩法，将带有活瓣式桩靴或预制钢筋混凝土桩尖的钢管沉入土中，当桩管打到要求深度后，放入钢筋骨架，然后边浇筑混凝土，边锤击或振动拔管。沉管灌注桩有锤击沉管、振动沉管和夯扩灌注桩等多种施工方法。

人工挖孔桩是指由人力挖掘成孔，放入钢筋笼，最后浇筑混凝土而成的桩。

地下连续墙可作为防渗墙、挡土墙、地下结构的边墙和建筑物的基础，主要施工过程有筑导墙、挖槽、清槽、钢筋笼吊放、混凝土灌注和接头施工等。

箱形基础是由钢筋混凝土底板、顶板、侧墙及一定数量的内隔墙构成封闭的箱体。它的整体性和刚度都比较好，也可以减少基底处原有地基的自重应力。

拓展讨论

党的二十大报告提出，中国式现代化是人与自然和谐共生的现代化。人与自然是生命共同体，无止境地向自然索取甚至破坏自然必然会遭到大自然的报复。我们坚持可持续发展，坚持节约优先、保护优先、自然恢复为主的方针，像保护眼睛一样保护自然和生态环境，坚定不移走生产发展、生活富裕、生态良好的文明发展道路，实现中华民族永续发展。

请思考：地基与基础工程施工过程中如何保护自然和生态环境？

习　题

1. 灰土地基施工时，应适当控制含水量，工地的检验方法是什么？
2. 砂和砂石地基的压实一般可采用什么方法？
3. 施工时，当地下水位较高或在饱和的松软地基上施工时应采取什么措施？
4. 粉煤灰地基施工工艺流程是什么？
5. 简述砖砌基础的工艺流程及施工要点。
6. 桩基础包括哪几部分？桩如何进行分类？
7. 各种形式桩基施工环节、施工机械有什么不一样？
8. 钻孔灌注桩成孔施工时，泥浆起什么作用？正循环与反循环有何区别？
9. 如何确定钢筋混凝土预制桩的打桩顺序？
10. 泥浆护壁钻孔灌注桩和干作业成孔灌注桩有什么区别？

单元4 砌筑工程施工

教学目标：了解脚手架的分类、选型、构造组成、搭设及拆除的基本要求；熟悉常用外脚手架的构造，主要组成杆件及搭设要点，里脚手架的形式、构造；了解常用垂直运输设备的特点及使用；掌握砌筑砂浆的材料要求、制备要求及其质量验收；掌握砖砌体、小型砌块砌体、填充墙砌体的施工工艺、质量要求和安全的技术措施；了解冬期和雨期砌体施工的基本要求；熟悉冬期和雨期砌体施工采取的措施及其施工注意事项。

课题4.1 脚手架及垂直运输设备

在建筑施工中，脚手架和垂直运输设备占有特别重要的地位。选择与使用的合适与否，不但直接影响施工作业的顺利和安全运行，也关系到工程质量、施工进度等方面，因此建筑施工中，必须选择合适的脚手架和垂直运输设备。

4.1.1 砌筑用脚手架

脚手架是建筑施工中不可缺少的临时设施。它是为解决在建筑物高部位施工而专门搭设的，用作操作平台、施工作业和运输通道，并能临时堆放施工用材料和机具。砌筑施工时，不利用脚手架所能砌筑的高度，一般仅为1.2～1.4m，称为可砌高度。当超出可砌高度时，就必须搭设相应高度的脚手架，以便继续砌筑。

4.1.1.1 脚手架的作用和分类

1. 脚手架的作用及基本要求

（1）脚手架的作用。工人可以在脚手架上进行施工操作，材料也可按规定要求在脚手架上堆放，有时还可以在脚手架上进行短距离的水平运输。

（2）脚手架的基本要求。有适当的宽度，应满足工人操作、材料堆放及运输的要求，脚手架的宽度一般为2m左右，最小不得小于1.5m；有足够的强度、刚度及稳定性，在施工期间，在各种荷载作用下，脚手架不变形、不摇晃、不倾斜；脚手架属于周转性重复使用的临时设施，因此必须搭拆简单，搬运方便，能多次周转使用；因地制宜，就地取材，尽量节约用料。

2. 脚手架的分类

脚手架可根据与施工对象的位置关系、支撑特点、结构形式以及使用的材料等划分为多种类型。按照与建筑物的位置关系划分为外脚手架、里脚手架；按照支固方式划分为落地式脚手架、悬挑式脚手架、附墙悬挂脚手架、悬吊脚手架、附着升降脚手架（简称“爬架”）和水平移动脚手架；按其架构方式分为杆件组合式脚手架、框架组合式脚手架、格构组合式脚手架和台架等；按其设置形式分为单排脚手架、双排脚手架、多排脚手架、满堂脚手架、满高脚手架、周边脚手架等。

4.1.1.2 外脚手架

外脚手架是指搭设在建筑物外墙外面的脚手架。其主要结构形式有多立杆式钢管脚手架

(扣件式、碗扣式)、门式钢管脚手架、附着式升降脚手架和悬吊脚手架等,其中门式钢管脚手架不得用于搭设满堂承重支撑架体系。

1. 扣件式钢管脚手架

扣件式钢管脚手架是属于多立杆式外脚手架中的一种。其特点是:杆配件数量少;装卸方便,利于施工操作;搭设灵活,能搭设高度大;坚固耐用,使用方便。

(1)基本构造。

扣件式钢管脚手架是由标准的钢管杆件和特制扣件组成的脚手架骨架与脚手板、防护构件、连墙件等组成的,是目前最常用的一种脚手架,如图 4.1 所示。

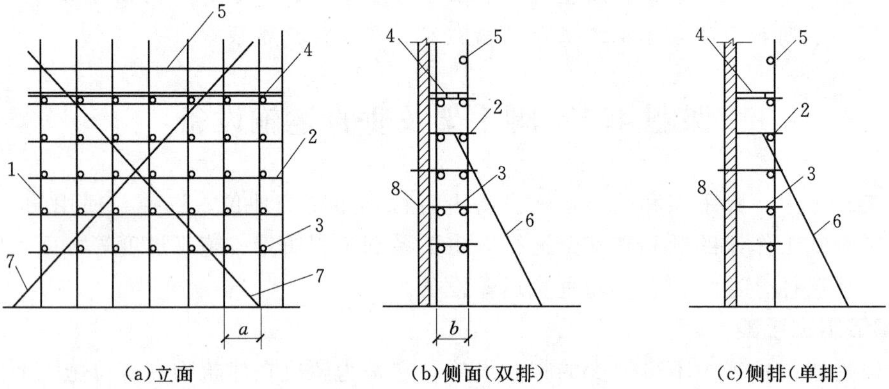

图 4.1 扣件式钢管脚手架

1—立杆;2—大横杆;3—小横杆;4—脚手板;5—栏杆;
6—抛撑;7—斜撑(剪刀撑);8—墙体

1)钢管杆件。钢管杆件包括立杆、大横杆(纵向平杆)、小横杆(横向平杆)、剪刀撑、斜撑和抛撑等。

立杆也称立柱、站杆,平行于建筑物立面并垂直于地面,是传递脚手架结构自重、施工荷载与风荷载的主要受力杆件。大横杆是平行于建筑物在纵向连接各立杆的通长杆件,是承受并传递施工荷载给立杆的主要受力杆件。小横杆是垂直于建筑物,在横向连接各立杆的水平杆件,也是承受并传递施工荷载给立杆的主要受力杆件。剪刀撑(十字撑)和斜撑(之字撑)统称为支撑,是为保证脚手架的整体刚度和稳定性,提高脚手架的承载力而设置的。抛撑又称支撑、压栏子,是设在脚手架周围横向撑住架子,与地面约成 60°夹角的斜杆。

钢管杆件一般采用外径 48mm、壁厚 3.5mm 的焊接钢管或无缝钢管。用于立杆、大横杆、剪刀撑和斜杆的钢管最大长度为 4~6.5m,最大重量不宜超过 250N,以便适合人工操作。用于小横杆的钢管长度宜在 1.8~2.2m,以适应脚手宽的需要。

2)扣件。扣件为杆件之间的连接件。扣件的基本形式有直角扣件、旋转扣件和对接扣件三种,如图 4.2 所示。

直角扣件用于两根呈垂直交叉钢管的连接,旋转扣件用于两根呈任意角度交叉钢管的连接,对接扣件用于两根钢管的对接连接。

扣件与钢管的贴合面要严格整形,保证与钢管扣紧时接触良好。扣件夹紧钢管时,开口

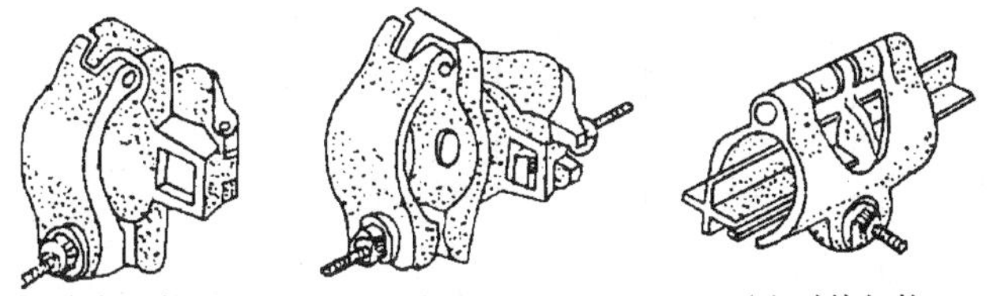

(a)直角扣件　(b)旋转扣件　(c)对接扣件

图 4.2　扣件形式

处的最小距离应不小于 5mm，扣件的活动部位应使其能转动灵活。

3）底座。扣件式钢管脚手架的底座用于承受脚手架立柱传递下来的荷载，底座一般采用厚 8mm、边长 150～200mm 的钢板作底板，上焊 150mm 高的钢管。底座形式有内插式和外套式两种，如图 4.3 所示。

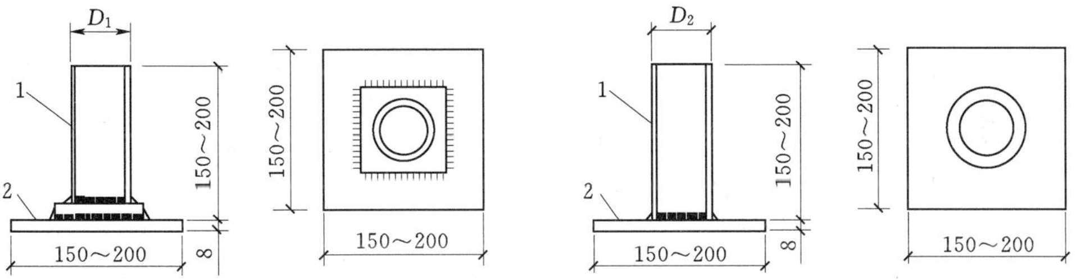

(a)内插式底座　(b)外套式底座

图 4.3　扣件式钢管脚手架底座（单位：mm）

1—承插钢管；2—钢板底座

4）连墙件。连墙件将立杆与主体结构连接在一起，可用钢管、型钢或粗钢筋等。

每个连墙件抗风荷载的最大面积应小于 $40m^2$。连墙件需从底部第一根纵向水平杆处开始设置，连墙件与结构的连接应牢固，通常采用预埋件连接。连墙杆每 3 步 5 跨间隔设置一根，其作用不仅防止架子外倾，同时增加立杆的纵向刚度，如图 4.4 所示。

5）脚手板。脚手板根据采用的材料的不同，可分为薄钢脚手板、木脚手板和竹脚手板等。薄钢脚手板一般用厚度为 1.5～2mm 的钢板压制而成，长度为 2～4m，宽度为 250mm，表面应有防滑措施。木脚手板一般采用厚度不小于 50mm 的杉木板或松木板，长度为 3～6m，宽度为 200～250mm。竹脚手板又分为竹片并列脚手板和钢竹脚手板两种。脚手板的材质应符合规定，且脚手板不得有超过允许的变形和缺陷。

扣件式钢管脚手架分为双排式和单排式两种形式。双排式沿外墙侧设两排立杆，小横杆两端支撑在内外两排立杆上，多层和高层房屋均可采用，当房屋高度超过 50m 时，需专门设计。单排式沿墙外侧仅设一排立杆，其小横杆与大横杆连接，另一端承在墙上，仅适用于荷载较小、高度较低、墙体有一定强度的多层房屋。

（2）搭设与拆除。

1）在搭设前，首先要对底座、钢管和扣件进行检查，钢管要平直，扣件和螺栓要光洁、灵敏，变形、损坏严重者不准使用。

2）搭设范围内的地基要夯实找平，做好排水处理。如地基土质不好，则应在底座下垫

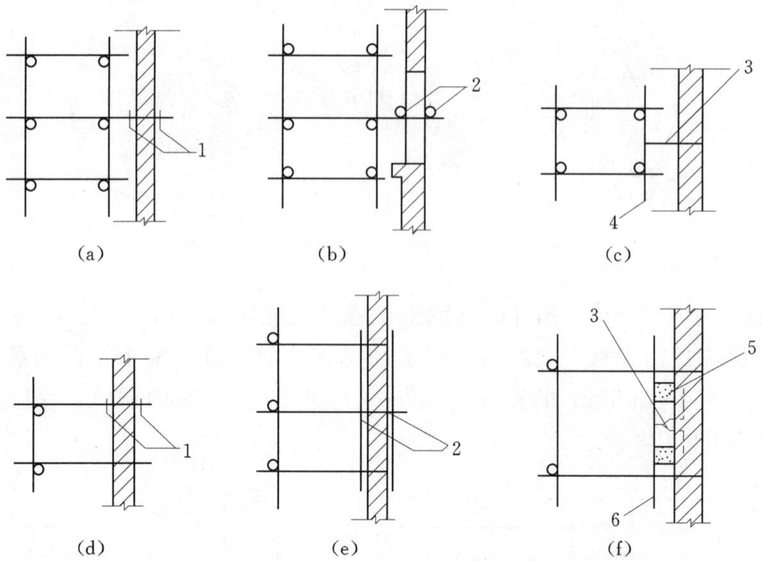

图 4.4　连墙杆的做法

1—两只扣件；2—两根钢管；3—拉结钢丝；4—立杆；5—木楔；6—短管

以木板或垫块。

3）立杆底座一般须在底下垫以木板或垫块。杆件搭设时应注意立杆垂直，竖立第一节立柱时，每6跨应暂设一根抛撑（垂直于大横杆，一端支撑在地面上），直至固定件架设好后方可根据情况拆除。立杆垂直度允许偏差不得大于1/200，相邻两根立杆接头应错开500mm。

4）剪刀撑设置在脚手架两端的双跨内和中间每隔30m净距的双跨内，仅在架子外侧与地面呈45°布置。搭设时两根剪刀撑斜杆分别扣在立杆与大横杆上或扣在小横杆的伸出部分上。

5）脚手架的拆除按由上而下逐层向下的顺序进行，逐根向下传递，不要乱扔，严禁上下同时作业。严禁将整层或数层固定件拆除后再拆脚手架。严禁抛扔，卸下的材料应集中堆放。严禁行人进入施工现场，应统一指挥，上下呼应，保证安全。钢管应每年刷一次漆，防止生锈。

2. *碗扣式钢管脚手架*

碗扣式钢管脚手架或称多功能碗扣脚手架，是多立杆式外脚手架的一种，其杆件节点处采用碗扣连接，由于碗扣是固定在钢管上的，构件全部轴向连接，力学性能好，其接头构造合理，工作安全可靠，组成的脚手架整体性好。

碗扣式钢管脚手架的主要构配件有钢管立杆、顶杆、横杆、斜杆、底座和碗扣接头等。其基本构造和搭设要求与扣件式钢管脚手架类似，不同之处主要在于碗扣接头。碗扣接头是该脚手架系统的核心部件，它由上碗扣、下碗扣、横杆接头和上碗扣的限位销等组成，如图4.5所示。上碗扣、上碗扣和限位销按600mm间距设置在钢管立杆之上，其中下碗扣和限位销直接焊在立杆上。组装时，将上碗扣的缺口对准限位销后，把横杆接头插入下碗扣内，压紧和旋转上碗扣，利用限位销固定上碗扣。碗扣接头可同时连接 4 根横杆，可以互相垂直或偏转一定角度。

辅助构件用于作业面及附壁拉结等的杆件，如用于作业面的间横杆、脚手板、斜道板、挡脚板、挑梁和架梯等，用于连接的立杆连接销、直角销、连接撑等，用于其他用途的立杆托撑、立杆可调撑、横托撑和安全网支架等。

专用杆件有支撑柱垫座、支撑柱转角座、支撑柱可调座、提升滑轮、悬挑架和爬升挑架等。

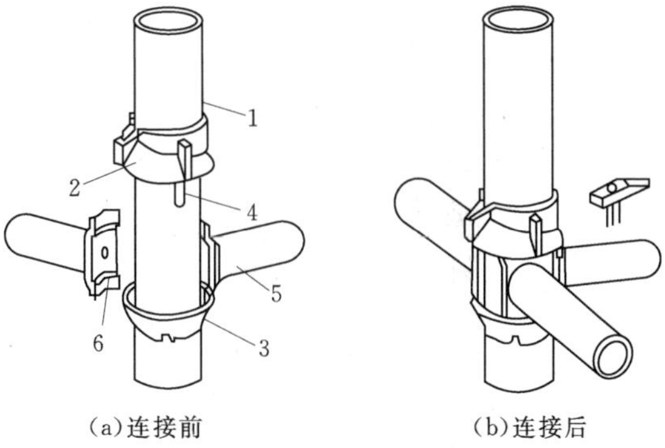

图 4.5　碗扣接头

1—立杆；2—上碗扣；3—下碗扣；4—限位销；5—横杆；6—横杆接头

3. 门式钢管脚手架

门式钢管脚手架主要由门架和配件组成，其结构设计合理，受力性能好，承载能力高，施工拆装方便，安全可靠，是目前国际应用最普遍的脚手架之一。

门式钢管脚手架由门式框架、剪刀撑和水平梁架或脚手板构成基本单元，如图 4.6 (a) 所示。将基本单元连接起来即构成整片脚手架，如图 4.6 (b) 所示。门式钢管脚手架的主要部件如图 4.7 所示。门式钢管脚手架的主要部件之间的连接采用方便可靠的自锚结构，主要形式有制动片式和偏重片式两种。

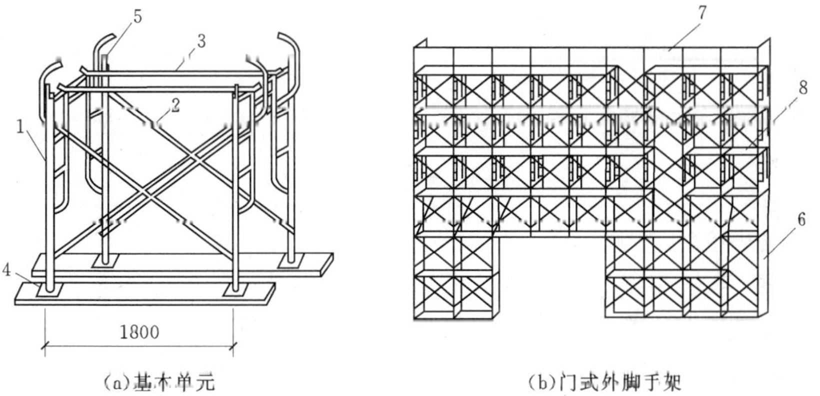

图 4.6　门式钢管脚手架（单位：mm）

1—门式框架；2—剪刀撑；3—水平梁架；4—螺旋基脚；5—连接器；6—梯子；7—栏杆；8—脚手板

4.1.1.3　里脚手架

里脚手架搭设于建筑物内部，每砌完一层墙后，即将其转移到上一层楼面，进行新一层砌体砌筑，它可用于内外墙的砌筑和室内装饰施工。里脚手架用料少，但装拆频繁，所以要求轻便灵活，装拆方便。其结构型式有折叠式、支柱式和门架式等多种。

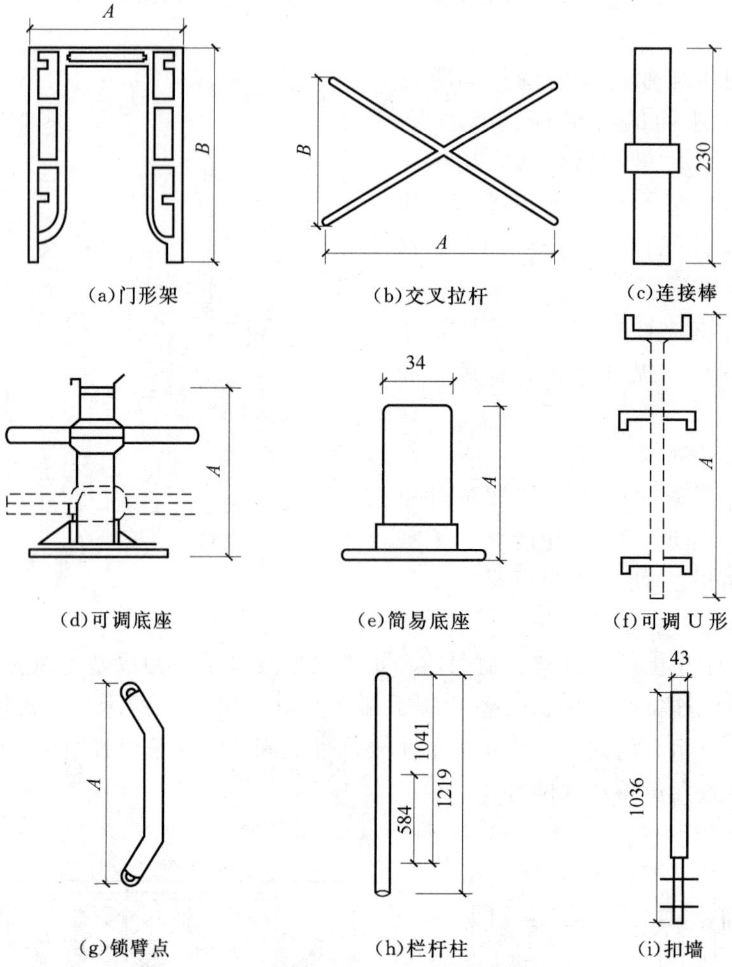

图 4.7 门式脚手架主要部件（单位：mm）

1. 折叠式里脚手架

折叠式里脚手架适用于民用建筑的内墙砌筑和内粉刷，如图 4.8 所示。根据材料不同，折叠式里脚手架分为角钢、钢管和钢筋三种，角钢折叠式里脚手架的架设间距，砌墙时不超过 2m，粉刷时不超过 2.5m。可以搭设两步脚手架，第一步高约 1m，第二步高约 1.65m。钢管和钢筋折叠式里脚手架的架设间距，砌墙时不超过 1.8m，粉刷时不超过 2.2m。

2. 支柱式里脚手架

支柱式里脚手架由若干支柱和横杆组成，适用于砌墙和内粉刷。其搭设间距，砌墙时不超过 2m，粉刷时不超过 2.5m。支柱式里脚手架的支柱有套管式和承插式两种形式。套管式支柱如图 4.9 所示，它是将插管插入立管中，以销孔间距调节高度，在插管顶端的凹形支托内搁置方木横杆，横杆上铺设脚手架。架设高度一般为 1.5～2.1m。

3. 门架式里脚手架

门架式里脚手架由两片 A 形支架与门架组成，如图 4.10 所示，适用于砌墙和粉刷。支架间距，砌墙时不超过 2.2m，粉刷时不超过 2.5m，其架设高度为 1.5～2.4m。

4.1.2　砌筑用垂直运输设备

垂直运输设施是指担负垂直输送材料和施工人员上下的机械设备和设施。在砌筑施工过程中，各种材料（砖、砂浆）、工具（脚手架、脚手板）及各层楼板安装时，垂直运输量较大，都需要用垂直运输机具来完成。目前，砌筑工程中常用的垂直运输设施有塔式起重机、井字架、龙门架、建筑施工电梯等，其中龙门架、井架物提升机不得用于 25m 及以上的建设工程。

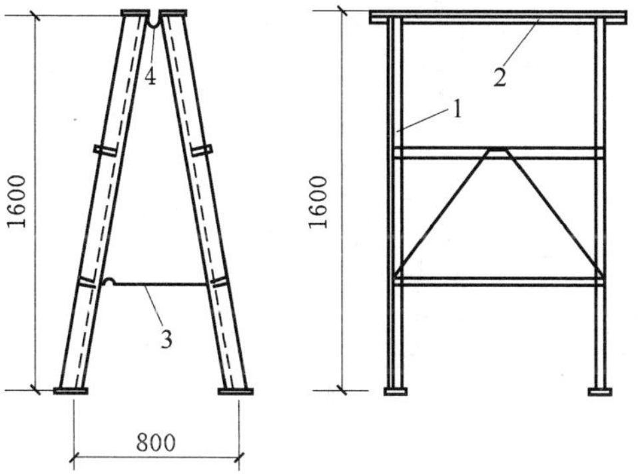

图 4.8　折叠式里脚手架（单位：mm）

1—立柱；2—横楞；3—挂钩；4—铰链

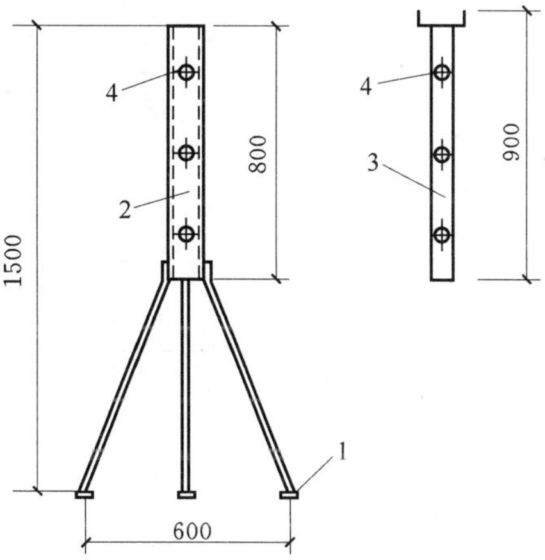

图 4.9　套管式支柱（单位：mm）

1—支脚；2—立管；3—插管；4—销孔

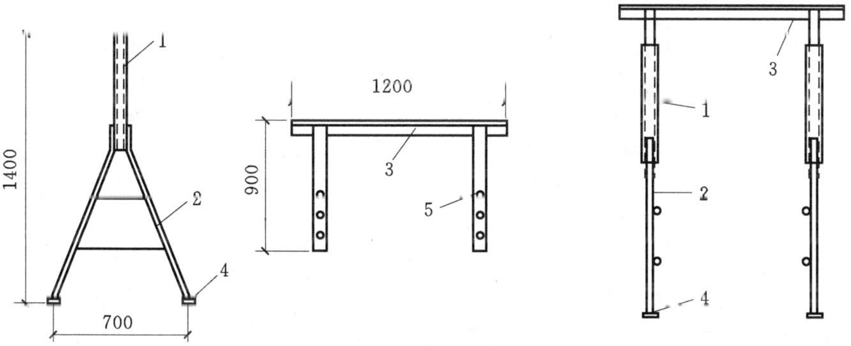

(a)A 形支架与门架　　(b)安装示意

图 4.10　门架式里脚手架（单位：mm）

1　立管，2　支脚，3　门架，4　垫板，5　销孔

1. 塔式起重机

塔式起重机具有提升、回转、水平运输等功能，不仅是重要的吊装设备，也是重要的垂直运输设备，尤其在吊运长、大、重的物料时有明显的优势，故在可能的条件下宜优先选用。

2. 井架

井架是施工中最常用、最简便的垂直运输设施。它的特点是稳定性好，运输量大，可以搭设较高的高度。井架除用型钢或钢管加工的定型井架外，还有用脚手架材料搭设而成的井架。钢井架如图 4.11 所示。井架多为单孔井架，但也可构成两孔或多孔井架。井架通常带一个吊盘和起重壁，起重壁起重能力为 5～10kN，吊盘起重能力为 10～15kN。当搭设高度达到 40m，需设缆风绳来保持井架的稳定。

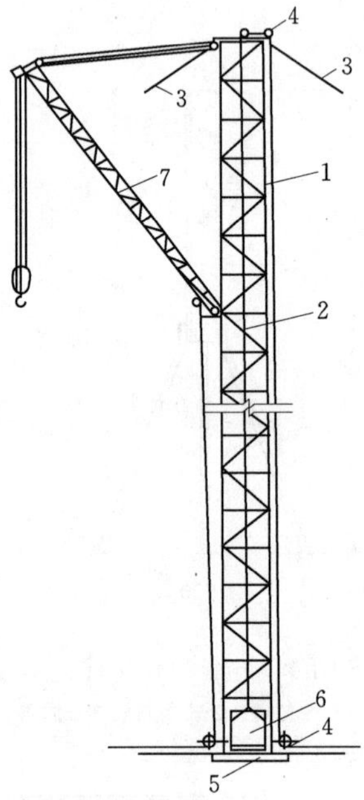

图 4.11 钢井架
1—井架；2—钢丝绳；3—缆风绳；4—滑轮；5—垫梁；6—吊盘；7—辅助吊壁

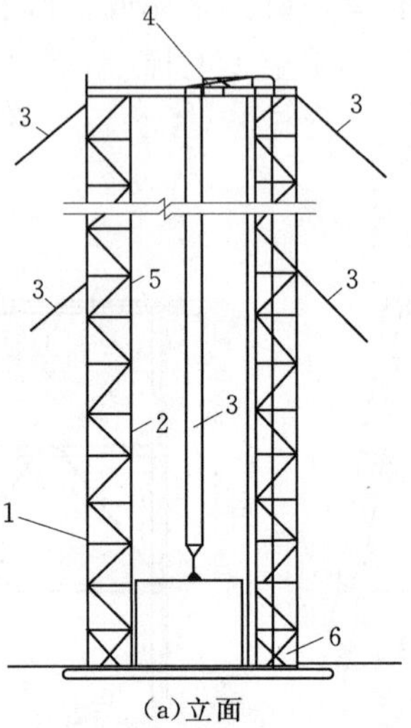

图 4.12 龙门架的基本构造形式
1—立杆；2—导轨；3—缆风绳；4—天轮；5—缆风绳；6—地轮；7—吊盘停车安全装置

3. 龙门架

龙门架是由两立柱及天轮梁（横梁）构成的。立柱由若干个格构柱用螺栓拼装而成，而格构柱是用角钢及钢管焊接而成或直接用厚壁钢管构成门架。龙门架设有滑轮、导轨、吊盘、安全装置以及起重索、缆风绳等，进行材料、机具和小型预制构件的垂直运输，其构造如图 4.12 所示。龙门架构造简单、制作容易、用材少、拆装方便，但刚度和稳定性较差，一般适用于小型工程。

4. 施工电梯

目前，在高层建筑施工中常采用人货两用的建筑施工电梯，它的吊笼装在井架外侧，沿齿条式轨道升降，并装有可靠的限速装置，附着在外墙或其他建筑物结构上，可载重货物 1.0～1.2t，可容纳 12 人或 15 人。其高度随着建筑物主体结构施工而接高，可达 100m，如图 4.13 所示。特别适用于高层建筑，也可用于高大建筑、多层厂房和一般楼房施工中的垂直运输。

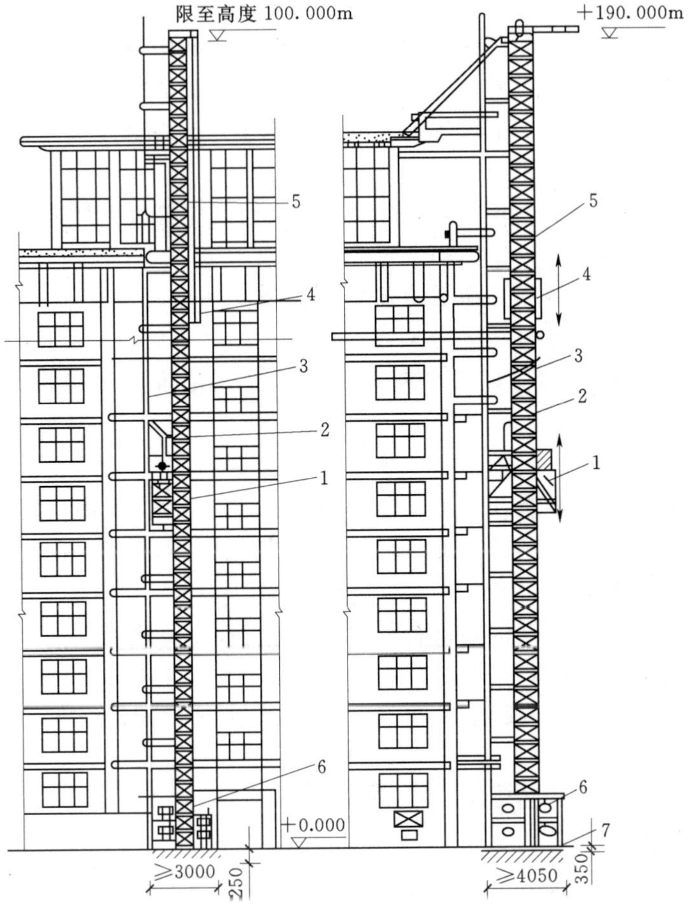

图 4.13　建筑施工电梯（尺寸单位：mm）
1—吊笼；2—小吊杆；3—架设安装杆；4—平衡安装杆；
5—导航架；6—底笼；7—混凝土基础

课题 4.2　砂浆的制备和运输

砌筑砂浆一般采用水泥砂浆、混合砂浆和石灰砂浆。水泥砂浆具有较高的强度和耐久性，但和易性差，多用于高强度和潮湿环境的砌体中；混合砂浆指水泥砂浆中掺入一定数量的掺加料，常用于地面以上强度要求较高的砌体中；石灰砂浆的强度低、耐久性差，常用于砌筑干燥环境中以及强度要求不高的砌体。

4.2.1　砂浆的制备

砌筑砂浆应通过试配确定配合比。当砌筑砂浆的组成材料有变更时，其配合比应重新确定。

水泥砂浆中水泥用量不应小于 200kg/m^3，水泥混合砂浆中水泥和掺加料总量宜为 300～350kg/m^3。

具有冻融循环次数要求的砌筑砂浆，经冻融试验后，质量损失率不得大于 5%，抗压强度损失率不得大于25%。

拌制水泥砂浆，应先将砂和水泥干拌均匀，再加水拌和均匀。

拌制水泥混合砂浆，应先将砂与水泥干拌均匀，再加掺加料和水拌和均匀。

掺用外加剂时，应先将外加剂按规定浓度溶于水中，在拌和水投入时投入外加剂溶液，外加剂不得直接投入拌制的砂浆中。

砌筑砂浆应采用机械搅拌，自投料完算起，搅拌时间应符合下列规定：

(1) 水泥砂浆和水泥混合砂浆不得少于2min。

(2) 水泥粉煤灰砂浆和掺用外加剂的砂浆不得少于3min。

(3) 掺用有机塑化剂的砂浆，应为3～5min。

砂浆拌成后和使用时，均应盛入储灰器中。如砂浆出现泌水现象，应在砌筑前重新拌和。

4.2.2 砂浆的运输

砂浆应随拌随用，水泥砂浆和水泥混合砂浆应分别在3h和4h内使用完毕；当施工期间最高气温超过30℃时，应分别在拌成后2h和3h内使用完毕。对掺用缓凝剂的砂浆，其使用时间可根据具体情况延长。

所以对砂浆运输机械的选择，必须能保证运输时间满足上述条件。

常用的垂直运输机械有塔式起重机、井架、龙门架和施工电梯等。

常用的水平运输机械除塔式起重机外，还有双轮手推车、机动翻斗车等。

课题4.3 砌体施工

砌体可分为砖砌体，主要用于砖混结构的主体墙体砌筑；砌块砌体，多用于定型设计的民用及工业厂房的墙体，如砖混结构的墙体砌体及框架结构填充墙体的砌体。

砌体砌筑除应采用符合质量要求的原材料外，还必须有良好的砌筑质量，以使砌体有良好的整体性、稳定性和受力性能。一般要求灰缝横平竖直、灰浆饱满；砌体上下错缝、内外搭接、接槎牢固；要预防不均匀沉降引起开裂；冬期施工要有相应的措施；要符合《砌体结构工程施工质量验收规范》(GB 50203—2011) 中的有关规定。

4.3.1 砖砌体施工

砖按所用原材料分，可分为黏土砖、页岩砖、煤矸石砖、粉煤灰砖、灰砂砖和煤渣砖等；按生产工艺可分为烧结砖和非烧结砖，其中非烧结砖又可分为压制砖、蒸养砖和蒸压砖等；按有无孔洞可分为空心砖和实心砖。

4.3.1.1 施工准备

砖应按设计要求的数量、品种、强度等级及时组织进场，按砖的外观、几何尺寸和强度等级进行验收，并检验出厂合格证。

常温施工时，为避免砖吸收砂浆中过多的水分而影响黏结力，砖应提前1d或2d浇水湿润，以水浸入砖内10mm左右为宜，并可除去砖面上的粉末。烧结普通砖含水率宜为10%～15%，但浇水过多会产生砌体走样或滑动。灰砂砖、粉煤灰砖不宜浇水过多，其含水率控制在5%～8%为宜。

砌筑前，必须按施工组织设计的要求组织好垂直和水平运输机械，如塔式起重机、龙门架、手推车或机动翻斗车等。还应按施工要求准备好脚手架、砌筑工具、质量检查工具（靠尺、皮数杆、百格网）等。

4.3.1.2 砌筑工艺

砖砌体施工通常包括抄平、放线、摆砖样、立皮数杆、挂线、砌筑、清理和勾缝等工序。

1. 抄平

砌墙前应在基础防潮层或楼面上定出各层标高，并用 M7.5 水泥砂浆或 C10 细石混凝土找平，使各段砖墙底部标高符合设计要求。

2. 放线

确定各段墙体砌筑的位置。根据轴线桩或龙门板上给定的轴线及图样上标注的墙体尺寸，在基础顶面上用墨线弹出墙的轴线和宽度线，并定出门洞口位置线。两层以上墙的轴线可以用经纬仪或锤球将轴线引上。

3. 摆砖

摆砖是指在放线的基面上按选定的组砌方式用干砖试摆。摆砖的目的是为了核对所放的墨线在门窗洞口、附墙垛等处是否符合砖的模数，以尽可能减少砍砖，并使砌体灰缝均匀、整齐，同时可提高砌筑的效率。

常用砌体的组砌形式有以下几种：

（1）一顺一丁。一顺一丁砌法是一皮中全部顺砖与一皮中全部丁砖相互间隔砌成，上下皮间的竖缝相互错开 1/4 砖长，如图 4.14（a）所示。

（2）三顺一丁。三顺一丁砌法是三皮中全部顺砖与一皮中全部丁砖间隔砌成，上下皮顺砖与丁砖间竖缝错开 1/4 砖长，上下皮顺砖间竖缝错开 1/2 砖长，如图 4.14（b）所示。

（3）梅花丁。梅花丁砌法是每皮中丁砖与顺砖相隔，上皮丁砖坐中于下皮顺砖，上下皮间竖缝相互错开 1/4 砖长，如图 4.14（c）所示。

(a)一顺一丁　(b)三顺一丁　(c)梅花丁

图 4.14　砖墙组砌形式

4. 立皮数杆

皮数杆是指在其上画有每皮砖和砖缝厚度以及门窗洞口、过梁、楼板、梁底、预埋件等标高位置的一种木制标杆，如图 4.15 所示。其作用是砌筑时控制砌体竖向尺寸的准确，同时可以保证砌体的垂直度。

皮数杆一般立于房屋的四大角，内外墙交接处、楼梯间以及洞口多的地方，砌体较长时，可每隔 10～15m 增设一根。皮数杆固定时，应用水准仪抄平，并用钢尺量出楼层高度，定出本楼层楼面标高，使皮数杆上所画室内地面标高与设计要求标高一致。

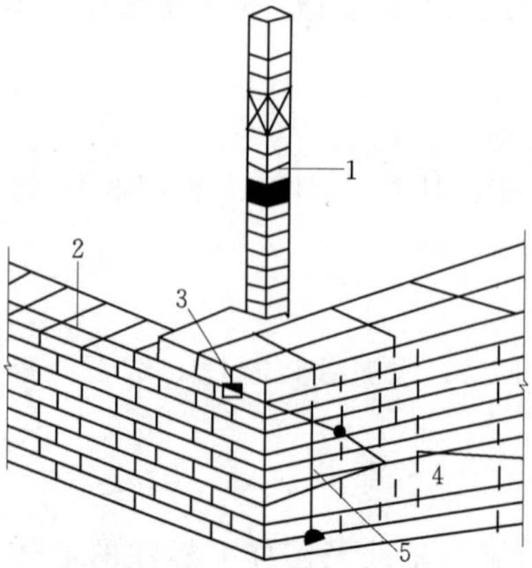

图 4.15 皮数杆示意
1—皮数杆；2—准线；3—竹片；
4—圆铁钉；5—挂线

5. 挂线

为保证砌体垂直平整，砌筑时必须挂通线，一般二四墙可单面挂线，三七墙及以上的墙则应双面挂线。

6. 砌筑

砌砖的操作方法很多，常用的是“三一”砌砖法、挤浆法和满口灰法等。

(1) “三一”砌砖法。即一块砖、一铲灰、一揉压并随手将挤出的砂浆刮去的砌筑方法。这种砌法的优点是灰缝容易饱满，黏结性好，墙面整洁。故实心砖砌体宜采用“三一”砌砖法。

(2) 挤浆法。即用灰勺、大铲或铺灰器在墙顶上铺一段砂浆，然后双手拿砖或单手拿砖，用砖挤入砂浆中一定厚度后把砖放平，达到下齐边、上齐线、横平竖直的要求。这种砌法的优点是可以连续挤砌几块砖，减少繁琐的动作；平推平挤可使灰缝饱满；效率高。操作时铺浆长度不得超过 750mm，气温超过 30℃时，铺浆长度不得超过 500mm。

(3) 满口灰法。满口灰法是将砂浆满口刮满在砖面和砖棱上，随即砌筑的方法。其优点是砌筑质量好，但效率较低，仅适用于砌筑砖墙的特殊部位，如保温墙、烟筒等。

砌砖时，通常先在墙角以皮数杆进行盘角，盘角又称立头角，指在砌墙时先砌墙角，每次盘角不得超过 5 皮砖，然后从墙角处拉准线，再按准线砌中间的墙。砌筑过程中应三皮一吊、五皮一靠，保证墙面横平竖直。

7. 清理、勾缝

清水墙砌完后，要进行墙面修正及勾缝。墙面勾缝应横平竖直，深浅一致，搭接平整，不得有丢缝、开裂和黏结不牢等现象。砖墙勾缝宜采用凹缝或平缝，凹缝深度一般为 4～5mm。勾缝完毕后，应进行落地灰的清理。

4.3.1.3 钢筋混凝土构造柱的施工

钢筋混凝土构造柱是从构造角度考虑设置的。结合建筑物的防震等级，在建筑物的四角，内外墙交接处，较长的墙体，以及楼梯口、电梯间的 4 个角的位置设置构造柱。构造柱应与圈梁紧密连接，使建筑物形成一个空间骨架，从而提高结构的整体稳定性，增强建筑物的抗震能力。

1. 构造措施

(1) 钢筋混凝土构造柱截面不应小于 240mm×180mm，纵向钢筋一般采用 $4\phi12$，箍筋直径一般采用 $\phi6$，其间距一般不宜大于 250mm，且在柱上下端宜适当加密。当抗震设防烈度为Ⅶ度时，多层房屋超过 6 层，Ⅷ度时超过 5 层，或Ⅸ度时，构造柱的纵向钢筋宜采用 $4\phi14$，箍筋间距不应大于 200mm。

(2) 构造柱应沿墙高每隔 500mm 设置 $2\phi6$ 的水平拉结钢筋，拉结钢筋两边伸入墙内不宜小于 1m，当墙上门窗洞边的长度小于 1m 时，拉结钢筋伸到洞口为止。如果墙体为一砖半墙，则水平拉结钢筋应为 3 根，如图 4.16 所示。

(3) 砖墙与构造柱交接处，砖墙应砌成马牙槎。从每个楼层开始，马牙槎应先退槎后进

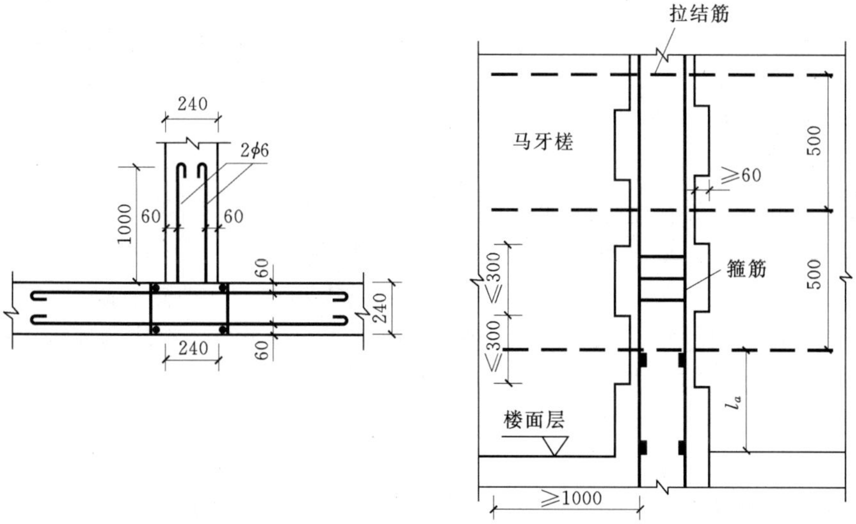

(a)平面图　　(b)立面图

图 4.16 拉结钢筋布置及马牙槎（单位：mm）

槎，进退槎应大于 60mm，每个马牙槎沿高度方向的尺寸不宜超过 300mm（或 5 皮砖高度），如图 4.16 所示。

（4）构造柱与圈梁连接处，构造柱纵筋应穿过圈梁，保证纵筋上下贯通。且应适当加密构造柱的箍筋，加密范围从圈梁上下边算起均不应小于层高的 1/6 或 450mm，箍筋间距不宜大于 100mm。

（5）构造柱的纵向钢筋应做成弯钩，接头可以采用绑扎，其搭接长度宜为 35 倍钢筋直径，在搭接接头长度范围内箍筋间距不应大于 100mm。箍筋弯钩应为 135°，平直长度为 10 倍钢筋直径。

2. 施工要点

（1）构造柱的施工程序应为先砌墙后浇混凝土构造柱。构造柱施工程序如下：绑扎钢筋→砌砖墙→支模板→浇混凝土→拆模。

（2）构造柱的模板可用木模板或组合钢模板。在每层砖墙及其马牙槎砌好后，应立即支设模板，模板必须与所在墙的两侧严密贴紧，支撑牢靠，防止模板缝漏浆。构造柱的底部（圈梁面上）应留出 2 皮砖高的孔洞，以便清除模板内的杂物，清除后封闭。

（3）构造柱浇灌混凝土前，必须将马牙槎部位和模板浇水湿润，将模板内的落地灰、砖碴杂物清理干净，并在结合面处注入适量与构造柱混凝土相同的水泥砂浆。

（4）构造柱的混凝土坍落度宜为 50～70mm，石子粒径不宜大于 20mm。混凝土随拌随用，拌和好的混凝土应在 1.5h 内浇灌完。

（5）构造柱的混凝土浇灌可以分段进行，每段高度不宜大于 2.0m。在施工条件允许并能确保混凝土浇灌密实时，亦可每层一次浇灌。

（6）捣实构造柱混凝土时，宜用插入式混凝土振动器，应分层振捣，振动棒随振随拔，每次振捣的厚度不应超过振捣棒长度的 1.25 倍。振捣棒应避免直接碰触砖墙，严禁通过砖墙传振。钢筋的混凝土保护层厚度宜为 20～30mm。构造柱与砖墙连接的马牙槎内的混凝土必须密实饱满。

(7) 构造柱从基础到顶层必须垂直，对准轴线。在逐层安装模板前，必须根据构造柱轴线随时校正竖向钢筋的位置和垂直度。

4.3.2　砌块砌体施工

砌块代替实心黏土砖作为墙体材料，是墙体改革的一个重要途径。砌块按形状来分有实心砌块和空心砌块两种；按制作原料分为粉煤灰、加气混凝土、混凝土、硅酸盐等数种；按规格来分有小型砌块、中型砌块和大型砌块。中小型砌块在我国大中城市已被广泛应用。

由于砌块的规格、型号的多少与砌块幅面尺寸的大小有关，即砌块幅面尺寸大，规格、型号就多；砌块幅面尺寸小，规格、型号就少。因此，合理地制定砌块的规格，有助于促进砌块生产的发展，加速施工进度，保证工程质量。

4.3.2.1　施工工艺

砌块施工的主要工序是：铺灰→砌块就位→校正→勾缝→灌竖缝和镶砖。

(1) 铺灰。砌块墙体所采用的砂浆，应具有良好的和易性，其稠度以50～70mm为宜，铺灰应平整饱满，每次铺灰长度一般不超过5m，炎热天气或寒冷天气铺灰长度应适当缩短。

(2) 砌块就位。砌块就位应从外墙转角或定位标块处开始砌筑，砌块必须遵守“反砌”原则，即砌块底面朝上原则砌筑，砌筑时严格按砌块排列图的顺序和错缝搭接的原则进行，内外墙同时砌筑，在相邻施工段之间留阶梯形斜槎。砌块就位时，应使夹具中心尽可能与墙体中心线在同一垂直线上，对准位置缓慢、平稳的砂浆层上，待砌块安放稳定后方可松开夹具。

(3) 校正。砌块吊装就位后，用锤球或托线板检查墙体的垂直度，用皮数杆拉准线的方法检查水平度。校正时可用撬棍轻微撬动砌块来调整偏差。

(4) 勾缝与灌竖缝。砌块经校正后，随即进行勾缝，深度不超过7mm，此后砌块一般不准再有撬动，以防止砂浆黏结力受损，如砌块发生位移应重砌。灌注竖缝可先用夹板在墙体内外夹住，然后在缝内灌注砂浆，由专人用竹片捣实才可松去夹具。超过30mm的垂直缝应用细石混凝土灌实，其强度等级不低于C20。

(5) 镶砖。当竖缝间出现较大竖缝或过梁找平时，应镶砖。镶砖砌体的竖缝和水平缝应控制在15～30mm。镶砖工作应在砌块校正后即刻进行，镶砖时应注意使砖的竖缝灌密实。镶砌的最后一皮砖和安放有檩条、梁、楼板等构件下的砖层，均需用丁砖镶砌。丁砖必须用无裂缝的整砖。

4.3.2.2　质量要求

(1) 砌筑墙体时，应遵守下列基本规定：

1) 龄期不足28d及潮湿的小砌块不得进行砌筑。

2) 应在房屋四角或楼梯间转角处设立皮数杆，皮数杆间距不宜超过15m。

3) 应尽量采用主规格小砌块，小砌块的强度等级应符合设计要求，并应清除小砌块表面污物和芯柱用小砌块孔洞底部的毛边。

4) 墙体转角处和纵横墙交接处应同时砌筑，纵横墙交错搭接，外墙转角处严禁留直槎墙体临时间断处应设在洞口边并砌成斜槎，斜槎长度不应小于高度。非承重隔墙不能与承重墙或柱同时砌筑时，应在连接处承重墙或柱的水平灰缝中预埋2ϕ6钢筋作拉结筋，其间距沿墙或柱高不得大于400mm，埋入墙内与伸出墙外的每边长度均不小于600mm。

5）应对孔上下皮错缝搭砌，并且竖缝相互错开1/2砌块长。个别情况当无法对孔砌筑时，普通混凝土小砌块的搭接长度不应小于90mm，轻骨料混凝土小型砌块不应小于120mm；当不能保证此规定时，应在灰缝中设置拉结钢筋或网片。

6）承重墙体不得采用小砌块与黏土砖等其他块体材料混合砌筑。

7）严禁使用断裂或有裂缝的小砌块砌筑承重墙体。

（2）砌体的灰缝应符合下列规定：

1）砌体灰缝应横平竖直，全部灰缝均应铺填砂浆；水平灰缝的砂浆饱满度不得低于90%；竖缝的砂浆饱满度不得低于80%；砌筑中不得出现瞎缝、透明缝；砌筑砂浆强度未达到设计要求的70%时，不得拆除过梁底部的模板。

2）砌体的水平灰缝厚度和竖直灰缝宽度应控制在8～12mm，砌筑时的铺灰长度不得超过800mm；严禁用水冲浆灌缝。

3）当缺少辅助规格小砌块时，墙体通缝不应超过两皮砌块。

4）清水墙面，应随砌随勾缝，并要求光滑、密实、平整。

5）拉结钢筋或网片必须放置于灰缝和芯柱内，不得漏放，其外露部分不得随意弯折。

（3）砂浆的强度等级和品种必须符合要求。砌筑砂浆必须搅拌均匀，随拌随用；盛入灰槽（盆）内的砂浆如有泌水现象时，应在砌筑前重新拌和。

砂浆稠度，用于普通混凝土小型砌块时宜为50mm，用于轻骨料混凝土小砌块时，宜为70mm。

（4）混凝土及砌筑砂浆用的水泥、水、骨料、外加剂等必须符合现行国家标准和有关规定。

每一楼层或250m^3的砌体，每种强度等级的砂浆至少制作两组（每组6块）试块，每层楼每种强度等级的混凝土至少制作一组（每组3个）试块。

（5）需要移动已砌好砌体的小型砌块或被撞动的小型砌块时，应重新铺浆砌筑。

（6）小型砌块用于框架填充墙时，应与框架中预埋的拉结筋连接，当填充墙砌至顶面最后一皮，与上部结构的接触处宜用烧结普通砖斜砌楔紧。

（7）对设计规定的洞口、管道、沟槽和预埋件等，应在砌筑时预留或预埋，严禁在砌好的墙体上打凿。在小型砌块墙体中不得预留水平沟槽。

（8）砌体内不宜设脚手眼。如必须设置时，可用190mm×190mm×190mm小型砌块侧砌，利用其孔洞做脚手眼。砌体完工后用C15混凝土填实。但在墙体下列部位不得设置脚手眼：

1）过梁上部，与过梁成60°角的三角形及过梁跨度1/2范围内。

2）宽度不大于800mm的窗间墙。

3）梁和梁垫下及其左右各500mm的范围内。

4）门窗洞口两侧200mm内和墙体交接处400mm的范围内。

5）设计规定不允许设脚手眼的部位。

（9）墙体分段施工时的分段位置宜设置在伸缩缝、沉降缝、防震缝、构造柱或门窗洞口处。砌体相邻工作段的高度差不得大于一个楼层或4m。每日砌筑高度宜控制在1.4m或一步脚手架高度范围内。

(10) 施工中需要在砌体中设置临时施工洞口，其侧边离交接处的墙面不应小于600mm，并在顶部设过梁；填砌施工洞口的砌筑砂浆强度等级应提高一级。

4.3.3 框架填充墙的施工

建筑物框架填充墙的砌筑常采用的砌块有空心砖、蒸汽加压混凝土砌块、轻骨料混凝土小型砌块等，严禁使用实心黏土砖。当使用蒸汽加压混凝土砌块、轻骨料混凝土小型砌块时，其产品龄期应超过28d。

1. 施工要点

(1) 填充墙采用烧结多孔砖、烧结空心砖进行砌筑时，材料应提前2d进行浇水湿润。当采用蒸汽加压混凝土砌块砌筑时，应向砌筑面适当浇水。

(2) 多孔砖应采用一顺一丁或梅花丁的组砌形式。多孔砖的孔洞应垂直面受压，砌筑前应先进行干砖试摆。混凝土砌块一般采用一顺一丁的组砌形式。

(3) 墙体的灰缝要求横平竖直、厚薄均匀，并应填满砂浆，竖缝不得出现透明缝、瞎缝。

(4) 框架柱和梁施工完成后，应按设计要求砌筑内外墙体，墙体应与框架柱进行锚固，锚固拉结筋的规格、数量、间距、长度应符合设计要求。填充墙拉结筋的设置方法主要有以下几种：

1) 在框架柱施工时预埋锚筋，锚筋的设置为沿柱高每500mm配置2ϕ6钢筋，伸入墙内长度，一、二级框架宜沿墙全长布置，三、四级框架不应小于墙长的1/5，且不应小于700mm，锚筋的位置必须准确。砌体施工时，将锚筋凿出并拉直砌在砌体的水平砌缝中，确保墙体与框架柱的连接。

2) 框架柱施工时，在规定留设锚筋位置处预留铁块或沿柱高设置2ϕ6预埋钢筋，当进行墙体砌筑施工时，按设计要求的锚筋间距将其凿出与锚筋焊接。

3) 先进行框架柱的施工，当进行墙体砌筑时，按设计规定的要求在需要留设锚筋的位置进行拉结锚筋的植筋。当填充墙长度大于5m时，墙顶部与梁应有拉结措施，墙高度超过4m时，应在墙高中部设置与柱连接的通长的钢筋混凝土水平墙梁。

(5) 当采用蒸汽加压混凝土砌块、轻骨料混凝土小型砌块施工时，应在墙底部先砌筑烧结普通砖或多孔砖，或现浇混凝土坎台等，其高度不宜小于200mm。

(6) 卫生间、浴室等潮湿房间在砌体的底部应现浇宽度不少于120mm、高度不小于100mm的混凝土导墙，待达到一定强度后再在上面砌筑砌体。

(7) 门窗洞口的侧壁也应用烧结普通砖镶框砌筑，并与砌块相互咬合。填充墙砌至接近梁底、板底时，应留一定的空隙，待填充墙砌筑完毕并应至少间隔7d后采用烧结普通砖侧砌，并用砂浆填塞密实，以提高砌体与框架间的拉结。

2. 质量要求及检验

(1) 砌筑砂浆、砖和砌块的强度等级应符合设计要求。

(2) 填充墙砌体的灰缝应横平竖直，砂浆饱满。灰缝厚度和宽度应符合设计要求。空心砖、轻骨料混凝土小型砌块的砌体灰缝应为8～12mm。蒸汽加压混凝土砌块砌体的水平灰缝厚度及竖向灰缝宽度分别宜为15mm和20mm。对空心砖砌体的水平灰缝砂浆饱满度不宜少于80%，竖向灰缝要求填满砂浆，不得有透明缝、瞎缝。对蒸汽加压混凝土砌块和轻骨料混凝土小型砌块的水平和垂直灰缝，砂浆的饱满度不宜少于80%。

4.3.4 墙体保温材料的施工

为贯彻国家有关节约能源、环境保护的法规和政策，改善夏热冬冷地区居住建筑的热环境，提高采暖和空调的能源利用效率，国家要求在夏热冬冷地区对建筑物外墙进行保温工程施工。

墙体保温工程分为外保温工程和内保温工程。由于内保温直接占用室内净空，对后期室内装饰也带来诸多不便，现已很少使用，这里将重点介绍施工常用的外保温工程。

外墙外保温系统是指由保温层、保护层和固定材料（胶粘剂、锚固件等）构成并且适用于安装在外墙外表面的非承重保温构造的总称。外墙外保温工程即将外墙外保温系统通过组合、组装、施工或安装固定在外墙外表面上所形成的建筑物实体。

目前施工中最常用的外墙外保温系统是EPS板薄抹灰外墙外保温系统（以下简称EPS板薄抹灰系统），由EPS板保温层、薄抹面层和饰面涂层构成，EPS板用胶粘剂固定在基层上，薄抹面层中满铺玻纤网，如图4.17所示。

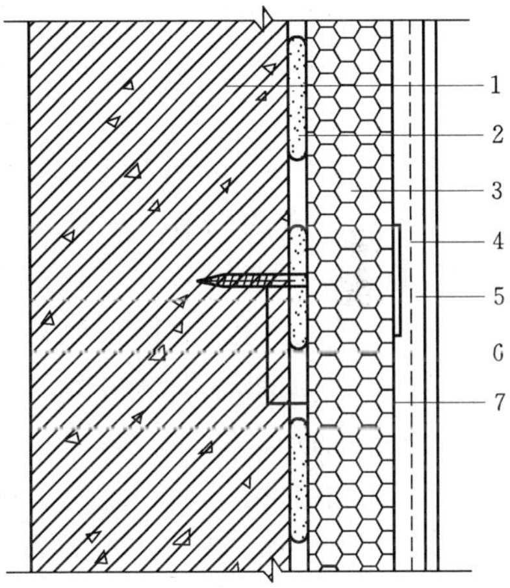

图4.17 EPS板薄抹灰系统

1—基层；2—胶粘剂；3—EPS板；4—玻纤网；5—薄抹面层；6—饰面涂层；7—锚栓

1. 施工准备

保温层施工前，应进行基层处理。基层应坚实、平整。

外保温工程施工前，外门窗洞口应通过验收，洞口尺寸、位置应符合设计要求和质量要求，门窗框或辅框应安装完毕。伸出墙面的消防梯、水落管、各种进户管线和空调器等的预埋件、连接件应安装完毕，并按外保温系统厚度留出间隙。

施工前，应按规定对使用的主要组成材料进行质量抽检，检验合格后方能进行施工。

2. 施工工艺

保温材料采用EPS板，保护层为现场抹面做法，饰面层未涉及面砖饰面。

外保温工程施工工艺流程如下：

（1）材料准备。对进场经检验合格后的材料进行分类，按设计要求选用各种材料。

（2）基层处理。对墙体及门窗洞口的缺陷进行修复，基层表面应清洁，无油污、脱模剂等妨碍黏结的附着物。凸起、空鼓和疏松部位应剔除并找平。找平层应与墙体黏结牢固，不得有脱层、空鼓、裂缝，面层不得有粉化、起皮、爆灰等现象。

（3）弹线定位。按照EPS板规格，在基层弹出水平线和垂直线。

（4）粘贴和固定EPS板。EPS板固定前，应将胶粘剂涂在EPS板背面，贴上后用橡皮锤轻轻敲击使之粘牢，随后用锚栓将EPS板固定。涂胶粘剂面积不得小于EPS板面积的40%。粘贴时应保证EPS板能错缝拼接，并在墙角处能交错互锁。

（5）挂网涂抹保护层。EPS板外墙外保温系统抹面层可按以下要求施工：

1）EPS板黏结牢固后（至少24h）方可进行抹面层施工。

2）抹粘面层前应检查EPS板是否黏结牢固，松动的EPS板应取下重贴，并应待黏结牢固后再进行下面的施工。应将大于2mm的板间缝隙用EPS板条填实，不得用胶粘剂填塞缝隙。填缝板条不得涂胶粘剂。有表皮的板面应磨去表皮。应将板间高差大于1mm的部位打磨平整。阳角应弹墨线并打磨至与墨线齐平。

3）抹面胶浆应随用随拌，已搅拌好的抹面胶浆应在2h内用完。

4）抹面层宜采用两道抹灰法施工。用不锈钢抹子在EPS板表面均匀涂抹一层面积略大于一块玻纤网的抹面胶浆，厚度约为2mm。立即将网格布压入湿的抹面胶浆中，待抹面胶浆稍干硬至可以碰触时抹第二道，使网格布被全部覆盖。

（6）涂刷饰面层。常用的饰面层施工方法有喷涂和滚涂两种。喷涂是用喷枪将涂料均匀地喷涂在底层上。喷涂前将涂料搅拌均匀，喷涂厚度要均匀，待第一道干燥后方可喷涂第二道。滚涂是采用棉毛滚轮吸饱涂料后在底层滚动，将涂料均匀的涂刷到墙面上。

单 元 小 结

砌筑工程是一个综合的施工过程，它包括脚手架的搭设，垂直运输设备的选用，砂浆等材料的准备，墙体的砌筑，以及冬期和雨期施工采取的相应的措施。

砌筑施工时，墙体超过可砌高度，必须搭设脚手架。常用的外脚手架主要有扣件式钢管、碗扣式钢管、门式钢管脚手架，首先了解其基本的构造组成，重点掌握保证其强度、刚度和稳定性方面的具体搭设与拆除方面的要求。常用的里脚手架主要有折叠式、支柱式和门架式，了解其基本构造并会应用。

砌筑工程中常用的垂直运输设备有塔式起重机、井字架、龙门架、建筑施工电梯等，了解其基本构造并会应用。

砌筑砂浆一般采用水泥砂浆、混合砂浆和石灰砂浆，了解其不同的适用范围。掌握砂浆基本组成材料水泥、砂、水、外加剂等的基本要求，掌握其制备过程中应注意的问题，其强度和质量检验方面的要求、方法。

墙体的砌筑主要分为砖墙砌筑和砌块砌筑两大类。砖砌体施工通常包括抄平、放线、摆砖样、立皮数杆、挂线、砌筑、清理和勾缝等工序，其质量要求横平竖直、灰浆饱满、上下错缝和接槎可靠。砌块砌筑主要包括铺灰、砌块就位、校正、勾缝、灌竖缝和镶砖等工序，质量要求同砖墙砌筑基本类似。在墙体的砌筑中，需要从构造角度考虑来设置构造柱，掌握构造柱的构造（截面尺寸、马牙槎、拉结筋、箍筋等）要求及其施工工艺和施工要点。

砌体在冬期和雨期施工时应采取相应的加强措施。在冬期施工时，常采取的措施有外加剂法、暖棚法和冻结法等，掌握其不同的适用范围、施工要点及质量要求。

拓 展 讨 论

党的二十大报告提出，我国发展进入战略机遇和风险挑战并存、不确定难预料因素增多的时期，各种“黑天鹅”、“灰犀牛”事件随时可能发生。我们必须增强忧患意识，坚持底线思维，做到居安思危、未雨绸缪，准备经受风高浪急甚至惊涛骇浪的重大考验。

请思考：砌筑工程施工过程中如何保证安全施工？

习 题

1. 砌筑用脚手架的作用及基本要求是什么？

2. 砌筑用外脚手架的类型有哪些？在搭设和拆除时应注意哪些问题？
3. 脚手架的支撑体系包括哪些？如何设置？
4. 常用里脚手架有哪些类型？其特点是什么？
5. 脚手架的安全防护措施有哪些内容？
6. 多立杆式扣件钢管脚手架扣件的基本形式有哪三种？
7. 搭设多立杆式脚手架为什么设置连墙件？
8. 搭设多立杆式脚手架为什么设置剪刀撑？
9. 砌筑工程中的垂直运输机械主要有哪些？设置时要满足哪些基本要求？
10. 砌筑用砂浆有哪些种类？适用在什么场合？
11. 砂浆制备和使用有哪些要求？砂浆强度检验如何规定？
12. 砖墙砌体主要有哪几种砌筑形式？各有何特点？
13. 砖墙砌筑的施工工艺是什么？
14. 什么是皮数杆？皮数杆有何作用？如何布置？
15. 何谓“三一砌砖法”？其优点是什么？
16. 砖砌体工程质量有哪些要求？
17. 构造柱的构造有哪些要求？
18. 框架填充墙的施工有哪些要点？

单元 5　钢筋混凝土结构工程施工

教学目标： 掌握模板工程、钢筋工程、混凝土工程的施工工艺、方法；了解模板的种类、构造和安装；了解钢筋的种类、性能及验收要求；熟悉钢筋混凝土工程的施工过程、施工工艺；熟悉冬期和雨期施工措施和施工安全措施。

课题 5.1　模　板　施　工

5.1.1　模板构造

模板与其支撑体系组成模板系统。模板系统是一个临时架设的结构体系，其中模板是新浇混凝土成型的模具，它与混凝土直接接触式混凝土构件具有所要求的形状、尺寸和表面质量；支撑体系是指支撑模板，承受模板、构件及施工中各种荷载，并使模板保持所要求的空间位置的临时结构。

5.1.1.1　模板的分类

1. 按模板形状分类

按模板形状分有平面模板和曲面模板。平面模板又称为侧面模板，主要用于结构物垂直面。曲面模板用于某些形状特殊的部位。

2. 按模板材料分类

按模板材料分有钢模板、木模板、胶合板、混凝土预制模板、塑料模板、橡胶模板等。

3. 按模板受力条件分类

按模板受力条件分有承重模板和侧面模板。承重模板主要承受混凝土重量和施工中的垂直荷载；侧面模板主要承受新浇混凝土的侧压力。侧面模板按其支承受力方式，又分为简支模板、悬臂模板和半悬臂模板。

4. 按模板使用特点分类

按模板使用特点分有固定式、拆移式、移动式和滑动式。固定式模板用于形状特殊的部位，不能重复使用。后三种模板都能重复使用，或连续使用在形状一致的部位。但其使用方式有所不同：拆移式模板需要拆散移动；移动式模板的车架装有行走轮，可沿专用轨道使模板整体移动；滑动式模板是以千斤顶或卷扬机为动力，可在混凝土连续浇筑的过程中，使模板面紧贴混凝土面滑动。

5.1.1.2　定型组合钢模板

定型组合钢模板系列包括钢模板、连接件、支承件三部分。其中，钢模板包括平面钢模板和拐角模板；连接件有 U 形卡、L 形插销、钩头螺栓、紧固螺栓、蝶形扣件等；支承件有圆钢管、薄壁矩形钢管、内卷边槽钢、单管伸缩支撑等。

1. 钢模板的规格和型号

钢模板包括平面模板、阳角模板、阴角模板和连接角模，如图 5.1 所示。单块钢模板由面板、边框和加劲肋焊接而成。面板厚 2.3mm 或 2.5mm，边框和加劲肋上面按一定距离

（如150mm）钻孔，可利用U形卡和L形插销等拼装成大块模板。

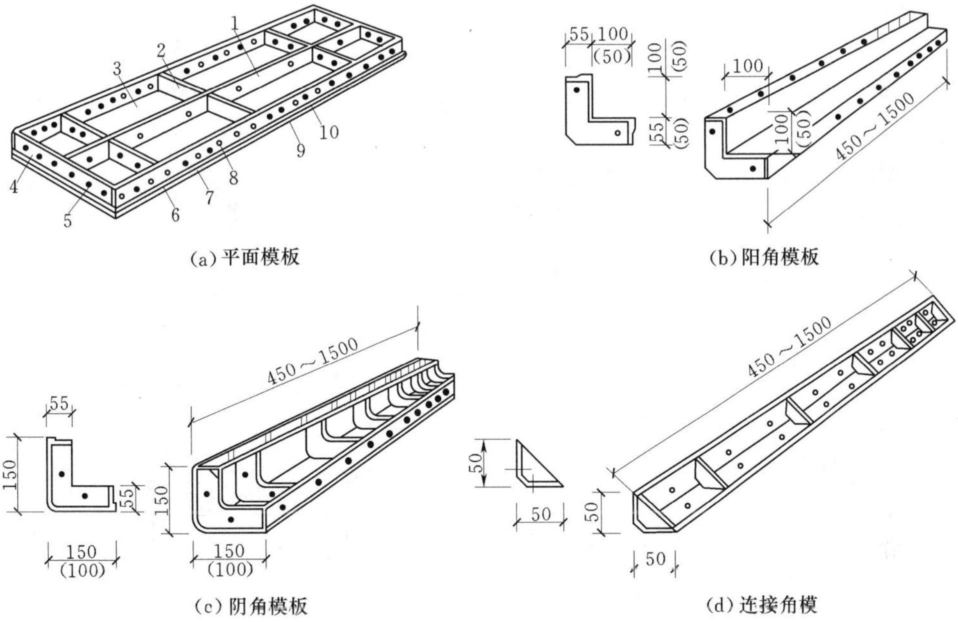

(a)平面模板　(b)阳角模板　(c)阴角模板　(d)连接角模

图5.1　钢模板类型图（单位：mm）

1—中纵肋；2—中横肋；3—面板；4—横肋；5—插销孔；6—纵肋；
7—凸棱；8—凸鼓；9—U形卡孔；10—钉子孔

钢模板的宽度以50mm进级，长度以150mm进级，其规格和型号已做到标准化、系列化。如型号为P3015的钢模板，P表示平面模板，3015表示宽×长为300mm×1500mm。又如型号为Y1015的钢模板，Y表示阳角模板，1015表示宽×长为100mm×1500mm。如拼装时出现不足模数的空隙时，用镶嵌木条补缺，用钉子或螺栓将木条与板块边框上的孔洞连接。

2. 连接件

（1）U形卡。它用于钢模板之间的连接与锁定，使钢模板拼装密合。U形卡安装间距一般不大于300mm，即每隔一孔卡插一个，安装方向一顺一反相互交错，如图5.2所示。

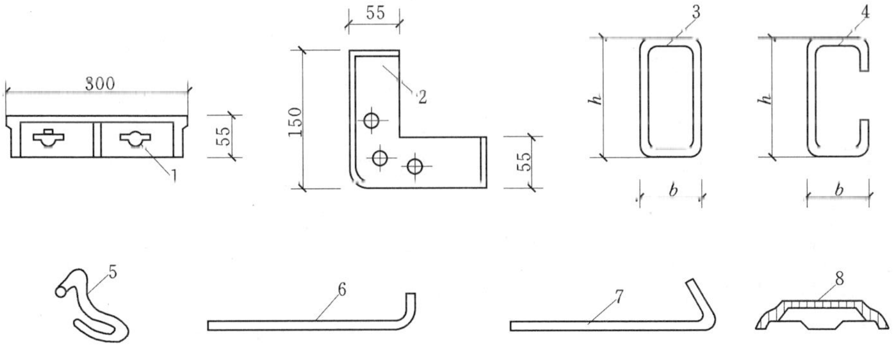

图5.2　定型组合钢模板系列（单位：mm）

1—平面钢模板；2—拐角钢模板；3—薄壁矩形钢管；4—内卷边槽钢；
5—U形卡；6—L形插销；7—钩头螺栓；8—蝶形扣件

（2）L形插销。它插入模板两端边框的插销孔内，用于增强钢模板纵向拼接的刚度和保证接头处板面平整，如图5.3所示。

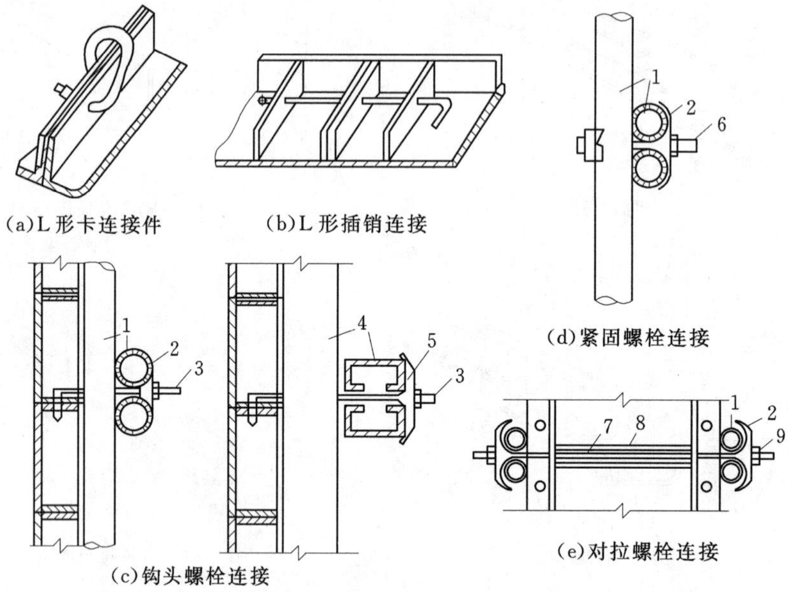

图5.3　钢模板连接件

1—圆钢管钢楞；2—“3”形扣件；3—钩头螺栓；4—内卷边槽钢楞；5—蝶形扣件；6—紧固螺栓；7—对拉螺栓；8—塑料套管；9—螺母

（3）钩头螺栓。用于钢模板与内、外钢楞之间的连接固定，使之成为整体，安装间距一般不大于600mm，长度应与采用的钢楞尺寸相适应。

（4）对拉螺栓。用来保持模板与模板之间的设计厚度并承受混凝土侧压力及水平荷载，使模板不致变形。

（5）紧固螺栓。用于紧固钢模板内外钢楞，增强组合模板的整体刚度，长度与采用的钢楞尺寸相适应。

（6）扣件。用于将钢模板与钢楞紧固，与其他的配件一起将钢模板拼装成整体。按钢楞的不同形状尺寸，分别采用碟形扣件和“3”形扣件，其规格分为大、小两种。

3. 支承件

配件的支承件包括钢楞、柱箍、梁卡具、圈梁卡、钢管架、斜撑、组合支柱、钢管脚手支架、平面可调桁架和曲面可变桁架等，如图5.4～图5.7所示。

4. 组合钢模板配板原则

配板设计和支承系统的设计应遵守以下几个原则：

（1）要保证构件的形状尺寸及相互位置的正确。

（2）要使模板具有足够的强度、刚度和稳定性，能够承受新浇混凝土的重量和侧压力，以及各种施工荷载。

（3）力求构造简单，装拆方便，不妨碍钢筋绑扎，保证混凝土浇筑时不漏浆。柱、梁、墙、板的各种模板面的交接部分，应采用连接简便、结构牢固的专用模板。

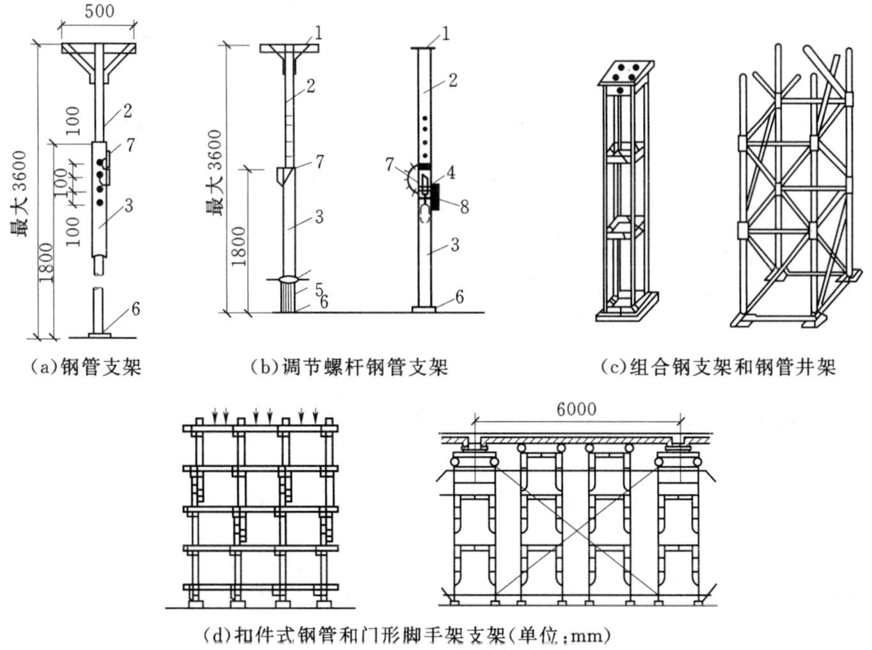

(a)钢管支架　(b)调节螺杆钢管支架　(c)组合钢支架和钢管井架

(d)扣件式钢管和门形脚手架支架(单位:mm)

图 5.4 钢支架

1—顶板；2—插管；3—套管；4—转盘；5—螺杆；6—底板；7—插销；8—转动手柄

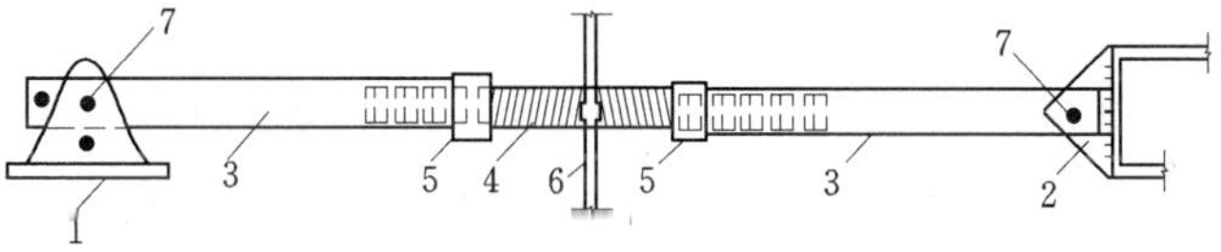

图 5.5 斜撑

1—底座；2—顶撑；3—钢管斜撑；4—花篮螺丝；5—螺母；6—旋杆；7—销钉

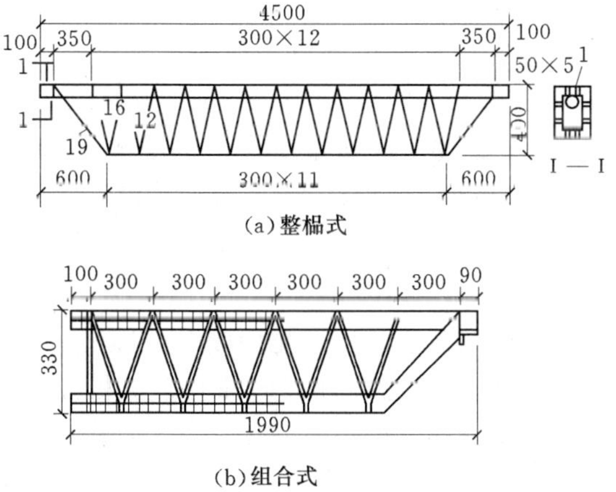

(a)整榀式

(b)组合式

图 5.6 钢桁架（单位：mm）

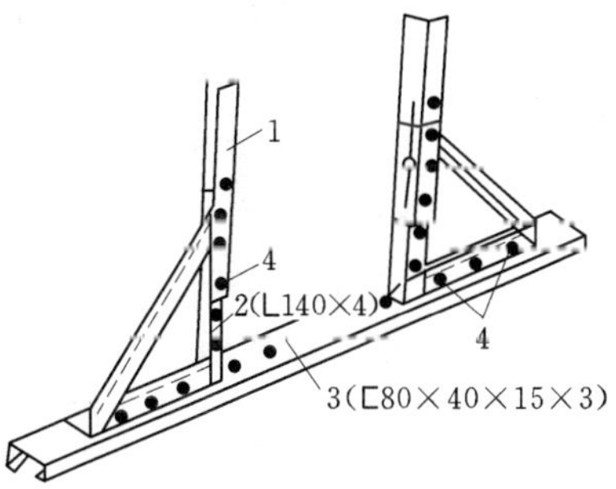

图 5.7 梁卡具（单位：mm）

1—调节杆；2—三脚架；3—底座；4—螺栓

(4) 配制的模板，应优先选用通用、大块模板，使其种类和块数最小，木模镶拼量最少。设置对拉螺栓的模板，为了减少钢模板的钻孔损耗，可在螺栓部位改用 55mm×100mm 刨光方木代替，或应使钻孔的模板能多次周转使用。

(5) 相邻钢模板的边肋，都应用U形卡插卡牢固，U形卡的间距不应大于 300mm，端头接缝上的卡孔，也应插上U形卡或L形插销。

(6) 模板长向拼接宜采用错开布置，以增加模板的整体刚度。

(7) 模板的支撑系统应根据模板的荷载和部件的刚度进行布置。具体方法如下：

1) 内钢楞应与钢模板的长度方向相垂直，直接承受钢模板传递的荷载；外钢楞应与内钢楞互相垂直，承受内钢楞传来的荷载，用以加强钢模板结构的整体刚度，其规格不得小于内钢楞。

2) 内钢楞悬挑部分的端部挠度应与跨中挠度大致相同，悬挑长度不宜大于 400mm，支柱应着力在外钢楞上。

3) 一般柱、梁模板，宜采用柱箍和梁卡具作支撑件。断面较大的柱、梁，宜用对拉螺栓和钢楞及拉杆。

4) 模板端缝齐平布置时，一般每块钢模板应有两处钢楞支撑。错开布置时，其间距可不受端缝位置的限制。

5) 在同一工程中，可多次使用的预组装模板，宜采用模板与支撑系统连成整体的模架。

6) 支承系统应经过设计计算，保证具有足够的强度和稳定性。当支柱或其节间的长细比大于 110 时，应按临界荷载进行核算，安全系数可取 3～3.5。

7) 对于连续形式或排架形式的支柱，应适当配置水平撑与剪刀撑，以保证其稳定性。

(8) 模板的配板设计应绘制配板图，标出钢模板的位置、规格、型号和数量。预组装大模板，应标绘出其分界线。预埋件和预留孔洞的位置，应在配板图上标明，并注明固定方法。

5.1.1.3　木模板

木模板的木材主要采用松木和杉木，其含水率不宜过高，以免干裂，材质不宜低于三等材。

木模板的基本元件是拼板，它由板条和拼条（木档）组成，如图 5.8 所示。板条厚 25～50mm，宽度不宜超过 200mm，以保证在干缩时，缝隙均匀，浇水后缝隙要严密且板条不翘曲，但梁底板的板条宽度不受限制，以免漏浆。拼条截面尺寸为 25mm×35mm～50mm×50mm，拼条间距根据施工荷载大小及板条的厚度而定，一般取 400～500mm。如图 5.9 和图 5.10 所示，分别为阶梯形基础和楼梯模板。

5.1.1.4　胶合板模板

模板用的胶合板通常由 5、7、9、11 等奇数层单板经热压固化而胶合成形，一般采用竹胶模板。相邻层的纹理方向相互垂直，通常最外层表板的纹理方向和胶合板板面的长向平行，因此，整张胶合板的长向为强方向，短向为弱方向，使用时必须加以注意。模板用木胶合板的幅面尺寸，一般宽度为 1200mm 左右，长度为 2400mm 左右，厚约 12～18mm。适用于高层建筑中的水平模板、剪力墙、垂直墙板。

胶合板用作楼板模板时，常规的支模方法是用 ϕ48.3mm×3.6mm 脚手钢管搭设排架，排架上铺放间距为 400mm 左右的 50mm×100mm 或 60mm×80mm 木方（俗称“68 方木”），

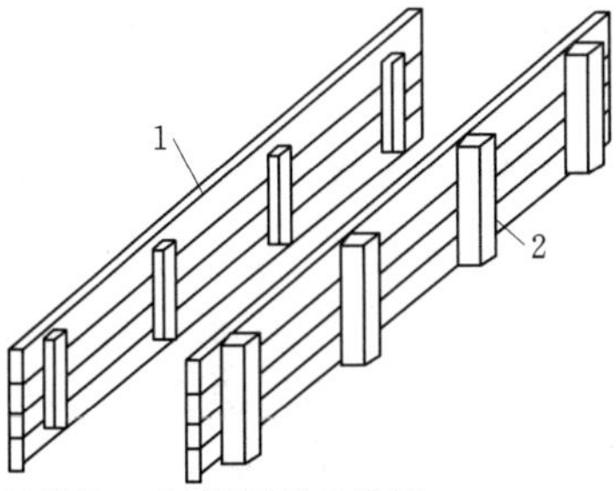

图5.8　拼板的构造

1—板条；2—拼条

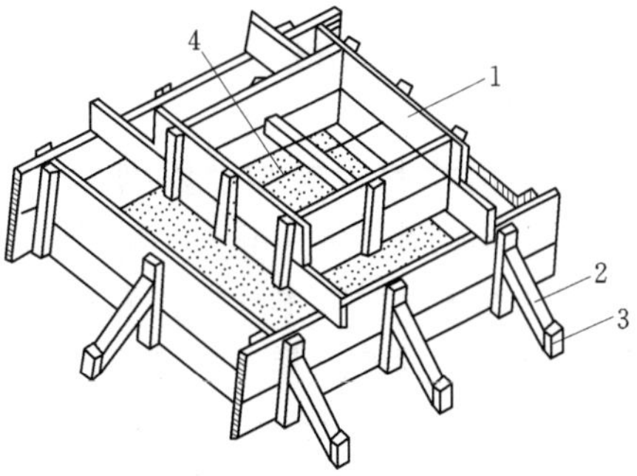

图5.9　阶梯形基础模板

1—拼板；2—斜撑；3—木桩；4—铁丝

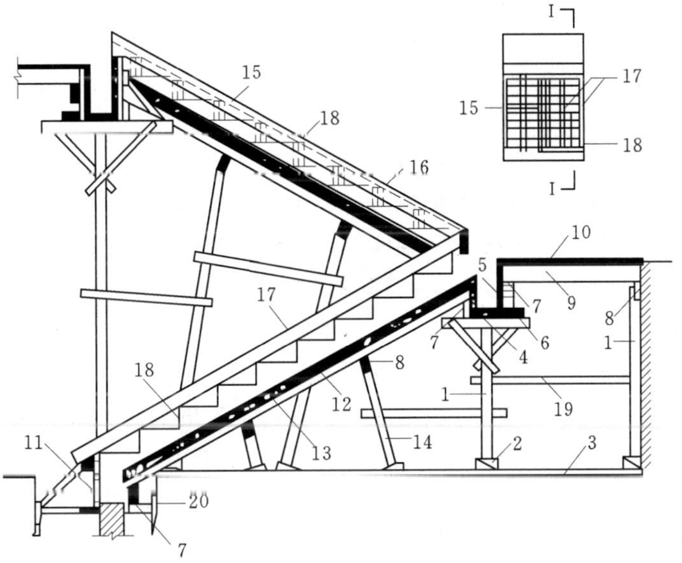

图5.10　楼梯模板

1—支柱（顶撑）；2—木楔；3—垫板；4—平台梁底板；5—侧板；6—夹板；7—托木；8—杠木；9—木楞；10—平台底板；11—梯基侧板；12—斜木楞；13—楼梯底板；14—斜向顶撑；15—外帮板；16—横挡木；17—反三角板；18—踏步侧板；19—拉杆；20—木桩

作为面板下的楞木。木胶合板常用厚度为12mm、18mm，木方的间距随胶合板厚度作调整。这种支模方法简单易行，现已在施工现场大面积采用。

胶合板用作墙模板时，常规的支模方法是胶合板面板外侧的内楞用50mm×100mm或60mm×80mm木方，外楞用ϕ48.3mm×3.6mm脚手钢管，内外模用“3”形卡及穿墙螺栓拉结。

竹胶模板加工时，首先要制定合理的方案，锯片要求是合金锯片，直径400mm，120齿左右，转速4000rad/min，要在板下垫实后再锯切，以防出现毛边。竹胶模板前5次使用不必涂脱模剂，以后每次应及时清洁板面，保持表面平整、光滑，以增加使用效果和次数。竹胶模板存储时，板面堆放应下垫方木条，不得与地面接触，保持通风良好，防止日晒雨淋，定期检查。

竹胶合板模板施工方法如下。

1. 楼板模型施工

楼板模型采用竹胶板模型，以满堂支架上铺双层方木为支撑，方木规格 100mm×100mm，上层方木间距 400mm 左右，下层方木间距 800～1200mm。其施工工艺流程为：搭设满堂支架→安装纵横方木→调整方木标高及起拱→铺设竹胶模板→检查模板上顶标高、平整度。满堂支架搭设前，要在每块楼板四周的剪力墙上按楼板标高用墨斗弹出水平线，然后按平线搭设满堂支架，支架一般间距为 800～1200mm，支架安装从一边开始，依次逐排向另一侧进行，安装完毕后，在支架上安装下层方木，方木的标高通过支柱上的可调顶丝调整，当按水平线调整无误后，安装上层方木，上层方木以下层方木为支座，上层方木铺设完毕且标高无误后，即可开始铺设竹胶模板。成品竹胶模板规格一般为 1.2m×2.4m，可根据每块楼板的实际尺寸裁割，应尽量使用整块模板，减少裁割、拼装。竹胶板与竹胶板接缝处，要用透明薄胶带纸黏结密封，竹胶模与剪力墙相交处，要胶粘海绵条一道，以防楼板混凝土漏浆。当检查模板标高正确后，即可在模板上涂刷水性脱模剂，绑扎楼板钢筋。

2. 梁模板施工

竹胶合梁模的梁底模、梁侧模均由竹胶板与木楞或木板组合而成。竹胶合板模相较组合钢模有自重轻、板面平整、接缝少、锯截方便、混凝土观感质量好等特点。

梁模板的就位安装工艺为：弹出梁轴线及水平线并复核→搭设梁模钢管支架→安装梁底模板→梁底起拱→绑扎梁钢筋→安装梁侧模→安装斜撑及对拉螺栓→复核梁模尺寸、位置→支设相邻楼板模型。

施工时先在剪力墙混凝土上弹出梁位置线及标高线，复核无误后，开始搭设梁模钢管支架，其支架需与楼板模型满堂支架一块施工，以保持支架的稳定性，支架采用标准脚手架钢管，支架间距一般为 900～1200mm，支架上部水平钢管按梁底标高安设，梁底模直接安放在水平钢管上，并用管扣两边扣紧，以免移位。梁底模支好后，即可在底模上绑扎梁钢筋，经验收合格后，清理完杂物，开始安装梁侧模。将梁两侧模型与底模连接固定后，应用斜撑将梁上口模型固定，需要时，还应穿对拉螺栓加固。侧梁模的上口要拉线找直，固定牢固。每个梁模支好后，要有专人复核检查梁模尺寸、位置，以免发生差错，检查时还应特别注意梁模两头与剪力墙的结合部位是否严密，以防浇筑混凝土时发生漏浆现象。

5.1.1.5 滑动模板

滑动模板（简称滑模），是在混凝土连续浇筑过程中，可使模板面紧贴混凝土面滑动的模板。采用滑模施工要比常规施工节约木材（包括模板和脚手板等）70%左右；采用滑模施工可以节约劳动力 30%～50%；采用滑模施工要比常规施工工期短、速度快，可以缩短施工周期 30%～50%；滑模施工的结构整体性好，抗震效果明显，适用于高层或超高层抗震建筑物和高耸构筑物施工；滑模施工的设备便于加工、安装、运输。

1. 滑板系统装置的组成部分

(1) 模板系统。包括提升架、围圈、模板及加固、连接配件。

(2) 施工平台系统。包括工作平台、外圈走道、内外吊脚手架。

(3) 提升系统。包括千斤顶、油管、分油器、针形阀、控制台、支承杆及测量控制装置。滑模构造如图 5.11 所示。

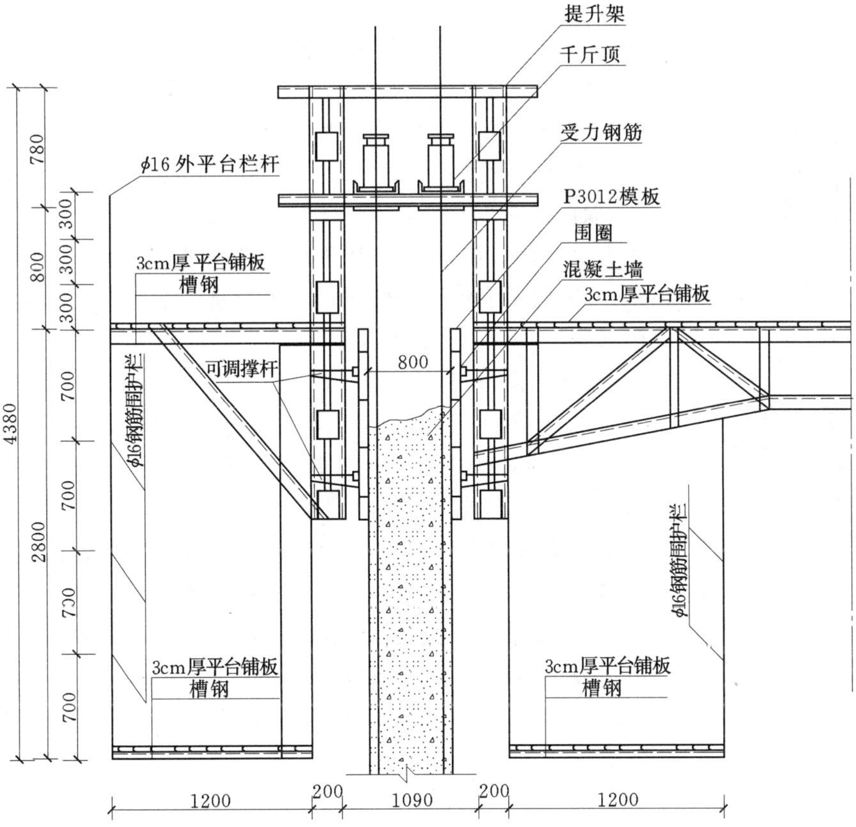

图 5.11 滑模构造示意图（单位：mm）

2. 主要部件构造及作用

（1）提升架。提升架是整个滑模系统的主要受力部分。各项荷载集中传至提升架，最后通过装设在提升架上的千斤顶传至支承杆上。提升架由横梁、立柱、牛腿及外挑架组成。各部分尺寸及杆件断面应通盘考虑经计算确定。

（2）围圈。围圈是模板系统的横向连接部分，将模板按工程平面形状组合为整体。围圈也是受力部件，它既承受混凝土侧压力产生的水平推力，又承受模板的重量、滑动时产生的摩阻力等竖向力。在有些滑模系统的设计中，也将施工平台支撑在围圈上。围圈架设在提升架的牛腿上，各种荷载将最终传至提升架上。围圈一般用型钢制作。

（3）模板。模板是混凝土成型的模具，要求板面平整，尺寸准确，刚度适中。模板高度一般为 90～120cm，宽度为 50cm，但根据需要也可加工成小于 50cm 的异形模板。模板通常用钢材制作，也有用其他材料制作的，如钢木组合模板，是用硬质塑料板或玻璃钢等材料作为面板的有机材料复合模板。

（4）施工平台与吊脚手架。施工平台是滑模施工中各工种的作业面及材料、工具的存放场所。施工平台应视建筑物的平面形状、开门大小、操作要求及荷载情况设计。施工平台必须有可靠的强度及必要的刚度，确保施工安全，防止平台变形导致模板倾斜。如果跨度较大，在平台下应设置承托桁架。

吊脚手架用于对已滑出的混凝土结构进行处理或修补，要求沿结构内外两侧周围布置。

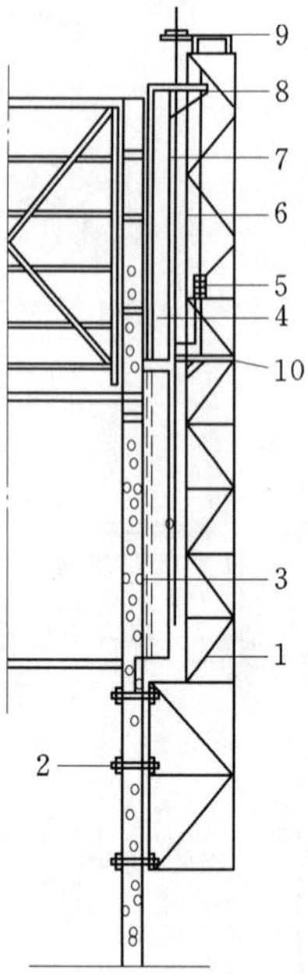

图 5.12 爬升模板

1—爬架；2—螺栓；3—预留爬架孔；4—爬模；5—爬架千斤顶；6—爬模千斤顶；7—爬杆；8—模板挑横梁；9—爬架挑横梁；10—脱模千斤顶

吊脚手架的高度一般为1.8m，可以设双层或3层。吊脚手架要有可靠的安全设备及防护设施。

（5）提升设备。提升设备由液压千斤顶、液压控制台、油路及支承杆组成。支承杆可用直径为25mm的光圆钢筋做支承杆，每根支承杆长度以3.5～5m为宜。支承杆的接头可用螺栓连接（支承杆两头加工成阴阳螺纹）或现场用小坡口焊接连接。若回收重复使用，则需要在提升架横梁下附设支承杆套管。如有条件并经设计部门同意，则该支承杆钢筋可以直接打在混凝土中以代替部分结构配筋，约可利用50%～60%。

5.1.1.6 爬升模板

爬升模板是在混凝土墙体浇筑完毕后，利用提升装置将模板自行提升到上一个楼层，浇筑上一层墙体的垂直移动式模板。爬升模板采用整片式大平模，模板由面板及肋组成，而不需要支撑系统；提升设备采用电动螺杆提升机、液压千斤顶或导链。爬升模板是将大模板工艺和滑升模板工艺相结合，既保持大模板施工墙面平整的优点，又保持了滑模利用自身设备使模板向上提升的优点，墙体模板能自行爬升而不依赖塔式起重机。爬升模板适用于高层建筑墙体、电梯井壁、管道间混凝土施工。

爬升模板由钢模板、提升架和提升装置三部分组成，如图5.12所示。

5.1.1.7 台模

台模是浇筑钢筋混凝土楼板的一种大型工具式模板。在施工中可以整体脱模和转运，利用起重机从浇筑完的楼板下吊出，转移至上一楼层，中途不再落地，所以亦称“飞模”。台模按其支架结构类型分为立柱式台模、桁架式台模、悬架式台模等。

台模适用于各种结构的现浇混凝土，适用于小开间、小进深的现浇楼板，单座台模面板的面积小至$2m^2$，大至$60m^2$以上。台模整体性好，混凝土表面容易平整、施工进度快。台模由台面、支架（支柱）、支腿、调节装置、行走轮等组成。台面是直接接触混凝土的部件，表面应平整光滑，具有较高的强度和刚度。目前常用的面板有钢板、胶合板、铝合金板、工程塑料板及木板等，如图5.13所示。

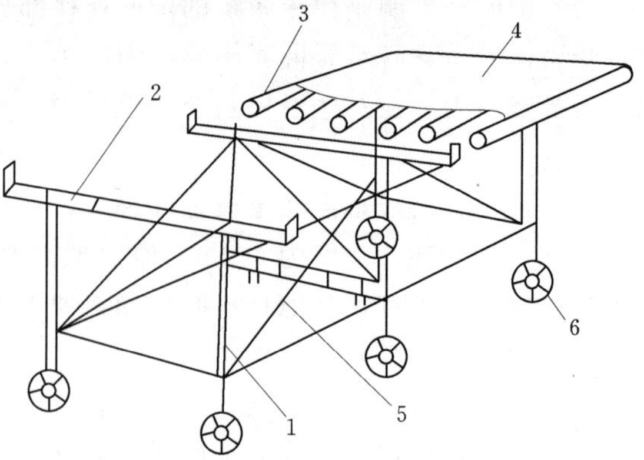

图 5.13 台模

1—支腿；2—可伸缩的横梁；3—檩条；4—面板；5—斜撑；6—滚轮

5.1.1.8 隧道模

隧道模是将楼板和墙体一次支模的一种工具式模板，相当于将台模和大模板组合起来，如图5.14所示。隧道模有断面呈Ⅱ字形的整体式隧道模和断面呈Γ形的双拼式隧道模两种。整体式隧道模自重大、移动困难，目前已很少应用；双拼式隧道模应用较广泛，特别在内浇外挂和内浇外砌的高、多层建筑中应用较多。

双拼式隧道模由两个半隧道模和一道独立的插入模板组成。在两个半隧道模之间加一道独立的模板，用其宽度的变化，使隧道模适用于不同的开间；在不拆除中间模板的情况下，半隧道模可提早拆除，增加周转次数。半隧道模的竖向墙模板和水平楼板模板间用斜撑连接。在半隧道模下部设行走装置，在模板长方向，沿墙模板设两个行走轮，再设置两个千斤顶，模板就位后，这两个千斤顶将模板顶起，使行走轮离开楼板，施工荷载全部由千斤顶承担。脱模时，松动两个千斤顶，半隧道模在自重作用下，下降脱模，行走轮落到楼板上。半隧道模脱模后，用专用吊架吊出，吊升至上一楼层。将吊架从半隧模的一端插入墙模板与斜撑之间，吊钩慢慢起钩，将半隧道模托起，托挂在吊架上，吊到上一楼层。

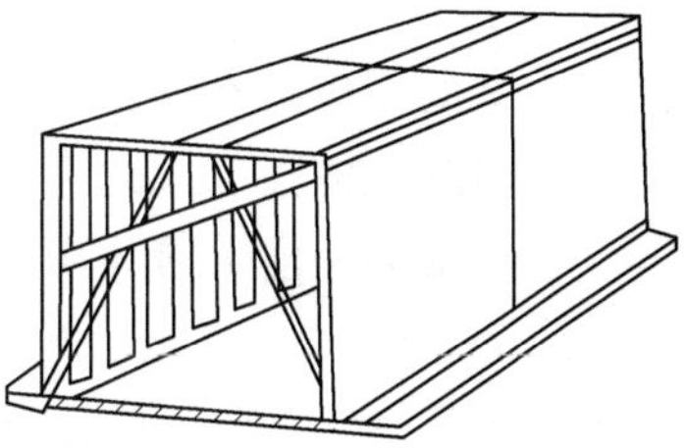

图5.14 隧道模

5.1.2 模板施工

5.1.2.1 模板安装

安装模板之前，应事先熟悉设计图样，掌握建筑物结构的形状尺寸，并根据现场条件，初步考虑好立模及支撑的程序，以及与钢筋绑扎、混凝土浇捣等工序的配合，尽量避免工种之间的相互干扰。

模板的安装包括放样、立模、支撑加固、吊正找平、尺寸校核、堵设缝隙及清仓去污等工序。在安装过程中，应注意下述事项：

（1）模板竖立后，须切实校正位置和尺寸，垂直方向用垂球校对，水平长度用钢尺丈量两次以上，务必使模板的尺寸符合设计标准。

（2）模板各结合点与支撑必须坚固紧密，牢固可靠，尤其是采用振捣器捣固的结构部位更应注意，以免在浇捣过程中发生裂缝、鼓肚等不良情况。但为了增加模板的周转次数，减少模板拆模损耗，模板结构的安装应力求简便，尽量少用圆钉，多用螺栓、木楔、拉条等进行加固联结。

（3）凡属承重的梁板结构，跨度大于4m时，由于地基的沉陷和支撑结构的压缩变形，跨中应预留起拱高度。

（4）为避免拆模时建筑物受到冲击或震动，安装模板时，撑柱下端应设置硬木楔形垫块，所用支撑不得直接支承于地面，应安装在坚实的桩基或垫板上，使撑木有足够的支承面积，以免沉陷变形。

（5）模板安装完毕，最好立即浇筑混凝土，以防日晒雨淋导致模板变形。为保证混凝土表面光滑和便于拆卸，宜在模板表面涂抹肥皂水或润滑油。夏季或在气候干燥的情况下，为防止模板干缩裂缝漏浆，在浇筑混凝土之前，需洒水养护。如发现模板因干燥产生裂缝，应事先用木条或油灰填塞衬补。

（6）安装边墙、柱等模板时，在浇筑混凝土以前，应将模板内的木屑、刨片、泥块等杂物清除干净，并仔细检查各联结点及接头处的螺栓、拉条、楔木等有无松动滑脱现象。在浇筑混凝土过程中，木工、钢筋工、混凝土工、架子工等工种均应有专人“看仓”，以便发现问题随时加固修理。

(7) 模板安装的偏差，应符合规定。

5.1.2.2 模板拆除

1. 拆模期限

不承重的侧模板在混凝土强度能保证混凝土表面和棱角不因拆模而受损害时方可拆模。一般此时混凝土的强度应达到 2.5MPa 以上；承重模板应在混凝土达到所要求的强度以后方能拆除，要求的强度见表 5.1。

表 5.1　承重模板拆除时的混凝土强度要求

构 件 类 型	构 件 跨 度/m	达到设计的混凝土立方体抗压强度标准值的百分率/%
板	≤2	≥50
	>2，≤8	≥75
	>8	≥100
梁、拱、壳	≤8	≥75
	>8	≥100
悬臂构件	—	≥100

2. 拆模注意事项

模板拆卸工作应注意以下事项：

(1) 模板拆除工作应遵守一定的方法与步骤。拆模时要按照模板各结合点构造情况，逐块松卸。首先去掉扒钉、螺栓等连接铁件，然后用撬杠将模板松动或用木楔插入模板与混凝土接触面的缝隙中，以锤击木楔，使模板与混凝土面逐渐分离。拆模时，禁止用重锤直接敲击模板，以免使建筑物受到强烈震动或将模板毁坏。

(2) 拆卸拱形模板时，应先将支柱下的木楔缓慢放松，使拱架徐徐下降，避免新拱因模板突然大幅度下沉而担负全部自重，并应从跨中点向两端同时对称拆卸。拆卸跨度较大的拱模时，则需从拱顶中部分段分期向两端对称拆卸。

(3) 高空拆卸模板时，不得将模板自高处摔下，而应用绳索吊卸，以防砸坏模板或发生事故。

(4) 当模板拆卸完毕后，应将附着在板面上的混凝土砂浆洗凿干净，损坏部分需加修整，板上的圆钉应及时拔除（部分可以回收使用），以免刺脚伤人。卸下的螺栓应与螺母、垫圈等拧在一起，并加黄油防锈。扒钉、铁丝等物均应收捡归仓，不得丢失。所有模板应按规格分放，妥加保管，以备下次立模周转使用。

(5) 对于大体积混凝土，为了防止拆模后混凝土表面温度骤然下降而产生表面裂缝，应考虑外界温度的变化而确定拆模时间，并应避免早、晚或夜间拆模。

5.1.3 模板设计简介

常用定型模板在其适用范围内一般无需进行设计或验算。而对一些特殊结构、新型体系模板或超出适用范围的一般模板，则应进行设计或验算。由于模板为一临时性系统，因此对钢模板及其支架的设计，其设计荷载值可乘以系数 0.85 予以折减；对木模板及其支架系统设计，其设计荷载值可乘以系数 0.9 予以折减；对冷弯薄壁型钢不予折减。

作用在模板系统上的荷载分为永久荷载和可变荷载。永久荷载包括模板与支架的自重、新浇混凝土自重及对模板侧面的压力、钢筋自重等。可变荷载包括施工人员及施工设备荷载、振捣混凝土时产生的荷载、倾倒混凝土时产生的荷载。计算模板及其支架时，应根据构件的特点及模板的用途，进行荷载组合。各项荷载标准值按下列规定确定。

1. 模板及其支架自重标准值

可根据模板设计图纸或类似工程的实际支模情况予以计算荷载，对肋形楼板或无梁楼板的荷载可参考表 5.2。

表 5.2　楼板模板自重标准值　单位：N/mm^2

模板构件名称	木　模　板	定型组合钢模板	钢框胶合板模板
平面模板及小楞的自重	300	500	400
楼板模板的自重（其中包括梁模板）	500	750	600
楼板模板及其支架的自重（楼层高度为 4m 以下）	750	1100	950

2. 新浇混凝土自重标准值

普通混凝土可采用 $24kN/m^2$，其他混凝土根据实际湿密度确定。

3. 钢筋自重标准值

钢筋自重标准值根据工程图纸确定。一般梁板结构每立方米钢筋混凝土的钢筋重量为楼板 1.1kN，梁 1.5kN。

4. 施工人员及施工设备荷载标准值

（1）计算模板及直接支承模板的小楞时，均布荷载为 $2.5kN/m^2$，并应另以集中荷载 2.5kN 再进行验算，比较两者所得弯矩值取大者。

（2）计算直接支承小楞结构构件时，其均布荷载可取 $1.5kN/m^2$。

（3）计算支架立柱及其他支承结构构件时，均布荷载取 $1.0kN/m^2$。

对大型浇筑设备（上料平台、混凝土泵等）按实际情况计算；混凝土堆集料高度超过 100mm 以上时按实际高度计算；模板单块宽度小于 150mm 时，集中荷载可分布在相邻的两块板上。

5. 振捣混凝土时产生的荷载标准值

对水平面模板为 $2.0kN/m^2$，对垂直面模板为 $4.0kN/m^2$。

6. 新浇混凝土对模板的侧压力标准值

影响新浇混凝土对模板侧压力的因素主要有混凝土材料种类、温度、浇筑速度、振捣方式、凝结速度等。此外，还与混凝土坍落度大小、构件厚度等有关。

当采用内部振捣器振捣，新浇筑的普通混凝土作用于模板的最大侧压力，可按式（5.1）和式（5.2）计算，并取较小值。

$$F=0.22\gamma_c t_0 \beta_1 \beta_2 V^{\frac{1}{2}} \tag{5.1}$$

$$F=\gamma_c H \tag{5.2}$$

式中　F——新浇混凝土的最大侧压力，kN/m^2；

γ_c——混凝土的重力密度，kN/m^3；

t_0——新浇混凝土的初凝时间，h，可按实测确定，当缺乏资料时，可采用 $t_0=200/(T+15)$ 计算（T 为混凝土的温度）；

V——混凝土的浇筑速度，m/h；

H——混凝土侧压力计算位置处至新浇混凝土顶面的总高度，m；

β_1——外加剂影响修正系数，不掺外加剂取1.0，掺具有缓凝作用的外加剂时取1.2；

β_2——混凝土坍落度影响修正系数，坍落度小于3cm时取0.85，5～9cm时取1.0，11～15cm时取1.15。

7. 倾倒混凝土时产生的荷载标准值

倾倒混凝土时对垂直面模板产生的水平荷载标准值见表5.3。

表5.3　　倾倒混凝土时产生的水平荷载标准值

向模板中供料的方法	水平荷载/（kN/m²）
用溜槽、串筒或导管输出	2
用容量小于0.2m³的运输器具倾倒	2
用容量为0.2～0.8m³的运输器具倾倒	4
用容量大于0.8m³的运输器具倾倒	6

8. 风荷载标准值

对风压较大地区及受风荷载作用易倾倒的模板，须考虑风荷载作用下的抗倾倒稳定性。其标准值按式（5.3）计算。

$$W_k = 0.80\beta_z\mu_s\mu_z w_0 \tag{5.3}$$

式中　W_k——风荷载标准值，kN/m²；

β_z——高度z处的风振系数；

μ_s——风荷载体型系数；

μ_z——风压高度变化系数；

w_0——基本风压，kN/m²。

β_z、μ_s、μ_z、w_0的取值均按《建筑结构荷载规范》（GB 50009—2011）的规定采用。

计算模板及其支架的荷载设计值时，应采用上述各项荷载标准值乘以相应的分项系数求得，荷载分项系数见表5.4。

表5.4　　荷载分项系数γ_i

项次	荷载类别	γ_i
1	模板及支架自重	1.2
2	新浇混凝土自重	
3	钢筋自重	
4	施工人员及施工设备荷载	1.4
5	振捣混凝土时产生的荷载	
6	新浇混凝土对模板侧面的压力	1.2
7	倾倒混凝土时产生的荷载	1.4
8	风荷载	1.4

计算模板及支架时，进行荷载效应组合见表 5.5。

表 5.5　　计算模板及支架的荷载效应组合

构件模板组成	参与组合的荷载项	
	计算承载能力	验算刚度
平板和薄壳的模板及其支架	1，2，3，4	1，2，3
梁和拱模板的底板及支架	1，2，3，5	1，2，3
梁、拱、柱（边长不大于 300mm）、墙（厚不大于 100mm）的侧面模板	5，6	6
厚大结构、柱（边长大于 300mm）、墙（厚大于 100mm）的侧面模板	6，7	6

为了便于计算，模板结构设计计算时可做适当简化，即所有荷载可假定为均匀荷载。单元宽度面板、内楞和外楞、小楞和大楞或桁架均可视为梁，支撑跨度等于或多于两跨的可视为连续梁，并视实际情况可分别简化为简支梁、悬臂梁、两跨或三跨连续梁。

当验算模板及其支架的刚度时，其变形值不得超过下列数值：

（1）结构表面外露的模板，为模板构件跨度的 1/400。

（2）结构表面隐蔽的模板，为模板构件跨度的 1/250。

（3）支架压缩变形值或弹性挠度，为相应结构自由跨度的 1/1000。当验算模板及其支架在风荷载作用下的抗倾倒稳定性时，抗倾倒系数不应小于 1.15。

模板系统的设计包括选型、选材、荷载计算、拟定制作安装和拆除方案、绘制模板图等。

课题 5.2　钢　筋　施　工

5.2.1　钢筋的验收与配料

5.2.1.1　钢筋的验收与储存

1. 钢筋的验收

钢筋进场应具有出厂证明书或试验报告单，每捆（盘）钢筋应有标牌，同时应按有关标准和规定进行外观检查和分批做力学性能试验。钢筋在使用时，如发现脆断、焊接性能不良或机械性能显著不正常等，则应进行钢筋化学成分检验。

2. 钢筋的储存

钢筋进场后，必须严格按批分等级、牌号、直径、长度挂牌存放，不得混淆。钢筋应尽量堆入仓库或料棚内。条件不具备时，应选择地势较高、土质坚硬的场地存放。堆放时，钢筋下部应垫高，离地至少 20cm 高，以防钢筋锈蚀。在堆场周围应挖排水沟，以利排水。

5.2.1.2　钢筋的配料

钢筋的配料是指识读工程图纸、计算钢筋下料长度和编制配筋表。

1. 钢筋下料长度

（1）钢筋长度。施工图（钢筋图）中所指的钢筋长度是钢筋外缘至外缘之间的长度，即外包尺寸。

（2）混凝土保护层厚度。混凝土保护层厚度是指受力钢筋外缘至混凝土表面的距离，其作用是保护钢筋在混凝土中不被锈蚀。混凝土的保护层厚度，一般用专业化压制设备和标准模具生产垫块工艺生产的水泥砂浆垫块或塑料卡垫在钢筋与模板之间来控制。塑料卡的形状有塑料垫块和塑料环圈两种。塑料垫块用于水平构件，塑料环圈用于垂直构件。

（3）钢筋接头增加值。由于钢筋直条的供货长度一般为6～10m，而有的钢筋混凝土结构的尺寸很大，需要对钢筋进行接长。钢筋接头增加值见表5.6～表5.8。

表5.6　　纵向受拉钢筋的最小搭接长度

钢筋类型		混凝土强度等级			
		C15	C20～C25	C30～C35	≥C40
光圆钢筋	HPB300	45d	35d	30d	25d
带肋钢筋	HRB400、RRB400	—	55d	40d	35d

注　1. 两根直径不同钢筋的搭接长度，以较细钢筋直径计算。d为钢筋直径，后同。

2. 本表适用于纵向受拉钢筋的绑扎搭接接头面积百分率不大于25%。当纵向受拉钢筋搭接接头面积百分率大于25%，但不大于50%时，其最小搭接长度应按表中的数值乘以系数1.2取用；当接头面积百分率大于50%时，应按表中的数值乘以系数1.35取用。

3. 当符合下列条件时，纵向受拉钢筋的最小搭接长度应根据上述要求确定后，按下列规定进行修正：

（1）当带肋钢筋的直径大于25mm时，其最小搭接长度应按相应数值乘以系数1.1取用。

（2）对环氧树脂涂层的带肋钢筋，其最小搭接长度应按相应数值乘以1.25取用。

（3）当在混凝土凝固过程中受力钢筋易受扰动时（如滑模施工），其最小搭接长度应按相应数值乘以系数1.1取用。

（4）对末端采用机械锚固措施的带肋钢筋，其最小搭接长度可按相应数值乘以系数0.7取用。

（5）当带肋钢筋的混凝土保护层厚度大于搭接钢筋直径的3倍且配有箍筋时，其最小搭接长度可按相应数值乘以系数0.8取用。

（6）对有抗震设防要求的结构构件，其受力钢筋的最小搭接长度对一、二级抗震等级应按相应数值乘以系数1.05取用；对三级抗震等级应按相应数值乘以系数1.05取用。在任何情况下，受拉钢筋的搭接长度不应小于300mm。

4. 纵向压力钢筋搭接时，其最小搭接长度应根据上述规定确定相应数值后，乘以系数0.7取用，在任何情况下，受压钢筋的搭接长度不应小于200mm。

表5.7　　钢筋对焊长度损失值　　单位：mm

钢筋直径	<16	16～25	>25
损失值	20	25	30

表5.8　　钢筋搭接焊最小搭接长度

焊接类型	HPB300	HRB400
双面焊	4d	5d
单面焊	8d	10d

（4）弯曲量度差值。钢筋有弯曲时，在弯曲处的内侧发生收缩，而外皮却出现延伸，中心线则保持原有尺寸。钢筋长度的度量方法系指外包尺寸，因此钢筋弯曲后，存在一个量度差值，在计算下料长度时必须加以扣除。根据理论推理和实践经验，见表5.9。

表5.9　　钢筋弯曲量度差值

钢筋弯起角度	30°	45°	60°	90°	135°
钢筋弯曲调整值	0.35d	0.54d	0.85d	1.75d	2.5d

（5）钢筋弯钩增加值。弯钩形式最常用的有半圆弯钩、直弯钩和斜弯钩。受力钢筋的弯钩和弯折应符合下列要求：

1）HPB300钢筋末端应作180°弯钩，其弯弧内直径不应小于钢筋直径的2.5倍，弯钩的弯后平直部分长度不应小于钢筋直径的3倍。

2）当设计要求钢筋末端需作135°弯钩时，HRB400钢筋的弯弧内直径不应小于钢筋直径的4倍，弯钩的弯后平直部分长度应符合设计要求。

3）钢筋作不大于90°的弯折时，弯折处的弯弧内直径不应小于钢筋直径的5倍，见表5.10。

表5.10　　钢筋弯钩增加

弯钩类型		弯钩		
		180°	135°	90°
增加长度	HPB300	6.25d	4.9d	3.5d

注　HPB300光圆钢筋弯曲直径按2.5d计。

4）除焊接封闭环式箍筋外，箍筋的末端应作弯钩，弯钩形式应符合设计要求，当无具体要求时，应符合下列要求：①箍筋弯钩的弯弧内直径除应满足上述要求外，尚应不小于受力钢筋直径；②箍筋弯钩的弯折角度：对一般结构不应小于90°，对于有抗震等要求的结构应为135°；③箍筋弯后平直部分长度：对一般结构不宜小于箍筋直径的5倍，对于有抗震要求的结构不应小于箍筋直径的10倍。

为了箍筋计算方便，一般将箍筋的弯钩增加长度、弯折减少长度两项合并成一箍筋调整值，见表5.11。计算时将箍筋外包尺寸或内皮尺寸加上箍筋调整值即为箍筋下料长度。

表5.11　　箍筋调整值

箍筋量度方法	箍筋直径/mm			
	4～5	6	8	10～12
量外包尺寸	40	50	60	70
量内皮尺寸	80	100	120	150～170

（6）钢筋下料长度计算。

直筋下料长度＝构件长度＋搭接长度－保护层厚度＋弯钩增加长度

弯起筋下料长度＝直段长度＋斜段长度＋搭接长度－弯折减少长度＋弯钩增加长度

箍筋下料长度＝直段长度＋弯钩增加长度－弯折减少长度

＝箍筋周长＋箍筋调整值

2. 钢筋配料

钢筋配料是钢筋加工中的一项重要工作，合理地配料能使钢筋得到最大限度的利用，并使钢筋的安装和绑扎工作简单化。钢筋配料是依据钢筋表合理安排同规格、同品种的下料，使钢筋的出厂规格长度能够得以充分利用，或使库存的各种规格和长度的钢筋得以充分利用。

（1）归整相同规格和材质的钢筋。下料长度计算完毕后，把相同规格和材质的钢筋进行归整和组合，同时根据现有钢筋的长度和能够及时采购到的钢筋的长度进行合理组合加工。

（2）合理利用钢筋的接头位置。对有接头的配料，在满足构件中接头的对焊或搭接长度、接头错开的前提下，必须根据钢筋原材料的长度来考虑接头的布置。要充分考虑原材料被截下来的一段长度的合理使用，如果能够使一根钢筋正好分成几段钢筋的下料长度，则是最佳方案。但往往难以做到，所以在配料时，要尽量地使被截下的一段能够长一些，这样才不致使余料成为废料，使钢筋能得到充分利用。

（3）钢筋配料应注意的事项。配料计算时，要考虑钢筋的形状和尺寸在满足设计要求的前提下，要有利于加工安装；配料时，要考虑施工需要的附加钢筋。如板双层钢筋中保证上层钢筋位置的撑脚、墩墙双层钢筋中固定钢筋间距的撑铁、柱钢筋骨架增加四面斜撑等。

根据钢筋下料长度计算结果和配料选择后，汇总编制钢筋配单。在钢筋配料单中必须反映出工程部位、构件名称、钢筋编号、钢筋简图及尺寸、钢筋直径、钢号、数量、下料长度、钢筋重量等。列入加工计划的配料单，将每一编号的钢筋制作一块料牌作为钢筋加工的依据，并在安装中作为区别各工程部位、构件和各种编号钢筋的标志。钢筋配料单和料牌应严格校核，必须准确无误，以免返工浪费。钢筋料牌如图 5.15 所示。

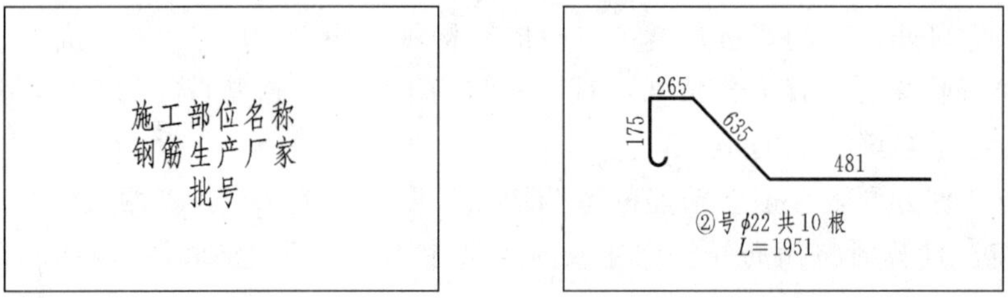

(a)正面　　(b)反面

图 5.15　钢筋料牌

应用案例 5-1　某教学楼第一层楼的 KL1，共计 5 根，如图 5.16 所示，KL1 钢筋布置如图 5.17 所示。梁混凝土保护层厚度 25mm，抗震等级为三级，混凝土强度级别为 C30，柱截面尺寸 500mm×500mm，请对其进行钢筋下料计算，并填写钢筋下料单。

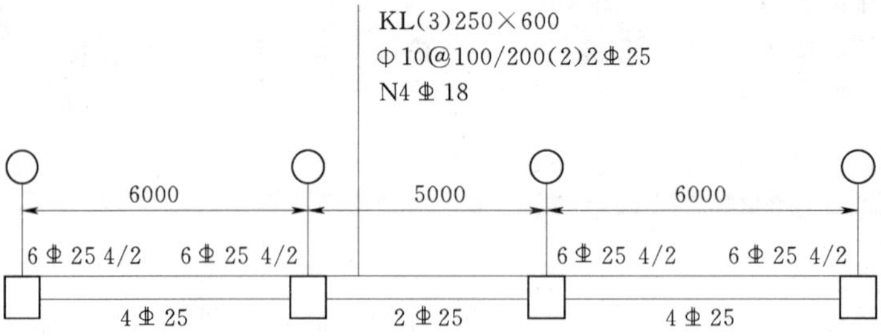

图 5.16　教学楼第一层楼的 KL1 配筋图

（1）依 11G101—1 图集，查得有关计算数据如下：

C30 混凝土，三级抗震，普通钢筋（$d \leqslant 25$）时，$l_{aE}=31d$。

1）钢筋在端支座的锚固。

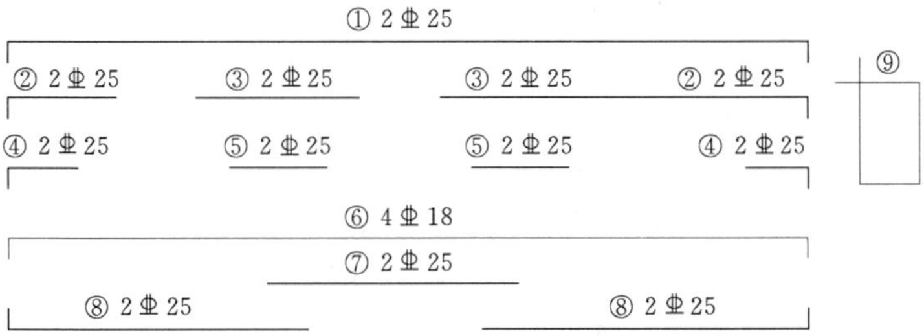

图 5.17　KL1 钢筋布置示意图

纵筋弯锚或直锚判断：因为支座宽 25～500mm≤锚固长度 31×18=558(mm)，所以钢筋在端支座均需弯锚（注：这里考察的是直径 18mm 的受扭钢筋，直径 25mm 的钢筋必然也需要弯锚）。弯锚部分长度如下。

当直径=25 时，$0.4l_{aE}=0.4\times31\times25=310$(mm)，$15d=15\times25=375$(mm)；

当直径=18 时，$0.4l_{aE}=0.4\times31\times18=223$(mm)，$15d=15\times18=270$(mm)。

注：$0.4l_{aE}$ 表示钢筋弯锚时进入柱中水平段锚固长度值，$15d$ 表示在柱中竖直段钢筋的锚固长度值。

2）钢筋在中间支座的锚固（仅⑦、⑧钢筋）。

因为，$l_{aE}=31\times25=775$(mm)，$0.5h_c+5d=0.5\times500+5\times25=375$(mm)

所以，⑦、⑧钢筋在中间支座处的锚固长度取较大值 775mm。

(2) 量度差（纵向钢筋的弯折角度为 90°，依据平法图集构造要求，框架主筋的弯曲半径 $R=4d$）。

ϕ25 钢筋量度差为　　　　$2.931d=2.931\times25=73$(mm)

ϕ18 钢筋量度差为　　　　$2.931d=2.931\times18=53$(mm)

(3) 各编号钢筋下料长度计算如下：

①号筋下料长度=梁全长−左端柱宽−右端柱宽$+2\times0.4l_{aE}+2\times15d-2\times$量度差值

$=(6000+5000+6000)-500-500+2\times310+2\times375-2\times73$

$=17224$(mm)

②号筋下料长度$=L_{n1}/3+0.4l_{aE}+15d-$量度差值

$=(6000-500)/3+310+375-73=2445$(mm)

③号钢筋下料长度$=2\times L_{n\max}$ (L_{n1}、L_{n2})/3+中间柱宽

$=2\times(6000-500)/3+500=4167$(mm)

式中　$L_{n\max}$——支座左右两跨净跨较大值；

L_{n1}——支座左跨净跨值；

L_{n2}——支座右跨净跨值。

④号筋下料长度$=L_{n1}/4+0.4l_{aE}+15d-$量度差值

$=(6000-500)/4+310+375-73=2060$(mm)

⑤号筋下料长度$=2\times L_{n\max}$ (L_{n1}、L_{n2})/4+中间柱宽

$=2\times(6000-500)/4+500=3250$(mm)

⑥号筋下料长度=梁全长−左端柱宽−右端柱宽$+2\times0.4l_{aE}+2\times15d-2\times$量度差值

$=(6000+5000+6000)-500-500+2\times223+2\times270-2\times53$

=16880(mm)

⑦号筋下料长度=端支座锚固值+L_{n2}+中间支座锚固值

=775+(5000-500)+775=6050(mm)

⑧号筋下料长度=L_{n1}+0.4l_{aE}+15d+中间支座锚固值-量度差值

=(6000-500)+310+375+775-73=6887(mm)

⑨号筋下料长度=2×梁高+2×梁宽-8×保护层厚度+28.27×箍筋直径

=2×600+2×250-8×25+28.272×10=2083(mm)

(4) 箍筋数量计算如下：

加密区长度为900mm（取1.5h与500mm的大值，则1.5×600=900mm>500mm）

每个加密区箍筋数量=(900-50)/100+1=10(个)

边跨非加密区箍筋数量=(6000-500-900-900)/200-1=18(个)

中跨非加密区箍筋数量=(5000-500-900-900)/200-1=13(个)

每根梁箍筋总数量=10×6+18×2+13=109(个)

编制钢筋下料表见表5.12。

表5.12　　钢筋下料表

构件	钢筋	简　图	直径/mm	钢筋级别	下料长度/mm	单位根数	合计根数	质量/kg
KL1梁共5根	①		25	Φ	17224	2	10	490.0
	②	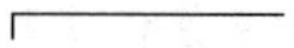	25	Φ	2445	4	20	188.3
	③		25	Φ	4167	4	20	321.0
	④		25	Φ	2060	4	20	158.7
	⑤		25	Φ	3250	4	20	250.3
	⑥		18	Φ	16880	4	20	584.4
	⑦		25	Φ	6050	2	10	233.0
	⑧		25	Φ	6887	8	40	106.1
	⑨	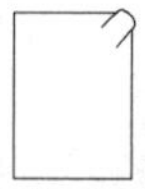	10	φ	2083	109	545	700.0

3. 钢筋代换

钢筋的级别、钢号和直径应按设计要求采用，若施工中缺乏设计图中所要求的钢筋，在征得设计单位的同意并办理设计变更文件后，可按下述原则进行代换。

(1) 当构件按强度控制时，可按强度相等的原则代换，称“等强代换”。如设计中所用钢筋强度为f_{y1}，钢筋总面积为A_{S1}；代换后钢筋强度为f_{y2}，钢筋总面积为A_{S2}，应使代换前后钢筋的总强度相等，即

$$A_{S2}f_{y2}>f_{y1}A_{S1}$$

$$A_{S2}\geqslant(f_{y1}/f_{y2})\cdot A_{S1}$$

(2) 当构件按最小配筋率配筋时，可按钢筋面积相等的原则进行代换，称为“等面积代换”。

5.2.2　钢筋内场加工

5.2.2.1　钢筋的除锈

钢筋由于保管不善或存放时间过久，就会受潮生锈。在生锈初期，钢筋表面呈黄褐色，称水锈或色锈，这种水锈除在焊点附近必须清除外，一般可不处理；但是当钢筋锈蚀进一步发展，钢筋表面已形成一层锈皮，受锤击或碰撞可见其剥落，这种铁锈不能很好地和混凝土黏结，影响钢筋和混凝土的握裹力，并且在混凝土中继续发展，需要清除。

5.2.2.2　钢筋调直

钢筋在使用前必须经过调直，否则会影响钢筋受力，甚至会使混凝土提前产生裂缝，如未调直直接下料，会影响钢筋的下料长度，并影响后续工序的质量。

钢筋的机械调直可用钢筋调直机、弯筋机等调直。钢筋调直机用于圆钢筋的调直和切断，并可清除其表面的氧化皮和污迹。目前常用的钢筋调直机有GT16/4、GT3/8、GT6S/12、GT10/16。此外，还有一种数控钢筋调直切断机，利用光电管进行调直、输送、切断、除锈等功能的自动控制。

1. 钢筋调直机

钢筋调直机的技术性能见表5.13。GT3/8型钢筋调直机外形如图5.18所示。

表5.13　　钢筋调直机技术性能

机械型号	钢筋直径/mm	调直速度/(m/min)	断料长度/mm	电机功率/kW	外形尺寸/mm 长×宽×高	机重/kg
GT3/8	3～8	40、65	300～6500	9.25	1854×741×1400	1280
GT6/12	6～12	36、54、72	300～6500	12.6	1770×535×1457	1230

注　表中所列的钢筋调直机断料长度误差均不大于3mm。

2. 数控钢筋调直切断机

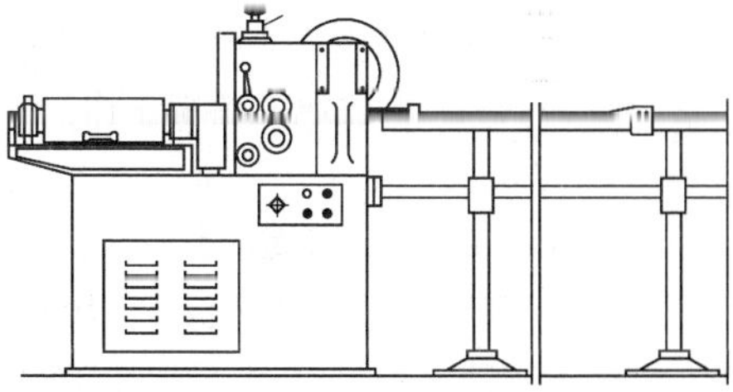

图5.18　GT3/8型钢筋调直机

数控钢筋调直切断机是在原有调直机的基础上应用电子控制仪，准确控制钢丝断料长度，并自动计数。该机的工作原理如图5.21所示。在该机摩擦轮（周长100mm）的同轴上装有一个穿孔光电盘（分为100等分），光电盘的一侧装有一只小灯泡，另一侧装有一只光电管。当钢筋通过摩擦轮带动光电盘时，灯泡光线通过每个小孔照射光电管，就被光电管接收而产生脉冲信号（每次脉冲信号为钢筋长1mm），控制仪长度部位数字上立即示出相应读数。当信号积累到给定数字（钢丝调直到所指定长度）时，控制仪立即发出指令，使切断装置切断钢丝。与此同时长度部位数字回到零，根数部位数字示出根数，这样连续作业，当根数信号积累至给定数字时，即自动切断电源，停止运转。

钢筋数控调直切断机已在有些构件厂采用，断料精度高（偏差仅约1～2mm），并实现了钢丝调直切断自动化。采用此机时，要求钢丝表面光洁，截面均匀，以免钢丝移动时速度不匀，影响切断长度的精确性。

5.2.2.4　钢筋切断

钢筋切断有人工剪断、机械切断、氧气切割三种方法。直径大于40mm的钢筋一般用氧气切割。

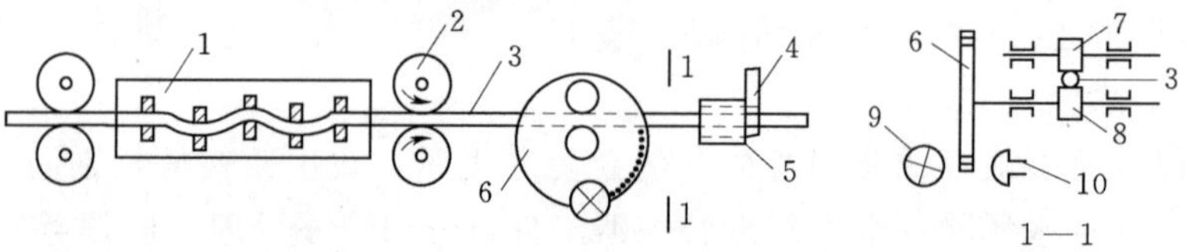

图 5.19　数控钢筋调直切断机工作简图

1—调直装置；2—牵引轮；3—钢筋；4—上刀口；5—下刀口；
6—光电盘；7—压轮；8—摩擦轮；9—灯泡；10—光电管

钢筋切断机是用来把钢筋原材料或已调直的钢筋切断，其主要类型有机械式、液压式和手持式钢筋切断机。机械式钢筋切断机有偏心轴立式、凸轮式和曲柄连杆式等型式，如图 5.20 和图 5.21 所示。

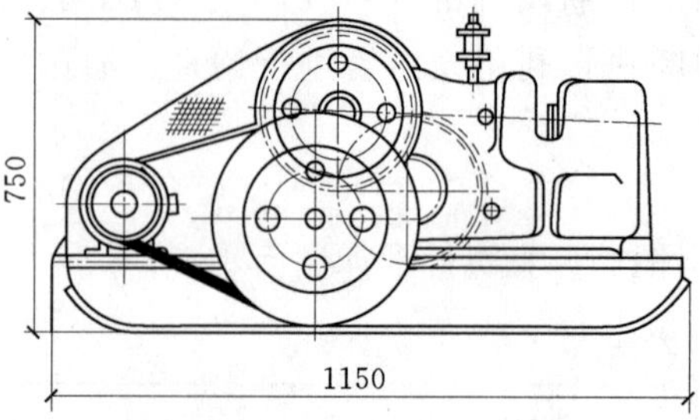

图 5.20　GQ40 型钢筋切断机

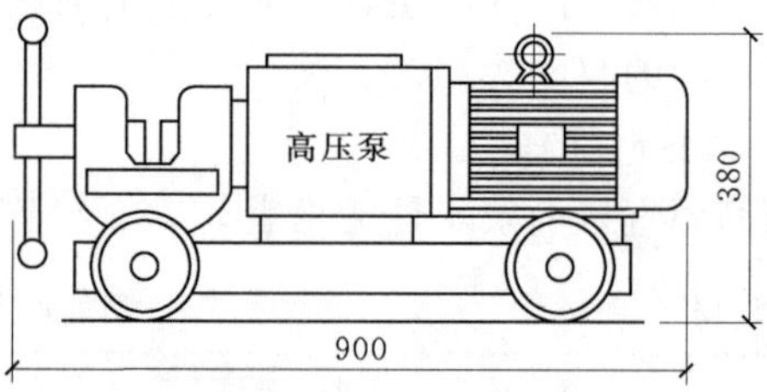

图 5.21　DYQ32B 电动液压切断机

5.2.2.5　钢筋弯曲成型

钢筋弯曲成型是将已切断、配好的钢筋，弯曲成所规定的形状尺寸，是钢筋加工的一道主要工序。钢筋弯曲成型要求加工的钢筋形状正确，平面上没有翘曲不平的现象，便于绑扎安装。

1. 钢筋弯钩和弯折的有关规定

（1）受力钢筋。

1）HPB300 级钢筋末端应作 180°弯钩，其弯弧内直径不应小于钢筋直径的 2.5 倍，弯钩的弯后平直部分长度不应小于钢筋直径的 3 倍，如图 5.22 所示。

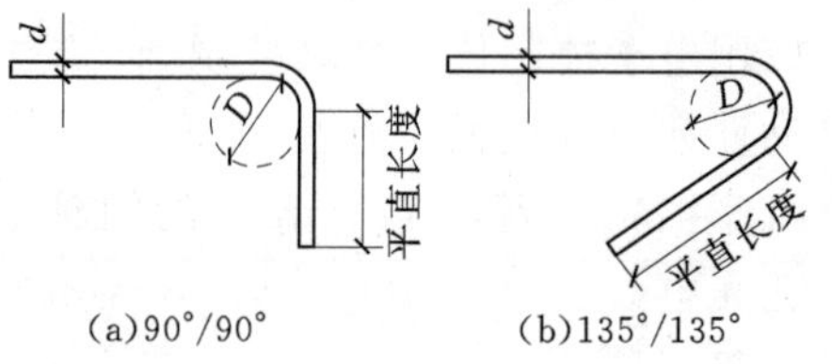

图 5.22　受力钢筋弯折

2）当设计要求钢筋末端需作 135°弯钩时（图 5.22），HRB400 级钢筋的弯弧内直径 D 不应小于钢筋直径的 4 倍，弯钩的弯后平直部分长度应符合设计要求。

3）钢筋作不大于 90°的弯折时，弯折处的弯弧内直径不应小于钢筋直径的 5 倍。

（2）箍筋。

除焊接封闭环式箍筋外，箍筋的末端应作弯钩。弯钩形式应符合设计要求；当设计无具体要求时，应符合下列规定：

1）箍筋弯钩的弯弧内直径除应满足上述要求外，尚应不小于受力钢筋的直径。

2）箍筋弯钩的弯折角度：对一般结构，不应小于 90°；对有抗震等要求的结构应为 135°，如图 5.23 所示。

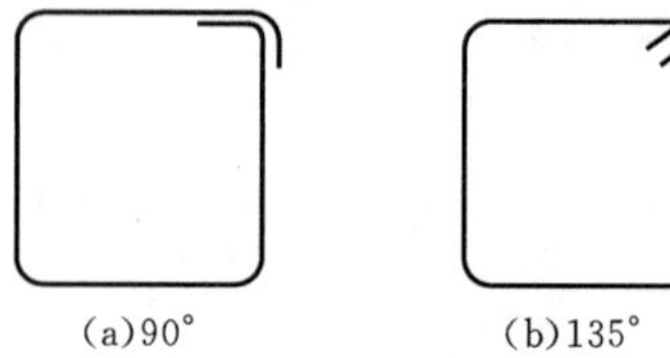

图 5.23　箍筋示意

3）箍筋弯后的平直部分长度：对一般结构，不宜小于箍筋直径的 5 倍；对有抗震等要求的结构，不应小于箍筋直径的 10 倍。

2. 钢筋弯曲设备

钢筋弯曲成型有手工和机械弯曲成型两种方法。钢筋弯曲机有机械钢筋弯曲机、液压钢筋弯曲机和钢筋弯箍机等几种。机械钢筋弯曲机按工作原理分为齿轮式及蜗轮蜗杆式钢筋弯曲机两种。

四头弯筋机如图 5.24 所示，四头弯筋机是由一台电动机通过三级变速带动圆盘，再通过圆盘上的偏心铰带动连杆与齿条，使 4 个工作盘转动。每个工作盘上装有心轴与成型轴，但与钢筋弯曲机不同的有：工作盘不停地往复运动，且转动角度一定（事先可调整）。四头弯筋机主要技术参数有：电机功率为 3kW，转速为 960rad/min，工作盘反复动作次数为 31rad/min。该机可弯曲 $\phi 4 \sim \phi 12$ 钢筋，弯曲角度在 $0° \sim 180°$ 范围内变动。该机主要是用来弯制钢箍；其工效比手工操作提高约 7 倍，加工质量稳定，弯折角度偏差小。

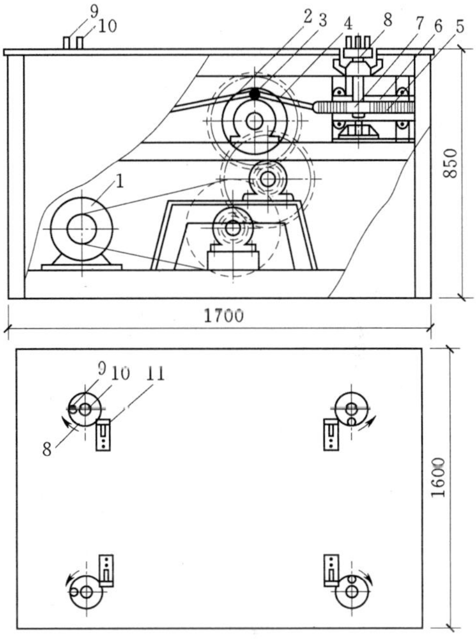

图 5.24　四头弯筋机

1—电动机；2—偏心圆盘；3—偏心铰；4—连杆；5—齿条；6—滑道；7—正齿轮；8—工作盘；9—成型轴；10—心轴；11—挡铁

3. 弯曲成型工艺

（1）画线。

钢筋弯曲前，对形状复杂的钢筋（如弯起钢筋），根据钢筋料牌上标明的尺寸，用石笔将各弯曲点位置画出。画线时应注意以下几点：

1）根据不同的弯曲角度扣除弯曲调整值，其扣法是从相邻两段长度中各扣一半。

2）钢筋端部带半圆弯钩时，该段长度画线时增加 $0.5d$（d 为钢筋直径）。

3）画线工作宜从钢筋中线开始向两边进行；两边不对称的钢筋，也可从钢筋一端开始画线，如画到另一端有出入时，则应重新调整。

应用案例 5－2　某工程有一根直径 20mm 的弯起钢筋，其所需的形状和尺寸如图 5.25 所示。画线方法如下。

第一步在钢筋中心线上画第一道线。

第二步取中段 $4000/2-0.5d/2=1995$(mm)，画第二道线。

第三步取斜段 $635-2\times0.5d/2=625$(mm)，画第三道线。

第四步取直段 $850-0.5d/2+0.5d=855$(mm)，画第四道线。

上述画线方法仅供参考。第一根钢筋成型后应与设计尺寸校对一遍，完全符合后再成批生产。

（2）钢筋弯曲成型。

钢筋在弯曲机上成型时如图 5.26 所示，心轴直径应是钢筋直径的 2.5～5.0 倍，成型轴宜加偏心轴套，以便适应不同直径的钢筋弯曲需要。弯曲细钢筋时，为了使弯弧一侧的钢筋保持平直，挡铁轴宜做成可变挡架或固定挡架（加铁板调整）。

钢筋弯曲点线和心轴的关系如图 5.27 所示。由于成型轴和心轴在同时转动，就会带动钢筋向前滑移。因此，钢筋弯 90°时，弯曲点线约与心轴内边缘齐；弯 180°时，弯曲点线距心轴内边缘为（1.0～1.5）d（钢筋硬时取大值）。

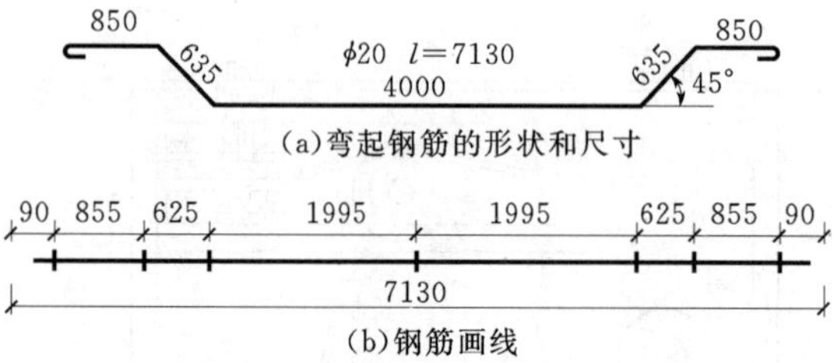

图 5.25　弯起钢筋的画线

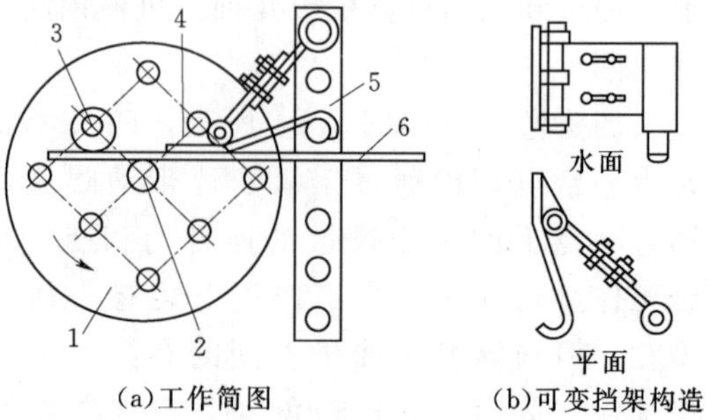

图 5.26　钢筋弯曲成型

1—工作盘；2—心轴；3—成型轴；4—可变挡架；5—插座；6—钢筋

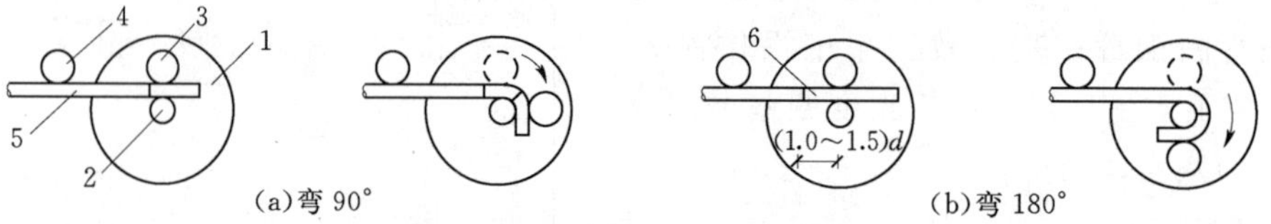

图 5.27　弯曲点线与心轴关系

1—工作盘；2—心轴；3—成型轴；4—固定挡铁；5—钢筋；6—弯曲点线

5.2.3　钢筋接头的连接

钢筋接头的连接有焊接和机械连接两类。常用的钢筋焊接机械有电阻焊接机、电弧焊接机、气压焊接机及电渣压力焊机等。钢筋机械连接方法主要有钢筋套筒挤压连接、锥螺纹套筒连接等。

5.2.3.1　钢筋焊接

采用焊接代替绑扎，可改善结构受力性能，提高工效，节约钢材，降低成本。结构的某些部位，如轴心受拉和小偏心受拉构件中的钢筋接头应焊接。普通混凝土中直径大于 22mm 的钢筋和轻骨料混凝土中直径大于 20mm 的 HRB300 级钢筋及直径大于 25mm 的 HRB400 级钢筋，均宜采用焊接接头。

钢筋的焊接，应采用闪光对焊、电弧焊、电渣压力焊和电阻点焊。钢筋与钢板的 T 形连接，宜采用埋弧压力焊或电弧焊。钢筋焊接的接头形式、焊接工艺和质量验收，应符合《钢筋焊接及验收规程》（JGJ 18—2012）的规定。焊接方法及适用范围见表 5.14。

钢筋的焊接质量与钢材的可焊性、焊接工艺有关。在相同的焊接工艺条件下，能获得良好焊接质量的钢材，称其在这种条件下的可焊性好，相反则称其在这种工艺条件下的可焊性差。钢筋的可焊性与其含碳及含合金元素的数量有关。含碳、锰数量增加，则可焊性差；加入适量的钛，可改善焊接性能。焊接参数和操作水平亦影响焊接质量，即使可焊性差的钢材，若焊接工艺适宜，亦可获得良好的焊接质量。

表 5.14 焊接方法及适用范围

项次	焊接方法			接头型式	适用范围 钢筋级别	直径/mm
1	电阻点焊			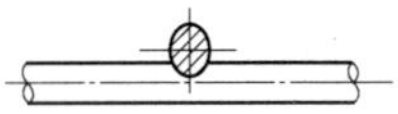	HPB300 级 冷拔低碳钢丝	6～14 3～5
2	闪光对焊			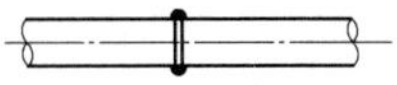	HRB400 级	10～40
3	电弧焊	帮条焊	双面焊	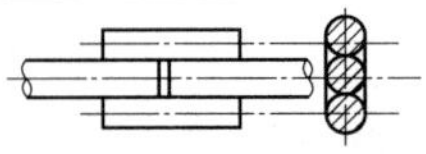	HPB300 级 HRB400 级	10～40
			单面焊	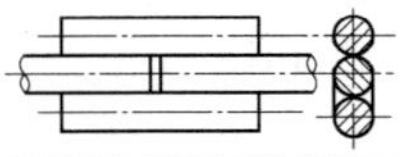	HPB300 级 HRB400 级	10～40
		搭接焊	双面焊	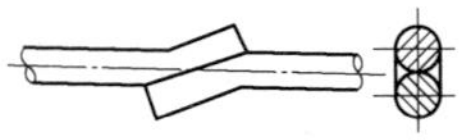	HPB300 级	10～40
			单面焊	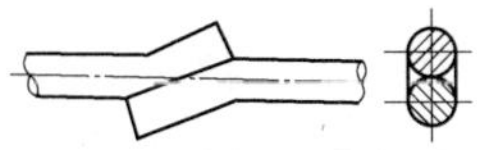	HPB300 级	10～40
		熔槽帮条焊		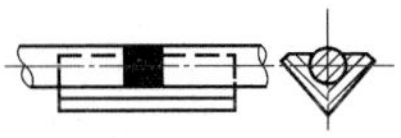	HPB300 级 HRB400 级	25～40
		坡口焊	平焊	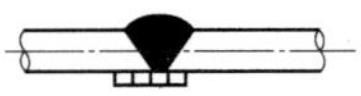	HPB300 级 HRB400 级	18～40
			立焊		HPB300 级 HRB400 级	18～40
		钢筋与钢板搭接接焊		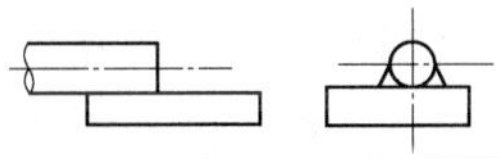	HPB300 级	8～40
		预埋件 T 形接头电弧焊	贴角焊	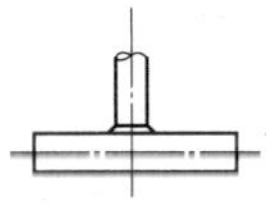	HPB300 级	6～16
			穿孔塞焊	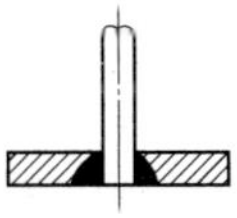	HPB300 级	≥18
4	电渣压力焊				HPB300 级	14～40
5	预埋 T 形接头埋弧压力焊			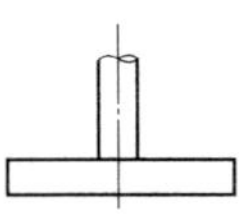	HPB300 级	6～20

1. 钢筋点焊

电阻点焊主要用于焊接钢筋网片、钢筋骨架等（适用于直径6～14mm的HPB300级钢筋和直径3～5mm的冷拔低碳钢丝），它生产效率高，节约材料，应用广泛。

电阻点焊的工作原理如图5.28所示，将已除锈的钢筋交叉点放在点焊机的两电极间，使钢筋通电发热至一定温度后，加压使焊点金属焊合。常用点焊机有单点点焊机、多点点焊机和悬挂式点焊机，施工现场还可采用手提式点焊机。电阻点焊的主要工艺参数有电流强度、通电时间和电极压力。电流强度和通电时间一般均宜采用电流强度大、通电时间短的参数，电极压力则根据钢筋级别和直径选择。

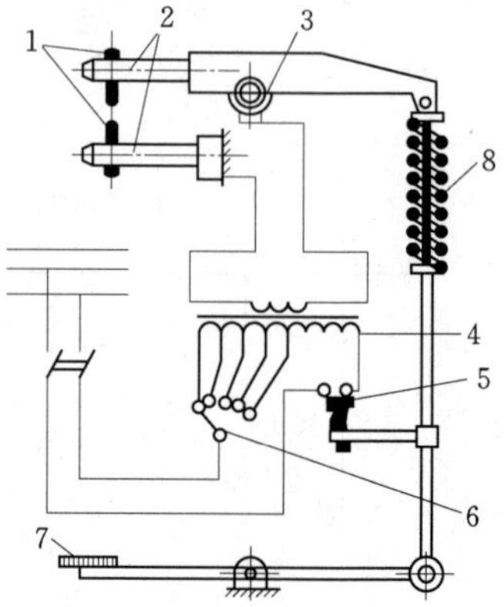

图5.28　点焊机工作原理

1—电极；2—电极臂；3—变压器的次级线圈；4—变压器的初级线圈；5—断路器；6—变压器的调节开关；7—踏板；8—压紧机构

电阻点焊的焊点应进行外观检查和强度试验，热轧钢筋的焊点应进行抗剪试验。冷处理钢筋除进行抗剪试验外，还应进行抗拉试验。

点焊时，将表面清理好的钢筋叠合在一起，放在两个电极之间预压夹紧，使两根钢筋交接点紧密接触。当踏下脚踏板时，带动压紧机构使上电极压紧钢筋，同时断路器也接通电路，电流经变压器次级线圈引到电极，接触点处在极短的时间内产生大量的电阻热，使钢筋加热到熔化状态，在压力作用下两根钢筋交叉焊接在一起。当放松脚踏板时，电极松开，断路器随着杠杆下降，断开电路，点焊结束。

2. 钢筋闪光对焊

闪光对焊用于钢筋接长及预应力钢筋与螺丝端杆的焊接。在非固定的专业预制厂（场）或钢筋加工厂（场）内，对直径大于或等于22mm的钢筋进行连接作业时，不得使用钢筋闪光对焊工艺。

如图5.29所示，钢筋闪光对焊是利用对焊机使两段钢筋接触，通过低电压的强电流，待钢筋被加热到一定温度变软后，进行轴向加压顶锻，形成对焊接头。钢筋闪光对焊焊接工艺应根据具体情况选择：钢筋直径较小，可采用连续闪光焊；钢筋直径较大，端面比较平整，宜采用预热闪光焊；端面不够平整，宜采用闪光—预热—闪光焊。

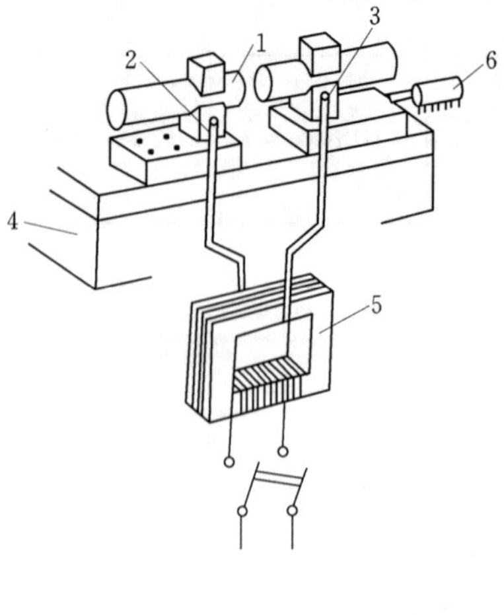

图5.29　钢筋闪光对焊原理

1—焊接的钢筋；2—固定电极；3—可动电极；4—机座；5—变压器；6—手动顶压机构

（1）连续闪光焊。这种焊接工艺过程是将待焊钢筋夹紧在电极钳口上后，闭合电源，使两钢筋端面轻微接触。由于钢筋端部不平，开始只有一点或数点接触，接触面小而电流密度和接触电阻很大。接触点很快熔化并产生金属蒸气飞溅，形成闪光现象。闪光一开始，即缓慢移动钢筋，形成连续闪光过程，同时接头也被加热。待接头烧平、闪去杂质和氧化膜、白热熔化时，随即施加轴向压力迅速进行顶锻，使两根钢筋焊牢。

（2）预热闪光焊。施焊时先闭合电源然后使两钢筋端面交替地接触和分开。这时钢筋端面间隙中即发出断续的闪光，形成预热过程。当钢筋达到预热温度后进入闪光阶段，随后顶锻而成。

(3) 闪光—预热—闪光焊。在预热闪光焊前加一次闪光过程。目的是使不平整的钢筋端面烧化平整。使预热均匀，然后按预热闪光焊操作。

焊接大直径的钢筋（直径25mm以上），多用预热闪光焊与闪光—预热—闪光焊。

采用连续闪光焊时，应合理选择调伸长度、烧化留量、顶锻留量以及变压器级数等；采用闪光—预热—闪光焊时，除上述参数外，还应包括一次烧化留量、二次烧化留量、预热留量和预热时间等参数。焊接不同直径的钢筋时，其截面比值不宜超过1.5。焊接参数按大直径的钢筋选择。负温下焊接时，由于冷却快，易产生冷脆现象，内应力也大。为此，负温下焊接应减小温度梯度和冷却速度。

钢筋闪光对焊后，除对接头进行外观检查（无裂纹和烧伤、接头弯折不大于4°，接头轴线偏移不大于1/10的钢筋直径，也不大于2mm）外，还应按《钢筋焊接及验收规程》(JGJ 18—2012)的规定进行抗拉强度和冷弯试验。

3. 电弧焊接

钢筋电弧焊是以焊条作为一极，钢筋为另一极，利用焊接电流通过产生的电弧热进行焊接的一种熔焊方法。电弧焊具有设备简单、操作灵活、成本低等特点，且焊接性能好，但工作条件差、效率低。适用于构件厂内和施工现场焊接碳素钢、低合金结构钢、不锈钢、耐热钢和对铸铁的补焊，可在各种条件下进行各种位置的焊接。电弧焊又分手弧焊、埋弧压力焊等。

(1) 手弧焊。

手弧焊是利用手工操纵焊条进行焊接的一种电弧焊。手弧焊用的焊机有交流弧焊机（焊接变压器）、直流弧焊机（焊接发电机）等。手弧焊用的焊机是一台额定电流500A以下的弧焊电源，交流变压器或直流发电机；辅助设备有焊钳、焊接电缆、面罩、敲渣锤、钢丝刷和焊条保温筒等。

电弧焊是利用弧焊机使焊条与焊件之间产生高温电弧，使焊条和电弧燃烧范围内的焊件熔化，待其凝固，便形成焊缝或接头。钢筋电弧焊可分搭接焊、帮条焊、坡口焊和熔槽帮条焊四种接头形式。下面介绍帮条焊、搭接焊和坡口焊，熔槽帮条焊及其他电弧焊接方法详见《钢筋焊接及验收规程》。

1) 帮条焊接头。适用于焊接直径10～40mm的各级热轧钢筋。帮条宜采用与主筋同级别、同直径的钢筋制作，帮条长度见表5.15。如帮条级别与主筋相同，帮条的直径可比主筋直径小一个规格；如帮条直径与主筋相同，帮条钢筋的级别可比主筋低一个级别。

表5.15　　钢筋帮条长度

项次	钢筋级别	焊接形式	帮条长度 d
1	HPB300	单面焊	$>8d$
		双面焊	$>4d$
2	HRB400	单面焊	$>10d$
		双面焊	$>5d$

2) 搭接焊接头。只适用于焊接直径10～40mm的HPB300、HRB400级钢筋。焊接时，宜采用双面焊，如图5.30所示。不能进行双面焊时，也可采用单面焊。搭接长度应与帮条

长度相同。

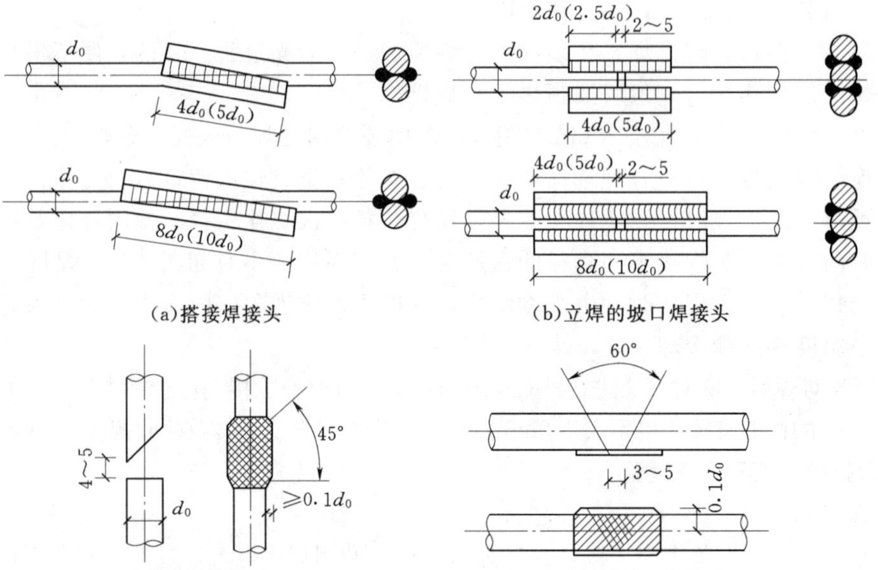

(a)搭接焊接头　(b)立焊的坡口焊接头

(c)帮条的焊接头　(d)平焊的坡口焊接头

图 5.30　钢筋电弧焊的接头型式

钢筋帮条接头或搭接接头的焊缝厚度 h 应不小于 0.3 倍钢筋直径；焊缝宽度 b 不小于 0.7 倍钢筋直径，焊缝尺寸如图 5.31 所示。

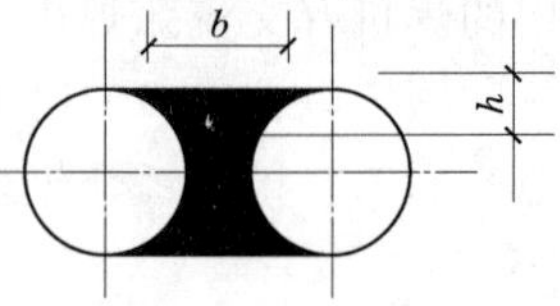

图 5.31　焊接尺寸示意图

b—焊接宽度；h—焊缝厚度

3）坡口焊接头。有平焊和立焊两种。这种接头比上两种接头节约钢材，适用于在现场焊接装配整体式构件接头中直径 18～400mm 的各级热轧钢筋。钢筋坡口平焊时，V 形坡口角度为 60°，如图 5.30（d）所示，坡口立焊时，坡口角度为 45°，如图 5.30（c）所示。钢垫板长为 40～60mm。平焊时，钢垫板宽度为钢筋直径加 10mm；立焊时，其宽度等于钢筋直径。钢筋根部间隙，平焊时为 4～6mm；立焊时为 3～5mm。最大间隙均不宜超过 10mm。

焊接电流的大小应根据钢筋直径和焊条的直径进行选择。

帮条焊、搭接焊和坡口焊的焊接接头，除应进行外观质量检查外，亦需抽样作拉力试验。如对焊接质量有怀疑或发现异常情况，还应进行非破损方式（X 射线、γ 射线、超声波探伤等）检验。

（2）埋弧压力焊。

埋弧压力焊是将钢筋与钢板安放成 T 形，利用焊接电流通过时在焊剂层下产生电弧，形成熔池，加压完成的一种压焊方法。具有生产效率高、质量好等优点，适用于各种预埋件、T 形接头、钢筋与钢板的焊接。预埋件钢筋压力焊适用于热轧直径 6～25mm HPB300 级钢筋的焊接，钢板为普通碳素钢，厚度 6～20mm。

如图 5.32 所示，主要由焊接电源（BX2－500、AX1－500）、焊接机构和控制系统（控制箱）三部分组成。埋弧压力焊机可用 BX2－500 型交流弧焊机作为电源。其工作线圈（副线圈）分别接入活动电极（钢筋夹头）及固定电极（电磁吸铁盘）。焊机结构采用摇臂式，摇臂固定在立柱上，可作左右回转活动；摇臂本身可作前后移动，以使焊接时能取得所需要的工作位置。摇臂末端装有可上下移动的工作头，其下端是用导电材料制成的偏心夹头，夹头接工作线圈，成活动电极。工作平台上装有平面型电磁吸铁盘，拟焊钢板放置其上，接通电源，能被吸住而固定不动。

在进行埋弧压力焊时，钢筋与钢板之间引燃电弧之后，由于电弧作用使局部用材及部分焊剂熔化和蒸发，蒸发气体形成了一个空腔，空腔被熔化的焊剂所形成的熔渣包围，焊接电弧就在这个空腔内燃烧，在焊接电弧热的作用下，熔化的钢筋端部和钢板金属形成焊接熔池。待钢筋整个截面均匀加热到一定温度，将钢筋向下顶压，随即切断焊接电源，冷却凝固后形成焊接接头。

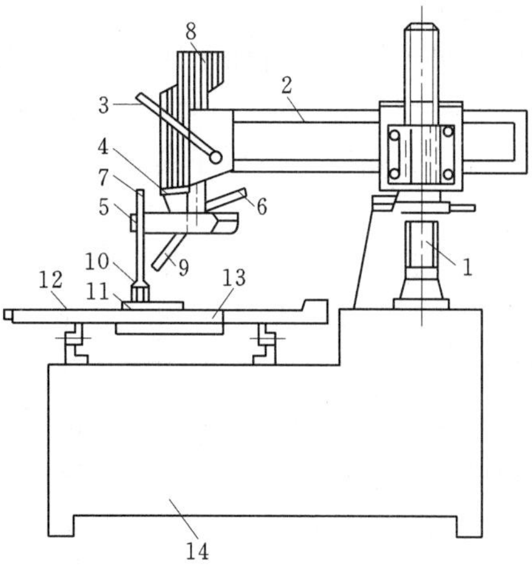

图 5.32　埋弧压力焊机

1—立柱；2—摇臂；3—压柄；4—工作头；5—钢筋夹头；6—手柄；7—钢筋；8—焊剂料箱；9—焊剂漏口；10—铁圈；11—预埋钢板；12—工作平台；13—焊剂储斗；14—机座

4. 气压焊接

气压焊是利用氧气和乙炔，按一定的比例混合燃烧的火焰，将被焊钢筋两端加热，使其达到热塑状态，经施加适当压力，使其接合的固相焊接法。钢筋气压焊适用于 14～40mm 的热轧钢筋，也能进行不同直径钢筋间的焊接，还可用于钢轨焊接。被焊材料有碳素钢、低合金钢、不锈钢和耐热合金等。钢筋气压焊设备轻便，可进行水平、垂直、倾斜等全方位焊接，具有节省钢材、施工费用低廉等优点。

钢筋气压焊接机由供气装置（氧气瓶、溶解乙炔瓶等）、多嘴环管加热器、加压器（油泵、顶压油缸等）、焊接夹具及压接器等组成，如图 5.33 和图 5.34 所示。

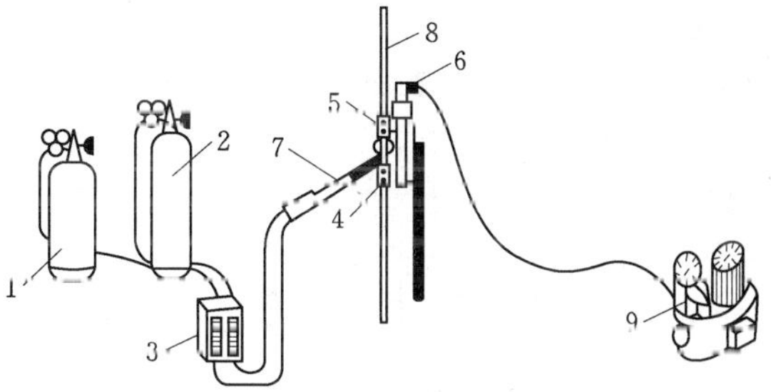

图 5.33　气压焊接设备示意图

1—乙炔；2—氧气；3—流量计；4—固定卡具；5—活动卡具；6—压接器；7—加热器与焊炬；8—被焊接的钢筋；9—电动油泵

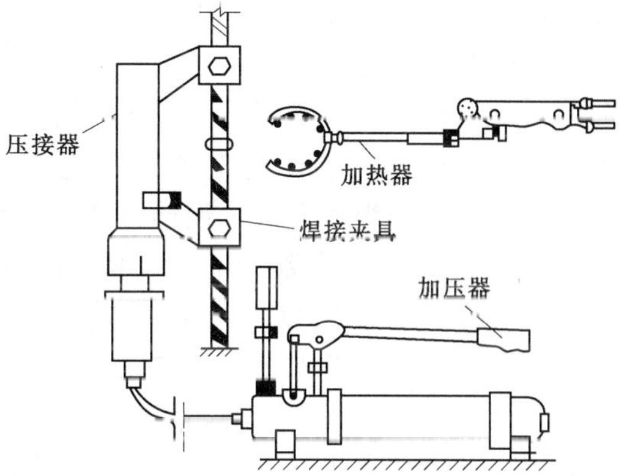

图 5.34　钢筋气压焊机

气压焊接钢筋是利用乙炔和氧气的混合气体燃烧的高温火焰对已有初始压力的两根钢筋端面接合处加热，使钢筋端部产生塑性变形，并促使钢筋端面的金属原子互相扩散，当钢筋加热到1250～1350℃（相当于钢材熔点的0.8～0.9倍，此时钢筋加热部位呈橘黄色，有白亮闪光出现）时进行加压顶锻，使钢筋内的原子得以再结晶而焊接在一起。

钢筋气压焊接属于热压焊。在焊接加热过程中，加热温度为钢材熔点的0.8～0.9倍，钢材未呈熔化液态，且加热时间较短，钢筋的热输入量较少，所以不会出现钢筋材质劣化倾向。

加热系统中的加热能源是氧气和乙炔。系统中的流量计用来控制氧气和乙炔的输入量，焊接不同直径的钢筋要求不同的流量。加热器用来将氧气和乙炔混合后，从喷火嘴喷出火焰加热钢筋，要求火焰能均匀加热钢筋，有足够的温度和功率并且安全可靠。

加压系统中的压力源为电动油泵（或手动油泵），使加压顶锻时压力平稳。压接器是气压焊的主要设备之一，要求它能准确、方便地将两根钢筋固定在同一轴线上，并将油泵产生的压力均匀地传递给钢筋达到焊接的目的。施工时压接器需反复装拆，要求它重量轻、构造简单和装拆方便。

气压焊接的钢筋要用砂轮切割机断料，不能用钢筋切断机切断，要求端面与钢筋轴线垂直。焊接前应打磨钢筋端面，清除氧化层和污物，使之现出金属光泽，并立即喷涂一薄层焊接活化剂保护端面不再被氧化。

钢筋加热前先对钢筋施加30～40MPa的初始压力，使钢筋端面贴合。当加热到缝隙密合后，上下摆动加热器适当增大钢筋加热范围，促使钢筋端面金属原子互相渗透也便于加压顶锻。加压顶锻的压应力约34～40MPa，使焊接部位产生塑性变形。直径小于22mm的筋可以一次顶锻成型，大直径钢筋可以进行二次顶锻。

气压焊的接头，应按规定的方法检查外观质量和进行拉力试验。

5. 电渣压力焊

现浇钢筋混凝土框架结构中竖向钢筋的连接，宜采用自动或手工电渣压力焊进行焊接（直径14～40mm的HPB300级钢筋）。与电弧焊比较，它工效高、节约钢材、成本低，在高层建筑施工中得到广泛应用。

钢筋电渣压力焊是将两根钢筋安放成竖向对接形式，利用焊接电流通过两钢筋端面间隙，在焊剂层下形成电弧过程和电渣过程，产生电弧热和电阻热，熔化钢筋，加压完成的一种焊接方法。钢筋电渣压力焊机操作方便，效率高，适用于竖向或斜向受力钢筋的连接，钢筋级别为HPB300级，直径为14～40mm。电渣压力焊设备包括电源、控制箱、焊接夹具、焊剂盒。自动电渣压力焊的设备还包括控制系统及操作箱。焊接夹具如图5.35所示，焊接夹具应具有一定刚度，要求坚固、灵巧、上下钳口同心，上下钢筋的轴线应尽量一致。焊接时，先将钢筋端部约120mm范围内的钢筋除尽，将夹具夹牢在下部钢筋上，并将上部钢筋扶直夹牢于活动电极中，上下钢筋间放一小块导电剂（或钢丝小球），装上药盒，装满焊药，接通电路，用手炳使电弧引燃（引弧）。然后稳弧一定时间使之形成渣池并使钢筋熔化（稳弧），随着钢筋

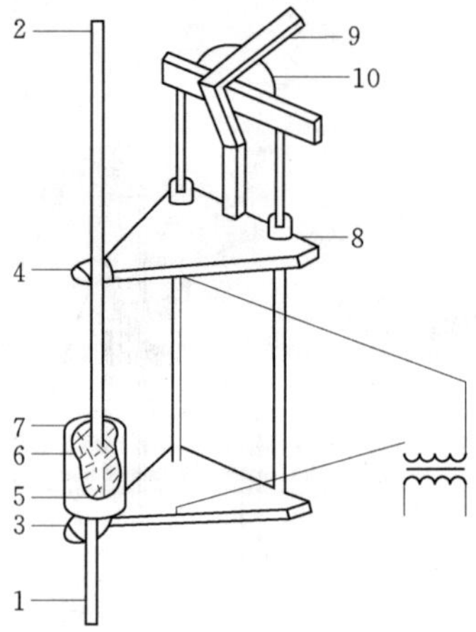

图5.35　焊接夹具构造示意图

1—钢筋；2—活动电极；3—焊剂；4—导电焊剂；5—焊剂盒；6—固定电极；7—钢筋；8—标尺；9—操纵杆；10—变压器

的熔化，用手柄使上部钢筋缓缓下送。稳弧时间的长短视电流、电压和钢筋直径而定。当稳弧达到规定时间后，在断电的同时用手柄进行加压顶锻以排除夹渣气泡，形成接头。待冷却一定时间后拆除药盒，回收焊药，拆除夹具和清除焊渣。引弧、稳弧、顶锻这三个过程连续进行。

电渣压力焊的接头，应按规范规定的方法检查外观质量和进行拉力试验。

5.2.3.2 钢筋机械连接

钢筋机械连接常用挤压连接和锥螺纹套管连接两种型式，是近年来大直径钢筋现场连接的主要方法。

1. 钢筋挤压连接

钢筋挤压连接亦称钢筋套筒冷压连接。它是将需连接的变形钢筋插入特制钢套筒内，利用液压驱动的挤压机进行径向或轴向挤压，使钢套筒产生塑性变形，使它紧紧咬住变形钢筋实现连接，如图 5.36 所示。它适用于竖向、横向及其他方向的较大直径变形钢筋的连接。与焊接相比，它具有节省电能、不受钢筋可焊性能的影响、不受气候影响、无明火、施工简便和接头可靠度高等特点。

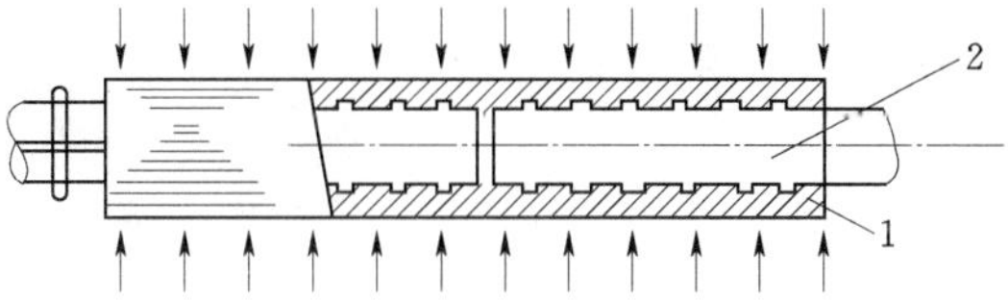

图 5.36 钢筋径向挤压连接原理图

1—钢套筒；2—被连接的钢筋

（1）钢筋径向挤压套管连接。钢筋径向挤压套管连接是沿套管直径方向从套管中间依此向两端挤压套管，使之冷塑性变形，把插在套管里的两根钢筋紧紧咬合成一体，如图 5.37 所示。它适用于带肋钢筋连接。

（2）轴向挤压套管连接。钢筋轴向挤压套管连接是沿钢筋轴线冷挤压金属套管，把插入套管里的两根待连接热轧带肋钢筋紧固连成一体，如图 5.38 所示。它适用于连接直径 20～32mm 的竖向、斜向和水平钢筋。

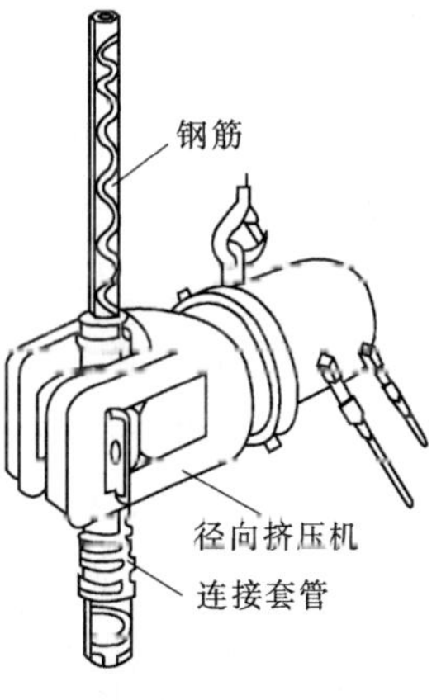

图 5.37 径向挤压套管连接

套管的材料和几何尺寸应符合接头规格的技术要求，并应有出厂合格证。套管的标准屈服承载力和极限承载力应比钢筋大 10%以上，套管的保护层厚度不宜小于 15mm，净距不宜小于 25mm，当所用套管外径相同时，钢筋直径相差不宜大于两个级差。

冷挤压接头的外观检查应符合以下要求：

1）钢筋连接端花纹要完好无损，不能打磨花纹；连接处不能有油污、水泥等杂物。

2）钢筋端头离套管中线不应超过 10mm。

3）压痕间距宜为 1～6mm，挤压后的套管接头长度为套管原长度的 1.10～1.15 倍，挤压后套管接头外径，用量规测量应能通过（量规不能从挤压套管接头外径通过的，可更换挤

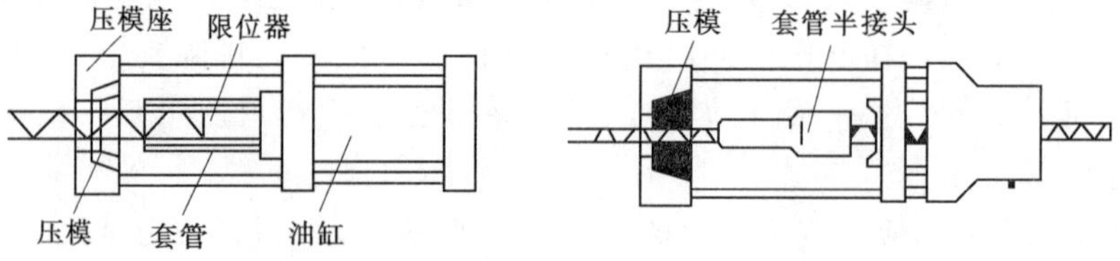

(a)钢筋半接头挤压　　(b)钢筋连接挤压

图5.38　轴向挤压套管连接

压模重新挤压一次），压痕处最小外径为套管原外径的0.85～0.90倍。

4）挤压接头处不能有裂纹、接头弯折角度不得大于4°。

2. 液压直螺纹套筒连接

液压直螺纹套筒连接是近年来开发的一种新的螺纹连接方式。它先把钢筋端部镦粗，然后再切削直螺纹，最后用套筒实行钢筋对接。由于镦粗段钢筋切削后的净截面仍大于钢筋原截面，即螺纹不削弱钢筋截面，从而确保接头强度大于母材强度。直螺纹不存在扭紧力矩对接头性能的影响，从而提高了连接的可靠性，也加快了施工速度。直螺纹接头比套筒挤压接头省钢70%，比锥螺纹接头省钢35%，技术经济效果显著，如图5.39所示。

图5.39　钢筋直螺纹连接

5.2.4　钢筋的绑扎与安装

钢筋加工后，进行绑扎、安装。钢筋绑扎、安装前，应先熟悉图样。核对钢筋配料单和钢筋加工牌，研究与有关工种的配合，确定施工方法。

钢筋的接长、钢筋骨架或钢筋网的成型应优先采用焊接或机械连接，当不能采用焊接（如缺乏电焊机或焊机功率不够）或骨架过大过重不便于运输安装时，可采用绑扎的方法。钢筋绑扎一般采用20～22号铁丝，铁丝过硬时，可经退火处理。绑扎时应注意钢筋位置是否准确，绑扎是否牢固，搭接长度及绑扎点位置是否符合规范要求。板和墙的钢筋网，除靠近外围两行钢筋的相交点全部扎牢外，中间部分的相交点可相隔交错扎牢，但必须保证受力钢筋不位移。双向受力的钢筋，须全部扎牢；梁和拄的箍筋，除设计有特殊要求时，应与受力钢筋垂直设置。箍筋弯钩叠合处，应沿受力钢筋方向错开设置；柱中的竖向钢筋搭接时，角部钢筋的弯钩应与模板成45°（多边形柱为模板内角的平分角，圆形柱应与模板切线垂直）；弯钩与模板的角度最小不得小于15°。

当受力钢筋采用机械连接接头或焊接接头时，设置在同一构件内的接头宜相互错开。同一构件中相邻纵向受力钢筋的绑扎搭接接头宜相互错开。钢筋搭接处，应在中心和两端用铁丝扎牢。在受拉区域内，HPB300级钢筋绑扎接头的末端应做弯钩。绑扎搭接接头中钢筋的横向净距不应小于钢筋直径，且不应小于25mm；钢筋绑扎搭接接头连接区段的长度为$1.3L_{i}$（L_{i}为搭接长度），凡搭接接头中点位于该连接区段长度内的搭接接头均属于同一连接区段。同一连接区段内，纵向钢筋搭接接头面积百分率为该区段内有搭接接头的纵向受力钢筋截面面积与全部纵向受力钢筋截面面积的比值；同一连接区段内，纵向受拉钢筋搭接接头面积百分率应符合规范要求。

钢筋绑扎搭接长度按下列规定确定：

（1）纵向受力钢筋绑扎搭接接头面积百分率不大于25%时，其最小搭接长度应符合的规定见表5.7。

（2）当纵向受拉钢筋搭接接头面积百分率大于25%，但不大于50%时，其最小搭接长度应按表5.6中的数值乘以系数1.2取用；当接头面积百分率大于50%时，应按表5.6中的数值乘以系数1.35取用。

（3）纵向受拉钢筋的最小搭接长度根据前述要求确定后，在下列情况时还应进行修正：

1）带肋钢筋的直径大于25mm时，其最小搭接长度应按相应数值乘以系数1.1取用。

2）对环氧树脂涂层的带肋钢筋，其最小搭接长度应按相应数值乘以系数1.25取用。

3）当在混凝土凝固过程中受力钢筋易受扰动时（如滑模施工），其最小搭接长度应按相应数值乘以系数1.1取用。

4）对末端采用机械锚固措施的带肋钢筋，其最小搭接长度可按相应数值乘以系数0.7取用。

5）当带肋钢筋的混凝土保护层厚度大于搭接钢筋直径的3倍且配有箍筋时，其最小搭接长度可按相应数值乘以系数0.8取用。

6）对有抗震设防要求的结构构件，其受力钢筋的最小搭接长度对一、二级抗震等级应按相应数值乘以系数1.15取用。

7）对三级抗震等级应按相应数值乘以系数1.05取用。

（4）纵向受压钢筋搭接时，其最小搭接长度应根据上面的规定确定相应数值后，乘以系数0.7取用。

（5）在任何情况下，受拉钢筋的搭接长度不应小于300mm，受压钢筋的搭接长度不应小于200mm。在梁、柱类构件的纵向受力钢筋搭接长度范围内，应按设计要求配置箍筋。

钢筋安装或现场绑扎应与模板安装相配合。柱钢筋现场绑扎时，一般在模板安装前进行；柱钢筋采用预制安装时，可先安装钢筋骨架，然后安装柱模板，或先安装三面模板，待钢筋骨架安装后，再钉第四面模板。梁的钢筋一般在梁横板安装后，再安装或绑扎；断面高度较大（大于600mm），或跨度较大、钢筋较密的大梁，可留一面侧模，待钢筋安装或绑扎完后再钉。楼板钢筋绑扎应在楼板模板安装后进行，并应按设计先画线，然后摆料、绑扎。

钢筋保护层应按设计或规范的要求正确确定。工地常用预制水泥垫块垫在钢筋与模板之间，以控制保护层厚度。垫块应布置成梅花形，其相互间距不大于1m。上下双层钢筋之间的尺寸，可绑扎短钢筋或设置撑脚来控制。

课题5.3 混 凝 土 施 工

5.3.1 混凝土制备

混凝土制备应采用符合质量要求的原材料，按规定的配合比配料，混合料应拌和均匀，以保证结构设计所规定的混凝土强度等级，满足设计提出的特殊要求（如抗冻、抗渗等）和施工和易性要求，并应符合节约水泥、减轻劳动强度等原则。

5.3.1.1 混凝土施工配料

1. 混凝土配制强度

混凝土配制强度应按式（5.4）计算：

$$f_{cu,o} \geqslant f_{cu,k} + 1.645\sigma \tag{5.4}$$

式中 $f_{cu,o}$——混凝土配制强度，MPa；

$f_{cu,k}$——混凝土立方体抗压强度标准值，MPa；

σ——混凝土强度标准差，MPa。

混凝土强度标准差宜根据同类混凝土统计资料按式（5.5）计算确定：

$$\sigma = \sqrt{\frac{\sum_{n-1}^{n} f_{cu,i}^{2} - n f_{cu,n}^{2}}{n-1}} \tag{5.5}$$

式中 $f_{cu,i}$——统计周期内同一品种混凝土第 i 组试件的强度值，N/mm^2；

$f_{cu,n}$——统计周期内同一品种混凝土 n 组强度的平均值，N/mm^2；

n——统计周期内同一品种混凝土试件的总组数，$n \geqslant 25$。

当混凝土强度等级为C20和C25，若强度标准差计算值小于2.5MPa时，计算配制强度用的标准差应取不小于2.5MPa；当混凝土强度等级不小于C30，若强度标准差计算值小于3.0MPa时，计算配制强度用的标准差应取不小于3.0MPa。

对预拌混凝土厂和预制混凝土构件厂，其统计周期可取为一个月；对现场拌制混凝土的施工单位，其统计周期可根据实际情况确定，但不宜超过3个月。

施工单位如无近期混凝土强度统计资料时，σ 可根据混凝土设计强度等级取值；当混凝土设计强度不大于C20时，取 $4N/mm^2$；当强度为C25～C40时，取 $5N/mm^2$；当强度不小于C45时，取 $5N/mm^2$。

2. 混凝土施工配合比及施工配料

混凝土的配合比是在实验室根据混凝土的配制强度经过试配和调整而确定的，称为实验室配合比。实验室配合比所用砂、石都是不含水分的。而施工现场砂、石都有一定的含水率，且含水率大小随气温等条件不断变化。为保证混凝土的质量，施工中应按砂、石实际含水率对原配合比进行修正。根据现场砂、石含水率调整后的配合比称为施工配合比。

设实验室配合比：水泥：砂：石＝1：x：y，水灰比 W/C，现场砂、石含水率分别为 W_x、W_y，则施工配合比：水泥：砂：石＝1：$x(1+W_x)$：$y(1+W_y)$，水灰比 W/C 不变，但加水量应扣除砂、石中的含水量。

施工配料是确定每拌一次需用的各种原材料量，它根据施工配合比和搅拌机的出料容量计算。

应用案例5-3 某工程混凝土实验室配合比为1：2.4：4.3，水灰比 $W/C=0.55$，每立方米混凝土水泥用量为280g，现场砂、石含水率分别为2%、1%，求施工配合比。若采用350L搅拌机，求每拌一次的材料用量。

水泥：砂：石为

$$1:x(1+W_x):y(1+W_y)=1:2.4(1+0.02):4.3(1+0.01)=1:2.448:4.343$$

用350L搅拌机，每拌一次材料用量（施工配料）如下：

水泥：280×0.35＝98(kg)

砂：98×2.448＝239.4(kg)

石：98×4.343＝425.6(kg)

水：98×0.55－98×2.448×0.02－98×4.343×0.01＝44.8(kg)

5.3.1.2 混凝土搅拌机的选择

1．搅拌机的选择

混凝土搅拌是将各种组成材料拌制成质地均匀、颜色一致、具备一定流动性的混凝土拌和物。如混凝土搅拌得不均匀就不能获得密实的混凝土，影响混凝土的质量，所以搅拌是混凝土施工工艺中很重要的一道工序。由于人工搅拌混凝土质量差，消耗水泥多，而且劳动强度大，所以只有在工程量很小时才用人工搅拌。一般均采用机械搅拌。混凝土搅拌机有自落式和强制式两类，见表5.16。

表5.16　　　　混凝土搅拌机类型

自落式			强制式			
鼓筒式	双锥式		立轴式			卧轴式（单轴双轴）
	反转出料	倾翻出料	涡桨式	行星式		
				定盘式	盘转式	
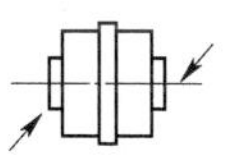	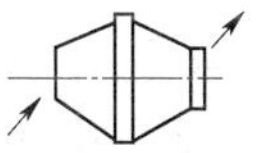	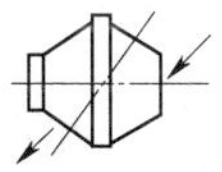		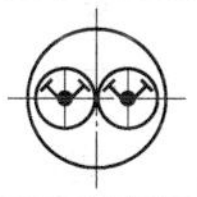	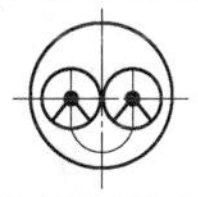	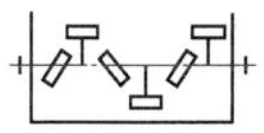

（1）自落式混凝土搅拌机。

自落式搅拌机是通过筒身旋转，带动搅拌叶片将物料提高，在重力作用下物料自由坠下，反复进行，互相穿插、翻拌、混合使混凝土各组分搅拌均匀的。

1）锥形反转出料搅拌机。锥形反转出料搅拌机是中、小型建筑工程中常用的一种搅拌机，正转搅拌，反转出料。由于搅拌叶片呈正、反向交叉布置，拌和料一方面被提升后靠自落进行搅拌，另一方面又被迫沿轴向作左右窜动，搅拌作用强烈。

锥形反转出料搅拌机外形如图5.40（a）所示。它主要由上料装置、搅拌筒、传动机构、配水系统和电气控制系统等组成。

2）双锥形倾翻出料搅拌机。双锥形倾翻出料搅拌机进出料在同一口，出料时由气动倾翻装置使搅拌筒下旋50°～60°，即可将物料卸出，如图5.40（b）所示。双锥形倾翻出料搅拌机卸料迅速，拌筒容积利用系数高，拌和物的提升速度低，物料在拌筒内靠滚动自落而搅拌均匀，能耗低，磨损小，能搅拌大粒径骨料混凝土。主要用于大体积混凝土工程。

（2）强制式混凝土搅拌机。

强制式混凝土搅拌机一般筒身固定，搅拌机片旋转，对物料施加剪切、挤压、翻滚、滑动、混合使混凝土各组分搅拌均匀。

1）涡桨强制式搅拌机。涡桨强制式搅拌机是在圆盘搅拌筒中装一根回转轴，轴上装有拌和铲和刮板，随轴一同旋转，如图5.41所示。它用旋转着的叶片，将装在搅拌筒内的物料强行搅拌使之均匀。涡桨强制式搅拌机由动力传动系统、上料和卸料装置、搅拌系统、操纵机构和机架等组成。

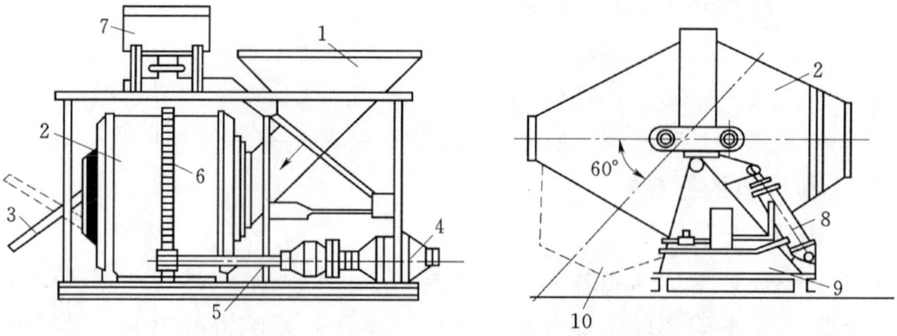

(a) 鼓形拌和机　　(b) 双锥形拌和机

图 5.40　自落式混凝土拌和机

1—装料机；2—拌和筒；3—卸料槽；4—电动机；5—传动轴；
6—齿圈；7—量水器；8—气顶；9—机座；10—卸料位置

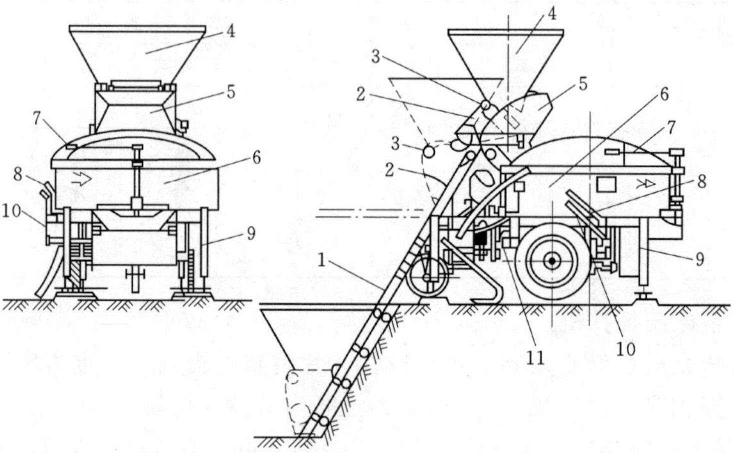

图 5.41　涡浆强制式混凝土搅拌机

1—上料轨道；2—上料斗底座；3—铰链轴；4—上料斗；5—进料承口；6—搅拌筒；
7—卸料手柄；8—斜斗下降手柄；9—撑脚；10—上料手柄；11—给水手柄

2）单卧轴强制式混凝土搅拌机。单卧轴强制式混凝土搅拌机的搅拌轴上装有两组叶片，两组推料方向相反，使物料既有圆周方向运动，也有轴向运动，因而能形成强烈的物料对流，使混合料能在较短的时间内搅拌均匀。它由搅拌系统、进料系统、卸料系统和供水系统等组成。

3）双卧轴强制式混凝土搅拌机。双卧轴强制式混凝土搅拌机如图 5.42 所示。它有两根搅拌轴，轴上布置有不同角度的搅拌叶片，工作时两轴按相反的方向同步相对旋转。由于两根轴上的搅拌铲布置位置不同，螺旋线方向相反，于是被搅拌的物料在筒内既有上下翻滚的动作，也有轴向运动，从而增强了混合料运动的剧烈程度，因此搅拌效果更好。双卧轴强制式混凝土搅拌机为固定式，其结构基本与单卧式相似。它由搅拌系统、进料系统、卸料系统和供水系统等组成。

我国规定混凝土搅拌机以其出料容量（m^3）×1000 标定规格，现行混凝土搅拌机的系列为 50、150、250、350、500、750、1000、1500 和 3000。

选择搅拌机时，要根据工程量大小，混凝土的坍落度、骨料尺寸等而定，既要满足技术上的要求，亦要考虑经济效果和节约能源。

2. 搅拌制度的确定

为了获得质量优良的混凝土拌和物，除正确选择搅拌机外，还必须正确确定搅拌制度，即搅拌时间、投料顺序和进料容量等。

(1) 搅拌时间。

搅拌时间是影响混凝土质量及搅拌机生产率的重要因素之一，时间过短，拌和不均匀，会降低混凝土的强度及和易性；时间过长，不仅会影响搅拌机的生产率，而且会使混凝土和易性降低或产生分层离析现象。搅拌时间与搅拌机的类型、鼓筒尺寸、骨料的品种和粒径以及混凝土的坍落度等有关，混凝土搅拌的最短时间（即自全部材料装入搅拌筒中起到卸料止）。采用的标准见表5.17。

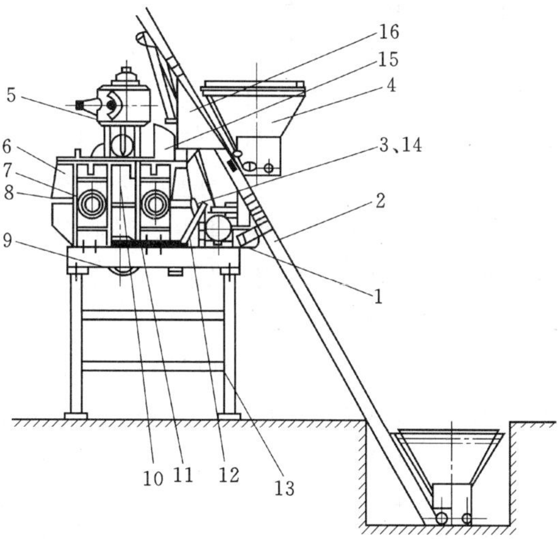

图5.42 双卧轴强制式混凝土搅拌机

1—上料传动装置；2—上料架；3—搅拌驱动装置；4—料斗；5—水箱；6—搅拌筒；7—搅拌装置；8—供油器；9—卸料装置；10—三通阀；11—操纵杆；12—水泵；13—支撑架；14—罩盖；15—受料斗；16—电气箱

表5.17 **混凝土搅拌的最短时间**

混凝土坍落度/mm	搅拌机	搅拌机出料容量/L		
		<250	250~500	>500
≤30	自落式	90s	120s	150s
	强制式	60s	90s	120s
>30	自落式	90s	90s	120s
	强制式	60s	60s	90s

注 掺有外加剂时，搅拌时间应适当延长。

(2) 投料顺序。

投料顺序应从提高搅拌质量，减少叶片、衬板的磨损，减少拌和物搅拌筒的黏结，减少水泥飞扬，改善工作条件等方面综合考虑确定。常用的方法有以下几种：

1) 一次投料法。即在上料斗中先装石子，再加水泥和砂，然后一次投入搅拌机。在鼓筒内先加水或在料斗提升进料的同时加水，这种上料顺序使水泥夹在石子和砂中间，上料时不致飞扬，又不致粘住斗底，且水泥和砂先进入搅拌筒形成水泥砂浆，可缩短包裹石子的时间。

2) 二次投料法。它又分为预拌水泥砂浆法和预拌水泥净浆法。预拌水泥砂浆法是先将水泥、砂和水加入搅拌筒内进行充分搅拌，成为均匀的水泥砂浆，再投入石子搅拌成均匀的混凝土。预拌水泥净浆法是将水泥和水充分搅拌成均匀的水泥净浆后，再加入砂和石子搅拌成混凝土。二次投料法搅拌的混凝土与一次投料法相比较，混凝土强度提高约15%，在强度相同的情况下，可节约水泥15%～20%。

3）水泥裹砂法。此法又称为SEC法。采用这种方法拌制的混凝土称为SEC混凝土，也称作造壳混凝土。其搅拌程序是先加一定量的水，将砂表面的含水量调节到某一规定的数值后，再将石子加入与湿砂拌匀，然后将全部水泥投入，与润湿后的砂、石拌和，使水泥在砂、石表面形成一层低水灰比的水泥浆壳（此过程称为“成壳”），最后将剩余的水和外加剂加入，搅拌成混凝土。采用SEC法制备的混凝土与一次投料法比较，强度可提高20%～30%，混凝土不易产生离析现象，泌水少，工作性能好。

（3）进料容量（干料容量）。

进料容量为搅拌前各种材料体积的累积。进料容量与搅拌机搅拌筒的几何容量有一定的比例关系，一般情况下为0.22～0.4。如任意超载（进料容量超过10%以上），就会使材料在搅拌筒内无充分的空间进行拌和，影响混凝土拌和物的均匀性；如装料过少，则又不能充分发挥搅拌机的效率。进料容量可根据搅拌机的出料容量按混凝土的施工配合比计算。

使用搅拌机时，应该注意安全。在鼓筒正常转动之后，才能装料入筒。在运转时，不得将头、手或工具伸入筒内。在因故（如停电）停机时，要立即设法将筒内的混凝土取出，以免凝结。在搅拌工作结束时，也应立即清洗鼓筒内外。叶片磨损面积如超过10%左右，就应按原样修补或更换。

（4）拌和机的生产率。

混凝土拌和机是按照装料、拌和、卸料这三个顺序循环工作的，每循环工作一次就拌制出一罐新鲜混凝土料，按拌和实方体积（L或m^3），确定拌和机的工作容量（又称出料体积）。

混凝土拌和机的装料体积，是指每拌和一次，装入拌和筒内各种松散体积之和。拌和机的出料系数，是出料体积与装料体积之比，约为0.6～0.7。

每台拌和机的生产率P可按式（5.6）计算：

$$P=NV=k_t\frac{3600V}{t_1+t_2+t_3+t_4} \tag{5.6}$$

式中　P——单台拌和机生产率，m^3/h；

V——拌和机出料容量，m^3；

N——每小时搅拌罐数；

t_1——装料时间，自动化配料为10～15s，半自动化配料为15～20s；

t_2——搅拌时间；

t_3——卸料时间，倾翻卸料为15s，非倾翻卸料为25～30s；

t_4——必要的技术间隙时间，对双锥式为3～5s；

k_t——时间利用系数，视施工条件而定。

3. 混凝土搅拌机的使用

（1）搅拌机使用前的检查。搅拌机使用前应按照“十字作业法”（清洁、润滑、调整、紧固、防腐）的要求检查离合器、制动器、钢丝绳等各个系统和部位，是否机件齐全、机构灵活、运转正常，并按规定位置加注润滑油脂。检查电源电压，电压升降幅度不得超过搅拌电气设备规定的5%。随后进行空转检查，检查搅拌机旋转方向是否与机身箭头一致，空车运转是否达到要求值。供水系统的水压、水量是否满足要求。在确认以上情况正常后，搅拌筒内加清水搅拌 3min 然后将水放出，方可投料搅拌。

(2) 开盘操作。在完成上述检查工作后，即可进行开盘搅拌，为不改变混凝土设计配合比，补偿粘附在筒壁、叶片上的砂浆，第一盘应减少石子约 30%，或多加水泥、砂各 15%。

(3) 正常运转。

1) 投料顺序，普通混凝土一般采用一次投料法或两次投料法。一次投料法是按砂（石子）—水泥—石子（砂）的次序投料，并在搅拌的同时加入全部拌和水进行搅拌；二次投料法是先将石子投入拌和筒并加入部分拌和用水进行搅拌，清除前一盘拌和料粘附在筒壁上的残余，然后再将砂、水泥及剩余的拌和用水投入搅拌筒内继续拌和。

2) 搅拌时间，混凝土搅拌质量直接和搅拌时间有关，搅拌时间应满足要求。

3) 搅拌质量检查，混凝土拌和物的搅拌质量应经常检查，混凝土拌和物颜色均匀一致，无明显的砂粒、砂团及水泥团，石子完全被砂浆所包裹，说明其搅拌质量较好。

(4) 停机。每班作业后应对搅拌机进行全面清洗，并在搅拌筒内放入清水及石子运转 10～15min 后放出，再用竹扫帚洗刷外壁。搅拌筒内不得有积水，以免筒壁及叶片生锈，如遇冰冻季节应放尽水箱及水泵中的存水，以防冻裂。

每天工作完毕后，搅拌机料斗应放至最低位置，不准悬于半空。电源必须切断，锁好电闸箱，保证各机构处于空位。

5.3.1.3 混凝土搅拌站

在混凝土施工工地，通常把骨料堆场、水泥仓库、配料装置、拌和机及运输设备等，比较集中地布置，组成混凝土拌和站，或采用成套的混凝土工厂（拌和楼）来制备混凝土。一些城市建立混凝土集中搅拌站，供应半径约 15～20km。

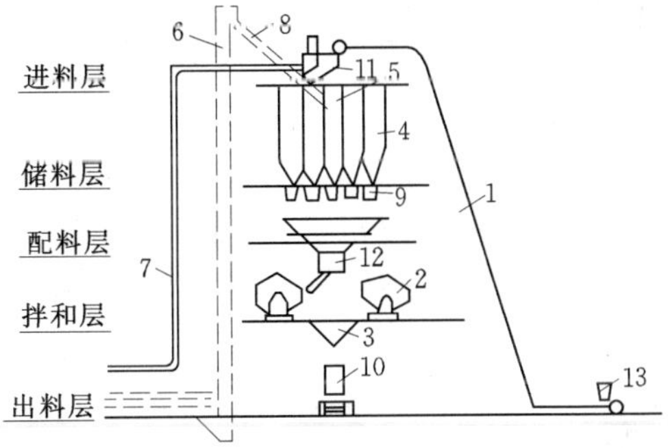

图 5.43 混凝土拌和楼布置示意图（单阶式）
1—皮带机；2—水箱及量水器；3—出料斗；4—骨料仓；5—水泥仓；6—斗式提升机输送水泥；7—螺旋机输送水泥；8—风送水泥管道；9—储料斗；10—混凝土吊罐；11—回转漏斗；12—回转喂料器；13—进料斗

搅拌站根据其组成部分在竖向布置方式的不同分为单阶式和双阶式。在单阶式混凝土搅拌站中，原材料一次提升后经过储料斗，然后靠自重下落进入称量和搅拌工序。这种工艺流程，原材料从一道工序到下一道工序的时间短、效率高、自动化程度高，搅拌站占地面积小，适用于产量大的固定式大型混凝土搅拌站，如图 5.43 所示。

在双阶式混凝土搅拌站中，原材料经第一次提升后经过储料斗，下落经称量配料后，再经过第二次提升进入搅拌机，如图 5.44 所示。

5.3.2 混凝土运输

混凝土运输是整个混凝土施工中的一个重要环节，对工程质量和施工进度影响较大。由于混凝土料拌和后不能久存，而且在运输过程中对外界的影响敏感，运输方法不当或疏忽大意，都会降低混凝土质量，甚至造成废品。如供料不及时或混凝土品种错误，正在浇筑的施工部位将不能顺利进行。因此要解决好混凝土拌和、浇筑、水平运输和垂直运输之间的协调配合问题，还必须采取适当的措施，保证运输混凝土的质量。

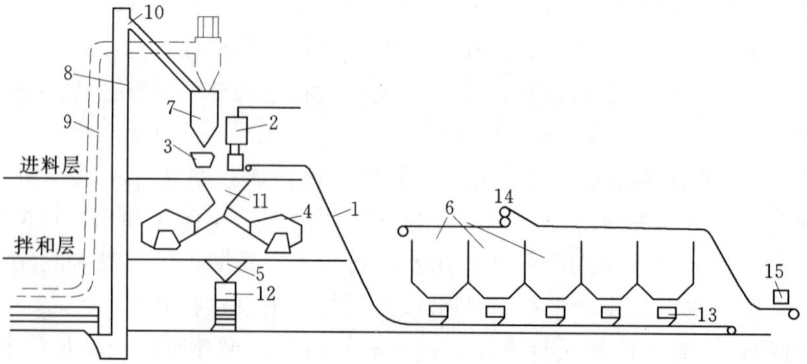

图5.44 混凝土拌和楼布置示意图(双阶式)
1—皮带机;2—水箱及量水器;3—水泥料斗及磅秤;4—拌和机;5—出料斗;6—骨料仓;7—水泥仓;8—斗式提升机输送水泥;9—螺旋机输送水泥;10—风送水泥管道;11—集料斗;12—混凝土吊罐;13—配料器;14—回转漏斗;15—回转喂料器

5.3.2.1 混凝土拌和物运输的要求

运输过程中,应保持混凝土的均匀性,避免产生分层离析现象,混凝土运至浇筑地点,应符合浇筑时所规定的坍落度,见表5.18;混凝土应以最少的中转次数、最短的时间,从搅拌地点运至浇筑地点,保证混凝土从搅拌机卸出后到浇筑完毕的延续时间不超过规定,见表5.19;运输工作应保证混凝土的浇筑工作连续进行;运送混凝土的容器应严密,其内壁应平整光洁,不吸水,不漏浆,粘附的混凝土残渣应经常清除。

表5.18　　混凝土浇筑时的坍落度

项次	结构种类	坍落度/mm
1	基础或地面等的垫层、无配筋的厚大结构(挡土墙、基础或厚大的块体)或钢筋稀疏的结构	10～30
2	板、梁和大型及中型截面的柱子等	30～50
3	配筋密列的结构(薄壁、斗仓、筒仓、细柱等)	50～70
4	配筋特密的结构	70～90

注 1. 本表系指采用机械振捣的坍落度,采用人工捣实时可适当增大。
2. 需要配置大坍落度混凝土时,应掺用外加剂。
3. 曲面或斜面结构的混凝土,其坍落度值应根据实际需要另行选定。
4. 轻骨料混凝土的坍落度,宜比表中数值减少10～20mm。
5. 自密实混凝土的坍落度另行规定。

表5.19　　混凝土从搅拌机中卸出后到浇筑完毕的延续时间

混凝土强度等级	混凝土从搅拌机中卸出后到浇筑完毕的延续时间	
	≤25	>25
C30及C30以下	120min	90min
C30以上	90min	60min

注 1. 掺外加剂或采用快硬水泥拌制混凝土时,应按试验确定。
2. 轻骨料混凝土的运输、浇筑时间应适当缩短。

5.3.2.2 混凝土运输

混凝土运输工作分为地面运输、垂直运输和楼面运输三种运输方式。

1. 水平运输

混凝土的水平运输又称为供料运输。常用的运输方式有人工、机动翻斗车、混凝土搅拌运输车、自卸汽车、混凝土泵、皮带机、机车等几种，应根据工程规模、施工场地宽窄和设备供应情况选用。

(1) 人工运输。人工运输混凝土常用手推车、架子车和斗车等。用手推车和架子车时，要求运输道路路面平整，随时清扫干净，防止混凝土在运输过程中受到强烈振动。道路的纵坡，一般要求水平，局部不宜大于15%，一次爬高不宜超过2～3m，运输距离不宜超过200m。

用窄轨斗车运输混凝土时，窄轨（轨距610mm）车道的转弯半径以不小于10m为宜。轨道尽量为水平，局部纵坡不宜超过4%，尽可能铺设双线；以便轻、重车道分开。如为单线要设避车岔道。容量为0.60m^3的斗车一般用人力推运，局部地段可用卷扬机牵引。

(2) 机动翻斗车。机动翻斗车是混凝土工程中使用较多的水平运输机械。它轻便灵活、转弯半径小、速度快且能自动卸料。车前装有容量为476L的翻斗，载重量约1t，最高时速20km/h。适用于短途运输混凝土或砂石料。

(3) 混凝土搅拌运输车如图5.45所示。混凝土搅拌运输车是运送混凝土的专用设备。它的特点是在运量大、运距远的情况下，能保证混凝土的质量均匀，一般在混凝土制备点（商品混凝土站）与浇筑点距离较远时使用。它的运送方式有两种：一是在10km范围内作短距离运送时，只作运输工具使用，即将拌和好的混凝土接送至浇筑点，在运输途中为防止混凝土分离，让搅拌筒只作低速搅动，使混凝土拌和物不致分离、凝结；二是在运距较长时，搅拌、运输两者兼用，即先在混凝土拌和站将干料——砂、石、水泥按配比装入搅拌鼓筒内，并将水注入配水箱，开始只作干料运送，然后在到达距使用点10～15min路程时，启动搅拌筒回转，并向搅拌筒注入定量的水，这样在运输途中边运输边搅拌成混凝土拌和物，送至浇筑点卸出。

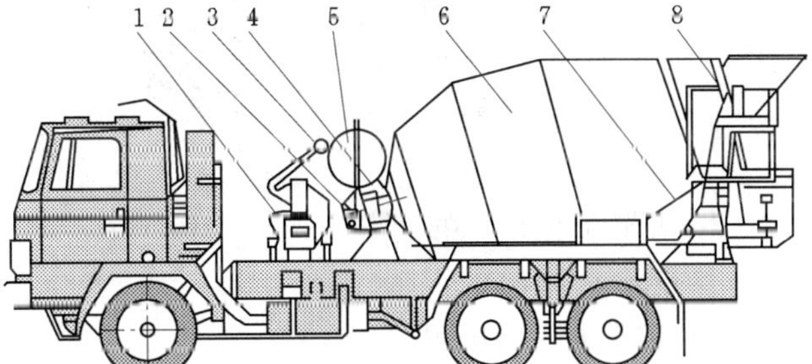

图5.45 混凝土搅拌运输车

1—泵连接组件；2—减速机总成；3—液压系统；4—机架；5—供水系统；6—搅拌筒；7—操纵系统；8—进出料装置

2. 垂直运输

混凝土的垂直运输，目前多用塔式起重机、井架，也可采用混凝土泵。

(1) 塔式起重机。塔式起重机又称塔机或塔吊，是在门架上装置高达数10m的钢塔，

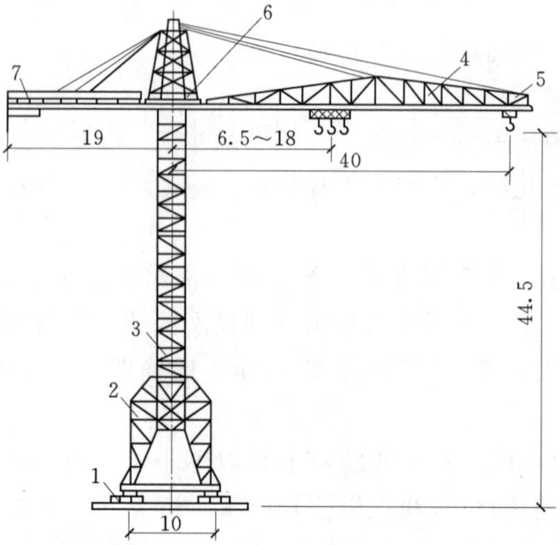

图5.46　10/25t塔式起重机（单位：m）
1—车轮；2—门架；3—塔身；4—起重臂；
5—起重小车；6—回转塔架；7—平衡重

用于增加起重高度。其起重臂多是水平的，起重小车（带有吊钩）可沿起重臂水平移动，用以改变起重幅度，如图5.46所示。塔机可靠近建筑物布置，沿着轨道移动，利用起重小车变幅，所以控制范围是一个长方形的空间。塔式起重机运输的优点是地面运输、垂直运输和楼面运输都可以采用。混凝土在地面由水平运输工具或搅拌机直接卸入吊斗吊起运至浇筑部位进行浇筑。

（2）井架运输。混凝土的垂直运送，除采用塔式起重机之外，还可使用井架。混凝土在地面用双轮手推车运至井架的升降平台上，然后井架将双轮手推车提升到楼层上，再将手推车沿铺在楼面上的跳板推到浇筑地点。另外，井架可以兼运其他材料，利用率较高。由于在浇筑混凝土时，楼面上已立好模板、扎好钢筋，因此需铺设手推车行走用的跳板。为了避免压坏钢筋，跳板可用马凳垫起。手推车的运输道路应形成回路，避免交叉和运输堵塞。

（3）混凝土泵运输。混凝土泵是一种有效的混凝土运输工具，它以泵为动力，沿管道输送混凝土，可以同时完成水平和垂直运输，将混凝土直接运送至浇筑地点。混凝土泵根据驱动方式分为柱塞式混凝土泵和挤压式混凝土泵。柱塞式混凝土泵根据传动机构不同，又分为机械传动和液压传动两种，液压柱塞式混凝土泵的工作原理图如图5.47所示。它主要由料斗、液压缸和柱塞、混凝土缸、分配阀、Y形输送管、冲洗设备、液压系统和动力系统等组成。柱塞泵工作时，搅拌机卸出的或由混凝土搅拌运输车卸出的混凝土倒入料斗后，吸入端分配阀移开，排出端分配阀关闭，柱塞在液压作用下，带动柱塞左移，混凝土在自重及真空力作用下，进入混凝土缸内。然后移开混凝土被压入管道，将混凝土输送到浇筑地点。单缸混凝土泵的出料是脉冲式的，所以一般混凝土泵有两个混凝土缸并列交替进料和出料，通过Y形输料管，送入同一管道使出料较为稳定。

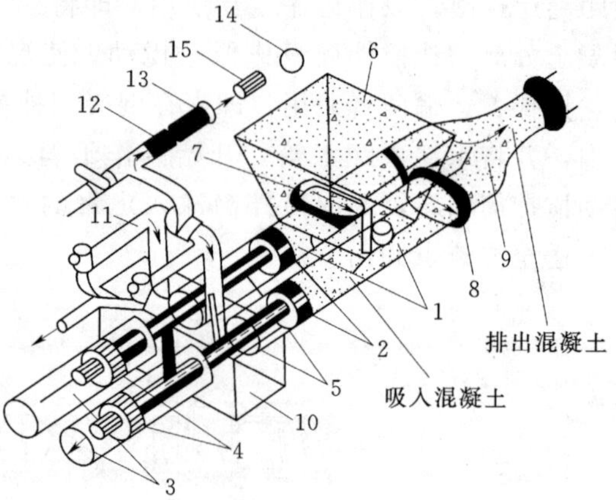

图5.47　液压柱塞式混凝土泵工作原理图
1—混凝土缸；2—混凝土活塞；3—液压缸；4—液压活塞；5—活塞杆；6—料斗；7—吸入端水平片阀；8—排出端竖直片阀；9—Y形输送管；10—水箱；11—水洗装置换向阀；12—水洗用高压软管；13—水洗法兰；14—海绵球；15—清洗活塞

混凝土泵车是将混凝土泵装在车上，车上装有可以伸缩的“布料杆”，管道装在杆内，末端是一段软管，可将混凝土直接送到浇筑地点，如图 5.48 所示。这种泵车布料范围广、机动性好、移动方便，适用于多层框架结构施工。

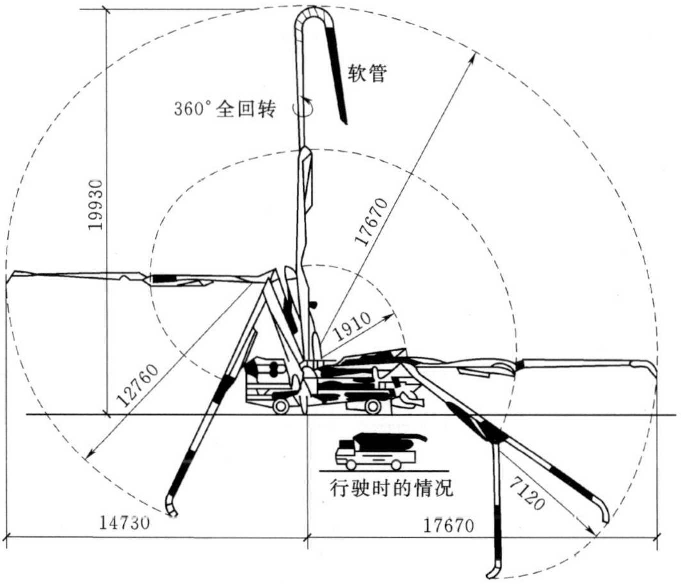

图 5.48　三折叠式布料车浇筑范围（单位：mm）

不同型号的混凝土泵，其排量不同，水平运距和垂直运距也不同。常见的多为混凝土排量 30～90m^3/h，水平运距 200～500m，垂直运距 50～100m。宜与混凝土搅拌运输车配套使用，且应使混凝土搅拌站的供应能力和混凝土搅拌车的运输能力大于混凝土泵的输送能力，以保证混凝土泵能连续工作。

混凝土泵在输送混凝土前，管道应先用水泥浆或砂浆润滑。泵送时要连续工作，如中断时间过长，混凝土将出现分层离析现象，应将管道内混凝土清除，以免堵塞，泵送完毕要立即将管道冲洗干净。

3. 混凝土辅助运输设备

运输混凝土的辅助设备有吊罐、集料斗、溜槽、溜管等。用于混凝土装料、卸料和转运入仓，对于保证混凝土质量和运输工作顺利进行起着相当大的作用。

(1) 溜槽与振动溜槽。溜槽为钢制槽子（钢模），可从皮带机、自卸汽车、斗车等受料，将混凝土转送入仓。其坡度可由试验确定，常采用 45°左右。当卸料高度过大时，可采用振动溜槽。振动溜槽装有振动器，单节长 4～6m，拼装总长可达 30m，其输送坡度由于振动器的作用可放缓至 15°～20°。采用溜槽时，应在溜槽末端加设 1～2 节溜管或挡板，如图 5.49 所示，以防止混凝土料在下滑过程中分离。利用溜槽转运入仓，是大型机械设备难以控制部位的有效入仓手段。

(2) 溜管与振动溜管。溜管（溜筒）由多节铁皮管串挂而成。每节长 0.8～1m，上大下小，相邻管节铰挂在一起，可以拖动，如图 5.50 所示。采用溜管卸料可起到缓冲消能作用，以防止混凝土料分离和破碎。

溜管卸料时，其出口离浇筑面的高差应不大于 1.5m。并利用拉索拖动均匀卸料，但应使溜管出口段约 2m 长与浇筑面保持垂直，以避免混凝土料分离。随着混凝土浇筑面的上升，可逐节拆卸溜管下端的管节。

溜管卸料多用于断面小、钢筋密的浇筑部位，其卸料半径为1～1.5m，卸料高度不大于10m。

振动溜管与普通溜管相似，但每隔4～8m的距离装有一个振动器，以防止混凝土料中途堵塞，其卸料高度可达10～20m。

(3) 吊罐。其示意图如图5.51所示。

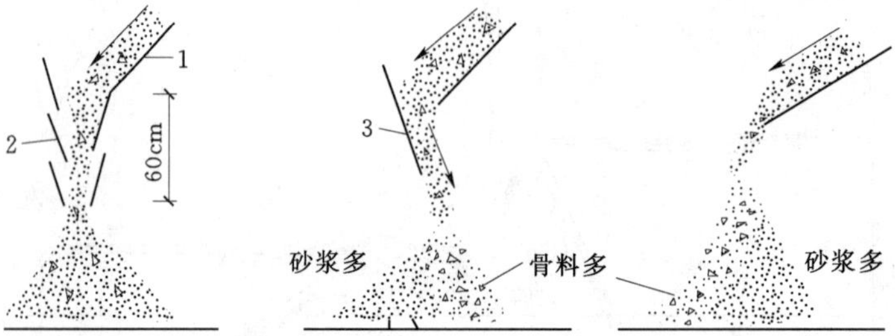

(a)正确方法　(b)不正确方法

图5.49　溜槽卸料

1—溜槽；2—溜筒；3—挡板

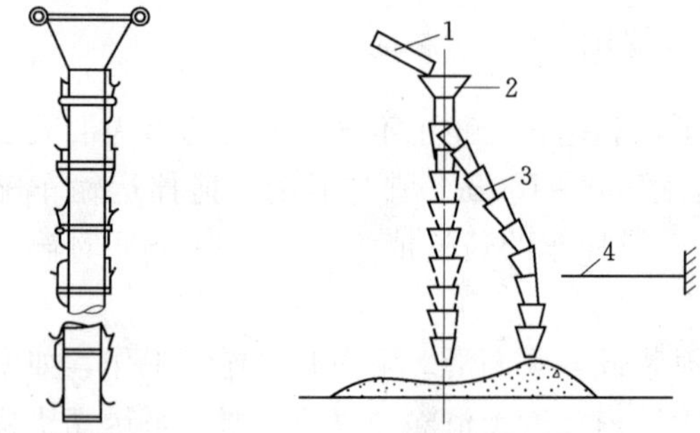

(a)垂直位置　(b)拉向侧卸料

图5.50　溜筒

1—运料工具；2—受料斗；3—溜管；4—拉索

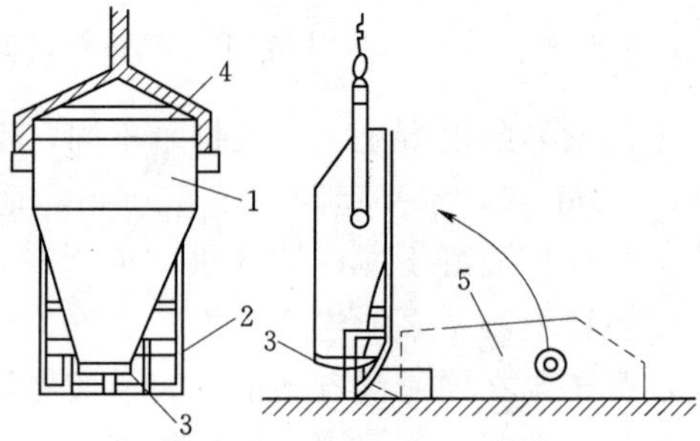

图5.51　混凝土吊罐

1—装料斗；2—滑架；3—斗门；4—吊梁；5—平卧状态

5.3.3　混凝土浇筑

混凝土浇筑要保证混凝土的均匀性和密实性，要保证结构的整体性、尺寸准确和钢筋、预埋件的位置正确，拆模后混凝土表面要平整、光洁。

5.3.3.1　浇筑要求

1. 防止离析

浇筑混凝土时，混凝土拌和物由料斗、漏斗、混凝土输送管、运输车内卸出时，如自由倾落高度过大，由于粗骨料在重力作用下克服黏着力后的下落动能大，下落速度较砂浆快，因而可能形成混凝土离析。为此，混凝土自高处倾落的自由高度不应超过2m，在竖向结构中限制自由倾落高度不宜超过3m，否则应沿串筒、斜槽、溜管等下料。

2. 正确留置施工缝

混凝土结构大多要求整体浇筑。如因技术或组织上的原因不能连续浇筑时，且停顿时间有可能超过混凝土的初凝时间，则应事先确定在适当位置留置施工缝。由于混凝土的抗拉强度约为其抗压强度的1/10，因而施工缝是结构中的薄弱环节，宜留在结构剪力较小的部位，同时要方便施工。

(1) 施工缝的留设位置。施工缝设置的原则，一般宜留在结构受力（剪力）较小且便于施工的部位；柱子的施工缝宜留在基础与柱子交接处的水平面上，或梁的下面，或吊车梁牛腿的下面、吊车梁的上面、无梁楼盖柱帽的下面，如图5.52所示；高度大于1m的钢筋混凝土梁的水平施工缝，应留在楼板底面下20～30mm处，当板下有梁托时，留在梁托下部；单向平板的施工缝，可留在平行于短边的任何位置处；对于有主次梁的楼板结构，宜顺着次梁方向浇筑，施工缝应留在次梁跨度的中间1/3范围内，如图5.53所示。

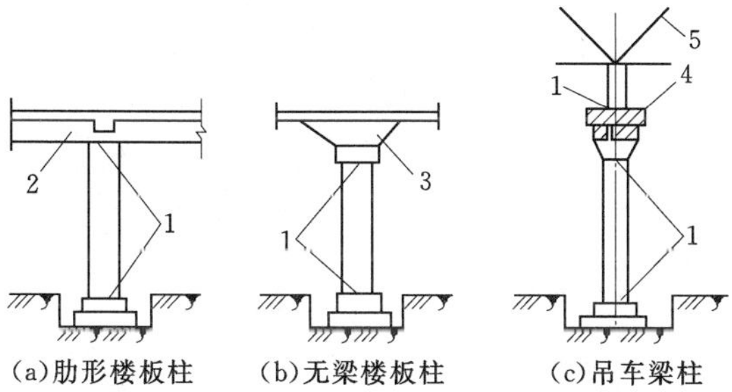

图5.52 柱子施工缝的位置

1—施工缝；2—梁；3—柱帽；4—吊车梁；5—屋架

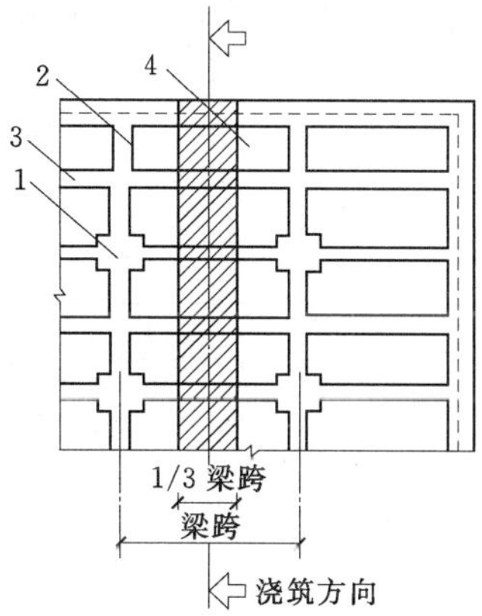

图5.53 有梁板的施工缝位置

1—柱；2—主梁；3—次梁；4—板

(2) 施工缝的处理。施工缝处继续浇筑混凝土时，应待混凝土的抗压强度不小于1.2MPa方可进行；施工缝浇筑混凝土之前，应除去施工缝表面的水泥薄膜、松动石子和软弱的混凝土层，处理方法有风砂枪喷毛、高压水冲毛、风镐凿毛或人工凿毛，并加以充分湿润和冲洗干净，不得有积水；浇筑时，施工缝处宜先铺水泥浆（水泥：水=1：0.4），或与混凝土成分相同的水泥砂浆一层，厚度为30～50mm，以保证接缝的质量；浇筑过程中，施工缝应细致捣实，使其紧密结合。

5.3.3.2 浇筑方法

多层钢筋混凝土框架结构的浇筑，首先要划分施工层和施工段，施工层一般按结构层划分，而每一施工层如何划分施工段，则要考虑工序数量、技术要求、结构特点等。要做到木工在第一施工层安装完模板，准备转移到第二施工层的第一施工段上时，该施工段所浇筑的混凝土强度应达到允许工人在其上操作的强度（1.2MPa）。

混凝土浇筑前应做好必要的准备工作，如模板、钢筋和预埋管线的检查和清理以及隐蔽工程的验收，浇筑用脚手架、走道的搭设和安全检查，根据试验室下达的混凝土配合比通知单准备和检查等材料，并做好施工用具的准备等。

浇筑柱时，施工段内的每排柱应由外向内对称地依次浇筑，不要由一端向一端推进，预防柱子模板因湿胀造成受推倾斜而误差积累难以纠正。截面在400mm×400mm以内，或有交叉箍筋的柱子，应在柱子模板侧面开孔用斜溜槽分段浇筑，每段高度不超过2m。截面在400mm×400mm以上、无交叉箍筋的柱子，如柱高不超过4.0m，可从柱顶浇筑；如用轻骨料混凝土从柱顶浇筑，则柱高不得超过 3.5m。柱子开始浇筑时，底部应先浇筑一层厚 50～100mm 与所浇筑混凝土成分相同的水泥砂浆。浇筑完毕，如柱顶处有较大厚度的砂浆层，则应加以处理。柱子浇筑后，应间隔 1～1.5h，待所浇混凝土拌和物初步沉实后，再筑浇上面的梁板结构。

梁和板一般应同时浇筑，顺次梁方向从一端开始向前推进。只有当梁高大于 1m 时才允许将梁单独浇筑，此时的施工缝留在楼板板面下 20～30mm 处。梁底侧面注意振实，振动器不要直接触及钢筋和预埋件。楼板混凝土的虚铺厚度应略大于板厚，用表面振动器或内部振动器振实，用铁插尺检查混凝土厚度，振捣完后用长的木抹子抹平。

为保证捣实质量，混凝土应分层浇筑，每层厚度见表 5.20。

表 5.20　　混凝土浇筑层的厚度

项次	捣实混凝土的方法		浇筑层厚度/mm
1	插入式振动		振动器作用部分长度的 1.25 倍
2	表面振动		200
3	人工捣实	（1）在基础或无筋混凝土和配筋稀疏的结构中	250
		（2）在梁、墙、板、柱结构中	200
		（3）在配筋密集的结构中	150
4	轻骨料混凝土	插入式振动	300
		表面振动（振动时需加荷）	200

浇筑叠合式受弯构件时，应按设计要求确定是否设置支撑，且叠合面应根据设计要求预留凸凹差（当无要求时，凸凹差为 6mm），形成延期粗糙面。

5.3.3.3　混凝土密实成型

混凝土浇入模板以后是较疏松的，里面含有空气与气泡。而混凝土的强度、抗冻性、抗渗性以及耐久性等，都与混凝土的密实程度有关。目前主要是用人工或机械捣实混凝土使混凝土密实。人工捣实是用人力的冲击来使混凝土密实成型，只有在缺乏机械、工程量不大或机械不便工作的部位采用。

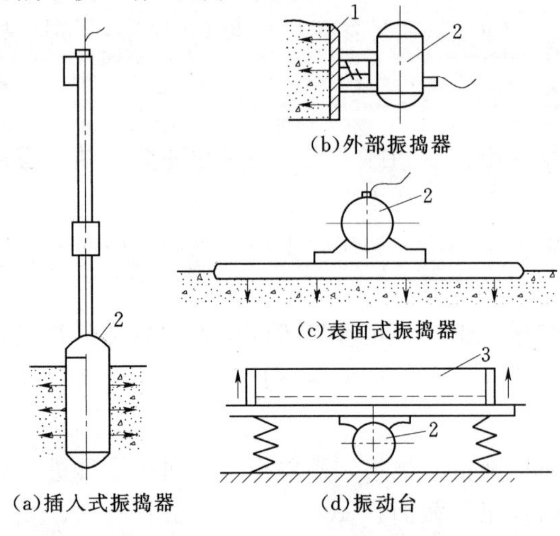

图 5.54　混凝土振捣器

1—模板；2—电动机；3—构件

混凝土振捣主要采用振捣器进行，振捣器产生小振幅、高频率的振动，使混凝土在其振动的作用下，内摩擦力和黏结力大大降低，使干稠的混凝土获得了流动性，在重力的作用下骨料互相滑动而紧密排列，空隙由砂浆所填满，空气被排出，从而使混凝土密实，并填满模板内部空间，且与钢筋紧密结合。

1. 混凝土振捣器

混凝土振捣器的类型，按振捣方式的不同，分为插入式、外部式、表面式和振动台等，如图 5.54 所示。其中，外部式只适用于柱、墙等结构尺寸小且钢筋密的构件，表面式只适用于薄层混凝土的捣实（如渠道衬砌、道路、薄板等)，振动台多用于实验室。

(1) 插入式振捣器。根据使用的动力不同，插入式振捣器有电动式、风动式和内燃机式三类。内燃机式仅用于无电源的场合。风动式因其能耗较大、不经济，同时风压和负载变化时会使振动频率显著改变，因而影响混凝土振捣密实质量，逐渐被淘汰。因此一般工程均采用电动式振捣器。电动插入式振捣器又分为两种，见表 5.21。

表 5.21　　电动插入式振捣器

序号	名称	构　　造	适用范围
1	软轴振捣器	有偏心式、外滚道行星式、内滚道行星式，振捣棒直径 25～100mm	除薄板以外各种混凝土工程
2	硬轴振捣器	直联式，振捣棒直径 80～133mm	大体积混凝土

1) 电动软轴插入式振捣器，如图 5.55 所示。它的电动机和机械增速器（齿轮机构）安装在底盘上，通过软轴（由钢丝股制成）带动振动棒内的偏心轴高速旋转而产生振动。这种偏心轴式软轴振捣器，由于偏心轴旋转的振动频率受到制造上的限制，故振动频率不高，应用在钢筋密集、结构单薄的部位。

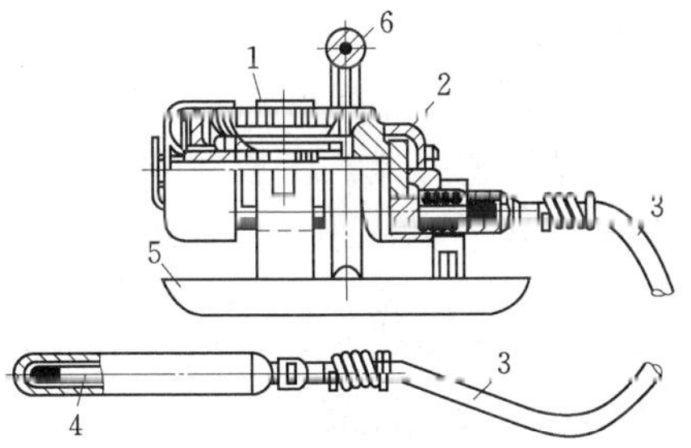

图 5.55　电动软轴插入式振捣器
1—电动机；2—机械增速器；3—软轴；4—振动棒；5—底盘；6—手柄

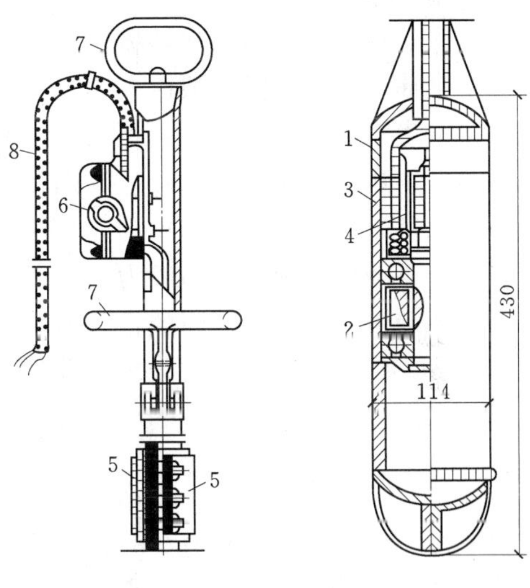

图 5.56　插入式电动硬轴振捣器（单位：mm）
1—振棒外壳；2—偏心块；3—电动机定子；4—电动机转子；5—橡皮弹性连接器；6—电路开关；7—把手；8—外接电源

2) 电动硬轴插入式振捣器。电动机装在振动棒内部，直接与偏心块振动机构相连，如图 5.56 所示。同时采用低压变频装置代替机械增速器，以保证工人安全操作和提高振捣器的振动频率。

硬轴振捣器构造比较简单，使用方便，其振动影响半径大（35～60cm），振捣效果好，故在大体积混凝土浇筑中应用最普遍。常见型号有国产 HZ6P-800、HZ6X-30 型，电动机电压为 30～42V。

(2) 外部式振捣器。又称附着式振捣器，用螺栓将振捣器紧固在模板上，通过附着式振捣器所产生的激振力传递给模板，迫使模板振动而振实混凝土。

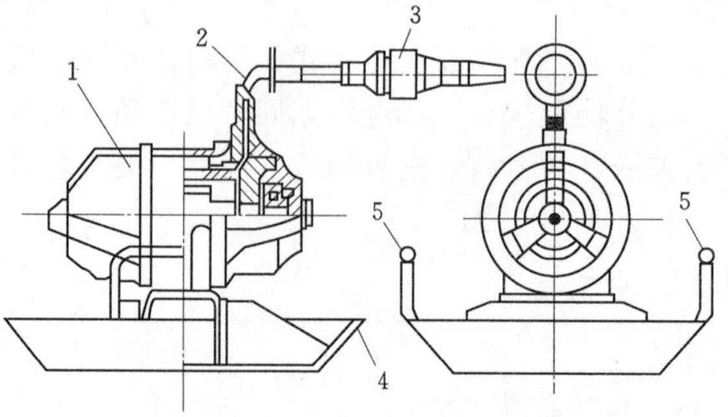

图 5.57 槽形平板式振捣器
1—振动电动机；2—电缆；3—电缆接头；
4—钢制槽形振板；5—手柄

(3) 表面式振捣器。表面式振捣器有两种型式：一是用外部式振捣器底座上用螺栓紧固一块木板或钢板（梁），通过附着式振捣器所产生的激振力传递给振板，迫使振板振动而振实混凝土；另一类是定型的平板（梁）式振捣器，振板为钢制槽形（梁形）振板，上有把手，便于边振捣、边拖行，更适用于大面积的振捣作业，如图 5.57 所示。

(4) 振动台。混凝土振动台，又称台式振捣器，它是一种使混凝土拌和物振动成型的机械。其机架一般支撑在弹簧上，机架下装有激振器，机架上安置成型制品的钢模板，模板内装有混凝土拌和物。在激振器的作用下，机架连同模板及混合料一起振动，使混凝土拌和物密实成型。

2. 振捣器的使用与振实判断

(1) 插入式振捣器。用振捣器振捣混凝土，应在仓面上按一定顺序和间距，逐点插入进行振捣。每个插点振捣时间一般需要 20～30s，实际操作时的振实标准是按以下一些现象来判断：混凝土表面不再显著下沉，不出现气泡；并在表面出现一层薄而均匀的水泥浆。如振捣时间不够，则达不到振实要求；过振则骨料下沉、砂浆上翻，产生离析。

振捣器的有效振动范围，用振动作用半径 R 表示。R 值的大小与混凝土坍落度和振捣器性能有关，可经试验确定，一般为 30～50cm。

为了避免漏振，插入点之间的距离不能过大。要求相邻插点间距不应大于其影响半径的 1.5～1.75 倍，如图 5.58 所示。在布置振捣器插点位置时，还应注意不要碰到钢筋和模板。但离模板的距离也不要大于 20～30cm，以免因漏振使混凝土表面出现蜂窝麻面。

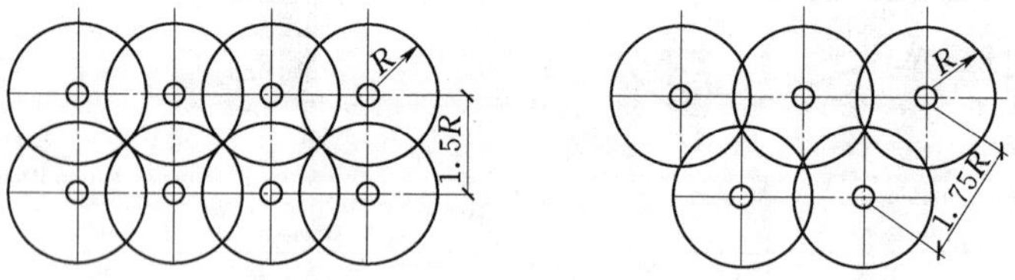

(a)正方形排列　　(b)三角形排列

图 5.58 振捣器插入点排列示意图

在每个插点进行振捣时，振捣器要垂直插入，快插慢拔，并插入混凝土 5～10cm，以保证上、下混凝土结合。

(2) 外部式振捣器。附着式振捣器安装时应保证转轴水平或垂直，如图 5.59 所示。在一个模板上安装多台附着式振捣器同时进行作业时，各振捣器频率必须保持一致，相对安装的振捣器的位置应错开。振捣器所装置的构件模板要坚固牢靠，构件的面积应与振捣器的额定振动板面积相适应。

(3) 振动台。混凝土振动台是一种强力振动成型机械装置，必须安装在牢固的基础上，地脚螺栓应有足够的强度并拧紧。在振捣作业中，必须安置牢固可靠的模板锁紧夹具，以保证模板和混凝土与台面一起振动。

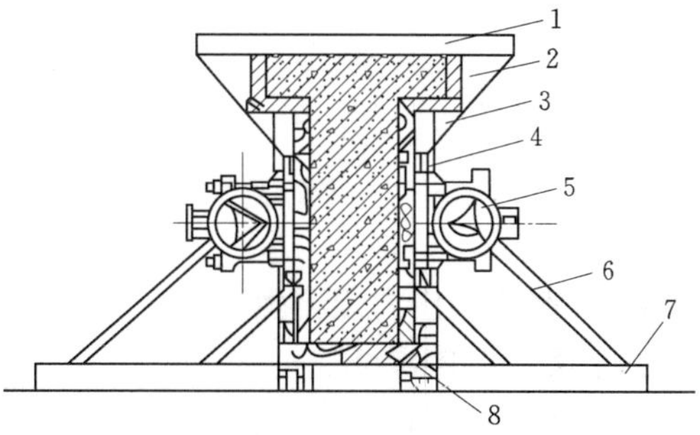

图5.59 附着式振捣器的安装

1—模板面卡；2—模板；3—角撑；4—夹木枋；5—附着式振动器；6—斜撑；7—底横枋；8—纵向底枋

5.3.3.4 混凝土养护与拆模

1. 混凝土养护

混凝土浇筑完毕后，在一个相当长的时间内，应保持其适当的温度和足够的湿度，以形成混凝土良好的硬化条件，这就是混凝土的养护工作。混凝土表面水分不断蒸发，如不设法防止水分损失，水化作用未能充分进行，混凝土的强度将受到影响，还可能产生干缩裂缝。因此混凝土养护的目的，一是创造有利条件，使水泥充分水化，加速混凝土的硬化；二是防止混凝土成型后因曝晒、风吹、干燥等自然因素影响，出现不正常的收缩、裂缝等现象。

混凝土的养护方法分为自然养护和热养护两类，见表5.22。养护时间取决于当地气温、水泥品种和结构物的重要性。

表5.22 混凝土的养护

类别	名称	说明
自然养护	洒水（喷雾）养护	在混凝土面不断洒水（喷雾），保持其表面湿润
	覆盖浇水养护	在混凝土面覆盖湿麻袋、草袋、湿砂、锯末等，不断洒水保持其表面湿润
	围水养护	四周围成土埂，将水蓄在混凝土表面
	铺膜养护	在混凝土表面铺上薄膜，阻止水分蒸发
	喷膜养护	在混凝土表面喷上薄膜，阻止水分蒸发
热养护	蒸汽养护	利用热蒸汽对混凝土进行湿热养护
	热水（热油）养护	将水或油加热，将构件搁置在其上养护
	电热养护	对模板加热或微波加热养护
	太阳能养护	利用各种罩、窑、集热箱等封闭装置对构件进行养护

2. 混凝土的拆模

模板拆除日期取决于混凝土的强度、模板的用途、结构的性质及混凝土硬化时的气温。不承重的侧模，在混凝土强度能保证其表面棱角不因拆除模板而受损坏时，即可拆除。承重模板，如梁、板等底模，应待混凝土达到规定强度后，方可拆除。结构的类型跨度不同，其拆模强度不同，底模拆除时对混凝土强度的要求见表5.2。

已拆除承重模板的结构，应在混凝土达到规定的强度等级后，才允许承受全部设计荷载。拆模后应由监理（建设）单位、施工单位对混凝土的外观质量和尺寸偏差进行检查，并做好记录。如发现缺陷，应进行修补。对面积小、数量不多的蜂窝或露石的混凝土，先用钢丝刷或压力水洗刷基层，然后用1：2～1：2.5的水泥砂浆抹平；对较大面积的蜂窝、露石、露筋应按其全部深度凿去薄弱的混凝土层，然后用钢丝刷或压力水冲刷，再用比原混凝土强度等级高一个级别的细骨料混凝土填塞，并仔细捣实。对影响结构性能的缺陷，应与设计单位研究处理。

课题 5.4　预应力混凝土工程施工

5.4.1　先张法预应力混凝土施工

先张法是在浇筑混凝土之前张拉钢筋（钢丝）产生预应力，一般用于预制梁、板等构件。预应力混凝土板生产工艺流程如图 5.60 所示。先张法一般用于预制构件厂生产定型的中小型构件，如楼板、屋面板、檩条及吊车梁等。

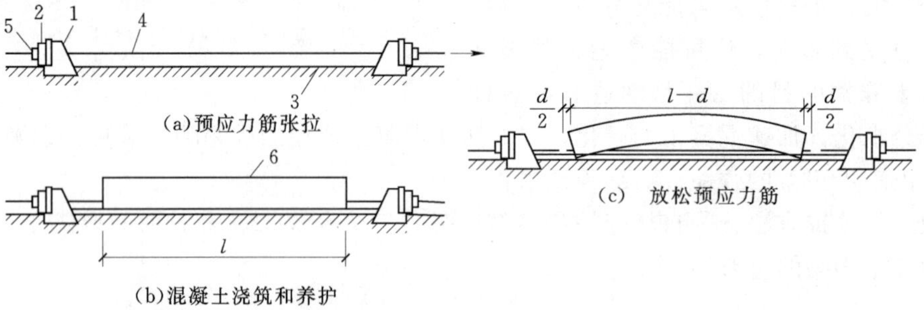

图 5.60　先张法生产示意图

1—台座；2—横梁；3—台面；4—预应力筋；
5—夹具；6—构件

先张法生产时，可采用台座法和机组流水法。采用台座法时，预应力筋的张拉、锚固，混凝土的浇筑、养护及预应力筋放松等均在台座上进行；预应力筋放松前，其拉力由台座承受。采用机组流水法时，构件连同钢模通过固定的机组，按流水方式完成（张拉、锚固、混凝土浇筑和养护）每一生产过程；预应力筋放松前，其拉力由钢模承受。

5.4.1.1　先张法施工准备

1. 台座

台座由台面、横梁和承力结构等组成，是先张法生产的主要设备。预应力筋张拉、锚固，混凝土浇筑、振捣和养护及预应力筋放张等全部施工过程都在台座上完成；预应力筋放松前，台座承受全部预应力筋的拉力。因此，台座应有足够的强度、刚度和稳定性。台座一般采用墩式台座和槽式台座。

槽式台座由端柱、传力柱、横梁和台面组成，如图 5.61 所示。槽式台座既可承受拉力，又可作蒸汽养护槽，适用于张拉吨位较高的大型构件，如屋架、吊车梁等。槽式台座需进行强度和稳定性计算。端柱和传力柱的强度按钢筋混凝土结构偏心受压构件计算。槽式台座端柱抗倾覆力矩由端柱、横梁自重力矩及部分张拉力矩组成。

2. 夹具

夹具是先张法构件施工时保持预应力筋拉力，并将其固定在张拉台座（或设备）上的临时性锚固装置。按其工作用途不同分为锚固夹具和张拉夹具。

钢丝锚固夹分为圆锥齿板式夹具和镦头夹具；钢筋锚固常用圆套筒三片式夹具，由套筒和夹片组成。

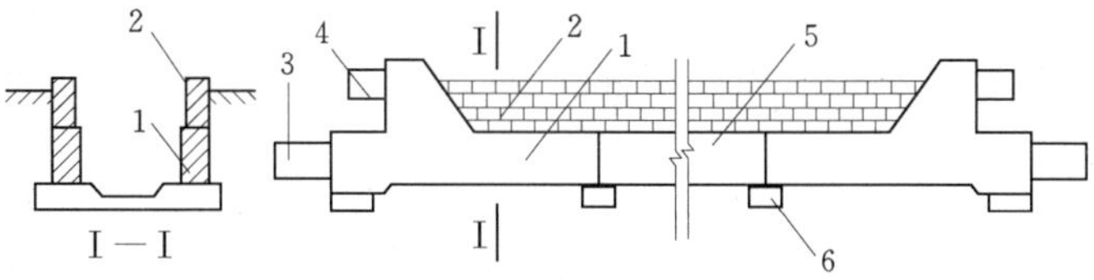

图 5.61　槽式台座

1—钢筋混凝土端柱；2—砖墙；3—下横梁；4—上横梁；5—传力柱；6—柱垫

张拉夹具是夹持住预应力筋后，与张拉机械连接起来进行预应力筋张拉的机具。常用的张拉夹具有月牙形夹具、偏心式夹具、楔形夹具等。

3. 张拉设备

张拉机具的张拉力应不小于预应力筋张拉力的 1.5 倍；张拉机具的张拉行程不小于预应力筋伸长值的 1.1～1.3 倍。

钢丝张拉分单根张拉和成组张拉。用钢模以机组流水法或传送带法生产构件时，常采用成组钢丝张拉。在台座上生产构件一般采用单根钢丝张拉，可采用电动卷扬机、电动螺杆张拉机进行张拉。

钢筋张拉设备一般采用千斤顶，穿心式千斤顶用于直径 12～20mm 的单根钢筋、钢绞线或钢丝束的张拉。张拉时，高压油泵启动，从后油嘴进油，前油嘴回油，被偏心夹具夹紧的钢筋随液压缸的伸出而被拉伸。

5.4.1.2　先张法施工工艺

1. 张拉控制应力和张拉程序

张拉控制应力是指在张拉预应力筋时所达到的规定应力，应按设计规定采用。控制应力的数值直接影响预应力的效果。施工中采用超张拉工艺，使超张拉应力比控制应力提高 3%～5%。

预应力筋的张拉控制应力，应符合设计要求。施工中预应力筋需要超张拉时，可比设计要求提高 3%～5%，但其最大张拉控制应力不得超过规定。

张拉程序可按下列之一进行：

$$0 \rightarrow 105\%\sigma_{con} \xrightarrow{\text{持荷 2min}} \sigma_{con}$$

或

$$0 \rightarrow 103\%\sigma_{con}$$

式中　σ_{con}——预应力筋的张拉控制应力。

为了减少应力松弛损失，预应力钢筋宜采用 $0 \rightarrow 105\%\sigma_{con} \xrightarrow{\text{持荷 2min}} \sigma_{con}$。

预应力钢丝张拉工作量大时，宜采用一次张拉程序 $0 \rightarrow 103\%\sigma_{con}$。

张拉设备应配套校验，以确定张拉力与仪表读数的关系曲线，保证张拉力的准确，每半年校验一次。设备出现反常现象或检修后应重新校验。张拉设备宜定岗负责，专人专用。

2. 预应力筋（丝）的铺设

长线台座面（或胎模）在铺放钢丝前，应清扫并涂刷隔离剂。一般涂刷皂角水溶性隔离剂，易干燥，污染钢筋易清除。涂刷均匀不得漏涂，待其干燥后，铺设预应力筋，一端用夹具锚固在台座横梁的定位承力板上，另一端卡在台座张拉端的承力板上待张拉。在生产过程中，应防止雨水或养护水冲刷掉台面隔离剂。

5.4.1.3　预应力筋的张拉

1. 张拉前的准备

检查预应力筋的品种、级别、规格、数量（排数、根数）是否符合设计要求；预应力筋的外观质量应全数检查，预应力筋应展开后平顺，没有弯折，表面无裂纹、小刺、机械损伤、氧化铁皮和油污等；检查张拉设备是否完好，测力装置是否校核准确，横梁、定位承力板是否贴合及严密稳固；预应力筋张拉后，对设计位置的偏差不得大于5mm，也不得大于构件截面最短边长的4%；在浇筑混凝土前发生断裂或滑脱的预应力筋必须予以更换；张拉、锚固预应力筋应专人操作，实行岗位责任制，并做好预应力筋张拉记录；在已张拉钢筋（丝）上进行绑扎钢筋、安装预埋铁件、支撑安装模板等操作时，要防止踩踏、敲击或碰撞钢丝。

2. 混凝土的浇筑与养护

为了减少混凝土的收缩和徐变引起的预应力损失，在确定混凝土配合比时，应优先选用干缩性小的水泥，采用低水灰比，控制水泥用量，对骨料采取良好的级配等技术措施。预应力钢丝张拉、绑扎钢筋、预埋铁件安装及立模工作完成后，应立即浇筑混凝土，每条生产线应一次连续浇筑完成。采用机械振捣密实时，要避免碰撞钢丝。混凝土未达到一定强度前，不允许碰撞或踩踏钢丝。预应力混凝土可采用自然养护或湿热养护，自然养护不得少于14d。干硬性混凝土浇筑完毕后，应立即覆盖进行养护。当预应力混凝土采用湿热养护时，要尽量减少由于温度升高而引起的预应力损失。为了减少温差造成的应力损失，采用湿热养护时，在混凝土未达到一定强度前，温差不要太大，一般不超过20℃。

5.4.1.4　预应力筋放张

1. 放张顺序

预应力筋放张时，应缓慢放松锚固装置，使各根预应力筋缓慢放松；预应力筋放张顺序应符合设计要求，当设计未规定时，要求承受轴心预应力构件的所有预应力筋应同时放张；承受偏心预压力构件，应先同时放张预压力较小区域的预应力筋，再同时放张预压力较大区域的预应力筋。长线台座生产的钢弦构件，剪断钢丝宜从台座中部开始；叠层生产的预应力构件，宜按自上而下的顺序进行放松；板类构件放松时，从两边逐渐向中心进行。

2. 放张方法

对于中小型预应力混凝土构件，预应力丝的放张宜从生产线中间处开始，以减少回弹量且有利于脱模；对于构件应从外向内对称、交错逐根放张，以免构件扭转、端部开裂或钢丝断裂。放张单根预应力筋，一般采用千斤顶放张，构件预应力筋较多时，整批同时放张可采用砂箱、楔块等放松装置。

5.4.2　后张法预应力混凝土施工

后张法是在混凝土浇筑的过程中，预留孔道，待混凝土构件达到设计强度后，在孔道内穿主要受力钢筋，张拉锚固建立预应力，并在孔道内进行压力灌浆，用水泥浆包裹保护预应力钢筋。后张法主要用于制作大型吊车梁、屋架以及用于提高闸墩的承载能力。其工艺流程如图5.62所示。

5.4.2.1　预应力筋锚具和张拉机具

1. 单根粗钢筋锚具

单根粗钢筋的预应力筋，如果采用一端张拉，则在张拉端用螺丝端杆锚具，固定端用帮条锚具或镦头锚具；如果采用两端张拉，则两端均用螺丝端杆锚具。螺枪端杆锚具如图5.63所示。镦头锚具由镦头和垫板组成。

2. 张拉设备

与螺枪端杆锚具配套的张拉设备为拉杆式千斤顶。常用的有YL20型、YL60型油压千斤顶。YL60型千斤顶是一种通用型的拉杆式液压千斤顶，适用于张拉采用螺枪端杆锚具的粗钢筋、锥形螺杆锚具的钢丝束及镦头锚具的钢筋束。

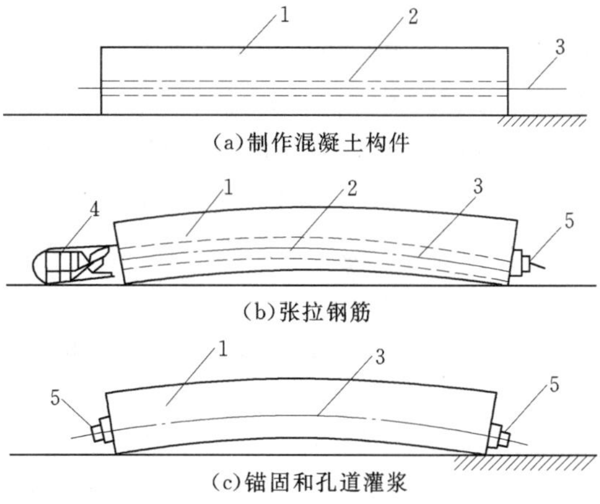

图5.62　预应力混凝土后张法生产示意图

1—混凝土构件；2—预留孔道；3—预应力筋；4—千斤顶；5—锚具

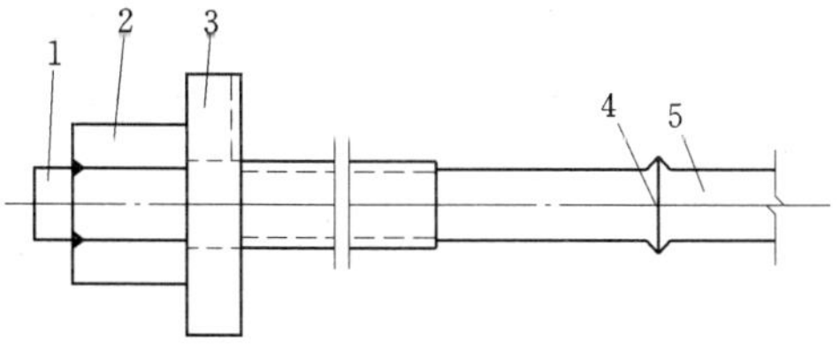

图5.63　螺丝端杆锚具

1—端杆；2—螺母；3—垫板；4—焊接接头；5—钢筋

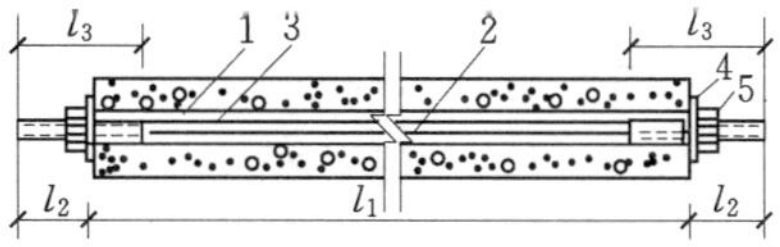

图5.64　粗钢筋下料长度计算示意图

1—螺丝端杆；2—预应力钢筋；3—对焊接头；4—垫板；5—螺母

单根粗钢筋预应力筋的制作，包括配料、对焊、冷拉等工序。预应力筋的下料长度应计算确定，计算时要考虑结构构件的孔道长度、锚具厚度、千斤顶长度、焊接接头或镦头的预留量、冷拉伸长值、弹性回缩值等。如图5.64所示，两端用螺枪端杆锚具预应力筋的下料长度按式（5.7）计算：

$$L=\frac{l_1+2(l_2-l_3)}{1+\gamma-\delta}+n\Delta \tag{5.7}$$

式中　L——预应力筋钢筋部分的下料长度，mm；

l_1——构件孔道长度，mm；

l_2——螺丝端杆锚具处露在构件孔道长度，一般取120～150mm；

l_3——螺丝端杆锚具长度，mm；

γ——预应力筋的冷拉率（由试验确定）；

δ——预应力筋的冷拉弹性回缩率，一般为0.4%～0.6%；

n——对焊接头数量；

Δ——每个对焊接头的压缩量（可取一倍预应力筋直径），mm。

3. 钢筋束、钢绞线锚具

钢筋束、钢绞线采用的锚具有JM型、XM型、QM型和镦头锚具。JM型锚具由锚环与夹片组成。

钢筋束、钢绞线的制作：钢筋束所用钢筋是成圆盘供应，不需对焊接头。钢筋束或钢绞线束预应力筋的制作包括开盘冷拉、下料、编束等工序。预应力钢筋束下料应在冷拉后进行。当采用镦头锚具时，则应增加镦头工序。

当采用JM型或XM型锚具，用穿心式千斤顶张拉时，钢筋束和钢丝束的下料长度 L 应等于构件孔道长度加上两端为张拉、锚固所需的外露长度。

4. 钢丝束锚具

钢丝束用做预应力筋时，由几根到几十根直径3～5mm的平行碳素钢丝组成。其固定端采用钢丝束镦头锚具，张拉端锚具可采用钢质锥形锚具、锥形螺杆锚具、XM型锚具。锥形螺杆锚具用于锚固14、16、20、24或28根直径为5mm的碳素钢丝。

锥形螺杆锚具、钢丝束镦头锚具宜采用拉杆式千斤顶（YL60型）或穿心式千斤顶（YC60型）张拉锚固。钢质锥形锚具应用锥锚式双作用千斤顶（常用YZ60型）张拉锚固。

钢丝束制作一般需经调直、下料、编束和安装锚具等工序。当用钢质锥形锚具、XM型锚具时，钢丝束的制作和下料长度计算基本上与预应力钢筋束相同。钢丝束镦头锚固体系，如采用镦头锚具一端张拉时，应考虑钢丝束张拉锚固后螺母位于锚环中部。用钢丝束镦头锚具锚固钢丝束时，其下料长度力求精确。编束是为了防止钢筋扭结。采用镦头锚具时，将内圈和外圈钢丝分别用铁丝按次序编排成片，然后将内圈放在外圈内绑扎成钢丝束。

5.4.2.2　后张法施工工艺

后张法施工工艺与预应力施工有关的是孔道留设、预应力筋张拉和孔道灌浆三部分。

1. 孔道留设

构件中留设孔道主要为穿预应力钢筋（束）及张拉锚固后灌浆用。孔道留设要求：孔道直径应保证预应力筋（束）能顺利穿过；孔道应按设计要求的位置、尺寸埋设准确、牢固，浇筑混凝土时不应出现移位和变形；在设计规定位置上留设灌浆孔；在曲线孔道的曲线波峰部位应设置排气兼泌水管，必要时可在最低点设置排水管；灌浆孔及泌水管的孔径应能保证浆液畅通。

预留孔道形状有直线、曲线和折线形，孔道留设方法有钢管抽芯法、胶管抽芯法和预埋管法。

2. 预应力筋张拉

后张法一般要求用数控预应力张拉设备。预应力筋的张拉控制应力应符合设计要求，施工时预应力筋需超张拉，可比设计要求提高3%～5%。

将成束的预应力筋一头对齐，按顺序编号套在穿束器上。预应力筋张拉顺序应按设计规定进行；如设计无规定，应采取分批分阶段对称地进行。预应力混凝土屋架下弦预应力筋张拉顺序如图5.65所示。预应力混凝土吊车梁预应力筋采用两台千斤顶的张拉顺序，对配有多根不对称预应力筋的构件，应采用分批分阶段对称张拉，如图5.66所示。平卧重叠浇筑的预应力混凝土构件，张拉预应力筋的顺序是先上后下，逐层进行。

预应力筋张拉程序：预应力筋的张拉程序，主要根据构件类型、张锚体系、松弛损失取值等因素来确定。用超张拉方法减少预应力筋的松弛损失时，预应力筋的张拉程序宜为

$$0 \rightarrow 105\%\sigma_{con} \xrightarrow{\text{持荷 2min}} \sigma_{con}$$

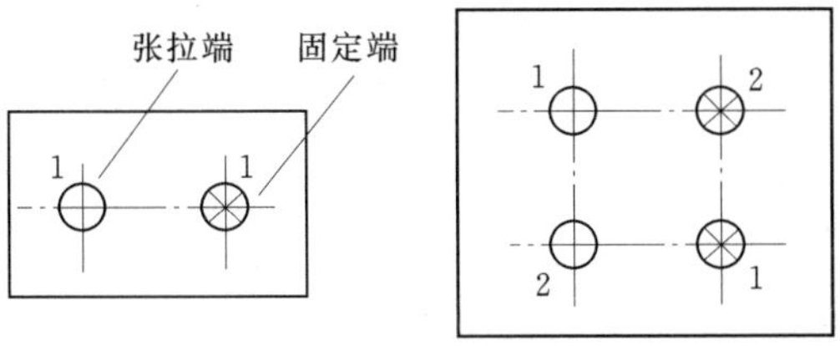

(a)两束　　(b)四束

图 5.65　屋架下弦杆预应力筋张拉顺序
1、2—预应力筋的分批张拉顺序

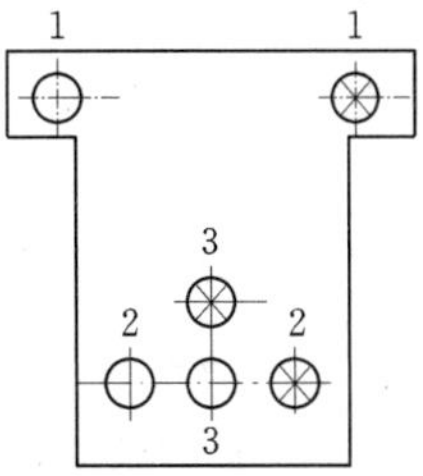

图 5.66　吊车梁预应力筋的张拉顺序
1、2、3—预应力筋的分批张拉顺序

如果预应力筋张拉吨位不大，根数很多，而设计中又要求采取超张拉以减少应力松弛损失时，其张拉程序可为

$$0 \rightarrow 103\%\sigma_{con}$$

预应力筋的张拉方法：对于曲线预应力筋和长度大于 24m 的直线预应力筋，应采用两端同时张拉的方法；长度不大于 24m 的直线预应力筋，可一端张拉，但张拉端宜分别设置在构件两端。对预埋波纹管孔道曲线预应力筋和长度大于 30m 的直线预应力筋宜在两端张拉，长度不大于 30m 的直线预应力筋可在一端张拉。安装张拉设备时，对于直线预应力筋，应使张拉力的作用线与孔道中心线重合；对于曲线预应力筋，应使张拉力的作用线与孔道中心线末端的切线方向重合。

3. 孔道灌浆

应力筋张拉后，应立即用数控压浆设备将水泥浆压灌到预应力孔道中去。灌浆用水泥浆应有足够的黏结力，且应有较大的流动性，较小的干缩性和泌水性。灌浆前，用压力水冲洗和湿润孔道。灌浆顺序应先下后上，以免上层孔道漏浆把下层孔道堵塞。灌浆工作应缓慢均匀连续进行，不得中断。

5.4.3　无黏结预应力混凝土施工

无黏结预应力混凝土需预留管道与灌浆，而是将无黏结预应力筋同普通钢筋一样铺设在结构模板设计位置上，用 20～22 号铁丝与非预应力钢丝绑扎牢靠后浇筑混凝土；待混凝土达到设计强度后，对无黏结预应力筋进行张拉和锚固，借助于构件两端锚具传递预压应力。

1. 无黏结预应力筋

无黏结预应力筋是由 7 根 $\phi 5$ 高强钢丝组成的钢丝束或扭结成的钢绞线，通过专门设备涂包涂料层和包裹外包层构成的。涂料层一般采用防腐沥青。无黏结预应力混凝土中，锚具必须具有可靠的锚固能力，要求不低于无黏结预应力筋抗拉强度的 95%。

2. 无黏结预应力筋的铺放与定位

铺设双向配筋的无黏结预应力筋时，应先铺设标高低的钢丝束，再铺设标高较高的钢丝束，以避免两个方向钢丝束相互穿插。无黏结预应力筋应在绑扎完底筋以后进行铺放。无黏结预应力筋应铺放在电线管下面。

无黏结预应力筋常用钢丝束镦头锚具和钢绞线夹片式锚具。无黏结钢丝束镦头锚具张拉端钢丝束从外包层抽拉出来，穿过锚杯孔眼镦粗头。无黏结钢绞线夹片式锚具常采用 XM 型锚具，其固定端采用压花成型埋置在设计部位，待混凝土强度等级达到设计强度后，方能形成可靠的黏结式锚头。

混凝土强度达到设计强度时才能进行张拉。张拉程序采用 $0 \rightarrow 103\% \sigma_{con}$。张拉顺序应根据设计顺序，先铺设的先张拉，后铺设的后张拉。锚具外包浇筑钢筋混凝土圈梁。

5.4.4 电热法施工工艺

电热法是利用钢筋热胀冷缩原理来张拉预应力筋的一种施工方法。电热法适用于冷拉HRB400、RRB400钢筋或钢丝配筋的先张法、后张法和模外张拉构件。

课题5.5 装配式钢筋混凝土工程施工

5.5.1 预制混凝土构件施工

1. 预制混凝土构件制作工艺

预制构件的制作过程包括模板的制作与安装，钢筋的制作与安装，混凝土的制备、运输，构件的浇筑振捣和养护、脱模与堆放等。

根据生产过程中组织构件成型和养护的不同特点，预制构件制作工艺可分为台座法、机组流水法和传送带流水法三种。

(1) 台座法。台座是表面光滑平整的混凝土地坪、胎模或混凝土槽。构件的成型、养护、脱模等生产过程都在台座上进行。

(2) 机组流水法。机组流水法是在车间内，根据生产工艺的要求将整个车间划分为几个工段，每个工段皆配备相应的工人和机具设备，构件的成型、养护、脱模等生产过程分别在有关的工段循序完成。

(3) 传送带流水法。模板在一条呈封闭环形的传送带上移动，各个生产过程都是在沿传送带循序分布的各个工作区中进行。

2. 预制混凝土构件模板

现场就地制作预制构件常用的模板有胎模、重叠支模、水平拉模等。预制厂制作预制构件常用的模板有固定式胎模、拉模、折页式钢模等。

(1) 胎模。胎模是指用砖或混凝土材料筑成构件外形的底模，它通常用木模作为边模。多用于生产预制梁、柱、槽形板及大型屋面板等构件，如图5.67所示。

(2) 重叠支模。重叠支模如图5.68 (a) 所示，即利用先预制好的构件作底模，沿构件两侧安装侧模板后再制作同类构件。对于矩形、梯形柱和梁以及预制桩，还可以采用间隔重叠法施工，以节省侧模板，如图5.68 (b) 所示。

(3) 水平拉模。拉模由钢制外框架、内框架侧模与芯管、前后端头板、振动器、卷扬机抽芯装置等部分组成。内框架侧模、芯管和前端头板组装为一个整体，可整体抽芯和脱膜。

3. 预制混凝土构件的成型

预制混凝土构件常用的成型方法有振动法、挤压法、离心法等。

(1) 振动法。用台座法制作构件，使用插入式振动器和表面振动器振捣。加压的方法分为静态加压法和动态加压法。前者用一压板加压，后者是在压板上加设振动器加压。

(2) 挤压法。用挤压法连续生产空心板有两种切断方法：一种是在混凝土达到可以放松预应力筋的强度时，用钢筋混凝土切割机整体切断；另一种是在混凝土初凝前用灰铲手工操作或用气割法、水冲法把混凝土切断。

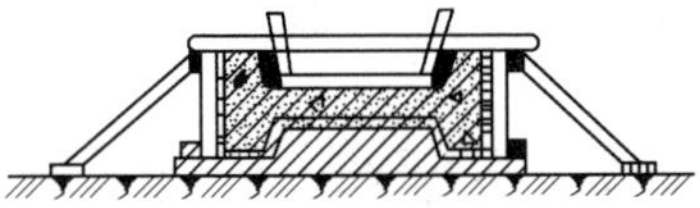

(a)工字形柱砖胎模形

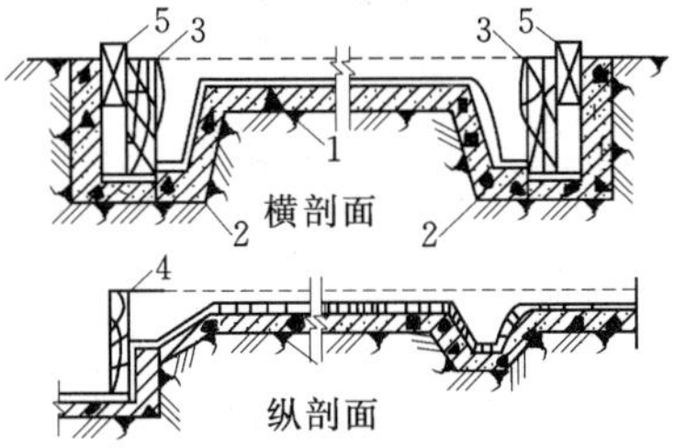

(b)大型层面板混凝土胎模

图 5.67　胎模

1—胎模；2—65mm×5mm 方木；3—侧模；4—端模；5—木楔

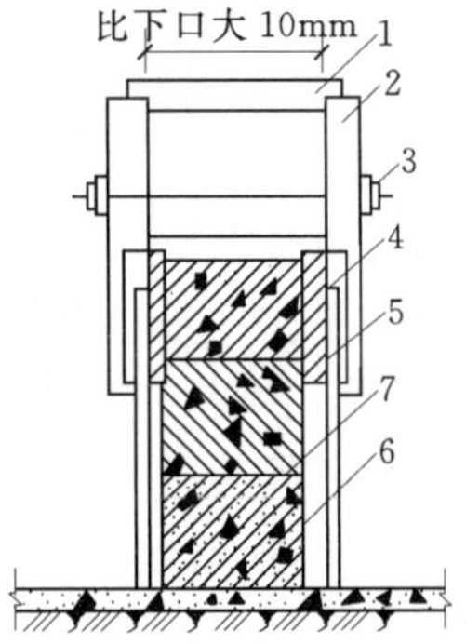

(a)短夹木倒夹重叠支模

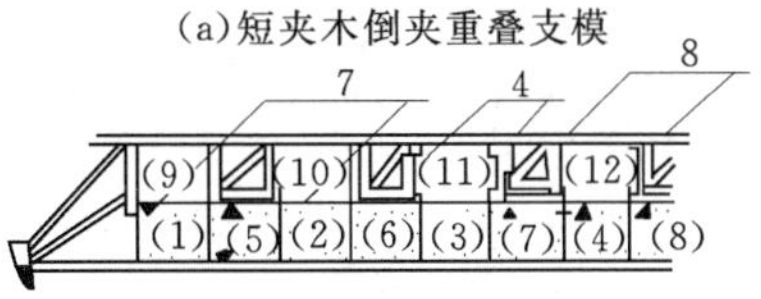

(b)间隔重叠支模

图 5.68　重叠支模法

1—临时撑头；2—短夹木；3—M12 螺栓；4—侧模；5—支脚；6—已捣构件；7—隔离剂或隔离层；8—卡具

(3) 离心法。离心法是将装有混凝土的模板放在离心机上，使模板以一定转速绕自身的纵轴旋转，模板内的混凝土由于离心力作用而远离纵轴，均匀分布于模板内壁，并将混凝土中的部分水分挤出，使混凝土密实。

4. 预制混凝土构件的养护

预制构件的养护方法有自然养护、蒸汽养护、热拌混凝土热模养护、太阳能养护、远红外线养护等。自然养护成本低，简单易行，但养护时间长，模板周转率低，占用场地大，我国南方地区的台座法生产多用自然养护。蒸汽养护可缩短养护时间，模板周转率相应提高，占用场地大大减少。蒸汽养护是将构件放置在有饱和蒸汽或蒸汽与空气混合物的养护室（或窑）内，在较高温度和湿度的环境中进行养护，以加速混凝土的硬化，使之在较短的时间内达到规定的强度标准值。

5. 预制混凝土构件成品堆放

混凝土强度达到设计强度后方可起吊。先用撬棍将构件轻轻撬松脱离底模，然后起吊归堆。构件的移运方法和支撑位置应符合构件的受力情况，防止损伤。构件堆放应符合下列要求：

(1) 堆放场地应平整夯实，并有排水措施。

(2) 构件应按吊装顺序，以刚度较大的方向堆放稳定。

(3) 重叠堆放的构件，标志应向外，堆垛高度应按构件强度、地面承载力、垫木强度及堆垛的稳定性确定，各层垫木的位置，应在同一垂直线上。

5.5.2　混凝土结构吊装

5.5.2.1　吊装机具

1. 吊索具

(1) 绳索。常用的绳索有白棕绳、尼龙绳、钢丝绳。前两者适用于起重量不大的吊装工程或作辅助性绳索，后者强度高、韧性好、耐磨，广泛应用于吊装工程中。

1）白棕绳。白棕绳是用麻纤维经机械加工制成的。白棕绳的强度只有钢丝绳的10%左右，由于强度低，耐久性差，且易磨损，特别是在受潮后其强度会降低50%，因此仅用于手动提升的小型构件（1000kg以下）或作吊装临时牵引控制定位绳。捆绑构件时应用柔软垫片包角保护，以防被构件边角磨损。

2）钢丝绳。吊装用钢丝绳多用六股钢丝束和一根浸油麻绳芯组成，其中绳芯用以增加钢丝绳的挠性和弹性，绳芯中的油脂能润滑钢丝绳和防止钢丝生锈。一般分为6×19、6×37、6×61等几种，6×37表示钢丝绳由6股钢丝束组成，每股含37根钢丝，其余类推。每股钢丝束所含的钢丝数越多，其直径越小，则越柔软，但不耐磨损。6×19的钢丝绳较硬，宜用于不受弯曲或可能遭到磨损的地方，如作风缆绳和拉索；6×37和6×61的钢丝绳较柔软，可用作穿滑轮组的起重绳和制作捆物体用的千斤绳。

当钢丝绳磨损起刺，在任一截面中检查断丝数达到总丝数的1/6时，则该钢丝绳应作报废处理。经燃烧、通电等而发生过高温的钢丝绳，强度削减很大，不宜再用作起重吊装。

使用钢丝绳时应注意：捆绑有棱角的构件，应用木板或草袋等衬垫，避免钢丝绳磨损；起吊前应检查绳扣是否牢固，起吊时如发现打结，要随时拨顺，以免钢丝产生永久性扭弯变形；定期对钢丝绳加润滑油，以减少磨损；存放在仓库里的钢丝绳应成圈排列，避免重叠堆放，库中应保持干燥，防止受潮锈蚀。

（2）滑车及滑车组。滑车又名滑轮或葫芦，分定滑车和动滑车。定滑车安装在固定位置，只起改变绳索方向的作用；动滑车安装在运动的轴上，其吊钩与重物同时变位，起省力作用。定滑车和动滑车联合工作而成为滑车组，普遍用于起重机构中。

（3）链条滑车。链条滑车又称神仙葫芦、倒链、手动葫芦或差动葫芦，由钢链、蜗杆或齿轮传动装置组成。装有自锁装置，能保持所吊物体不会自动下落，工作安全。适用于吊装构件，起重量有1t、2t、3t、5t、7t及10t等。

（4）吊具。在吊装工程中最常用的吊具有吊钩、卸甲、绳卡、绳圈（鸭舌、马眼）等。为便于吊装各种构件，尽量使各种构件受力均匀和保持完好，可自制一些特制吊具，如吊梁（钢扁担）、蝴蝶铰、钢桁架、钢拉杆、钢吊轴等。这些吊具都要进行力学验算和试吊。

（5）卷扬机。卷扬机有手摇式和电动式两种。一般常用电动式。电动卷扬机是电动机通过齿轮的传动变速机构来驱动卷筒，并设有磁吸式或手动的制动装置。卷扬机按拽引速度可分快速和慢速两种。快速卷扬机一般拽引速度为30～50m/min，多用于混凝土、钢筋等的吊运；慢速卷扬机拽引速度为7～15m/min，主要用于设备安装作业。

卷扬机与支撑面的安装定位，应平整牢固；卷扬机卷筒与导向滑轮中心线应对中。卷筒轴心线与滑轮轴心线的距离：光卷筒不应小于卷筒长的20倍；有槽卷筒不应小于卷筒长的15倍；钢丝绳应从卷筒下方卷入，卷扬机工作前，应检查钢丝绳、离合器、制动器、棘轮棘爪等，可靠无异常，方可开始吊运；重物长时间悬吊时，应用棘爪支住；吊运中突然停电时，应立即断开总电源，手柄扳回零位，并将重物放下，对无离合器手控制动的，应监护现场，防止意外事故。

（6）锚碇。锚碇又称地锚或地龙，用来固定卷扬机、绞盘、缆风等，为起重机构稳定系统中的重要组部分。

2. 起重机械

结构吊装中常用的起重机械有自行杆式（履带式、汽车式或轮胎式）、塔式和桅杆式起重机三大类型。前两类已在前面做了介绍，桅杆式起重机是在缺少其他机械的情况下因地制宜，根据施工现场地形、构件形式和重量等条件自制的简易的起重机构。

（1）履带式起重机。履带式起重机是一种具有履带行走装置的全回转起重机，它利用两条面积较大的履带着地行走，由行走装置、回转机构、机身及起重臂等部分组成，如图 5.69 所示。

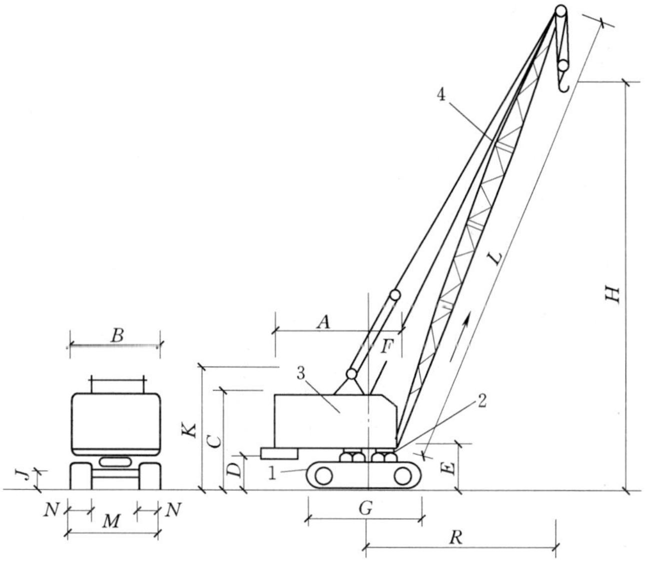

图 5.69 履带式起重机

1—行走装置；2—回转机构；3—机身；4—起重臂

（2）汽车式起重机。汽车式起重机是自行式全回转起重机，起重机构安装在汽车的通用或专用底盘上。

（3）轮胎式起重机。轮胎式起重机是把起重机构安装在加重轮胎和轮轴组成的特制底盘上的全回转起重机。

（4）塔式起重机。塔式起重机有一般式塔式起重机、附着式自升塔式起重机、爬升式起重机等型式。

（5）桅杆式起重机。建筑工程中常用的桅杆式起重机有独脚把杆、人字把杆、悬臂把杆和牵缆式起重机等。桅杆式起重机制作简单，装拆方便，起重量较大，受地形限制小，能用于其他起重机械不能安装的一些特殊工程和设备；但这类机械的服务半径小，移动困难，需要较多的缆风绳。如图 5.70 所示。

5.5.2.2 单层工业厂房结构安装

1. 准备工作

准备工作主要有场地清理，道路修筑，基础准备，构件运输、排放，构件拼装加固、检查清理、弹线编号，以及机械、机具的准备工作等。

（1）构件的检查与清理。

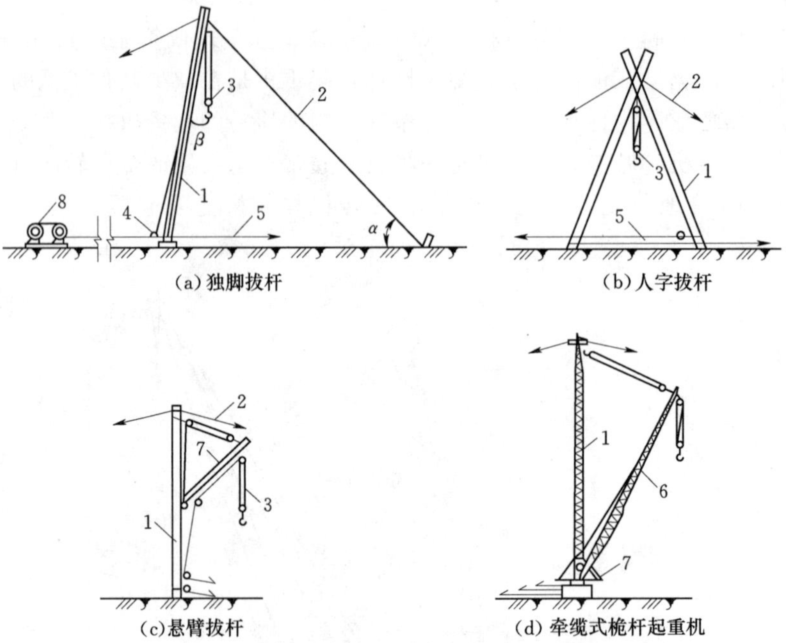

(a) 独脚拔杆　(b) 人字拔杆　(c) 悬臂拔杆　(d) 牵缆式桅杆起重机

图 5.70　桅杆式起重机

1—拔杆；2—缆风绳；3—起重滑轮组；4—导向装置；5—拉索；6—起重臂；7—回转盘；8—卷扬机

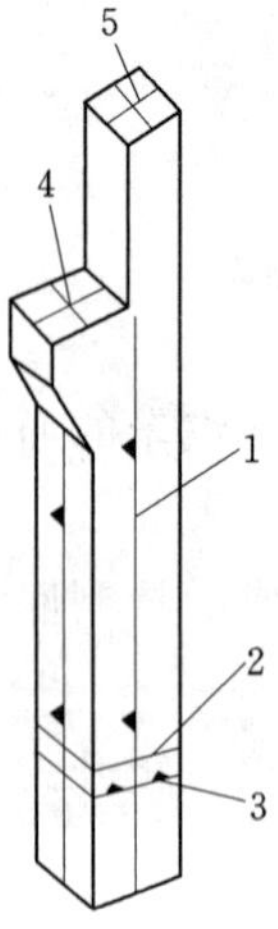

图 5.71　柱子弹线

1—柱子中心线；2—地坪标高线；3—基础顶面线；4—吊车梁对位线；5—柱顶中心线

1）检查构件的型号与数量。

2）检查构件截面尺寸。

3）检查构件外观质量（变形、缺陷、损伤等）。

4）检查构件的混凝土强度。

5）检查预埋件、预留孔的位置及质量等，并作相应清理工作。

（2）构件的弹线与编号。

1）柱子要在 3 个面上弹出安装中心线如图 5.71 所示，所弹中心线的位置应与柱基杯口面上的安装中心线相吻合。此外，在柱顶与牛腿面上还要弹出屋架及吊车梁的安装中心线。

2）屋架上弦顶面应弹出几何中心线，并从跨度中央向两端分别弹出天窗架、屋面板的安装位置线，在屋架的两个端头，弹出屋架的纵横安装中心线。

3）在梁的两端及顶面弹出安装中心线。在弹线的同时，应按图样对构件进行编号，号码要写在明显部位。不易辨别上下左右的构件，应在构件上标明记号，以免安装时将方向搞错。

（3）混凝土杯形基础的准备工作。

检查杯口的尺寸，再在基础顶面弹出十字交叉的安装中心线，用红油漆画上三角形标志。为保证柱子安装之后牛腿面的标高符合设计要求，在杯内壁测设一水平线，如图 5.72 所示，并对杯底标高进行一次抄平与调整，以使柱子安装后其牛腿面标高能符合设计要求。如图 5.73 所示，柱基调整时先用尺测出杯底

实际标高 H_1（小柱测中间一点，大柱测四个角点）。牛腿面设计标高 H_2 与杯底实际标高的差，就是柱脚底面至牛腿面应有的长度 l_1，再与柱实际长度 l_2 相比（其差值就是制作误差），即可算出杯底标高调整值 ΔH，结合柱脚底面平整程度，用水泥砂浆或细石混凝土将杯底垫至所需高度。标高允许偏差为±10mm。

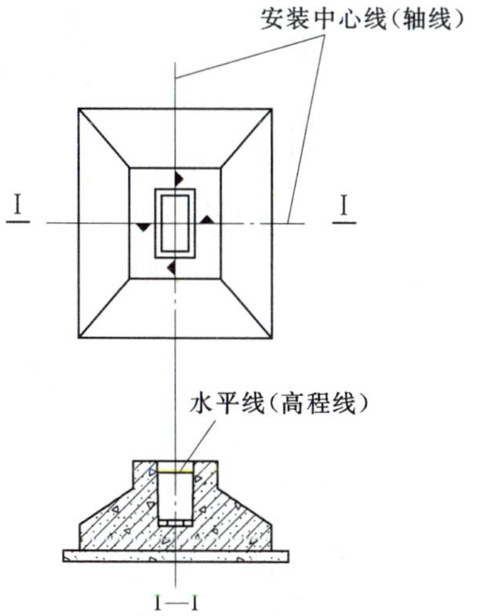

图 5.72　基础弹线

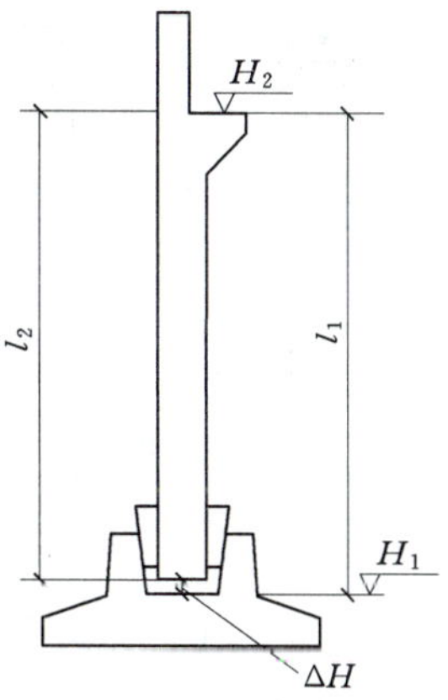

图 5.73　柱基抄平与调整

（4）构件运输。

一些质量不大而数量较多的定型构件，如屋面板、连系梁、轻型吊车梁等，宜在预制厂预制，用汽车将构件运至施工现场。起吊运输时，必须保证构件的强度符合要求，吊点位置符合设计规定；构件支垫的位置要正确，数量要适当，每一构件的支垫数量一般不超过 2 个支撑处，且上下层支垫应在同一垂线上。运输过程中，要确保构件不倾倒、不损坏、不变形。构件的运输顺序、堆放位置应按施工组织设计的要求和规定进行，以免增加构件的二次搬运。

2. 构件的吊装工艺

装配式单层工业厂房的结构安装构件有柱子、吊车梁、基础梁、连系梁、屋架、天窗架、屋面板及支撑等。构件的吊装工艺包括绑扎、吊升、对位、临时固定、校正、最后固定等工序。

（1）柱子吊装。

1）绑扎。柱的绑扎方法、绑扎位置和绑扎点数，应根据柱的形状、长度、截面、配筋、起吊方法和起重机性能等确定。常用的绑扎方法有一点绑扎斜吊法［图 5.74（a）］、一点绑扎直吊法［图 5.74（b）］、两点绑扎斜吊法、两点绑扎直吊法。

2）吊升。柱子的吊升方法，应根据柱子的重量、长度、起重机的性能和现场条件而定。单机吊装时，一般有旋转法和滑行法两种。

3）就位和固定。柱的就位与临时固定的方法是当柱脚插入杯口后，并不立即降至杯底，而是停在离杯底 30～50mm 处。此时，用 8 只楔块从柱的四边放入杯口，并用撬棍撬动柱脚，使柱的吊装准线对准杯口上的准线，并使柱基本保持垂直。对位后，将 8 只楔块略加打紧，放松吊钩，让柱靠自重下沉至杯底，如准线位置符合要求，立即用大锤将楔块打紧，将

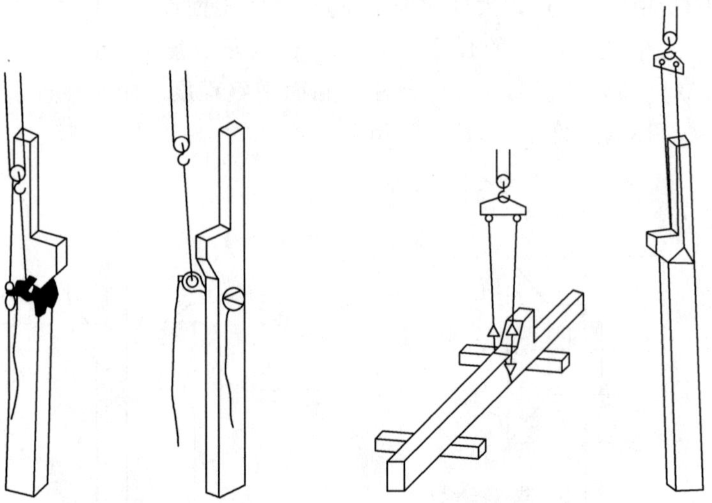

(a)一点绑扎斜吊法　　(b)一点绑扎直吊法

图 5.74　柱子一点绑扎法

柱临时固定。然后起重机即可完全放钩，拆除绑扎索具。

柱的位置经过检查校正后，应立即进行最后固定。方法是在柱脚与杯口的空隙中灌注细石混凝土，所用混凝土的强度等级可比原构件混凝土强度等级高一级。混凝土的浇筑分两次进行。第一次浇筑混凝土至楔块下端，当混凝土强度达到 25%设计强度时，即可拔去楔块，将杯口浇满混凝土并捣实。

(2) 吊车梁安装。

吊车梁的安装必须在柱子杯口浇筑的混凝土强度达到 70%以后进行。吊车梁一般基本保持水平吊装，当就位后要校正标高、平面位置和垂直度。吊车梁的标高如果误差不大，可在吊装轨道时，在吊车梁上面用水泥砂浆找平。平面位置，可根据吊车梁的定位轴线拉钢丝通线，用撬棍分别拨正。吊车梁的垂直度则可在梁的两端支撑面上用斜垫铁纠正。吊车梁校正之后，应立即按设计图样用电焊最后固定。

(3) 屋架安装。

屋架多在施工现场平卧浇筑，在屋架吊装前应当将屋架扶直、就位。钢筋混凝土屋架的侧面刚度较差，扶直时极易扭曲，造成屋架损伤，必须特别注意。扶直屋架时起重机的吊钩应对准屋架中心，吊索应左右对称，吊索与水平面的夹角不小于 45°。

屋架起吊后应基本保持平衡。吊至柱顶后，应使屋架的端头轴线与柱顶轴线重合，然后落位并加以临时固定。

第一榀屋架的临时固定必须十分可靠，因为它是单片结构，且第二榀屋架的临时固定还要以第一榀屋架作为支撑。第一榀屋架的临时固定，一般是用 4 根缆风绳从两边把屋架拉牢，如图 5.75 所示。其他各榀屋架可用工具式支撑固定在前面一榀屋架上，待屋架校正、最后固定，并安装了若干大型屋面板后才能将支撑取下。

(4) 屋面板的安装。

屋面板一般埋有吊环，起吊时应使 4 根吊索拉力相等，使屋面板保持水平。屋面板安装时，应自两边檐口左右对称地逐块铺向屋脊，避免屋架承半边荷载。屋面板就位后，应立即

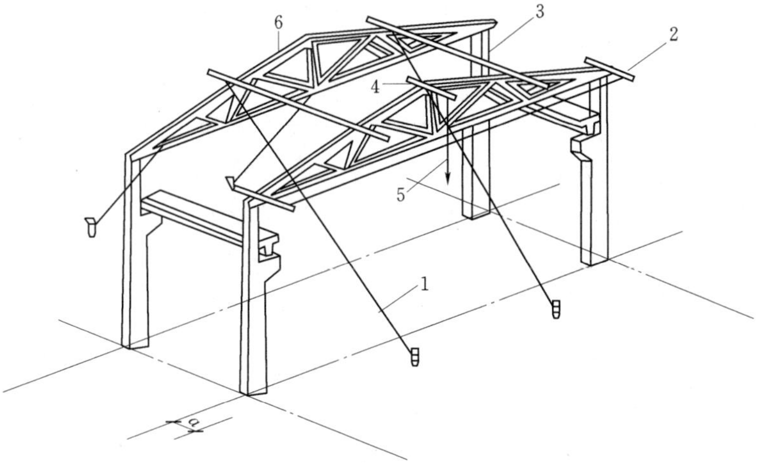

图 5.75 屋架的临时固定

1—缆风绳；2、3—挂线木尺；4—屋架校正器；5—线锤；6—屋架

进行电焊固定。

5.5.2.3 多层装配式框架结构安装

多层装配式框架结构可分为全装配式框架结构和装配整体式框架结构。

全装配式框架结构是指柱、梁、板等均由装配式构件组成的结构，按其主要传力方向的特点可分为横向承重框架结构和纵向承重框架结构两种。

装配整体式框架结构又称半装配框架体系，其主要特点是柱子现浇，梁、板等预制。装配整体式框架的施工有以下三种方案：

(1) 先现浇每层柱，拆模后再安装预制梁、板，逐层施工。

(2) 先支柱模和安装预制梁，浇筑柱子混凝土及梁柱节点处的混凝土，然后安装预制楼板。

(3) 先支柱模，安装预制梁和预制板后浇筑柱子混凝土及梁柱节点和梁板节点的混凝土。

1. 起重机械的选择

装配式框架结构吊装时，起重机械的选择要根据建筑物的结构形式、高度（构件最大安装高度)、构件质量及吊装工程量等条件决定。

多层装配式框架结构吊装机械常采用塔式起重机、履带式起重机、汽车式起重机、轮胎式起重机等。

5 层以下的房屋结构可采用 W1 - 100 型履带式起重机或 Q2 - 32 型汽车式起重机吊装，通常跨内开行。

一些重型厂房（如电厂）宜采用 15～40t 的塔式起重机吊装，高层装配式框架结构宜采用附着式、爬升式塔吊吊装。塔式起重机的型号主要根据建筑物的高度及平面尺寸、构件的质量以及现有设备条件来确定。

目前，10 层以下的民用建筑结构安装通常采用 QT1 - 6 型轨道式塔式起重机。

2. 起重机械的平面布置及构件吊装方法

(1) 起重机械的平面布置。

起重机的平面布置方案主要根据房屋形状及平面尺寸、现场环境条件、选用的塔式起重机性能及构件质量等因素来确定。

一般情况下，起重机布置在建筑物外侧，有单侧布置及双侧（或环形）布置两种方案，如图 5.76 所示。房屋宽度较小，构件也较轻时，塔式起重机可单侧布置。房屋宽度较大或构件较重时，单侧布置起重力矩不能满足最远的构件的吊装要求，起重机可双侧布置。其布置方式有跨内单行布置及跨内环形布置两种，如图 5.77 所示。

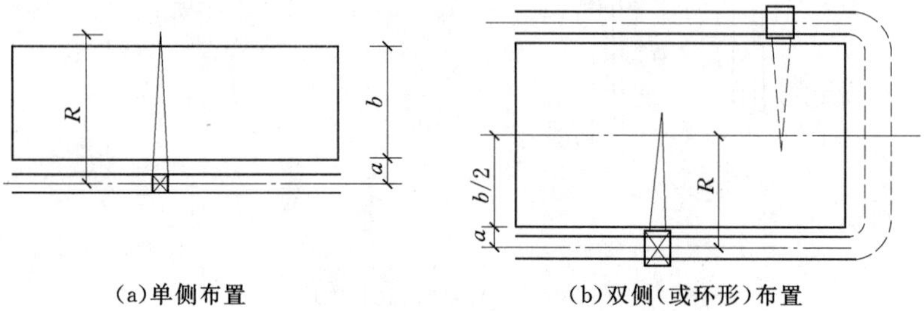

(a)单侧布置　　(b)双侧(或环形)布置

图 5.76　塔式起重机在建筑物外侧布置

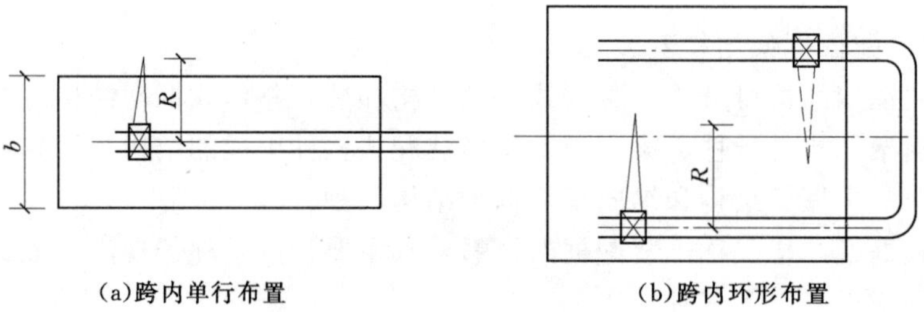

(a)跨内单行布置　　(b)跨内环形布置

图 5.77　塔式起重机在跨内布置

（2）结构吊装方法。

分件吊装法是起重机每开行一次吊装一种构件，如先吊装柱，再吊装梁，最后吊装板。分件吊装法又分为分层分段流水作业及分层大流水作业两种。

采用综合吊装法吊装构件时，一般以一个节间或几个节间为一个施工段，以房屋的全高为一个施工层来组织各工序的施工，起重机把一个施工段的所有构件按设计要求安装至房屋的全高后，再转入下一施工段施工。

3. 构件吊装工艺

多层装配式框架结构的结构形式有梁板式结构和无梁楼盖结构两类。梁板式结构是由柱、主梁、次梁、楼板组成。主梁（框架梁）沿房屋横向布置，与柱组成框架；次梁（纵梁）沿房屋纵向布置，在施工时起纵向稳定作用。多层装配式框架结构柱一般为方形或矩形截面。柱的吊装分为以下几个步骤：

（1）绑扎。普通单根柱（长 10m 以内）采用一点绑扎直吊法；“十”字形柱绑扎时，要使柱起吊后保持垂直；T 形柱的绑扎方法与“十”字形柱基本相同。

（2）起吊。柱的起吊方法与单层工业厂房柱吊装相同，一般采用旋转法。

（3）柱的临时固定及校正。上节柱吊装在下节柱的柱头上时，视柱的质量不同，采用不同的临时固定和校正方法。

(4) 柱接头施工。柱接头的形式如图 5.78 所示，有榫式接头、插入式接头和浆锚式接头三种。

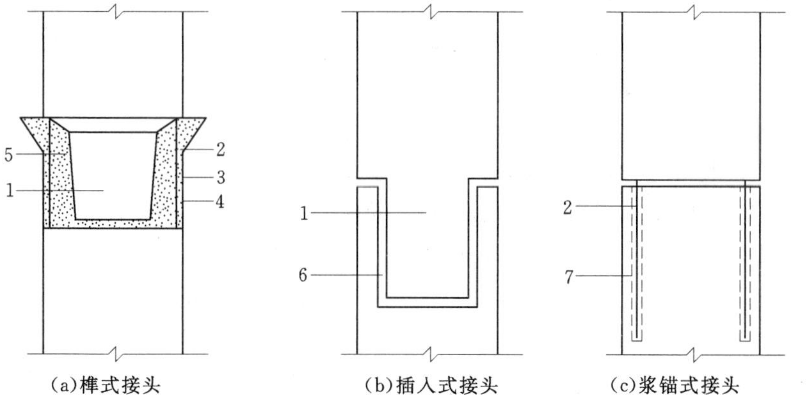

图 5.78　柱接头形式

1—榫头；2—上柱外伸钢筋；3—剖口焊；4—下柱外伸钢筋；5—后浇接头混凝土；6—下柱杯口；7—下柱预留孔

榫式接头是上柱和下柱外露的受力钢筋用剖口焊焊接，配置一定数量的箍筋，最后浇灌接头混凝土后形成整体；插入式接头是将上柱做成榫头，下柱顶部做成杯口，上柱插入杯口后用水泥砂浆灌注填实；浆锚式接头是将上柱伸出的钢筋插入下柱的预留孔中，然后用浇筑柱子混凝土所用水泥配制 1∶1 水泥砂浆，或用不低于 M30 的水泥砂浆灌缝锚固上柱钢筋形成整体。

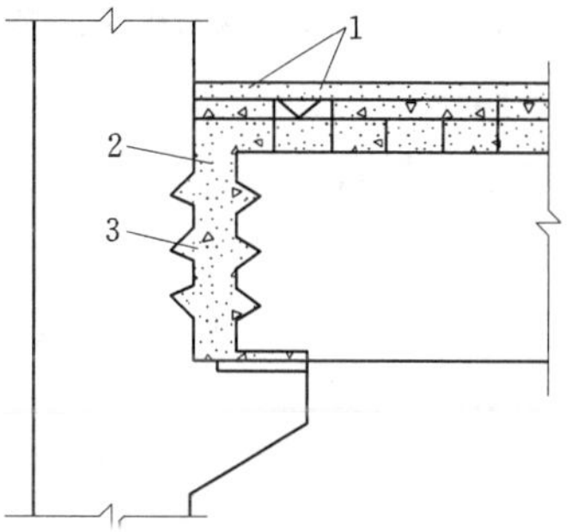

图 5.79　明牛腿式刚性接头

1—剖口焊；2—后浇细石混凝土；3—齿槽

梁柱接头的做法很多，常用的有明牛腿式刚性接头（图 5.79）、齿槽式梁柱接头、浇筑整体式梁柱接头、钢筋混凝土暗牛腿梁柱接头、型钢暗牛腿梁柱接头等。

4. 预制构件的平面布置

多层装配式框架结构的柱子较重，一般在施工现场预制。相对于塔式起重机的轨道，柱子预制阶段的平面布置有平行布置、垂直布置、斜向布置等几种方式。其布置原则与单层工业厂房构件的布置原则基本相同。

单　元　小　结

本单元包括钢筋混凝土模板、钢筋、混凝土工种施工、预应力混凝土施工、装配式钢筋混凝土工程施工、钢筋混凝土工程的冬期和雨期施工、钢筋混凝土工程施工安全技术等方面内容。

钢筋混凝土模板、钢筋、混凝土工种施工内容包括：模板的作用、分类、组成、构造及安装要求，模板设计与模板拆除，施工质量检查验收；钢筋验收与存放，常用钢筋加工机械，钢筋连接方法与规定，钢筋配料与代换计算，钢筋的加工、绑扎与安装，施工质量检查验收方法；混凝土制备、运输、浇筑、养护。

预应力混凝土施工主要介绍了预应力混凝土的分类、特点，预应力筋的种类及特性。关于先张法，重点介绍了张拉设备、台座、夹具和张拉工艺；关于后张法，重点介绍了张拉设备、锚具、预应力筋的制作及张拉工艺；无黏结预应力筋的制作、铺放、张拉等内容。无黏结预应力混凝土是近几年发展的新技术，并应用在高层建筑和较大跨度施工中。

装配式钢筋混凝土工程施工包括预制混凝土构件施工和结构安装工程施工。预制混凝土构件施工介绍预制混凝土构件施工的模板、成型方法、养护方法；结构安装工程施工主要介绍了起重卷扬机、钢丝绳、锚碇等规格和使用注意事项；熟悉各种起重机械的特点、工作性能与适用性，掌握柱、梁、板等几种基本构件的吊装工艺和结构安装方案。结构的各类构件的吊装工艺一般均包括绑扎、吊升、临时固定、校正和最后固定几个步骤，但不同的构件具体的工艺不同，主要是构件的几何形状、起吊安装高度、固定方式等都有区别，因此，应熟悉不同的构件的吊装方法。结构安装工程的特点：构件重，操作面小，高空作业多，机械化程度高，多工程上下交叉作业等。如果措施不当，极易发生安全事故。在组织施工时，要重视这些特点，采取相应的安全措施。

拓 展 讨 论

党的二十大报告提出，我们要坚持以推动高质量发展为主题，把实施扩大内需战略同深化供给侧结构性改革有机结合起来，增强国内大循环内生动力和可靠性，提升国际循环质量和水平，加快建设现代化经济体系，着力提高全要素生产率，着力提升产业链供应链韧性和安全水平，着力推进城乡融合和区域协调发展，推动经济实现质的有效提升和量的合理增长。

请思考：混凝土结构工程施工过程中如何保证施工质量？

习 题

1. 模板安装的程序是怎样的？包括哪些内容？
2. 模板在安装、拆除过程中，应注意哪些事项？
3. 钢筋下料长度应考虑哪些内容？
4. 机械调直可采用哪些机械？
5. 钢筋切断有哪几种方法？
6. 钢筋弯曲成型有几种方法？
7. 钢筋的接头连接分为几类？
8. 钢筋的冷加工有哪几种形式？钢筋机械冷拉的方式有哪几种？
9. 钢筋的搭接有哪些要求？
10. 钢筋现场绑扎的基本程序有哪些？
11. 混凝土施工缝的处理方法有哪些？
12. 对混凝土搅拌质量如何进行外观检查？
13. 如何使用振捣器平仓？
14. 振捣器使用前的检查项目有哪些？
15. 振捣器如何进行操作？

16. 预制混凝土构件的预制方法有哪些？

17. 预制混凝土构件成品堆放应符合哪些要求？

18. 试述先张法预应力混凝土构件的生产流程。

19. 后张法预应力混凝土构件生产的张拉控制应力和张拉程序有哪些要求？

20. 单层工业厂房结构安装准备工作有哪些？

21. 单层工业厂房吊车梁如何吊装？

22. 钢筋配料计算。一钢筋混凝土梁，高 500mm，宽 250mm，长 4800mm，保护层厚度为 25mm，梁内钢筋的规格及形状如图 5.85 所示。试计算每根钢筋的下料长度。

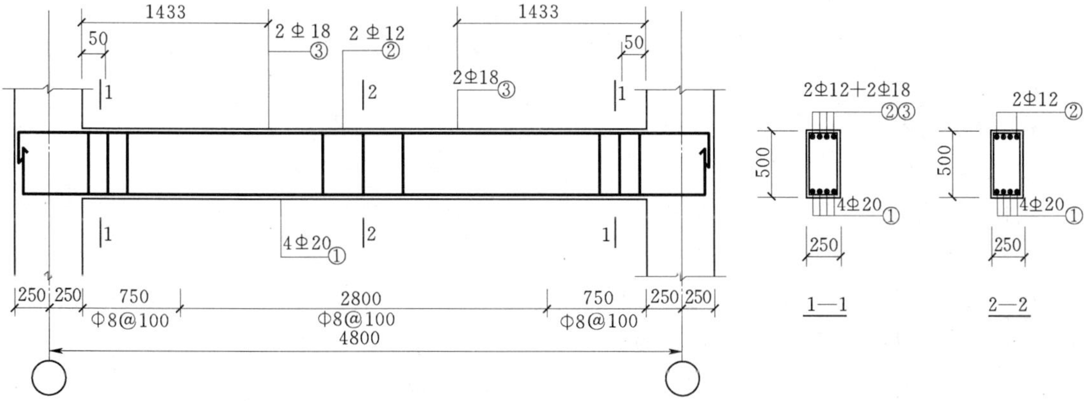

图 5.85　钢筋的规格及形状

23. 已知 C20 混凝土的试验室配合比为 1∶2.52∶4.24，水灰比为 0.50，经测定砂的含水率为 2.5%，石子的含水率为 1%，每 $1m^3$ 混凝土的水泥用量 340kg，则施工配合比为多少？工地采用 JZ350 型搅拌机拌和混凝土，出料容量为 $0.35m^3$，则每搅拌一次的装料数量为多少？

24. 某工程设计要求的混凝土强度等级为 C30，要求强度保证率 $P=95\%$。试求：

(1) 当混凝土强度标准差 $\sigma=5.5$MPa 时，混凝土的配制强度应为多少？

(2) 若提高施工管理水平，σ 降为 3.0MPa 时，混凝土的配制强度为多少？

(3) 若采用普通硅酸盐水泥 42.5 和卵石配制混凝土，用水量为 $160kg/m^3$，水泥富余系数 $K_c=1.10$。问：从 5.5MPa 降到 3.0MPa，每立方米混凝土可节约水泥多少？

25. 某高层建筑承台板长、宽、高分别为 60m、15m、1m，混凝土强度等级 C30，用 42.5 普通硅酸盐水泥，水泥用量为 $386kg/m^3$，试验室配合比为 1∶2.18∶3.82，水灰比为 0.40，若现场砂的含水率为 1.5%，石子的含水率为 1%，试确定各种材料的用量。

26. 一高层建筑基础底板长、宽、高分别为 60m、20m、2.5m，要求连续浇筑混凝土，施工条件为现场混凝土最大供应量为 $60m^3/h$，若混凝土运输时间为 1.5h，掺用缓凝剂后混凝土初凝时间为 4.5h，若每浇筑层厚度 300mm，试确定：

(1) 混凝土浇筑方案（若采用斜面分层方案，要求斜面坡度不小于 1∶6）。

(2) 每小时混凝土浇筑量。

(3) 完成浇筑任务所需时间。

单元6　钢结构工程施工

教学目标：掌握钢结构施工各工序要求和方法；掌握焊接方法、焊接工艺；掌握高强度螺栓连接施工安装工艺；掌握钢结构工程安装方法；了解钢防腐涂料的类型，掌握防腐涂装方法；熟悉薄涂型防火涂料涂装工艺。

课题6.1　钢结构的制作

6.1.1　放样和号料

1. 放样工作内容

放样是钢结构制作工艺中的第一道工序，只有放样尺寸准确，才能避免以后各道加工工序的积累误差，才能保证整个工程的质量。

放样的内容包括：核对图样的安装尺寸和孔距，以1∶1的大样放出节点，核对各部分的尺寸，制作样板和样杆作为下料、弯制、铣、刨、制孔等加工的依据。

放样时以1∶1的比例在放样台上利用几何作图方法弹出大样。放样检查无误后，用铁皮或塑料板制作样板，用木杆、钢皮或扁铁制作样杆。样板、样杆上应注明工号、图号、零件号、数量及加工边、坡口部位、弯折线和弯折方向、孔径和滚圆半径等。然后用样板、样杆进行号料，如图6.1所示。样板、样杆应妥善保存，直至下料结束。

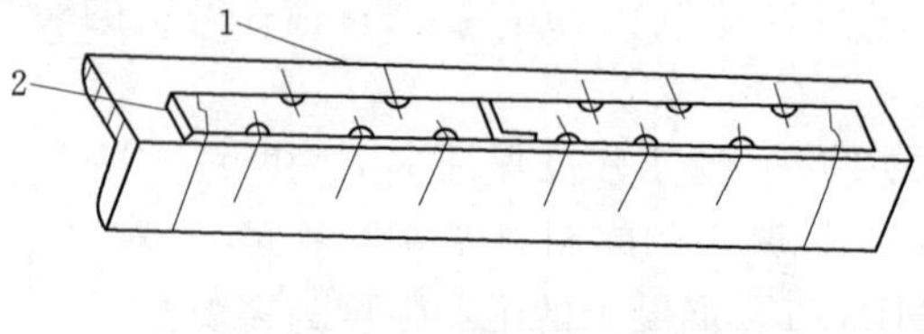

(a) 样杆号孔

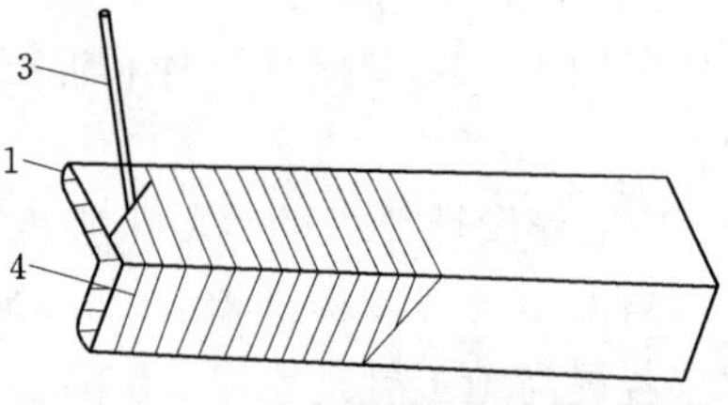

(b) 样板号料

图6.1　样板号料

1—角钢；2—样杆；3—画针；4—样板

2. 号料工作的内容

号料的工作内容包括：检查核对材料，在材料上画出切割、铣、刨、弯曲、钻孔等加工位置，打冲孔，标出零件编号等。

钢材如有较大弯曲等问题时应先矫正，根据配料表和样板进行套裁，尽可能节约材料。当工艺有规定时，应按规定的方向进行取料，号料应有利于切割和保证零件质量。

3. 放样和号料用工具

放样和号料用工具及设备有：画针、冲子、手锤、粉线、弯尺、直尺、钢卷尺、大钢卷尺、剪子、小型剪板机、折弯机。

用作计量长度的钢盘尺，必须经授权的计量单位计量，且附有偏差卡片，使用时按偏差卡片的记录数值核对其误差数。

结构制作、安装、验收及土建施工用的量具，必须用同一标准进行鉴定，且应具有相同的精度要求。

4. 放样号料应注意的问题

(1) 放样时，铣、刨的工作要考虑加工余量，焊接构件要按工艺要求放出焊接收缩量，高层钢结构的框架柱尚应预留弹性压缩量。

(2) 号料时要根据切割方法留出适当的切割余量。

(3) 如果图样要求桁架起拱，放样时上、下弦应同时起拱，起拱后垂直杆的方向仍然垂直于水平线，而不与下弧杆垂直。

(4) 样板、号料的允许偏差满足要求。

6.1.2 切割

钢材下料切割方法有剪切、冲切、锯切、气割等。施工中采用哪种方法应该根据具体要求和实际条件选用。切割后钢材不得有分层，断面上不得有裂纹，应清除切口处的毛刺或溶渣和飞溅物。气割和机械剪切的允许偏差应符合规定。

1. 气割

气割（或称氧割）是以氧气与燃料燃烧时产生的高温来熔化钢材，并借喷射压力将溶渣吹去，造成割缝，达到切割金属的目的。但熔点高于火焰温度或难于氧化的材料，则不宜采用气割。氧与各种燃料燃烧时的火焰温度为 2000～3200℃。气割能切割各种厚度的钢材，设备灵活，费用经济，切割精度也高，是目前广泛使用的切割方法。气割按切割设备分类可分为手工气割、半自动气割、仿型气割、多头气割、数控气割和光电跟踪气割。手工气割操作要点如下：

(1) 首先点燃割炬，随即调整火焰。

(2) 开始切割时，打开切割氧阀门，观察切割氧流线的形状，若为笔直而清晰的圆柱体，并有适当的长度即可正常切割。

(3) 发现嘴头产生鸣爆并发生回火现象，可能因嘴头过热或堵住，或乙炔供应不及时，此时需马上处理。

(4) 临近终点时，嘴头应向前进的反方向倾斜，以利于钢板的下部提前割透，使收尾时割缝整齐。

(5) 当切割结束时应迅速关闭切割氧气阀门，并将割炬抬起，再关闭乙炔阀门，最后关闭预热氧阀门。

2. 机械切割

(1) 带锯机床。带锯机床适用于切断型钢及型钢构件，其效率高，切割精度高。

(2) 砂轮锯。砂轮锯适用于切割薄壁型钢及小型钢管，其切口光滑、生刺较薄、易清除，噪声大、粉尘多。

(3) 无齿锯。无齿锯是依靠高速摩擦而使工件熔化，形成切口，适用于精度要求较低的构件。其切割速度快，噪声大。

(4) 剪板机、型钢冲剪机。此法适用于薄钢板、压型钢板等，其具有切割速度快、切口整齐、效率高等特点，剪刀必须锋利，剪切时调整刀片间隙。

3. 等离子切割

等离子切割适用于不锈钢、铝、铜及其合金等，在一些尖端技术上应用广泛。其具有切割温度高、冲刷力大、切割边质量好、变形小、可以切割任何高熔点金属等特点。

6.1.3 矫正和成型

1. 矫正

在钢结构制作过程中，由于原材料变形、切割变形、焊接变形、运输变形等经常影响构件的制作及安装。矫正就造成新的变形去抵消已经发生的变形。型钢的矫正分机械矫正、手工矫正、火焰矫正等。

型钢机械矫正是在矫正机上进行，在使用时要根据矫正机的技术性能和实际使用情况进行选择。手工矫正多数用在小规格的各种型钢上，依靠锤击力进行矫正。火焰矫正法是在构件局部用火焰加热，利用金属热胀冷缩的物理性能，冷却时产生很大的冷缩应力来矫正变形。

型钢矫正前首先要确定弯曲点的位置，这是矫正工作不可缺少的步骤。目测法是现在常用的找弯方法，确定型钢的弯曲点时应注意型钢自重下沉产生的弯曲影响准确性，对于较长的型钢要放在水平面上，用拉线法测量。型钢矫正后的允许偏差见表 6.1。

表 6.1　　钢材矫正的允许偏差

项次	偏差名称		示意图	允许偏差
1	钢板、扁钢的局部挠曲矢高 f		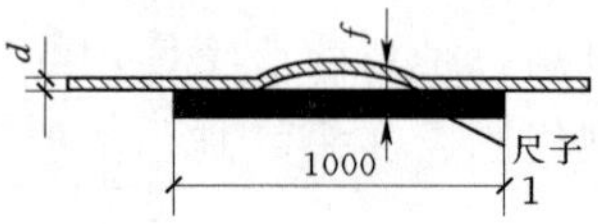	在 1m 范围内 $\delta>14$，则 $f\leqslant1.0$；$\delta\leqslant14$，则 $f\leqslant1.5$
2	角钢、工字钢、槽钢挠曲矢高 f			长度的 1/1000，但不大于 5mm
3	角钢肢的垂直度 Δ		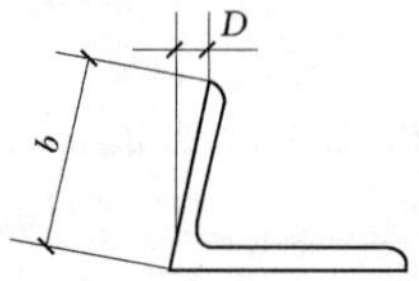	$\Delta\leqslant b/100$，但双肢铆接连接时角钢的角度不得大于 90°
4	翼缘对腹板的垂直度	槽钢	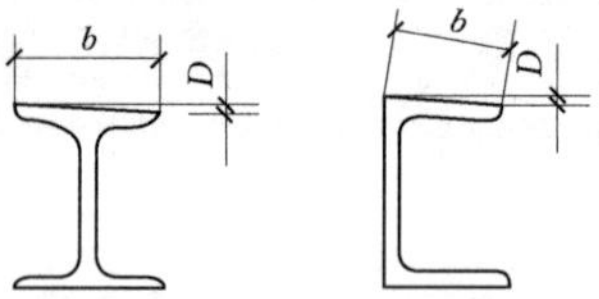	$\Delta\leqslant b/80$（槽钢）
		工字钢 H 型钢		$\Delta\leqslant b/100$，且不大于 2.0（工字钢、H 型钢）

2. 弯曲成型

型钢冷弯曲的工艺方法有滚圆机滚弯、压力机压弯，还有顶弯、拉弯等，先按型材的截面形状、材质规格及弯曲半径制作相应的胎模，经试弯符合要求方准加工。钢结构零件、部件在冷矫正和冷弯曲时，最小弯曲率半径和最大弯曲矢高应符合验收规范要求。

(1) 钢板卷曲。钢板卷曲是通过旋转辊轴对板料进行连接三点弯曲形成的。当制件曲率半径较大时，可在常温状态下卷曲；如制作曲率半径较小或钢板较厚时，需对钢板加热后进行。钢板卷曲按其卷曲类型可分为单曲率卷制和双曲率卷制，如图 6.2 所示。单曲率卷制包括对圆柱面、圆锥面和任意柱面的卷制，操作简便，较常用。双曲率卷制可实现球面、双曲面的卷制，制作工艺较复杂。钢板卷曲工艺包括预弯、对中和卷曲三个过程。

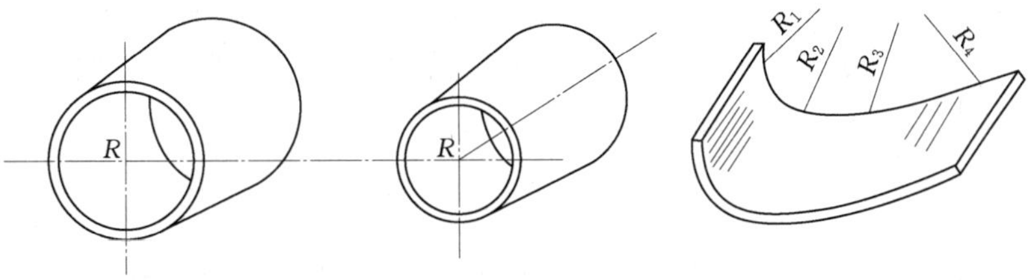

(a)圆柱面卷曲　(b)圆锥面卷曲　(c)任意柱面卷曲

图6.2 单曲率制钢板的卷曲

(2) 型材弯曲。型材弯曲包括型钢的弯曲和钢管的弯曲。

(3) 边缘加工。在钢结构制造中，经过剪切或气割过的钢板边缘，其内部结构会发生硬化和变态。为了保证桥梁或重型吊车梁等重型构件的质量，需要对边缘进行加工，其刨切量不应小于2mm。此外，为了保证焊缝质量，考虑到装配的准确性，要将钢板边缘刨成或铲成坡口，往往还要将边缘刨直或镜平。

一般需要作边缘加工的部位包括吊车梁翼缘板、支座支撑面等具有工艺性要求的加工面，设计图样中有技术要求的焊接坡口；尺寸精度要求严格的加劲板、隔板、腹板及有孔眼的节点板等。常用的边缘加工方法有铲边、刨边、镜力和电气刨边四种。

6.1.4 边缘加工

钢吊车梁翼缘板的边缘、钢柱脚和肩梁承压支撑面以及其他图样要求的加工面，焊接对接口、坡口的边缘，尺寸要求严格的加筋肋、隔板、腹板和有孔眼的节点板，以及由于切割方法产生硬化等缺陷的边缘，一般需要边缘加工，采用精密切割就可代替刨铣加工。

常用的边缘加工方法有铲边、刨边、铣边、切割等。对加工质量要求不高并且工作量不大的采用铲边，有手工铲边和机械铲边。刨边使用的是刨边机，由刨刀来切削板材的边缘。铣边比刨边机工效高、能耗少、质量优。切割有碳弧气刨、半自动与自动气割机、坡口机等方法。

6.1.5 制孔

高强度螺栓的采用，使孔加工在钢结构制造中占有很大比重。在精度上要求也越来越高。

1. 制孔的质量

(1) 精制螺栓孔。精制螺栓孔（A、B级螺栓孔——Ⅰ类孔）的直径应与螺栓公称直径相等，孔应具有H12的精度，孔壁表面粗糙度 $R_a \leqslant 12.5\mu m$。其孔径允许偏差应符合规定。

(2) 普通螺栓孔。普通螺栓孔（C级螺栓孔——Ⅱ类孔）包括高强度螺栓（大六角头螺栓、扭剪型螺栓等）、普通螺钉孔、半圆头铆钉等的孔。其孔直径应比螺栓杆、钉杆的公称直径大1.0～3.0mm，孔壁粗糙度 $R_a \leqslant 25\mu m$。孔的允许偏差应符合要求。

(3) 孔距。螺栓孔孔距的允许偏差应符合规定。如果超过偏差，应采用与母材材质相匹配的焊条补焊后重新制孔。

2. 制孔的方法

制孔通常有钻孔和冲孔两种方法。钻孔是钢结构制作中普遍采用的方法。冲孔是冲孔设备靠冲裁力产生的孔，孔壁质量最差，在钢结构制作中已较少采用。

钻孔有人工钻孔和机床钻孔。人工钻孔多用于钻直径较小、料较薄的孔。机床钻孔施钻方便快捷，精度高，钻孔前先选钻头，再根据钻孔的位置和尺寸情况选择相应钻孔设备。

除了钻孔之外，还有扩孔、锪孔、铰孔等。扩孔是将已有孔眼扩大到需要的直径，锪孔是将已钻好的孔上表面加工成一定形状的孔，铰孔是将已经粗加工的孔进行精加工以提高孔的光洁度和精度。

6.1.6　组装

组装亦称装配、组拼，是把加工好的零件按照施工图的要求拼装成单个构件。钢构件的大小应根据运输道路、现场条件、运输和安装单位的机械设备能力与结构受力的允许条件等来确定。

1. 一般要求

(1) 钢构件组装应在平台上进行，平台应测平。用于装配的组装架及胎模要牢固地固定在平台上。

(2) 组装工作开始前要编制组装顺序表，组拼时严格按照顺序表所规定的顺序进行。

(3) 组装时，要根据零件加工编号，严格检验核对其材质、外形尺寸，毛刺飞边要清除干净，对称零件要注意方向，避免错装。

(4) 对于尺寸较大、形状较复杂的构件，应先分成几个部分组装成简单组件，再逐渐拼成整个构件，并注意先组装内部组件，再组装外部组件。

(5) 组装好的构件或结构单元，应按图样的规定对构件进行编号，并标注构件的重量、重心位置、定位中心线、标高基准线等。构件编号位置要在明显易查处，大构件要在三个面上都编号。

2. 焊接连接的构件组装

(1) 根据图纸尺寸，在平台上画出构件的位置线，焊上组装架及胎模夹具。组装架离平台面不小于50mm，并用卡兰、左右螺旋丝杠或梯形螺纹，作为夹紧调整零件的工具。

(2) 每个构件的主要零件位置调整好并检查合格后，把全部零件组装上并进行点焊，使之定形。在零件定位前，要留出焊缝收缩量及变形量。高层建筑钢结构的柱子，两端除增加焊接收缩量的长度之外，还必须增加构件安装后荷载压缩变形量，并留好构件端头和支撑点铣平的加工余量。

(3) 为了减少焊接变形，应该选择合理的焊接顺序。如对称法、分段逆向焊接法、跳焊法等。在保证焊缝质量的前提下，采用适量的电流，快速施焊，以减小热影响区和温度差，减小焊接变形和焊接应力。

6.1.7　表面处理

1. 高强度螺栓摩擦面的处理

采用高强度螺栓连接时，应对构件摩擦面进行加工处理。摩擦面处理后的抗滑移系数必须符合设计文件的要求。

摩擦面的处理方法一般有喷砂、酸洗、砂轮打磨等几种，其中喷砂处理过的摩擦面的抗滑移系数值较高，离散率较小。处理好的摩擦面严禁有飞边、毛刺、焊疤和污损等，不得涂油漆，在运输过程中防止摩擦面损伤。

构件出厂前应按批做试件检验抗滑移系数，试件的处理方法应与构件相同，检验的最小数值应符合设计要求，并附三组试件供安装时复验抗滑移系数。

2. 构件成品的防腐涂装

钢结构构件在加工验收合格后，应进行防腐涂料涂装。但构件焊缝连接处、高强度螺栓摩擦面处不能作防腐涂装，应在现场安装完后，再补刷防腐涂料。

课题6.2 钢 结 构 连 接

6.2.1 焊接施工

1. 焊接方法选择

焊接是钢结构使用最主要的连接方法之一。在钢结构制作和安装领域中，广泛使用的是电弧焊。在电弧焊中又以药皮焊条手工焊条、自动埋弧焊、半自动与自动 CO_2 气体保护焊为主。在某些特殊场合，则必须使用电渣焊。焊接的类型、特点和适用范围见表 6.2。

表 6.2 钢结构焊接方法选择

焊接的类型		特　　点	适 用 范 围
手工焊	交流焊机	利用焊条与焊件之间产生的电弧热焊接，设备简单，操作灵活，可进行各种位置的焊接，是建筑工地应用最广泛的焊接方法	焊接普通钢结构
	直流焊机	焊接技术与交流焊机相同，成本比交流焊机高，但焊接时电弧稳定	焊接要求较高的钢结构
埋弧自动焊		利用埋在焊剂层下的电弧热焊接，效率高，质量好，操作技术要求低，劳动条件好，是大型构件制作中应用最广的高效焊接方法	焊接长度较大的对接、贴角焊缝，一般是有规律的直焊缝
半自动焊		与埋弧自动焊基本相同，操作灵活，但使用不够方便	焊接较短的或弯曲的对接、贴角焊缝
CO_2 气体保护焊		用 CO_2 或惰性气体保护的实芯焊丝或药芯焊接，设备简单，操作简便，焊接效率高，质量好	用于构件长焊缝的自动焊
电渣焊		利用电流通过液态熔渣所产生的电阻热焊接，能焊大厚度焊缝	用于箱形梁及柱隔板与面板全焊透连接

2. 焊接工艺要点

(1) 焊接工艺设计。确定焊接方式、焊接参数及焊条、焊丝、焊剂的规格型号等。

(2) 焊条烘烤。焊条和粉芯焊丝使用前必须按质量要求进行烘焙，低氢型焊条经过烘焙后，应放在保温箱内随用随取。

(3) 定位点焊。焊接结构在拼接、组装时要确定零件的准确位置，要先进行定位点焊。定位点焊的长度、厚度应由计算确定。电流要比正式焊接提高 10%～15%，定位点焊的位置应尽量避开构件的端部、边角等应力集中的地方。

(4) 焊前预热。预热可降低热影响区冷却速度，防止焊接延迟裂纹的产生。预热区在焊缝两侧，每侧宽度均应大于焊件厚度的 1.5 倍以上，且不应小于 100mm。

(5) 焊接顺序确定。一般从焊件的中心开始向四周扩展；先焊收缩量大的焊缝，后焊收缩量小的焊缝；尽量对称施焊；焊缝相交时，先焊纵向焊缝，待冷却至常温后，再焊横向焊缝；钢板较厚时分层施焊。

(6) 焊后热处理。焊后热处理主要是对焊缝进行脱氢处理，以防止冷裂纹的产生。后热处理应在焊后立即进行，保温时间应根据板厚按每25mm板厚1h确定。预热及后热均可采用散发式火焰枪进行。

6.2.2 高强度螺栓连接施工

高强度螺栓连接是目前与焊接并举的钢结构主要连接方法之一。其特点是施工方便、可拆可换、传力均匀、接头刚性好，承载能力大，疲劳强度高，螺母不易松动，结构安全可靠。高强度螺栓从外形上可分为大六角头高强度螺栓（即扭矩形高强度螺栓）和扭剪型高强度螺栓两种。高强度螺栓和与之配套的螺母、垫圈总称为高强度螺栓连接副。

1. 一般要求

（1）高强度螺栓使用前，应按有关规定对高强度螺栓的各项性能进行检验。运输过程中应轻装轻卸，防止损坏。当包装破损，螺栓有污染等异常现象时，应用煤油清洗，并按高强度螺栓验收规程进行复验，经复验扭矩系数合格后方能使用。

（2）工地储存高强度螺栓时，应放在干燥、通风、防雨、防潮的仓库内，并不得沾染脏物。

（3）安装时，应按当天需用量领取，当天没有用完的螺栓，必须装回容器内，妥善保管，不得乱扔、乱放。

（4）安装高强度螺栓时接头摩擦面上不允许有毛刺、铁屑、油污、焊接飞溅物，摩擦面应干燥，没有结露、积霜、积雪，并不得在雨天进行安装。

（5）使用定扭矩扳子紧固高强度螺栓时，每天都应对定扭矩扳子进行校核，合格后方能使用。

2. 安装工艺

（1）一个接头上的高强度螺栓连接，应从螺栓群中部开始安装，向四周扩展，逐个拧紧。对于扭矩型高强度螺栓的初拧、复拧、终拧，每完成一次应涂上相应的颜色或标记，以防漏拧。

（2）接头如有高强度螺栓连接又有焊接连接时，宜按先栓后焊的方式施工，先终拧完高强度螺栓再焊接焊缝。

（3）高强度螺栓应自由穿入螺栓孔内，当板层发生错孔时，允许用铰刀扩孔。扩孔时，铁屑不得掉入板层间。扩孔数量不得超过一个接头螺栓的1/3，扩孔后的孔径不应大于1.2d（d为螺栓直径）。严禁使用气割进行高强度螺栓孔的扩孔。

（4）一个接头多个高强度螺栓穿入方向应一致。垫圈有倒角的一侧应朝向螺栓头和螺母，螺母有圆台的一面应朝向垫圈，螺母和垫圈不应装反。

（5）高强度螺栓连接副在终拧以后，螺栓丝扣外露应为2～3扣，其中允许有10%的螺栓丝扣外露1扣或4扣。

3. 紧固方法

（1）大六角头高强度螺栓连接副紧固。大六角头高强度螺栓连接副一般采用扭矩法和转角法紧固。

1）扭矩法。使用可直接显示扭矩值的专用扳手，分初拧和终拧二次拧紧。初拧扭矩为终拧扭矩的60%～80%，其目的是通过初拧，使接头各层钢板达到充分密贴，终拧扭矩把螺栓拧紧。

2）转角法。转角法是根据构件紧密接触后，螺母的旋转角度与螺栓的预拉力成正比的关系确定的一种方法。操作时分初拧和终拧两次施拧。初拧可用短扳手将螺母拧致使构件靠拢，并作标记。终拧用长扳手将螺母从标记位置拧至规定的终拧位置。转动角度的大小在施工前由试验确定。

（2）扭剪型高强度螺栓紧固。扭剪型高强度螺栓有一特制尾部，采用带有两个套筒的专用电动扳手紧固。紧固时用专用扳手的两个套筒分别套住螺母和螺栓尾部的梅花头，接通电源后，两个套筒按反向旋转，拧断尾部后即达相应的扭矩值。一般用定扭矩扳手初拧，用专用电动扳手终拧。

课题6.3 钢 结 构 安 装

6.3.1 概述

钢结构安装前应进行图纸会审，对施工的场地条件、钢构件核查等相关作业条件进行准备布置，以便于钢结构施工安装工作的顺利开展。

钢结构安装施工中除了起重设备外，还需采用校正构件安装偏差的千斤顶、用于垂直水平运输的卷扬机、用于固定缆风绳的地锚、用于起吊轻型构件的倒链等索具设备。

6.3.1.1 钢结构工程安装方法

钢结构工程安装方法有分件安装法、节间安装法和综合安装法。

1. 分件安装法

分件安装法是指起重机在节间内每开行一次仅安装一种或两种构件。如起重机第一次开行中先吊装全部柱子，并进行校正和最后固定；然后依次吊装地梁、柱间支撑、墙梁、吊车梁、托架（托梁）、屋架、天窗架、屋面支撑和墙板等构件，直至整个建筑物吊装完成。有时屋面板的吊装也可在屋面上单独用桅杆或层面小吊车来进行。

分件吊装法的优点是起重机在每次开行中仅吊装一类构件，吊装内容单一，准备工作简单，校正方便，吊装效率高；有充分时间进行校正；构件可分类在现场顺序预制、排放，场外构件可按先后顺序组织供应；构件预制吊装、运输、排放条件好，易于布置；可选用起重量较小的起重机械，可利用改变起重臂杆长度的方法，分别满足各类构件吊装起重量和起升高度的要求。缺点是起重机开行频繁，机械台班费用增加；起重机开行路线长；起重臂长度改变需一定的时间；不能按节间吊装，不能为后续工程及早提供工作面，阻碍了工序的穿插；相对的吊装工期较长；屋面板吊装有时需要有辅助机械设备。

分件吊装法适用于一般中小型厂房的吊装。

2. 节间安装法

节间安装法是指起重机在厂房内一次开行中，分节间依次安装所有各类型构件，即先吊装一个节间柱子，并立即加以校正和最后固定，接着吊装地梁、柱间支撑、墙梁（连续梁）、吊车梁、走道板、柱头系统、托架（托梁）、屋架、天窗架、屋面支撑系统、屋面板和墙板等构件。一个（或几个）节间的全部构件吊装完毕后，起重机行进至下一个（或几个）节间，再进行下一个（或几个）节间全部构件吊装，直至吊装完成。

节间安装法的优点是起重机开行路线短，起重机停机点少，停机一次可以完成一个（或几个）节间全部构件安装工作，可为后期工程及早提供工作面，可组织交叉平行流水作业，缩短工期；构件制作和吊装误差能及时发现并纠正；吊装完一节间，校正固定一节间，结构整体稳定性好，有利于保证工程质量。缺点是需用起重量大的起重机同时吊各类构件，不能充分发挥起重机效率，无法组织单一构件连续作业；各类构件需交叉配合，场地构件堆放拥挤，吊具、索具更换频繁，准备工作复杂；校正工作零碎、困难；柱子固定时间较长，难以组织连续作业，使吊装时间延长，降低吊装效率；操作面窄，易发生安全事故。

节间安装法适用于采用回转式桅杆进行吊装，或特殊要求的结构（如门式框架）或由于某种原因需局部特殊施工（如急需施工地下设施）时采用。

3. 综合安装法

综合安装法是将全部或一个区段的柱头以下部分的构件用分件吊装法吊装，即柱子吊装完毕并校正固定，再按顺序吊装地梁、柱间支撑、吊车梁、走道板、墙梁、托架（托梁），接着按节间综合吊装屋架、天窗架、屋面支撑系统和屋面板等屋面结构构件。整个吊装过程可按3次流水进行，根据结构特性有时也可采用两次流水，即先吊装柱子，然后分节间吊装其他构件。吊装时通常采用两台起重机，一台起重量大的起重机用来吊装柱子、吊车梁、托架和屋面结构系统等，另一台用来吊装柱间支撑、走道板、地梁、墙梁等构件并承担构件卸车和就位排放工作。

综合安装法结合了分件安装法和节间安装法的优点，能最大限度地发挥起重机的能力和效率，缩短工期，是广泛采用的一种安装方法。

6.3.1.2 钢结构工程安装工艺顺序及流水段划分

吊装顺序是先吊装竖向构件，后吊装平面构件。竖向构件吊装顺序为柱—连系梁—柱间支撑—吊车梁—托架等；单种构件吊装流水作业，既保证体系纵列形成排架，稳定性好，又能提高生产效率；平面构件吊装顺序主要以形成空间结构稳定体系为原则。

平面流水段的划分应考虑钢结构在安装过程中的对称性和稳定性；立面流水以一节钢柱为单元。每个单元以主梁或钢支撑安装成框架为原则，其次是其他构件的安装。可以采用由一端向另一端进行的吊装顺序，既有利于安装期间结构的稳定，又有利于设备安装单位的进场施工。

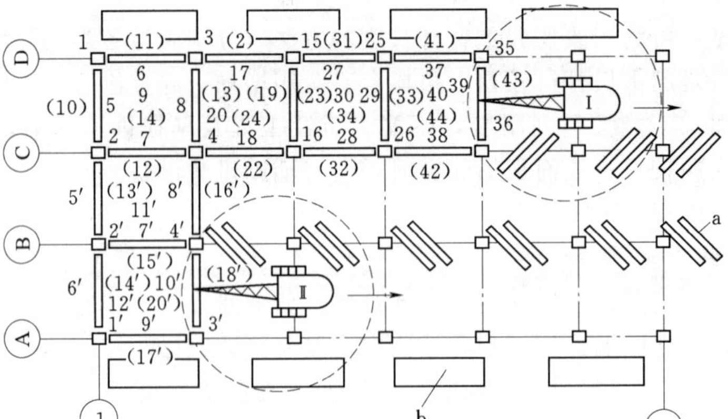

图6.3 履带式起重机跨内综合吊装法

a—柱预制、堆放场地；b—梁板堆放场地；1～44—起重机Ⅰ的吊装顺序；

1′～20′—起重机Ⅱ的吊装顺序井；带（ ）的为第二层梁板吊装顺序

履带式起重机跨内开行以综合吊装法吊装两层装配式框架结构的顺序，如图 6.3 所示。起重机Ⅰ先安装 CD 跨间第 1～2 节间柱 1～4、梁 5～8 形成框架后，再吊装楼板 9，接着吊装第二层梁 10～13 和楼板 14，完成后起重机后退，依次同次吊装第 2～3、第 3～4 节间各层构件；起重机Ⅱ安装 AB、BC 跨柱、梁和楼板，顺序与起重机Ⅰ相同。

塔式起重机跨外开行采用分层分段流水吊装四层框架顺序，划分为四个吊装段进行，如图 6.4 所示。起重机先吊装第一吊装段的第一层柱 1～14，再吊装梁 15～33，形成框架；接着吊装第二吊装段的柱、梁；接着吊装第 1、2 段的楼板；接着进行第 3、4 段吊装，顺序同前。第一施工层全部吊装完成后，接着进行上层吊装。

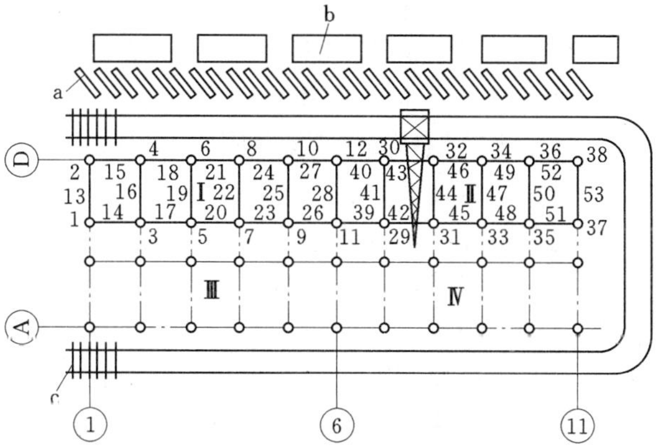

图 6.4 塔式起重机跨外分件吊装法
a—柱预制、堆放场地；b—梁板堆放场地；c—塔式起重机轨道；
Ⅰ～Ⅳ—吊装段编号；1～53—构件吊装顺序

6.3.1.3 钢构件的运输和摆放

（1）钢构件的运输可采用公路、铁路或海路运输。运输构件时，应根据构件的长度、重量断面形状、运输形式的要求选用合理运输方式。

（2）大型或重型构件的运输宜编制运输方案。

（3）构件的运输顺序应满足构件吊装进度计划要求。

（4）钢构件的包装应满足构件不失散、不变形和装运稳定牢固的要求。

（5）构件装卸时，应按设计吊点起吊，并应有防止构件损伤的措施。

（6）钢构件中转堆放场，应根据构件尺寸、外形、重量、运输与装卸机械、场地条件，绘制平面布置图，并尽量减少搬运次数。

（7）构件堆放场地应平整、坚实、排水良好。

（8）构件应按种类、型号、安装顺序分区堆放。

（9）构件堆放应确保不变形、不损坏，有足够的稳定性。

（10）构件叠放时，其支点应在同一直线上，叠放层数不宜过高。

6.3.2 钢柱安装与校正

1. 首节钢柱的安装与校正

安装前，应对建筑物的定位轴线、首节柱的安装位置、基础的标高和基础混凝土强度进行复检，合格后才能进行安装。

(1) 柱顶标高调整。根据钢柱实际长度和柱底平整度，利用柱子底板下地脚螺栓上的调整螺母调整柱底标高，以精确控制柱顶标高，如图6.5所示。

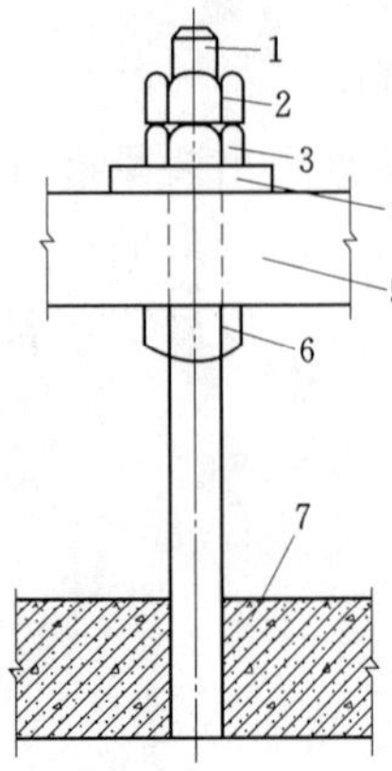

图6.5 采用调整螺母控制标高

1—地脚螺栓；2—止退螺母；3—紧固螺母；4—螺母垫圈；5—柱子底板；6—调整螺母；7—钢筋混凝土基础

(2) 纵横十字线对正。首节钢柱在起重机吊钩不脱钩的情况下，利用制作时在钢柱上画的中心线与基础顶面十字线对正就位。

(3) 垂直度调整。用两台呈90°的经纬仪投点，采用缆风法校正。在校正过程中不断调整柱底板下螺母，校毕将柱底板上面的两个螺母拧上，缆风松开，使柱身呈自由状态，再用经纬仪复核。如有小偏差，微调下螺母，无误后将上螺母拧紧。柱底板与基础面间预留的空隙，用无收缩砂浆以捻浆法垫实。

2. 上节钢柱安装与校正

上节钢柱安装时，利用柱身中心线就位，为使上下柱不出现错口，尽量做到上、下柱定位轴线重合。上节钢柱就位后，按照先调整标高，再调整位移，最后调整垂直度的顺序校正。

校正时，可采用缆风法校正法或无缆风校正法。目前多采用无缆风校正法，如图6.6所示，即利用塔吊、钢楔、垫板、撬棍以及千斤顶等工具，在钢柱呈自由状态下进行校正。此法施工简单、校正速度快、易于吊装就位和确保安装精度。为适应无缆风校正法，应特别注意钢柱节点临时连接耳板的构造。上下耳板的间隙宜为15～20mm，以便于插入钢楔。

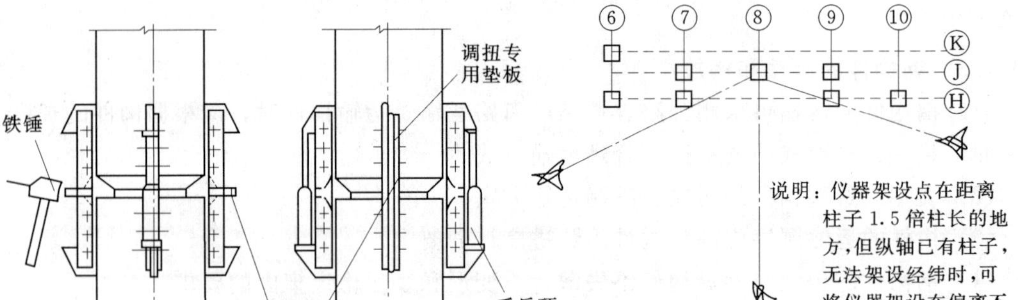

图6.6 无缆风校正法示意图

(1) 标高调整。钢柱一般采用相对标高安装，设计标高复核的方法。钢柱吊装就位后，合上连接板，穿入大六角高强度螺栓，但不夹紧，通过吊钩起落与撬棍拨动调节上下柱之间的间隙。量取上柱柱根标高线与下柱柱头标高线之间的距离，符合要求后在上下耳板间隙中打入钢楔限制钢柱下落。正常情况下，标高偏差调整至零。若钢柱制造误差超过5mm，则应分次调整。

(2) 位移调整。钢柱定位轴线应从地面控制轴线直接引上，不得从下层柱的轴线引上。钢柱轴线偏移时，可在上柱和下柱耳板的不同侧面夹入一定厚度的垫板加以调整，然后微微夹紧柱头临时接头的连接板。钢柱的位移每次只能调整3mm，若偏差过大只能分次调整。

起重机至此可松吊钩。校正位移时应注意防止钢柱扭转。

（3）垂直度调整。用两台经纬仪在相互垂直的位置投点，进行垂直度观测。调整时，在钢柱偏斜方向的同侧锤击钢楔或微微顶升千斤顶，在保证单节柱垂直度符合要求的前提下，将柱顶偏轴线位移校正至零，然后拧紧上下柱临时接头的大六角高强度螺栓至额定扭矩。

注意：为达到调整标高和垂直度的目的，临时接头上的螺栓孔应比螺栓直径大4.0mm。由于钢柱制造允许误差一般为－1～5mm，螺栓孔扩大后能有足够的余量将钢柱校正准确。

3．钢梁的安装与校正

（1）钢梁安装时，同一列柱，应先从中间跨开始对称地向两端扩展；同一跨钢梁，应先安上层梁再安中下层梁。

（2）在安装和校正柱与柱之间的主梁时，可先把柱子撑开，跟踪测量、校正，预留接头焊接收缩量，这时柱产生的内力，在焊接完毕焊缝收缩后也就消失了。

（3）一节柱的各层梁安装好后，应先焊上层主梁后焊下层主梁，以使框架稳固，便于施工。一节柱（3层）的竖向焊接顺序是：上层主梁→下层主梁→中层主梁→上柱与下柱焊接。

每天安装的构件，应形成空间稳定体系，确保安装质量和结构安全。

6.3.3　楼层压型钢板安装

多高层钢结构楼板，一般多采用压型钢板与混凝土叠合层组合而成。一节柱的各层梁安装校正后，应立即安装本节柱范围内的各层楼梯，并铺好各层楼面的压型钢板，进行叠合楼板施工。楼层压型钢板安装工艺流程是：弹线→清板→吊运→布板→切割→压合→侧焊→端焊→封堵→验收→栓钉焊接。

1．压型钢板安装铺设

（1）在铺板区弹出钢梁的中心线。主梁的中心线是铺设压型钢板固定位置的控制线，并决定压型钢板与钢梁熔透焊接的焊点位置；次梁的中心线决定熔透焊栓钉的焊接位置。因压型钢板铺设后难以观察次梁翼缘的具体位置，故将次梁的中心线及次梁翼缘反弹在主梁的中心线上，固定栓钉时再将其反弹在压型钢板上。

（2）将压型钢板分层分区按料单清理、编号，并运至施工指定部位。

（3）用专用软吊索吊运。吊运时，应保证压型钢板板材整体不变形、局部不卷边。

（4）按设计要求铺设。压型钢板铺设应平整、顺直、波纹对正，设置位置正确；压型钢板与钢梁的锚固支承长度应符合设计要求，且不应小于50mm。

（5）采用等离子切割机或剪板钳裁剪边角。裁减放线时，富余量应控制在5mm范围内。

（6）压型钢板固定。压型钢板与压型钢板侧板间连接采用咬口钳压合，使单片压型钢板间连成整板；然后用点焊将整板侧边及两端头与钢梁固定，最后采用栓钉固定。为了浇筑混凝土时不漏浆，端部肋作封端处理。

2．栓钉焊接

为使组合楼板与钢梁有效地共同工作，抵抗叠合面间的水平剪力作用，通常采用栓钉穿过压型钢板焊于钢梁上。栓钉焊接的材料与设备有栓钉、焊接瓷环和栓钉焊机。

焊接时，先将焊接用的电源及制动器接上，把栓钉插入焊枪的长口，焊钉下端置入母材上面的瓷环内。按焊枪电钮，栓钉被提升，在瓷环内产生电弧，在电弧发生后规定的时间内，用适当的速度将栓钉插入母材的融池内。焊完后，立即除去瓷环，并在焊缝的周围去掉卷边，检查焊钉焊接部位。栓钉焊接工序如图6.7所示。

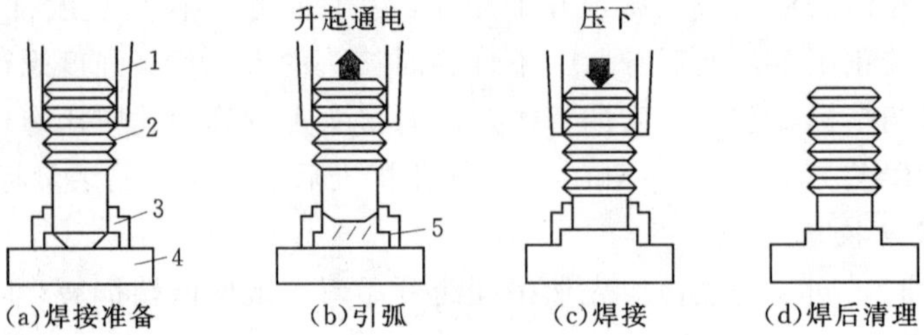

图6.7 栓钉焊接工序

1—焊枪；2—栓钉；3—瓷环；4—母材；5—电弧

栓钉焊接质量检查：

(1) 外观检查栓钉根部焊脚应均匀，焊脚立面的局部未熔合或不足360°的焊脚应进行修补。

(2) 弯曲试验检查栓钉焊接后应进行弯曲试验检查，可用锤击使栓钉从原来轴线弯曲30°或采用特制的导管将栓钉弯成30°，若焊缝及热影响区没有肉眼可见的裂纹，即为合格。

压型钢板及栓钉安装完毕后，即可绑扎钢筋，浇筑混凝土。

6.3.4 轻型门式刚架结构工程

门式刚架结构是大跨度建筑常用的结构形式之一。轻型门式刚架结构是指主要承重结构采用实腹门式刚架，具有轻型屋盖和轻型外墙的单层房屋钢结构。

1. 刚架柱的安装

轻型门式刚架钢柱的安装顺序是：吊装单根钢柱→柱标高调整→纵横十字线位移→垂直度校正。

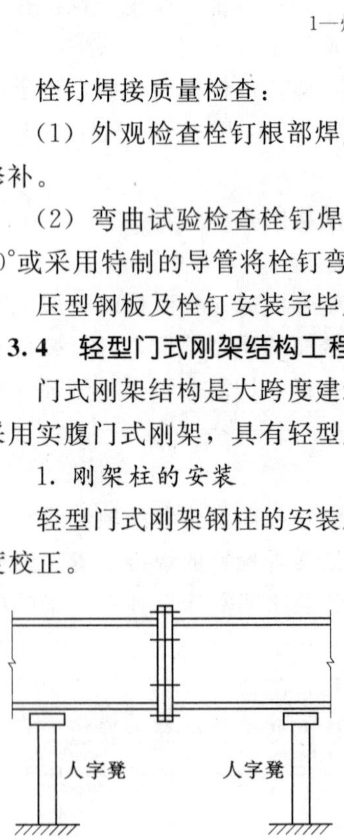

图6.8 斜梁拼接示意

刚架柱一般采用一点起吊，吊耳放在柱顶处。为防止钢柱变形，也可两点或三点起吊。对于大跨轻型门式刚架变截面H型钢柱，由于柱根小、柱顶大，头重脚轻，且重心是偏心的，因此安装固定后，为防止倾倒必要时需加临时支撑。

2. 刚架斜梁的拼接与安装

轻型门式刚架斜梁的特点是跨度大（构件长）、侧向刚度小，为确保安装质量和安全施工，提高生产效率，减小劳动强度，应根据场地和起重设备条件，最大限度地将扩大拼装工作在地面完成。

刚架斜梁一般采用立放拼接，拼装程序是：将要拼接的单元放在拼装平台上→找平→拉通线→安装普通螺栓定位→安装高强度螺栓→复核尺寸，如图6.8所示。

斜梁的安装顺序是先从靠近山墙的有柱间支撑的两榀刚架开始，刚架安装完毕后将其间的檩条、支撑、隅撑等全部装好，并检查其垂直度；然后以这两榀刚架为起点，向建筑物另一端顺序安装。除最初安装的两榀刚架外，所有其余刚架间的檩条、墙梁和檐檩的螺栓均应在校准后再拧紧。

斜梁的起吊应选好吊点，大跨度斜梁的吊点须经计算确定。斜梁可选用单机两点或三点、四点起吊，或用铁扁担以减小索具对斜梁产生的压力。对于侧向刚度小、腹板宽厚比大的斜梁，为防止构件扭曲和损坏，应采取多点起吊及双机抬升。

3. 檩条和墙梁的安装

轻型门式刚架结构的檩条和墙梁，一般采用卷边槽形、Z形冷弯薄壁型钢或高频焊接轻型H型钢。檩条和墙梁通常与焊于刚架斜梁和柱上的角钢支托连接。檩条和墙梁端部与支托的连接螺栓不应少于两个。

4. 彩板围护结构安装

轻型门式刚架结构中，目前主要采用彩色钢板夹芯板（亦称彩钢保温板）作围护结构。彩板夹芯板按功能不同分为屋面夹芯板和墙面夹芯板。屋面板和墙面板的边缘部位，要设置彩板配件用来防风雨和装饰建筑外形。屋面配件有屋脊件、封檐件、山墙封边件、高低跨泛水件、天窗泛水件、屋面洞口泛水件等；墙面配件有转角件、板底泛水件、板顶封边件、门窗洞口包边件等。板材安装方法如下：

（1）实测安装板材的长度，按实测长度核对对应板号的板材长度，必要时对该板材进行剪裁。

（2）将提升到屋面的板材按排板起始线放置，并使板材的宽度标志线对准起始线；在板长方向两端排出设计要求的构造长度。

（3）用紧固件紧固板材两端，然后安装第二块板。其安装顺序为先自左（右）至右（左），后自上而下。

（4）安装到下一放线标志点处时，复查本标志段内板材安装的偏差，满足要求后进行全面紧固。紧固自攻螺丝时应掌握紧固的程度，过度会使密封垫圈上翻，甚至将板面压得下凹而积水；紧固不够会使密封不到位而出现漏雨。

（5）安装完后的屋面应及时检查有无遗漏紧固点。

（6）屋面板的纵、横向搭接，应按设计要求铺设密封条和密封胶，并在搭接处用自攻螺丝或带密封胶的拉铆钉连接，紧固件应设在密封条处。纵向搭接（板短边之间的搭接）时，可将夹芯板的底板在搭接处切掉搭接长度，并除去盖部分的芯材。

（7）墙面板安装。夹芯板用于墙面时多为平板，一般采用横向布置，节点构造如图6.9所示。墙面板底部表面应低于室内地坪30～50mm，且应在底表面抹灰找平后安装，如图6.10所示。

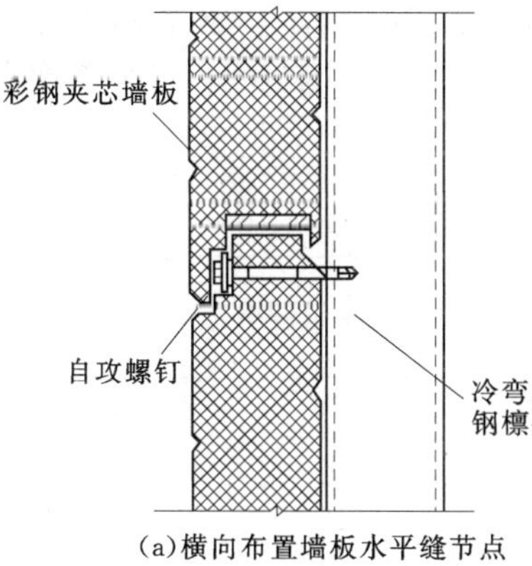

(a)横向布置墙板水平缝节点

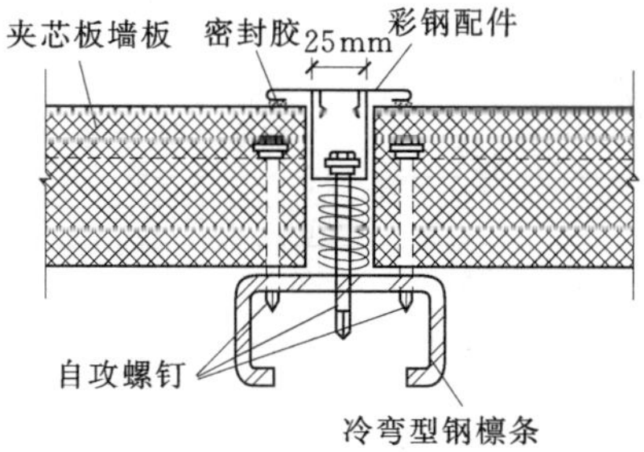

(b)横向布置墙板竖缝节点

图6.9 横向布置墙板水平缝与竖缝节点

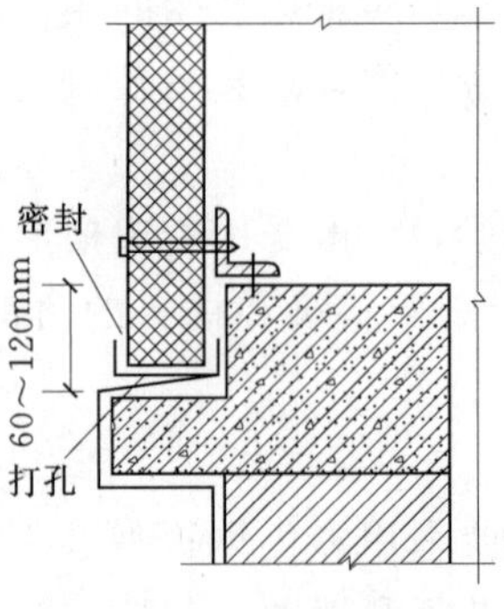

图 6.10 墙面基底构造

课题6.4 钢结构涂装

钢结构在常温大气环境中安装、使用，易被空气中水分、氧和其他污染物腐蚀。钢结构的腐蚀不仅造成经济损失，还直接影响到结构安全。另外，钢材由于其导热快，比热小，虽是一种不燃烧材料，但极不耐火。未加防火处理的钢结构构件在火灾温度下，温度上升很快，只需十几分钟，钢材温度就可达540℃以上，此时钢材的力学性能如屈服点、抗拉强度、弹性模量及载荷能力等都将急剧下降；达到600℃时，强度则几乎为零，钢构件不可避免地扭曲变形，最终导致整个结构的垮塌毁坏。

因此，根据钢结构所处的环境及工作性能采取相应的防腐与防火措施，是钢结构设计与施工的重要内容。目前国内外主要采用涂料涂装的方法进行钢结构的防腐与防火。

6.4.1 钢结构防腐涂装工程

1. 钢材表面除锈等级与除锈方法

钢结构构件制作完毕，经质量检验合格后应进行防腐涂料涂装。涂装前钢材表面应进行除锈处理，以提高底漆的附着力，保证涂层质量。除锈处理后，钢材表面不应有焊渣、焊疤、灰尘、油污、水和毛刺等。

《涂装前钢材表面锈蚀等级和除锈等级》（GB 8923—1988）将除锈等级分成喷射或抛射除锈、手工和动力工具除锈、火焰除锈三种类型。

《钢结构工程施工质量验收规范》（GB 50205—2001）规定，钢材表面的除锈方法和除锈等级应与设计文件采用的涂料相适应。当设计无要求时，钢材表面除锈等级应符合的规定见表6.3。

表6.3 各种底漆或防锈漆要求最低的除锈等级

涂 料 品 种	除锈等级
油性酚醛、醇酸等底漆或防锈漆	St2
高氯化聚乙烯、氯化橡胶、氯磺化聚乙烯、环氧树脂、聚氨酯等底漆或防锈漆	Sa2
无机富锌、有机硅、过氧乙烯等底漆	Sa2 $\frac{1}{2}$

目前国内各大中型钢结构加工企业一般都具备喷、抛射除锈的能力，所以应将喷、抛射

除锈作为首选的除锈方法，而手工和电动工具除锈仅作为喷射除锈的补充手段。随着科学技术的不断发展，不少喷、抛射除锈设备已采用微机控制，具有较高的自动化水平，并配有效除尘器，消除粉尘污染。

2. 钢结构防腐涂料

钢结构防腐涂料是一种含油或不含油的胶体溶液，涂敷在钢材表面，结成一层薄膜，使钢材与外界腐蚀介质隔绝。涂料分底漆和面漆两种。

底漆是直接涂在钢材表面上的漆。含粉料多，基料少，成膜粗糙，与钢材表面黏结力强，与面漆结合性好。

面漆是涂在底漆上的漆。含粉料少，基料多，成膜后有光泽，主要功能是保护下层底漆。面漆对大气和湿气有高度的不渗透性，并能抵抗有腐蚀介质、阳光紫外线所引起的风化分解。

钢结构的防腐涂层，可由几层不同的涂料组合而成。涂料的层数和总厚度是根据使用条件来确定的，一般室内钢结构要求涂层总厚度为125μm，即底漆和面漆各两道。高层建筑钢结构一般处在室内环境中，而且要喷涂防火涂层，所以通常只刷两道防锈底漆。

3. 防腐涂装方法

钢结构防腐涂装，常用的施工方法有刷涂法和喷涂法两种。

（1）刷涂法。刷涂法应用较广泛，适宜于油性基料刷涂。因为油性基料虽干燥得慢，但渗透性大，流平性好，不论面积大小，刷起来都会平滑流畅。一些形状复杂的构件，使用刷涂法也比较方便。

（2）喷涂法。喷涂法施工工效高，适合于大面积施工，对于快干和挥发性强的涂料尤为适合。喷涂的漆膜较薄，为了达到设计要求的厚度，有时需要增加喷涂的次数。喷涂施工比刷涂施工涂料损耗大，一般要增加20%左右。

6.4.2　钢结构防火涂装工程

钢结构防火涂料能够起到防火作用，主要有三个方面的原因：一是涂层对钢材起屏蔽作用，隔离了火焰，使钢构件不至于直接暴露在火焰或高温之中；二是涂层吸热后，部分物质分解出水蒸气或其他不燃气体，起到消耗热量、降低火焰温度和燃烧速度、稀释氧气的作用；三是涂层本身多孔轻质或受热膨胀后形成炭化泡沫层，热导率均在0.233W/(m·K)以下，阻止了热量迅速向钢材传递，推迟了钢材受热温升到极限温度的时间，从而提高了钢结构的耐火极限。

6.4.2.1　厚涂型防火涂料涂装

1. 施工方法与机具

厚涂型防火涂料一般采用喷涂施工。机具可为压送式喷涂机或挤压泵，配能自动调压的0.6～0.9m^3/min的空压机，喷枪口径为6～12mm，空气压力为0.4～0.6MPa。局部修补可采用抹灰刀等工具手工抹涂。

2. 涂料的搅拌与配置

（1）由工厂制造好的单组分湿涂料，现场应采用便携式搅拌器搅拌均匀。

（2）由工厂提供的干粉料，现场加水或用其他稀释剂调配，应按涂料说明书规定配比混合搅拌，边配边用。

（3）由工厂提供的双组分涂料，按配制涂料说明规定的配比混合搅拌，边配边用。特别是化学固化干燥的涂料，配制的涂料必须在规定的时间内用完。

（4）搅拌和调配涂料，使稠度适宜，即能在输送管道中畅通流动，喷涂后不会流淌和下坠。

3. 施工操作

（1）喷涂应分2～5次完成，第一次喷涂以基本盖住钢材表面即可，以后每次喷涂厚度为5～10mm，一般以7mm左右为宜。通常情况下，每天喷涂一遍即可。

（2）喷涂时，应注意移动速度，不能在同一位置久留，以免造成涂料堆积流淌；配料及往挤压泵加料应连续进行，不得停顿。

（3）施工工程中，应采用测厚针检测涂层厚度，直到符合设计规定的厚度，方可停止喷涂。

（4）喷涂后的涂层要适当维修，对明显的乳突，应采用抹灰刀等工具剔除，以确保涂层表面均匀。

6.4.2.2 薄涂型防火涂料涂装

1. 施工方法与机具

（1）喷涂底层、主涂层涂料，宜采用重力（或喷斗）式喷枪，配能自动调压的0.6～0.9m^3/min的空压机。喷嘴直径为4～6mm，空气压力为0.4～0.6MPa。

（2）面层装饰涂料，一般采用喷吐施工，也可以采用刷涂或滚涂的方法。喷涂时，应将喷涂底层的喷嘴直径换为1～2mm，空气压力调为0.4MPa。

（3）局部修补或小面积施工，可采用抹灰刀等工具手工抹涂。

2. 施工操作

（1）底层及主涂层一般应喷2～3遍，每遍间隔4～24h，待前遍基本干燥后再喷后一遍。头遍喷涂以盖住基底面70%即可，第二、三遍喷涂每遍厚度不超过2.5mm为宜。施工工程中应采用测厚针检测涂层厚度，确保各部位涂层达到设计规定的厚度。

（2）面层涂料一般涂饰1～2遍。若头遍从左至右喷涂，第二遍则应从右至左喷涂，以确保全部覆盖住下部主涂层。

单 元 小 结

本单元内容包括钢结构的制作工艺、钢结构的安装、钢结构连接施工工艺、钢结构安装工艺、钢结构涂装工艺等部分。熟悉钢结构的制作及安装常用的机具、构件制作加工工艺、安装及涂装工艺，以保证钢结构施工的顺利进行。

结构钢构件由于类型多、技术复杂、制作工艺要求严格，一般均由专业工厂来加工制作。钢结构构件的加工制作，包括加工制作前的准备、零件加工、构件组装、成品表面处理等。

钢结构连接主要采用焊接和高强度螺栓连接。钢结构焊接广泛使用的是电弧焊，在电弧焊中又以药皮焊条、手工焊条、自动埋弧焊、半自动与自动CO_2气体保护焊为主；在某些特殊场合，则必须使用电渣焊。焊接工艺要点包括焊接工艺设计、焊条烘烤、定位点焊、焊前预热、焊接顺序确定、焊后热处理等。高强度螺栓分为大六角头高强度螺栓（扭矩形高强度螺栓）和扭剪型高强度螺栓两种。高强度螺栓连接包括螺栓安装和紧固两个程序。

多层及高层钢结构工程规模大、结构复杂、工期长、专业性强，其安装施工应根据建筑物的平面形状、结构型式、安装机械的数量和位置等，合理划分安装施工流水区段，确定安装顺序，编制构件安装顺序表。多层及高层钢结构施工，主要包括构件吊点设置与起吊、构件安装与校正、楼层压型钢板安装等。

轻型门式刚架结构工程包括门式刚架结构的安装和彩板围护结构安装。门式刚架结构是大跨建筑常用的结构形式之一，属平面杆系结构。门式刚架结构安装工艺流程为：钢柱安装→钢柱校正→斜梁地面拼装→斜梁安装、临时固定→钢柱重校→高强度螺栓紧固→复校→安装檩条、拉杆→钢结构验收。

彩色钢板围护结构是指将彩色有机涂层钢板按设计要求经工厂或现场加工成的屋面板或墙面板，用各种紧固件和各种泛水配件组装成的围护结构。其安装施工过程包括：放线、板材安装、门窗安装、配件安装等。配件安装时，应作二次放线。

钢结构的防腐与防火，目前主要采用涂料涂装的方法。钢结构构件防腐涂装前，钢材表面应进行除锈处理。除锈等级分为喷射或抛射除锈、手工和动力工具除锈、火焰除锈三种类型。钢结构防腐涂装，常用的施工方法有刷涂法和喷涂法两种。钢结构防火涂装前钢材表面应除锈，并根据设计要求涂装防腐底漆。防火涂料按涂层的厚度分为薄涂型钢结构防火涂料和厚涂型钢结构防火涂料两类。薄涂型防火涂料和厚涂型防火涂料一般均采用喷涂法施工。

拓　展　讨　论

党的二十大报告提出，坚持把发展经济的着力点放在实体经济上，推进新型工业化，加快建设制造强国、质量强国、航天强国、交通强国、网络强国、数字中国。实施产业基础再造工程和重大技术装备攻关工程，支持专精特新企业发展，推动制造业高端化、智能化、绿色化发展。

请思考：钢结构工程智能化施工有哪些进展？

习　　题

1. 钢结构焊接的类型主要有哪些？简述钢结构焊接的工艺要点。
2. 高强度螺栓主要有哪两种类型？简述高强度螺栓连接的安装工艺和紧固方法。
3. 简述多层及高层钢结构安装施工流水段的划分原则及构件安装顺序。
4. 多层及高层钢结构构件是如何进行吊点设置与起吊？
5. 简述多层及高层钢结构构件安装与校正方法。
6. 简述多层及高层钢结构工程楼层压型钢板安装工序。
7. 简述门式刚架结构的安装工艺流程。
8. 简述彩板围护结构屋面板的安装工序。
9. 防腐涂装主要采用哪两种施工方法？
10. 钢结构防火涂料按涂层的厚度分为哪两类？主要施工方法是什么？

单元7　防 水 工 程 施 工

教学目标：熟悉地下工程刚性防水和柔性防水施工方法；掌握卫生间楼地面聚氨酯防水施工方法，熟悉卫生间楼地面氯丁胶乳沥青防水涂料施工方法，熟悉室内防水工程施工要求、方法；掌握卷材防水屋面、涂膜防水屋面、刚性防水屋面施工方法，了解常见屋面渗漏防治方法；掌握屋面保温（隔热）层施工方法，了解屋面通风隔热架空层安装方法，熟悉坡屋面、内架空屋面保温（隔热）构造，熟悉金属板保温夹芯板屋面构造与施工方法。

课题7.1　地 下 工 程 防 水 施 工

7.1.1　防水混凝土施工

7.1.1.1　防水混凝土的基本要求

防水混凝土可通过调整配合比，或掺加外加剂、掺合料等措施配制而成，其抗渗等级不得小于P6；防水混凝土的施工配合比应通过试验确定，试配混凝土的抗渗等级应比设计要求提高0.2MPa；防水混凝土应满足抗渗等级要求，并应根据地下工程所处的环境和工作条件，满足抗压、抗冻和抗侵蚀性等耐久性要求。

防水混凝土结构是指因本身的密实性而具有一定防水能力的整体式混凝土或钢筋混凝土结构。防水混凝土适用于有防水要求的地下整体式混凝土结构。

防水混凝土一般分为普通防水混凝土、外加剂防水混凝土和膨胀剂或膨胀水泥防水混凝土三大类。外加剂防水混凝土又分为引气剂防水混凝土、减水剂防水混凝土、三乙醇胺防水混凝土、氯化铁防水混凝土。

7.1.1.2　防水混凝土施工

1. 防水混凝土施工缝的处理

防水混凝土应连续浇筑，宜少留施工缝。当留设施工缝时，应符合下列规定：

（1）墙体水平施工缝不应留在剪力最大处或底板与侧墙的交接处，应留在高出底板表面不小于300mm的墙体上。拱（板）墙结合的水平施工缝，宜留在拱（板）墙接缝线以下150～300mm处。墙体有顶留孔洞时，施工缝距孔洞边缘不应小于300mm。

（2）垂直施工缝应避开地下水和裂隙水较多的地段，并宜与变形缝相结合。

2. 防水混凝土的施工工艺

（1）模板安装。防水混凝土所有模板，除满足一般要求外，应特别注意模板拼缝严密不漏浆，构造应牢固稳定，固定模板的螺栓（或铁丝）不宜穿过防水混凝土结构。固定模板用的螺栓必须穿过混凝土结构时，可采用工具式螺栓、螺栓加堵头、螺栓上加焊方形止水环等做法。止水环尺寸及环数应符合设计规定。如设计无规定，则止水环应为10cm×10cm的方形止水环，且至少有一环。

1）工具式螺栓做法：用工具式螺栓将固定模板用螺栓固定并拉紧，以压紧固定模板。拆模时将工具式螺栓取下，再以嵌缝材料及聚合物水泥砂浆将螺栓凹槽封堵严密，如图7.1

所示。

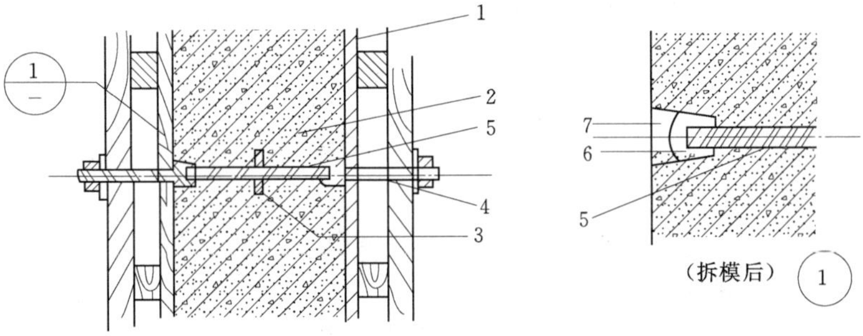

图 7.1　工具式螺栓的防水做法

1—模板；2—结构混凝土；3—工具式螺栓；4—固定模板用螺栓；
5—嵌缝材料；6—密封材料；7—聚合物水泥砂浆

2）螺栓加焊止水环做法：在对拉螺栓中部加焊止水环，止水环与螺栓必须满焊严密。拆模后应沿混凝土结构边缘将螺栓割断。此法将消耗所用螺栓，如图 7.2 所示。

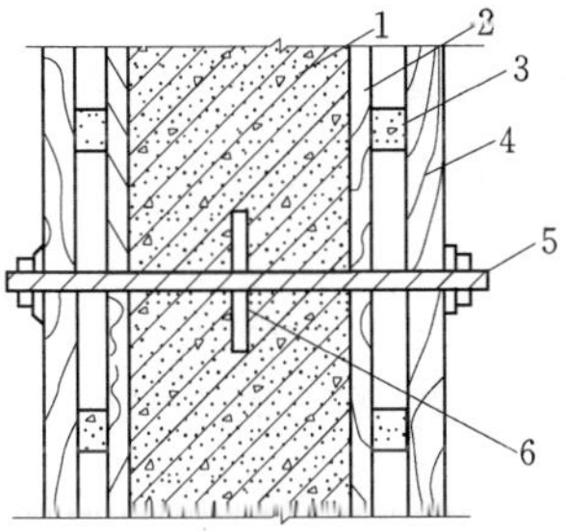

图 7.2　螺栓加焊止水环

1—围护结构；2—模板；
3—小龙骨；4—大龙骨；
5—螺栓；6—止水环

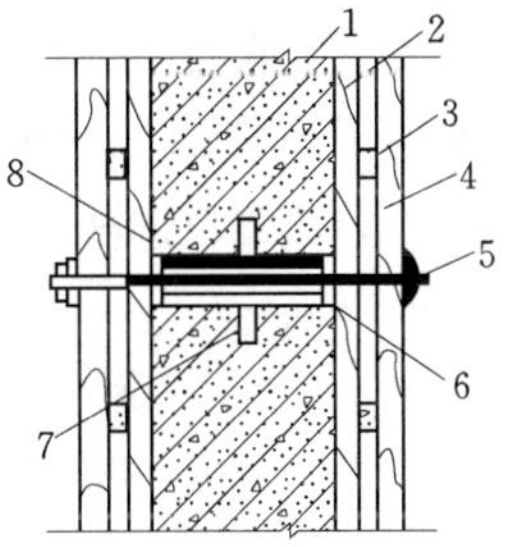

图 7.3　预埋套管支撑示意

1—防水结构；2—模板；3—小
龙骨；4—大龙骨；5—螺栓；
6—垫木；7—止水环；
8—预埋套管

3）预埋套管加焊止水环做法：套管采用钢管，其长度等于墙厚（或其长度加上两端垫木的厚度之和等于墙厚），兼具撑头作用，以保持模板之间的设计尺寸。止水环在套管上满焊严密。支模时在预埋套管中穿入对拉螺栓拉紧固定模板。拆模后将螺栓抽出，套管内以膨胀水泥砂浆封堵密实。套管两端有垫木的，拆模时连同垫木一并拆除，除密实封堵套管外，还应将两端垫木留下的凹坑用同样方法封实，如图 7.3 所示。此法可用于抗渗要求一般的结构。

（2）钢筋施工。做好钢筋绑扎前的除污、除锈工作。绑扎钢筋时，应按设计规定留足保护层，且迎水面钢筋保护层厚度不应小于 50mm。应以相同配合比的细石混凝土或水泥砂浆制成垫块，将钢筋垫起，以保证保护层厚度。严禁以垫铁或钢筋头垫钢筋，或将钢筋用铁钉及钢丝直接固定在模板上。钢筋应绑扎牢固，避免因碰撞、振动使绑扣松散、钢筋移位，造成露筋。钢筋及绑扎钢丝均不得接触模板。采用铁马凳架设钢筋时，在不便取掉铁马凳的情况下，应在铁马凳上加焊止水环。在钢筋密集的情况下，更应注意绑扎或焊接质量。并用自密实高性能混凝土浇筑。

(3) 混凝土搅拌。选定配合比时，其试配要求的抗渗水压应较其设计值提高 0.2MPa，并准确计算及称量每种用料，投入混凝土搅拌机。外加剂的掺入方法应遵从所选外加剂的使用要求。

(4) 混凝土运输。运输过程中应采取措施防止混凝土拌和物产生离析，以及坍落度和含气量的损失，同时要防止漏浆。

防水混凝土拌和物在常温下应于 0.5h 以内运至现场；运送距离较远或气温较高时，可掺入缓凝型减水剂，缓凝时间宜为 6～8h。

(5) 混凝土的浇筑和振捣。在结构中若有密集管群，以及预埋件或钢筋稠密之处，不易使混凝土浇捣密实时，应选用免振捣的自密实高性能混凝土进行浇筑。

在浇筑大体积结构中，遇有预埋大管径套管或面积较大的金属板时，其下部的倒三角形区域不易浇捣密实而形成空隙，造成漏水，为此，可在管底或金属板上预先留置浇筑振捣孔，以利浇捣和排气，浇筑后再将孔补焊严密。

混凝土浇筑应分层，每层厚度不宜超过 30～40cm，相邻两层浇筑时间间隔不应超过 2h，夏季可适当缩短。混凝土在浇筑地点须检查坍落度，每工作班至少检查两次。普通防水混凝土坍落度不宜大于 50mm。

防水混凝土必须采用高频机械振捣，振捣时间宜为 10～30s，以混凝土泛浆和不冒气泡为准。要依次振捣密实，应避免漏振、欠振和超振。掺加引气剂或引气型减水剂时，应采用高频插入式振捣器振捣密实。

(6) 混凝土的养护。防水混凝土的养护对其抗渗性能影响极大，特别是早期湿润养护更为重要，一般在混凝土进入终凝（浇筑后 4～6h）即应覆盖，浇水湿润养护不少于 14d。防水混凝土不宜用电热法养护和蒸汽养护。

(7) 模板拆除。由于防水混凝土要求较严，因此不宜过早拆模。拆模时混凝土的强度必须超过设计强度等级的 70%，混凝土表面温度与环境之差不得大于 15℃，以防止混凝土表面产生裂缝。拆模时应注意勿使模板和防水混凝土结构受损。

(8) 防水混凝土结构的保护。地下工程的结构部分拆模后，经检查合格后，应及时回填。回填前应将基坑清理干净，无杂物且无积水。回填土应分层夯实。地下工程周围 800mm 以内宜用灰土、黏土或粉质黏土回填；回填土中不得含有石块、碎砖、灰渣、有机杂物以及冻土。回填施工应均匀对称进行。回填后地面建筑周围应做不小于 800mm 宽的散水，其坡度宜为 5%，以防地表水侵入地下。

完工后的防水结构，严禁再在其上打洞。若结构表面有蜂窝麻面，应及时修补。修补时应先用水冲洗干净，涂刷一道水胶比为 0.4 的水泥浆，再用水胶比为 0.5 的 1：2.5 水泥砂浆填实抹平。

7.1.2 水泥砂浆防水层施工

7.1.2.1 防水砂浆

防水砂浆应包括聚合物水泥防水砂浆、掺外加剂或掺合料的防水砂浆，宜采用多层抹压法施工。水泥砂浆防水层可用于地下工程主体结构的迎水面或背水面，不应用于受持续振动或温度高于 80℃的地下工程防水。水泥砂浆防水层应在基础垫层、初期支护、围护结构及内衬结构验收合格后施工。

水泥砂浆的品种和配合比设计应根据防水工程要求确定。聚合物水泥防水砂浆厚度单层施工宜为6～8mm，双层施工宜为10～12mm；掺外加剂或掺合料的水泥防水砂浆厚度宜为18～20mm。水泥砂浆防水层的基层混凝土强度或砌体用的砂浆强度均不应低于设计值的80%。

7.1.2.2　防水砂浆的施工要求

1. 一般要求

基层表面应平整、坚实、清洁，并应充分湿润、无明水。基层表面的孔洞、缝隙，应采用与防水层相同的防水砂浆堵塞并抹平。施工前应将预埋件、穿墙管预留凹槽内嵌填密封材料后，再对水泥砂浆层进行施工。

防水砂浆的配合比和施工方法应符合所掺材料的规定，其中聚合物水泥防水砂浆的用水量应包括乳液中的含水量。水泥砂浆防水层应分层铺抹或喷射，铺抹时应压实、抹平，最后一层表面应提浆压光。聚合物水泥防水砂浆拌和后应在规定时间内用完，施工中不得任意加水。

水泥砂浆防水层各层应紧密粘合，每层宜连续施工；必须留设施工缝时，应采用阶梯坡形槎，但离阴阳角处的距离不得小于200mm。

水泥砂浆防水层不得在雨天、五级及以上大风中施工。冬期施工时，气温不应低于5℃；夏季不宜在30℃以上或烈日照射下施工。

水泥砂浆防水层终凝后，应及时进行养护，养护温度不宜低于5℃，并应保持砂浆表面湿润，养护时间不得少于14d。

聚合物水泥防水砂浆未达到硬化状态时，不得浇水养护或直接受雨水冲刷，硬化后应采用干湿交替的养护方法。潮湿环境中，可在自然条件下养护。

2. 基层处理

基层处理十分重要，是保证防水层与基层表面结合牢固、不空鼓和密实不透水的关键。基层处理包括清理、浇水、刷洗、补平等工序，使基层表面保持潮湿、清洁、平整、坚实、粗糙。

(1) 混凝土基层的处理。

1) 新建混凝土工程处理。拆除模板后，立即用钢丝刷将混凝土表面刷毛，并在抹面前浇水冲刷干净。

2) 旧混凝土工程处理。补做防水层时需用钻子、剁斧、钢丝刷将表面凿毛，清理平整后再冲水，用棕刷刷洗干净。

3) 混凝土基层表面凹凸不平、蜂窝孔洞的处理。超过1cm的棱角及凹凸不平处，应剔成慢坡形，并浇水清洗干净，用素灰和水泥砂浆分层找平（图7.4）。混凝土表面的蜂窝孔洞，应先将松散不牢的石子除掉，浇水冲洗干净，用素灰和水泥砂浆交替抹到与基层面相平（图7.5）。混凝土表面的蜂窝麻面不深，石子黏结较牢固，只需用水冲洗干净后，用素灰打底，水泥砂浆压实找平（图7.6）。

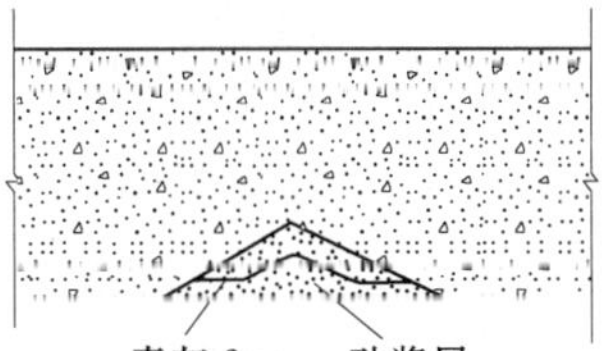

图7.4　基层凹凸不平的处理

4) 混凝土结构的施工缝要沿缝剔成八字形凹槽，用水冲洗后，用素灰打底，水泥砂浆压实抹平，如图7.7所示。

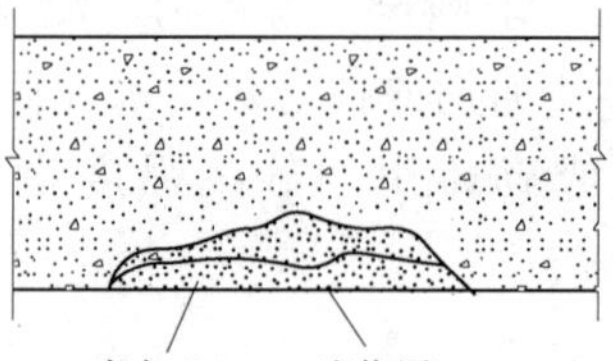

图 7.5 蜂窝孔洞的处理图

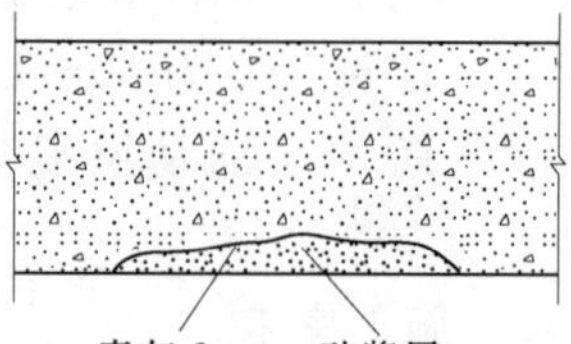

图 7.6 蜂窝麻面的处理图

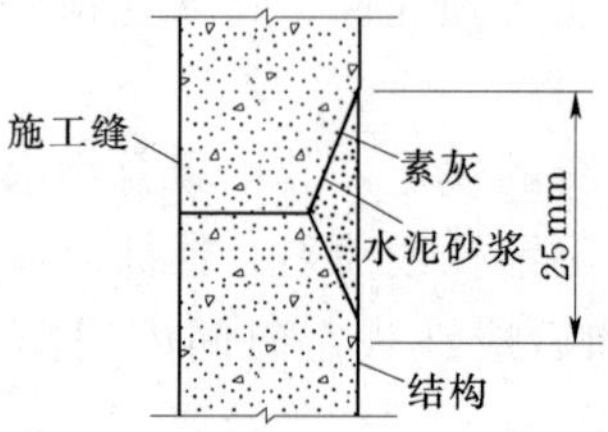

图 7.7 混凝土结构施工缝的处理图

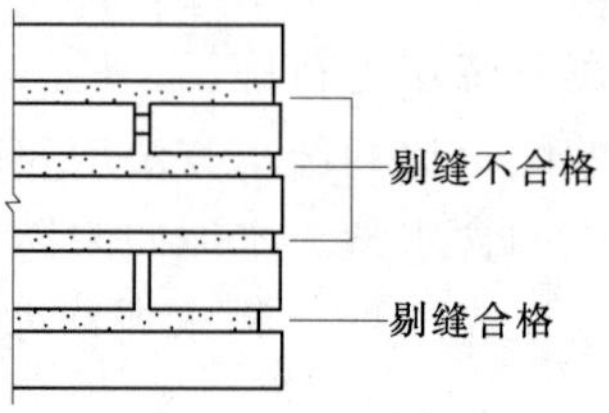

图 7.8 砖砌体的剔缝

(2) 砖砌体基层的处理。对于新砌体，应将其表面残留的砂浆等污物清除干净，并浇水冲洗。对于旧砌体，要将其表面酥松表皮及砂浆等污物清理干净，至露出坚硬的砖面，并浇水冲洗。对于石灰砂浆或混合砂浆砌的砖砌体，应将缝剔深 1cm，缝内呈直角，如图 7.8 所示。

7.1.2.3 防水砂浆的施工方法

1. 普通水泥砂浆防水层施工

(1) 混凝土顶板与墙面防水层操作。

第一层：素灰层，厚 2mm。先抹一道 1mm 厚素灰，用铁抹子往返用力刮抹，使素灰填实基层表面的孔隙。随即在已刮抹过素灰的基层表面再抹一道厚 1mm 的素灰找平层，抹完后，用湿毛刷在素灰层表面按顺序涂刷一遍。

第二层：水泥砂浆层，厚 4～5mm。在素灰层初凝时抹第二层水泥砂浆层，要防止素灰层过软或过硬，过软将破坏素灰层；过硬黏结不良，要使水泥砂浆层薄薄压入素灰层厚度的 1/4 左右，抹完后，在水泥砂浆初凝时用扫帚按顺序向一个方向扫出横向条纹。

第三层：素灰层，厚 2mm。在第二层水泥砂浆凝固并具有一定强度（常温下间隔一昼夜），适当浇水湿润，方可进行第三层操作，其方法同第一层。

第四层：水泥砂浆层，厚 4～5mm。按照第二层的操作方法将水泥砂浆抹在第三层上，抹后在水泥砂浆凝固前水分蒸发过程中，分次用铁抹子压实，一般以抹压 3～4 次为宜，最后再压光。

第五层：第五层是在第四层水泥砂浆抹压两遍后，用毛刷均匀地将水泥浆刷在第四层表面，随第四层抹实压光。

(2) 砖墙面和拱顶防水层的操作。

第一层是刷一道水泥浆，厚度约为 1mm，用毛刷往返涂刷均匀，涂刷后，可抹第二、三、四层等，其操作方法与混凝土基层防水相同。

2. 地面防水层的操作

地面防水层操作与墙面，顶板操作不同的地方是，素灰层（第一、三层）不采用刮抹的方法，而是把拌和好的素灰倒在地面上，用棕刷往返用力涂刷均匀，第二层和第四层是在素灰层初凝前后把拌和好的水泥砂浆层按厚度要求均匀铺在素灰层上，按墙面、顶板操作要求抹压，各层厚度也均与墙面、顶板防水层相同。地面防水层在施工时要防止践踏，应由里向外顺序进行，如图7.9所示。

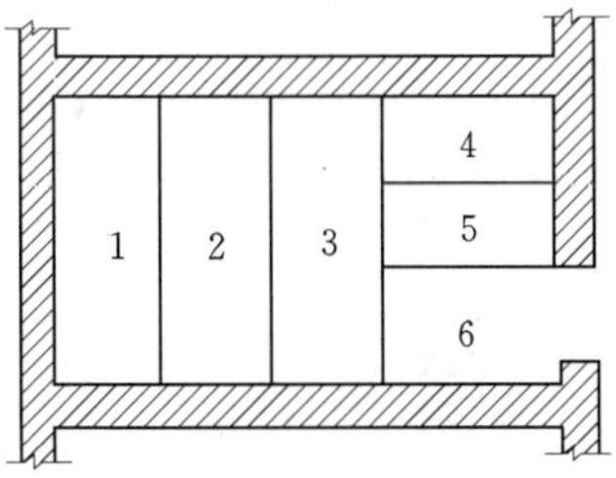

图7.9 地面施工顺序

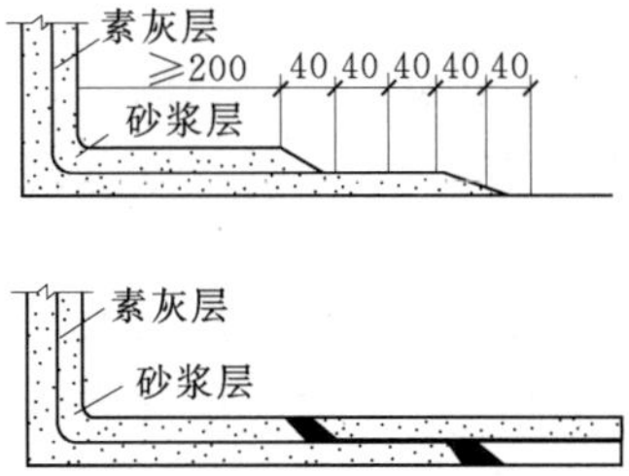

图7.10 防水层接搓处理

3. 特殊部位的施工

结构阴阳角处的防水层均需抹成圆角，阴角直径5cm，阳角直径1cm。防水层的施工缝需留斜坡阶梯形槎，槎子的搭接要依照层次操作顺序层层搭接。留槎的位置一般留在地面上，亦可留在墙面上，所留的槎子均需离阴阳角20cm以上，如图7.10所示。

7.1.3 卷材防水层施工

7.1.3.1 防水卷材的主要类型

按原材料性质分类的防水卷材主要有沥青防水卷材、高聚物改性沥青防水卷材和合成高分子防水卷材三大类，沥青防水材料现已逐渐淘汰使用。

1. 沥青防水卷材

沥青防水卷材的传统产品是石油沥青纸胎油毡。由于原料80%左右是沥青，沥青类建筑防水卷材在生产过程中会产生较大污染，加之工艺落后、耗能高、资源浪费，自1999年以来，国家及地方政府不断发文，曾勒令除新型改性沥青类产品以外的其他产品逐步退市，并一再提高技术标准。从2008年开始，工信部、国家发改委、国家质检总局等部门也分别从淘汰落后产能、调整产业结构、管理生产许可证准入等方面，限制沥青类防水卷材的生产量。

2. 高聚物改性沥青防水卷材

该卷材使用的高聚物改性沥青，指在石油沥青中添加聚合物，以改善沥青感温性差、低温易脆裂、高温易流淌等不足。用于沥青改性的聚合物较多，主要以SBS（苯乙烯-丁二烯-苯乙烯合成橡胶）为代表的弹性体聚合物和以APP（无规聚丙烯合成树脂）为代表的塑性体聚合物两大类。卷材的胎体主要使用玻纤毡和聚酯毡等高强材料。主要品种有SBS改性沥青防水卷材、APP改性沥青防水卷材、PVC改性焦油沥青防水卷材、再生胶改性沥青防水卷材、废橡胶粉改性沥青防水卷材和其他改性沥青防水卷材等种类。

SBS防水卷材的特点是低温柔性好、弹性和延伸率大、纵横向强度均匀性好，不仅可以在低寒、高温气候条件下使用，而且在一定程度上可以避免结构层由于伸缩开裂对防水层构成的威胁。APP防水卷材的特点则是耐热度高、热熔性好，适合热熔法施工，因而更适合高温气候或有强烈太阳辐射地区的建筑屋面防水。

3. 合成高分子防水卷材

合成高分子防水卷材是一类无胎体的卷材。其特点是拉伸强度大、断裂伸长率高、抗撕裂强度大、耐高低温性能好等，因而对环境气温变化和结构基层伸缩、变形、开裂等状况具有较强的适应性。此外，由于其耐腐蚀性和抗老化性好，可以延长卷材的使用寿命，降低防水工程的综合费用。

合成高分子防水卷材按其原料的品质分为合成橡胶和合成树脂两大类。当前最具代表性的产品是合成橡胶类的三元乙丙橡胶（EPDM）防水卷材和合成树脂类的聚氯乙烯（PVC）防水卷材。

此外，我国还研制出多种橡塑共混防水卷材，其中氯化聚乙烯一橡胶共混防水卷材具有代表性，其性能指标接近三元乙丙橡胶防水卷材。由于原材料与价格有一定优势，推广应用量正逐步扩大。

7.1.3.2 防水卷材的使用要求

卷材防水层宜用于经常处在地下水环境，且受侵蚀性介质作用或受振动作用的地下工程；应敷设在混凝土结构的迎水面；用于建筑物地下室时，应敷设在结构底板垫层至墙体防水设防高度的结构基面上；用于单建式的地下工程时，应从结构底板垫层敷设至顶板基面，并应在外围形成封闭的防水层。

防水卷材的品种规格和层数，应根据地下工程防水等级、地下水位高低及水压力作用状况、结构构造形式和施工工艺等因素确定。

7.1.3.3 防水卷材的施工方法

地下防水工程一般把卷材防水层设置在建筑结构的外侧迎水面上，称为外防水。外防水有两种设置方法，即外防内贴法和外防外贴法。外防水层的铺贴法可以借助土压力压紧，并与结构一起抵抗有压地下水的渗透和侵蚀作用，防水效果良好，采用比较广泛。卷材防水层用于建筑物地下室，应敷设在结构主体底板垫层至墙体顶端的基面上，在外围形成封闭的防水层。

铺贴卷材的基层必须牢固、无松动现象；基层表面应平整干净；阴阳角处均应做成圆弧形或钝角。铺贴卷材前，应在基面上涂刷基层处理剂。当基层较潮湿时，应涂刷湿固化型胶粘剂或潮湿界面隔离剂。基层处理剂应与卷材和胶粘剂的材性相容，基层处理剂可采用喷涂法或涂刷法施工。喷涂应均匀一致，不露底，待表面干燥后，再铺贴卷材。铺贴卷材时，每层的沥青胶要求涂布均匀，厚度一般为1.5～2.5mm。外贴法铺贴卷材应先铺平面，后铺立面。平、立面交接处应交叉搭接；内贴法宜先铺垂直面，后铺水平面。铺贴垂直面时应先铺转角，后铺大面。墙面铺贴时应待冷底子油干燥后自下而上进行。

卷材接槎的搭接长度：高聚物改性沥青卷材为150mm，合成高分子卷材为100mm。当使用两层卷材时，上下两层和相邻两幅卷材的接缝应错开1/3～1/2幅宽，并不得互相垂直铺贴。在立面与平面的转角处，卷材的接缝应留在平面距立面不小于600mm处。在所有转角处均应铺贴附加层并仔细粘贴紧密。粘贴卷材时应展平压实。卷材与基层和各层卷材间必须粘贴紧密，搭接缝必须用沥青胶仔细封严。最后一层卷材贴好后，应在其表面均匀涂刷一层1～1.5mm的热沥青胶，以保护防水层。铺贴高聚物改性沥青卷材时应采用热熔法施工，在幅宽内卷材底表面均匀加热，不可过分加热或烧穿卷材。只使卷材的黏结面材料加热呈熔融状态后，立即与基层或已粘贴好的卷材黏结牢固，但对厚度小于3mm的高聚物改性沥青防水卷材不能采用热熔法施工。铺贴合成高分子卷材要采用冷粘法施工，所使用的胶粘剂必须与卷材材性相容。使用明火热熔法施工的沥青类防水卷材不得用于地下密闭空间、通风不畅空间、易燃材料附近的防水工程。

1. 外防内贴法

外防内贴法是浇筑混凝土垫层后，在垫层上将永久保护墙全部砌好，将卷材防水层铺贴在垫层和永久保护墙上的方法，如图7.11所示，其施工程序如下：

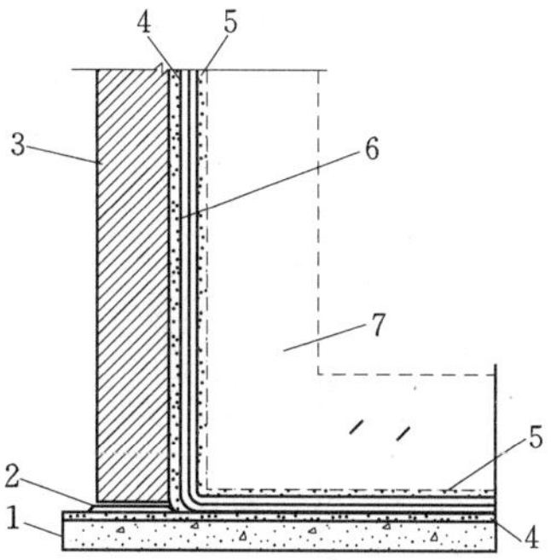

图7.11 外防内贴法示意图

1—混凝土垫层；2—干铺油毡；3—永久性保护墙；4—找平层；5—保护层；6—卷材防水层；7—需防水的结构

（1）在已施工好的混凝土垫层上砌筑永久保护墙，保护墙全部砌好后，用1∶3水泥砂浆在垫层和永久保护墙上抹找平层。保护墙与垫层之间须干铺一层油毡。

（2）找平层干燥后即涂刷冷底子油或基层处理剂，干燥后方可铺贴卷材防水层，铺贴时应先铺立面、后铺平面，先铺转角、后铺大面。在全部转角处应铺贴卷材附加层，附加层可为两层同类油毡或一层抗拉强度较高的卷材，并应仔细粘贴紧密。

（3）卷材防水层铺完经验收合格后即应做好保护层。立面可抹水泥砂浆、贴塑料板，或用氯丁系胶粘剂粘铺石油沥青纸胎油毡；平面可抹水泥砂浆，或浇筑不小于50mm厚的细石混凝土。

（4）进行需防水结构的施工，将防水层压紧。如为混凝土结构，则永久保护墙可当一侧模板；结构顶板卷材防水层上的细石混凝土保护层厚度不应小于70mm，防水层如为单层卷材，则其与保护层之间应设置隔离层。

（5）结构完工后，方可回填土。

2. 外防外贴法

外防外贴法是将立面卷材防水层直接敷设在需防水结构的外墙外表面，施工程序如下：

（1）先浇筑需防水结构的底面混凝土垫层；在垫层上砌筑永久性保护墙，墙下铺一层干油毡。墙的高度不小于需防水结构底板厚度再加100mm。

（2）在永久性保护墙上用石灰砂浆接砌临时保护墙，墙高为300mm并抹1∶3水泥砂浆找平层；在临时保护墙上抹石灰砂浆找平层并刷石灰浆。如用模板代替临时性保护墙，应在其上涂刷隔离剂。

（3）待找平层基本干燥后，即可根据所选卷材的施工要求进行铺贴。

（4）在大面积铺贴卷材之前，应先在转角处粘贴一层卷材附加层，然后进行大面积铺贴，先铺平面、后铺立面。在垫层和永久性保护墙上应将卷材防水层空铺，而在临时保护墙（或模板）上应将卷材防水层临时贴附，并分层临时固定在其顶端。

（5）浇筑需防水结构的混凝土底板和墙体，在需防水结构外墙外表面抹找平层。

（6）主体结构完成后，铺贴立面卷材时，应先将接搓部位的各层卷材揭开，并将其表面清理干净，如卷材有局部损伤，应及时进行修补。当使用两层卷材接槎时，卷材应错槎接缝，上层卷材应盖过下层卷材。卷材的甩搓、接槎做法如图7.12和图7.13所示。

（7）待卷材防水层施工完毕，并经过检查验收合格后，应及时做好卷材防水层的保护结构。保护结构的几种做法如下：

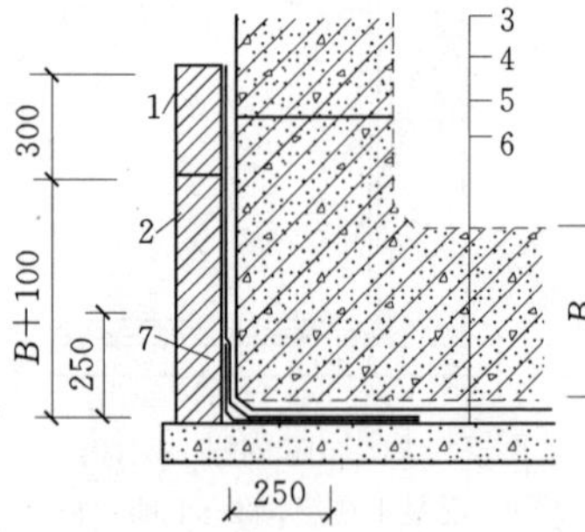

图 7.12 卷材防水层甩槎做法（单位：mm）

1—临时保护墙；2—永久保护墙；3—细石混凝土保护层；4—卷材防水层；5—水泥砂浆找平层；6—混凝土垫层；7—卷材加强层

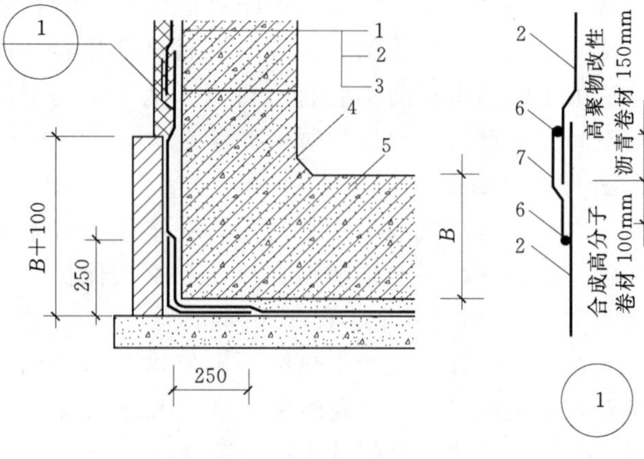

图 7.13 卷材防水层接槎做法（单位：mm）

1—结构墙体；2—卷材防水层；3—卷材保护层；4—卷材加强层；5—结构底板；6—密封材料；7—盖缝条

1）砌筑永久保护墙，并每隔 5～6m 及在转角处断开，断开的缝中填以卷材条或沥青麻丝；保护墙与卷材防水层之间的空隙应随砌随以砌筑砂浆填实，保护墙完工后方可回填土。注意在砌保护墙的过程中切勿损坏防水层。

2）抹水泥砂浆。在涂抹卷材防水层最后一道沥青胶结材料时，趁热撒上干净的热砂或散麻丝，冷却后随即抹一层 10～20mm 的 1∶3 水泥砂浆，水泥砂浆经养护达到强度后，即可回填土。

3）贴塑料板。在卷材防水层外侧直接用氯丁系胶粘固定 5～6mm 厚的聚乙烯泡沫塑料板，完工后即可回填土。亦可用聚醋酸乙烯乳液粘贴 40mm 厚的聚苯泡沫塑料板代替。

3. 提高卷材防水层质量的措施

（1）采用点粘、条粘、空铺的措施可以充分发挥卷材的延伸性能，有效地减少卷材被拉裂的可能性。具体做法是：点粘法时，每平方米卷材下粘 5 点（100mm×100mm），粘贴面积不大于总面积的 6%；条粘法时，每幅卷材两边各与基层粘贴 150mm 宽；空铺法时，卷材防水层周边与基层粘贴 800mm 宽。

（2）增铺卷材附加层。对变形较大、易遭破坏或易老化部位，如变形缝、转角、三面角，以及穿墙管道周围、地下出入口通道等处，均应铺设卷材附加层。附加层可采用同种卷材加铺 1～2 层，亦可用其他材料做增强处理。

（3）做密封处理。在分格缝、穿墙管道周围、卷材搭接缝以及收头部位应做密封处理。施工中，要重视对卷材防水层的保护。

7.1.4 涂料防水层施工

1. 常用的防水涂料类型

常用的防水涂料主要有以下几种：

（1）沥青防水涂料。该类涂料的主要成膜物质是以乳化剂配制的乳化沥青和填料组成。

在Ⅲ级防水卷材屋面上单独使用时的厚度不应小于8mm，每平方米涂布量约为8kg，因而需多遍涂抹。由于这类涂料的沥青用量大、含固量低、弹性和强度等综合性能较差，在防水工程中已逐渐被淘汰。

（2）高聚物改性沥青防水涂料。该类涂料的品种有以化学乳化剂配制的乳化沥青为基料，掺加氯丁橡胶或再生橡胶水乳液的防水涂料；有众多的溶剂型改性沥青涂料，如氯丁橡胶沥青涂料、SBS橡胶沥青涂料、丁基橡胶沥青涂料等。

（3）合成高分子防水涂料。该类涂料的类型有水乳型、溶剂型和反应型三种。其中综合性能较好的品种是反应型的聚氨酯防水涂料。

聚氨酯防水涂料是以甲组分（聚氨酯预聚体）与乙组分（固化剂）按一定比例混合的双组分涂料。常用的品种有聚氨酯防水涂料（不掺加焦油）和焦油聚氨酯防水涂料两种。聚氨酯防水涂料大多为彩色，固体含量高，具有橡胶状弹性，延伸性好，拉伸强度和抗撕裂强度高，耐油、耐磨、耐海水侵蚀，使用温度范围宽，涂膜反应速度易于调整等优点，因而是一种综合性能好的高档次涂料，但其价格也较高。焦油聚氨酯防水涂料为黑色，有较大臭感，反应速度不易调整，性能易出现波动。由于焦油对人体有害，故这种涂料不能用于冷库内壁和饮水工程；室内施工时应采取通风措施。

2. 防水涂料的使用要求

无机防水涂料宜用于地下工程结构主体的背水面；有机防水涂料宜用于主体结构的迎水面，用于背水面的有机防水涂料应具有较高的抗渗性，且与基层有较好的黏结性。

防水涂料品种的选择应符合下列规定：

（1）潮湿基层宜选用与潮湿基面黏结力大的无机防水涂料或有机防水涂料，也可采用先涂无机防水涂料而后再涂有机防水涂料构成复合防水涂层。

（2）冬期施工宜选用反应型涂料。

（3）埋置深度较深的重要工程、有振动或有较大变形的工程，宜选用高弹性防水涂料。

（4）有腐蚀性的地下环境宜选用耐腐蚀性较好的有机防水涂料，并应做刚性保护层。

（5）聚合物水泥防水涂料应选用Ⅱ型产品。

采用有机防水涂料时，基层阴阳角应做成圆弧形，阴角直径宜大于50mm，阳角直径宜大于10mm，在底板转角部位应增加胎体增强材料，并应增涂防水涂料。

防水涂料宜采用外防外涂或外防内涂，如图7.14和图7.15所示。

掺外加剂、掺合料的水泥基防水涂料厚度不得小于3.0mm；水泥基渗透结晶型防水涂料的用量不应小于1.5kg/m^2，且厚度不应小于1.0mm；有机防水涂料的厚度不得小于1.2mm。

3. 防水涂料的施工方法

涂膜施工的顺序：基层处理→涂刷底层卷材（即聚氨酯底胶、增强涂布或增补涂布）→涂布第一道涂膜防水层（聚氨酯涂膜防水材料、增强涂布或增补涂布）→涂布第二道（或面层）涂膜防水层（聚氨酯涂膜防水材料）→稀撒石渣→铺抹水泥砂浆→设置保护层。

涂布顺序先垂直面、后水平面；先阴阳角及细部、后大面。每层涂布方向应互相垂直。

（1）涂布与增补涂布。在阴阳角、排水口、管道周围、预埋件及设备根部、施工缝或开裂处等需要增强防水层抗渗性的部位，应做增强或增补涂布。

增强涂布或增补涂布可在粉刷底层卷材后进行；也可以在涂布第一道涂膜防水层以后进

行。还有将增强涂布夹在每相邻两层涂膜之间的做法。

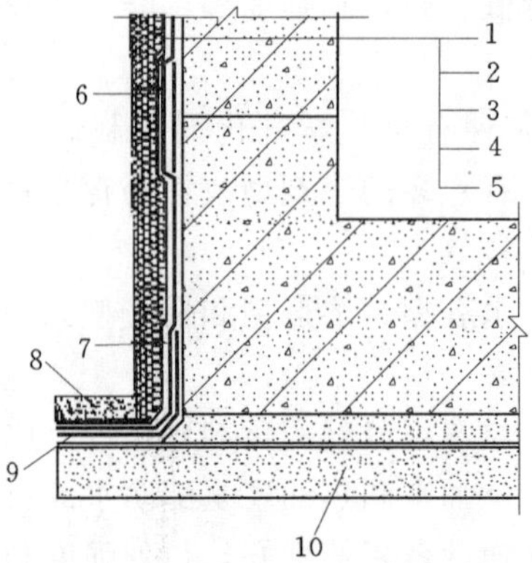

图 7.14 防水涂料外防外涂构造

1—保护墙；2—砂浆保护层；3—涂料防水层；4—砂浆找平层；5—结构墙体；6—涂料防水层加强层；7—涂料防水加强层；8—涂料防水层搭接部位保护层；9—涂料防水层搭接部位；10—混凝土垫层

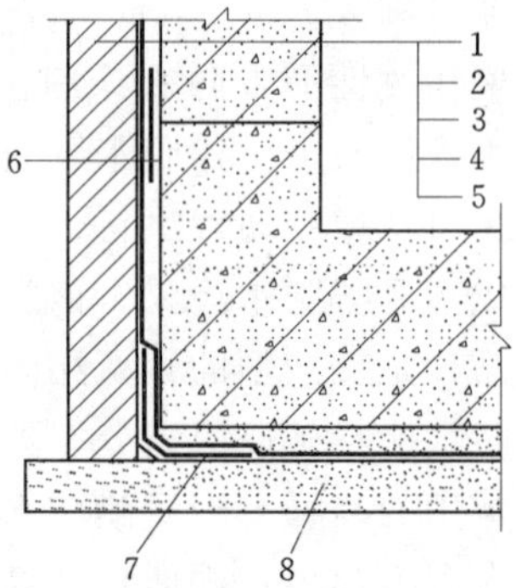

图 7.15 防水涂料外防内涂构造

1—保护墙；2—涂料保护层；3—涂料防水层；4—找平层；5—结构墙体；6—涂料防水层加强层；7—涂料防水加强层；8—混凝土垫层

增强涂布的做法：在涂布增强膜中敷设玻璃纤维布，用板刷涂刮驱气泡，将玻璃纤维布紧密地粘贴在基层上，不得出现空鼓或皱褶。这种做法一般为条形；增补涂布为块状，做法同增强涂布，但可做多层涂抹。

增强、增补涂布与基层卷材是组成涂膜防水层的最初涂层，对防水层的抗渗性能具有重要作用，因此涂布操作时要认真、仔细，保证质量，不得有气孔、鼓泡、皱褶、翘边，玻璃布应按设计规定搭接，且不得露出面层表面。

(2) 涂布第一道涂膜。在前一道卷材固化干燥后，应先检查其上是否有残留气孔或气泡，如无，即可涂布施工，如有，则应用橡胶板刷将混合料用力压入气孔填实补平，然后再进行第一层涂膜施工。

涂布第一道聚氨酯防水材料，可用塑料板刷均匀涂刮，厚薄一致，厚度约为 1.5mm。

平面或坡面施工后，在防水层未固化前不宜上人踩踏，涂抹施工过程中应留出施工退路，可以分区分片用后退法涂刷施工。

在施工温度低或混合液流动度低的情况下，涂层表面留有板刷或抹子涂后的刷纹，为此应预先在混合搅拌液内适当加入二甲苯稀释，用板刷涂抹后，再用滚刷滚涂均匀，涂膜表面即可平滑。

(3) 涂布第二道涂膜。第一道涂膜固化后，即可在其上涂刮第二道涂膜，方法与第一道相同，但涂刮方向应于第一道施工垂直。涂布第二道涂膜与第一道相间隔的时间应以第一道涂膜的固化程度（手感不黏）确定，一般不小于 24h，也不大于 72h。

当 24h 后涂膜仍发黏，而又需涂刷下一道时，可先涂一些涂膜防水材料即可以上人操作，不影响施工质量。

(4) 稀撒石渣。在第二道涂膜固化之前，在其表面稀撒粒径约为 2mm 的石渣，涂膜固化后，这些石渣即牢固地黏结在涂膜表面，其作用是增强涂膜与其保护层的黏结能力。

（5）设置保护层。最后一道涂膜固化干燥后，即可设置保护层。保护层可根据建筑要求设置相适宜的形式：立面、平面可在稀撒石渣上抹水泥砂浆，铺贴瓷砖、陶瓷锦砖；一般房间的立面可以铺抹水泥砂浆，平面可铺设缸砖或水泥方砖，也可抹水泥砂浆或浇筑混凝土；若用于地下室墙体外壁，可在稀撒石渣层上抹水泥砂浆保护层，然后回填土。

课题 7.2　室内防水工程施工

7.2.1　施工要求

7.2.1.1　防水材料要求

厕浴间和厨房防水材料的要求如下：

（1）厕浴间和厨房防水材料一般有合成高分子防水涂料、聚合物水泥防水涂料、水泥基渗透结晶型防水材料、界面渗透型防水材料与涂料复合、聚乙烯丙纶防水卷材与聚合物水泥黏结料等。选用另外的防水材料时，其材料性能指标必须符合相关材料质量标准，应达到验收要求。

（2）使用高分子防水涂料、聚合物水泥防水涂料时，防水层厚度不应小于 1.2mm；水泥基渗透结晶型防水涂膜厚度不应小于 0.8mm 或用料不应小于 0.8kg/m^2；界面渗透型防水液与柔性防水涂料复合施工时厚度不应小于 0.8mm；聚乙烯丙纶防水卷材与聚合物水泥黏结料复合施工时，其厚度不应小于 1.8mm。

采用防水材料复合施工时要求如下：

1）刚性防水材料与柔性涂料复合使用时，刚性材料宜放在下部。

2）两种柔性材料复合使用时，材料应具有相容性。

3）厨房、厕浴间防水层现场使用的增强附加层的胎体材料可选用无纺布或低碱玻纤布，其质量应符合有关材料标准要求。

4）基层处理剂与卷材、涂料、黏结料均应分别配套且材性相容。

7.2.1.2　排水坡度（含找坡层）要求

（1）地面向地漏处排水坡度应为 1%～2%。

（2）地漏处排水坡度，从地漏边缘向外 50mm 内排水坡度为 5%。

（3）大面积公共厕浴间地面应分区，每一个分区设一个地漏。区域内排水坡度为 2%，坡度直线长度不大于 3m。

7.2.1.3　防水构造要求

1. 楼地面结构层

预制钢筋混凝土圆孔板板缝通过厕浴间时，板缝间应用防水砂浆堵严抹平，缝上加一层宽度为 250mm 的胎体增强材料，并涂刷两遍防水涂料。

2. 防水基层（找平层）

用配合比 1∶2.5 或 1∶3.0 水泥砂浆找平，厚度为 20mm，抹平压光。

3. 地面防水层、地面与墙面阴阳角处理

地面防水层应做在地面找平层之上，饰面层以下。地面四周与墙体连接处，防水层往墙面上返 250mm 以上；地面与墙面阴阳角处先做附加层处理，再做四周立墙防水层。

4. 管根防水

(1) 管根孔洞在立管定位后，楼板四周缝隙用 1：3 的水泥砂浆堵严。缝隙大于 20mm 时，可用细石防水混凝土堵严，并做底模。

(2) 在管根与混凝土（或水泥砂浆）之间应留凹槽，槽深 10mm、宽 20mm。凹槽内嵌填密封膏。

(3) 管根平面与管根周围立面转角处应做涂膜防水附加层。

(4) 预设套管措施。必要时在立管外设置套管，一般套管高出铺装层地面 20mm，套管内径要比立管外径大 2～5mm，空隙嵌填密封膏。

套管安装时，在套管周边预留 10mm×10mm 凹槽，凹槽内嵌填密封膏。

5. 饰面层

防水层上做 20mm 厚水泥砂浆保护层，在其上做地面砖等饰面层，材料由设计选定。

6. 墙面与顶板防水

墙面与顶板应做防水处理。有淋浴设施的厕浴间墙面，防水层高度不应小于 1.8m，并与楼地面防水层交圈。顶板防水处理方案由设计确定。

7.2.2 厕浴间和厨房防水施工工艺

结合以往成熟的施工经验，厕浴间和厨房的防水施工工艺和作业要求可按使用要求和选材选择。

7.2.2.1 聚合物乳液（丙烯酸）防水涂料施工

1. 施工机具

主要施工机具如下：

(1) 清理基面工具：开刀、凿子、锤子、钢丝刷、扫帚、抹布。

(2) 涂覆工具：滚子、刷子。

2. 施工工艺

(1) 工艺流程为：清理基层→涂刷底部防水层→细部附加层→涂刷中、面层防水层→防水层第一次蓄水试验→保护层或饰面层施工→第二次蓄水试验。

(2) 操作要点：

1) 清理基层。基层表面必须将浮土打扫干净，清除杂物、油渍、明水等。

2) 涂刷底部防水层。取丙烯酸防水涂料倒入一个空桶中约 2/3，少许加水稀释并充分搅拌，用滚刷均匀地涂刷底层，用量约为 0.4kg/m^2，待手摸不沾手后进行下一道工序。

3) 涂刷细部附加层。

a. 嵌填密封膏：按设计要求在管根等部位的凹槽内嵌填密封膏，密封材料应压嵌严密，防止裹入空气，并与缝壁黏结牢固，不得有开裂、鼓泡和下塌现象。

b. 地漏、管根、阴阳角等易漏水部位的凹槽内，用丙烯酸防水涂料涂覆找平。

c. 在地漏、管根、阴阳角和出入口等易发生漏水的薄弱部位，需增加一层胎体增强材料，宽度不得小于 300mm，搭接宽度不得小于 100mm，施工时先涂刷丙烯酸防水涂料，再铺增强层材料，然后再涂刷两遍丙烯酸防水涂料。

4) 涂刷中、面层防水层。取丙烯酸防水涂料，用滚刷均匀地涂在底层防水层上面，每遍为 0.5～0.8kg/m^2，其下层增强层和中层必须连续施工，不得间隔，若厚度不够，加涂一层或数层以达到设计规定的涂膜厚度要求。

5）第一次蓄水试验。在做完全部防水层干固48h以后，蓄水24h，未出现渗漏为合格。

6）保护层或饰面层施工。第一次蓄水合格后，即可做保护层或饰面施工。

7）第二次蓄水试验。在保护层或饰面施工完工后，应进行第二次蓄水试验，以确保防水工程质量。

3. 成品保护

（1）操作人员应严格保护好已完工的防水层，非防水施工人员不得进入现场踩踏。

（2）为确保排水畅通，地漏、排水口应避免杂物堵塞。

（3）施工时严防涂料污染已做好的其他部位。

4. 注意事项

（1）5℃以下不得施工。

（2）不宜在特别潮湿或不通风的环境中施工。

（3）涂料应存放在5℃以上的阴凉干燥处。存放地点及施工现场必须通风良好，严禁烟火。

7.2.2.2 单组分聚氨酯防水涂料施工

单组分聚氨酯防水涂料是以异氰酸酯、聚醚为主要原料，配以各种助剂制成，属于无有机溶剂挥发型合成高分子的单组分柔性防水涂料。

1. 主要施工机具

主要施工机具如下：

涂料涂刮工具：橡胶刮板。

地漏、转角处等涂料涂刷工具：油漆刷。

清理基层工具：铲刀。

修补基层工具：抹子。

2. 施工工艺

（1）工艺流程为：清理基层→细部附加层施工→第一遍涂膜施工→第二遍涂膜施工→第三遍涂膜施工→第一次蓄水试验→保护层、饰面层施工→第二次蓄水试验。

（2）操作要点。

1）清理基层。基层表面必须认真清扫干净。

2）细部附加层施工。厕浴间的地漏、管根、阴阳角等处应用单组分聚氨酯涂刮一遍做附加层处理。

3）第一遍涂膜施工。以单组分聚氨酯涂料用橡胶刮板在基层表面均匀涂刮，厚度一致，涂刮量以0.6～0.8kg/m^{2}为宜。

4）第二遍涂膜施工。在第一遍涂膜固化后，再进行第二遍聚氨酯涂刮。对平面的涂刮方向应与第一遍涂刮方向相垂直，涂刮量与第一遍相同。

5）第三遍涂膜和黏砂粒施工。第二遍涂膜固化后，进行第三遍聚氨酯涂刮，达到设计厚度。在最后一遍涂膜施工完毕尚未固化时，在其表面应均匀地撒上少量干净的粗砂，以增加与即将覆盖的水泥砂浆保护层之间的黏结。

厕浴间和厨房防水层经多遍涂刷，单组分聚氨酯涂膜总厚度应不小于1.5mm。

6）当涂膜固化完全并经第一次蓄水试验验收合格才可进行保护层、饰面层施工。

7.2.2.3 聚合物水泥防水涂料施工

聚合物水泥防水涂料（简称JS防水涂料）是以聚合物乳液和水泥为主要原料，加入其他添加剂制成的液料与粉料两部分，按规定比例混合拌匀使用。

1. 施工机具

具体要求施工机具如下：

（1）基层清理工具：锤子、凿子、铲子、钢丝刷、扫帚。

（2）取料配料工具：台秤、搅拌器、材料桶。

（3）涂料涂覆工具：滚刷、刮板、刷子等。

2. 施工工艺

（1）工艺流程为：清理基层→底面防水层→细部附加层施工→涂刷中间防水层施工→涂刷表面防水层→第一次蓄水试验→保护层、饰面层施工→第二次蓄水试验。

（2）操作要点：

1）清理基层。表面必须彻底清扫干净，不得有浮尘、杂物、明水等。

2）涂刷底面防水层。底层用料由专人负责材料配制，先按表7.1的配合比分别称出配料所用的液料、粉料、水，在桶内用手提电动搅拌器搅拌均匀，使粉料均匀分散。

表7.1 防水涂料配合比

防水涂料类别		按重量配合比
Ⅰ型	底层涂料	液料：粉料：水＝10：(7～10)：14
	中、面层涂料	液料：粉料：水＝10：(7～10)：(0～2)
Ⅱ型	底层涂料	液料：粉料：水＝10：(10～20)：14
	中、面层涂料	液料：粉料：水＝10：(10～20)：(0～2)

用滚刷或油漆刷均匀地涂刷成底面防水层，不得露底，一般用量为0.3～0.4kg/m^2。待涂层干固后，才能进行下一道工序。

3）细部附加层施工。对地漏、管根、阴阳角等易发生漏水的部位，应进行密封或加强处理。按设计要求在管根等部位的凹槽内嵌填密封膏，密封材料应压嵌严密，防止裹入空气，并与缝壁黏结牢固，不得有开裂、鼓泡和下塌现象。在地漏、管根、阴阳角和出入口等易发生漏水的薄弱部位，可加一层增强胎体材料，材料宽度不小于300mm，搭接宽度应不小于100mm。施工时先涂一层JS防水涂料，再铺胎体增强材料，最后再涂一层JS防水涂料。

4）涂刷中、面防水层。按设计要求和表2.4提供的防水涂料配合比，将配制好的Ⅰ型或Ⅱ型JS防水涂料，均匀涂刷在底面防水层上。每遍涂刷量以0.8～1.0kg/m^{2}为宜（涂料用量均为液料和粉料的原材料用量，不含稀释加水量）。多遍涂刷（一般3遍以上），直到达到设计规定的涂膜厚度要求。大面涂刷涂料时，不得加铺胎体，如设计要求增加胎体时，需使用耐碱网格布或40g/m^{2}的聚酯无纺布。

5）第一次蓄水试验。在最后一遍防水层干固48h后蓄水24h，以无渗漏为合格。

6）保护层或饰面层施工。第一次蓄水试验合格后，即可做保护层、饰面层施工。

7）第二次蓄水试验。在保护层或饰面层完工后，进行第二次蓄水试验，确保厕浴间和厨房的防水工程质量。

3. 成品保护

(1) 操作人员应严格保护已做好的涂膜防水层。涂膜防水层未干时，严禁在上面踩踏；在做完保护层以前，任何与防水作业无关的人员不得进入施工现场；在第一次蓄水试验合格后应及时做好保护层，以免损坏防水层。

(2) 地漏或排水口要防止杂物堵塞，确保排水畅通。

(3) 施工时，涂膜材料不得污染已做好饰面的墙壁、卫生洁具、门窗等。

4. 注意事项

(1) 防水涂料的配制应计量准确，搅拌均匀。

(2) 涂料涂刷施工时应按操作工艺严格执行，保证涂膜厚度，注意工序间隔时间。粉料应存放在干燥处，液料存放在5℃以上的阴凉处。配制好的防水涂料应在3h内用完。

(3) 厕浴间施工时应有良好的照明及通风条件。

7.2.2.4 水泥基渗透结晶型防水材料施工

水泥基渗透结晶型防水材料施工指采用涂料涂刷或使用防水砂浆施抹进行防水层施工。

1. 水泥基渗透结晶型防水涂料施工

水泥基渗透结晶型防水材料是一种刚性防水材料，其与水作用后，材料中含有的活性化学物质通过载体向混凝土内部渗透，在混凝土中形成不溶于水的结晶体，填塞毛细孔道从而使混凝土致密、防水。

水泥基渗透结晶型防水材料按使用方法分为防水涂料和防水剂。

水泥基渗透结晶型防水涂料包括浓缩剂、增效剂，均是粉状材料，化学活性较强，经与水拌和调配成浆料为防水涂料。

浓缩剂浆料：直接刷涂或喷涂于混凝土表面。

增效剂浆料：用于浓缩剂涂层的表面，在浓缩剂涂层上形成坚硬的表层，可增强浓缩剂的渗透效果。单独使用于结构表面时，起防潮作用。

水泥基渗透结晶型防水剂（又称掺合剂）是以专有的多种特殊活性化学物质为主要原料，配以各种其他辅料制成的，属于水泥基渗透结晶型刚性防水材料。

(1) 主要施工机具。

主要施工机具包括：手用钢丝刷、电动钢丝刷、凿子、锤子、计量水和料的器具、拌料器具、专用尼龙刷、油漆刷、喷雾器具、胶皮手套等。

(2) 作业条件。

1) 水泥基渗透结晶型防水材料不得在环境温度低于4℃时使用。

2) 基层应粗糙、干净、湿润。无论新浇筑的或旧的混凝土基面，均应用水润湿透（但不得有明水）。新浇筑的混凝土以浇筑后24～72h为涂料最佳使用时段。

3) 基层不得有缺陷部位，否则应进行处理后方可进行施工。

(3) 施工工艺。

1) 工艺流程。工艺流程为：基层检查→基层处理→制浆→重点部位的加强处理→第一遍涂刷涂料→第二遍涂刷涂料→养护→检验。

2) 操作要点。

a. 基层检查。检查混凝土基层有无裂纹、孔洞以及有机物、油漆和杂物等。

b. 基层处理。先修理缺陷部位，如封堵孔洞，除去有机物、油漆等其他黏结物，遇有大于0.4mm以上的裂纹，应进行裂缝修理；对蜂窝结构或疏松结构均应凿除，松动杂物用水冲刷至见到坚实的混凝土基面并将其润湿，涂刷浓缩剂浆料，用量为1kg/m²，再用防水砂浆填补、压实，掺合剂的掺量为水泥含量的2%。打毛混凝土基面，使毛细孔充分暴露。底板与边墙相交的阴角处加强处理。用浓缩剂料团（浓缩剂粉：水=5：1，用抹子调和2min即可使用）趁潮湿嵌填于阴角处，用手锤或抹子捣固压实。

c. 制浆。

防水涂料用量：总用量不小于0.8kg/m²，浓缩剂不小于0.4kg/m²，增效剂不小于0.4kg/m²。

制浆工艺：按防水涂料：水=5：2（体积比）将粉料与水倒入容器内，搅拌3～5min，混合均匀。一次制浆不宜过多，要在20min内用完，混合物变稠时要频繁搅动，中间不得加水、加料。

d. 重点部位加强处理。厨房、厕浴间的地漏、管根、阴阳角、非混凝土或水泥砂浆基面等处用柔性涂料做加强处理，做法同柔性涂料或参考细部构造做法，厕浴间下水立管防水做法如图7.16所示，地漏防水做法如图7.17所示。

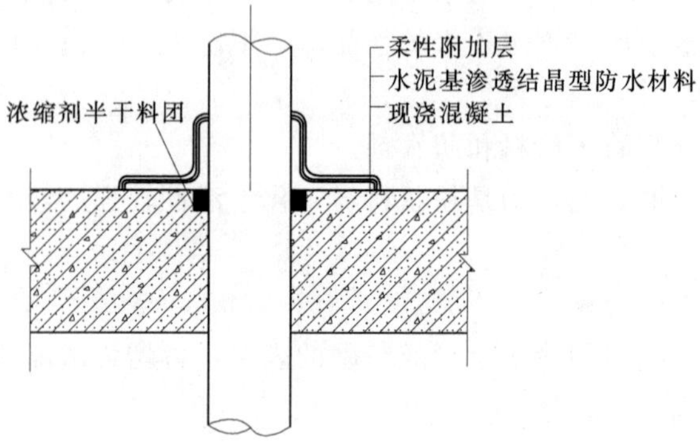

图7.16 下水立管防水做法

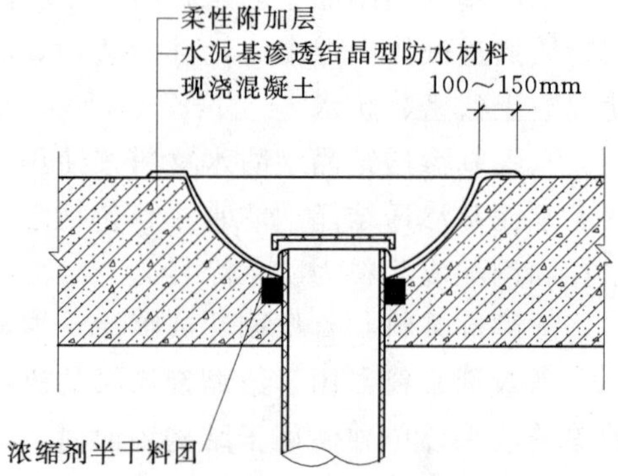

图7.17 地漏防水做法

e. 第一遍涂刷涂料。涂料涂刷时需用半硬的尼龙刷，不宜用抹子、滚筒、油漆刷等；涂刷时应来回用力，以保证凹凸处都能涂上，涂层要求均匀，不应过薄或过厚，控制在单位用量之内。

f. 第二遍涂刷涂料。待上道涂层终凝6～12h后，仍呈潮湿状态时进行，如第一遍涂层太干则应先喷洒些雾水后再进行增效剂涂刷。此遍涂层也可使用相同量的浓缩剂。

g. 养护。养护必须用干净的水，在涂层终凝后做喷雾养护，不应出现明水，一般每天需喷雾水3次，连续数天，在热天或干燥天气应多喷几次，使其保持湿润状态，防止涂层过早干燥。蓄水试验需在养护完3～7d后进行。

h. 检验。涂料涂层施工后，需检查涂层是否均匀，用量是否准确、有无漏涂，如有缺陷应及时修补。经蓄水试验合格后，进行下道工序施工。

（4）成品保护及安全注意事项。

1）保护好防水涂层，在养护期内任何人员不得进入施工现场。

2）地漏要防止杂物堵塞，确保排水畅通。

3）拌料和涂刷涂料时应戴胶皮手套。

4）防水涂料必须储存在干燥的环境中，最低温度为7℃，一般储存条件下有效期为1年。

2. 水泥基渗透结晶型防水砂浆施工

水泥基渗透结晶型防水砂浆由水泥基渗透结晶型掺合剂、硅酸盐水泥、中（粗）砂（含泥量不大于2%）按比例而成。

水泥基渗透结晶型防水砂浆包括水泥基渗透结晶型防水剂（又称掺合剂）、水泥（采用硅酸盐水泥）、砂（中粒砂，含泥量不大于2%）。

（1）主要施工机具。

主要施工机具如下：

1）基面处理工具：手用钢丝刷、电动钢丝刷、凿子、锤子等。

2）计量工具：计量防水剂、水泥、砂子、水等。

3）拌和材料及运料工具：锹、桶、砂浆搅拌机、推车等。

4）施抹防水砂浆工具：抹子。

5）地漏等细部构造涂刷工具：油漆刷。

6）防水层养护工具：喷雾器具。

（2）作业条件。

1）水泥基渗透结晶型防水材料不得在环境温度低于4℃时使用，雨天不施工。

2）基层应粗糙、干净，以提供充分开放的毛细管系统，以利于渗透。

3）基层需要润湿，无论新浇筑的，或是旧的混凝土基面，都应用水润湿，但不得有明水；基层有缺陷时应修补处理后方可进行施工。

（3）施工工艺。

1）工艺流程。工艺流程为：基层检查→基层处理→重点部位加强处理→第一遍涂刷水泥净浆→拌制防水砂浆→抹防水砂浆→加分格缝→养护。

2）操作要点。

a. 基层检查。检查混凝土基层有无油漆、有机物、杂物以及孔洞或大于0.4mm的裂纹等缺陷。

b. 基层处理。先处理缺陷部位、封堵孔洞，除去有机物、油漆等其他黏结物，清除油污及疏松物等。如有0.4mm以上的裂纹，应先进行裂缝修理；沿裂缝两边凿出20mm（宽）×30（深）mm的U形槽，用水冲净、润湿后，除去明水，沿槽内涂刷浆料后用浓缩剂半干料团（粉水比为6：1）填满、夯实；遇有蜂窝或疏松结构均应凿除，将所有松动的杂物用水冲刷掉，直至见到坚实的混凝土基面并将其润湿后，涂刷灰浆（粉水比为5：2），用量为1kg/m²，再用防水砂浆填补、压实，防水剂的掺量为水泥用量的2%～3%。经处理过的混凝土基面，不应存留任何悬浮物等物质。底板与边墙相交的阴角处做加强处理。用浓缩剂料团（防水剂粉水比为5：1，用抹子调和2min即可使用）趁潮湿嵌填于阴角处，用手锤或抹子捣固压实。

c. 重点部位附加层处理。厕浴间和厨房的地漏、管根、阴阳角等处用柔性涂料做附加层处理，方法同柔性涂料施工，参照图7.18所示的细部构造图。

d. 第一遍涂刷水泥净浆。用油漆刷等将水泥净浆涂刷在基层上，用量为1～2kg/m²。

e. 拌制防水砂浆。人工搅拌时，配合比为水泥：砂：水：防水剂＝1：2.5(3)：0.5：2(3)，

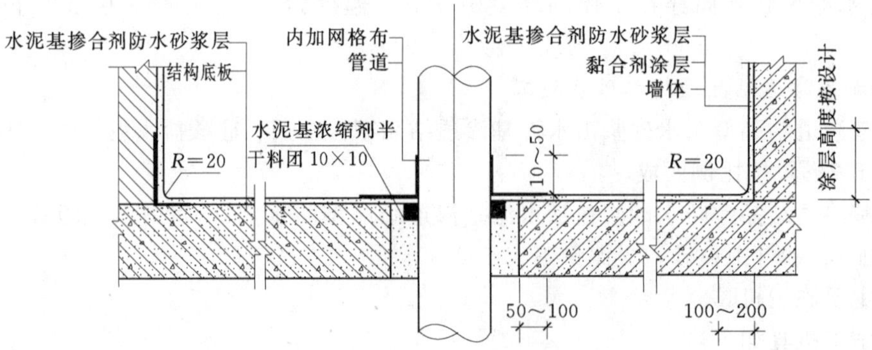

图 7.18 水泥基渗透结晶性防水砂浆立管做法（单位：mm）

将配好量的硅酸盐水泥与砂预混均匀后再在中间留有盛水坑；将配好量的防水剂与水在容器中搅拌均匀后倒入盛水坑中拌匀，再与水泥砂子的混合物进行混合搅拌成稠浆状；机械搅拌时，将按比例配好量的砂子、防水剂、水泥、水依次放入搅拌机内，搅拌 3min，即可使用。

f. 抹防水砂浆。将制备好的防水砂浆均摊在处理过的结构基层上用抹子用力抹平、压实，不得有空鼓、裂纹现象，如发生此类现象应及时修复；所有的施工方法按防水砂浆的标准施工方法进行。陶粒、砖等砌筑墙面在做地面砂浆防水层时可进行侧墙的防水砂浆层的施抹，施抹完成后即完成了防水施工作业。

g. 加分格缝。防水砂浆施工面积大于 36m^2 时应加分格缝，缝隙用柔性嵌缝膏嵌填。

h. 养护。防水砂浆层养护必须用干净水做喷雾养护，不应出现明水，一般每天需喷雾水 3 次，连续 3～4d，在热天或干燥天气应多喷几次，用湿草垫或湿麻袋片覆盖养护，保持湿润状态，防止防水砂浆层过早干燥。蓄水试验需在养护完 3～7d 后进行，蓄水验收合格后才可进行下道工序施工。

（4）成品保护及安全注意事项。

1）严格保护已做好的防水层。在养护期内任何人员不得进入施工现场。

2）地漏应防止杂物堵塞，确保排水畅通。

3）拌料时应戴胶皮手套。

4）水泥基渗透结晶型防水材料必须储存在干燥环境中，最低温度为 7℃，储存有效期为 1 年。

课题 7.3 外墙防水施工

7.3.1 外保温外墙防水防护施工

（1）保温层应固定牢固，表面平整、干净。

（2）外墙保温层的抗裂砂浆层施工应符合下列规定：

1）抗裂砂浆层的厚度、配合比应符合设计要求。当内掺纤维等抗裂材料时，比例应符合设计要求，并应搅拌均匀。

2）当外墙保温层采用有机保温材料时，抗裂砂浆施工时应先涂刮界面处理材料，然后分层抹压抗裂砂浆。

3）抗裂砂浆层的中间宜设置耐碱玻纤网格布或金属网片。金属网片应与墙体结构固定牢固。玻纤网格布铺贴应平整无皱褶，两幅间的搭接宽度不应小于50mm。

4）抗裂砂浆应抹平压实，表面无接槎印痕，网格布或金属网片不得外露。防水层为防水砂浆时，抗裂砂浆表面应搓毛。

5）抗裂砂浆终凝后应进行保湿养护。防水砂浆养护时间不宜少于14d，养护期间不得受冻。

（3）外墙保温层上的防水层施工应符合规定。

（4）防水透气膜施工应符合下列规定：

1）基层表面应平整、干净、牢固，无尖锐凸起物。

2）敷设宜从外墙底部一侧开始，将防水透气膜沿外墙横向展开，铺于基面上，沿建筑立面自下而上横向敷设，按顺水方向上下搭接，当无法满足自下而上敷设顺序时，应确保沿顺水方向上下搭接。

3）防水透气膜横向搭接宽度不得小于100mm，纵向搭接宽度不得小于150mm。搭接缝应采用配套胶粘带黏结。相邻两幅膜的纵向搭接缝应相互错开，间距不小于500mm。

4）防水透气膜搭接缝应采用配套胶粘带覆盖密封。

5）防水透气膜应随铺随固定，固定部位应预先粘贴小块丁基胶带，用带塑料垫片的塑料锚栓将防水透气膜固定在基层墙体上，固定点每平方米不得少于3处。

6）敷设在窗洞或其他洞口处的防水透气膜，以“I”字形裁开，用配套胶粘带固定在洞口内侧。与门、窗框连接处应使用配套胶粘带满粘密封，四角用密封材料封严。

7）幕墙体系中穿透防水透气膜的连接件周围应用配套胶粘带封严。

7.3.2 无外保温外墙防水防护施工

（1）外墙结构表面的油污、浮浆应清除，孔洞、缝隙应堵塞抹平，不同结构材料交接处的增强处理材料应固定牢固。

（2）外墙结构表面宜进行找平处理，找平层施工应符合下列规定：

1）外墙结构表面清理干净后，方可进行界面处理。

2）界面处理材料的品种和配合比应符合设计要求，拌和应均匀一致，无粉团、沉淀等缺陷。涂层应均匀，不露底。待表面收水后，方可进行找平层施工。

3）找平层砂浆的强度和厚度应符合设计要求，厚度在10mm以上时，应分层压实、抹平。

（3）外墙防水层施工前，宜先做好节点处理，再进行大面积施工。

（4）防水砂浆施工应符合下列规定：

1）基层表面应为平整的毛面，光滑表面应做界面处理，并充分润湿。

2）防水砂浆的配制应符合下列规定：

a. 配合比应按照设计要求，通过试验确定。

b. 配制乳液类聚合物水泥防水砂浆前，乳液应先搅拌均匀，再按规定比例加入拌和料中搅拌均匀。

c. 干粉类聚合物水泥防水砂浆应按规定比例加水搅拌均匀。

d. 粉状防水剂配制普通防水砂浆时，应先将规定比例的水泥、砂和粉状防水剂干拌均匀，再加水搅拌均匀。

e. 液态防水剂配制普通防水砂浆时，应先将规定比例的水泥和砂干拌均匀，再加入用水稀释的液态防水剂搅拌均匀。

3）配制好的防水砂浆宜在1h内用完，施工中不得任意加水。

4）界面处理材料涂刷厚度应均匀、覆盖完全。收水后应及时进行防水砂浆的施工。

5）防水砂浆涂抹施工应符合下列规定：

a. 厚度大于10mm时应分层施工，第二层应待前一层指触不黏时进行，各层应黏结牢固。

b. 每层宜连续施工。当需留槎时，应采用阶梯坡形槎，接槎部位离阴阳角不得小于200mm；上下层接槎应错开300mm以上。接槎应依层次顺序操作、层层搭接紧密。

c. 喷涂施工时，喷枪的喷嘴应垂直于基面，合理调整压力、喷嘴与基面距离。

d. 涂抹时应压实、抹平；遇气泡时应挑破，保证铺抹密实。

e. 抹平、压实应在初凝前完成。

6）窗台、窗楣和凸出墙面的腰线等部位上表面的流水坡应找坡准确，外口下沿的滴水线应连续、顺直。

7）砂浆防水层分格缝的留设位置和尺寸应符合设计要求。分格缝的密封处理应在防水砂浆达到设计强度的80%后进行，密封前应将分格缝清理干净，密封材料应嵌填密实。

8）砂浆防水层转角宜抹成圆弧形，圆弧半径应不小于5mm，转角抹压应顺直。

9）门框、窗框、管道、预埋件等与防水层相接处应留8～10mm宽的凹槽，密封处理应符合本条第七款的要求。

10）砂浆防水层未达到硬化状态时，不得浇水养护或直接受雨水冲刷。聚合物水泥防水砂浆硬化后应采用干湿交替的养护方法；普通防水砂浆防水层应在终凝后进行保湿养护。养护时间不宜少于14d。养护期间不得受冻。

（5）防水涂料施工应符合下列规定：

1）施工前应先对细部构造进行密封或增强处理。

2）涂料的配制和搅拌应符合下列规定：

a. 双组分涂料配制前，应将液体组分搅拌均匀。配料应按照规定要求进行，不得任意改变配合比。

b. 应采用机械搅拌，配制好的涂料应色泽均匀，无粉团、沉淀。

3）涂膜防水层的基层宜干燥；防水涂料涂布前，应先涂刷基层处理剂。

4）涂膜宜多遍完成，后遍涂布应在前遍涂层干燥成膜后进行。挥发性涂料的每遍用量不宜大于$0.6kg/m^2$。

5）每遍涂布应交替改变涂层的涂布方向，同一涂层涂布时，先后接槎宽度宜为30～50mm。

6）涂膜防水层的甩茬应避免污损，接涂前应将甩槎表面清理干净，接槎宽度不应小于100mm。

7）胎体增强材料应铺贴平整、排除气泡，不得有褶皱和胎体外露，胎体层充分浸透防水涂料；胎体的搭接宽度不应小于50mm。胎体的底层和面层涂膜厚度均不应小于0.5mm。

8）涂膜防水层完工并经验收合格后，应及时做好饰面层。饰面层施工时应有成品保护措施。

课题7.4　屋 面 工 程 施 工

7.4.1　找坡层和找平层施工

为了便于敷设隔汽层和防水层，必须在结构层或保温层表面作找平处理。在找坡层、找平层施工前，首先要检查其敷设的基层情况，如屋面板安装是否牢固，有无松动现象；基层局部是否凹凸不平，凹坑较大时应先填补；保温层表面是否平整，厚薄是否均匀；板状保温材料是否铺平垫稳；用保温材料找坡是否准确等。基层质量的好坏将直接影响防水层的质量，是防水层质量的基础。基层的质量包括结构层和找平层的刚度、平整度、强度、表面完整程度及基层含水率等。

找平层是防水层的依附层，其质量的好坏将直接影响到防水层的质量，所以要求找平层必须做到“五要、四不、三做到”。

“五要”：一要坡度准确、排水流畅，二要表面平整，三要坚固，四要干净，五要干燥。

“四不”：一是表面不起砂，二是表面不起皮，三是表面不酥松，四是不开裂。

“三做到”：一要做到混凝土或砂浆配比准确，二要做到表面二次压光，三要做到充分养护。

当屋面保温层、找平层因施工时含水率过大或遇雨水浸泡不能及时干燥，而又要立即敷设柔性防水层时，必须将屋面做成排汽屋面，以避免因防水层下部水分汽化造成防水层起鼓破坏，避免因保温层含水率过高造成保温性能降低。如果采用低吸水率（小于6%）的保温材料时，就可以不必作排汽屋面。

1. 装配式钢筋混凝土板的板缝嵌填施工

装配式钢筋混凝土板的板缝嵌填施工应符合下列规定：

（1）嵌填混凝土前板缝内应清理干净，并应保持湿润。

（2）当板缝宽度大于40mm或上窄下宽时，板缝内应按设计要求配置钢筋。

（3）嵌填细石混凝土的强度等级不应低于C20，填缝高度宜低于板面10～20mm，且应振捣密实和浇水养护。

（4）板端缝应按设计要求增加防裂的构造措施。

2. 找坡层和找平层的基层的施工

找坡层和找平层的基层的施工应符合下列规定：

（1）应清理结构层、保温层上面的松散杂物，凸出基层表面的硬物应剔平扫净。

（2）抹找坡层前，宜对基层洒水润湿。

（3）突出屋面的管道、支架等根部，应用细石混凝土堵实和固定。

（4）对不易与找平层结合的基层应作界面处理。

找坡层和找平层所用材料的质量和配合比应符合设计要求，并应准确计量和机械搅拌；找坡应按屋面排水方向和设计坡度要求进行，找坡层最薄处厚度不宜小于20mm；找坡材料应分层敷设和适当压实，表面宜平整和粗糙，并应适时浇水养护；找平层应在水泥初凝前压实抹平，水泥终凝前完成收水后应二次压光，并应及时取出分格条。养护时间不得少于7d。

卷材防水层的基层与突出屋面结构的交接处以及基层的转角处，找平层均应做成圆弧形，且应整齐平顺。找平层圆弧半径应符合表7.2的规定。

表7.2 找平层圆弧半径

卷材种类	圆弧半径/mm	卷材种类	圆弧半径/mm
高聚物改性沥青防水卷材	50	合成高分子防水卷材	20

找坡层和找平层的施工环境温度不宜低于5℃。

7.4.2 保温层和隔热层施工

7.4.2.1 保温隔热材料

屋面保温隔热材料宜选用聚苯乙烯硬质泡沫保温板、聚氨酯硬质泡沫保温板、喷涂硬泡聚氨酯或绝热玻璃棉等。聚氨酯硬质泡沫保温板应符合国家标准《建筑绝热用硬质聚氨酯泡沫塑料》(GB/T 21558—2008) 的要求。

喷涂硬泡聚氨酯保温材料的主要物理性能应符合国家标准《硬泡聚氨酯保温防水工程技术规范》(GB 50404—2007) 的要求。绝热玻璃棉应符合国家标准《建筑绝热用玻璃棉制品》(GB/T 17795—2008) 的要求。

采用机械固定施工方法的块状保温隔热材料应单独固定，其具体固定方法见表7.3。

表7.3 采用机械固定施工方法的块状保温隔热材料的固定方法

保温隔热材料		每块板固定件最少数量		固定位置
发泡聚苯板	挤塑聚苯板 (XPS)	4个	任一边长不大于1.2m	四个角，固定垫片距离板材边缘不大于150mm
	模塑聚苯板 (EPS)	6个	任一边长大于1.2m	四个角及沿长向中线均匀布置，固定垫片距离板材边缘不大于150mm
玻璃棉板、矿渣棉板、岩棉板		2个	—	沿长向中线均匀布置

注 其他类型的保温隔热板材固定件布置由系统供应商建议提供。

7.4.2.2 保温材料的储运、保管与验收

1. 保温材料的储运、保管

保温材料的储运、保管应符合下列规定：

(1) 保温材料应采取防雨、防潮、防火的措施，并应分类存放。

(2) 板状保温材料搬运时应轻拿轻放。

(3) 纤维保温材料应在干燥、通风的房屋内储存，搬运时应轻拿轻放。

2. 进场的保温材料检验

进场的保温材料应检验下列项目：

(1) 板状保温材料应检验表观密度或干密度、压缩强度或抗压强度、导热系数、燃烧性能。

(2) 纤维保温材料应检验表观密度、导热系数、燃烧性能。

7.4.2.3 保温层的施工环境温度

保温层的施工环境温度应符合下列规定：

(1) 干铺的保温材料可在负温度下施工。

(2) 用水泥砂浆粘贴的板状保温材料不宜低于5℃。

(3) 喷涂硬泡聚氨酯宜为15～35℃，空气相对湿度宜小于85%，风速不宜大于三级。

(4) 现浇泡沫混凝土宜为5～35℃。

7.4.2.4 保温层施工

1. 板状材料保温层施工

板状材料保温层施工应符合下列规定：

(1) 基层应平整、干燥、干净。

(2) 相邻板块应错缝拼接，分层敷设的板块上下层接缝应相互错开，板间缝隙应采用同类材料嵌填密实。

(3) 采用干铺法施工时，板状保温材料应紧靠在基层表面上，并应铺平垫稳。

(4) 采用黏结法施工时，胶粘剂应与保温材料相容，板状保温材料应贴严、粘牢，在胶粘剂固化前不得上人踩踏。

(5) 采用机械固定法施工时，固定件应固定在结构层上，固定件的间距应符合设计要求。

2. 纤维材料保温层施工

纤维材料保温层施工应符合下列规定：

(1) 基层应平整、干燥、干净。

(2) 纤维保温材料在施工时，应避免重压，并应采取防潮措施。

(3) 纤维保温材料敷设时，平面拼接缝应贴紧，上下层拼接缝应相互错开。

(4) 屋面坡度较大时，纤维保温材料宜采用机械固定法施工。

(5) 在敷设纤维保温材料时，应做好劳动保护工作。

3. 喷涂硬泡聚氨酯保温层施工

喷涂硬泡聚氨酯保温层施工应符合下列规定：

(1) 基层应平整、干燥、干净。

(2) 施工前应对喷涂设备进行调试，并应对喷涂试块进行材料性能检测。

(3) 喷涂时喷嘴与施工基面的间距应由试验确定。

(4) 喷涂硬泡聚氨酯的配合比应准确计量，发泡厚度应均匀一致。

(5) 一个作业面应分遍喷涂完成，每遍喷涂厚度不宜大于15mm，硬泡聚氨酯喷涂后20min内严禁上人。

(6) 喷涂作业时，应采取防止污染的遮挡措施。

4. 现浇泡沫混凝土保温层施工

现浇泡沫混凝土保温层施工应符合下列规定：

(1) 基层应清理干净，不得有油污、浮尘和积水。

(2) 现浇泡沫混凝土应按设计要求的干密度和抗压强度进行配合比设计，拌制时应计量准确，并应搅拌均匀。

(3) 泡沫混凝土应按设计的厚度设定浇筑面标高线，找坡时宜采取挡板辅助措施。

(4) 泡沫混凝土的浇筑出料口离基层的高度不宜超过1m，泵送时应采取低压泵送。

(5) 泡沫混凝土应分层浇筑，一次浇筑厚度不宜超过200mm，终凝后应进行保湿养护，养护时间不得少于7d。

7.4.2.5 隔汽层施工

隔汽层施工应符合下列规定：

(1) 隔汽层施工前，基层应进行清理，宜进行找平处理。

(2) 屋面周边隔汽层应沿墙面向上连续敷设，高出保温层上表面不得小于150mm。

(3) 采用卷材做隔汽层时，卷材宜空铺，卷材搭接缝应满粘，其搭接宽度不应小于80mm；采用涂膜做隔汽层时，涂料涂刷应均匀，涂层不得有堆积、起泡和露底现象。

(4) 穿过隔汽层的管道周围应进行密封处理。

7.4.2.6 倒置式屋面保温层施工

1. 一般规定

倒置式屋面是把原屋面“防水层在上，保温层在下”的构造设置倒置过来，将憎水性或吸水率较低的保温材料放在防水层上，使防水层不易损伤，提高耐久性，并可防止屋面结构内部结露。倒置式屋面保温层具有节能、保温隔热、延长防水层使用寿命、施工方便、劳动效率高、综合造价经济等特点。

保温材料应选用高热绝缘系数、低吸水率的新型材料，如聚苯乙烯泡沫塑料、聚乙烯泡沫塑料、聚氨酯泡沫塑料、泡沫玻璃等，也可选用蓄热系数和热绝缘系数都较大的水泥聚苯乙烯复合板等保温材料。

倒置式保温防水屋面主防水层（保温层之下的防水层）应选用合成高分子防水材料和中高档高聚物改性沥青防水卷材，也可选用改性沥青涂料与卷材复合防水。不宜选用刚性防水材料和松散憎水性材料，如防水宝、拒水粉等；也不宜选用胎基易腐烂的防水材料和易腐烂的涂料或加筋布等。

倒置式屋面保温层施工应符合下列规定：

(1) 施工完的防水层，应进行淋水或蓄水试验，并应在合格后再进行保温层的敷设。

(2) 板状保温层的敷设应平稳，拼缝应严密。

(3) 保护层施工时，应避免损坏保温层和防水层。

2. 施工工艺

工艺流程为：基层清理检查、工具准备、材料检验→节点增强处理→防水层施工、检验→保温层敷设、检验→现场清理→保护层施工→验收。

(1) 防水层施工。根据不同的材料，采用相应的施工方法和工艺施工、检验。

(2) 保温层施工。保温材料可以直接干铺或用专用黏结剂粘贴，聚苯板不得选用溶剂型黏结剂粘贴。保温材料接缝处可以是平缝也可以是企口缝，接缝处可以灌入密封材料以连成整体。块状保温材料的施工应采用斜缝排列，以利于排水。

当采用现喷硬泡聚氨酯保温材料时，要在成型的保温层面进行分格处理，以减少收缩开裂。大风天气和雨天不得施工，同时注意喷施人员的劳动保护。

(3) 面层施工。

1) 上人屋面。采用40～50mm厚钢筋细石混凝土作面层时，应按刚性防水层的设计要求进行分格缝的节点处理；采用混凝土块材作上人屋面保护层时，应用水泥砂浆坐浆平铺，板缝用砂浆勾缝处理。

2) 不上人屋面。当屋面是非功能性上人屋面时，可采用平铺预制混凝土板的方法进行压埋，预制板要有一定强度，厚度也应不小于30mm。选用卵石或砂砾做保护层时，其直径应为20～60mm，铺埋前，应先敷设250g/m²的聚酯纤维无纺布或油毡等隔离，再铺埋卵石，并要注意雨水口的畅通。压置物的质量应保证最大风力时保温板不被刮起和保证保温层在积水状态下不浮起。聚苯乙烯保温层不能直接受太阳照射，以防紫外线照射导致老化，还应避免与溶剂接触和在高温环境下（80℃以上）使用。

7.4.2.7　屋面排汽构造施工

保温层材料当采用吸水率低（$\omega<6\%$）的材料时，它们不会再吸水，保温性能就能得到保证。如果保温层采用吸水率大的材料，施工时如遇雨水或施工用水侵入，造成很大含水率时，则应使它干燥，但许多工程找平层已施工，一时无法干燥，为了避免因保温层含水率高而导致防水层起鼓，使屋面在使用过程中逐渐将水分蒸发（需几年或几十年时间），过去采取被称为“排汽屋面”的技术措施，也有人称呼吸屋面，如图7.19和图7.20所示。就是在保温层中设置纵横排汽道，在交叉处安放向上的排汽管，目的是当温度升高，水分蒸发，汽体沿排汽道、排汽管与大气连通，不会产生压力，潮气还可以从孔中排出，排汽屋面要求排汽道不得堵塞。这种做法确实有一定的效果。所以规范中规定在保温层含水率过高（超过15%）时，不管设计时是否有规定，施工时都必须作排汽屋面处理。当然如果采用低吸水率保温材料，就可以不采取这种做法了。

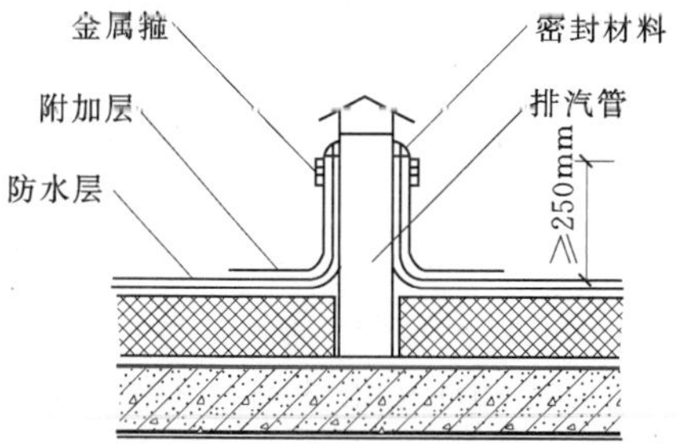

图7.19　直立排汽出口构造

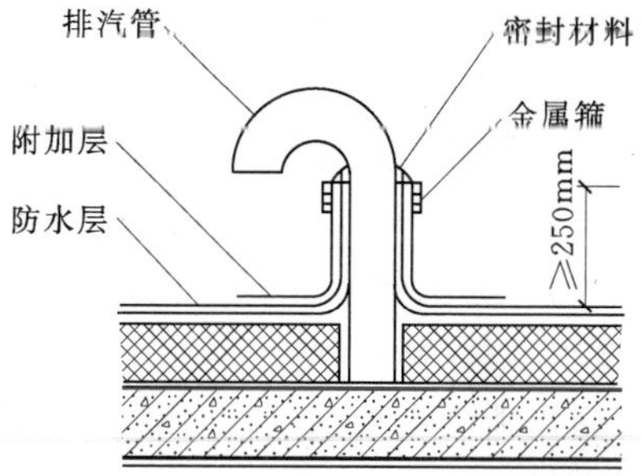

图7.20　弯形排汽出口构造

屋面排汽构造施工应符合下列规定：

（1）排汽道及排汽孔的设置应符合规范规定。

（2）排汽道应与保温层连通，排汽道内可填入透气性好的材料。

（3）施工时，排汽道及排汽孔均不得被堵塞。

（4）屋面纵横排汽道的交叉处可埋设金属或塑料排汽管，排汽管宜设置在结构层上，穿过保温层及排汽道的管壁四周应打孔。排汽管应做好防水处理。

7.4.2.8　种植隔热层施工

种植隔热层施工应符合下列规定：

（1）种植隔热层挡墙或挡板施工时，留设的泄水孔位置应准确，并不得堵塞。

（2）凹凸型排水板宜采用搭接法施工，搭接宽度应根据产品的规格具体确定；网状交织排水板宜采用对接法施工；采用陶粒作排水层时，敷设应平整，厚度应均匀。

（3）过滤层土工布敷设应平整、无皱褶，搭接宽度不应小于100mm，搭接宜采用粘合或缝合处理；土工布应沿种植土周边向上敷设至种植土高度。

（4）种植土层的荷载应符合设计要求；种植土、植物等应在屋面上均匀堆放，且不得损坏防水层。

7.4.2.9 架空隔热层施工

架空隔热层施工应符合下列规定：

（1）架空隔热层施工前，应将屋面清扫干净，并应根据架空隔热制品的尺寸弹出支座中线。

（2）在架空隔热制品支座底面，应对卷材、涂膜防水层采取加强措施。

（3）敷设架空隔热制品时，应随时清扫屋面防水层上的落灰、杂物等，操作时不得损伤已完工的防水层。

（4）架空隔热制品的敷设应平整、稳固，缝隙应勾填密实。

7.4.2.10 蓄水隔热层施工

蓄水隔热层施工应符合下列规定：

（1）蓄水池的所有孔洞应预留，不得后凿。所设置的溢水管、排水管和给水管等，应在混凝土施工前安装完毕。

（2）每个蓄水区的防水混凝土应一次提筑完毕，不得留置施工缝。

（3）蓄水池的防水混凝土施工时，环境气温宜为5～35℃，并应避免在冬期和高温期施工。

（4）蓄水池的防水混凝土完工后，应及时进行养护，养护时间不得少于14d，蓄水后不得断水。

（5）蓄水池的溢水口标高、数量、尺寸应符合设计要求，过水孔应设在分仓墙底部，排水管应与水落管连通。

7.4.3 屋面卷材防水层施工

7.4.3.1 防水卷材的选用

（1）根据当地历年最高气温、最低气温、屋面坡度和使用条件等因素，选择耐热度、柔性相适应的卷材。

（2）根据地基变形程度，结构形式，当地年温差、日温差和震动等因素，选择拉伸性相适应的卷材。

（3）根据屋面防水卷材的暴露程度，选择耐紫外线、耐穿刺、耐老化保持率或耐霉性能相适应的卷材。

（4）自粘橡胶沥青防水卷材和自粘聚酯毡改性沥青防水卷材（0.5mm厚铝箔覆面者除外），不得用于外露的防水层。

7.4.3.2 防水卷材的储运、保管及验收

（1）防水卷材的储运、保管应符合下列规定：

1）不同品种、规格的卷材应分别堆放。

2）卷材应储存在阴凉通风处，应避免雨淋、日晒和受潮，严禁接近火源。

3）卷材应避免与化学介质及有机溶剂等有害物质接触。

（2）进场的防水卷材应检验下列项目：

1）高聚物改性沥青防水卷材的可溶物含量、拉力、最大拉力时延伸率、耐热度、低温柔性、不透水性。

2）合成高分子防水卷材的断裂拉伸强度、扯断伸长率、低温弯折性、不透水性。

（3）胶粘剂和胶粘带的储运、保管应符合下列规定：

1）不同品种、规格的胶粘剂和胶粘带，应分别用密封桶或纸箱包装。

2）胶粘剂和胶粘带应储存在阴凉通风的室内，严禁接近火源和热源。

（4）进场的基层处理剂、胶粘剂和胶粘带，应检验下列项目：

1）沥青基防水卷材用基层处理剂的固体含量、耐热性、低温柔性、剥离强度。

2）高分子胶粘剂的剥离强度、浸水168h后的剥离强度保持率。

3）改性沥青胶粘剂的剥离强度。

4）合成橡胶胶粘带的剥离强度、浸水168h后的剥离强度保持率。

（5）卷材防水层的施工环境温度应符合下列规定：

1）热熔法和焊接法不宜低于－10℃。

2）冷粘法和热粘法不宜低于5℃。

3）自粘法不宜低于10℃。

7.4.3.3　卷材防水层基层要求

卷材防水层基层应坚实、干净、平整，应无孔隙、起砂和裂缝。基层的干燥程度应根据所选防水卷材的特性确定。

采用基层处理剂时，其配制与施工应符合下列规定：

（1）基层处理剂应与防水卷材相容。

（2）基层处理剂应配比准确，并应搅拌均匀。

（3）喷、涂基层处理剂前，应先对屋面细部进行涂刷。

（4）基层处理剂可选用喷涂或涂刷施工工艺，喷、涂应均匀一致，干燥后应及时进行卷材施工。

7.4.3.4　卷材铺贴顺序和卷材搭接

1．卷材铺贴顺序

卷材铺贴应按“先高后低，先远后近”的顺序施工。高低跨屋面，应先铺高跨屋面，后铺低跨屋面，在同高度大面积的屋面，应先铺离上料点较远的部位，后铺较近部位。

应先细部结构处理，后大面积由屋面最低标高向上铺贴。卷材大面积铺贴前，应先做好节点密封处理、附加层和屋面排水较集中部位（屋面与水落口连接处、檐口、天沟、檐沟、屋面转角处、板端缝等）的处理、分格缝的空铺条处理等，然后由屋面最低标高处向上施工。铺贴天沟、檐沟卷材时，宜顺天沟、檐沟方向铺贴，从水落口处向分水线方向铺贴，以减少搭接。卷材宜平行屋脊铺贴，上下层卷材不得相互垂直铺贴。立面或大坡面铺贴卷材时，应采用满粘法，并宜减少卷材短边搭接，如图7.21所示。

为了保证防水层的整体性，减少漏水的可能性，屋面防水工程尽量不划分施工段；当需要划分施工段时，施工段的划分宜设在屋脊、天沟、变形缝等处。

2．卷材搭接

卷材搭接缝应符合下列规定：

（1）平行屋脊的搭接缝应顺流水方向，搭接缝宽度应符合规范规定。

（2）同一层相邻两幅卷材短边搭接缝错开不应小于500mm。

（3）上下层卷材长边搭接缝应错开，且不应小于幅宽的1/3。

（4）叠层铺贴的各层卷材，在天沟与屋面的交接处，应采用叉接法搭接，搭接缝应错开；搭接缝宜留在屋面与天沟侧面，不宜留在沟底。

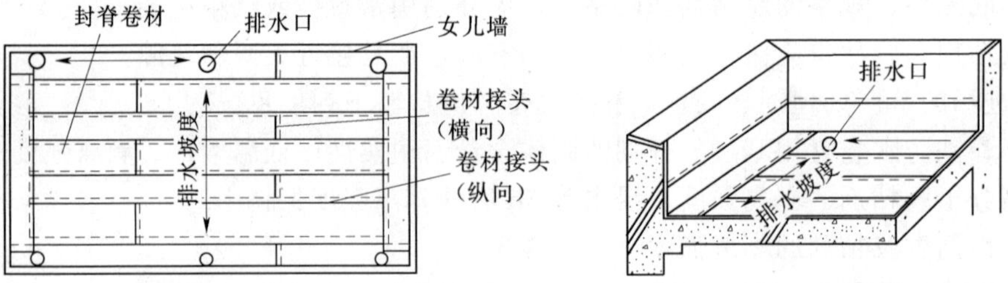

(a)平面图　　　　(b)剖视图

图 7.21　卷材配置示意图

卷材铺贴的搭接方向，主要考虑到坡度大或受震动时卷材易下滑，尤其是含沥青(温感性大)的卷材，高温时软化下滑是常有发生的。对于高分子卷材的铺贴方向要求不严格，为便于施工，一般顺屋脊方向铺贴，搭接方向应顺流水方向，不得逆流水方向，避免流水冲刷接缝，使接缝损坏。垂直屋脊方向铺卷材时，应顺大风方向。当卷材叠层敷设时，上下层不得相互垂直铺贴，以免在搭接缝垂直交叉处形成挡水条。叠层敷设的各层卷材，在天沟与屋面的连接处应采取叉接法搭接，搭接缝应错开，如图 7.22 和图 7.23 所示；接缝宜留在屋面或天沟侧面，不宜留在沟底。在铺贴卷材时，不得污染檐口的外侧和墙面。高聚物改性沥青防水卷材和合成高分子防水卷材的搭接缝，宜用材料性能相容的密封材料封严。

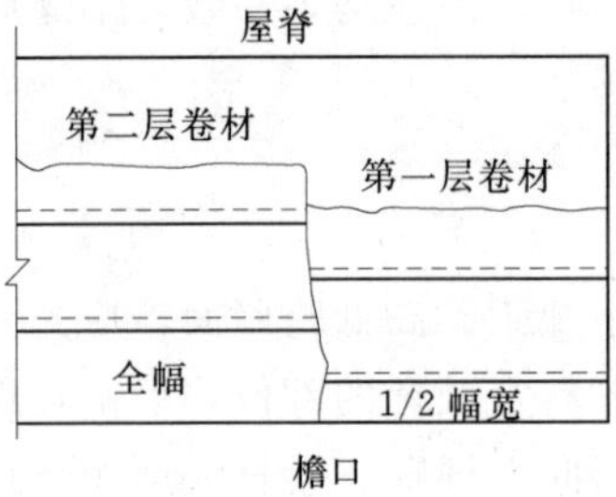

图 7.22　二层卷材铺贴

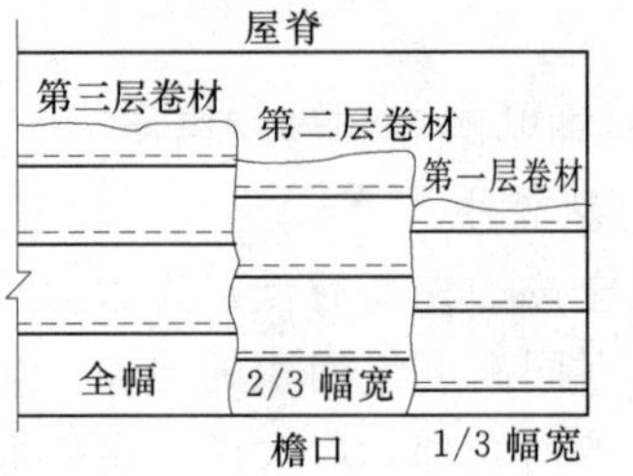

图 7.23　三层卷材铺贴

卷材铺贴搭接方向及要求见表 7.4。

表 7.4　　卷材铺贴搭接方向及要求

屋面坡度	铺贴方向和要求
小于 3∶100	卷材宜平行屋脊方向，即顺平面长向为宜
3∶100～3∶20	卷材可平行或垂直屋脊方向铺贴
大于 3∶20 或受震动	沥青卷材应垂直屋脊铺，改性沥青卷材宜垂直屋脊铺；高分子卷材可平行或垂直屋脊铺
大于 1∶4	应垂直屋脊铺，并应采取固定措施，固定点还应密封

7.4.3.5　卷材施工工艺

卷材与基层连接方式有四种(表 7.6)：满粘、空铺、条粘、点粘。在工程应用中根据建筑部位、使用条件、施工情况，可以用其中一种或两种，在图纸上应该注明。

卷材搭接宽度见表 7.5。

表 7.5 **卷 材 搭 接 宽 度** 单位：mm

<table>
<tr><th colspan="2" rowspan="3">卷 材 种 类</th><th colspan="4">铺 贴 方 法</th></tr>
<tr><th colspan="2">短边搭接</th><th colspan="2">长边搭接</th></tr>
<tr><th>满粘法</th><th>空铺、点粘、条粘法</th><th>满粘法</th><th>空铺、点粘、条粘法</th></tr>
<tr><td colspan="2">沥青防水卷材</td><td>100</td><td>150</td><td>70</td><td>100</td></tr>
<tr><td colspan="2">高聚物改性沥青防水卷材</td><td>80</td><td>100</td><td>80</td><td>100</td></tr>
<tr><td rowspan="4">合成高分子防水卷材</td><td>胶粘剂</td><td>80</td><td>100</td><td>80</td><td>100</td></tr>
<tr><td>胶粘带</td><td>50</td><td>60</td><td>50</td><td>60</td></tr>
<tr><td>单焊缝</td><td colspan="4">60（有效焊接宽度不小于 25）</td></tr>
<tr><td>双焊缝</td><td colspan="4">80（有效焊接宽度 10×2 空腔宽）</td></tr>
</table>

表 7.6 **卷材与基层连接方式**

铺贴方法	具 体 做 法	适 应 条 件
满粘法	又称全粘法，即在铺粘防水卷材时，卷材与基面全部黏结牢固的施工方法，通常热熔、冷粘、自粘法使用这种方法粘贴卷材	屋面防水面积较小，结构变形不大，找平层干燥
空铺法	铺贴防水卷材时，卷材与基面仅在四周一定宽度内黏结，其余部分不粘的施工方法。施工时檐口、屋脊、屋面转角、伸出屋面的出气孔、烟囱根等部位，采用满粘法，黏结宽度不小于 800mm	适应于基层潮湿、找平层水汽难以排出及结构变形较大的屋面
条粘法	铺贴防水卷材时，卷材与屋面采用条状黏结的施工方法，每幅卷材黏结面不少于 2 条，每条黏结宽度不少于 150mm，檐口、屋脊、伸出屋面管口等细部做法同空铺法	适应结构变形较大、基面潮湿、排气困难的层面
点粘法	铺贴防水卷材时，卷材与基面采用点粘的施工方法，要求每平方米范围内至少有 5 个黏结点，每点面积不少于 100mm×100mm，屋面四周黏结，檐口、屋脊、伸出屋面管口等细部做法同空铺法	适应于结构变形较大并基面潮湿，排气有一定困难的屋面

高聚物改性沥青防水卷材粘接方法见表 7.7。

表 7.7 **高聚物改性沥青防水卷材粘接方法**

项目	热 熔 法	冷 粘 法	自 粘 法
1	幅宽内应均匀加热，熔融至光亮黑色，卷材基面均匀加热	基面涂刷基面处理剂	基面涂刷基面处理剂
2	不得过分加热，以免烧穿卷材	卷材底面、基面涂刷黏结胶，涂刷均匀，不漏底，不堆积	边铺边撕去底层隔离纸
3	热熔后立即滚铺	根据胶合剂性能及气温，控制涂胶后的最佳黏结时间，一般用手触及表面似黏非黏为最佳	滚压、排气、粘牢
4	滚压排气，使之平展，粘牢，不得有皱褶	铺贴排气粘牢后，溢口的胶合剂随即刮平封口	搭接部分用热风焊枪加热，溢出自粘胶时随即刮平封口
5	搭接部位溢出热熔胶后，随即刮封接口	—	铺贴立面及大坡面时应先加热粘牢固定

合成高分子改性沥青防水卷材粘接方法见表 7.8。

表 7.8 合成高分子改性沥青防水卷材粘接技术要求

<table>
<tr><th>项目</th><th>冷粘法</th><th>自粘法</th><th>热风焊接法</th></tr>
<tr><td>1</td><td>在找平层上均匀涂刷基面处理剂</td><td rowspan="6">同高聚物改性沥青防水卷材</td><td>基面应清扫干净</td></tr>
<tr><td>2</td><td>在基面、卷材底面涂刷配套胶粘剂</td><td>卷材铺放平顺，搭接尺寸正确</td></tr>
<tr><td>3</td><td>控制粘合时间，一般用手触及表面，以黏结剂不黏手为最佳时间</td><td>控制热风加热温度和时间</td></tr>
<tr><td>4</td><td>粘合时不得用力拉伸卷材，避免卷材铺贴后处于受拉状态</td><td>卷材排气、铺平</td></tr>
<tr><td>5</td><td>辊压、排气、粘牢</td><td>先焊长边搭接缝，后焊短边搭接缝</td></tr>
<tr><td>6</td><td>清理卷材搭接缝的搭接面，涂刷接缝专用胶，辊压、排气、粘牢</td><td>机械固定</td></tr>
</table>

1. 卷材冷粘法施工工艺

冷粘法施工是指在常温下采用胶粘剂等材料进行卷材与基层、卷材与卷材间黏结的施工方法。一般合成高分子卷材采用胶粘剂、胶粘带粘贴施工，聚合物改性沥青采用冷玛𤧛脂粘贴施工。卷材采用自粘胶铺贴施工也属该施工工艺。该工艺在常温下作业，不需要加热或明火，施工方便、安全，但要求基层干燥，胶粘剂的溶剂（或水分）充分挥发，否则不能保证黏结的质量。冷粘法施工选择的胶粘剂应与卷材配套、相容且黏结性能满足设计要求。

（1）冷粘法铺贴卷材的规定。

冷粘法铺贴卷材应符合下列规定：

1）胶粘剂涂刷应均匀，不得露底、堆积；卷材空铺、点粘、条粘时，应按规定的位置及面积涂刷胶粘剂。

2）应根据胶粘剂的性能与施工环境、气温条件等，控制胶粘剂涂刷与卷材铺贴的间隔时间。

3）铺贴卷材时应排除卷材下面的空气，并应辊压、粘贴牢固。

4）铺贴的卷材应平整顺直，搭接尺寸应准确，不得扭曲、皱褶；搭接部位的接缝应满涂胶粘剂，应辊压、粘贴牢固。

5）合成高分子卷材铺好压粘后，应将搭接部位的粘合面清理干净，并应采用与卷材配套的接缝专用胶粘剂，在搭接缝粘合面上应涂刷均匀，不得露底、堆积，应排除缝间的空气，并应辊压、粘贴牢固。

6）合成高分子卷材搭接部位采用胶粘带黏结时，粘合面应清理干净，必要时可涂刷与卷材及胶粘带材性相容的基层胶粘剂，撕去胶粘带隔离纸后应及时粘合接缝部位的卷材，并应辊压、粘贴牢固；低温施工时，宜采用热风机加热。

7）搭接缝口应用材性相容的密封材料封严。

（2）卷材冷粘法施工工艺的具体步骤。

卷材冷粘法施工工艺具体步骤如下：

1）涂刷胶粘剂。底面和基层表面均应涂胶粘剂。卷材表面涂刷基层胶粘剂时，先将卷材展开摊铺在旁边平整干净的基层上，用长柄滚刷蘸胶粘剂，均匀涂刷在卷材的背面，不得涂刷得太薄而露底，也不能涂刷过多而产生聚胶。还应注意在搭接缝部位不得涂刷胶粘剂，此部位留作涂刷接缝胶粘剂，留置宽度即卷材搭接宽度。

涂刷基层胶粘剂的重点和难点与涂刷基层处理剂相同，即阴阳角、平立面转角处、卷材收头处、排水口、伸出屋面管道根部等节点部位。这些部位有增强层时应用接缝胶粘剂，涂刷工具宜用油漆刷。涂刷时，切忌在一处来回涂滚，以免将底胶“咬起”，形成凝胶而影响质量。应按规定的位置和面积涂刷胶粘剂。

2）卷材的铺贴。各种胶粘剂的性能和施工环境不同，有的可以在涂刷后立即粘贴卷材，有的需待溶剂挥发一部分后才能粘贴卷材，尤以后者居多，因此要控制好胶粘剂涂刷与卷材铺贴的间隔时间。一般要求基层及卷材上涂刷的胶粘剂达到表干程度，其间隔时间与胶粘剂性能及气温、湿度、风力等因素有关，通常为10～30min，施工时可凭经验确定，用指触不黏手时即可开始粘贴卷材。间隔时间的控制是冷粘贴施工的难点，这对黏结力和黏结的可靠性影响很大。

卷材铺贴时应对准已弹好的粉线，并且在铺贴好的卷材上弹出搭接宽度线，以便进行第二幅卷材铺贴时，能以此为准进行铺贴。

平面上铺贴卷材时，一般可采用以下两种方法进行：

一种是抬铺法。在涂布好胶粘剂的卷材两端各安排一个工人，拉直卷材，中间根据卷材的长度安排1人或4人，同时将卷材沿长向对折，使涂布胶粘剂的一面向外，抬起卷材，将一边对准搭接缝处的粉线，再翻开上半部卷材铺在基层上，同时拉开卷材使之平服。操作过程中，对折、抬起卷材、对粉线、翻平卷材等工序，几人均应同时进行。

另一种是滚铺法，将涂布完胶粘剂并达到要求干燥度的卷材用ϕ50～ϕ100mm的塑料管或原来用来装运卷材的纸筒芯重新成卷，使涂布胶粘剂的一面朝外，成卷时两端要平整，不应出现笋状，以保证铺贴时能对齐粉线，并要注意防止砂子、灰尘等杂物粘在卷材表面。成卷后用一根ϕ30mm×1500mm的钢管穿入中心的塑料管或纸筒芯内，由两人分别持钢管两端，抬起卷材的端头，对准粉线，固定在已铺好的卷材顶端搭接部位或基层面上，抬卷材两人同时匀速向前展开卷材，并随时注意将卷材边缘对准线，并应使卷材铺贴平整，直到铺完一幅卷材。

每铺完一幅卷材，应立即用干净而松软的长柄压辊（一般重30～40kg）滚压，使其粘贴牢固。滚压应从中间向两侧边移动，做到排气彻底。平立面交接处，则先粘贴好平面，经过转角，由下向上粘贴卷材，粘贴时切勿拉紧，要轻轻沿转角压紧压实，再往上粘贴，同时排出空气，最后用手持压辊滚压密实，滚压时要从上往下进行。

3）搭接缝的粘贴。卷材铺好压粘后，应将搭接部位的结合面清除干净，可用棉纱沾少量汽油擦洗。然后采用油漆刷均匀涂刷接缝胶粘剂，不得出现露底、堆积现象。涂胶量可按产品说明控制，待胶粘剂表面干燥后（指触不黏）即可进行粘合。粘合时应从一端开始，边压合边驱除空气，不许有气泡和皱褶现象，然后用手持压辊顺边认真仔细辊压一遍，使其黏结牢固。三层重叠处最不易压严，要用密封材料预先加以填封，否则将会成为渗水通道。

搭接缝全部粘贴后，缝口要用密封材料封严，密封时用刮刀沿缝刮涂，不能留有缺口，密封宽度不应小于10mm。

2. 卷材热粘贴施工工艺

热粘贴是指采用热玛琋脂或采用火焰加热熔化热熔防水卷材底层的热熔胶进行黏结的施工方法。常用的有SBS或APP（APAO）改性沥青热熔卷材，热玛琋脂或热熔改性沥青黏结胶粘贴的沥青卷材或改性沥青卷材。这种工艺主要针对含有沥青为主要成分的卷材和胶粘剂，它采取科学有效的加热方法，对热源作了有效的控制，为以沥青为主的防水材料的应用创造了广阔的天地，同时取得良好的防水效果。

厚度小于3mm的卷材严禁采用热熔法施工，因为小于3mm的卷材在加热热熔底胶时极易烧坏胎体或烧穿卷材。大于3mm的卷材在采用火焰加热器加热卷材时既不得过分加热，以免烧穿卷材或使底胶焦化，也不能加热不充分，以免卷材不能很好与基层粘牢。所以必须加热均匀，来回摆动火焰，使沥青呈光亮即止。热熔卷材铺贴常采取滚铺法，即边加热卷材边立即滚推卷材铺贴于基层，并用刮板用力推刮排出卷材下的空气，使卷材铺平，不皱褶，不起泡，与基层粘贴牢固。推刮或辊压时，以卷材两边接缝处溢出沥青热熔胶为最适宜，并将溢出的热熔胶回刮封边。铺贴卷材亦应弹好标线，铺贴应顺直，搭接尺寸准确。

（1）热粘法铺贴卷材的规定。

热粘法铺贴卷材应符合下列规定：

1）熔化热熔型改性沥青胶结料时，宜采用专用导热油炉加热，加热温度不应高于200℃，使用温度不宜低于180℃。

2）粘贴卷材的热熔型改性沥青胶结料厚度宜为1.0～1.5mm。

3）采用热熔型改性沥青胶结料铺贴卷材时，应随刮随滚铺，并应展平压实。

（2）卷材热粘法施工工艺。

卷材热粘法施工工艺如下：

1）滚铺法。这是一种不展开卷材而边加热烘烤边滚动卷材铺贴的方法。滚铺法的步骤如下：

a. 起始端卷材的铺贴。将卷材置于起始位置，对好长、短方向搭接缝，滚展卷材1000mm左右，掀开已展开的部分，开启喷枪点火，喷枪头与卷材保持50～100mm的距离，与基层呈30°～45°，将火焰对准卷材与基层交接处，同时加热卷材底面热熔胶面和基层，至热熔胶层出现黑色光泽、发亮至稍有微泡出现，慢慢放下卷材平铺于基层，然后进行排气辊压，使卷材与基层黏结牢固。当起始端铺贴至剩下300mm左右长度时，将其翻放在隔热板上，用火焰加热余下起始端基层后，再加热卷材起始端的余下部分，然后将其粘贴于基层。

b. 滚铺。卷材起始端铺贴完成后即可进行大面积滚铺。持枪人位于卷材滚铺的前方，按上述方法同时加热卷材和基层，条粘时只需加热两侧边，加热宽度各为150mm左右。推滚卷材的人蹲在已铺好的卷材起始端上面，等卷材充分加热后缓缓推压卷材，并随时注意卷材的平整顺直和搭接缝宽度。其后紧跟一人用棉纱团等从中间向两边抹压卷材，赶出气泡，并用刮刀将溢出的热熔胶刮压接边缝。另一个用压辊压实卷材，使之与基层粘贴密实。

2）展铺法。展铺法是先将卷材平铺于基层，再沿边掀起卷材予以加热粘贴。此方法主要适用于条粘法铺贴卷材，其施工方法如下：

a. 先将卷材展铺在基层上，对好搭接缝，按滚铺法的要求先铺贴好起始端卷材。

b. 拉直整幅卷材，使其无皱褶、无波纹，能平坦地与基层相贴，并对准长边搭接缝，然后对末端做临时固定，防止卷材回缩，可采用站人等方法。

c. 由起始端开始熔贴卷材，掀起卷材边缘约200mm高，将喷枪头伸入侧边卷材底下，加热卷材边宽约200mm的底面热熔胶和基层，边加热边向后退。然后另一人用棉纱团等由卷材中间向两边赶出气泡，并抹压平整。再由紧随的操作人员持辊压实两侧边卷材，并用刮刀将溢出的热熔胶刮压平整。

d. 铺贴到距末端1000mm左右长度时，撤去临时固定，按前述滚压法铺贴末端卷材。

3）搭接缝施工。热熔卷材表面一般有一层防粘隔离纸，因此在热熔黏结接缝之前，应先将下层卷材表面的隔离纸烧掉，以利搭接牢固严密。

操作时，由持枪人手持烫板（隔火板）柄，将烫板沿搭接粉线后退，喷枪火焰随烫板移动，喷枪应离开卷材50～100mm，贴近烫板。移动速度要控制合适，以刚好熔去隔离纸为宜。烫板和喷枪要密切配合，以免烧损卷材。排气和辊压方法与前述相同。

当整个防水层熔贴完毕后，所有搭接缝应用密封材料涂封严密。

3. 卷材自粘法施工工艺

自粘贴卷材施工是指自粘型卷材的铺贴方法。自粘型卷材在工厂生产时，在其底面涂有一层压敏胶，胶粘剂表面敷有一层隔离纸。施工时只要剥去隔离纸，即可直接铺贴。自粘型卷材通常为高聚物改性沥青卷材，施工一般可采用满粘法和条粘法进行铺贴。采用条粘法时，需与基层脱离的部位可在基层上刷一层石灰水或加铺一层撕下的隔离纸。铺贴时为增加黏结强度，基层表面也应涂刷基层处理剂；干燥后应及时铺贴卷材，可采用滚铺法或抬铺法进行。

（1）自粘法铺贴卷材的规定。

自粘法铺贴卷材应符合下列规定：

1）铺粘卷材前，基层表面应均匀涂刷基层处理剂，干燥后应及时铺贴卷材。

2）铺贴卷材时，应将自粘胶底面的隔离纸完全撕净。

3）铺贴卷材时，应排除卷材下面的空气，并应辊压、粘贴牢固。

4）铺贴的卷材，应平整顺直，搭接尺寸应准确，不得扭曲、皱褶；低温施工时，立面、大坡面及搭接部位宜采用热风机加热，加热后应随即粘贴牢固。

5）搭接缝口应采用材性相容的密封材料封严。

（2）铺贴自粘卷材施工工艺。

铺贴自粘卷材施工工艺如下：

1）滚铺法。如图7.24所示，操作小组由5人组成，2人用1500mm长的管材，穿入卷材芯孔一边一人架空慢慢向前转动，一人负责撕拉卷材底面的隔离膜，一名有经验的操作工负责铺贴并尽量排除卷材与基层之间的空气，一名操作工负责在铺好的卷材面进行滚压及收边。

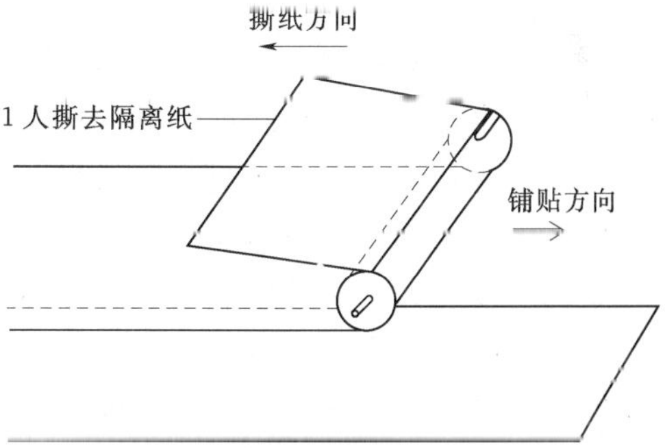

图7.24 滚铺法

开卷后撕掉卷材端头500～1000mm长的隔离纸，对准长边线和端头的位置贴牢就可铺贴。负责转动铺开卷材的二人还要看好卷材的铺贴和撕拉隔离膜的操作情况，一般保持长1000mm左右。在自然松弛状态下对准长边线粘贴。底面的隔离膜必须全部撕净。使用铺卷材器时，要对准弹在基面的卷材边线滚动。

卷材铺贴的同时应从中间和向前方顺压，使卷材与基层之间的空气全部排出；在铺贴好的卷材上用压辊滚压平整，确保无皱褶、无扭曲、无鼓包等。

卷材的接口处用手持小辊沿接缝顺序滚压，要将卷材末端处滚压严实，并使黏结胶略有外露为好。

卷材的搭接部分要保持洁净，严禁掺入杂物，上下层及相邻两幅的搭接缝均应错开，长短边搭接宽度不少于80mm，如遇气温低，搭接处黏结不牢，可用加热器适当加热，确保粘贴牢固。溢出的自粘胶随即刮平封口。

2）抬铺法。抬铺法是先将待铺卷材剪好，反铺于基层上，并剥去卷材全部隔离纸后再铺贴卷材的方法。适合于较复杂的铺贴部位，或隔离纸不易掀剥的场合。施工时按下述方法进行。

首先根据基层形状裁剪卷材。裁剪时，将卷材铺展在待铺部位，实测基层尺寸（考虑搭接宽度）裁剪卷材。然后将剪好的卷材认真仔细地剥除隔离纸，用力要适度，已剥开的隔离纸与卷材宜成锐角，这样不易拉断隔离纸。如出现小片隔离纸粘连在卷材上，可用小刀仔细挑出，实在无法剥离时，应用密封材料加以涂盖。全部隔离纸剥离完毕后，将卷材带胶面朝外，沿长向对折卷材。然后抬起并翻转卷材，使搭接边转向搭接粉线。当卷材较长时，在中间安排数人配合，一起将卷材抬到待铺位置，使搭接边对准粉线，从短边搭接缝开始沿长向铺放好搭接缝侧半幅卷材，然后再铺放另半幅。在铺放过程中，各操作人员要默契配合，铺贴的松紧与滚铺法相同。铺放完毕后再进行排气、辊压。

3）立面和大坡面的铺贴。由于自粘型卷材与基层的黏结力相对较低，在立面或大坡面上，卷材容易产生下滑现象，因此在立面或大坡面上粘贴施工时，宜用手持式汽油喷灯将卷材底面的胶粘剂适当加热后再进行粘贴、排气和辊压。

4）搭接缝粘贴。自粘型卷材上表面常带有防粘层（聚乙烯膜或其他材料），在铺贴卷材前，应将相邻卷材待搭接部位上表面的防粘层先熔化掉，使搭接缝能黏结牢固。操作时，用手持汽油喷灯沿搭接粉线进行。黏结搭接缝时，应掀开搭接部位卷材，宜用扁头热风枪加热卷材底面胶粘剂，加热后随即粘贴、排气、辊压，溢出的自粘胶随即刮平封口。搭接缝粘贴密实后，所有接缝口均用密封材料封严，宽度不应小于10mm。

4. 卷材热风焊接施工工艺

热风焊接施工是指采用热空气加热热塑性卷材的粘合面进行卷材与卷材接缝黏结的施工方法，卷材与基层间可采用空铺、机械固定、胶粘剂黏结等方法。热风焊接主要适用于树脂型（塑料）卷材。焊接工艺结合机械固定使防水设防更有效。目前采用焊接工艺的材料有PVC卷材、高密度和低密度聚乙烯卷材。这类卷材热收缩值较高，最适宜用于有埋置的防水层，宜采用机械固定、点粘或条粘工艺。它强度大，耐穿刺好，焊接后整体性好。

热风焊接卷材在施工时，首先应将卷材在基层上铺平顺直，切忌扭曲、皱褶，并保持卷材清洁，尤其在搭接处，要求干燥、干净，更不能有油污、泥浆等，否则会严重影响焊接效果，造成接缝渗漏。如果采取机械固定的，应先行用射钉固定；若用胶黏结的，也需要先行粘接，留准搭接宽度。焊接时应先焊长边，后焊短边，否则一旦有微小偏差，长边很难调整。

热风焊接卷材防水施工工艺的关键是接缝焊接，焊接的参数是加热温度和时间，而加热的温度和时间与施工时的气候，如温度、湿度、风力等有关。优良的焊接质量必须使用经培训而真正熟练掌握加热温度、时间的工人才能保证。温度低或加热时间过短，会形成假焊，焊接不牢。温度过高或加热时间过长，会烧焦或损伤卷材本身。当然漏焊、跳焊更是不允许的。

焊接法铺贴卷材应符合下列规定：

（1）对热塑性卷材的搭接缝可采用单缝焊或双缝焊，焊接应严密。

（2）焊接前，卷材应铺放平整、顺直，搭接尺寸应准确，焊接缝的结合面应清理干净。

（3）应先焊长边搭接缝，后焊短边搭接缝。

（4）应控制加热温度和时间，焊接缝不得漏焊、跳焊或焊接不牢。

5. 热熔法铺贴卷材施工工艺

（1）热熔法铺贴卷材的规定。

热熔法铺贴卷材应符合下列规定：

1）火焰加热器的喷嘴距卷材面的距离应适中，幅宽内加热应均匀，应以卷材表面熔融至光亮黑色为度，不得过分加热卷材；厚度小于3mm的高聚物改性沥青防水卷材，严禁采用热熔法施工。

2）卷材表面沥青热熔后应立即滚铺卷材，滚铺时应排除卷材下面的空气。

3）搭接缝部位宜以溢出热熔的改性沥青胶结料为度，溢出的改性沥青胶结料宽度宜为8mm，并宜均匀顺直；当接缝处的卷材上有矿物粒或片料时，应用火焰烘烤及清除干净后再进行热熔和接缝处理。

4）铺贴卷材时应平整顺直，搭接尺寸应准确，不得扭曲。

（2）热熔法铺贴卷材施工工艺。

热熔法铺贴卷材施工工艺如下：

1）清理基层。剔除基层上的隆起异物，清除基层上的杂物，清扫干净尘土。

2）涂刷基层处理剂。高聚物改性沥青卷材施工，按产品说明书配套使用，基层处理剂应与铺贴的卷材材性相容。可将氯丁橡胶沥青胶粘剂加入工业汽油稀释，搅拌均匀，用长把滚刷均匀涂刷于基层表面上，常温经过4h后，开始铺贴卷材。

3）节点附加增强处理。待基层处理剂干燥后，按设计节点构造图做好节点（女儿墙、水落管、管根、檐口、阴阳角等细部）的附加增强处理。

4）定位、弹线。在基层上按规范要求，排布卷材，弹出基准线。

5）热熔铺贴卷材。按弹好的基准线位置，将卷材沥青膜底面朝下，对正粉线，点燃火焰喷枪（喷灯）对准卷材底面与基层的交接处，使卷材底面的沥青熔化。喷枪头距加热面50～100mm，与基层成30°～45°角为宜。当烘烤到沥青熔化，卷材底有光泽并发黑，有一薄的熔层时，即用胶皮压辊压密实。这样边烘烤边推压，当端头只剩下300mm左右时，将卷材翻放于隔热板上加热，同时加热基层表面，粘贴卷材并压实，如图7.25所示。

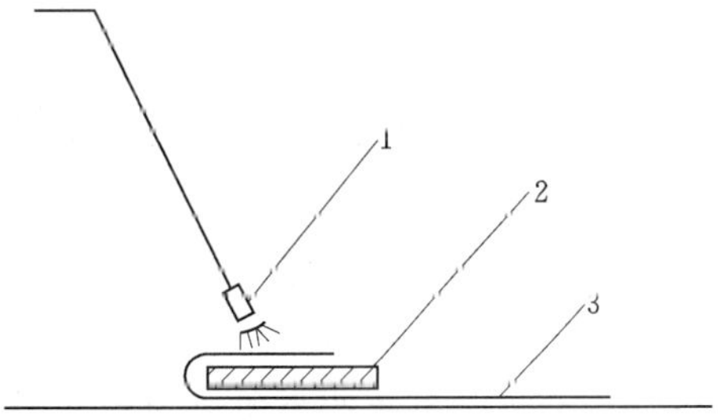

图7.25 用隔热板加热卷材端头

1—喷枪；2—隔热板；3—卷材

6）搭接缝黏结。搭接缝黏结之前，先熔烧下层卷材上表面搭接宽度内的防粘隔离层。处理时，操作者一手持烫板，一手持喷枪，使喷枪靠近烫板并距卷材50～100mm，边熔烧，边沿搭接线后退。为防火焰烧伤卷材其他部位，烫板与喷枪应同步移动。处理完毕隔离层，即可进行接缝黏结，如图7.26所示。

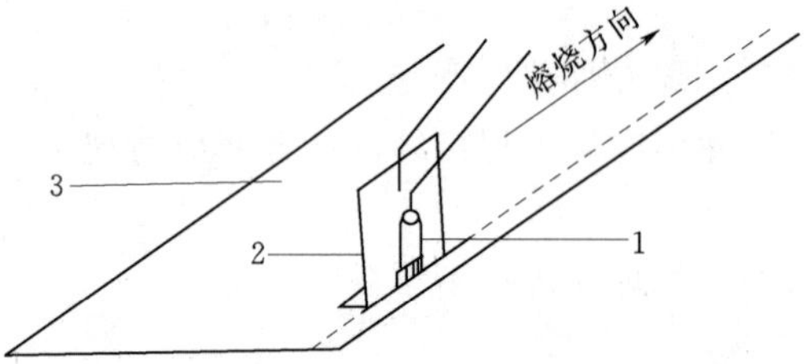

图7.26 熔烧处理卷材上表面防粘隔离层

1—喷枪；2—烫板；3—已铺下层卷材

施工时应注意：幅宽内应均匀加热，烘烤时间不宜过长，防止烧坏面层材料；热熔后立即滚铺，滚压排气，使之平展、粘牢、无皱褶；滚压时，以卷材边缘溢出少量的热熔胶为宜，溢出的热熔胶应随即刮封接口；整个防水层粘贴完毕，所有搭接缝用密封材料予以严密封涂。

7）蓄水试验。卷材铺贴完毕后24h，按要求进行检验。平屋面可采用蓄水试验，蓄水深度为20mm，蓄水时间不宜少于72h；坡屋面可采用淋水试验，持续淋水时间不少于2h，屋面无渗漏和积水、排水系统通畅为合格。

6. 机械固定法铺贴卷材施工工艺

机械固定法铺贴卷材应符合下列规定：

（1）固定件应与结构层连接牢固。

（2）固定件间距应根据抗风揭试验和当地的使用环境与条件确定，并不宜大于600mm。

（3）卷材防水层周边800mm范围内应满粘，卷材收头应采用金属压条钉压固定和作密封处理。

7.4.4 涂膜防水层施工

7.4.4.1 防水涂料和胎体增强材料的储运、保管及验收

1. 防水涂料和胎体增强材料的储运、保管及验收的规定

防水涂料和胎体增强材料的储运、保管，应符合下列规定：

（1）防水涂料包装容器应密封，容器表面应标明涂料名称、生产厂家、执行标准号、生产日期和产品有效期，并应分类存放。

（2）反应型和水乳型涂料储运和保管环境温度不宜低于5℃。

（3）溶剂型涂料储运和保管环境温度不宜低于0℃，并不得日晒、碰撞和渗漏。保管环境应干燥、通风，并应远离火源、热源。

（4）胎体增强材料储运、保管环境应干燥、通风，并应远离火源、热源。

2. 进场的防水涂料和胎体增强材料应检验的项目

进场的防水涂料和胎体增强材料应检验下列项目：

（1）高聚物改性沥青防水涂料的固体含量、耐热性、低温柔性、不透水性、断裂伸长率或抗裂性。

（2）合成高分子防水涂料和聚合物水泥防水涂料的固体含量、低温柔性、不透水性、拉伸强度、断裂伸长率。

（3）胎体增强材料的拉力、延伸率。

7.4.4.2 涂膜防水层的施工环境温度

涂膜防水层的施工环境温度应符合下列规定：

（1）水乳型及反应型涂料宜为5～35℃。

(2) 溶剂型涂料宜为-5～35℃。

(3) 热熔型涂料不宜低于-10℃。

(4) 聚合物水泥涂料宜为5～35℃。

7.4.4.3 涂膜防水层的基层要求

涂膜防水层基层应坚实平整，排水坡度应符合设计要求，否则会导致防水层积水；同时防水层施工前基层应干净，无孔隙、起砂和裂缝，以保证涂膜防水层与基层有较好的黏结强度。

溶剂型、热熔型和反应固化型防水涂料，涂膜防水层施工时，基层要求干燥，否则会导致防水层成膜后出现空鼓、起皮现象。水乳型或水泥基类防水涂料对基层的干燥度没有严格要求，但从成膜质量和涂膜防水层与基层黏结强度来考虑，干燥的基层比潮湿基层有利。基层处理剂的施工应符合规范规定。

7.4.4.4 防水涂料配料

双组分或多组分防水涂料应按配合比准确计量，应采用电动机具搅拌均匀，已配制的涂料应及时使用。配料时，可加入适量的缓凝剂或促凝剂调节固化时间，但不得将其加入已固化的涂料。

7.4.4.5 涂膜防水层施工要求

1. 涂膜防水层施工的规定

涂膜防水层施工应符合下列规定：

(1) 防水涂料应多遍均匀涂布，涂膜总厚度应符合设计要求。

(2) 涂膜间夹铺胎体增强材料时，宜边涂布边铺胎体。胎体应铺贴平整，应排除气泡，并应与涂料黏结牢固。在胎体上涂布涂料时，应使涂料浸透胎体，并应覆盖完全，不得有胎体外露现象，最上面的涂膜厚度不应小于1.0mm。

(3) 涂膜施工应先做好细部处理，再进行大面积涂布。

(4) 屋面转角及立面的涂膜应薄涂多遍，不得流淌和堆积。

2. 涂膜防水层施工工艺的规定

涂膜防水层施工工艺应符合下列规定.

(1) 水乳型及溶剂型防水涂料宜选用滚涂或喷涂施工。

(2) 反应固化型防水涂料宜选用刮涂或喷涂施工。

(3) 热熔型防水涂料宜选用刮涂施工。

(4) 聚合物水泥防水涂料宜选用刮涂施工。

(5) 所有防水涂料用于细部构造时，宜选用刷涂或喷涂施工。

7.4.4.6 涂膜防水的操作方法

涂膜防水的操作方法有涂刷法、涂刮法、喷涂法，见表7.9。

7.4.4.7 涂膜防水层的施工工艺

1. 涂膜防水常规施工程序

施工流程：施工准备工作→板缝处理及基层施工→基层检查及处理→涂刷基层处理剂→节点和特殊部位附加增强处理→涂布防水涂料、铺贴胎体增强材料→防水层清理与检查整修→保护层施工。

其中板缝处理和基层施工及检查处理是保证涂膜防水施工质量的基础，防水涂料的涂布和胎体增强材料的敷设是最主要和最关键的工序，这道工序的施工方法取决于涂料的性质和设计方法。

表 7.9 涂膜防水的操作方法

操作方法	具 体 做 法	适应范围
涂刷法	（1）用刷子涂刷一般采用蘸刷法，也可边倒涂料边用刷子刷匀，涂布垂直面层的涂料时，最好采用蘸刷法。涂刷应均匀一致，倒料时要注意涂料应均匀倒洒，不可在一处倒得过多，否则涂料难以刷开，造成涂膜厚薄不均匀现象。涂刷时不能将气泡裹进涂层中，如遇气泡应立即消除。涂刷遍数必须按事先试验确定的遍数进行。 （2）涂布时应先涂立面，后涂平面。在立面或平面涂布时，可采用分条或按顺序进行。分条进行时，每条宽度应与胎体增强材料宽度一致，以免操作人员踩踏刚涂好的涂层。 （3）前一遍涂料干燥后，方可进行下一层涂膜的涂刷。涂刷前应将前一遍涂膜表面的灰尘、杂物等清理干净，同时还应检查前一遍涂层是否有缺陷，如气泡、露底、漏刷，胎体材料皱褶、翘边、杂物混入涂层等不良现象，如果存在上述质量问题，应先进行修补，再涂布下一道涂料。 （4）后续涂层的涂刷，材料用量控制要严格，用力要均匀，涂层厚薄要一致，仔细认真涂刷。各道涂层之间的涂刷方向应相互垂直，以提高防水层的整体性和均匀性。涂层间的接槎处，在每遍涂刷时应退茬 50～100mm，接槎时也应超过 50mm，以免接槎不严造成渗漏。 （5）刷涂施工质量要求涂膜厚薄一致，平整光滑，无明显接槎。施工操作中不应出现流淌、皱纹、漏底、刷花和起泡等弊病	用于刷涂立面和细部节点处理及黏度较小的高聚物改性沥青防水涂料和合成高分子涂料
涂刮法	（1）刮涂就是利用刮刀，将厚质防水涂料均匀地刮涂在防水基层上，形成厚度符合设计要求的防水涂膜。 （2）刮涂时应用力按刀，使刮刀与被涂面的倾斜角为 50°～60°，按刀要用力均匀。 （3）涂层厚度控制采用预先在刮板上固定铁丝（或木条）或在屋面上做好标志的方法。铁丝（或木条）的高度应与每遍涂层厚度要求一致。 （4）刮涂时只能来回刮 1 次，不能往返多次刮涂，否则将会出现“皮干里不干”现象。 （5）为了加快施工进度，可采用分条间隔施工，待先批涂层干燥后，再抹后批空白处。分条宽度一般为 0.8～1.0m，以便抹压操作，并与胎体增强材料宽度相一致。 （6）待前一遍涂料完全干燥后（干燥时间不宜少于 12h）可进行下一遍涂料施工。后一遍涂料的刮涂方向应与前一遍刮涂方向垂直。 （7）当涂膜出现气泡、皱褶水平、凹陷、刮痕等情况，应立即进行修补。补好后才能进行下一道涂膜施工	用于黏度较大的高聚物改性沥青防水涂料和合成高分子防水涂料的大面积施工
喷涂法	（1）喷涂施工是利用压力或压缩空气将防水涂料涂布于防水基层面上的机械施工方法，其特点是：涂膜质量好，工效高，劳动强度低，适用于大面积作业。 （2）作业时，喷涂压力为 0.4～0.8MPa，喷枪移动速度一般为 400～600mm/min，喷嘴至受喷面的距离一般应控制在 400～600mm。 （3）喷枪移动的范围不能太大，一般直线喷涂 800～1000mm 后，拐弯 180°向后喷下一行。根据施工条件可选择横向或竖向往返喷涂。 （4）第一行与第二行喷涂面的重叠宽度，一般应控制在喷涂宽度的 1/3～1/2，以使涂层厚度比较一致。 （5）每一涂层一般要求两遍成活，横向喷涂一遍，再竖向喷涂一遍。两遍喷涂的时间间隔由防水涂料的品种及喷涂厚度而定。 （6）如有喷枪喷涂不到的地方，应用油刷刷涂	用于黏度较小的高聚物改性沥青防水涂料和合成高分子防水涂料的大面积施工

涂膜防水的施工与卷材防水层一样，也必须按照“先高后低、先远后近”的原则进行，即遇有高低跨的屋面，一般先涂布高跨屋面，后涂布低跨屋面。在相同高度的大面积屋面

上，要合理划分施工段，施工段的交接处应尽量设在变形缝处，以便于操作和运输顺序的安排，在每段中要先涂布离上料点较远的部位，后涂布较近的部位。先涂布排水较集中的水落口、天沟、檐口，再往高处涂布至屋脊或天窗下。先做节点、附加层，然后再进行大面积涂布。一般涂布方向应顺屋脊方向，如有胎体增强材料时，涂布方向应与胎体增强材料的铺贴方向一致。

2. 防水涂料的涂布

根据防水涂料种类的不同，防水涂料可以采用涂刷、刮涂或机械喷涂的方法涂布。

涂布前，应根据屋面面积、涂膜固化时间和施工速度估算好一次涂布用量，确定配料量，保证在固化干燥前用完，这一规定对于双组分反应固化型涂料尤为重要。已固化的涂料不能与未固化的涂料混合使用，否则会降低防水涂膜的质量。涂布的遍数应按设计要求的厚度事先通过试验确定，以便控制每遍涂料的涂布厚度和总厚度。胎体增强材料上层的涂布不应少于两遍。

涂料涂布应分条或按顺序进行。分条进行时，每条的宽度应与胎体增强材料的宽度相一致，以免操作人员踩踏刚涂好的涂层。每次涂布前应仔细检查前遍涂层有否缺陷，如气泡、露底、漏刷、胎体增强材料皱褶、翘边、杂物混入等现象，如发现上述问题，应先进行修补，再涂布后遍涂层。立面部位涂层应在平面涂布前进行，而且应采用多次薄层涂布，尤其是流平性好的涂料，否则会产生流坠现象，使上部涂层变薄，下部涂层增厚，影响防水性能。

3. 胎体增强材料的敷设

胎体增强材料的敷设方向与屋面坡度有关。屋面坡度小于 3：20 时可平行屋脊敷设，屋面坡度大于 3：20 时，为防止胎体增强材料下滑，应垂直屋脊敷设。敷设时由屋面最低标高处开始向上操作，使胎体增强材料搭接顺流水方向，避免呛水。

胎体增强材料搭接时，其长边搭接宽度不得小于 50mm，短边搭接宽度不得小于 70mm。采用两层胎体增强材料时，由于胎体增强材料的纵向和横向延伸率不同，因此上下层胎体应同方向敷设，使两层胎体材料有一致的延伸性。上下层的搭接缝还应错开，其间距不得小于 1/3 幅宽，以免产生重缝。

胎体增强材料的敷设可采用湿铺法或干铺法施工。当涂料的渗透性较差或胎体增强材料比较密实时，宜采用湿铺法施工，以便涂料可以很好地浸润胎体增强材料。铺贴好的胎体增强材料不得有皱褶、翘边、空鼓等缺陷，也不得有露白现象。铺贴时切忌拉伸过紧，刮平时也不能用力过大，敷设后应严格检查表面是否有缺陷或搭接不足问题，否则应进行修补后才能进行下一道工序的施工。

4. 细部节点的附加增强处理

屋面细部节点，如天沟、檐沟、檐口、泛水、出屋面管道根部、阴阳角和防水层收头等部位，均应加铺有胎体增强材料的附加层。一般先涂刷 1～2 遍涂料，铺贴裁剪好的胎体增强材料，使其贴实、平整，干燥后再涂刷一遍涂料。

7.4.5 接缝密封防水施工

7.4.5.1 接缝密封防水材料

接缝密封防水材料如下。

（1）接缝密封材料。接缝种类及其对应的密封材料见表 7.10。

表 7.10　　接缝种类及其对应的密封材料

项次	接缝种类	主要考虑因素	密封材料
1	屋面板接缝	(1) 剪切位移 (2) 耐久性 (3) 耐热度	改性沥青 塑料油膏 聚氯乙烯胶泥
2	水落口杯节点	(1) 耐热度 (2) 拉伸压缩循环性能	硅酮系
3	天沟、檐沟节点	同屋面板接缝	—
4	檐口、泛水卷材收头节点	(1) 黏结性 (2) 流淌性	改性沥青 塑料油膏
5	刚性屋面分格缝节点	(1) 水平位移 (2) 耐热度	硅酮系 聚氨酯密封膏 水乳丙烯酸

(2) 背衬材料。背衬材料常选用聚乙烯闭孔泡沫体和沥青麻丝。其作用是控制密封膏嵌入深度，确保两面粘接，从而使密封材料有较大的自由伸缩能力，提高变形能力。

(3) 隔离条。隔离条一般有四氟乙烯条、硅酮条、聚酯条、氯乙烯条和聚乙烯泡沫条等，其作用与背衬材料相同，主要用于接缝较浅的部位，如檐口、泛水卷材收头、金属管道根部等节点处。

(4) 防污条。防污条要求黏性恰当，其作用是保持黏结物不对界面两边造成污染。

(5) 基层处理剂。基层处理剂一般与密封材料配套供应。

7.4.5.2 密封材料的储运、保管及验收

1. 密封材料的储运、保管的规定

密封材料的储运、保管应符合下列规定：

(1) 密封材料运输时应防止日晒、雨淋、撞击、挤压。

(2) 密封材料的储运、保管环境应通风、干燥，防止日光直接照射，并应远离火源、热源。乳胶型密封材料在冬季时应采取防冻措施。

(3) 密封材料应按类别、规格分别存放。

2. 进场的密封材料检验

进场的密封材料应检验下列项目：

(1) 改性石油沥青密封材料的耐热性、低温柔性、拉伸黏结性、施工度。

(2) 合成高分子密封材料的拉伸模量、断裂伸长率、定伸黏结性。

7.4.5.3 接缝密封防水的施工环境温度

接缝密封防水的施工环境温度应符合下列规定：

(1) 改性沥青密封材料和溶剂型合成高分子密封材料宜为 0～35℃。

(2) 乳胶型及反应型合成高分子密封材料宜为 5～35℃。

7.4.5.4 密封防水部位的基层

密封防水部位的基层应符合下列规定：

(1) 密封防水部位的基层应牢固，表面应平整、密实，不得有裂缝、蜂窝、麻面、起皮和起砂等现象。

(2) 密封防水部位的基层应清洁、干燥，应无油污、无灰尘。

（3）嵌入的背衬材料与接缝壁间不得留有空隙。

（4）密封防水部位的基层宜涂刷基层处理剂，涂刷应均匀，不得漏涂。

7.4.5.5　密封材料防水施工要求

1. 改性沥青密封材料防水施工

改性沥青密封材料防水施工应符合下列规定：

（1）采用冷嵌法施工时，宜分次将密封材料嵌填在缝内，并应防止裹入空气。

（2）采用热灌法施工时，应由下向上进行，并宜减少接头。密封材料熬制及浇灌温度，应按不同材料要求严格控制。

2. 合成高分子密封材料防水施工

合成高分子密封材料防水施工应符合下列规定：

（1）单组分密封材料可直接使用；多组分密封材料应根据规定的比例准确计量，并应拌和均匀。每次拌和量、拌和时间和拌和温度，应按所用密封材料的要求严格控制。

（2）采用挤出枪嵌填时，应根据接缝的宽度选用口径合适的枪嘴，应均匀挤出密封材料嵌填，并应由底部逐渐充满整个接缝。

（3）密封材料嵌填后，应在密封材料表干前用腻子刀嵌填修整。

密封材料嵌填应密实、连续、饱满，应与基层黏结牢固；表面应平滑，缝边应顺直，不得有气泡、孔洞、开裂、剥离等现象。

对嵌填完毕的密封材料，应避免碰损及污染；固化前不得踩踏。

7.4.5.6　施工准备及施工工艺

1. 施工机具

根据密封材料的种类、施工方法选用施工机具，见表7.11。

表7.11　　**密封材料施工机具**

方法		具体做法	适用
热灌法		采用塑化炉加热，将锅内材料加温，使其溶化，加热温度为110～130℃，然后用灌缝车或鸭嘴壶将密封材料灌入缝中，浇灌时的温度不低于110℃	平面接缝
冷嵌法	批刮法	密封材料不需加热，手工嵌填时可用腻子刀或刮刀将密封材料分次刮到缝槽两侧的粘接面，然后将密封材料填满整个接缝	平面、立面及节点接缝
	挤出法	可采用专用的挤出枪，并根据接缝的宽度选用合适的枪嘴，将密封材料挤入接缝内。若采用管装密封材料时，可将包装筒塑料嘴斜向切开作为枪嘴，将密封材料挤入接缝内	

2. 缝槽要求

缝槽应清洁、干燥，表面应密实、牢固、平整，否则应予以清洗和修整。用直尺检查接缝的宽度和深度，必须符合设计要求，一般接缝的宽度和深度见表7.12。如尺寸不符合要求，应修整。

表7.12　　**一般接缝的宽度和深度**

接缝间距/m	0～2.0	2.0～3.5	3.5～5.0	5.0～6.5	6.5～7.0
最小缝宽/mm	10	15	20	25	30
嵌缝深度/mm	8±2	10±2	12±2	15±3	15±3

3. 施工工艺

施工工艺流程：嵌填背衬材料→敷设防污条→刷涂基层处理剂→嵌填密封材料→保护层施工，其施工要点如下：

(1) 嵌填背衬材料。先将背衬材料加工成与接缝宽度和深度相符合的形状（或选购多种规格），然后将其压入接缝里，如图7.27所示。

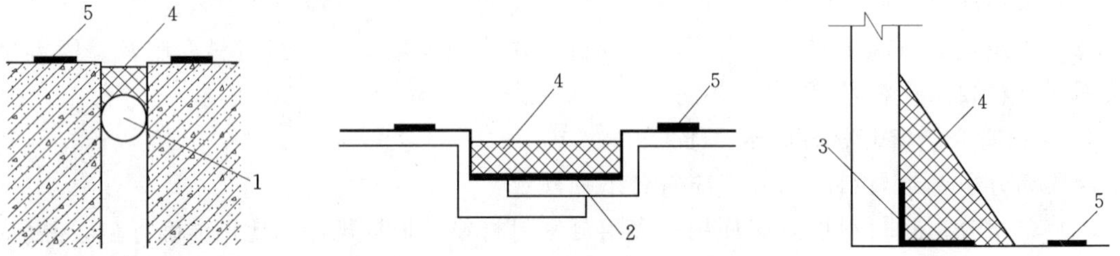

(a)圆形背衬材料　(b)扁平隔离垫层　(c)三角形接缝L形隔离条

图7.27　背衬材料的嵌填

1—圆形背衬材料；2—扁平隔离垫层；3—L形隔离条；4—密封防污胶条；5—遮挡防污胶条

(2) 敷设防污条。防污条粘贴要成直线，保持密封膏线条美观。

(3) 刷涂基层处理剂。单组分基层处理剂摇匀后即可使用。双组分基层处理剂须按产品说明书配比，用机械搅拌均匀，一般搅拌10min。用刷子将接缝周边涂刷薄薄的一层，要求刷匀，不得漏涂和出现气泡、斑点，表干后应立即嵌填密封材料，表干时间一般为20～60min，如超过24h应该重新涂刷。

(4) 嵌填密封材料。密封材料的嵌填按施工方法分为热灌法和冷嵌法两种，其施工方法及适用范围见表5.30。热灌时应从低处开始向上连续进行，先灌垂直屋脊板缝，遇纵横交叉时，应向平行屋脊的板缝两端各延伸150mm，并留成斜槎。灌缝一般宜分两次进行，第一次先灌缝深的1/2～1/3，用竹片或木片将油膏沿缝两边反复搓擦，使之不露白槎，第二次灌满并略高于板面和板缝两侧各20mm。密封材料在嵌填完毕但未干前，用刮刀用力将其压平与修整，并立即揭去遮挡条，养护2～3d，养护期间不得碰损或污染密封材料。

(5) 保护层施工。密封材料表干后，按设计要求做保护层。如无设计要求，可用密封材料稀释做“一布二涂”的涂膜保护层，宽度为200～300mm。

7.4.6 保护层和隔离层施工

防水层不但要起到防水作用，还要抵御大自然的雨水冲刷，紫外线、臭氧、酸雨的损害，温差变化的影响以及使用时外力的损坏，这些都会对防水层造成损害，致使防水层的使用寿命缩短，使防水层提前老化或失去防水功能，因此防水层应加保护层，以延缓防水层的使用寿命。这在功能上讲是合理的，在经济上是合算的。一般地，有了保护层，防水层的寿命至少延长一倍以上，如果做成倒置式屋面，寿命将延长更多。目前采用的保护层是由不同的防水材料和屋面功能决定的。

施工完的防水层应进行雨后观察、淋水或蓄水试验，并应在合格后再进行保护层和隔离层的施工。保护层和隔离层施工前，防水层或保温层的表面应平整、干净。保护层和隔离层施工时，应避免损坏防水层或保温层。块体材料、水泥砂浆、细石混凝土保护层表面的坡度应符合设计要求，不得有积水现象。

7.4.6.1 材料的储运、保管

1. 保护层材料的储运、保管的规定

保护层材料的储运、保管应符合下列规定：

(1) 水泥储运、保管时应采取防尘、防雨、防潮措施。

(2) 块体材料应按类别、规格分别堆放。

(3) 对于浅色涂料的储运、保管环境温度，反应型及水乳型不宜低于5℃，溶剂型不宜低于0℃。

(4) 溶剂型涂料保管环境应干燥、通风，并应远离火源和热源。

2. 隔离层材料的储运、保管的规定

隔离层材料的储运、保管应符合下列规定：

(1) 塑料膜、土工布、卷材储运时，应防止日晒、雨淋、重压。

(2) 塑料膜、土工布、卷材保管时，应保证室内干燥、通风。

(3) 塑料膜、土工布、卷材的保管环境应远离火源、热源。

7.4.6.2 施工环境温度

1. 保护层的施工环境温度的规定

保护层的施工环境温度应符合下列规定：

(1) 块体材料干铺不宜低于－5℃，湿铺不宜低于5℃。

(2) 水泥砂浆及细石混凝土宜为5～35℃。

(3) 浅色涂料不宜低于5℃。

2. 隔离层的施工环境温度的规定

隔离层的施工环境温度应符合下列规定：

(1) 干铺塑料膜、土工布、卷材可在负温下施工。

(2) 铺抹低强度等级砂浆宜为5～35℃。

7.4.6.3 施工工艺

1. 浅色涂层的施工

浅色涂层可在防水层上涂刷，涂刷面除干净外，还应干燥，涂膜应完全固化，刚性层应硬化干燥。涂刷时应均匀，不露底，不堆积，一般应涂刷两遍以上。

浅色涂料保护层施工应符合下列规定：

(1) 浅色涂料应与卷材、涂膜相容，材料用量应根据产品说明书的规定使用。

(2) 浅色涂料应多遍涂刷，当防水层为涂膜时，应在涂膜固化后进行。

(3) 涂层应与防水层黏结牢固，厚薄应均匀，不得漏涂。

(4) 涂层表面应平整，不得流淌和堆积。

2. 金属反射膜粘铺

金属反射膜在工厂生产时一般敷于热熔改性沥青卷材表面，也可以用黏结剂粘贴于涂膜表面。在现场将金属反应膜粘铺于涂膜表面时，应两人滚铺，从膜下排出空气后，立即辊压、粘牢。

3. 蛭石、云母粉、粒料（砂、石片）撒布

这些粒料如用于热熔改性沥青卷材表面，应在工厂生产时粘附。在现场将这些粒料粘铺于防水层表面时，是在涂刷最后一遍热玛琋脂或涂料时，立即均匀撒铺粒料并轻轻地辊压

一遍，待完全冷却或干燥固化后，再将上面未粘牢的粒料扫去。

4. 纤维毡、塑料网格布的施工

纤维毡一般在四周用压条钉压固定于基层，中间可采取点粘固定，塑料网格布在四周亦应固定，中间均应用咬口连接。

5. 块体敷设

在敷设块体前应先用点粘法铺贴一层聚酯毡。块体有各式各样的混凝土制品，如方砖、六角形、多边形，只要铺摆就可以。如果是上人屋面，则要求用座砂、座浆铺砌。块体施工时应铺平垫稳，缝隙均匀一致。

块体材料保护层敷设应符合下列规定：

(1) 在砂结合层上敷设块体时，砂结合层应平整，块体间应预留 10mm 的缝隙，缝内应填砂，并应用 1：2 水泥砂浆勾缝。

(2) 在水泥砂浆结合层上敷设块体时，应先在防水层上做隔离层，块体间应预留 10mm 的缝隙，缝内应用 1：2 水泥砂浆勾缝。

(3) 块体表面应洁净、色泽一致，应无裂纹、掉角和缺楞等缺陷。

6. 水泥砂浆、聚合物水泥砂浆或干粉砂浆铺抹

铺抹砂浆也应按设计要求，如需隔离层，则应先铺一层无纺布，再按设计要求铺抹砂浆，抹平压光，并按设计分格，也可以在硬化后用锯切割，但必须注意不可伤及防水层，锯割深度为砂浆厚度的 1/3～1/2。

7. 混凝土、钢筋混凝土施工

混凝土、钢筋混凝土保护层施工前应在防水层上做隔离层，隔离层可采用低标号砂浆（石灰黏土砂浆）、油毡、聚酯毡、无纺布等。隔离层应铺平，然后铺放绑扎配筋，支好分格缝模板，浇筑细石混凝土，也可以全部浇筑硬化后用锯切割混凝土缝，但缝中应填嵌密封材料。

单 元 小 结

本单元对屋面工程、外墙、地下工程、卫生间等分部工程防水施工作了较详细的阐述，包括施工条件、施工操作工艺要点和质量标准要求。

屋面防水工程包括卷材防水屋面、涂膜防水屋面和刚性防水屋面。其中，卷材防水屋面主要是高聚物改性沥青防水卷材施工及合成高分子防水卷材施工；涂膜防水屋面主要是高聚物改性沥青防水涂料施工及合成高分子防水涂料施工；刚性防水屋面主要是细石混凝土防水和水泥砂浆防水两种。

地下防水工程防水的主要形式有防水混凝土结构防水、刚性防水、卷材防水和涂膜防水等。

卫生间防水工程多采用涂膜防水，使用较多的是聚氨酯涂膜防水。

主体结构和找平层的刚度、平整度、强度、表层坡度准确，表面完善无起砂、起皮、裂缝，基层的含水率等都是保证防水层施工质量的基础。

本单元的教学目标是使学生具备防水工程施工的基本方法；能根据施工图纸和施工实际条件，选择和制定常规防水工程合理的施工方案，编写一般建筑防水工程施工技术交底。

拓 展 讨 论

党的二十大报告提出，推动战略性新兴产业融合集群发展，构建新一代信息技术、人工智能、生物技术、新能源、新材料、高端装备、绿色环保等一批新的增长引擎。

请思考：防水材料有哪些绿色环材料？

习　题

1. 试述沥青卷材屋面防水层的施工过程。
2. 常用防水卷材有哪些种类？
3. 刚性防水屋面的隔离层如何施工？分格缝如何处理？简述其施工要点。
4. 卷材屋面保护层有哪几种做法？
5. 试述涂膜防水屋面的施工过程。
6. 简述屋面保温工程保温层的铺设施工要点。
7. 倒置式屋面的保温层应如何施工？
8. 简述倒置式屋面施工工艺流程。
9. 简要回答卷材地下防水外贴法、内贴法施工要点。
10. 补偿收缩混凝土防水层怎样施工？
11. 影响普通防水混凝土抗渗性的主要因素有哪些？防水混凝土所用的材料有什么要求？
12. 防水混凝土是如何分类的？各有哪些特点？
13. 卫生间防水有哪些特点？
14. 聚氨酯涂膜防水有哪些优缺点？有哪些施工工序？
15. 卫生间涂膜防水施工应注意哪些事项？

单元8 装饰工程施工

教学目标：掌握抹灰施工工艺；掌握饰面板及饰面砖施工工艺；了解钢丝网架夹芯板隔墙、木龙骨隔墙、轻钢龙骨隔墙、平板玻璃隔墙等的施工工艺；了解木门窗、塑料门窗、铝合金门窗等的施工工艺，了解建筑涂料、油漆涂料等的施工工艺，了解裱糊工程施工工艺，了解玻璃幕墙材料及构造要求及玻璃幕墙安装工艺。

课题8.1 抹灰施工

8.1.1 一般抹灰施工工艺

1. 抹灰基体的表面处理

为保证抹灰层与基体之间能黏结牢固，不致出现裂缝、空鼓和脱落等现象，在抹灰前基体表面上的灰土、污垢、油渍等应清除干净，基体表面凹凸明显的部位应在施工前先剔平或用水泥砂浆补平。基体表面应具有一定的粗糙度。砖石基体面灰缝应砌成凹缝式，使砂浆能嵌入灰缝内与砖石基体黏结牢固。混凝土基体表面较光滑，应在表面先刷一道水泥浆或喷一道水泥砂浆疙瘩，如刷一道聚合物水泥浆效果更好。加气混凝土表面抹灰前应清扫干净，并需刷一道聚合物胶水溶液，然后才可抹灰。板条墙或板条顶棚，各板条之间应预留8～10mm缝隙，以便底层砂浆能压入板缝内结合牢固。当抹灰总厚度不小于35mm时应采取加强措施。不同材料基体交接处表面的抹灰，应采取防开裂的加强措施，当采用加强网时，加强网与各基体的搭接宽度不应小于100mm，如图8.1所示。对于容易开裂的部位，也应先设加强网以防止开裂。门窗框与墙连接处的缝隙，应用水泥砂浆嵌塞密实，以防因振动而引起抹灰层剥落、开裂。

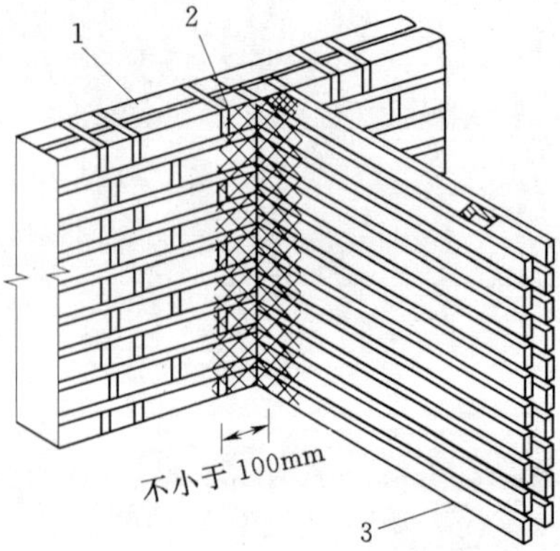

图8.1 不同基层接缝处理

1—砖墙；2—钢丝网；3—板条墙

2. 设置标筋

为了有效地控制墙面抹灰层的厚度与垂直度，使抹灰面平整，抹灰层涂抹前应设置标筋（又称冲筋），作为底、中层抹灰的依据。

设置标筋时，先用托线板检查墙面的平整垂直程度，据以确定抹灰厚度（最薄处不宜小于7mm），再在墙两边上角离阴角边100～200mm处按抹灰厚度用砂浆做一个四方形（边长约50mm）标准块，称为“灰饼”，然后根据这两个灰饼，用托线板或线锤吊挂垂直，做墙面下角的两个灰饼（高低位置一般在踢脚线上口），随后以上角和下角左右两灰饼面为准拉线，每隔1.2～1.5m上下加做若干灰饼，如图8.2所示。待灰饼稍干后在上下灰饼之间用砂浆抹上一条宽100mm左右的垂直灰埂，此即为标筋，作为抹底层及中层的厚度控制和赶平的标准。

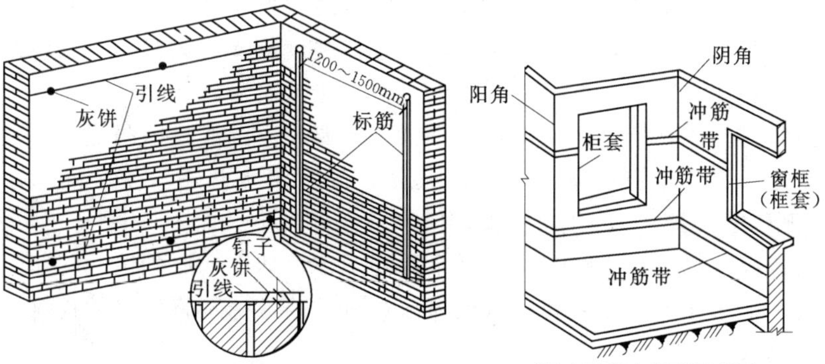

(a)灰饼和标筋的位置示意图　　(b)水平横向标筋示意图

图 8.2　挂线做标准灰饼及标筋

顶棚抹灰一般不做灰饼和标筋，而是在靠近顶棚四周的墙面上弹一条水平线以控制抹灰层厚度，并作为抹灰找平的依据。

3. 做护角

室内外墙面、柱面和门窗洞口的阳角容易受到碰撞而损坏，故该处应采用 1：2 水泥砂浆做暗护角，其高度不应低于 2m，每侧宽度不应小于 50mm，待砂浆收水稍干后，用捋角器抹成小圆角，如图 8.3 所示。要求抹灰阳角线条清晰、挺直、方正。

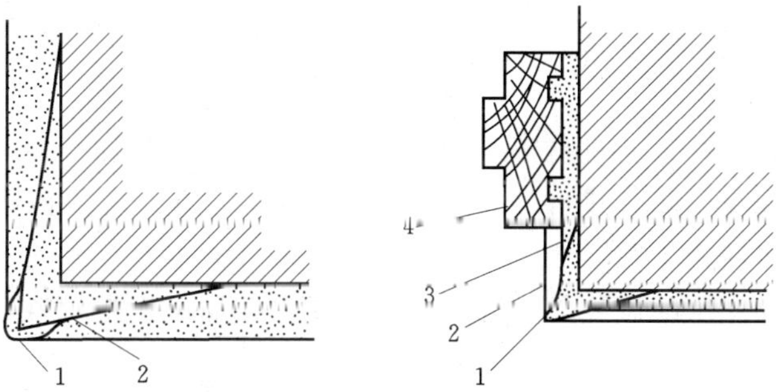

(a)墙、柱阳角护角　　(b)门洞阳角护角

图 8.3　阳角护角

1—水泥砂浆护角；2—墙面砂浆；3—嵌缝砂浆；4—门框

4. 抹灰层的涂抹

当标筋稍干后，即可进行抹灰层的涂抹。涂抹应分层进行，以免一次涂抹厚度较厚，砂浆内外收缩不一致而导致开裂。一般涂抹水泥砂浆时，每遍厚度以 5～7mm 为宜；涂抹石灰砂浆和水泥混合砂浆时，每遍厚度以 7～8mm 为宜。

分层涂抹时，应防止涂抹后一层砂浆时破坏已抹砂浆的内部结构而影响与前一层的黏结，应避免几层湿砂浆合在一起造成收缩率过大，导致抹灰层开裂、空鼓。因此，水泥砂浆和水泥混合砂浆应待前一层抹灰层凝结后，再涂抹后一层；石灰砂浆应待前一层发白（约七八成干）后，再涂抹后一层。抹灰用的砂浆应具有良好的工作性（和易性），以便于操作。砂浆稠度一般宜控制为底层抹灰砂浆 100～120mm，中层抹灰砂浆 70～80mm。底层砂浆与中层砂浆的配合比应基本相同。中层砂浆强度不能高于底层，底层砂浆强度不能高于基体，以免砂浆在凝结过程中产生较大的收缩应力，破坏强度较低的抹灰底层或基体，导致抹灰层产生裂缝、空鼓或脱落。另外，底层砂浆强度与基体强度相差过大时，由于收缩变形性能相差悬殊也易产生开裂和脱离，故混凝土基体上不能直接抹石灰砂浆。

为使底层砂浆与基体黏结牢固，抹灰前基体一定要浇水湿润，以防止基体过干而吸去砂浆中的水分，使抹灰层产生空鼓或脱落。砖基体一般宜浇水两遍，使砖面渗水深度达 8～10mm。混凝土基体宜在抹灰前 1d 即浇水，使水渗入混凝土表面 2～3mm。如果各层抹灰相隔时间较长，已抹灰砂浆层较干时，也应浇水湿润，才可抹下一层砂浆。

抹灰层除用手工涂抹外，还可利用机械喷涂。机械喷涂抹灰将砂浆的拌制、运输和喷涂过程有机地衔接起来。

5. 罩面压光

室内常用的面层材料有麻刀石灰、纸筋石灰、石膏灰等，应分层涂抹，每遍厚度为 1～2mm，经赶平压实后，面层总厚度对于麻刀石灰不得大于 3mm；对于纸筋石灰、石膏灰不得大于 2mm。罩面时应待底子灰五六成干后进行。如底子灰过干应先浇水湿润。分纵横两遍涂抹，最后用钢抹子压光，不得留抹纹。

室外抹灰常用水泥砂浆罩面。由于面积较大，为了不显接槎，防止抹灰层收缩开裂，一般应设有分格缝，留槎位置应留在分格缝处。由于大面积抹灰罩面抹纹不易压光，在阳光照射下极易显露而影响墙面美观，故水泥砂浆罩面宜用木抹子抹成毛面。为防止色泽不匀，应用同一品种与规格的原材料，由专人配料，采用统一的配合比，底层浇水要均匀，干燥程度基本一致。

8.1.2 装饰抹灰施工工艺

装饰抹灰是采用装饰性强的材料，或用不同的处理方法以及加入各种颜料，使建筑物具备某种特定的色调和光泽。随着建筑工业生产的发展和人民生活水平的提高，这方面取得了很大发展，也出现很多新的工艺。

装饰抹灰的底层和中层的做法与一般抹灰要求相同，面层根据材料及施工方法的不同而具有不同的形式。下面介绍几种常用的饰面。

1. 水刷石

水刷石多用于室外墙面的装饰抹灰。对于高层建筑大面积水刷石，为加强底层与混凝土基体的黏结，防止空鼓、开裂，墙面要加钢筋做拉结网。施工时先用 12mm 厚的 1∶3 水泥砂浆打底找平，待底层砂浆终凝后，在其上按设计的分格弹线安装分格木条，用水泥浆在两侧黏结固定，以防大片面层收缩开裂。然后将底层浇水润湿后刮水泥浆（水灰比 0.37～0.40）一道，以增加面层与底层的黏结。随即抹上稠度为 5～7cm、厚 8～12mm 的水泥石子浆（水泥∶石子＝1∶1.25～1∶1.50）面层，拍平压实，使石子密实且分布均匀。当水泥石子浆开始凝固时（大致是以手指按上去无指痕，用刷子刷石子，石子不掉下为准），用刷子从上而下蘸水刷掉石子间表层水泥浆，使石子露出灰浆面 1～2mm 为度。刷洗时间要严格掌握，刷洗过早或过度，则石子颗粒露出灰浆面过多，容易脱落；刷洗过晚，则灰浆洗不净，石子不显露，饰面浑浊不清晰，影响美观。水刷石的外观质量标准是石粒清晰、分布均匀、紧密平整、色泽一致，不得有掉粒和接槎痕迹。

2. 干粘石

干粘石主要是用于外墙面的装饰抹灰，施工时是在已经硬化的底层水泥砂浆层上按设计要求弹线分格，根据弹线镶嵌分格木条。将底层浇水润湿后，抹上一层 6mm 厚 1∶2～1∶2.5 的水泥砂浆层，随即紧跟着再抹一层 2mm 厚的 1∶0.5 水泥石灰膏浆黏结层，同时将配有不同颜色或同色的粒径为 4～6mm 的石子甩粘拍平压实。拍时不得把砂浆拍出来，以免影响美观，要使石子嵌入深度不小于石子粒径的 1/2，持有一定强度后洒水养护。

上述为手工甩石子，亦可用喷枪将石子均匀有力地喷射于黏结层上，用铁抹子轻轻压一遍，使表面搓平。干粘石的质量要求是石粒黏结牢固、分布均匀、不掉石粒、不露浆、不漏粘、颜色一致。

3. 斩假石（剁斧石）

斩假石又称剁斧石，是仿制天然石料的一种饰面，用不同的骨料或掺入不同的颜料，可以仿制成仿花岗石、玄武石、青条石等。施工时先用 1∶2～1∶2.5 水泥砂浆打底，待 24h 后浇水养护，硬化后在表面洒水湿润，刮素水泥浆一道，随即用 1∶1.25 水泥石子浆（内掺 30%石屑）罩面，厚为 10mm；抹完后要注意防止日晒或冰冻，并养护 2～3d（强度达 60%～70%）即可试剁，如石子颗粒不发生脱落便可正式斩假加工；加工时用剁斧将面层斩毛，剁的方向要一致，剁纹深浅要均匀，一般两遍成活，分格缝周边、墙角、柱子的棱角周边留 15～20mm 不剁，即可做出似用石料砌成的装饰面。

4. 拉毛灰和洒毛灰

拉毛灰是将底层用水湿透，抹上 1∶(0.05～0.3)∶(0.5～1) 水泥石灰罩面砂浆，随即用硬棕刷或铁抹子进行拉毛。棕刷拉毛时，用刷蘸砂浆往墙上连续垂直拍拉，拉出毛头。铁抹子拉毛时，则不蘸砂浆，只用抹子黏结在墙面随即抽回，要做到拉得快慢一致、均匀整齐、色泽一致、不露底，在一个平面上要一次成活，避免中断留槎。

洒毛灰（又称撒云片）是用茅草小帚蘸 1∶1 水泥砂浆或 1∶1∶4 水泥石灰砂浆，由上往下洒在湿润的底层上，洒出的云朵须错乱多变、大小相称、空隙均匀，形成大小不一而有规律的毛面。亦可在未干的底层上刷上颜色，再不均匀地洒上罩面灰，并用抹子轻轻压平，使其部分地露出带色的底子灰，使洒出的云朵具有浮动感。

5. 喷涂饰面

喷涂饰面工艺是用挤压式灰浆泵或喷斗将聚合物水泥砂浆经喷枪均匀喷涂在墙面底层上。这种砂浆由于掺入聚合物乳液因而具有良好的和易性及抗冻性，能提高装饰面层的表面强度与黏结强度。根据涂料的稠度和喷射压力的大小，以质感区分，可喷成砂浆饱满、呈波纹状的波面喷涂和表面布满点状颗粒的粒状喷涂。底层为厚 10～13mm 的 1∶3 水泥砂浆，喷涂前须喷或刷一道胶水溶液（108 胶∶水=1∶3），使基层吸水率趋近于一致，并确保与喷涂层黏结牢固。喷涂层厚 3～4mm，粒状喷涂应连续 3 遍完成；波面喷涂必须连续操作，喷至全部泛出水泥浆但又不致流淌为好。在大面喷涂后，按分格位置用铁皮刮子沿靠尺刮出分格缝。喷涂层凝固后再喷罩一层有机硅疏水剂。质量要求表面平整、颜色一致、花纹均匀、不显接搓。

6. 滚涂饰面

滚涂饰面是将带颜色的聚合物砂浆均匀涂抹在底层上，随即用平面或带有拉毛、刻有花纹的橡胶、泡沫塑料滚子，滚出所需的图案和花纹。其分层施工步骤：①10～13mm 厚水泥砂浆打底，木抹搓平；②粘贴分格条（施工前在分格处先刮一层聚合物水泥浆，滚涂前将涂有聚合物胶水溶液的电工胶布贴上，等饰面砂浆收水后揭下胶布）；③3mm 厚色浆罩面，随抹随用辊子滚出各种花纹；④待面层干燥后，喷涂有机硅水溶液。

滚涂砂浆的配合比为水泥∶骨料（砂子、石屑或珍珠岩）=1∶0.5～1∶1，再掺入占水泥量20%的108胶和0.3%的木钙减水剂。手工操作滚涂分干滚、湿滚两种。干滚时滚子不蘸水、滚出的花纹较大，工效较高；湿滚时滚子反复蘸水，滚出花纹较小。滚涂工效比喷涂低，但便于小面积局部应用。滚涂应一次成活，多次滚涂易产生翻砂现象。

7. 弹涂饰面

弹涂饰面是用电动弹力器分几遍将不同色彩的聚合物水泥色浆弹到墙面上，形成1～3mm左右的圆状色点。由于色浆一般由2～3种颜色组成，不同色点在墙面上相互交错、相互衬托，犹如水刷石、干粘石，亦可做成单色光面、细麻面、小拉毛拍平等多种形式。这种工艺可在墙面上做底灰，再作弹涂饰面，也可直接弹涂在基层平整的混凝土板、加气板、石膏板、水泥石棉板等板材上。弹涂器有手动和电动两种，后者工效高，适合大面积施工。

弹涂的做法是在1∶3水泥砂浆打底的底层砂浆面上，洒水润湿，待干至60%～70%时进行弹涂。先喷刷底色浆一道，弹分格线，贴分格条，弹头道色点，待稍干后即弹两道色点，最后进行个别修弹，再进行喷射树脂罩面层。

课题8.2 饰面板与饰面砖施工

饰面工程是在墙柱表面镶铁或安装具有保护和装饰功能的块料而形成的饰面层。块料的种类可分为饰面板和饰面砖两大类。饰面板有石材饰面板（包括天然石材和人造石材）、金属饰面板、塑料饰面板、镜面玻璃饰面板等；饰面砖有釉面瓷砖、外墙面砖、陶瓷锦砖和玻璃马赛克等。

8.2.1 饰面板施工

8.2.1.1 大理石、磨光花岗石、预制水磨石饰面施工

薄型小规格块材（边长小于400mm）工艺流程为基层处理→吊垂直、套方、找规矩、贴灰饼→抹底层砂浆→弹线分格→排块材→浸块材→镶贴块材→表面勾缝与擦缝。大规格块材（边长大于400mm）工艺流程为：施工准备（钻孔、剔槽）→穿铜丝或镀锌丝与块材固定→绑扎、固定钢筋网→吊垂直、找规矩弹线→安装大理石、磨光花岗石或预制水磨石→分层灌浆→擦缝。

1. 薄型小规格块材

薄型小规格块材（一般厚度10mm以下）边长小于400mm，可采用粘贴方法。

（1）进行基层处理和吊垂直、套方、找规矩，可参见镶贴面砖施工要点有关部分。需要注意同一墙面不得有一排以上的非整砖，并应将其镶贴在较隐蔽的部位。

（2）在基层湿润的情况下，先刷108胶素水泥浆一道（内掺水重10%的108胶），随刷随打底；底灰采用1∶3水泥砂浆，厚度约12mm，分两遍操作，第一遍约5mm，第二遍约7mm，待底灰压实刮平后，将底子灰表面划毛。

（3）待底子灰凝固后便可进行分块弹线，随即将已湿润的块材抹上厚度为2～3mm的素水泥浆，内掺水重20%的108胶进行镶贴（也可以用胶粉），用木槌轻敲，用靠尺找平找直。

2. 大规格块材

大规格块材边长大于 40mm，镶贴高度超过 1m 时，可采用安装方法。

(1) 钻孔、剔槽。安装前先将饰面板按照设计要求用台钻打眼，事先应钉木架使钻头直对板材上端面，在每块板的上、下两个面打眼，孔位打在距板宽的两端 1/4 处，每个面各打两个眼，孔径为 5mm，深度为 12mm，孔位距石板背面以 8mm 为宜（指钻孔中心）。如大理石或预制水磨石、磨光花岗石，板材宽度较大时，可以增加孔数。钻孔后用金刚錾子把石板背面的孔壁轻轻剔一道槽，深 5mm 左右，连同孔洞形成象鼻眼，以备埋卧铜丝之用，如图 8.4 所示。

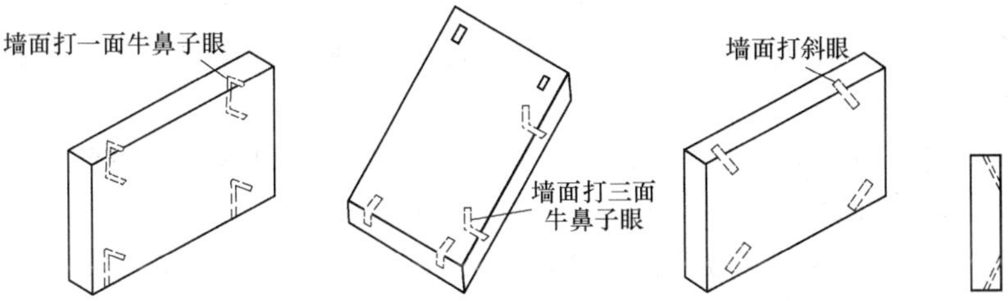

图 8.4　饰面板材打眼示意图

若饰面板规格较大，特别是预制水磨石和磨光花岗石板，如下端不好拴绑镀锌铁丝或铜丝时，亦可在未镶贴饰面板的一侧，采用手提轻便小薄砂轮（4～5mm），按规定在板高的 1/4 处上、下各开一槽（槽长约 3～4mm，槽深约 12mm 与饰面板背面打通，竖槽一般居中，亦可偏外，但以不损坏外饰面和不反碱为宜），可将镀锌铁丝或铜丝卧入槽内，便可拴绑与钢筋网固定。

(2) 穿铜丝或镀锌铁丝。把备好的铜丝或镀锌铁丝剪成长 20cm 左右，一端用木楔粘环氧树脂将铜丝或镀锌铁丝进孔内固定牢固，另一端将铜丝或镀锌铁丝顺孔槽弯曲并卧入槽内，使大理石或预制水磨石、磨光花岗石板上、下端面没有铜丝或镀锌铁丝突出，以便和相邻石板接缝严密。

(3) 绑扎钢筋网。首先剔出墙上的预埋筋，把墙面镶贴大理石或预制水磨石的部位清扫干净。先绑扎一道竖向 $\phi 6$ 钢筋，并把绑好的竖筋用预埋筋弯压于墙面。横向钢筋为绑扎大理石或预制水磨石、磨光花岗石板材所用，如板材高度为 60cm 时，第一道横筋在地面以上 10cm 处与主筋绑牢，用作绑扎第一层板材的下口固定铜丝或镀锌铁丝。第二道横筋绑在 50cm 水平线上 7～8cm，比石板上口低 2～3cm 处，用于绑扎第一层石板上口固定铜丝或镀锌铁丝，再往上每 60cm 绑一道横筋即可。

(4) 弹线。首先将大理石或预制水磨石、磨光花岗石的墙面、柱面和门窗套用大线坠从上至下找出垂直（高层应用经纬仪找垂直）。应考虑大理石或预制水磨石、磨光花岗石板材厚度、灌注砂浆的空隙和钢筋网所占尺寸，一般大理石或预制水磨石、磨光花岗石外皮距结构面的厚度应以 5～7cm 为宜。找出垂直后，在地面上顺墙弹出大理石或预制水磨石板等外轮廓尺寸线（柱面和门窗套等同）。此线即为第一层大理石或预制水磨石等的安装基准线。编好号的大理石或预制水磨石板等在弹好的基准线上画出就位线，每块留 1mm 缝隙（如设计要求拉开缝，则按设计规定留出缝隙）。

(5) 安装大理石或预制水磨石、磨光花岗石。按部位取石板并舒直铜丝或镀锌铁丝，将石板就位，石板上口外仰，右手伸入石板背面，把石板下口铜丝或镀锌铁丝绑扎在横筋上。绑时不要太紧可留余量，只要把铜丝或镀锌铁丝和横筋拴牢即可（灌浆后即可锚固），把石板竖起，便可绑大理石或预制水磨石、磨光花岗石板上口铜丝或镀锌铁丝，并用木楔子垫稳，块材与基层间的缝隙（灌浆厚度）一般为30～50mm。用靠尺板检查调整木楔，再拴紧铜丝或镀锌铁丝，依次向另一方进行。柱面可按顺时针方向安装，一般先从正面开始。第一层安装完毕再用靠尺板找垂直，水平尺找平整，方尺找阴阳角方正，在安装石板时如出现石板规格不准确或石板之间的空隙不符，应用铅皮垫牢，使石板之间缝隙均匀一致，并保持第一层石板上口的平直。找完垂直、平整、方正后，用碗调制熟石膏，把调成粥状的石膏贴在大理石或预制水磨石、磨光花岗石板上下之间，使这两层石板结成一整体，木楔处亦可粘贴石膏，再用靠尺板检查有无变形，等石膏硬化后方可灌浆（如设计有嵌缝塑料软管者，应在灌浆前塞放好）。

(6) 灌浆。把配合比为1∶2.5水泥砂浆放入半截大桶加水调成粥状（稠度一般为8～12cm），用铁簸箕舀浆徐徐倒入，注意不要碰大理石或预制水磨石板，边灌边用橡皮锤轻轻敲击石板面使灌入砂浆排气。第一层浇灌高度为15cm，不能超过石板高度的1/3；第一层灌浆很重要，因要锚固石板的下口铜丝又要固定石板，所以要轻轻操作，防止碰撞和猛灌。如发生石板外移错动，应立即拆除重新安装。

第一次灌入15cm后停1～2h，等砂浆初凝，此时应检查是否有移动，再进行第二层灌浆，灌浆高度一般为20～30cm，待初凝后再继续灌浆。第三层灌浆至低于板上口5～10cm处为止。

(7) 擦缝。全部石板安装完毕后，清除所有石膏和余浆痕迹，用麻布擦洗干净，并按石板颜色调制色浆嵌缝，边嵌边擦干净，使缝隙密实、均匀、干净、颜色一致。

(8) 柱子贴面。安装柱面大理石或预制水磨石、磨光花岗石，其弹线、钻孔、绑钢筋和安装等工序与镶贴墙面方法相同，要注意灌浆前用木方子钉成槽形木卡子，双面卡住大理石板或预制水磨石板，以防止灌浆时大理石或预制水磨石、磨光花岗石板外胀。

夏期安装室外大理石或预制水磨石、磨光花岗石时，应有防止暴晒的可靠措施。

8.2.1.2 大理石、花岗石干挂施工

干挂法的操作工艺包括选材、钻孔、基层处理、弹线、板材铺贴和固定五道工序。除钻孔和板材固定工序外，其余做法均同前。

1. 钻孔

由于相邻板材是用不锈销钉连接的，因此钻孔位置一定要准确，以便使板材之间的连接水平一致、上下平齐。钻孔前应在板材侧面按要求定位后，用电钻钻成直径为5mm，孔深12～15mm的圆孔，然后将直径为5mm的销钉插入孔内。

2. 板材的固定

用膨胀螺丝将固定和支撑板块的连接件固定在墙面上，如图8.5所示。连接件是根据墙面与板块销孔的距离，用不锈钢加工成L形。为便于安装板块时调节销孔和膨胀螺栓的位置，在L形连接件上留槽型孔眼，待板块调整到正确位置时，随即拧紧膨胀螺丝螺帽进行固结，并用环氧树脂胶将销钉固定。

8.2.1.3 金属饰面板施工

金属饰面板一般采用铝合金板、彩色压型钢板和不锈钢钢板。用于内、外墙面、屋面、

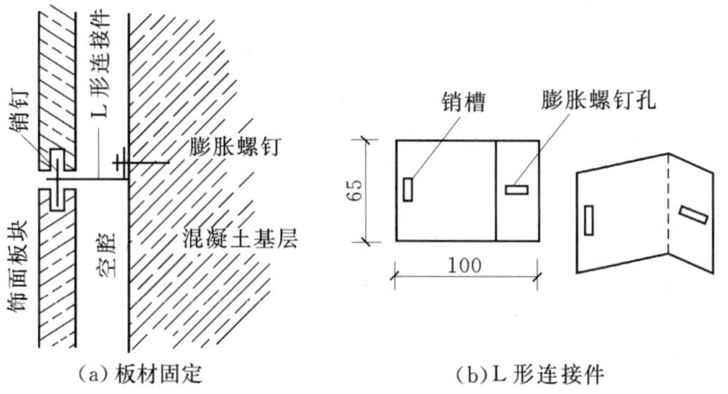

图 8.5　用膨胀螺栓固定板材（单位：mm）

顶棚等。亦可与玻璃幕墙或大玻璃窗配套应用，以及在建筑物四周的转角部位、玻璃幕墙的伸缩缝、水平部位的压顶等应用。

1. 吊直、套方、找规矩、弹线

首先根据设计图样的要求和几何尺寸，对镶贴金属饰面板的墙面进行吊直、套方、找规矩并依次实测和弹线，确定饰面墙板的尺寸和数量。

2. 固定骨架的连接件

骨架的横竖杆件是通过连接件与结构固定的，而连接件与结构之间，可以与结构的预埋件焊牢，也可以在墙上打膨胀螺栓。因后一种方法比较灵活，尺寸误差较小，容易保证位置的准确性，因而实际施工中采用得比较多。须在螺栓位置画线按线开孔。

3. 固定骨架

骨架应预先进行防腐处理。安装骨架位置要准确，结合要牢固。安装后应全面检查中心线、表面标高等。对高层建筑外墙，为了保证饰面板的安装精度，宜用经纬仪对横竖杆件进行贯通，变形缝、沉降缝等应妥善处理。

4. 金属饰面安装

墙板的安装顺序是从每面墙的竖向第一排下部第一块板开始，自下而上安装。安装完该面墙的第一排再安装第二排。每安装铺设 10 排墙板后，应吊线检查一次，以便及时消除误差。为了保证墙面外观质量，螺栓位置必须准确，并采用单面施工的钩形螺栓固定，使螺栓的位置横平竖直。固定金属饰面板的方法，常用的主要有两种：一是将板条或方板用螺丝拧到型钢或木架上，这种方法耐久性较好，多用于外墙；另一种是将板条卡在特制的龙骨上，此法多用于室内。

板与板之间的缝隙一般为 10～20mm，多用橡胶条或密封垫弹件材料处理。当饰面板安装完毕，要注意在易于被污染的部位用塑料薄膜覆盖保护。易被划、碰的部位应设安全栏杆保护。

5. 收口构造

水平部位的压顶、端部的收口、伸缩缝的处理、两种不同材料的交接处理等，不仅关系到装饰效果，而且对使用功能也有较大的影响。因此，一般多用特制的两种材质性能相似的成型金属板进行妥善处理。

简单处理一般用一条较厚的（1.5mm）直角形金属板，与外墙板用螺栓连接固定牢。

窗台、女儿墙的上部，均属于水平部位的压顶处理，即用铝合金板盖住，使之能阻挡风雨浸透。水平桥的固定，一般先在基层焊上钢骨架，然后用螺栓将盖板固定在骨架上。盖板之间的连接采取搭接的方法（高处压低处，搭接宽度符合设计要求，并用胶密封）。

墙面边缘部位的收口处理，用颜色相似的铝合金成形板将墙板端部及龙骨部位封住。

墙面下端的收口处，用一条特制的披水板，将板的下端封住，同时将板与墙之间的缝隙盖住，防止雨水渗入室内。

伸缩缝、沉降缝的处理，首先要适应建筑物伸缩、沉降的需要，同时也应考虑装饰效果。此外，此部位也是防水的薄弱环节，其构造节点应周密考虑。一般可用氯丁橡胶带起连接、密封作用。

墙板的外、内包角及钢窗周围的泛水板等须在现场加工的异形件，应参考图样，对安装好的墙面进行实测套足尺，确定其形状尺寸，使其加工准确、便于安装。

8.2.2　饰面砖施工

外墙面砖施工工艺流程为基层处理→吊直、套方、找规矩→贴灰饼→抹底层砂浆→弹线分格→排砖→浸砖→镶贴面砖→面砖勾缝与擦缝。

8.2.2.1　基层为混凝土墙面时施工工艺

1. 基层处理

首先将凸出墙面的混凝土剔平，对大钢模施工的混凝土墙面应凿毛，并用钢丝刷满刷一遍，再浇水湿润。如果基层混凝土表面很光滑，亦可采取如下的“毛化处理”办法：先将表面尘土、污垢清扫干净，用10%的火碱水将板面的油污刷掉，随之用净水将碱液冲净、晾干，然后用1∶1的水泥细砂浆内掺水重20%的108胶，喷或用笤帚将砂浆甩到墙上，其甩点要均匀，终凝后浇水养护，直至水泥砂浆疙瘩全部粘到混凝土光面上，并有较高的强度（用手掰不动）为止。

2. 吊垂直、套方、找规矩、贴灰饼

若建筑物为高层，应在四大角和门窗口边用经纬仪打垂直线找直；如果建筑物为多层，可从顶层开始用特制的大线坠绷铁丝吊垂直，然后根据面砖的规格尺寸分层设点、做灰饼。横线则以楼层为水平基准线交圈控制，竖向线则以四周大角和通天柱或垛子为基准线控制，应全部是整砖。每层打底时则以此灰饼作为基准点进行冲筋，使其底层灰做到横平竖直。同时要注意找好凸出檐口、腰线、窗台、雨篷等饰面的流水坡度和滴水线（槽）。

3. 抹底层砂浆

先刷一道掺水重10%的108胶水泥素浆，紧跟着分层分遍抹底层砂浆（常温时采用配合比为1∶3的水泥砂浆），第一遍厚度约为5mm，抹后用木抹子搓平，隔天浇水养护；待第一遍6～7成干时，即可抹第二遍，厚度约8～12mm，随即用木杠刮平、木抹子搓毛，隔天浇水养护；若需要抹第三遍，其操作方法同第二遍，直至把底层砂浆抹平为止。

4. 弹线分格

待基层灰6～7成干时，即可按图样要求进行分段分格弹线，同时亦可进行面层贴标准点的工作，以控制面层出墙尺寸及垂直、平整。

5. 排砖

根据大样图及墙面尺寸进行横竖向排砖，以保证面砖缝隙均匀，符合设计图样要求，注意大墙面、通天柱子和垛子要排整砖，以及在同一墙面上的横竖排列，均不得有一行以上的非整砖。非整砖行应排在次要部位，如窗间墙或阴角处等。但亦要注意一致和对称。如遇有突出的卡件，应用整砖套割吻合，不得用非整砖随意拼凑镶贴。

6. 浸砖

外墙面砖镶贴前，首先要将面砖清扫干净，放入净水中浸泡 2h 以上，取出待表面晾干或擦干净后方可使用。

7. 镶贴面砖

镶贴应自上而下进行。高层建筑采取措施后，可分段进行。在每一分段或分块内的面砖，均为自下而上镶贴。从最下一层砖下皮的位置线先稳好靠尺，以此托住第一皮面砖。在面砖外皮上口拉水平通线，作为镶贴的标准。

在面砖背面可采用 1：2 水泥砂浆或 1：0.2：2＝水泥：白灰膏：砂的混合砂浆镶贴，砂浆厚度为 6～10mm，贴砖后用灰铲柄轻轻敲打，使之附线，再用钢片开刀调整竖缝，并用小杠通过标准点调整平面和垂直度。

另外一种做法是，用 1：1 水泥砂浆加水重 20％的 108 胶，在砖背面抹 3～4mm 厚粘贴即可。但此种做法其基层灰必须抹得平整，而且砂子必须用窗纱筛后使用。

另外也可用胶粉来粘贴面砖，其厚度为 2～3mm，用此种做法其基层灰必须更平整。

如要求面砖拉缝镶贴，面砖之间的水平缝宽度用米厘条控制，米厘条用贴砖砂浆与中层灰临时镶贴，米厘条贴在已镶贴好的面砖上口，为保证其平整，可临时加垫小木楔。

女儿墙压顶、窗台、腰线等部位平面也要镶贴面砖时，除流水坡度符合设计要求外，应采取平面面砖压立面面砖的做法，预防向内渗水，引起空裂；同时还应采取立面中最低一排面砖必须压底平面面砖，并低出底平面面砖 3～5mm 的做法，让其起滴水线（槽）的作用，防止尿檐而引起空裂。

8. 面砖勾缝与擦缝

面砖铺贴拉缝时，用 1：1 水泥砂浆勾缝，先勾水平缝再勾竖缝，勾好后要求凹进面砖外表面 2～3mm。若横竖缝为干挤缝，或小于 3mm 者，应用白水泥配颜料进行擦缝处理。面砖缝子勾完后，用布或棉丝蘸稀盐酸擦洗干净。

8.2.2.2　基层为砖墙面时施工工艺

（1）抹灰前，墙面必须清扫干净，浇水湿润。

（2）大墙面和四角、门窗口边弹线找规矩，必须由顶层到底一次进行，弹出垂直线，并决定面砖出墙尺寸，分层设点、做灰饼。横线则以楼层为水平基线交圈控制，竖向线则以四周大角和通天垛、柱子为基准线控制。每层打底时则以此灰饼作为基准点进行冲筋，使其底层灰做到横平竖直。同时要注意找好突出檐口、腰线、窗台、雨篷等饰面的流水坡度。

（3）抹底层砂浆。先把墙面浇水湿润，然后用 1：3 水泥砂浆刮一道约 6mm 厚的砂浆，紧跟着用同强度等级的灰与所冲的筋抹平，随即用木杠刮平，木抹搓毛，隔天浇水养护。

具他同基层为混凝土墙面的做法。

8.2.2.3　基层为加气混凝土墙面时的施工工艺

（1）用水湿润加气混凝土表面，修补缺棱掉角处。修补前，先刷一道聚合物水泥浆，然后用 1：3：9＝水泥：白灰膏：砂子混合砂浆分层补平，隔天刷聚合物水泥浆并抹 1：1：6 混合砂浆打底，木抹子搓平，隔天浇水养护。

（2）用水湿润加气混凝土表面，在缺棱掉角处刷聚合物水泥浆一道，用 1：3：9 混合砂浆分层补平，待干燥后，钉金属网一层并绷紧。在金属网上分层抹 1∶1∶6 混合砂浆打底（最好采取机械喷射工艺），砂浆与金属网应结合牢固，最后用木抹子轻轻搓平，隔天浇水养护。

其他做法同混凝土墙面。

课题 8.3 地面施工

8.3.1 地面工程层次构成及面层材料

整体面层包括水泥混凝土面层、水泥砂浆面层、水磨石面层、水泥钢（铁）屑面层、防油渗面层、不发火（防爆的）面层；板块面层包括砖面层（陶瓷锦砖、缸砖、陶瓷地砖和水泥化砖面层）、大理石面层和花岗石面层、预制板块面层（水泥混凝土板块、水磨石板块面层）、料石面层（条石、块石面层）、塑料板面层、活动地板面层、地毯面层；木竹面层包括实木地板面层、实木复合地板面层、中密度（强化）复合地板面层、竹地板面层等。

8.3.2 整体面层施工

1. 水泥砂浆地面施工

水泥砂浆地面施工工艺流程为基层处理→找标高、弹线→洒水湿润→抹灰饼和标筋→搅拌砂浆→刷水泥浆结合层→铺水泥砂浆面层→木抹子搓平→铁抹子压第一遍→第二遍压光→第三遍压光→养护。施工工艺如下：

（1）基层处理。先将基层上的灰尘扫掉，用钢丝刷和錾子刷净、剔掉灰浆皮和灰渣层，用 10％的火碱水溶液刷掉基层上的油污，并用清水及时将减液冲净。

（2）找标高弹线。根据墙上的＋50cm 水平线，往下量测出面层标高，并弹在墙上。

（3）洒水湿润。用喷壶将地面基层均匀洒水一遍。

（4）抹灰饼和标筋（或称冲筋）。根据房间内四周墙上弹的面层标高水平线，确定面层抹灰厚度（不应小于 20mm），然后拉水平线开始抹灰饼（5cm×5cm），横竖间距为 1.5～2.0m，灰饼上平面即为地面面层标高。

如果房间较大，为保证整体面层平整度，还须抹标筋（或称冲筋），将水泥砂浆铺在灰饼之间，宽度与灰饼宽相同，用木抹子拍抹成与灰饼上表面相平一致。铺抹灰饼和标筋的砂浆材料配合比均与抹地面的砂浆相同。

（5）搅拌砂浆。水泥砂浆的体积比宜为 1∶2（水泥∶砂），其稠度不应大于 35mm，强度等级不应小于 M15。为了控制加水量，应使用搅拌机搅拌均匀，颜色一致。

（6）刷水泥浆结合层。在铺设水泥砂浆之前，应涂刷水泥浆一层，其水灰比为 0.4～0.5（涂刷之前要将抹灰饼的余灰清扫干净再洒水湿润），涂刷面积不要过大，随刷随铺面层砂浆。

（7）铺水泥砂浆面层。涂刷水泥浆之后紧跟着铺水泥砂浆，在灰饼之间（或标筋之间）将砂浆铺均匀，然后用木刮杠按灰饼（或标筋）高度刮平，铺砂浆时如果灰饼（或标筋）已硬化，木刮杠刮平后，同时将利用过的灰饼（或标筋）敲掉，并用砂浆填平。

（8）木抹子搓平。木刮杠刮平后，立即用木抹子搓平，从内向外退着操作，并随时用 2m 靠尺检查其平整度。

（9）铁抹子压第一遍。木抹子抹平后，立即用铁抹子压第一遍，直到出浆为止，如果砂浆过稀表面有泌水现象时，可均匀撒一遍干水泥和砂（1∶1）的拌和料（砂子要过3mm筛），再用木抹子用力抹压，使干拌料与砂浆紧密结合为一体，吸水后用铁抹子压平。如有分格要求的地面，在面层上弹分格线，用劈缝溜子开缝，再用溜子将分缝内压至平、直、光。上述操作均在水泥砂浆初凝之前完成。

（10）第二遍压光。面层砂浆初凝后，人踩上去有脚印但不下陷时，用铁抹子压第二遍，边抹压边把坑凹处填平，要求不漏压，表面压平、压光。有分格的地面压过后，应用溜子溜压，做到缝边光直、缝隙清晰、缝内光滑顺直。

（11）第三遍压光。在水泥砂浆终凝前进行第三遍压光（人踩上去稍有脚印），铁抹子抹上去不再有抹纹时，用铁抹子把第二遍抹压时留下的全部抹纹压平、压实、压光（必须在终凝前完成）。

（12）养护。地面压光完工后24h，铺锯末或其他材料覆盖洒水养护，保持湿润，养护时间不少于7d，当抗压强度达5MPa才能上人。

2. 水磨石地面施工

水磨石地面施工工艺流程为基层处理→找标高→弹水平线→铺抹找平层砂浆→养护→弹分格线→镶分格条→拌制水磨石拌和料→涂刷水泥浆结合层→铺水磨石拌和料→滚压、抹平→试磨→粗磨→细磨→磨光→草酸清洗→打蜡上光。施工工艺如下：

（1）基层处理。将混凝土基层上的杂物清净，不得有油污、浮土。用钢錾子和钢丝刷将沾在基层上的水泥浆皮錾掉铲净。

（2）找标高弹水平线。根据墙面上的+50cm标高线，往下量测出磨石面层的标高，弹在四周墙上，并考虑其他房间和通道面层的标高要相互一致。

（3）抹找平层砂浆。

1）根据墙上弹出的水平线，留出面层厚度（约10～15mm厚），抹1∶3水泥砂浆找平层，为了保证找平层的平整度，先抹灰饼（纵横方向间距1.5m左右），大小约8～10cm。

2）灰饼砂浆硬结后，以灰饼高度为标准，抹宽度为8～10cm的纵横标筋。

3）在基层上洒水湿润，刷一道水灰比为0.4～0.5的水泥浆，面积不得过大，随刷浆随铺抹1∶3找平层砂浆，并用2m长刮杠以标筋为标准进行刮平，再用木抹子搓平。

（4）养护。抹好找平层砂浆后养护24h，待抗压强度达到1.2MPa，方可进行下道工序施工。

（5）弹分格线。根据设计要求的分格尺寸，一般采用1m×1m。在房间中部弹十字线，计算好周边的镶边宽度后，以十字线为准可弹分格线。如果设计有图案要求，应按设计要求弹出清晰的线条。

（6）镶分格条。用小铁抹子抹稠水泥浆将分格条固定住（分格条安在分格线上），抹成30°八字形，如图8.6所示，高度应低于分格条条顶3mm，分格条应平直（上平必须一致）、牢固、接头严密，不得有缝隙，作为铺设面层的标志。另外，在粘贴分格条时，在分格条十字交叉接头处，为了使拌和料填塞饱满，在距交点40～50mm内不抹水泥浆，如图8.7所示。

当分格采用铜条时，应预先在两端头下部1/3处打眼，穿入22号铁丝，锚固于下口八字角水泥浆内。镶条后12h后开始浇水养护，最少2d，一般洒水养护3～4d，在此期间房间应封闭，禁止各工序进行。

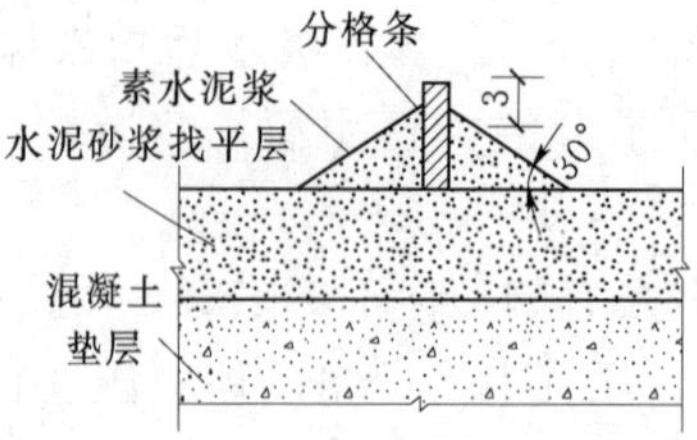

图8.6 现制水磨石地面镶嵌分格条剖面示意

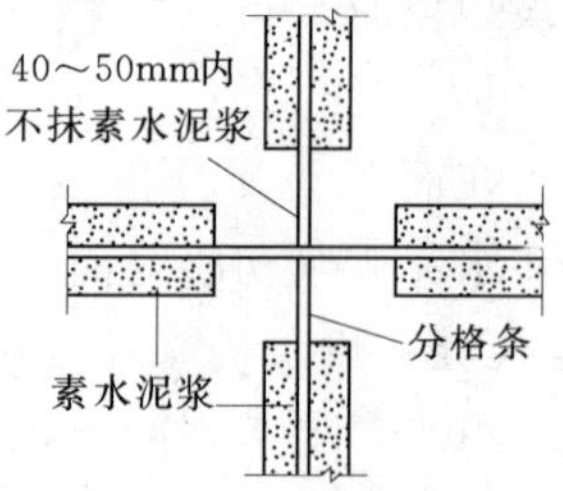

图8.7 分格条交叉处正确的粘贴方法

(7) 拌制水磨石拌和料（或称石渣浆）。

1）拌和料的体积比宜采用1∶1.5～1∶2.5（水泥∶石粒），要求配合比准确，拌和均匀。

2）使用彩色水磨石拌和料，除彩色石粒外，还加入耐光耐碱的矿物颜料，其掺入量为水泥重量的3%～6%，普通水泥与颜料配合比、彩色石子与普通石子配合比，在施工前都须经试验室试验后确定。同一彩色水磨石面层应使用同厂、同批颜料。在拌制前应根据整个地面所需的用量，将水泥和所需颜料一次统一配好、配足。配料时不仅用铁铲拌和，还要用筛子筛匀后，用包装袋装起来存放在干燥的室内，避免受潮。彩色石粒与普通石粒拌和均匀后，集中储存待用。

3）各种拌和料在使用前加水拌和均匀，稠度约6cm。

(8) 涂刷水泥浆结合层。先用清水将找平层洒水湿润，涂刷与面层颜色相同的水泥浆结合层，其水灰比宜为0.4～0.5，要刷均匀，亦可在水泥浆内掺加胶粘剂，要随刷随铺拌和料，不得刷得面积过大，防止浆层风干导致面层空鼓。

(9) 铺设水磨石拌和料。

1）水磨石拌和料的面层厚度，除有特殊要求的以外，宜为12～18mm，并应按石料粒径确定。铺设时将搅拌均匀的拌和料先铺抹分格条边，后铺入分格条方框中间，用铁抹子由中间向边角推进，在分格条两边及交角处特别注意压实抹平，随抹随用直尺进行平度检查。如局部地面铺设过高，应用铁抹子将其挖去一部分，再将周围的水泥石子浆拍挤抹平（不得用刮杠刮平）。

2）几种颜色的水磨石拌和料不可同时铺抹，要先铺抹深色的，后铺抹浅色的，待前一种凝固后，再铺后一种（因为深颜色的掺矿物颜料多，强度增长慢，影响机磨效果）。

(10) 滚压、抹平。用滚筒液压前，先用铁抹子或木抹子在分格条两边宽约10cm范围内轻轻拍实（避免将分格条挤移位）。滚压时用力要均匀（要随时清掉粘在滚筒上的石碴），应从横竖两个方向轮换进行，达到表面平整密实、出浆石粒均匀为止。待石粒浆稍收水后，再用铁抹子将浆抹平、压实，如发现石粒不均匀之处，应补石粒浆再用铁抹子拍平、压实。24h后浇水养护。

(11) 试磨。一般根据气温情况确定养护天数，温度在20～30℃时2～3d即可开始机磨，过早开磨石粒易松动，过迟造成磨光困难。所以需进行试磨，以面层不掉石粒为准。

(12) 粗磨。第一遍用60～90号金刚石磨，使磨石机机头在地面上走横“8”字形，边磨边加水（如磨石面层养护时间太长，可加细砂，加快机磨速度），随时清扫水泥浆，并用靠尺检查平整度，直至表面磨平、磨匀，分格条和石粒全部露出（边角处用人工磨成同样效果），用水清洗晾干，然后用较浓的水泥浆（如掺有颜料的面层，应用同样掺有颜料配合比的水泥浆）擦一遍，特别是面层的洞眼小，孔隙要填实抹平，脱落的石粒应补齐，浇水养护 2～3d。

(13) 细磨。第二遍用 90～120 号金刚石磨，要求磨至表面光滑为止。然后用清水冲净，满擦第二遍水泥浆，仍注意小孔隙要细致擦严密，然后养护 2～3d。

(14) 磨光。第三遍用 200 号细金刚石磨，磨至表面石子显露均匀，无缺石粒现象，平整、光滑，无孔隙为度。

普通水磨石面层磨光遍数不应少于 3 遍，高级水磨石面层的厚度和磨光遍数及油石规格应根据设计确定。

(15) 草酸擦洗。为了取得打蜡后显著的效果，在打蜡前磨石面层要进行一次适量限度的酸洗，一般均用草酸进行擦洗，使用时，先用水加草酸混合成约 10%浓度的溶液，用扫帚蘸后洒在地面上，再用油石轻轻磨一遍；磨出水泥及石粒本色，再用水冲洗软布擦干。此道操作必须在各工种完工后才能进行，经酸洗后的面层不得再受污染。

(16) 打蜡上光。将蜡包在薄布内，在面层上薄薄涂一层，待干后用钉有帆布或麻布的木块代替油石，装在磨石机上研磨，用同样的方法再打第二遍蜡，直到光滑亮洁为止。

8.3.3 板块面层施工

大理石、花岗石地面施工工艺流程为准备工作→试拼→弹线→试排→刷水泥浆及铺砂浆结合层→铺大理石板块（或花岗石板块）→灌缝、擦缝→打蜡。施工工艺如下：

(1) 准备工作。

1) 以施工大样图和加工单为依据，熟悉、了解各部位尺寸和做法，弄清洞口、边角等部位之间的关系。

2) 基层处理：将地面垫层上的杂物清净，用钢丝刷刷掉黏结在垫层上的砂浆，并清扫干净。

(2) 试拼。在正式铺设前，对每一房间的板块，应按图案、颜色、纹理试拼，将非整块板对称排放在房门靠墙部位，试拼后按两个方向编号排列，然后按号码放整齐。

(3) 弹线。为了检查和控制板块的位置，在房间内拉十字控制线，弹在混凝土垫层上，并引至墙面底部，然后依据墙面+50cm 标高线找出面层标高，在墙上弹出水平标高线，弹水平线时注意室内与楼道面层标高要一致。

(4) 试排。在房间内的两个相互垂直的方向铺两条干砂，其宽度大于板块宽度，厚度不小于 3cm，结合施工大样图及房间实际尺寸，把板块排好，以便检查板块之间的缝隙，核对板块与墙面、柱、洞口等部位的相对位置。

(5) 刷水泥素浆及铺砂浆结合层。试铺后将干砂和板块移开，清扫干净，用喷壶洒水湿润，刷一层素水泥浆（水灰比为 0.4～0.5，刷得面积不要过大，随铺砂浆随刷）。根据板面水平线确定结合层砂浆厚度，拉十字控制线，开始铺结合层干硬性水泥砂浆（一般采用 1∶2～1∶3 的干硬性水泥砂浆，干硬程度以手捏成团，落地即散为宜），厚度控制在放板块时宜高出面层水平线 3～4mm。铺好后用大杠刮平，再用抹子拍实找平（铺摊面积不得过大）。

(6) 铺砌板块。

1) 板块应先用水浸湿，待擦干或表面晾干后方可铺设。

2）根据房间拉的十字控制线，纵横各铺一行，作为大面积铺砌标筋用。依据试拼时的编号、图案及试排时的缝隙（板块之间的缝隙宽度，当设计无规定时不应大于1mm），在十字控制线交点开始铺砌。先试铺，即搬起板块对好纵横控制线铺落在已铺好的干硬性砂浆结合层上，用橡皮锤敲击木垫板（不得用橡皮锤或木槌直接敲击板块），振实砂浆至铺设高度后，将板块掀起移至一旁，检查砂浆表面与板块之间是否相吻合，如发现有空虚之处，应用砂浆填补，然后正式镶铺，先在水泥砂浆结合层上满浇一层水灰比为0.5的素水泥浆（用浆壶浇均匀），再铺板块，安放时四角同时往下落，用橡皮锤或木槌轻击木垫板，根据水平线用铁水平尺找平，铺完第一块，向两侧和后退方向顺序铺砌。铺完纵、横行之后有了标准，可分段分区依次铺砌，一般房间是先里后外进行，逐步退至门口，便于成品保护，但必须注意与楼道相呼应。也可从门口处往里铺砌，板块与墙角、镶边和靠墙处应紧密砌合，不得有空隙。

（7）灌缝、擦缝。在板块铺砌后1～2昼夜进行灌浆擦缝。根据大理石（或花岗石）颜色，选择相同颜色矿物颜料和水泥（或白水泥）拌和均匀，调成1∶1稀水泥浆，用浆壶徐徐灌入板块之间的缝隙中（可分几次进行），并用长把刮板把流出的水泥浆刮向缝隙内，至基本灌满为止。灌浆1～2h后，用棉纱团蘸原稀水泥浆擦缝与板面擦平，同时将板面上水泥浆擦净，使大理石（或花岗石）面层的表面洁净、平整、坚实，以上工序完成后，面层加以覆盖。养护时间不应小于7d。

（8）打蜡。当水泥砂浆结合层达到强度后（抗压强度达到1.2MPa时），方可进行打蜡，使面层达到光滑洁亮。

8.3.4 木（竹）面层施工

普通木（竹）地板和拼花木地板按构造方法不同，有“实铺”和“空铺”两种，如图8.8所示。“空铺”是由木搁栅、企口板、剪刀撑等组成，一般均设在首层房间。当搁栅跨度较大时，应在房中间加设地垄墙，地垄墙顶上要铺油毡或抹防水砂浆及放置沿缘木。“实铺”是木搁栅铺在钢筋混凝土板或垫层上，它是由木搁栅及企口板等组成。施工工艺流程为安装木搁栅→钉木地板→刨平→净面细刨、磨光→安装踢脚板。施工工艺如下。

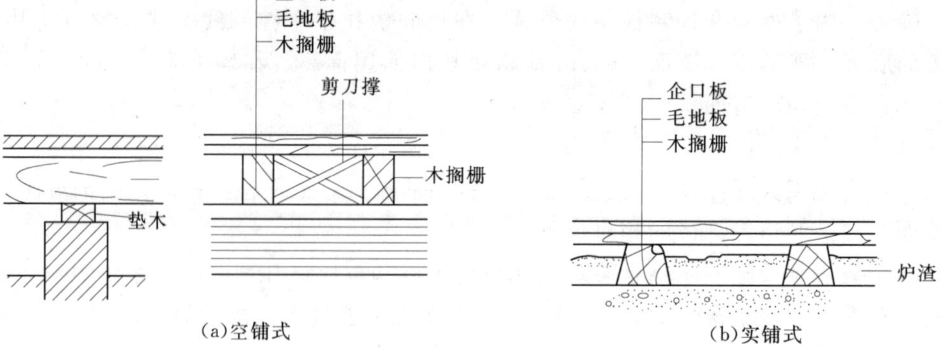

图8.8 木板面层构造做法示意图

1. 安装木搁栅

（1）空铺法。在砖砌基础墙上和地垄墙上垫放通长沿椽木，用预埋的铁丝将其捆绑好，并在沿椽木表面画出各搁栅的中线，然后将搁栅对准中线摆好，端头离开墙面约30mm的缝隙，依次将中间的搁栅摆好。当顶面不平时，可用垫木或木楔在搁栅底下垫平，并将其钉牢在沿缘木上。为防止搁栅活动，应在固定好的木搁栅表面临时钉设木拉条，使之互相牵拉着。搁栅摆正后，在搁栅上按剪刀撑的间距弹线，然后按线将剪刀撑钉于搁栅侧面，同一行剪刀撑要对齐顺线，上口齐平。

（2）实铺法。楼层木地板的铺设，通常采用实铺法施工，应先在楼板上弹出各木搁栅的安装位置线（间距约 400mm）及标高。将搁栅（断面呈梯形，宽面在下）放平、放稳，并找好标高，将预埋在楼板内的铁丝拉出，捆绑好木搁栅（如未预埋镀锌铁丝，可按设计要求用膨胀螺栓等方法固定木搁栅），然后把干炉渣或其他保温材料塞满两搁栅之间。

2. 钉木地板

（1）条板铺钉。空铺的条板铺钉方法为剪刀撑钉完之后，可从墙的一边开始铺钉企口条板，靠墙的一块板应离墙面有 10～20mm 缝隙，以后逐块排紧，用钉从板侧凹角处斜向钉入，钉长为板厚的 2～2.5 倍，钉帽要砸扁，企口条板要钉牢、排紧。板的排紧方法一般可在木搁栅上钉扒钉一只，在扒钉与板之间夹一对硬木楔，打紧硬木楔就可以使板排紧。钉到最后一块企口板时，因无法斜着钉，可用明钉钉牢，钉帽要砸扁，冲入板内。企口板的接头要在搁栅中间，接头要互相错开，板与板之间应排紧，搁栅上临时固定的木拉条，应随企口板的安装随时拆去，铺钉完之后及时清理干净，先应垂直木纹方向粗刨一遍，再依顺木纹方向细刨一遍。

实铺条板铺钉方法同上。

（2）拼花木地板铺钉。硬木地板下层一般都钉毛地板，可采用纯棱料，其宽度不宜大于 120mm，毛地板与搁栅成 45°或 30°方向铺钉，并应斜向钉牢，板间缝隙不应大于 3mm，毛地板与墙之间应留 10～20mm 缝隙，每块毛地板应在每根搁栅上各钉两个钉子固定，钉子的长度应为板厚的 2.5 倍。铺钉拼花地板前，宜先铺设一层沥青纸（或油毡），以隔声和防潮用。

在铺打硬木拼花地板前，应根据设计要求的地板图案，一般应在房间中央弹出图案墨线，再按墨线从中央向四边铺钉。有镶边的图案，应先钉镶边部分，再从中央向四边铺钉，各块木板应相互排紧，对于企口拼装的硬木地板，应从板的侧边斜向钉入毛地板中，钉头不要露出；钉长为板厚的 2～2.5 倍，当木板长度小于 30cm 时，侧边应钉两个钉子，长度大于 30cm 时，应钉入 3 个钉子，板的两端应各钉 1 个钉固定。板块间缝隙不应大于 0.3mm，面层与墙之间缝隙，应以木踢脚板封盖。钉完后，清扫干净刨光，刨刀吃口不应过深，防止板面出现刀痕。

（3）拼花地板黏结。采用沥青胶结料铺贴拼花木板面层时，其下一层应平整、洁净、干燥，并应先涂刷一遍同类底子油，然后用沥青胶结料随涂随铺，其厚度宜为 2mm，在铺贴时木板块背面亦应涂刷一层薄而均匀的沥青胶结料。

当采用胶粘剂铺贴拼花板面层时，胶粘剂应通过试验确定。胶粘剂应存放在阴凉通风、干燥的室内。超过生产期 3 个月的产品，应取样检验，合格后方可使用，超过保质期的产品，不得使用。

3. 净面细刨、磨光

地板刨光宜采用地板刨光机（或六面刨），转速在 5000rad/min 以上。长条地板应顺水纹刨，拼花地板应与地板木纹成 45°斜刨。刨时不宜走得太快，刨口不要过大，要多走几遍，地板机不用时应先将机器提起关闭，防止啃伤地面。机器刨不到的地方要用手刨，并用细刨净面。地板刨平后，应使用地板磨光机磨光，所用砂布应先粗后细，砂布应绷紧绷平，磨光方向及角度与刨光方向相同。

木地板油漆、打蜡详见装饰工程木地板油漆工艺标准。

课题 8.4 吊顶与轻质隔墙施工

8.4.1 吊顶施工

吊顶有直接式顶棚和悬吊式顶棚两种形式。直接式顶棚按施工方法和装饰材料的不同，可分为直接刷（喷）浆顶棚、直接抹灰顶棚、直接粘贴式顶棚（用胶粘剂粘贴装饰面层）；悬吊式顶棚按结构形式分为活动式装配吊顶、隐蔽式装配吊顶、金属装饰板吊顶、开敞式吊顶和整体式吊顶（灰板条吊顶）等。

8.4.1.1 木骨架罩面板顶棚施工

木骨架罩面板顶棚施工工艺为：安装吊点紧固件→沿吊顶标高线固定沿墙边龙骨→刷防火涂料→在地面拼接木搁栅（木龙骨架）→分片吊装→与吊点固定→分片间的连接→预留孔洞→整体调整→安装胶合板→后期处理。

1. 安装吊点紧固件

（1）用冲击电钻在建筑结构底面按设计要求打孔，钉膨胀螺钉。

（2）用直径必须大于直径为 5mm 的射钉，将角铁等固定在建筑底面上。

（3）利用事先预埋吊筋固定吊点。

2. 沿吊顶标高线固定沿墙边龙骨

（1）遇水泥混凝土墙面，可用水泥钉将木龙骨固定在墙面上。

（2）若是砖墙和混凝土墙，先用冲击钻在墙面标高线以上 10mm 处打孔（孔的直径应大于 12mm，在孔内下木楔，木楔的直径要稍大于孔径），木楔下入孔内要达到牢固配合。木楔下完后，木楔和墙面应保持在同一平面，木楔间距为 0.5～0.8mm。然后将边龙骨用钉固定墙上。边龙骨断面尺寸应与吊顶木龙骨断面尺寸相同，边龙骨固定后其底边与吊顶标高线应齐平。

3. 刷防火涂料

木吊顶龙骨筛选后要刷 3 遍防火涂料，待晾干后备用。

4. 在地面拼接木搁栅（木龙骨架）

（1）先把吊顶面上需分片或可以分片的尺寸位置定出，根据分片的尺寸进行拼接前安排。

（2）拼接接法将截面尺寸为 25mm×30mm 的木龙骨，在长木方向上按中心线距 300mm 的尺寸开出深 15mm、宽 25mm 的凹槽。然后按凹槽对凹槽的方法拼接，在拼口处用小圆钉或胶水固定。通常是先拼接大片的木搁栅，再拼接小片的木搁栅，但木搁栅最大片不能大于 $10m^2$。

5. 分片吊装

平面吊顶的吊装先从一个墙角位置开始，将拼接好的木搁栅托起至吊顶标高位置。对于高度低于 3.2m 的吊顶木搁栅，可在木搁栅举起后用高度定位杆支撑，使搁栅的高度略高于吊顶标高线，高度大于 3m 时，则用铁丝在吊点上做临时固定。

6. 与吊点固定

与吊点固定有三种方法。

(1) 用木方固定。先用木方按吊点位置固定在楼板或屋面板的下面，然后，再用吊筋木方与固定在建筑顶面的木方钉牢。吊筋长短应大于吊点与木搁栅表面之间的距离 100mm 左右，便于调整高度。吊筋应在木龙骨的两侧固定后再截去多余部分。吊筋与木龙骨钉接处每处不许少于两只铁钉。如木龙骨搭接间距较小，或钉接处有劈裂腐朽虫眼等缺陷，应换掉或立刻在木龙骨的吊挂处钉挂上 200mm 长的加固短木方。

(2) 用角铁固定。在需要上人和一些重要的位置，常用角铁做吊筋与木搁栅固定连接。其方法是在角铁的端头钻 2～3 个孔做调整。角铁在木搁栅的角位上，用两只木螺钉固定。

(3) 用扁铁固定。将扁铁的长短先测量截好，在吊点固定端钻出两个调整孔，以便调整木搁栅的高度。扁铁与吊点件用 M6 螺栓连接，扁铁与木龙骨用两只木螺钉固定。扁铁端头不得长出木搁栅下平面。

7. 分片间的连接

分片间的连接有两种情况：两分片木搁栅在同一平面对接，先将木搁栅的各端头对正，然后用短木方进行加固；对分片木搁栅不在同一平面，平面吊顶处于高低面连接，先用一条木方斜位地将上下两平面木搁栅定位，再将上下平面的木搁栅用垂直的木方条固定连接。

8. 预留孔洞

预留灯光盘、空调风口、检修孔位置。

9. 整体调整

各个分片木搁栅连接加固完后，在整个吊顶面下用尼龙线或棒线拉出十字交叉标高线，检查吊顶平面的平整度，吊顶应起拱，一般可按 7～10m 跨度为 3/1000 的起拱量，10～15m 跨度为 5/1000 的起拱量。

10. 安装胶合板

(1) 按设计要求将挑选好的胶合板正面向上，按照木搁栅分格的中心线尺寸，在胶合板正面上画线。

(2) 板面倒角。在胶合板的正面四周按宽度为 2～3mm 刨出 45°倒角。

(3) 钉胶合板。将胶合板正面朝下，托起到预定位置，使胶合板上的画线与木搁栅中心线对齐，用铁钉固定。钉距为 80～150mm，钉长为 25～35mm，钉帽应砸扁钉入板内，钉帽进入板面 0.5～1mm，钉眼用油性腻子抹平。

(4) 固定纤维板。钉距为 80～120mm，钉长为 20～30mm，钉帽进入板面 0.5mm。钉眼用油性腻子抹平。硬质纤维板用前应先用水浸透，自然阴干后安装。

(5) 胶合板、纤维板、木丝板要钉木压条，先按图纸要求的间距尺寸在板面上弹线。以墨线为准，将压条用钉子左右交错钉牢，钉距不应大于 200mm，钉帽应砸扁顺着木纹打入木压条表面 0.5～1mm，钉眼用油性腻子抹平。木压条的接头处，用小齿锯制角，使其严密平整。

11. 后期处理

按设计要求进行刷油、裱糊、喷涂，最后安装 PVC 塑料板。

8.4.1.2 轻钢骨架罩面板顶棚施工

轻钢骨架罩面板顶棚施工工艺流程为弹顶棚标高水平线→画龙骨分档线→安装主龙骨吊杆→安装主龙骨→安装次龙骨→安装罩面板→刷防锈漆→安装压条。施工工艺如下。

1. 弹顶棚标高水平线

根据楼层标高水平线，用尺竖向量至顶棚设计标高，沿墙往四周弹顶棚标高水平线。

2. 画龙骨分档线

按设计要求的主、次龙骨间距布置，在已弹好的顶棚标高水平线上划龙骨分档线。

3. 安装主龙骨吊杆

弹好顶棚标高水平线及龙骨分档位置线后，确定吊杆下端头的标高，按主龙骨位置及吊挂间距，将吊杆无螺栓丝扣的一端与楼板预埋钢筋连接固定。未预埋钢筋时可用膨胀螺栓。

4. 安装主龙骨

(1) 配装吊杆螺母。

(2) 在主龙骨上安装吊挂件。

(3) 安装主龙骨。将组装好吊挂件的主龙骨，按分档线位置使吊挂件穿入相应的吊杆螺栓，拧好螺母。

(4) 主龙骨相接处装好连接件，拉线调整标高、起拱和平直。

(5) 安装洞口附加主龙骨，按图集相应节点构造，设置连接卡固件。

(6) 钉固边龙骨，采用射钉固定。设计无要求时，射钉间距为1000mm。

5. 安装次龙骨

(1) 按已弹好的次龙骨分档线，卡放次龙骨吊挂件。

(2) 吊挂次龙骨。按设计规定的次龙骨间距，将次龙骨通过吊挂件吊挂在大龙骨上，设计无要求时，一般间距为500～600mm。

(3) 当次龙骨长度需多根延续接长时，用次龙骨连接件，在吊挂次龙骨的同时相接，调直固定。

(4) 当采用T形龙骨组成轻钢骨架时，次龙骨的卡档龙骨应在安装罩面板时，每装一块罩面板先后各装一根卡档次龙骨。

6. 安装罩面板

在安装罩面板前必须对顶棚内的各种管线进行检查验收，并经打压试验合格后，才允许安装罩面板。顶棚罩面板的品种繁多，一般在设计文件中应明确选用的种类、规格和固定方式。罩面板与轻钢骨架固定的方式分为罩面板自攻螺钉钉固法、罩面板胶黏结固法、罩面板托卡固定法三种。

(1) 罩面板自攻螺钉钉固法。在已装好并经验收的轻钢骨架下面，按罩面板的规格、拉缝间隙进行分块弹线，从顶棚中间顺通长次龙骨方向先装一行罩面板，作为基准，然后向两侧伸延分行安装，固定罩面板的自攻螺钉间距为150～170mm。

(2) 罩面板胶黏结固法。按设计要求和罩面板的品种、材质选用胶黏结材料，一般可用401胶黏结，罩面板应经选配修整，使厚度、尺寸、边楞一致、整齐。每块罩面板黏结时应预装，然后在预装部位龙骨框底面刷胶，同时在罩面板四周边宽10～15mm的范围刷胶，经5min后，将罩面板压粘在预装部位；每间顶棚先由中间行开始，然后向两侧分行黏结。

(3) 罩面板托卡固定法。当轻钢龙骨为T形时，多为托卡固定法安装。T形轻钢骨架通长次龙骨安装完毕，经检查标高、间距、平直度和吊挂荷载符合设计要求，垂直于通长次龙骨弹分块及卡档龙骨线。罩面板安装由顶棚的中间行次龙骨的一端开始，先装一根边卡档次龙骨，再将罩面板槽托入 T 形次龙骨翼缘或将无槽的罩面板装在 T 形翼缘上，然后安装另一侧长档次龙骨。按上述程序分行安装，最后分行拉线调整 T 形明龙骨。

7. 安装压条

罩面板顶棚如设计要求有压条，待一间顶棚罩面板安装后，经调整位置，使拉缝均匀，对缝平整，按压条位置弹线，然后接线进行压条安装。其固定方法宜用自攻螺钉，螺钉间距为 300mm；也可用胶黏结材料粘贴。

8. 刷防锈漆

轻钢骨架罩面板顶棚，碳钢或焊接处未做防腐处理的表面（如预埋件、吊挂件、连接件、钉固附件等），在各工序安装前应刷防锈漆。

8.4.2　轻质隔墙工程

8.4.2.1　钢丝网架夹芯板隔墙

钢丝网架夹芯墙板是以三维构架式钢丝网为骨架，以膨胀珍珠岩、阻燃型聚苯乙烯泡沫塑料、矿棉、玻璃棉等轻质材料为芯材，由工厂制成面密度为 4～20kg/m^2 的钢丝网架夹芯板，然后在其两面喷抹 20mm 厚水泥砂浆面层的新型轻质墙板。

钢丝网架夹芯墙板施工工艺流程为：清理→弹线→墙板安装→墙板加固→管线敷设→墙面粉刷。施工工艺如下。

1. 弹线

在楼地面、墙体及顶棚面上弹出墙板双面边线，边线间距为 80mm（板厚），用线坠吊垂直，以保证对应的上下线在一个垂直平面内。

2. 墙板安装

钢丝网架夹芯板墙体施工时，按排列图将板块就位，一般是按由下至上、从一端向另一端顺序安装。

（1）将结构施工时预埋的两根直径为 6mm，间距为 400mm 的锚筋与钢丝网架焊接或用钢丝绑扎牢固。也可通过直径为 8mm 的胀铆螺栓加 U 形码（或压片），或打孔植筋，把板材固定在结构梁、板、墙、柱上。

（2）板块就位前，可先在墙板底部安装位置满铺 1∶2.5 水泥砂浆垫层，砂浆垫层厚度不小于 35mm，使板材底部填满砂浆。有防渗漏要求的房间，应做高度不低于 100mm 的细石混凝土墙垫，待其达到一定强度后，再进行钢丝网架夹芯板的安装。

（3）墙板拼缝、墙体阴阳角、门窗洞口等部位，均应按设计构造要求采用配套的钢网片覆盖或槽形网加强，用箍码固定或用钢丝绑牢。钢丝网架边缘与钢网片相交点用钢丝绑扎紧固，其余部分相交点可相隔交错扎牢，不得有变形、脱焊现象。

（4）板材拼接时，接头处芯材若有空隙，应用同类芯材补充、填实、找平。门窗洞口应按设计要求进行加强，一般洞口周边设置的槽形网（300mm）和洞口四角设置的 45°加强钢网片（可用长度不小于 500mm 的“之”字条）应与钢网架用金属丝捆扎牢固。如设置洞边加筋，应与钢丝网架用金属丝绑扎定位；如设置通天柱，应与结构梁、板的预留锚筋或预埋件焊接固定。门窗框安装应与洞口处的预埋件连接固定。

（5）墙板安装完成后，检查板块间以及墙板与建筑结构之间的连接，确定是否符合设计规定的构造要求及墙体稳定性的要求，并检查暗设管线、设备等隐蔽部分施工质量以及墙板表面平整度是否符合要求，同时对墙板安装质量进行全面检查。

3. 暗管、暗线与暗盒安装

安装暗管、暗线与暗盒等应与墙板安装相配合，在抹灰前进行。按设计位置将板材的钢丝剪开，剔除管线通过位置的芯材，把管、线或设备等埋入墙体内，上、下用钢筋码凳与钢丝网架固定，周边填实。埋设处表面另加钢网片覆盖补强，钢网片与钢丝网架用点焊连接或用金属丝绑扎牢固。

4. 水泥砂浆面层施工

钢丝网架夹芯板墙体安装完毕并通过质量检查，即可进行墙面抹灰。

（1）将钢丝网架夹芯板墙体四周与建筑结构连接处（25～30mm 宽缝）的缝隙用 1∶3 水泥砂浆填实。清理好钢丝网架与芯材结构的整体稳定效果，墙面做灰饼、设标筋；重要的阳角部位应按国家标准规定及设计要求做护角。

（2）水泥砂浆抹灰层施工可分三遍完成，底层厚 12～15mm，中层厚 8～10mm，罩面层厚 2～5mm。水泥砂浆抹灰层的平均总厚度不小于 25mm。

（3）可采用机械喷涂抹灰。人工抹灰时，以自下而上为宜。底层抹灰后，应用木抹子反复揉搓，使砂浆密实并与墙体的钢丝网及芯材紧密黏结，且使抹灰表面保持粗糙。待底层砂浆终凝后，适当洒水润湿，即抹中层砂浆，表面用刮板找平、挫毛。两层抹灰均应采用同一配合比的砂浆。水泥砂浆抹灰层的罩面层，应按设计要求的装饰材料抹面。当罩面层需掺入其他防裂材料时，应经试验合格后方可使用。在钢丝网架夹芯墙板的一面喷灰时，注意防止芯材位置偏移。尚应注意，每一水泥砂浆抹灰层的砂浆终凝后，均应洒水养护；墙体两面抹灰的时间间隔，不得小于 24h。

8.4.2.2 木龙骨隔墙工程

采用木龙骨做墙体骨架、以 4～25mm 厚的建筑平板做罩面板组装而成的室内非承重轻质墙体，称为木龙骨隔墙。

1. 木龙骨隔墙的种类

木龙骨隔墙分为全封隔墙、有门窗隔墙和隔断三种，其结构形式不尽相同。大木方构架结构的木隔墙，通常用 50mm×80mm 或 50mm×100mm 的大木方做主框架，框体规格为@500 的方框架或 500mm×800mm 的长方框架，再用 4～5mm 厚的木夹板做基面板。该结构多用于墙面较高较宽的隔墙。为了使木隔墙有一定的厚度，常用 25mm×30mm 带凹槽木方做成双层骨架的框体，每片规格为@300 或@400，间隔为 150mm，用木方横杆连接。单层小木方构架常用 25mm×30mm 的带凹槽木方组装，框体@300，多用于 3m 以下隔墙或隔断。

2. 施工工艺

木龙骨隔墙工程施工工艺流程为：弹线→钻孔→安装木骨架→安装饰面板→饰面处理。

（1）弹线、钻孔。

在需要固定木隔墙的地面和建筑墙面上弹出隔墙的边缘线和中心线，画出固定点的位置，间距 300～400mm，打孔深度在 45mm 左右，用膨胀螺栓固定。如用木楔固定，则孔深应不小于 50mm。

（2）木骨架安装。

1）木骨架的固定通常是在沿墙、沿地和沿顶面处。对隔断来说，主要是靠地面和端头的建筑墙面固定。如端头无法固定，常用铁件来加固端头，加固部位主要是在地面与竖木方之间。对于木隔墙的门框竖向木方，均应用铁件加固，否则会使木隔墙颤动、门框松动以及木隔墙松动。

2）如果隔墙的顶端不是建筑结构，而是吊顶，处理方法区分不同情况而定。对于无门隔墙，只需相接缝隙小，平直即可；对于有门的隔墙，考虑到振动和碰动，所以顶端必须加固，即隔墙的竖向龙骨应穿过吊顶面，再与建筑物的顶面进行固定。

3）木隔墙中的门框是以门洞两侧的竖向木方为基体，配以挡位框、饰边板或饰边线条组合而成；大木方骨架隔墙门洞竖向木方较大，其挡位框可直接固定在竖向木方上；小木方双层构架的隔墙，因其木方小，应先在门洞内侧钉上厚夹板或实木板之后，再固定挡位框。

4）木隔墙中的窗框是在制作时预留的，然后用木夹板和木线条进行压边定位；隔断墙的窗也分固定窗和活动窗，固定窗是用木压条把玻璃板固定在窗框中，活动窗与普通活动窗一样。

（3）饰面板安装。

墙面木夹板的安装方式主要有明缝和拼缝两种。明缝固定是在两板之间留一条有一定宽度的缝，图样无规定时，缝宽以 8～10mm 为宜；明缝如不加垫板，则应将木龙骨面刨光，明缝的上下宽度应一致，锯割木夹板时，应用靠尺来保证锯口的平直度与尺寸的准确性，并用零号砂纸修边。拼缝固定时，要对木夹板正面四边进行倒角处理（45°×3mm），以使板缝平整。

8.4.2.3　轻钢龙骨隔墙工程

采用轻钢龙骨作墙体骨架，以 4～25mm 厚的建筑平板作罩面板组装而成的室内非承重轻质墙体，称为轻钢龙骨隔墙。

1. 材料要求

隔墙所用的轻钢龙骨主件及配件、紧固件（包括射钉、膨胀螺钉、镀锌自攻螺钉、嵌缝料等）均应符合设计要求；轻钢龙骨还应满足防火及耐久性要求。

2. 施工工艺

轻钢龙骨隔墙施工工艺流程为基层清理→定位放线→安装沿顶龙骨和沿地龙骨→安装竖向龙骨→安装横向龙骨→安装通贯龙骨（采用通贯龙骨系列时）、横撑龙骨、水电管线→安装门窗洞口部位的横撑龙骨→各洞口的龙骨加强及附加龙骨安装→检查骨架安装质量，并调整校正→安装墙体一侧罩面板→板面钻孔安装管线固定件→安装填充材料→安装另一侧罩面板→接缝处理→墙面装饰。

（1）施工前应先完成基本的验收工作，石膏罩面板安装应在屋面、顶棚和墙抹灰完成后进行。

（2）弹线定位。墙体骨架安装前，按设计图样检查现场，进行实测实量，并对基层表面予以清理。在基层上按龙骨的宽度弹线，弹线应清晰，位置应准确。

（3）安装沿地、沿顶龙骨及边端竖龙骨。沿地、沿顶龙骨及边端竖龙骨可根据设计要求及具体情况采用射钉、膨胀螺钉或按所设置的预埋件进行连接固定。沿地、沿顶龙骨固定射钉或胀铆螺钉固定点间距，一般为 600～800mm。边框竖龙骨与建筑基体表面之间，应按设计规定设置隔声垫或满嵌弹性密封胶。

(4) 安装竖龙骨。竖龙骨的长度应比沿地、沿顶龙骨内侧的距离尺寸短15mm。竖龙骨准确垂直就位后，即用抽芯铆钉将其两端分别与沿地、沿顶龙骨固定。

(5) 安装横向龙骨。当采用有配件龙骨体系时，其通贯龙骨在水平方向穿过各条竖龙骨上的贯通孔，由支撑卡在两者相交的开口处连接稳。对于无配件龙骨体系，可将横向龙骨（可由竖龙骨截取或采用加强龙骨等配套横撑型材）端头剪开折弯，用抽芯铆钉与竖龙骨连接固定。

(6) 墙体龙骨骨架的验收。龙骨安装完毕，有水电设施的工程，尚需由专业人员按水电设计进行暗管、暗线及配件等安装进行检查验收。墙体中的预埋管线和附墙设备按设计要求采取加强措施。在罩面板安装之前，应检查龙骨骨架的表面平整度、立面垂直度及稳定性。

8.4.2.4 平板玻璃隔墙工程

平板玻璃隔墙龙骨常用的有金属龙骨平板玻璃隔墙和木龙骨平板玻璃隔墙。常用的金属龙骨为铝合金龙骨。下面主要介绍铝合金龙骨的平板玻璃隔墙安装方法。隔墙的构造做法及施工安装基本上同于玻璃门窗工程。施工工艺流程为：弹线→铝合金下料→安装框架→安装玻璃。

1. 弹线

主要弹出地面、墙面位置线及高度线。

2. 铝合金下料

首先是精确画线，精度要求为±0.5mm，画线时注意不要碰坏型材表面。下料要使用专门的铝材切割机，要求尺寸准确、切口平滑。

3. 金属框架安装

半高铝合金玻璃隔断通常是先在地面组装好框架后，再竖立起来固定，通高的铝合金玻璃隔墙通常是先固定竖向型材，再安装框架横向型材。铝合金型材相互连接主要是用铝角和自攻螺钉。铝合金型材与地面、墙面的连接则主要是用铁脚固定法。

型材的安装连接主要是竖向型材与横向型材的垂直结合，目前所采用的方法主要是铝角件连接法。铝角件连接的作用有两个方面：一方面是连接，另一方面是起定位作用，防止型材安装后转动。对连接件的基本要求是有一定的强度和尺寸准确，所用的铝角通常是厚铝角，其厚度为3mm左右。铝角件与型材的固定，通常用自攻螺钉，通常为半圆头M4×20或M5×20。

需要注意的是，为了美观，自攻螺钉的安装位置应在较隐蔽处。通常的处理方法，如对接处在1.5m以下，自攻螺钉头安装在型材的下方；如对接处在1.8m以上，自攻螺钉安装在型材的上方。在固定铝角件时就应注意其弯角的方向。

4. 玻璃安装

建议使用安全玻璃，如钢化玻璃的厚度不小于5mm，夹层玻璃的厚度不小于6.38mm，对于无框玻璃隔墙应使用厚度不小于10mm的钢化玻璃，以保证使用的安全性。

玻璃安装应符合门窗工程的有关规定。铝合金隔墙的玻璃安装方式有两种：一种是安装于活动窗扇上，另一种是直接安装于型材上。前者需在制作铝合金活动窗时同时安装。其安装方法见门窗工程单元。在型材框架上安装玻璃，应先按框洞的尺寸缩3～5mm裁玻璃，以防止玻璃的不规整和框洞尺寸的误差，而造成装不上玻璃的问题。玻璃在型材框架上的固定，应用与型材同色的铝合金槽条，在玻璃两侧夹定，槽条可用自攻螺钉与型材固定，并在铝槽与玻璃间加玻璃胶密封。

平板玻璃隔墙的玻璃边缘不得与硬性材料直接接触，玻璃边缘与槽底隙不应小于 5mm。玻璃嵌入墙体、地面和顶面的槽口深度应符合相关规定，当玻璃厚 5～6mm 时，为 8mm；当玻璃厚 8～12mm 时，为 10mm。玻璃与槽口的前后空隙亦应符合有关规定，当玻璃厚 5～6mm 时，为 2.5mm；当玻璃厚 8～1.2mm 时，为 3mm。这些缝隙用弹性密封胶或橡胶条填嵌。

玻璃底部与槽底空隙间，应用不少于两块的 PVC 垫块或硬橡胶垫块支撑，支撑块长度不小于 10mm。玻璃平面与两边槽口空隙应使用弹性定位块衬垫，定位块长度不小于 25mm。支撑块和定位块应设置在距槽角不小于 300mm 或 1/4 边长的位置。

对于纯粹为采光而设置的平板落地玻璃分隔墙，应在距地面 1.5～1.7m 处的玻璃表面用装饰图案设置防撞标志。

课题 8.5 门 窗 施 工

常见的门窗类型有木门窗、铝合金门窗、塑料门窗、彩板门窗和特种门窗。门窗工程的施工可分为两类：一类是由工厂预先加工拼装成型，在现场安装；另一类是在现场根据设计要求加工制作即时安装。

8.5.1 木门窗安装

木门窗安装工艺流程为：弹线找规矩→决定门窗框安装位置→决定安装标高→掩扇、门框安装样板→窗框、扇、安装→门框安装→门扇安装。施工工艺如下：

(1) 结构工程经过监督站验收达到合格后，即可进行门窗安装施工。首先，应从顶层用大线坠吊垂直，检查窗口位置的准确度，并在墙上弹出安装位置线，对不符线的结构边棱进行处理。

(2) 根据室内 50cm 的平线检查窗框安装的标高尺寸，对不符线的结构边棱进行处理。

(3) 室内外门框应根据图纸位置和标高安装，为保证安装的牢固，应提前检查预埋木砖数量是否满足：1.2m 高的门口，每边预埋两块木砖，高 1.2～2m 的门口，每边预埋木砖 3 块；高 2～3m 的门口，每边预埋木砖 4 块。每块木砖上应钉两根长 10cm 的钉子，将钉帽砸扁，顺木纹钉入木门框内。

(4) 木门框安装应在地面工程和墙面抹灰施工以前完成。

(5) 采用预埋带木砖的混凝土块与门窗框进行连接的轻质隔断墙，其混凝土块预埋的数量，亦应根据门口高度设 2 块、3 块、4 块，用钉子使其与门框钉牢。采用其他连接方法的，应符合设计要求。

(6) 做样板。把窗扇根据图样要求安装到窗框上，此道工序称为掩扇。对掩扇的质量，按验评标准检查缝隙大小，五金安装位置、尺寸、型号以及牢固性，符合标准要求后作为样板。并以此作为验收标准和依据。

(7) 弹线安装门窗框扇。应考虑抹灰层厚度，并根据门窗尺寸、标高、位置及开启方向，在墙上画出安装位置线。有贴脸的门窗立框时，应与抹灰面齐平；有预制水磨石窗台板的窗，应注意窗台板的出墙尺寸，以确定立框位置；中立的外窗，如外墙为清水砖墙勾缝，可稍移动，以盖上砖墙立缝为宜。窗框的安装标高，以墙上弹 50cm 平线为准，用木楔将框临时固定于窗洞内，为保证相隔窗框的平直，应在窗框下边拉小线找直，并用铁水平将平线引入洞内作为立框时的标准，再用线坠校正吊直。黄花松窗框安装前，应先对准木砖位置钻眼，便于钉钉。

(8) 若隔墙为加气混凝土条板时，应按要求的木砖间距钻 ϕ30mm 的孔，孔深 7～10cm，并在孔内预埋木橛粘 108 胶水泥浆打入孔中（木橛直径应略大于孔径 5mm，以便其打入牢固），待其凝固后，再安装门窗框。

(9) 木门扇的安装。

1) 先确定门的开启方向及小五金型号、安装位置，对开门扇扇口的裁口位置及开启方向（一般右扇为盖口扇）。

2) 检查门口尺寸是否正确，边角是否方正，有无窜角，检查门口高度应量门的两个立边，检查门口宽度应量门口的上、中、下 3 点，并在扇的相应部位定点画线。

3) 将门扇靠在柜上画出相应的尺寸线，如果扇大，则应根据框的尺寸将大出的部分刨去，若扇小应绑木条，且木条应绑在装合页的一面，用胶粘后并用钉子打牢，钉帽要砸扁，顺木纹送入框内 1～2mm。

4) 第一次修刨后的门扇应以能塞入口内为宜，塞好后用木楔顶住临时固定，按门扇与口边缝宽尺寸合适，画第二次修刨线，标出合页槽的位置（距门扇的上下端各 1/10，且避开上、下冒头）。同时应注意口与扇安装的平整。

5) 门扇第二次修刨，缝隙尺寸合适后，即安装合页。应先用线勒子勒出合页的宽度，根据上、下冒头 1/10 的要求，定出合页安装边线，分别从上、下边线往里量出合页长度，剔合页槽，以槽的深度来调整门扇安装后与框的平整，刨合页槽时应留线，不应剔得过大、过深。

6) 合页槽剔好后，即安装上、下合页，安装时应先拧一个螺丝，然后关上门检查缝隙是否合适，口与扇是否平整，无问题后方可将螺钉全部拧上拧紧。木螺钉应钉入全长 1/3，拧入 2/3，如木门为黄花松或其他硬木，安装前应先打眼，眼的孔径为木螺钉直径的 0.9 倍，眼深为螺钉长的 2/3，打眼后再拧螺钉，以防安装劈裂或将螺钉拧断。

7) 安装对开扇时，应将门扇的宽度用尺量好，再确定中间对口缝的裁口深度。如采用企口榫，对口缝的裁口深度及裁口方向应满足装锁的要求，然后将四周刨到准确尺寸。

8) 五金安装应符合设计图纸的要求，不得遗漏，一般门锁、碰珠、拉手等距地高度为 95～100cm，插销应在拉手下面，对开门装暗插销时，安装工艺同自由门。

9) 安装玻璃门时，一般玻璃裁口在走廊内，厨房、厕所玻璃裁口在室内。

10) 门扇开启后易碰墙，为固定门扇位置，应安装门碰头，对有特殊要求的关闭门，应安装门扇开启器，其安装方法参照产品安装说明书的要求。

8.5.2 硬 PVC 塑料门窗安装

硬 PVC 塑料门窗安装工艺流程为：弹线找规矩→门窗洞口处理→安装连接件的检查→塑料门窗外观检查→按图示要求运到安装地点→塑料门窗安装→门窗四周嵌缝→安装五金配件→清理。施工工艺如下：

(1) 本工艺应采用后塞口施工，不得先立口后搞结构施工。

(2) 检查门窗洞口尺寸是否比门窗框尺寸大 3cm，否则应先行剔凿处理。

(3) 按图纸尺寸放好门窗框安装位置线及立口的标高控制线。

（4）安装门窗框上的铁脚。

（5）安装门窗框，并按线就位找好垂直度及标高，用木楔临时固定，检查正侧面垂直及对角线，合格后，用膨胀螺栓将铁脚与结构牢固固定好。

（6）嵌缝。门窗框与墙体的缝隙应按设计要求的材料嵌缝，当设计无要求时用沥青麻丝或泡沫塑料填实。表面用厚度为 5～8mm 的密封胶封闭。

（7）门窗附件安装。安装时应先用电钻钻孔，再用自攻螺钉拧入，严禁用铁锤或硬物敲打，防止损坏框料。

（8）安装后注意成品保护，防污染，防电焊火花烧伤，损坏面层。

8.5.3 铝合金门窗安装

1. 准备工作及安装质量要求

检查铝合金门窗成品及构配件各部位，如发现变形，应予以校正和修理；同时还要检查洞口标高线及几何形状，预埋件位置、间距是否符合规定，埋设是否牢固。不符合要求的，应纠正后才能进行安装。安装质量要求是位置准确，横平、竖直，高低一致，牢固严密。

2. 安装方法

先安装门窗框，后安装门窗扇，用后塞口法。

3. 施工要点

（1）将门窗框安放到洞口中正确位置，用木楔临时定位。

（2）拉通线进行调整，使上、下、左、右的门窗分别在同一竖直线、水平线上。

（3）框边四周间隙与框表面距墙体外表面尺寸一致。

（4）仔细校正其正、侧面垂直度、水平度及位置合格后，楔紧木楔。

（5）再校正一次后，按设计规定的门窗框与墙体或预埋件连接固定方式进行焊接固定。常用的固定方法有预留洞燕尾铁脚连接、射钉连接、预埋木砖连接、膨胀螺钉连接、预埋铁件焊接连接等，如图 8.9 所示。

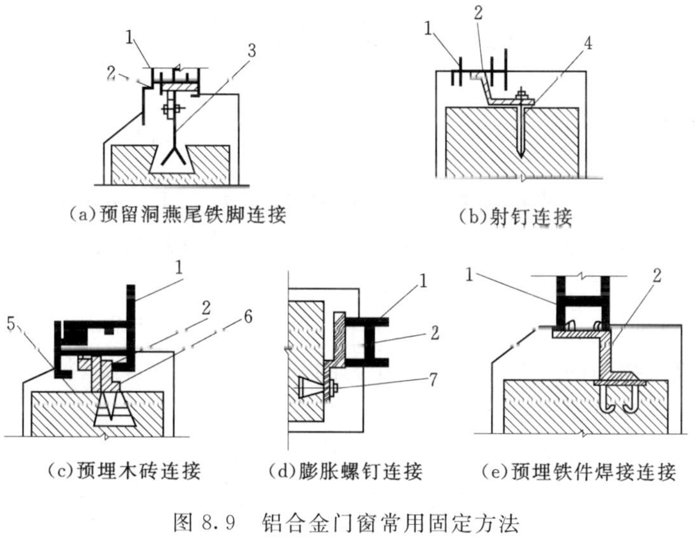

(a)预留洞燕尾铁脚连接　(b)射钉连接

(c)预埋木砖连接　(d)膨胀螺钉连接　(e)预埋铁件焊接连接

图 8.9 铝合金门窗常用固定方法

1—门窗框；2—连接铁件；3—燕尾铁脚；4—射（钢）钉；5—木砖；6—木螺钉；7—膨胀螺钉

（6）窗框安装质量检查合格后，用 1∶2 的水泥砂浆或细石混凝土嵌填洞口与门窗框间的缝隙，使门窗框牢固地固定在洞内。

1）嵌填前应先把缝隙中的残留物清除干净，然后浇湿。

2）拉直检查外形平直度的直线。

3）嵌填操作应轻而细致，不破坏原安装位置，应边嵌填边检查门窗框是否变形移位。

4）嵌填时应注意不可污染门窗框和不嵌填部位，嵌填必须密实饱满不得有间隙，也不得松动或移动木楔，并洒水养护。

5）在水泥砂浆未凝固前，绝对禁止在门窗框上工作，或在其上搁置任何物品，待嵌填的水泥砂浆凝固后，才可取下木楔，并用水泥砂浆抹严框周围缝隙。

（7）窗扇的安装。

1）质量要求：位置正确、平直，缝隙均匀、严密牢固、启闭灵活、启闭力合格、五金零配件安装位置准确，能起到各自的作用。

2）施工操作要点：对推拉式门窗扇，先装室内侧门窗扇，后装室外侧的门窗扇；对固定扇应装在室外侧，并固定牢固，不会脱落，确保使用安全；平开式门窗扇应装于门窗框内，要求门窗扇关闭后四周压合严密，搭接量一致，相邻两门窗扇在同一平面内。

（8）门窗框与墙体连接固定时应满足以下规定：

1）窗框与墙体连接必须牢固，不得有任何松动现象。

2）焊接铁件应对称地排列在门窗框两侧，相邻铁件宜内外错开，连接铁件不得露出装饰层。

3）连接铁件时，应用橡胶或石棉布或石棉板遮盖门窗框，不得烧损门窗框，焊接完毕后应清除焊渣，焊接应牢固，焊缝不得有裂纹和漏焊现象，严禁在铝框上拴接地线或打火（引弧）。

4）固接件离墙体边缘应不小于50mm，且不能装在缝隙中。

5）窗框与墙体连接用的预埋件连接铁件、紧固件规格和要求，必须符合设计的规定。

课题8.6 涂饰施工

8.6.1 饰料的组成和分类

1. 涂料的组成

（1）主要成膜物质。主要成膜物质也称胶粘剂或固着剂，是决定涂料性质的最主要成分，它的作用是将其他组分黏结成一整体，并附着在被涂基层的表层形成坚韧的保护膜。它具有单独成膜的能力，也可以黏结其他组分共同成膜。

（2）次要成膜物质。次要成膜物质也是构成涂膜的组成部分，但它自身没有成膜的能力，要依靠主要成膜物质的黏结才可成为涂膜的一个组成部分。颜料就是次要成膜物质，其对涂膜的性能及颜色有重要作用。

（3）辅助成膜物质。辅助成膜物质不能构成涂膜或不是构成涂膜的主体，但对涂料的成膜过程有很大影响，或对涂膜的性能起一定辅助作用，它主要包括溶剂和助剂两大类。

2. 涂料的分类

建筑涂料的产品种类繁多，一般按下列几种方法进行分类：

（1）按使用的部位不同，可分为外墙涂料、内墙涂料、顶棚涂料、地面涂料、门窗涂料、屋面涂料等。

（2）按涂料的特殊功能不同，可分为防火涂料、防水涂料、防虫涂料、防霉涂料等。

（3）按涂料成膜物质的组成不同，可分为以下几种：

1）油性涂料，系指传统的以干性油为基础的涂料，即以前所称的油漆。

2）有机高分子涂料，包括聚醋酸乙烯系、丙烯酸树脂系、环氧系、聚氨酯系、过氯乙烯系等，其中以丙烯酸树脂系建筑涂料性能优越。

3）无机高分子涂料，包括有硅溶胶类、硅酸盐类等。

4）有机无机复合涂料，包括聚乙烯醇水玻璃涂料、聚合物改性水泥涂料等。

（4）按涂料分散介质（稀释剂）的不同可分为以下几种：

1）溶剂型涂料，它是以有机高分子合成树脂为主要成膜物质，以有机溶剂为稀释剂，加入适量的颜料、填料及辅助材料，经研磨而成的涂料。

2）水乳型涂料，它是在一定工艺条件下在合成树脂中加入适量乳化剂形成的以极细小的微粒形式分散于水中的乳液，以乳液中的树脂为主要成膜物质，并加入适量颜料、填料及辅助材料经研磨而成的涂料。

3）水溶型涂料，以水溶性树脂为主要成膜物质，并加入适量颜料、填料及辅助材料经研磨而成的涂料。

（5）按涂料所形成涂膜的质感可分为以下几种：

1）薄涂料，又称薄质涂料。它的黏度低，刷涂后能形成较薄的涂膜，表面光滑、平整、细致，但对基层凹凸线型无任何改变作用。

2）厚涂料，又称厚质涂料。它的特点是黏度较高，具有触变性，上墙后不流淌，成膜后能形成有一定粗糙质感的较厚的涂层，涂层经拉毛或滚花后富有立体感。

3）复层涂料，原称喷塑涂料，又称浮雕型涂料、华丽喷砖，其由封底涂料、主层涂料与罩面涂料三种涂料组成。

8.6.2 建筑涂料的施工

各种建筑涂料的施工过程大同小异，大致上包括基层处理、刮腻子与磨平、涂料施涂三个阶段工作。

1. 基层处理

基层处理的工作内容包括基层清理和基层修补。

（1）混凝土及抹灰面的基层处理。为保证涂膜能与基层牢固黏结在一起，基层表面必须干燥、洁净、坚实，无酥松、脱皮、起壳、粉化等现象，基层表面的泥土、灰尘、污垢、粘附的砂浆等应清扫干净，酥松的表面应予铲除。为保证基层表面平整，缺棱掉角处应用1：3水泥砂浆（或聚合物水泥砂浆）修补，表面的麻面、缝隙及凹陷处应用腻子填补修平。混凝土或抹灰面基层应干燥，当涂刷溶剂型涂料时，含水率不得大于8%；当涂刷乳液型涂料时，含水率不得大于10%。

（2）木材与金属基层的处理及打底子。为保证涂抹与基层黏结牢固，木材表面的灰尘、污垢和金属表面的油渍、鳞皮、锈斑、焊渣、毛刺等必须清除干净。木料表面的裂缝等在清理和修整后应用石膏腻子填补密实、刮平收净，用砂纸磨光以使表面平整。木材基层缺陷处理好后表面上应作打底子处理，使基层表面具有均匀吸收涂料的性能，以保证面层的色泽均匀一致。金属表面应刷防锈漆，涂料施涂前被涂物件的表面必须干燥，以免水分蒸发造成涂膜起泡，一般木材含水率不得大于12%，金属表面不得有湿气。木基层含水率不得大于12%。

2. 刮腻子与磨平

涂膜对光线的反射比较均匀，因而在一般情况下不易觉察的基层表面细小的凹凸不平和砂眼，在涂刷涂料后由于光影作用都将显现出来，影响美观。所以基层必须刮腻子数遍予以找平，并在每遍所刮腻子干燥后用砂纸打磨，保证基层表面平整光滑。需要刮腻子的遍数，视涂饰工程的质量等级、基层表面的平整度和所用的涂料品种而定。

3. 涂料的施涂

涂料在施涂前及施涂过程中，必须充分搅拌均匀。用于同一表面的涂料，应注意保证颜色一致。涂料黏度应调整合适，使其在施涂时不流坠、不显刷纹，如需稀释应用该种涂料所规定的稀释剂稀释。涂料的施涂遍数应根据涂料工程的质量等级而定。施涂溶剂型涂料时，后一遍涂料必须在前一遍涂料干燥后进行；施涂乳液型和水溶性涂料时后一遍涂料必须在前一遍涂料表干后进行。每一遍涂料不宜施涂过厚，应施涂均匀，各层必须结合牢固。

涂料的施涂方法有刷涂、滚涂、喷涂、刮涂和弹涂等。

(1) 刷涂。它是用油漆刷、排笔等将涂料刷涂在物体表面上的一种施工方法。此法操作方便，适应性广，除极少数流平性较差或干燥太快的涂料不宜采用外，大部分薄涂料或云母片状厚质涂料均可采用。刷涂顺序是先左后右、先上后下、先过后面、先难后易。

(2) 滚涂（或称辊涂）。它是利用滚筒（或称辊筒、涂料辊）蘸取涂料并将其涂布到物体表面上的一种施工方法。滚筒表面有的是粘贴合成纤维长毛绒，也有的是粘贴橡胶（称之为橡胶压辊），当绒面压花滚筒或橡胶压花压辊表面为凸出的花纹图案时，即可在涂层上滚压出相应的花纹。

(3) 喷涂。它是利用压力或压缩空气将涂料涂布于物体表面的一种施工方法。涂料在高速喷射的空气流带动下，呈雾状小液滴喷到基层表面上形成涂层。喷涂的涂层较均匀，颜色也较均匀，施工效率高，适用于大面积施工。可使用各种涂料进行喷涂，尤其是外墙涂料用得较多。

喷涂的效果与质量由喷嘴的直径、喷枪距墙的距离、工作压力与喷枪移动的速度有关，是喷涂工艺的四要素。喷涂时空气压缩机的压力一般控制在0.4～0.7MPa，气泵的排气量不小于0.6m^3/h；喷嘴距喷涂面的距离，以喷涂后不流挂为准，一般为40～60cm。喷嘴应与被涂面垂直且作平行移动，运行中速度保持一致，如图8.10所示。纵横方向做S形移动。当喷涂两个平面相交的墙角时，应将喷嘴对准墙角线，如图8.11所示。

(4) 刮涂。它是利用刮板将涂料厚浆均匀地批刮于饰涂面上，形成厚度为1～2mm的厚涂层。常用于地面厚层涂料的施涂。

(5) 弹涂。它是利用弹涂器通过转动的弹棒将涂料以圆点形状弹到被涂面上的一种施工方法。若分数次弹涂，每次用不同颜色的涂料，被涂面由不同色点的涂料装饰，相互衬托，可使饰面增加装饰效果。

8.6.3 油漆涂料施工

油漆工程是一个专业性及技艺性较强的技术工程，从其主要材料如油漆、稀释剂、腻子、润粉、着色颜料及染料（水色、酒色和油色）、研磨抛光和上蜡材料的使用，到清除、嵌批、打磨、配料和涂饰等工序均十分复杂且要求严格。因此，建筑装饰的中、高级油漆工

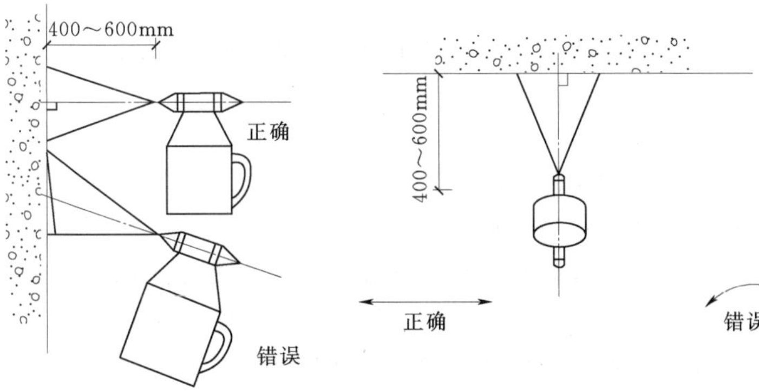

图 8.10　喷枪与喷涂面的相对位置

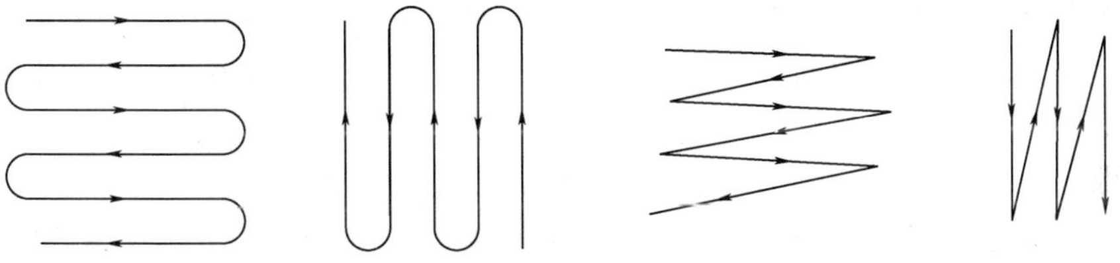

图 8.11　喷涂路线

程，必须严格执行油漆施工操作规程。根据《建筑装饰装修工程质量验收规范》（GB 50210—2001），其重点项目是混色油漆、清漆和美术油漆工程以及木地板烫蜡、擦软蜡，大理石、水磨石地面打蜡工程。

油漆工程的基层面主要是木质基层、抹灰基层。抹灰基层的处理参考内墙涂料基层处理。木基层主要有门窗、家具、木装修（木墙裙、隔断、顶棚）等。一般松木等软材类的木料表面，以采用混色涂料或清漆面的普通、中等涂料较多；硬材类的木材表面则多采用漆片、蜡克面的清漆，属于高级涂料。

8.6.3.1　施工工艺流程

油漆涂料施工工艺为：基层处理→润粉→着色→打磨→配料→涂刷面层。

8.6.3.2　施工操作要点

1　基层处理、润粉、着色

木质基层的木材本身除了木质素外，还含有油脂、单宁等。这些物质的存在，使涂层的附着力和外观质量受到影响。涂料对木制品表面的要求是平整光滑，少节疤，棱角整齐，木纹颜色一致等。因此，必须对木基层进行处理。

（1）基层处理。木基层的含水率不得大于 12%；木材表面应平整，无尘土、油污等妨碍涂饰施工质量的污染物，施工前应用砂纸磨平。钉眼应用腻子填平，打磨光滑；木制品表面的缝隙、毛刺、掀岔及脂囊应进行处理，然后用腻子刮平、打光。较大的脂囊和节疤应剔除后用木纹相同的木料修补；木料表面的树脂、单宁、色素等应清除干净。

（2）润粉。润粉是指在木质材料面的涂饰工艺中，采用填孔料以填平管孔并封闭基层和适当着色，同时可起到避免后续涂膜塌陷及节省涂料的作用。填孔料分为水性填孔料和油性填孔料两种。

(3) 着色。为了更好地突出木材表面的美丽花纹，常采用基层着色工艺，即在木质基面上涂刷着色剂，着色分为水色、酒色和油色三种不同的做法。

2. 打磨

打磨工序是使用研磨材料对被涂物面进行研磨平整的过程，对于油漆涂层的平整光滑、附着力及被涂物面的棱角、线脚、外观质量等方面均有重要影响。常用的砂纸和砂布代号是根据磨料的粒径而划分的，砂布代号数字越大则磨粒越粗；而砂纸则恰恰相反，代号越大则磨粒越细。

油漆涂饰的打磨操作，包括对基层的打磨、层间打磨以及面层的打磨；打磨的方式又分为干磨与湿磨。打磨必须是在基层或漆膜干实后进行；水性腻子或不宜浸水的基层不能采用湿磨，但含铅的油漆涂料必须湿磨；漆膜坚硬不平或软硬相差较大时，需选用锋利的磨料打磨。干磨是指使用木砂纸、铁砂布、浮石等的一般研磨操作；湿磨则是为了防止漆膜打磨时受热变软而使漆尘粘附于磨粒间影响打磨效率与质量，故将砂纸（或浮石）蘸水或润滑剂进行研磨。

3. 配料

根据设计、样板或操作所需，将油漆饰面施工所需的原材料按配比调制的工序称为配料，如色漆调配、腻子调配、木质基层、填孔料及着色剂的调配等。配料在油漆涂饰施工中是一项重要的基本技术，它直接影响到涂施、漆膜质量和耐久性。此外，根据油漆涂料的应用特点，油漆技工常需对油漆的黏度（稠度）、品种性能等作必要的调配，其中最基本的事项和做法包括施工稠度的控制、油性漆的调配（油性漆易沉淀，使用时须加入清油等）、硝基漆韧性的调配（掺加适量增韧剂等）、醇酸漆油度的调配（面漆与底漆的调兑等）、无光色漆的调配（普通油基漆掺加适度颜料使漆膜平坦、光泽柔和且遮盖力强）等。

4. 涂刷面层

(1) 涂刷涂料时，应做到横平竖直、纵横交错、均匀一致。在涂刷顺序上应先上后下，先内后外，先浅色后深色，按木纹方向理平理直。

(2) 涂刷混色涂料，一般不少于4遍；涂刷清漆时，一般不少于5遍。

(3) 当涂刷清漆时，在操作上应当注意色调均匀，拼色一致，表面不可显露刷纹。

课题8.7 裱糊施工

裱糊工程就是在墙面、顶棚表面用黏结材料把塑料壁纸、复合壁纸、墙布和绸缎等薄型柔性材料贴到上面，形成装饰效果的施工工艺。裱糊的基层可以是清水平整的混凝土面、抹灰面、石膏板面、纤维水泥加压板面等。但基层必须光滑、平整，可用批刮腻子、砂纸磨平等方法，无鼓包、凹坑、毛糙等现象。裱糊工序应待顶棚、墙面、门窗及建筑设备的油漆、刷浆工序完成后进行。裱糊前要将突出基层表面的设备或附件先卸下；如为木基层则钉帽应打进表面，并涂防锈漆和抹油性腻子刮平；表面为混凝土、抹灰面，含水率不得大于8%，木制品不得大于12%。裱糊的基层表面要求颜色一致，阴阳角先做成小圆弧角。对易透底的壁纸等材料，在基层表面先刷一遍乳胶漆，使颜色一致。冬期施工，应在具备采暖的条件下进行。

1. 材料要求

(1) 石膏、大白、滑石粉、聚醋酸乙烯乳液、羧甲基纤维素、108 胶或各种型号的壁纸、胶粘剂等。

(2) 壁纸：为保证裱糊质量，各种壁纸、墙布的质量应符合设计要求和相应的国家标准。

(3) 胶粘剂、嵌缝腻子、玻璃网格布等，应根据设计和基层的实际需要提前备齐。但胶粘剂应满足建筑物的防火要求，避免在高温下因胶粘剂失去黏结力使壁纸脱落而引起火灾。

2. 使用工具

(1) 裁剪用的工具：工作台 1m×2m，钢直尺、钢卷尺、裁刀或剪刀。

(2) 弹线工具：线锤、粉袋、铝质水平尺。

(3) 裱糊工具：脚手架（高的顶棚用）、人字梯、塑料刮板、橡皮刮板、排笔、大油刷、壁纸刀、小辊子、白毛巾、棉丝、塑料桶、海绵块、毛刷、羊毛辊刷、胶质辊筒、牛皮纸、电熨斗等。

3. 作业条件

(1) 混凝土和墙面抹灰已完成，且经过干燥，含水率不高于 8%；木材制品不得大于 12%。

(2) 水电及设备、顶墙上预留预埋件已安装完。

(3) 门窗油漆已完成。

(4) 有水磨石地面的房间，出光、打蜡已完，并将面层磨石保护好。

(5) 墙面清扫干净，如有凸凹不平、缺棱掉角或局部面层损坏，提前修补好并应干燥，预制混凝土表面提前刮石膏腻子找平。

(6) 事先将凸出墙面的设备部件等卸下收存好，待壁纸粘贴完后再将其部件重新装好复原。

(7) 如基层色差大，设计选用的又是易透底的薄型壁纸，粘贴前应先进行基层处理，使其颜色一致。

(8) 对湿度较大的房间和经常潮湿的墙体表面，如需做裱糊，应采用有防水性能的壁纸和胶粘剂等材料。

(9) 如房间较高应提前准备好脚手架；房间不高，应提前钉设木凳。

(10) 对施工人员进行技术交底时，应强调技术措施和质量要求。大面积施工前应先做样板间，经质检部门鉴定合格后，方可组织班组施工。

4. 施工工艺程序

裱糊的工艺程序以基层、裱糊材料不同而工序不同，一般裱糊施工工艺为：清扫基层→接缝处糊条→找补腻子、磨砂纸→满刮腻子、磨平→涂刷铅油一遍、涂刷底胶一遍→墙面画准线→壁纸浸水润湿→壁纸涂刷胶粘剂→基层涂刷胶粘剂→墙上纸裱糊→拼缝、搭接、对花→赶压胶粘剂、气泡→裁边→擦净挤出的胶液→清理修整。

5. 裱糊顶棚壁纸

(1) 基层处理。清理混凝土顶面，满刮腻子：首先将混凝土顶土的灰渣、浆点、污物等清刮干净，并用笤帚将粉尘扫净，满刮腻子一道。腻子的体积配合比为聚醋酸乙烯乳液：石膏或滑石粉：2%羧甲基纤维素溶液=1：5：3.5。腻子干后磨砂纸，满刮第二遍腻子，待腻子干后用砂纸磨平、磨光。

(2) 吊直、套方、找规矩、弹线。首先应将顶子的对称中心线通过吊直、套方、找规矩的办法弹出中心线，以便从中间向两边对称控制。墙顶交接处的处理原则：凡有挂镜线的按挂镜线，没有挂镜线的则按设计要求弹线。

(3) 计算用料、裁纸。根据设计要求决定壁纸的粘贴方向，然后计算用料、裁纸。应按所量尺寸每边留出2～3cm余量，如采用塑料壁纸，应在水槽内先浸泡2～3min后拿出，抖去余水，将纸面用净毛巾沾干。

(4) 刷胶、糊纸。在纸的背面和顶棚的粘贴部位刷胶，应注意按壁纸宽度刷胶，不宜过宽，铺贴时应从中间开始向两边铺粘。第一张一定要按已弹好的线找直粘牢，应注意纸的两边各甩出1～2cm不压死，以满足与第二张铺粘时的拼花压控对缝的要求。然后依上法铺粘第二张，两张纸搭接1～2cm，用钢板尺比齐，两人将尺按紧，一人用劈纸刀裁切，随即将搭槎处两张纸条撕去，用刮板带胶将缝隙压实刮牢。随后将顶子两端阴角处用钢板尺比齐、拉直，用刮板及辊子压实，最后用湿毛巾将接缝处辊压出的胶痕擦净，依次进行。

(5) 修整。壁纸粘贴完后，应检查是否有空鼓不实之处，接槎是否平顺，有无翘边现象，胶痕是否擦净，有无小包，表面是否平整，多余的胶是否清擦干净等，直至符合要求为止。

6. 裱糊墙面壁纸

(1) 基层处理。如为混凝土墙面可根据原基层质量的好坏，在清扫干净的墙面上满刮1～2道石膏腻子，干后用砂纸磨平、磨光；如为抹灰墙面，可满刮大白腻子1～2道找平、磨光，但不可磨破灰皮；石膏板墙用嵌缝腻子将缝堵实堵严，粘贴玻璃网格布或丝绸条、绢条等，然后局部刮腻子补平。

(2) 吊垂直、套方、找规矩、弹线。首先应将房间四角的阴阳角通过吊垂直、套方、找规矩，并确定从哪个阴角开始按照壁纸的尺寸进行分块弹线控制（习惯做法是进门左阴角处开始铺贴第一张）。有挂镜线的按挂镜线，没有挂镜线的按设计要求弹线控制。

(3) 计算用料、裁纸。按已量好的墙体高度约放大2～3cm，按此尺寸计算用料、裁纸，一般应在案子上裁割，将裁好的纸用湿毛巾擦后，折好待用。

(4) 刷胶、糊纸。应分别在纸上及墙上刷胶，其刷胶宽度应相吻合，墙上刷胶一次不应过宽。糊纸时从墙的阴角开始铺贴第一张，按已画好的垂直线吊直，并从上往下用手铺平，刮板刮实，并用小辊子将上、下阴角处压实。第一张粘好留1～2cm（应拐过阴角约2cm），然后粘铺第二张，依同法压平、压实，与第一张搭槎1～2cm，要自上而下对缝，拼花要端正，用刮板刮平，用钢板尺在第一、第二张搭槎处切割开，将纸边撕去，边槎处带胶压实，并及时将挤出的胶液用湿毛巾擦净，然后用同法将接顶、接踢脚的边切割整齐，并带胶压实。墙面上遇有电门、插销盒时，应在其位置上破纸作为标记。在裱糊时，阳角不允许甩槎接缝，阴角处必须裁纸搭缝，不允许整张纸铺贴，避免产生空鼓与皱褶。

(5) 花纸拼接。纸的拼缝处花形要对接拼搭好，铺贴前应注意花形及纸的颜色力求一致，墙与顶壁纸的搭接应根据设计要求而定，一般有挂镜线的房间应以挂镜线为界，无挂镜线的房间则以弹线为准。花形拼接如出现困难，错槎应尽量甩到不显眼的阴角处，大面不应出现错槎和花形混乱的现象。

(6) 壁纸修整。糊纸后应认真检查，对墙纸的翘边翘角、气泡、皱褶及胶痕未擦净等，应及时处理和修整使之完善。

课题8.8　幕　墙　施　工

建筑幕墙是指由金属构件与各种板材组成的悬挂在主体结构上，不承担主体的结构荷载与作用的建筑外维护结构。建筑幕墙按其面层材料的不同可分为玻璃幕墙、石材幕墙、金属幕墙等，本节主要介绍玻璃幕墙的构造及施工工艺。

玻璃幕墙的施工方式除挂架式和无骨架式外，分为单元式安装（工厂组装）和元件式安装（现场组装）两种。单元式玻璃幕墙施工是将立柱、横梁和玻璃板材在工厂已拼装为一个安装单元（一般为一层楼高度），然后在现场整体吊装就位；元件式玻璃幕墙施工是将立柱、横梁和玻璃等材料分别运到工地现场，进行逐件安装就位。由于元件式安装不受层高和柱网尺寸的限制，是目前应用较多的安装方法，它适用于明框、隐框和半隐框幕墙，其主要工序如下。

1. 测量放线

将骨架的位置弹到主体结构上。放线工作应根据主体结构施工大的基准轴线和水准点进行。对于由横梁、立柱组成的幕墙骨架，先弹出立柱的位置，然后再将立柱的锚固点确定。待立柱通长布置完毕，将横梁弹到立柱上。如果是全玻璃安装，则首先将玻璃的位置线弹到地面上，再根据外边缘尺寸确定锚固点。

2. 预埋件检查

幕墙与主体结构连接的预埋件应在主体结构施工过程中按设计要求进行埋设，在幕墙安装前检查各预埋件位置是否正确，数量是否齐全。若预埋件遗漏或位置偏差过大，应会同设计单位采取补救措施。补救方法应采用植锚栓补设预埋件，同时应进行拉拔试验。

3. 骨架施工

根据放线的位置进行骨架安装。骨架安装是采用连接件与主体结构上的预埋件相连。连接件与主体结构是通过预埋件或后埋锚栓固定，当采用后埋锚栓固定时，应通过试验确定锚栓的承载力。骨架安装先安装立柱，再安装横量。上下立柱通过芯柱连接，如图8.12所示，横梁与立柱的连接根据材料不同，可以采用焊接、螺栓连接、穿插件连接或用角铝连接。

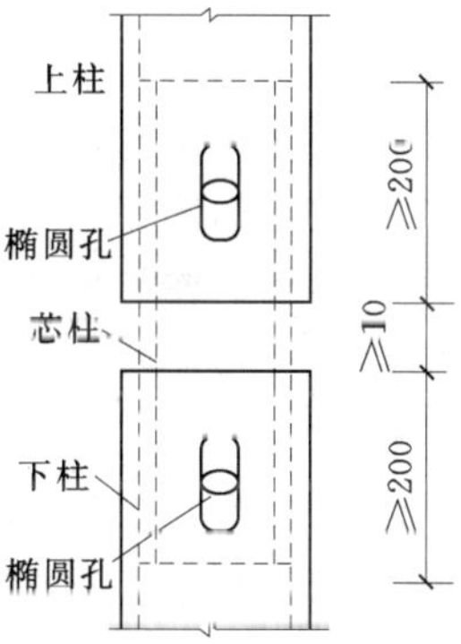

图8.12　上下立柱连接方法（单位：mm）

4. 玻璃安装

玻璃的安装因幕墙的类型不同而不同。钢骨架，因型钢没有镶嵌玻璃的凹槽，多用窗框过渡，将玻璃安装在铝合金窗框上再将铝合金窗框与骨架相连。铝合金型材的幕墙框架，在成型时已经将固定玻璃的凹槽随同断面一次挤压成型，可以直接安装玻璃。玻璃与金属之间不能直接接触，玻璃底部设防震垫片，侧面与金属之间用封缝材料嵌缝。对隐框玻璃幕墙，在玻璃框安装前应对玻璃及四周的铝框进行清洁，保证嵌缝耐候胶能可靠黏结。安装前玻璃的镀膜面应粘贴保护膜加以保护，交工前全部揭除。安装时对于不同的金属接触面应设防静电垫片。

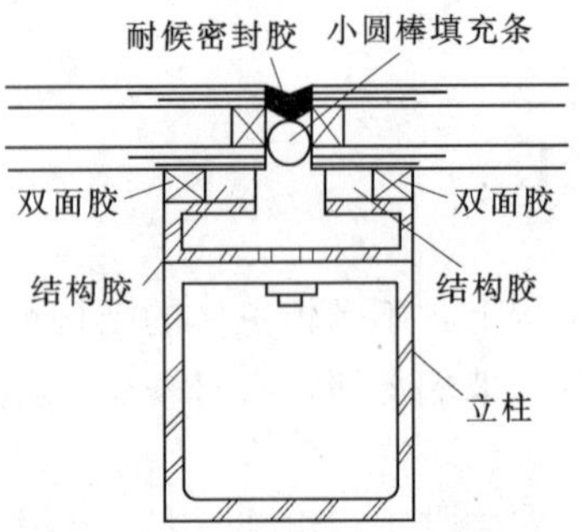

图 8.13 隐框幕墙耐候胶嵌缝

5. 密缝处理

玻璃或玻璃组件安装完后，应立即使用耐候密封胶嵌缝密封，保证玻璃幕墙的气密性、水密性等性能。嵌缝密封做法如图 8.13～图 8.15 所示。玻璃幕墙使用的密封胶其性能必须符合规范规定。耐候密封胶必须是中性单组分胶，酸碱性胶不能使用。使用前，应经国家认可的检测机构对与硅酮结构胶相接触的材料进行相容性和剥离黏结性试验，并应对邵氏硬度和标准状态下拉伸黏结性能进行复验。

6. 清洁维护

玻璃安装完后，应从上往下用中性清洁剂对玻璃幕墙表面及外露构件进行清洁，清洁剂使用前应进行腐蚀性检验，证明对铝合金和玻璃无腐蚀作用后方可使用。

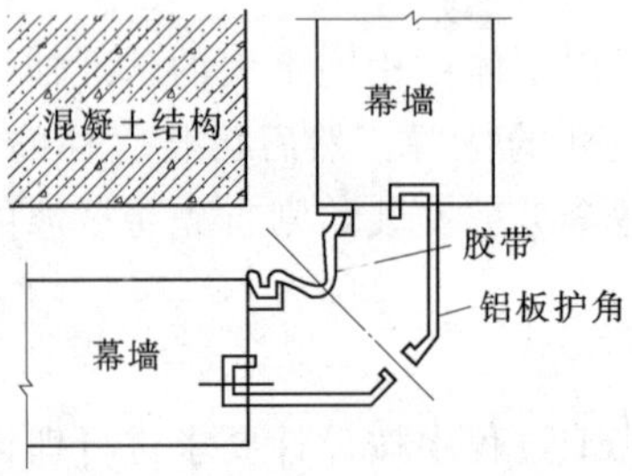

图 8.14 幕墙转角封缝构造

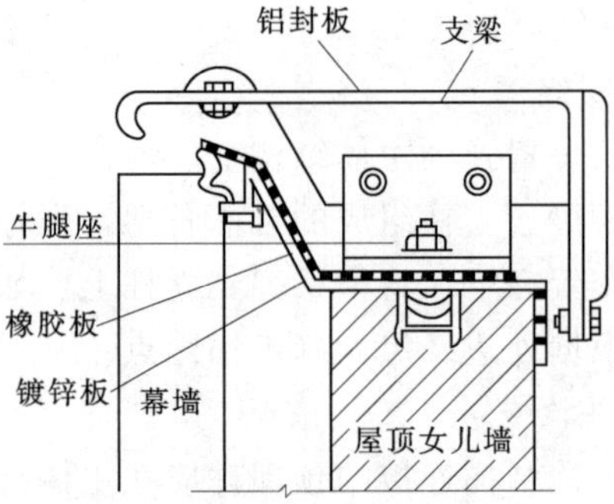

图 8.15 幕墙顶部封缝做法

单 元 小 结

本单元主要介绍了楼地面装饰工程、墙柱面装饰工程、天棚工程、门窗工程、油漆、涂料、裱糊等的施工工艺。在学习中，要着重了解各种建筑装饰材料的特点、质量要求和应用情况，熟悉其构造做法和主要施工工艺、操作要点以及工程质量验收标准。

拓 展 讨 论

党的二十大报告提出，推进以人为核心的新型城镇化，加快农业转移人口市民化。以城市群、都市圈为依托构建大中小城市协调发展格局，推进以县城为重要载体的城镇化建设。坚持人民城市人民建、人民城市为人民，提高城市规划、建设、治理水平，加快转变超大特大城市发展方式，实施城市更新行动，加强城市基础设施建设，打造宜居、韧性、智慧城市。

请思考：装饰工程与宜居城市建设有哪些关系？

习 题

1. 简述石材地面施工工艺与水磨石地面施工工艺的相同点与不同点。

2. 简述抹灰工程的组成和作用。
3. 简述内墙抹灰的施工工艺流程及施工方法。
4. 简述木天棚的施工工艺。
5. 论述各种门窗工程的施工工艺的相同点与不同点。
6. 简述一般玻璃幕墙施工工艺。

单元9　桥 梁 工 程 施 工

教学目标： 掌握桥梁基础与桥梁墩台中明挖扩大基础、桩基础和组合式基础的施工原则、施工方法和要求，掌握钢筋混凝土简支梁桥、预应力混凝土简支梁桥、悬臂施工法、圬工和钢筋混凝土拱桥及桥面及附属工程等的施工原则、施工方法和要求。

课题9.1　桥梁基础与桥梁墩台施工

9.1.1　桥梁基础施工

9.1.1.1　桥梁基础的一般形式及其施工的主要方法

公路桥梁由于其结构形式多种多样，所处位置的地形、地质、水文情况千差万别，因此其基础的形式也种类繁多。桥梁常用基础形式有明挖重力式扩大基础、钢筋混凝土条形基础、桩基础、沉井基础、地下连续梁基础、组合式基础等，其中扩大基础、桩基础、组合式基础应用最为广泛。

桥梁基础因其形式和所处环境、地质、水文条件、桥梁结构体系、环保要求及施工条件等因素不同要选用不同的施工方法。旱地土质扩大基础采用明挖法，既可采用人工开挖也可以机械开挖。若为岩石地基，还必须进行适当的爆破施工。水中明挖基础必须设置围堰或临时改河措施。桩基础的成孔有挖孔和钻孔两种方法，挖孔适用于旱地无水或地下水较低的密室土质地层或岩石地层。人工挖孔桩径应大于1.2m，孔深在15m以内；机械挖孔一般适用于土质地层。钻孔按地质条件可选用旋转钻成孔、冲击钻成孔、冲抓钻成孔等多种形式。

9.1.1.2　基础施工前的准备工作

（1）首先要认真阅读施工图纸，领会设计意图，与现场情况进行核对，必要时进行补充调查，对基底高程、基础尺寸、桩位坐标、工程数量进行复核计算。

（2）根据地层、地质、水文情况、结构形式及现场环境状况，制定施工方案，编制施工组织设计，做出单项开工报告，报监理工程师审批。

（3）认真进行施工放样测量，控制基础桩位中心、平面位置和高程，同时放出几个墩台基础，对其相对位置和坐标进行复核，确保准确无误。

（4）准备好基础施工所需的设备、材料、相应配套设施。例如：临时便道要通畅，砂石、水泥、钢材等材料要运至现场，电力供应正常，凡与高程有关的事项均应协调妥善，保障工程开工后顺利实施。

（5）建立工程质量保证体系，确定完善的安全技术措施，保证安全技术交底。

9.1.1.3　旱地基础的基坑开挖

1. 土质地基开挖

基坑开挖前先要准确放样定出基础轴线、边线位置及高程，并用骑马桩将中心位置固定。在墩台或其他建筑物附近开挖基坑时，应采取适当的防护措施。弃土堆置地点不得妨碍开挖基坑及其他作业，不能影响坑壁稳定，同时应满足水土保持和环境保护的有关要求。

基坑大小应满足基础施工的要求，一般基底应比设计平面尺寸各边增宽 50～100cm。当基坑深度在 5m 以内，施工期较短，坑底在地下水位以上，土的湿度正常，土层构造均匀时，坑壁坡度可参考有关资料确定。

基坑深度大于 5m 时，应将坑壁坡度适当放缓或设置平台。如果土的湿度可能引起坑壁坍塌，坑壁坡度应缓于该湿度下的天然坡度。

坑顶与动载间至少应留有 1m 宽的护道。若工程地质和水文地质不良或者动载过大，还要增宽或采取加固措施。

如果放缓开挖场地受限或工程量太大，可按具体情况采用挡板支撑、钢木结合支撑、混凝土护壁（喷射混凝土护壁、现浇混凝土护壁）、钢板桩围堰、锚杆支护及地下连续墙等防护措施。

基坑开挖可以采用人工开挖，也可以采用挖掘机、推土机、装载机等机械进行开挖。但无论采用哪一种方法施工，基底均应避免超挖。已经超挖或松动部分应予以清除。若施工实践较长，又可能遇到暴雨天气，应在基坑外设临时截水沟或排水沟，防止雨水流入基坑内，使坑内土质变化。任何土质基坑挖至设计高程后，都不能长时间暴露、扰动或浸泡而削弱其承载能力。一般土质基坑挖至基底高程时，应保留 10～20cm 厚一层，在基础砌（浇）筑前人工突击挖除，随即进行基础施工。

2. 岩石地基开挖

硬质岩可以垂直向下，一般设计开挖深度为风化层深度。新鲜基岩、微风化或弱风化岩层即可做基础持力层。开挖一般采用人工开挖，必要时可进行松动爆破，但要严格控制爆破深度和用药量，防止过量爆破引起持力层松动破坏。根据岩层的风化程度、倾向、倾角及发育情况，采用适当方法进行坑壁防护。挖出渣石必须运至设计制定地点，不能对施工安全或周围群众生产、生活及周围环境造成危害。

9.1.1.4　水中地基的基坑开挖

1. 围堰

桥涵水中基础施工，首先应采用围堰或临时改河措施排除水流影响，同时在开挖过程中要采取措施排除坑外渗水和地下水，施工难度比旱地作业增大，施工成本也增加很多。此处主要介绍围堰施工方法。

围堰有土围堰、土袋围堰、钢板桩围堰、钢筋混凝土围堰、竹（铅丝）笼围堰、套箱围堰等。一般要求围堰高度高出施工期间可能出现的最高水位（包括波浪）50～70cm。围堰外形应考虑河流断面被压缩后流速增大引起水流对围堰、河床的集中冲刷及影响通航、导流等因素；堰内面积应能满足基础施工的需要。围堰力求防水严密，尽量减少渗漏，以减轻排水工作量。

（1）土石围堰。适用于水深 1.5m 以内、流速不大于 0.5m/s、河床渗水较小的河流。堰顶宽 1～2m，堰外边坡为 1：2～1：3，堰内边坡一般为 1：1～1：1.5。坡脚与基坑边缘距离根据河床土质及基坑深度而定，但不得小于 1m。筑堰宜采用黏性土或砂类土，填出水面后应进行夯实。筑堰前应将河床上的树根、石块、杂物等清除，自上游开始填筑至下游合龙。流速过大有冲刷危险时，在外坡面用草皮、柴排、片石或草袋等加以防护。

（2）草（麻）袋围堰。适用于水深 3.0m 以内、流速不大于 1.5m/s、河床土质渗水较小的情况。堰顶宽一般为 1～2m，有黏土心墙时为 2～2.5m，堰外边坡 1：0.5～1：1，堰内边坡 1∶0.2～1∶0.5。坡脚至基坑边缘距离及堰底处理方法、填筑方向与土堰相同。堆码在水中的土袋，其上、下层和内、外层应相互错缝，尽量堆码密实整齐。

（3）钢板桩围堰。适用于沙类土、黏性土、碎石及风化岩石等河床的深水基础。钢板桩的机械性能和尺寸应符合要求。经过整修或焊接后钢板桩应采用同类型钢板进行锁口并通过试验检查，钢板桩的接长应以等强度焊缝接长。当设备许可时，宜在打桩前将 2～3 块钢板拼为一组，组拼后用夹具夹牢。拔除钢板桩前宜向堰内注水，使堰内外水位相等。拔桩时从下游附近易于拔除的一根或一组钢板桩开始，并尽可能采用振动拔桩法。钢板桩强度大、防水性能好，打入土、砾、卵石层时穿透性能强，适合于水深 10～30m 的桥位围堰。

（4）钢筋混凝土板桩围堰。适用于砂类土、黏性土、碎石土河床，除用于基坑挡土防水外，还可不拔除作为建筑结构物的一部分。通常板宽 50～60cm，厚 10～30cm。为使其合龙及企口接缝，插打板桩时，应从上游开始按顺序进行直至下游合龙。

（5）套箱围堰。适用于埋置不深的水中基础，也可以修建桩基承台。无底套箱用木板、钢板或钢丝水泥制成，内部设钢木支撑。下沉套箱之前清除河床表面障碍物，若套箱设置在岩层上，应整平岩面；如果岩层岩面倾斜，应将套箱底部做成与岩面相同的倾斜度以增加套箱的稳定并减少渗漏。

2. 基坑排水

围堰完工后，须将堰内积水排除。在开挖过程中，有可能有渗水出现，必须随挖随排。排水设备的排水能力应大于渗水量的 1.5～2.0 倍。排水方法有集水坑、集水沟以及井点法排水等。集水坑、集水沟适用于粉细砂土质以外的各种底层基坑，集水沟沟底应低于基坑底面，集水坑深度应大于水泵吸水龙头的高度。井点法排水适用于粉、细纱或地下水水位较高、挖基较深、坑壁不易稳定和普通排水方法难以解决的基坑，应根据涂层的渗透系数、要求降低地下水位的深度及工程特点，选择适宜的井点类型和所需设备。

3. 基坑开挖

水中挖基采取围堰、井点降水等抽排水措施后，开挖方法及要求与旱地基坑开挖相同。排水挖基有困难或具有水中挖基设备时，可采用下列水中挖基方法：

（1）水力吸泥船。适用于砂类土及砂卵石类土，不受水深限制，其出土效率可随水压、水量的增加而提高。

（2）空气吸泥船。适用于水深 5m 以上的砂类土或夹有少量碎卵石的基坑，浅水基坑不宜采用；在黏土层使用时，应与射水枪配合使用，以破坏黏土结构；吸泥时应定时向坑内注水，使基坑内水位高于河水位 1.0m，以防止流砂或涌砂。

（3）挖掘机水中挖基。适用于各种土质，但开挖时不要破坏基坑边坡的稳定，可采用反向铲挖掘和吊机配抓泥斗挖掘。

9.1.1.5 基底检验与处理

基坑开挖至设计高程后，按地质情况要采取相应的处理措施。对于一般性能良好的未风化岩石地基应将岩面上的松动石块、淤泥、苔藓等清除后洗净岩面。若岩层倾斜，还应将岩面凿平或凿成台阶；若基底位于风化岩层上，则应按基础尺寸凿除已风化的表面岩层，在砌筑基础圬工的同时将基坑底填满、封闭。对于土质岩层要将底面修理平整，于最短时间内砌筑基础，不得暴露或浸水过久。

基底开挖并处理完毕后，应通过基底检验，其主要内容有：①检查基底平面位置、尺寸大小、基底高程；②检查基底地质情况和承载力是否与设计资料相符；③检查基底处理和排水情况是否与规范相符；④检查施工日志及有关试验资料等。基底平面位置和高程允许偏差规定如下：平面周线位置不小于设计要求；基底高程：土质，±50mm，石质，+50mm，－200mm。

9.1.1.6　基础施工

扩大基础的种类有浆砌片石、浆砌块石、片石混凝土、钢筋混凝土等几种。

1. 浆砌块（片）石

一般要求在砌块使用前必须浇水湿润，将表面的泥土、水锈清洗干净，砌第一层砌块时，如基层为岩基或混凝土基础，应先将基底表面清洗、湿润，再坐浆砌筑。砌筑应分层进行，各层先砌筑外圈定位行列，然后砌筑里层，外圈砌石与里层砌块交错连成一体。各砌层的砌块应安放稳固，砌块间应砂浆饱满，黏结牢固，不得直接粘靠或脱空。

片石砌体宜以 2～3 层砌块组成一工作层，每层的水平缝应大致找平，各层竖缝应相互错开，不得贯通。外圈定位行列和转角石，应选择形状较为方正及尺寸较大的片石，并长短相间地与里层砌块咬接，砌缝宽度一般不应大于 4cm。较大的砌块应放在下层，各块的尖锐突出部分应敲除。竖缝较宽时，在砂浆中塞以小石块填实。

块石砌筑时每层石料高度应大致一样，外圈定位行列和镶面石块，应丁顺相间或二顺一丁排列。砌缝宽度不大于 3cm，上下层竖缝错开距离不小于 8cm。

2. 埋石混凝土和片石混凝土

混凝土中填放片石时应符合以下要求：

(1) 埋放石块的数量不宜超过混凝土结构体积的 25%；当设计为片石混凝土砌体时，石块可增加为 50%～60%。

(2) 应选用无裂纹、无夹层且未被烧过的、高度小于 15cm、具有抗冻性能的石块。

(3) 石块的抗压强度不应小于 25MPa 及混凝土的强度等。

(4) 石块应清洗干净，应在捣实的混凝土中埋入一半以上；石块应分布均匀，净间距不小于 10cm，距结构侧面和顶面净距不小于 15cm。对于片石混凝土，石块净距不小于 4～6cm，石块不得挨靠钢筋或预埋件。

3. 钢筋混凝土基础

旱地浇筑钢筋混凝土基础，应在对基底及基坑验收完后尽快绑扎、放置钢筋；在底部放置混凝土垫块，保证钢筋的混凝土净保护层厚度，同时安放墩柱或台身钢筋的预埋部分，保证定位准确；对全部钢筋进行检查验收，保证其根数、直径、间距、位置满足设计文件和技术规范要求时，即可浇筑混凝土。拌制好的混凝土运至现场后，若高差不大，可直接倒入基坑内；若倾卸高度过大，为防止发生离析，应设置串筒或滑槽。槽内焊上减速钢梳，保证混凝土整体均匀运入基坑，用插入式振捣密实。浇筑应分层进行，但应连续施工，在下层混凝土开始凝结之前，应将上层混凝土灌注捣实完毕。基础全部浇结后，要立即覆盖草袋、麻袋、稻草或砂子，并经洒水养生。养生时间一般普通硅酸盐水泥混凝土为 7 昼夜以上，矿渣水泥、火山灰水泥或掺用塑化剂的混凝土应为 14 昼夜以上。水中混凝土基础在基坑排水的情况下施工方法与旱地基础相同，只是在混凝土凝固后即可停止排水，也不需再进行专门的养生工作。

9.1.2 组合式基础施工

处于特大水流上的桥梁基础工程，墩位处往往水深流急，地质条件极其复杂，河床土质覆盖层较厚，施工时水流冲刷较深，施工工期较长，普遍常用的单一基础形式已难以适应。为了确保基础工程安全可靠，同时又能维持航道交通，宜采用两种以上形式组成的组合式基础。其功能要满足既是施工围堰、挡水结构物，又是施工作业平台，并能承担所有施工机具与用料等；同时还应成为整体基础结构物的一部分，在桥梁的营运阶段发挥作用。

组合式基础的形式很多，常用的有：双壁围堰钻孔桩基础，钢沉井加桩柱（钻孔桩）基础，浮运承台与管柱、井柱、钻孔桩基础以及地下连续墙加箱形基础等。可根据设计要求、桥址处的地质水文条件、施工机具设备情况、施工安全及通航要求等因素，通过综合技术经济分析，论证比较，因地制宜，合理选用。

主要采用双壁钢围堰加钻孔灌注桩基础。大型双壁钢围堰加钻孔灌注桩基础是近20年来开发的大型深水基础工程理想结构物，它不仅能起到深水基础工程围水与施工平台作用，而且可以参与部分结构受力，既增加了深水基础工程结构的整体性能，又提高了下部结构的防撞能力，方便施工，降低了工程造价。在水深流急的江河中，具有其他结构难以比拟的优越性。

9.1.3 桥梁墩台施工

9.1.3.1 概述

桥梁墩台施工是桥梁工程施工中的一个重要部分。其施工质量的优劣，不仅关系到桥梁上部结构的制作与安装质量，而且对桥梁的使用功能也影响重大。因此，墩台的位置、尺寸和材料强度等都必须符合设计规范要求。在施工过程中，首先应准确地测定墩台位置，正确地进行模板制作与安装，同时采用经过正规检验的合格建筑材料，严格执行施工规范的规定，以确保施工质量。

桥梁墩台施工方法通常分为两大类：一类是现场就地浇筑；一类是拼装预制的混凝土砌块、钢筋混凝土或预应力混凝土构件等。多数工程是采用前者，优点是工序简单，机具较少，技术操作难度较小；但是施工期限较长，需耗费较多的劳力与物力。近年来，交通建设迅速发展，施工机械（起重机械、混凝土泵送机械及运输机械）也随之有了很大进步，采用预制装配构件建造桥梁墩台的施工方法有了新的进展，其特点是既可确保施工质量、减轻工人劳动强度，又可加快施工进度、提高工程效益，对施工场地狭窄，尤其对缺少砂石地区或干旱缺水地区等建造墩台更有着重要的意义。

9.1.3.2 混凝土墩台施工

就地浇筑的混凝土墩台施工有两个主要工序：一是制作与安装墩台模板；二是混凝土浇筑。

1. 墩台模板

（1）模板设计原则。

根据《公路桥涵施工技术规范》（JTG/T F50—2011）的规定，宜优先使用胶合板和钢模板；在计算荷载作用下，对模板结构按受力程序分别验算其强度、刚度及稳定性；模板面板之间应平整，接缝严密，不漏浆，保证结构物外露面美观，线条流畅，可设倒角；结构简单，制作、拆装方便。

模板可采用一般用钢材、胶合板、塑料和其他符合设计要求的材料制成。浇筑混凝土之前，木板应涂刷脱模剂，外露面混凝土模板的脱模剂应采用同一品种，不得使用废机油等油料，且不得污染钢筋及混凝土的施工缝，重复使用的模板应经常检查、维修。

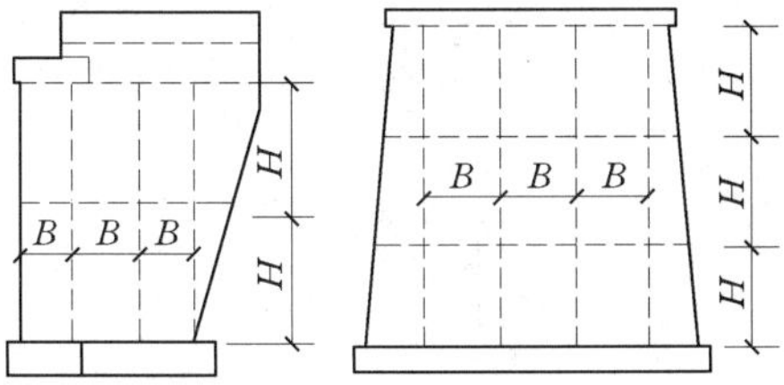

图 9.1　墩台模板划分示意图

（2）常见模板类型。

1）拼装式模板。系用各种尺寸的标准模板利用销钉连接，并与拉杆、加劲构件等组成墩台所需形状的模板。如图 9.1 所示，将墩台表面划分为若干小块，尽量使每部分板扇尺寸相同，以便于周转使用。板扇高度通常与墩台分节灌注高度相同，一般为 3～6m，宽度可为 1～2m，具体视起吊条件而定。拼装式模板由于在工厂内加工制造，因此板面平整、尺寸准确、体积小、质量轻，拆卸容易、快速，运输方便，故应用较多。

2）整体吊装模板。系将墩台模板水平分成若干段，每段模板组成一个整体，在地面拼装后吊装就位（图 9.2）。分段高度可视起吊能力而定，一般为 2～4m。整体吊装模板的优点是：安装时间短，无需设施工缝，加快施工进度，提高施工质量；将拼装模板的高空作业改为平地操作，有利于施工安全；模板刚性较强，可少设拉筋或不设拉筋，节约钢材；可利用模外框架作简易脚手架，不需另搭施工脚手架；结构简单，装拆方便，对建造较高的桥墩较为有利。

3）组合型模板。系以各种长度、宽度及转角标准件，用定型的连接件将钢模板拼成结构用模板，具有体积小、质量轻、运输方便、装拆简单、接缝紧密等优点。适用于地面拼装及整体吊装的结构。

4）滑动模板。适用于各种类型的桥墩。各种模板在工程上的应用，可根据墩台高度、墩台形式、机具设备、施工期限等条件，因地制宜，合理选用。

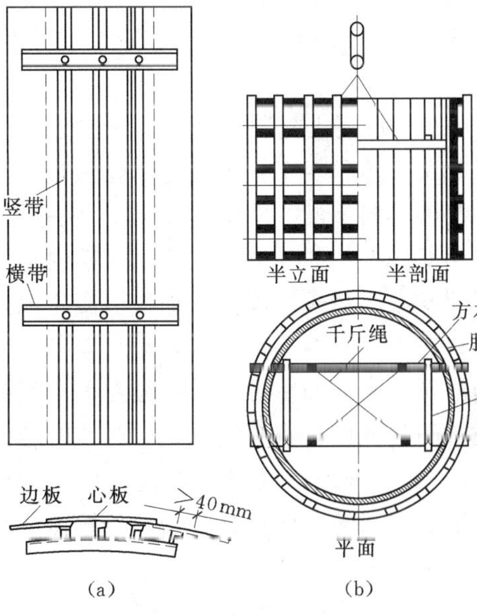

图 9.2　圆弧桥墩整体模板

模板的设计按规范规定，验算模板的刚度时，其变形值不得超过下列数值：结构表面外漏的模板，挠度为模板构件跨度的 1/400；结构表面隐蔽的模板，挠度为模板构件跨度的 1/250；钢模板的面板变形为 1.5mm，钢模板的钢棱、柱箍变形为 3.0mm。

模板安装前应对模板尺寸进行检查；安装时要坚实牢固，以免振捣混凝土时引起跑模漏浆；安装位置要符合结构设计要求。

2. 混凝土浇筑施工要点

墩台身混凝土施工前，应将基础顶面冲洗干净，凿除表面浮浆，整修连接钢筋。灌注混凝土时，应经常检查模板、钢筋及预埋件的位置和保护层的尺寸，确保位置正确，不发生变形。混凝土施工中，应切实保证混凝土的配合比、水灰比和坍落度等技术性能指标满足要求。

(1) 混凝土的运送。

墩台混凝土的水平与垂直运输相互配合方式与适用条件可参照运输方式等因素选用。当混凝土数量大、浇筑捣固速度快时，可采用混凝土皮带运输机或混凝土输送泵。运输带速度应不大于1.0～1.2m/s，其最大倾斜角：当混凝土坍落度小于40mm时，向上传送为18°，向下传送为12°；当坍落度为40～80mm时，则分别为15°与10°。

(2) 混凝土的灌注速度。

为保证混凝土质量，混凝土的配制、输送及灌注的速度不得小于

$$V \geqslant \frac{Sh}{t} \tag{9.1}$$

式中　V——混凝土配料、输送及灌注的容许最小速度，m^3/h；

S——灌注的面积，m^2；

h——灌注层的厚度，m；

t——所用水泥的初凝时间，h。

如混凝土的配制、输送及灌注需时较长，则应采用下式计算：

$$V = \frac{Sh}{t - t_0} \tag{9.2}$$

式中　t_0——混凝土配制、输送及灌注所消耗的时间，h。

墩台是大体积圬工，为避免水化热过高，导致混凝土因内外温差引起裂缝，可采取如下措施：改善骨料级配、降低水灰比、掺用混合材料与外加剂、掺用片石等方法减少水泥用量；采用C_3A、C_3S含量小、水化热低的水泥，如大坝水泥、矿渣水泥、粉煤灰水泥、低强度水泥等；减小浇筑层厚度，加快混凝土散热速度；混凝土用料应避免日光暴晒，以降低初始温度；在混凝土内埋设冷却管通水冷却。

当浇筑的平面面积过大，不能在前层混凝土初凝或能重塑前浇筑完成次层混凝土时，为保证结构的整体性，宜分块浇筑。分块时应注意：各分块面积不得小于$50m^2$；每块高度不宜超过2m；块与块间的竖向接缝面应与墩台身或基础平截面短边平行，与平截面长边垂直；上下临层间的竖向接缝应错开位置做成企口，并应按施工缝处理。混凝土中填放片石时应符合有关规定。

(3) 混凝土浇筑。

为防止墩台基础第一层混凝土中的水分被基底吸收或基底水分渗入混凝土，对墩台基底处理除应符合天然地基的有关规定外，尚应满足以下要求：

基底为非黏性土或干土时，应将其湿润；如为过湿土，应在基底设计高程下夯填一层10～15cm厚片石或碎（卵）石层；基底面为岩石面时，应加以湿润，铺一层厚2～3cm的水泥砂浆，然后与水泥砂浆凝结前浇筑第一层混凝土。

墩台身钢筋的绑扎应和混凝土的灌注配合进行。在配置第一层垂直钢筋时，应有不同的长度，同一断面的钢筋接头应符合施工规范的规定。水平钢筋的接头，也应内外、上下互相错开。钢筋保护层的净厚度应符合设计要求。如无设计要求，则可取墩台身受力钢筋的净保护层不小于30mm，承台基础受力钢筋的净保护层不小于35mm。墩台身混凝土宜一次连续灌注，否则应按桥涵施工规范的要求，处理好接缝。墩台身混凝土未达到终凝前，不得泡水。

9.1.3.3　石砌墩台施工

石砌墩台具有就地取材和经久耐用等优点，在石料丰富地区建造墩台时，在施工期限许可的条件下，为节约水泥，应优先考虑石砌墩台方案。

（1）石料、砂浆与脚手架。

石砌墩台是用片石、块石及粗料石以水泥砂浆砌筑的，石料与砂浆的规格要符合有关规定。浆砌片石一般适用于高度小于 6m 的墩台身、基础、镶面以及各式墩台身填腹；浆砌粗料石则用于磨耗及冲击严重的分水处及有美观要求的桥墩、台身等。

将石料调运并安砌到正确位置是砌石工程中比较困难的工序。当质量小或距地面不高时，可用简单的马蹬跳板直接运送；当质量较大或距地面较高时，可采用固定式动臂吊机或桅杆式吊机或井式吊机，将材料运到墩台上，然后再分运到安砌地点。用于砌石的脚手架应环绕墩台搭设，用以堆放材料，并支持施工人员砌筑镶面定位行列及勾缝。脚手架一般常用固定式轻型脚手架（适用于 6m 以下的墩台）、简单活动脚手架（能用在 25m 以下的墩台）以及悬吊式脚手架（用于较高的墩台）。

（2）墩台砌筑施工要点。

在砌筑前应按设计图纸放出实样，挂线砌筑。砌筑基础的第一层砌块时，如基底为土质，只在已砌石块的侧面上铺上砂浆即可，不需坐浆；如基底为石质，应将表面清洗、湿润后，先坐浆再砌石。砌筑斜面墩台时，斜面应逐层放坡，以保证规定的坡度。砌块间用砂浆黏结并保持一定的缝厚，所有砌缝要求砂浆饱满。形状比较复杂的工程，应先做出配料设计图（图 9.3），注明块石尺寸；形状比较简单的，也要根据砌体高度、尺寸、错缝等，先行放样配好料石再砌。

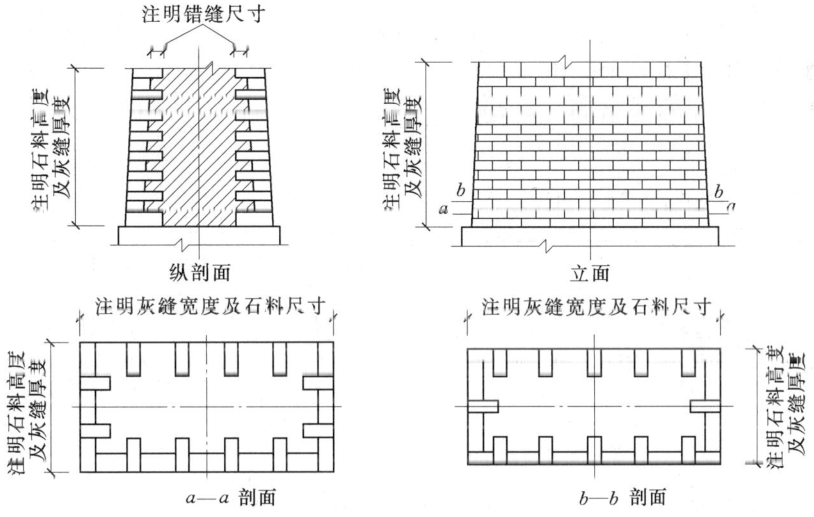

图 9.3　桥墩配料大样图

砌筑方法：同一层石料及水平灰缝的厚度要均匀一致，丁顺相间，砌石灰缝互相垂直，灰缝宽度和错缝满足规定。砌石顺序为先角石，再镶面，后填腹。填腹石的分层厚度应与镶面相同；圆端、尖端及转角形砌体的砌石顺序，应自顶点开始，按丁顺排列接砌镶面石。砌筑图如图 9.4 所示，圆端形桥墩的圆端顶点不得有垂直灰缝，砌石应从顶端开始先砌石块①

［图 5-4（a）］，然后应丁顺相间排列，安砌四周镶面石；尖端桥墩的尖端及转角处不得有垂直灰缝，砌石应从两端开始，先砌石块①［图 9.4（b）］，再砌侧面转角②，然后丁顺相间排列，安砌四周的镶面石。

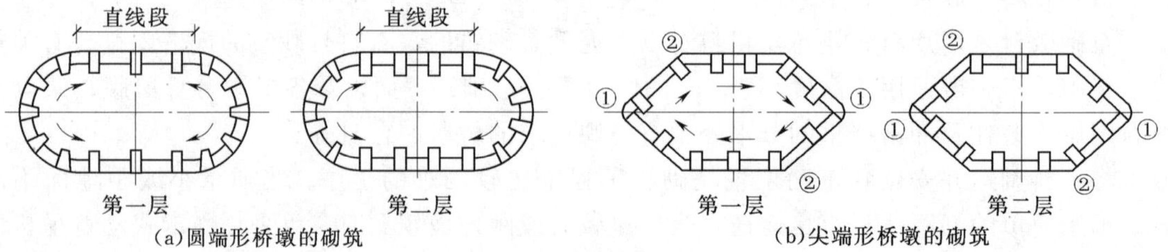

图 9.4 桥墩的砌筑

9.1.3.4 墩、台顶帽施工

墩、台顶帽石用来支承桥跨结构的，其位置、高程及垫石表面平整度等，均应符合设计要求，以避免桥跨结构安装困难，或使顶帽、垫石等出现破裂或裂缝，影响墩台的正常使用功能和耐久性。

（1）墩、台帽放样。墩、台混凝土（或砌石）灌注至离墩、台帽底下约 30～50cm 高度时，即需测出墩台纵横中心线，并开始竖立墩、台帽模板，安装锚栓或安装预埋支座垫板、绑扎钢筋等。台帽放样时，应注意不要以基础中心线作为台帽控制线，浇筑前应反复核实，以确保墩、台帽中心、支座垫石等位置方向与水平高程等不出差错。

（2）墩、台帽模板。墩台帽系支撑上部结构的重要部分，其尺寸位置和水平高程的准确度要求较严。浇筑混凝土应从墩台帽下约 30～50cm 处至墩台帽顶面一次浇筑，以保证墩、台帽底有足够厚度的紧密混凝土。图 9.5 为混凝土桥墩墩帽模板图，墩帽模板下面的一根拉杆可利用墩帽下层的分布钢筋，以节省铁件。台帽背墙模板应特别注意纵向支撑或拉条的刚度，防止浇筑混凝土时发生鼓肚，侵占梁端空隙。

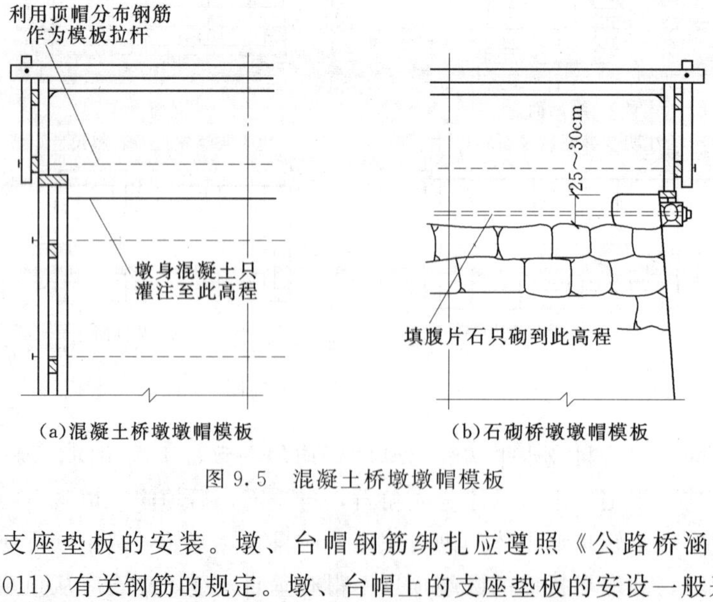

图 9.5 混凝土桥墩墩帽模板

（3）钢筋和支座垫板的安装。墩、台帽钢筋绑扎应遵照《公路桥涵施工技术规范》（JTG/T F50—2011）有关钢筋的规定。墩、台帽上的支座垫板的安设一般采用预埋支座垫板和预留锚栓孔的方法。前者须在绑扎墩台帽和支座垫石钢筋时将焊有锚固钢筋的钢垫板安设在支座的准确位置上，即将锚固钢筋和墩、台帽骨架钢筋焊接固定，同时将钢垫板做一木架，固定在墩、台帽模板上。此法在施工时垫板位置不易准确，应经常校正。后者须在安装墩台帽模板时，安装好预留孔模板，在绑扎钢筋时注意将锚栓孔位置留出。此法安装支座施工方便，支座垫板位置准确。

9.1.4　装配式墩台施工

装配式墩台适用于山谷架桥或跨越平缓无漂浮物的河沟、河滩等的桥梁，特别是在工地干扰多、施工现场狭窄、缺水与砂石供应困难地区，其效果更为显著。装配式墩台的优点是：结构形式轻便，建桥速度快，圬工省，预制构件质量有保证等。目前经常采用的有砌块式、柱式和管节式或环绕式墩台等。

9.1.4.1　砌块式墩台施工

砌块式墩台的施工大体上与石砌墩台相同，只是预制砌块的形式因墩台形式不同有很多变化。例如，某大桥主桥身系采用预制的素混凝土壳块分层砌筑而成，壳块按平面形状分为Ⅱ型和Ⅰ型两大类，再按其砌筑位置和具体尺寸又分为 5 种型号，每种块件等高，均为 35cm，块件单元重力为 0.9～1.2kN，每砌三层为一段落。该桥采用预制砌块建造桥墩，不仅节约混凝土约 26%，节省木材 50m^3 和大量铁件，而且砌缝整齐，外形美观，更重要的是加快了施工速度，避免了洪水对施工的威胁。图 9.6 为预制块件与空腹墩施工示意图。

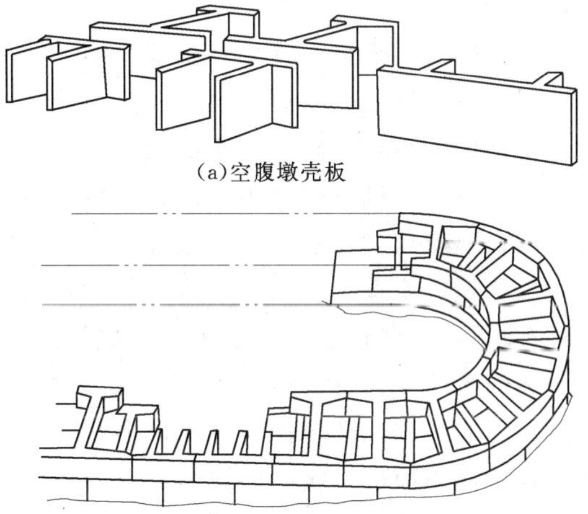

(a)空腹墩壳板

(b)空腹墩砌筑过程

图 9.6　大桥预制砌块墩身施工示意图

9.1.4.2　柱式墩施工

装配式柱式墩系将桥墩分解成若干轻型部件，在工厂或工地集中预制，再运送到现场装配桥梁。砌形式有双柱式、排架式、板凳式和钢架式等。

1. 拼装接头

施工顺序为预制构件、安装连接与混凝土养护等。起重拼装接头是关键工序，既要牢固、安全，又要结构简单、便于施工。常用的拼装接头有以下几种形式.

（1）承插式接头。将预制构件插入相应的预留孔内，插入长度一般为 1.2～1.5 倍的构件宽度，底部铺设 2cm 砂浆，四周以半干硬性混凝土填充，常用于立柱与基础的接头连接。

（2）钢筋锚固接头。构件上预留钢筋或型钢，插入另一构件的预留槽内，或将钢筋相互焊接，再灌注半干硬性混凝土，多用于立柱与顶帽处的连接。

（3）焊接连接。将预埋在构件中的铁件与另一构件用电焊连接，外部再用混凝土封闭。这种接头易于调整误差，多用于水平连接杆与立柱的连接。

（4）环扣式接头。相互连接的构件按预定位置预埋环式钢筋，安装时柱脚先坐落在承台的柱心上，上下环式钢筋互相错接，扣环间插入 U 形短钢筋焊接，四周再绑扎钢筋一圈，立模浇筑外围接头混凝土。要求上下环扣预埋位置正确，施工较为复杂。

（5）法兰盘接头。在相互连接的构件两端安装法兰盘，连接时用法兰盘连接，要求法兰盘预埋位置必须与构件垂直。接头处可不用混凝土封闭。

2. 装配式柱式墩台应注意的问题

（1）墩台柱构件与基础顶面预留环形基座应编号，并检查其个数、高程是否符合设计要求；基杯口四周与柱边的空隙不得小于2cm。

（2）墩台柱吊入基坑内就位时，应在纵横方向测量，使柱身垂直度或倾斜度以及平面位置均符合设计要求；对重大、细长的墩柱，需用风缆或撑木固定，方可摘除吊钩。

（3）在墩台柱顶安装盖梁前，应先检查盖梁口预留槽眼位置是否符合设计要求，否则应先修凿。

（4）柱身与盖梁（顶帽）安装完毕并检查符合要求后，可在基坑空隙与盖梁槽眼处灌注稀砂浆，待其硬化后，撤除楔子、支撑或风缆，再在楔子孔中灌注砂浆。

在基础或承台上安装预制混凝土管节、环圈做墩台的外模时，为使混凝土基础与墩台联结牢靠，应由基础或承台中伸出钢筋插入管节、环圈中间的现浇混凝土内，插入钢筋的数量和锚固长度应按设计规定或通过计算决定。管节或环圈的安装、管节或环圈内的钢筋绑扎和混凝土浇筑，应按《公路桥涵施工技术规范》（JTG/T F50—2011）有关规定执行。

9.1.4.3　后张法预应力混凝土装配墩施工

装配式预应力钢筋混凝土墩分为基础、实体墩身和装配墩身三大部分。装配墩身由基本构件、隔板、顶板及顶帽四种不同形状的构件组成，用高强钢丝穿入预留的上下贯通的孔道内，张拉锚固而成。实体墩身是装配墩身与基础的连接段，其作用是锚固预应力钢筋，调节装配墩身高度及抵御洪水时漂流物的冲击等。

施工工艺流程分为施工准备、构件预制及墩身装配三方面。全过程贯穿着质量检查工作。实体墩身灌注时要按装配构件孔道的相对位置，预留张拉孔道及工作孔（图9.7）。构件装配的水平拼装缝采用M5水泥砂浆，砂浆厚度为15mm，便于调整构件水平高程，不使误差积累。安装构件要求确保“平、稳、准、实、通”五个关键，即起吊平、构件顶面平、内外壁砂浆接缝要“抹平”；起吊、降落、松钩要“稳”；构件尺寸“准”、中线“准”及预埋配件位置“准”；接缝砂浆要“密实”；构件孔道要“畅通”。张拉预应力的钢丝束分两种：一种是直径为5mm的高强度钢丝，用18ϕ5锥形锚；另一种用7ϕ4mm钢绞线，用JM12-6型锚具，采用一次张拉工艺。张拉顺序如图9.8所示。张拉位置可以在顶帽上张拉，亦可在实体墩下张拉，一般多在顶帽上张拉。孔道压浆前先用高压水冲洗。采用纯水泥浆，为了减少水泥浆的收缩及泌水性能，可掺用为水泥质量（0.8～1.0）/10000的铝粉。压浆最好由下而上压注。压浆分初压与复压。初压后，约停一小时，待砂浆初凝即进行复压。复压压力可为0.8～1.0Pa，初压压力可小一点。压浆时，若构建上的砂浆接缝全部湿润，说明接缝砂浆空隙中压入了水泥浆，起到了密实接缝的作用。实体墩身的封锚采用与墩身同强度等级的混凝土，同时要采用防水措施。顶帽上的封锚采用钢筋网焊在垫板上，单个或多个连在一起，然后用混凝土封锚。

9.1.4.4　无承台大直径钻孔埋入空心桩墩施工

无承台大直径钻孔埋入空心桩墩系由预钻孔、预制大直径钢筋混凝土桩墩节、吊拼桩墩节并用预应力后张连接成整体、桩周填石压浆、桩底高压压浆、浇筑或组装盖梁等部分组成。它综合了预制桩质量的可靠性、钻孔桩的施工工艺简单、成本低、适应性强等优越性，

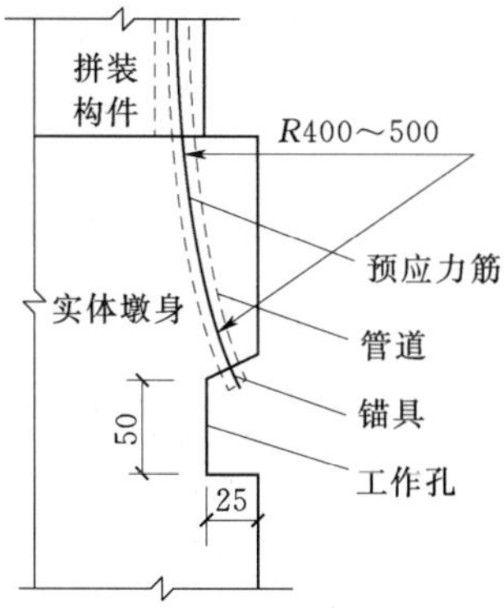

图 9.7　实体墩身的张拉工作孔（单位：cm）

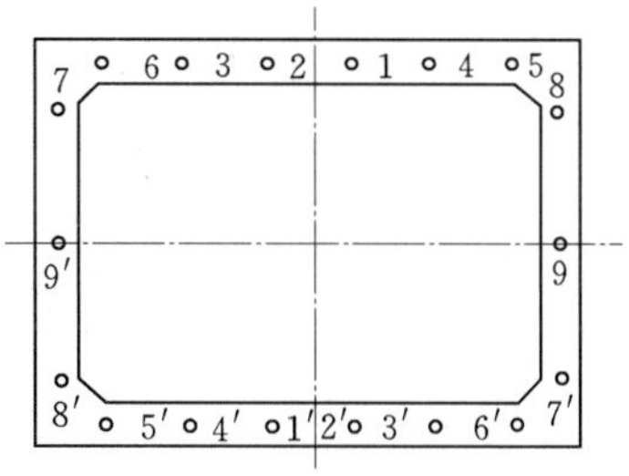

图 9.8　张拉顺序示意图

摒弃了灌注桩技术设备复杂、成本高、不易穿透砂砾层、桩易偏位及钻孔灌注桩桩身质量难以保证等缺陷，是集当今桩基先进技术之大成。

9.1.4.5　装配式墩台的允许偏差

《公路桥涵施工技术规范》（JTJ 041—2011）规定，构件安装前必须检查其外形和构件的预埋尺寸和位置，其允许偏差不得超过设计规定；构件安装就位完毕后，经过检查校正符合要求，才允许焊接或浇筑混凝土以固定构件；分段安装的构件继续安装时，必须在先安装的构件固定和受力较大的接头混凝土达到设计要求的强度后方可进行（一般应达到设计强度等级的70%）；装配式墩台完成时的允许偏差为：

（1）墩台柱埋入基座内的深度和砌块墩、台埋置深度，必须符合设计规定。

（2）墩台倾斜为0.3%H（H为墩台高），最大不得超过20mm。

（3）墩台顶面高程±10mm；墩、台中心平面位置±10mm；相邻墩、台柱间距±15mm。

课题9.2　桥梁上部结构施工

9.2.1　钢筋混凝土简支梁桥施工

钢筋混凝土简支梁桥施工可采用就地浇筑施工和预制装配式施工等形式。在具体施工过程中采用哪种形式，应根据桥梁的规模、施工队伍的技术水平、机械设备装配水平、施工要求期限等因素经比较后确定。

1. 就地浇筑施工

就地浇筑施工是一种古老的施工方法，它是在桥孔位置搭设支架，并在支架上安装模板，绑扎及安装钢筋骨架，预留孔道，并在现场浇筑混凝土与施加预应力的施工方法。由于施工需要大量的模板，以前仅在小跨径桥或交通不便的地区采用。随着桥跨结构形式的发展，出现了一些变宽的异形桥、弯桥等复杂的混凝土结构，加之近年来临时钢结构和万能杆件系统的大量应用，在其他施工方法都比较困难时，或经过比较，施工方便、费用较低时，也常在中、大跨径桥梁中采用就地浇筑的施工方法。

就地浇筑的钢筋混凝土简支梁桥的施工工序如图9.9所示。

2. 预制装配式施工

用预制安装的方法进行施工。

综上所述，装配式梁桥的造价较整体式梁桥是高还是低，往往根据具体情况来具体分析。当桥址地形条件难以设立支架，且施工队伍有足够的吊装设备，桥梁的工程数量又相当大时，采用装配式施工将是经济合理的。

9.2.2 预应力混凝土简支梁桥施工

一般的预应力混凝土简支梁桥的施工方法主要有先张法和后张法，具体施工要求可参照“单元5 混凝土结构工程施工”。

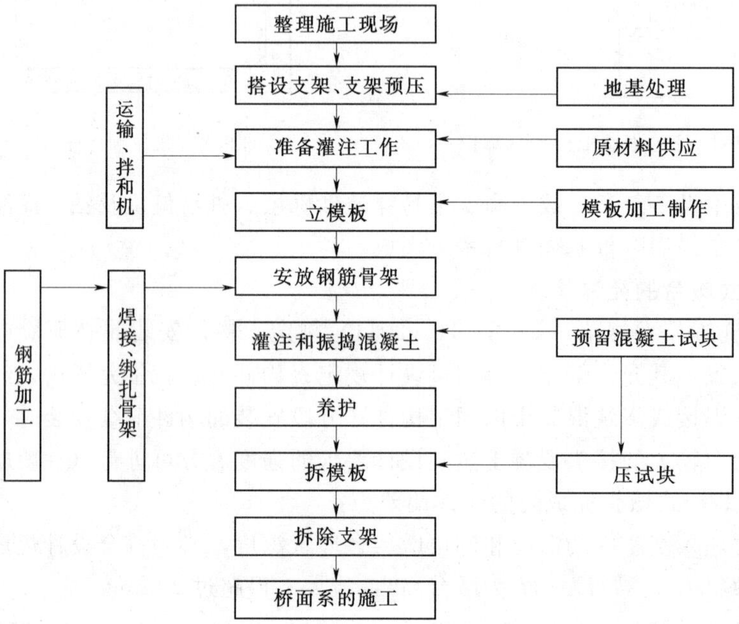

图9.9 现浇钢筋混凝土简支梁桥的施工工序

9.2.3 悬臂施工法

悬臂施工法也称为分段施工法。就是以桥墩为中心向两岸对称的、逐节悬臂接长的施工方法。预应力混凝土桥梁采用悬臂施工法是从钢桥悬臂拼装发展而来的。悬臂施工法最早主要用于修建预应力T形钢构桥，由于悬臂施工方法的优越性，后来被推广用于预应力混凝土悬臂梁桥、连续梁桥、斜腿钢构桥、桁架桥、拱桥及斜拉桥等。随着桥梁事业的发展，尤其是近年来采用悬臂施工法在国内外大跨径预应力混凝土桥梁中得到广泛采用，据资料统计，20世纪50年代以来，国内外100m以上大跨径桥梁中，采用悬臂浇筑法施工的占到80%左右，采用悬臂拼装法施工的占到20%左右。

9.2.3.1 悬臂浇筑法施工

悬臂浇筑采用移动式挂篮作为主要施工设备，以桥墩为中心，对称向两岸利用挂篮浇筑梁段混凝土，待混凝土达到要求强度后，张拉预应力束，再移动挂篮，进行下一节段的施工。悬臂浇筑每个节段长度一般为2～6m，节段过长，将增加混凝土自重及挂篮结构重力，同时还要增加平衡重及挂篮后锚设施；节段过短，影响施工速度。所以施工时应根据设备情况及工期，选择合适的节段长度。

1. 悬臂浇筑施工程序

悬臂浇筑施工时，梁体一般要分成四部分浇筑，如图9.10所示。Ⅰ为墩顶梁段（又称

0号块），Ⅱ为由0号块两侧对称分段悬臂浇筑部分，Ⅲ为边跨在支架上浇筑部分，Ⅳ为主梁在跨中合龙段。主梁各部分的长度视主梁形式和跨径、挂篮的形式及施工周期而定。0号块一般为5～10m，悬臂分段一般为3～5m，支架浇筑段一般为2～3个悬臂浇筑分段长，合龙段一般为1～3m。

施工程序一般如下：

（1）在桥墩托架上浇筑0号块并实施墩梁临时固结系统。

（2）在0号块上安装悬臂挂篮，向两侧依次对称地分段浇筑主梁至合龙段。

（3）在临时支架或梁端与边墩间临时托架上支立模板浇筑现浇梁端。当现浇梁端较短时，可利用灌篮浇筑；当与现浇的连接桥是采用顶推施工时，可将现浇梁端锚固在顶推梁前端施工，并顶推到位。此法不需要支撑，省料省工。

（4）主梁合龙段可在改装的简支挂篮托架上浇筑。多跨合龙段浇筑顺序按设计或施工要求进行。

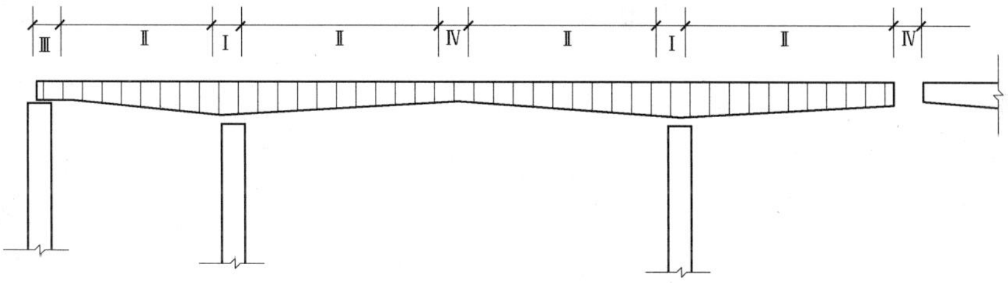

图9.10 悬臂浇筑分段示意图

Ⅰ—墩顶梁段；Ⅱ—0号块两侧对称分段悬臂浇筑；Ⅲ—支架浇筑梁段；Ⅳ—主梁跨中合龙段

2. 悬臂梁段0号块施工

0号块结构复杂，预埋件、钢筋、各向预应力钢束及其孔道、锚具密集交错，梁顶面有纵横坡度，端面与待浇段密切相关，务必精心施工。视其结构形式及高度，一般分2～3层浇筑，先底板、再腹板、后顶板。

3. 施工挂篮的形式

挂篮是悬臂浇筑施工的主要机具。挂篮是一个能沿着轨道行走的活动脚手架，挂篮悬挂在已经张拉锚固的箱梁梁段上，悬臂浇筑时箱梁梁段的模板安装、绑扎钢筋、管道安装、混凝土浇筑、预应力张拉、压浆等工作均在灌篮上进行。当一个梁段的施工程序完毕后，挂篮解除后锚，移向下一梁段施工。所以挂篮既是空间的施工设备，又是预应力未张拉前梁段的承重结构。

作为施工梁段的承重结构，同时又是施工梁段的作业现场，随着施工技术的不断改进，挂篮已由过去的压重平衡式发展成为现在通用的自锚平衡式。自锚式挂篮结构的形式主要有桁架式、斜拉式两类。

4. 支架现浇梁段施工

边跨支架上的现浇部分，可在墩旁搭设临时墩支承平台，一般采用万能杆件、贝雷架等拼装，在其上分段浇筑。当与采用顶推法施工的连接桥相接时，可把现浇梁段临时固结在顶推梁上，到位后再进行梁的连接。

5. 合龙段施工及体系转换

连续梁的分段悬浇施工，常采用对称施工，但在一定条件下也可用不对称施工。全梁施工过程是从各墩顶0号段开始至该T构的完成，再将各T构拼装而形成整体连续梁。这种T构的拼装就是合龙。合龙是连续梁施工和体系转换的重要环节，合龙施工必须满足受力状态的设计要求和保持梁形线性，控制合龙段的施工误差。

9.2.3.2 悬臂拼装法施工

悬臂拼装法是悬臂施工法的一种，它是利用移动式悬拼吊机将预制梁段起吊至桥位，然后采用环氧树脂胶和预应力钢束连接成整体。采用逐段拼装，一个节段张拉锚固后，再拼装下一节段。悬臂拼装的分段，主要取决于悬拼吊机的起重能力，一般节段长2～5m。悬拼施工适用于预制场地及起吊条件好，特别是工程量大和工期较短的梁桥工程。

实践证明，悬拼和悬浇与支架施工等施工方法相比除有许多共同优点外，悬拼还具有以下特点：进度快；制梁条件号，混凝土质量高；收缩、徐变少；线性号；适合多跨施工等。

悬拼按照起重吊装的方式不同可分为：浮吊拼装、牵引滑轮组拼装、连续千斤顶拼装、缆索起重机（缆吊）拼装及移动支架拼装等。拼装的核心是梁的吊运与拼装，梁体节段的预制是拼装的基础。

悬拼施工工序主要包括梁体节段的预制、移位、堆放、运输；梁段起吊拼装；悬拼梁体体系转换；合龙段施工。

（1）梁段预制。悬拼施工是将梁沿总轴向根据起吊能力分成适当长度的节段，在工厂或桥位附近的预制场进行预制，然后运到桥位处用吊机进行拼装。节段预制的质量直接关系着梁段悬拼施工的质量和速度，因此预制时应严格控制梁段断面和形体的精确度，并充分注意预制场地的选择与布置；台座和模板支架的制作；工艺流程的拟订以及养护和储运的每一个环节。梁段预制的方法通常有长线浇筑或短线浇筑的立式预制和卧式预制。

（2）梁段移运、存放和整修。梁段吊运除满足《公路桥涵施工技术规范》（JTG/T F50—2011）及设计规范有关要求外，还应满足悬拼施工的特殊要求。

梁段吊点一般设置在腹板附近。在梁段存放时应满足以下要求：

1）吊运时梁段强度应不低于设计强度标准值的75%。

2）一般宜单层放置，不得多于2层，且应防止梁段堆放的不合理受力。

3）存梁宜用枕木支垫，梁面成水平搁置。

4）梁段吊离台座后，应及时清除梁段上的隔离剂，以免影响拼合施工。

（3）梁段运输。梁段运输有水、陆、栈桥及缆吊等各种形式。陆上运输、水上运输及栈桥运输和缆索起重机运输参见有关资料。

（4）悬臂拼装。

1）悬拼方法。预制节段的悬臂拼装可根据现场布置和设备条件采用不同的方法来实现。一般方法有浮吊拼装法、悬臂吊机拼装法、连续桁架（闸式吊机）拼装法、缆索起重机（缆吊）拼装法和移动式导梁悬拼等不同形式。

2）拼装施工。一号块和调整块用湿接缝拼装。

一号块即墩柱两侧的第一节段，一般与墩柱上的0号块以湿接缝相接，一号块是T形钢构两侧悬臂箱梁的基准节段，是全跨安装质量的关键。T构悬拼施工时，防止上翘和下挠的关键在于一号块定位准确，因此，必须采用各种定位方法确保一号块定位的精度。定位后的一号块可由吊机悬吊支承，也可用下面的临时托架支承。为便于进行接缝处管道接头操作、接头钢筋的焊接和混凝土振捣作业，湿接缝一般宽1～2mm。

其他梁段吊上并基本就位后（此时接缝宽为100～150mm），先将临时预应力筋穿入，安好连接器，再开始涂胶及合龙，张拉临时预应力筋，使固化前接缝的压应力不低于0.3MPa，这时可解除吊钩。

3）穿索、张拉及压浆。拼装后应及时进行穿索，对钢丝束进行张拉。钢丝束张拉采用后张法预制工艺。管道压浆的目的是为了保证预应力筋不受腐蚀。目前的压浆工艺是先用高压水检查管道的畅通、匹配面的密贴情况以及封端情况后再进行压浆，直到出浆口出浓浆。

9.2.4 圬工和钢筋混凝土拱桥施工

9.2.4.1 拱桥的有支架施工

1. 拱架

（1）拱架的结构类型。

拱架的种类很多，按使用材料可分为木拱架、钢拱架、扣件式钢管拱架、斜拉式贝雷平梁拱架、竹拱架、竹木混合拱架、钢木组合拱架以及土牛拱架等多种形式；按结构形式可分为排架式、撑架式、扇形式、桁架式、组合式、叠桁式、斜拉式等。

（2）拱架的构造。

木拱架一般有排架式、撑架式、扇形式、叠桁式及木桁架式等。制作安装时，拱架尺寸和形状要符合设计要求，立柱位置准确且保证直立，各杆件连接接头要紧密，支架基础要牢固，高拱架应特别注意横向稳定性。拱架全部安装完毕后，应检查确保结构牢固可靠。

钢拱架与钢木组合拱架一般有方式工字梁钢拱架、钢桁架拱架等类型。

拱圈模板分板拱模板及肋拱模板分别制作。

2. 拱架的有支架施工

（1）现浇混凝土拱桥。

现浇混凝土拱桥施工程序一般分三个阶段进行。第一阶段，浇筑拱圈（或拱肋）及拱上立柱的底座；第二阶段，浇筑拱上立柱、联结系及横梁等；第三阶段，浇筑桥面系。

拱圈或肋拱的浇筑流程：对于满堂式拱架浇筑流程为支架设计→基础处理→拼设支架→安装模板→安装钢筋→浇筑混凝土→养护→拆模→拆除支架。拱架宜采用钢管脚手架、万能杆件拼设；模板可以采用组合钢模、木模等。

拱圈的浇筑可采取连续浇筑和分段浇筑的方式进行。

（2）石（混凝土砌块）拱桥拱圈砌筑。

砌筑材料可采用符合设计要求的粗料石、块石、片石、黏土砖或混凝土预制砌块等。可选择较规则和平整的同类石料作为镶面。

砌筑拱圈的基本方法：粗料石拱圈应按编号顺序取用石料，砌筑时砌缝砂浆应铺填饱满，应先坐浆再放拱石砌筑，侧面缝可用插刀捣实砌缝。块石拱圈应符合分排砌筑，每排中拱石内口宽度应尽量一致；竖缝应呈辐射状，相邻两排间砌缝应互相错开；石块应平砌，每层石料高度应大致相等等要求。

9.2.4.2 拱圈的悬臂浇筑施工

1. 塔架、斜拉索及挂篮浇筑拱圈

这是国外采用最早、最多的大跨径钢筋混凝土拱桥无支架施工的方法。这种方法的要点是：在拱脚墩、台处安装临时的钢塔架或钢筋混凝土塔架，用斜拉索将拱圈用挂篮浇筑一段系吊一段。从拱脚开始，逐段向拱顶浇筑，直至拱顶合龙。如图 9.11 所示。

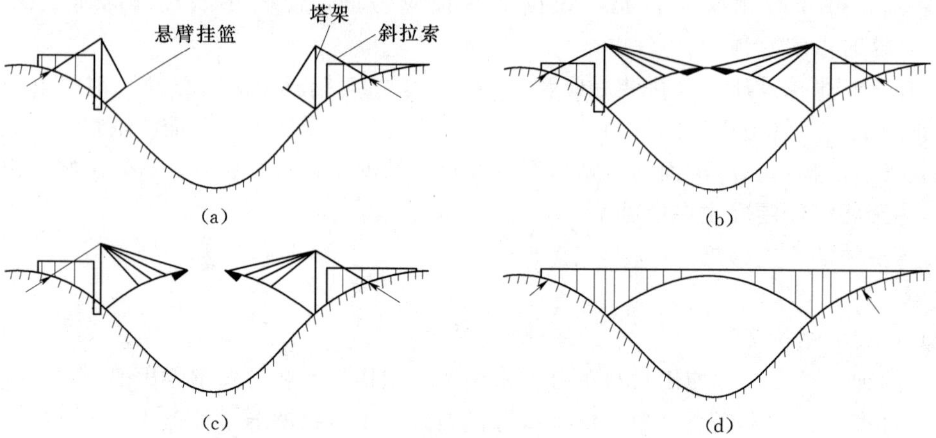

图 9.11 塔架、斜拉索及挂篮浇筑示意图

2. 斜吊式悬臂浇筑拱圈

借助于专用挂篮，结合使用斜吊钢筋将拱圈、拱上立柱和预应力混凝土桥面板等齐头并进地、边浇筑边构成桁架的悬臂浇筑方法。施工时，用预应力钢筋临时作为桁架的斜吊杆和桥面板的临时拉杆，将桁架锚固在后台的桥台（或桥墩）上。过程中作用于斜吊杆的力是通过布置在桥面板上的临时拉杆传至岸边的地锚上。用这种方法修建大跨径拱桥时，个别的施工误差对整体工程质量的影响很大。其施工程序如图 9.12 所示。

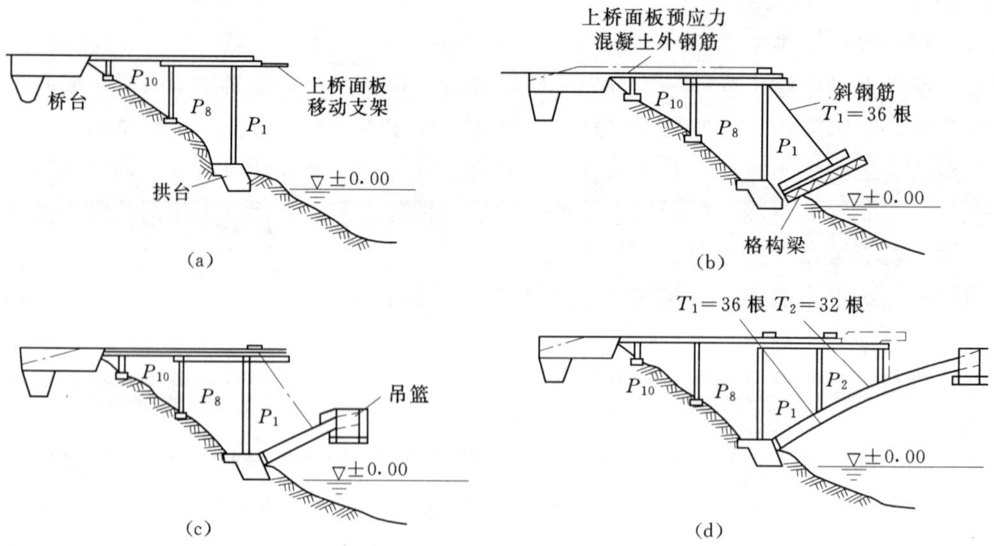

图 9.12 斜吊式现浇法的主要施工步骤

9.2.5 桥面系及附属工程施工

桥面系包括桥面铺装层、伸缩缝装置、桥面连续、泄水管、支座、桥面防水、桥面防护设施（防撞栏杆或人行道栏杆、灯柱等）、桥头搭板等，是桥梁服务车辆、行人实现其功能

的最直接部分，其施工质量不仅影响桥梁的外形美观，而且关系到桥梁的使用寿命、行车安全及舒适性，因而必须引起足够的重视。

9.2.5.1　伸缩缝装置及其安装

我国各地使用的伸缩缝种类繁多，按其传力方式及构造特点可以分为对接式、钢质支承式、橡胶组合剪切式、模数支承式、无缝式等。

1. 伸缩缝装置的施工顺序

在《公路工程质量检验评定标准》（JTG F80/1—2004）中，桥面的平整度是一个很重要的指标，而影响桥面平整度的重要部分之一则是桥梁的伸缩缝装置。如果由于施工质量不合理或施工不慎，在 3m 长度范围内，其高程与桥面铺装的高程有正负误差，将造成行车的不舒适，严重的则会造成跳车。在车辆跳跃的反复冲击下，将很快地导致桥梁伸缩装置的破坏。

前面已将桥梁伸缩装置分成了五大类，而前四类的组成部分可简化为如图 9.13 所示，第五类的组成可简化为如图 9.14 所示。

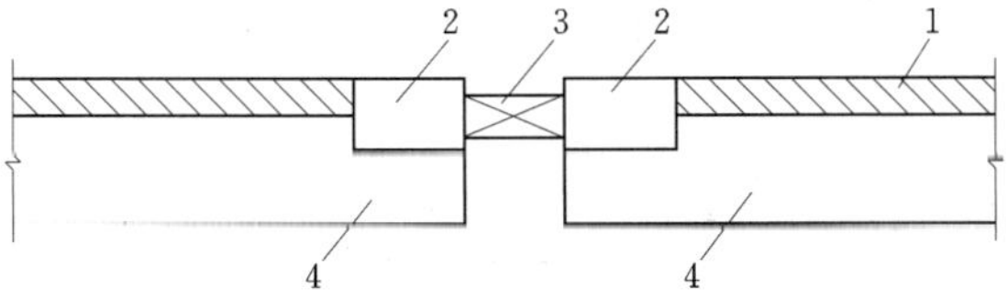

图 9.13　第一至四类伸缩缝结构示意图

1—桥面铺装；2—伸缩装置的锚固系统；3—绳索装置的伸缩梯；4—梁体

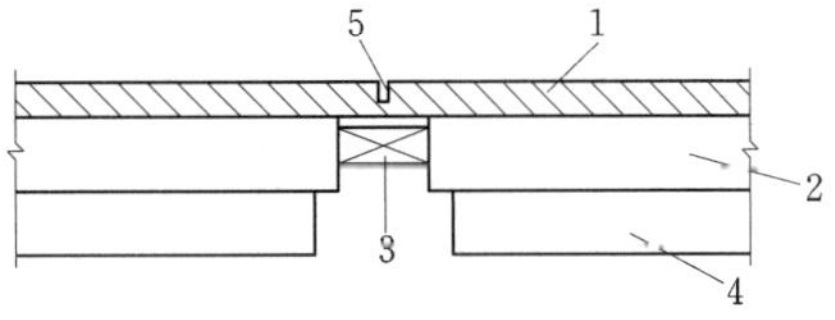

图 9.14　第五类伸缩缝结构示意图

1—桥面铺装；2—桥面整体化混凝土；3—伸缩体；4—梁体；5—锯缝

图 9.13 和图 9.14 形式的伸缩装置施工程序是不同的，如图 9.15 和图 9.16 所示。

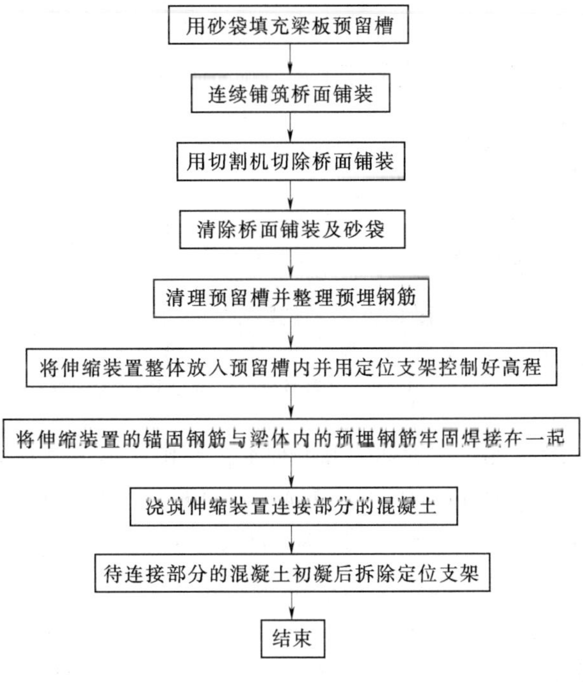

图 9.15　第一至四类伸缩缝施工程序

2. 伸缩装置的锚固

(1) 无缝式（暗缝式）伸缩装置。其特点是桥面铺装为整体型，适用于伸缩量小于5mm的桥梁，只能用于桥面是沥青混凝土的情况，构造如图9.17所示。

施工要求：防水接缝材料应具有较好的抗老化性能，能与壁面强力黏结，适应伸缩变形，恢复性能好，并具有一定强度以抵抗砂石材料的刺破力；塞入物用于防止未固化的接缝材料往下流动，需要有足够的可压缩性能。

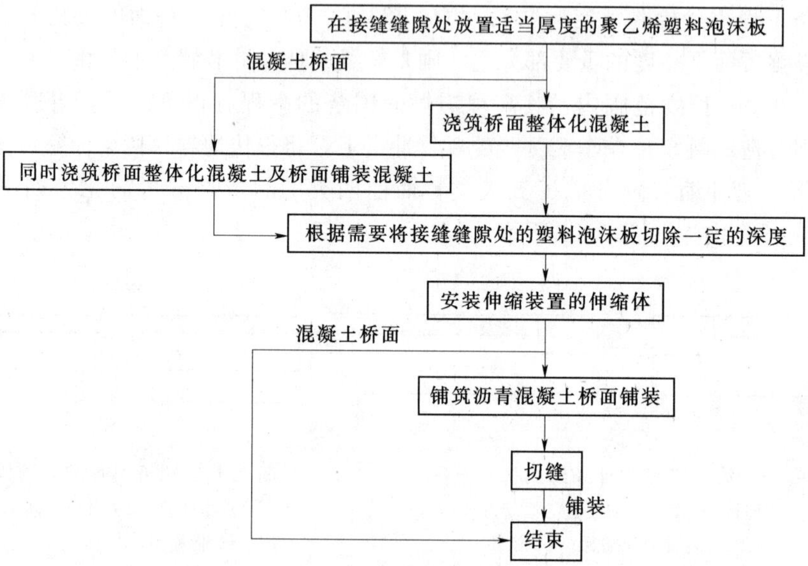

图9.16　第五类伸缩缝施工程序

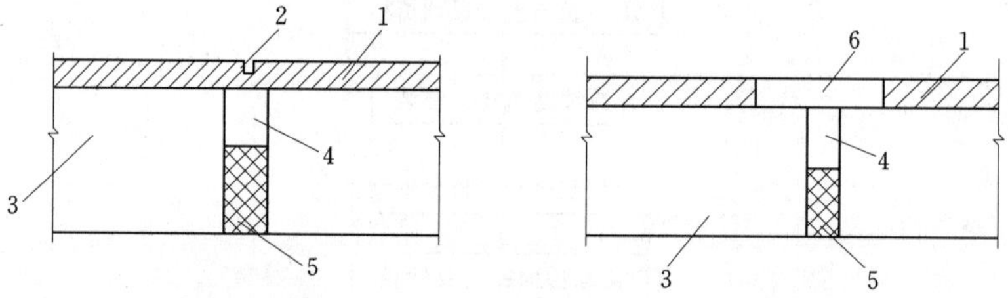

(a)切割式接缝　(b)暗缝式接缝

图9.17　无缝式构造示意图

1—沥青混凝土桥面铺装；2—锯缝，正常宽度5mm左右，深度30～50mm，在缝内浇灌5～7mm的接缝材料；3—桥面板；4—防水接缝材料；5—塞入物；6—浇筑的沥青混合料

(2) 填塞对接型伸缩装置。该类伸缩缝的伸缩体所用材料主要有矩形橡胶条、组合式橡胶条、管形橡胶条、M形橡胶条，也要采用泡沫塑料板或合成树脂材料等。填塞对接型桥梁伸缩装置适用伸缩量小于10～20mm的桥梁结构。

(3) 嵌固对接型伸缩装置。此类形式，如RG型、FV型、SW型、GQF－C型等，它的特点是将不同形状的橡胶条用不同形状的钢构件嵌固起来，然后通过锚固系统将它们与接缝处的梁体锚固成整体，如图9.18所示。此类伸缩装置适用于伸缩量小于60mm的桥梁结构，即接缝宽度为20～80mm。

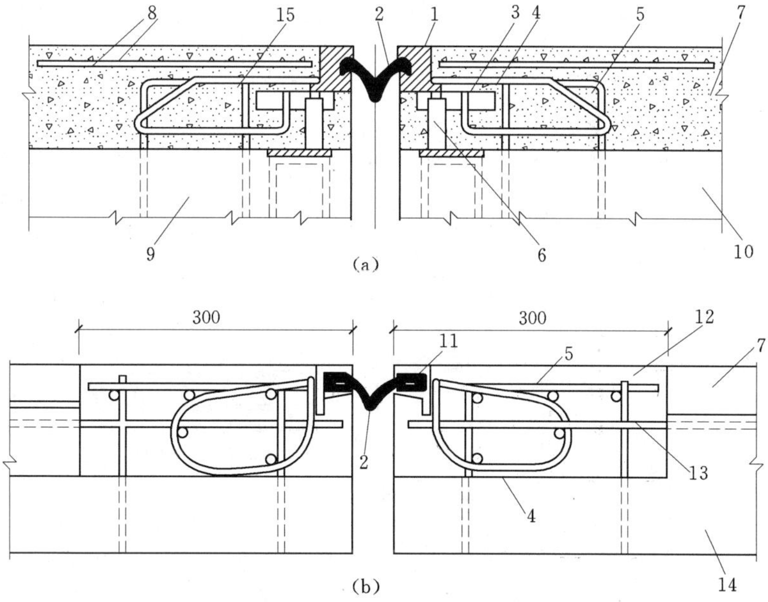

图 9.18　嵌固对接型锚固系统示意图（单位：mm）

1—异型钢；2—密封橡胶带；3—锚板；4—锚筋；5—预埋筋；6—连接钢板；7—桥面铺装；8—钢筋网；9—梁（墩台）；10—梁；11—下形钢件；12—填料；13—梁主筋；14—行车道板；15—横向水平筋

（4）钢质支承式伸缩装置。钢形桥梁伸缩装置的构造是由梳型板、连接件及锚固系统组成，有的钢梳齿型桥梁伸缩装置在梳齿之间塞有合成橡胶，起防水作用。

9.2.5.2　梁间铰接缝施工

1. 简支板桥铰接缝施工

简支板桥纵向铰接缝如图 9.19 所示，企口铰接形状由空心板预制形成，相邻两块板底部紧密接触，形成铰缝混凝土底模，铰缝钢筋 N10 和 N11 在梁板预制时紧贴着模板向上竖起，浇筑混凝土前将其扳平，焊接或绑扎牢固。用水将缝内冲洗干净并使其充分湿润。

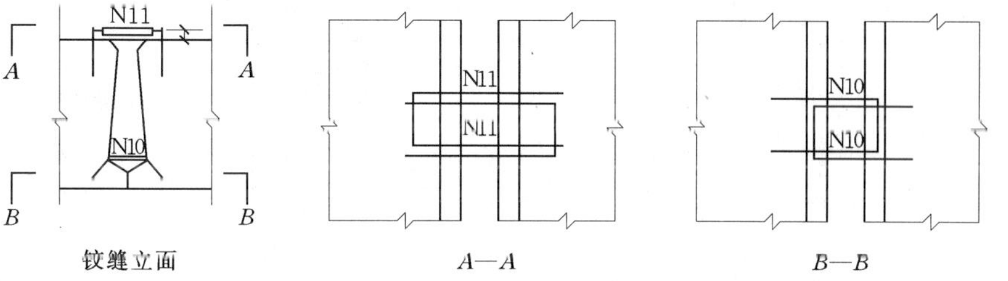

图 9.19　简支板桥纵向铰接缝构造图

拌制混凝土时应严格控制集料粒径和拌和物的和易性，浇筑中用人工插捣器捣实。此项混凝土施工一般与桥面混凝土铺装层同时施工。

2. 简支梁桥梁间接缝施工

常见简支梁桥有 T 形梁和箱形梁，T 形梁的梁间接缝按梁体设计不同有干接缝和湿接缝两种，箱形梁梁间接缝通常采用混凝土现浇湿接缝。

（1）干接缝。干接缝是用钢板或螺栓将相邻两片梁翼板和横隔板焊接起来形成横向联系的方法。该方法的优点是施工快、连接速度快、焊接后能立即承受荷载。T形梁的连接构造示意图如图9.20所示。

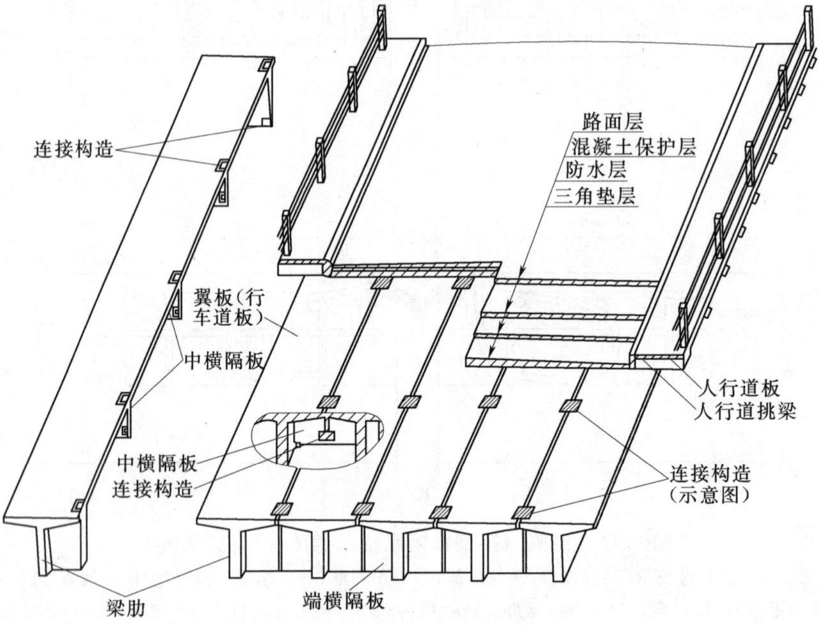

图9.20 T形梁的连接构造示意图

(2) 湿接缝。系主梁预制时，将翼板端部留出一部分，钢筋外伸。梁架设到位后，将相邻两翼板的钢筋焊接连接，然后支撑板现浇接缝混凝土，使各片梁横向连接形成整体。

接缝构造如图9.21所示。翼板接缝混凝土的施工方法为分段吊装模板，如图9.22所示。

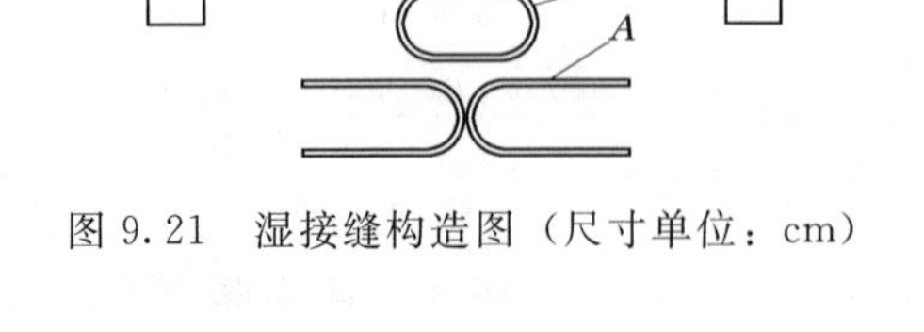

图9.21 湿接缝构造图（尺寸单位：cm）

图9.22 湿接缝施工示意图

9.2.5.3 桥面铺装层施工

桥面铺装层的作用是实现桥梁的整体化，使各片主梁共同受力，同时为行车提供平整舒适的道面。高等级公路及二、三级公路的桥面铺装层翼板为两层，上层为40～80mm沥青混凝土，下层为80～100mm钢筋混凝土。现就水泥钢筋混凝土和沥青混凝土铺装层分别加以介绍。

1. 钢筋混凝土桥面铺装层施工

(1) 梁顶高程的测定和调整。预应力混凝土空心板或大梁在预制后存梁期间由于预应力的作用，往往会产生反拱，如果反拱过大就会影响到桥面铺装层的施工，因此设计中对存梁时间、存梁方法都做了一定要求。如果架梁前已发现反拱过大，则应采取降低墩顶高程、减少垫石厚度等方法，保证铺装层厚度。

(2) 梁顶处理。为了使现浇混凝土铺装层与梁、板结合成整体，预制梁板时对其顶面进行拉毛处理。有些设计中要求梁顶每隔 500mm 设一条 10～15mm 深的齿槽。现浇前要用清水冲洗梁顶。

(3) 绑扎布设桥面钢筋网。按设计文件要求，下料制作钢筋网，用混凝土垫块将钢筋网垫起。满足钢筋设计位置及混凝土净保护层的要求。

(4) 混凝土浇筑。若设计为防水混凝土，其配合比及施工工艺应满足规范要求。浇筑时由一端向另一端推进，连续施工，防止产生施工缝。用平板式振捣器振捣。施工结束后注意养护，高温季节应采用草帘覆盖，并定时洒水养护。

2. 沥青混凝土面层施工

桥面沥青混凝土与同等级公路沥青混凝土路面的材料、工艺、施工方法相同，一般与路面同时施工。采用拌和厂集中拌和，现场机械摊铺，沥青材料及混合料的各项指标应符合设计和施工规范要求。

注意铺装后桥面泄水孔的进水口应略低于桥面面层，保证排水顺畅。

单 元 小 结

本单元内容涉及桥梁基础与桥梁墩台施工、桥梁上部结构施工两部分内容。桥梁基础与桥梁墩台施工部分介绍了明挖扩大基础、桩基础和组合式基础的施工原则、施工方法和要求，应结合前面学过的有关知识对照学习。桥梁上部结构施工介绍了钢筋混凝土简支梁桥、预应力混凝土简支梁桥、悬臂施工法、圬工和钢筋混凝土拱桥及桥面及附属工程等的施工。在学习时应注意和本书“钢筋混凝土结构工程施工”对照，注意它们的联系与区别。

拓 展 讨 论

党的二十大报告提出，坚持人民城市人民建、人民城市为人民，提高城市规划、建设、治理水平，加快转变超大特大城市发展方式，实施城市更新行动，加强城市基础设施建设，打造宜居、韧性、智慧城市。

请思考：城市桥梁如何适应城市更新行动?

习　题

1. 桥梁常用的基础形式有哪些?
2. 桥梁基础施工的注意方法有哪些? 桥梁施工的准备工作有哪些?
3. 桥梁加石混凝土和片石混凝土基础施工方法是什么?
4. 简述装配式墩台的施工要点。
5. 就地浇筑施工法的特点是什么?

6. 悬臂施工法的施工特点、施工程序是什么？

7. 悬臂施工法中0号块施工程序是什么？

8. 叙述常用拱架结构类型。

9. 现浇混凝土拱桥施工程序是什么？

10. 砌筑拱圈的基本方法是什么？

11. 桥面铺装层施工是什么？

单元10　道 路 工 程 施 工

教学目标：了解路基、路面施工的特点以及进行施工前所需要的准备工作；掌握土质路基填筑的施工工艺流程、路基填筑施工的主要工序及三种填筑方法，了解土质路堑的几种开挖方法与石质路基的爆破方法；掌握路面基层（底基层）施工、沥青路面施工、混凝土板施工等施工工序、施工方法。

课题10.1　路 基 施 工

10.1.1　路基施工特点

路基是支承路面的土工构筑物。在挖方地段，路基是开挖天然地层形成的路堑；在填方地段，则是用压实的土石填筑而成的路堤。由于路基在使用过程中要承受由路面传递而来的行车荷载并抵御各种环境因素的影响，因此要求路基必须具有足够的强度、良好的水温稳定性和耐久性。路基施工，就是以设计文件和施工技术规范为依据，以工程质量为中心，有组织、有计划地将设计图纸转化为工程实体的建筑活动。

路基施工的特点突出表现在对工程质量的高标准要求方面。强度高、稳定性和耐久性良好的路基将成为路面结构的良好支承体系，有利于提高路面整体强度和使用性能，延长路面使用寿命，还可以降低路面工程造价和公路养护维修费用。路基施工还在于工程质量受到多种因素的不利影响。虽然路基施工主要有开挖、运输、压实等比较简单的工序，但由于路基施工存在着条件变化大、工程数量大、施工难度大、施工方法多样等特点，对于保证路基工程质量有相当的难度。特别是地质不良的特殊路段及隐蔽工程较多的路基，在施工时常会遇到复杂的技术问题和各种突发性事故需要处理，可以说路基施工技术是简单中蕴含着复杂。在与人工构造物的关系方面，路基自身的施工既与排水、防护及加固等工程的施工相互制约，有时又与桥梁、隧道、路面等分项工程等相互交叉、相互影响。

路基施工的基本方法，按其技术特点大致可分为人工及简易机械化、综合机械化和爆破方法等。

10.1.2　土质（石质）路基施工

10.1.2.1　路堤填筑

为了确保路堤的强度和稳定性，在填筑路堤时，要处理好基底，保证必需的压实度及正确选择填筑方案。路堤填筑的主要施工工序为：填料的选择、基底处理、填筑方案选择、填料碾压。

1. 填料的选择

填筑路堤的材料应选择强度高、水稳定性好、便于施工压实以及运距短的土、石。

石块、碎石土、卵石土、砾石土等具有透水性好、内摩擦系数大、不易压缩、水稳定性好等优点，是很好的路堤填料。

砂土无塑性，透水性强，毛细水上升高度很小，具有较大的内摩擦系数，强度和水稳定性均较好，但由于黏性小，易松散，因此压实困难。可加入一些黏性大的土，以改善砂土路基质量。

砂性土既有一定数量的粗颗粒，使路基具有足够的强度和水稳定性，又含有一定数量的细粒土，使其具有一定的黏聚力，不致过分松散，一般遇水干得快，不膨胀，干时有足够的黏结性，扬尘少，容易被压实而形成平整坚实的路基，是良好的路基填料。

黏性土细颗粒比重大，透水性很差，黏聚力大，具有较大的可塑性、黏结性和膨胀性，毛细管现象也很显著。黏性土干燥时较坚硬，亦不易被水浸湿，但浸湿后亦难使之干燥，而且潮湿时强度将大大降低。在季节性冰冻地区，遇到不良的水温状况，路基容易产生冻胀和翻浆。黏性土如能充分压实并采取很好的排水措施，筑成的路堤也能获得稳定。

粉性土含有较多的粉土颗粒，干时稍有黏性，但易被压碎，扬尘大，浸水时很快被湿成稀泥。粉质土毛细作用强烈，在季节性冰冻地区，水分聚积现象严重，引起路基冰胀，春融期间极易形成翻浆，是最差的路堤填料。如果必须用粉质土填筑路堤，宜掺配其他材料以改善其性质，并加强排水以及采取设置隔离层等措施。

此外，一些特殊性质的土类，如膨胀土、冻土或含有易溶盐的土等，均不宜用作路堤填料。

为了节约和少占耕地良田，一般应利用附近路堑或附属工程的弃方作为填料，尽量使填料的运距缩短，节约资金。

2. 基底处理

路堤基底是指土、石填料与原地面的接触部分。在路堤填筑前进行基底处理，能使填土与原地面结合密实，保持路基稳定，防止路堤沿基底发生滑动，或路堤填筑后产生过大的沉陷变形，则可根据基底的土质、水文、坡度和植被情况及填土高度采取相应的处理措施。

(1) 密实稳定的土质基底。当地面横坡不陡于1∶10，压实符合要求后，基底可不作处理；但路堤高度低于1m的地段，应将原地面草皮、树根等杂物清除。在稳定的斜坡上，横坡为1∶10～1∶5时，需铲除地面草皮、杂物、积水和淤泥，横坡陡于1∶5时，应将原地面挖成台阶，台阶宽度应不小于1m，高度不小于0.5m，台阶顶面做成向内倾斜2%～4%的斜坡，如图10.1所示。当地面横坡陡于1∶2.5时，应进行个别设计，特殊处理，如设置护脚或护墙。

(2) 耕地或松土基底。路堤基底为耕地或松土时，应先清除有机土、种植土，平整压实后再进行填筑。在深耕地段，必要时应将松土翻挖、土块打碎，然后回填、整平、压实。经过水田、池塘或洼地时，应根据具体情况采取排水疏干、挖除淤泥、打砂桩、抛填片石或砂砾石等处理措施，以保持基底的稳固。

当路基稳定受到地下水的影响时，应予拦截或排除，引地下水至路堤基底范围以外。如处理有困难，则应当在路堤底部填以渗水土或不易风化的岩块。

路基填挖交界处的处理、高边坡路堤与陡坡路堤的施工，应满足路基设计规范及路基施工规范的相关要求。

3. 填筑

路堤填筑方法主要有三种：分层填筑法、竖向填筑法、混合填筑法。

(1) 分层填筑法。

路堤填筑必须考虑不同的土质，从原地面逐层填起并分层压实，每层填土的厚度可按压

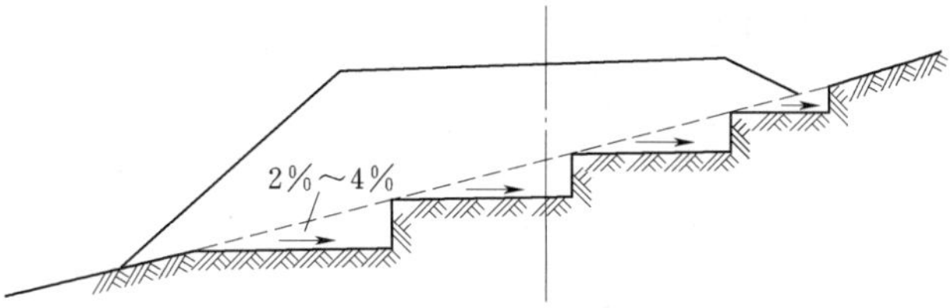

图 10.1 横坡较大时台阶式基底

实机具的有效压实深度和压实度确定。分层填筑法又可分为水平分层填筑法和纵向分层填筑法两种。

水平分层填筑法在填筑时按照横断面全宽分成水平层次，逐层向上填筑。如原地面不平，应由最低处分层填起，每填筑一层经过压实后再填下一层，如图 10.2（a）所示（图中1～4 表示填筑土层序号)。

纵向分层填筑法宜于用推土机从路堑取土填筑距离较短的路堤，依纵坡方向分层，逐层向上填筑，如图 10.2（b）所示。

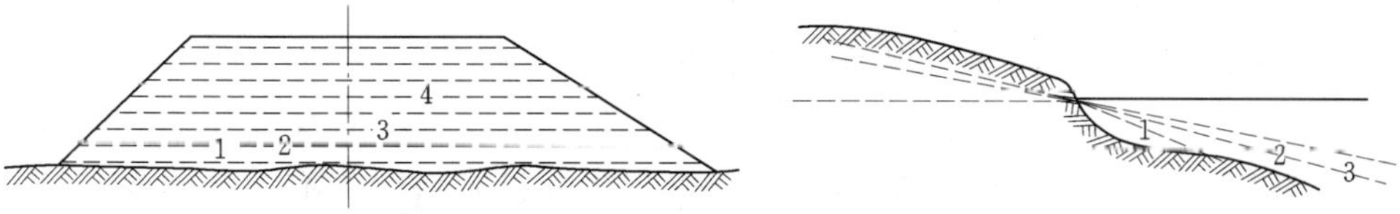

(a)水平分层填筑法　　(b)纵向分层填筑法

图 10.2 分层填筑法

(2) 竖向填筑法。

在深谷陡坡地段填筑路堤，无法自下而上分层填筑，可采用竖向填筑法。竖向填筑是指从路堤的一端或两端按横断面全部高度，逐步推进填筑，如图 10.3 所示。竖向填筑因填土过厚不易压实，施工时需采取下列措施：选用振动式或夯击式压实机械；选用沉陷量较小及颗粒径均匀的砂石材料；暂不修建较高级的路面，容许短期内自然沉落。

(3) 混合填筑法。

当高等级公路路线穿过深谷陡坡地段，尤其是对土层上部的压实度标准较高时，应尽量采用混合填筑法，如图 10.4 所示，即在路堤下层竖向填筑，上层水平分层填筑，使上部填土经分层压实获得需要的压实度。

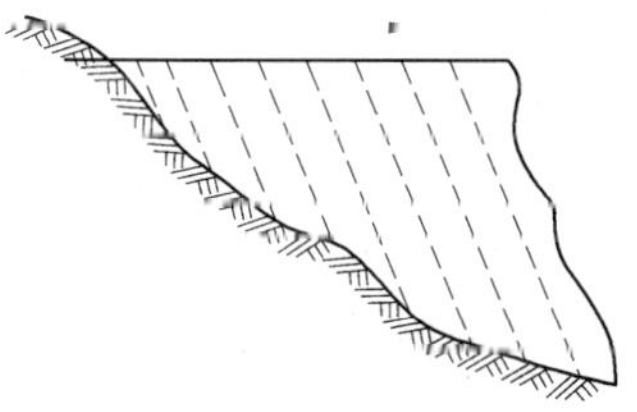

图 10.3 竖向填筑法

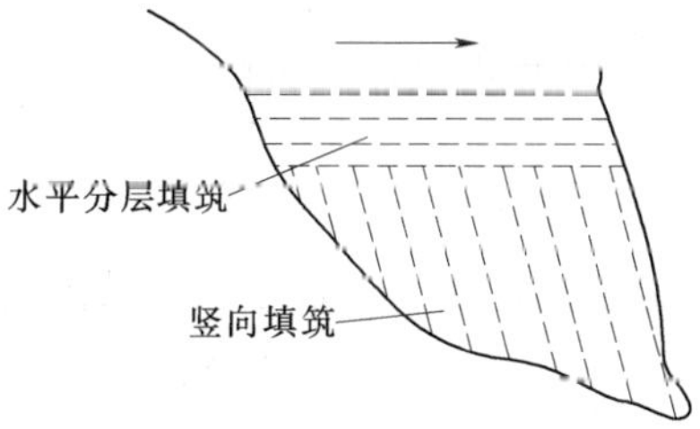

图 10.4 混合填筑法

在施工中，沿线土质经常在变化，为避免将不同性质的土任意混填，造成路基病害，必须在施工前进行现场调查，做出正确的规划，拟定合理的调配方案。

正确的填筑方案应满足以下要求：

(1) 根据土的性质、透水能力等要求，进行分类分层填筑压实，并采用有利于排水和路堤稳定的方式。

(2) 不同性质的填料要分别分层填筑，不得混填，每种填料的填筑层的压实厚度不宜小于 0.5m。

(3) 填料分层填筑，为保证路堤水分的蒸发和排除，透水性好的土层不宜被透水性差的土层封闭。透水性差的土填筑在下层时，其顶面应做成 4%的双向横坡，以保证来自上层透水性填土的水分及时排出。

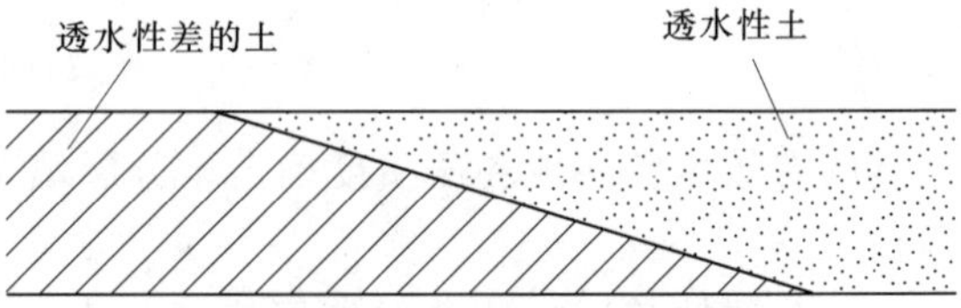

图 10.5　不同土质接头

(4) 凡不因潮湿及冻融而改变其体积的优良土应填在上层，强度较小的土应填在下层。

(5) 对于纵向用不同土质填筑的相邻两段路堤，为防止发生不均匀变形，在交接处应做成斜面，并将透水性差的土填在斜面下部，如图 10.5 所示。

用不同土质填筑路堤的正确与错误方案如图 10.6 所示。

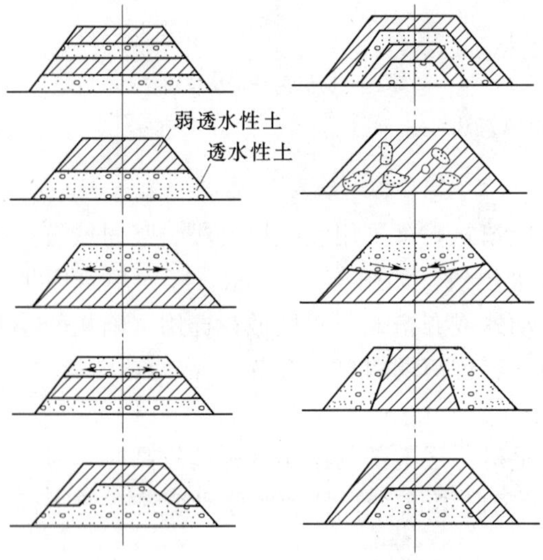

图 10.6　路堤分层填筑方案
弱透水性土　透水性土

(6) 填石路堤的填筑其基底处理同填土路堤。石料的强度应不小于 15MPa。石料的最大粒径不宜超过层厚的 2/3。每层的松铺厚度不宜大于 1.0m（高速公路不宜大于 0.5m）。

高等级公路和铺设高级路面的其他等级公路的填石路堤均应分层填筑，分层压实。铺设低级路面的一般公路在陡峻山坡段施工特别困难或大量爆破以挖作填时，可采用倾填方式将石料填筑于路堤下部。倾填时，路堤边坡坡脚应用直径大于 30m 的硬质石料码砌。码砌的厚度：填石路堤高度不大于 6m 时，应不小于 1m；大于 6m 时，应不小于 2m 或按设计规定施工。倾填只能在路基下部进行，而在路床底面下不小于 1.0m 的范围内，仍应分层填筑压实。

(7) 土、石混填的路堤其基底处理同填土路堤。土石混合料中石料强度大于 20MPa 时，石块最大尺寸不得超过压实层厚度的 2/3，否则应予剔除。当石料强度小于 15MPa 时，石块最大尺寸不得超过压实层厚度，超过的应打碎。

土石路堤必须分层填筑，分层压实。每层铺砌厚度应根据压实机械的类型和规格确定，但不宜超过 40cm。

混合料中石料的含量大小将影响压实效果。因此，当石料含量大于 70%时，应先铺大块石料，且大面向下安放平稳，然后铺小块石料、石屑等嵌缝找平，再碾压密实。当石料含量小于 70%时，土石可混合铺填，但应消除硬质石块集中的现象。

土石混合料填筑高等级公路时，其路床顶面以下 30～50cm 范围内仍应填筑符合路床要求的土并分层压实，填料最大粒径不大于 10cm；其他公路在路床顶面以下填筑 30cm 的砂类土，最大粒径不大于 15cm。

4. 填料碾压

填料碾压是路基工程的一个关键工序，有效地压实路基填筑土，才能保证路基工程的施工质量。除了采用透水性良好的砂石材料外，其他填料均需使其含水量在最佳含水量±2%内，方可进行碾压。因此，在施工中，必须经常检查填土的含水量，并按规定的要求检查压实度。

(1) 确定工地施工要求的压实度。路基要求的压实度根据填挖类型和公路等级及路堤填高度而定。通常根据规范的规定，用标准击实试验，得出最大干密度和相应佳含水量。

(2) 对于各种压实机具碾压不同土类的适宜厚度，所需压实遍数与填土的实际含水量（最佳含水量±2%以内）等，均应根据要求的压实度，通过做试验路段时加以确定。高等级公路路基填土压实宜采用振动压路机或 35～50t 轮胎压路机进行。采用振动压路机碾压时，第一遍静压，第二遍开始用振动压实。

压实过程中应严格控制填土的含水量。含水量过大时，应将土翻晒至要求的含水量再碾压；含水量过小时，需均匀洒水后再进行碾压。通常天然土的含水量接近最佳含水量时，在填土后应及时压实。

(3) 填石路堤在压实前，应先用大型推土机推铺平整，个别不平处，应用人工配合，用细小石屑找平。压路机宜选用 12t 以上的重型振动压路机、2.5t 以上夯锤或 25t 以上的轮胎压路机。碾压时要求均匀压实，不得漏压。每层的填铺厚度在 0.4m 左右，当采用重型振动压路机或夯锤压实时，可加厚至 1.0m。

填石路堤所要求的密实度、所需的碾压遍数（或夯压遍数）应经过试验确定。以 12t 的振动压路机进行压实试验，当压实层顶面稳定，不再下沉（无轮迹）时，可判为密实状态，即压实度合格。

(4) 土石混填路堤的压实要根据混合料中巨粒土含量的多少来确定。当巨粒土含量较少时，应按填土路堤的压实方法进行压实；当巨粒土含量较大时，应按填石路堤的压实方法进行压实。不论何种路堤，碾压都必须确保均匀密实。

(5) 压实度的检测方法有环刀法、灌砂法、灌水法（水袋法）和核子密度湿度仪法等。

10.1.2.2 土质路堑开挖

土质路堑开挖前，应做好现场伐树除根等清理工作。移挖作填时，还需将表层土壤单独掘弃。土质路堑开挖，根据挖方数量大小及施工方法的不同，按掘进方向可分为纵向全宽掘进和横向通道掘进两种，同时又可在高度上分单层或双层和纵横掘进混合等。

(1) 纵向全宽掘进是在路线一端或两端，沿路线纵向向前开挖，如图 10.7 所示。单层掘进的高度，即等于路堑设计深度。掘进时逐段成型向前推进，运土由相反方向送出。单层纵向掘进的高度，受到人工操作安全及机械操作有效因素的限制，如果施工紧迫，对于较深路堑，可采用双层掘进法，上层在前，下层随后，下层施工面上留有上层操作的出土和排水通道。

(2) 横向通道掘进是先在路堑纵向挖出通道，然后分段同时向横向掘进，如图 10.8 所

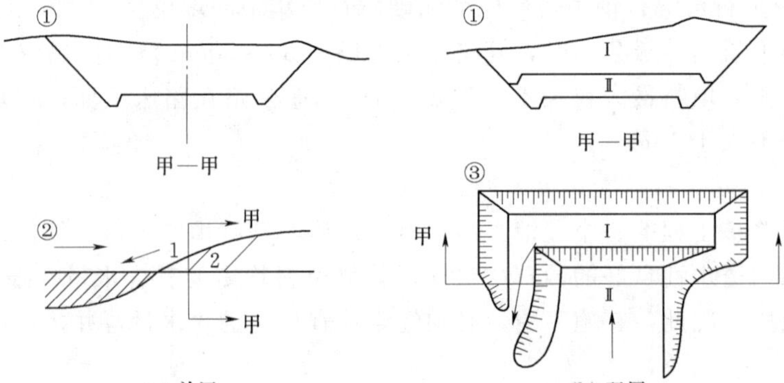

图 10.7 纵向全宽掘进示意图

①—横剖面；②—纵剖面；③—平面；1—路堤；2—路堑

示。此法为扩大施工面，加速施工进度，在开挖长而深的路堑时采用。施工时可以分层和分段，层高和段长视施工方法而定。该法工作面多，但运土通道有限制，施工的干扰性增大，必须周密安排，以防在混乱中出现质量或安全事故。个别情况下，为了扩大施工面，加快施工进度，对土路堑的开挖，还可以考虑采用双层式纵横通道的混合掘进方案，同时沿纵横的正反方向，多施工面同时掘进，如图 10.8（b）所示。混合掘进方案的施工干扰性更大，一般采取人工施工，并以铲式挖掘机和运输自卸车配合使用为宜。对于深路堑，如果挖方工程数量大及工期受到限制亦可考虑采用。

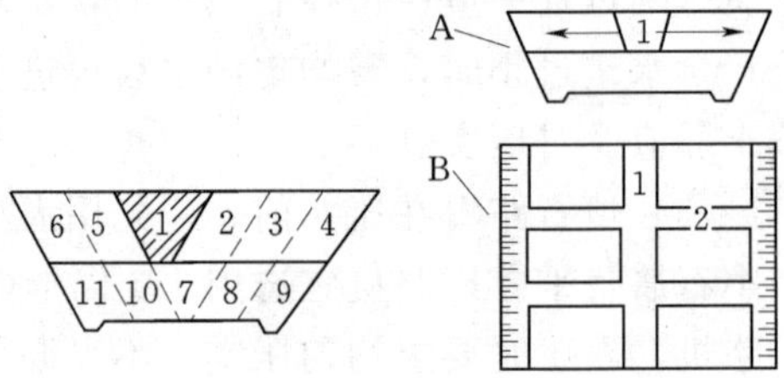

图 10.8 横向和混合掘进示意图

A—横剖面；B—平面

（1～11 为施工顺序）

10.1.2.3 石质路堑开挖

石质路堑是通过山区和丘陵地区的一种常见的路基形式。山区和丘陵地区路基石方工程量大，而且集中，据统计一般约占土石方总量的 45%～75%。爆破是石方路基施工最有效的方法，爆破还可用于爆松冻土、淤泥，开采石料等。在公路工程中如能采用综合爆破施工方法，不但能保证功效高、工期短，而且可以取顺直的路线布置方案，是一种值得提倡的方法。

开挖岩石路基所采用的爆破方法，应根据石方的集中程度、地形、地质条件及路线横断面形状等具体情况而定。常用爆破方法有裸露爆破法、浅孔爆破法、药壶炮爆破法、微差爆破、光面爆破和预裂爆破等。

爆破法开挖时，应注意如下问题：

（1）爆破区管线调查。

（2）需用爆破法开挖的地段，必须查明空中缆线及地下管线的具体位置以确保其安全。石方爆破开挖必须严格按如下程序进行：施爆区管线调查→炮位设计与设计审批→配备专业施爆人员→清除施爆区覆盖层和强风化岩石→钻孔→爆破器材检查与试验→炮孔（或坑道、药室）检查与废渣清除→装药并安装引爆器材→布置安全岗和施爆区安全人员→炮孔堵塞→撤离施爆区和飞石、强地震波影响区内的人、畜→起爆→清除瞎炮→解除警戒、测定爆破效果（包括飞石、地震波对施爆区内外构造物造成的损伤及造成的损失）。

（3）施爆及排水。进行爆破作业时必须由经过专业培训并取得爆破证书的专业人员施爆。要注意开挖区的施工排水，在纵向和横向形成坡面开挖面，以确保爆破出的石料不受积水浸泡。

（4）边坡清刷。

1）石质挖方边坡应顺直、圆滑、大面平整。边坡上不得有松石、危石。

2）挖方边坡应从开挖面往下分级清刷边坡，下挖 2～3m 时，应对新开挖边坡刷坡，对于软质岩石边坡可用人工或机械清刷，对于坚石和次坚石，可使用炮眼法、裸露药包法爆破清刷边坡，同时清除危石、松石。清刷后的石质路堑边坡不应陡于设计规定。

3）石质路堑边坡如因过量超挖而影响上部边坡岩体稳定时，应用浆砌片石补砌超挖的坑槽。

（5）路床整修。石质路堑路床底高程应符合设计要求，开挖后的路床基岩标高与设计标高之差应符合规范要求。如过高，应凿平；过低，应用开挖的石屑或灰土碎石填平并碾压密实。

课题 10.2 路 面 施 工

10.2.1 路面施工概述

路面是道路的重要组成部分，除了直接承受行车荷载外，还受到大气等自然条件的影响。道路路面依面层类型不同，可分为沥青路面、水泥混凝土路面和砂石路面等。路面结构层由面层、基层、底基层和垫层组成。

10.2.2 路面基层（底基层）施工

路面基层（底基层）可分为无机结合料稳定类和粒料类。无机结合料（水泥、石灰或工业废渣）稳定类基层（底基层），在前期具有柔性路面的力学特性，当环境适宜时，其强度和刚度会随着时间的推移而不断增大，但其最终抗弯拉强度和弹性模量，还是比刚性基层低，因此把这类基层称为半刚性基层。在我国，半刚性材料已广泛用于修建高等级公路路面基层或底基层。

10.2.2.1 半刚性基层（底基层）施工

半刚性基层（底基层）的混合料可在拌和厂（场）集中拌和，也可沿路拌和，故施工方法有厂拌法和路拌法之分。高速公路和一级公路的半刚性基层对强度、平整度等技术性能有很高的要求。应采用施工质量好、进度快的厂拌法施工，其他公路的半刚性基层（底基层）可用路拌法施工。

1. 厂拌法施工

厂拌法施工是在中心拌和厂（场）用强制式拌和机、双转轴桨叶式拌和机等拌和设备将原材料拌和成混合料，然后运至施工现场进行摊铺、碾压、养生等工序作业的施工方法。无拌和设备时，也可用路拌机械或人工在现场分批集中拌和，再进行其他工序的作业。厂拌法施工前，应先调试用于拌和、摊铺、碾压等工序的设备，使之处于良好的工作状态。拌和前应进行适当的试拌，使大批量拌和的混合料组成符合设计要求。厂拌法施工的工艺流程如图 10.9 所示，其中与施工质量有关的重要工序是混合料拌和、摊铺及碾压。

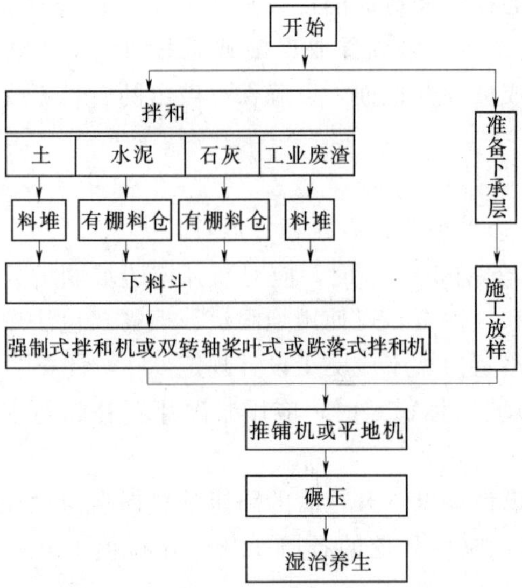

图10.9 半刚性基层厂拌法施工流程

(1) 准备下承层与施工放样。

半刚性基层施工前应对下承层（底基层或土基）按施工质量验收标准进行检查验收，验收合格后方可进行基层施工。当水泥稳定土做基层时，要准备底基层；当水泥稳定土做底基层时，要准备土基。下承层应平整、密实，无松散、"弹簧"等不良现象，并符合设计标高、横断面宽度等几何尺寸。注意采取措施搞好基层施工的临时排水工作。

施工放样主要是恢复路中线，在直线段每隔15～20m，平曲线段每隔10～15m设一中桩，并在两侧路肩边缘设置指示桩，在指示桩上明显标出基层的边缘设计标高及松铺厚度的位置。

(2) 备料。

半刚性基层的原材料应符合质量要求。料场中的各种原材料应分别堆放，不得混杂。运到料场的水泥应防雨防潮，准备使用的石灰应提前洒水，使石灰充分消解。石灰和粉煤灰过干会随风飞扬而造成污染，过湿又会成团不便于施工，因此，应适时洒水或设遮雨棚，使之含有适宜的水分。

(3) 拌和与摊铺。

拌和时应按混合料配合比要求准确配料，使集料级配、结合料剂量等符合配合比设计要求，并根据原材料实际含水量及时调整向拌和机内的加水量。水泥稳定类和工业废渣稳定类混合料的含水量可比最佳含水量大1%～2%，而石灰稳定类混合料的含水量可比最佳含水量小1%～2%，这样可获得较好的压实效果。

拌和好的水泥稳定类混合料和石灰稳定类混合料应尽快运到施工现场摊铺并碾压成型，以免因时间过长而使混合料强度损失过大。工业废渣稳定类混合料在24h内进行摊铺碾压即可。运输混合料的距离较长时，应用篷布等覆盖混合料以免水分损失过大。

高速公路及一级公路的半刚性基层应用沥青混合料摊铺机、水泥混凝土摊铺机或专用稳定土摊铺机摊铺，这样可保证基层的强度及平整度、路拱横坡、标高、几何外形等质量指标符合设计和施工规范要求。摊铺过程中应设专人跟随摊铺机行进，以便随时消除粗、细集料严重离析的现象。应严格控制基层的厚度和高程，禁止用薄层贴补的办法找平，确保基层的整体承载能力。

(4) 碾压。

碾压是使半刚性基层获得强度和稳定性的关键工序。摊铺整平的混合料应立即用12t以上的振动压路机、三轮压路机或轮胎压路机碾压。混合料压实厚度与压路机吨位的关系宜符合表10.1的要求。必须分层碾压时，最小分层厚度不应小于10cm。碾压时应遵循先轻后重的次序安排各型压路机，以先慢后快的方法逐步碾压密实。在直线段由两侧向路中心碾压，在平曲线范围内由弯道内侧逐步向外侧碾压。碾压过程中若局部出现"弹簧"、松散、起皮等不良现象，应将这些部位的混合料翻松，重新拌和均匀后再碾压密实。半刚性基层的压实质量应符合规范规定的压实度要求。

表 10.1 半刚性基层压实厚度与压路机吨位的关系

压路机类型与吨位/t	适宜的压实厚度/cm	最小分层厚度/cm
三轮压路机 12～15	15	10
三轮压路机 18～20	20	
质量更大的振动压路机、三轮压路机	根据试验确定	

水泥稳定类混合料从加水拌和开始到碾压完毕的时间称为延迟时间。混合料从开始拌和到碾压完毕的所有作业必须在允许的延迟时间内完成，以免混合料的强度达不到设计要求。厂拌法施工的允许延迟时间为 2～3h。

（5）养护与交通管制。

半刚性基层碾压完毕，应进行保湿养护，养护期不少于 7d。水泥稳定类混合料在碾压完成后立即开始养护，石灰或工业废渣稳定类混合料可在碾压完成后 3d 内开始养护，养护期内应使基层表面保持湿润或潮湿，一般可洒水或用湿砂、湿麻布、湿草帘、低黏质土覆盖，基层表面还可采用沥青乳液做下封层进行养护。水泥稳定类混合料需分层铺筑时，下层碾压完毕，待养护 1d 后即可铺筑上层；石灰或工业废渣稳定类混合料需分层铺筑时，下层碾压完即可进行铺筑，下层无需经过 7d 养护。养护期间应尽量封闭交通，若必须开放交通时，应限制重型车辆通行并控制行车速度，以减少行车对基层的扰动。

2. 路拌法施工

路拌法施工是将集料或土、结合料按一定顺序均匀平铺在施工作业面上，用路拌机械拌和均匀并使混合料含水量接近最佳含水量，随后进行碾压等工序的作业。路拌法施工的流程为：下承层准备→施工放样→备料→摊铺→拌和→整形→碾压→养护。其中，下承层准备、施工放样、碾压及养护的施工方法和要求与厂拌法施工相同。

（1）备料。

在一般情况，水泥稳定土层（特别是水泥稳定基层）所用的土是经过选择的技术、经济都比较合理的土料。

料场选择将沿线所有料场的土料，用肉眼鉴别，初步选定一些备用料场。从每个用料场取有代表性的土料，送试验室进行原土料及水泥土混合料的物理力学性质试验。根据试验结果，选定准备开采使用的料场（同时确定水泥剂量）。

选料采集时如料层上有覆盖土、树木、草皮等杂物，则首先应该将它们清除干净（通常使用推土机）。在推选集料的过程中，应该在预定采料深度范围内自上而下采集集料。不应分层采集，避免将不合格的土料推入选料堆中。如发现土料有明显变化，则应该及时采取有代表性的样品送试验室进行规定的各项试验。

计算材料用量：根据各路段水泥稳定土层的宽度、厚度及预定的干密度，计算各路段需要的干燥集料数量；根据料场集料的含水量和所有运料车辆的吨位，计算每车料的堆放距离；根据水泥稳定土层的厚度和预定的干密度及水泥剂量，计算每 1m^2 水泥稳定土需用的水泥用量，并计算每袋（通常重 50kg）水泥的摊铺面积；根据水泥稳定土层的宽度确定摆放水泥的行数，计算每行水泥的间距；根据每包水泥的摊铺面积和每行水泥的间距计算每袋水泥的纵向间距。

选料的运输和堆放选料装车时（通常用装载机或挖掘机），应该注意每辆卡车（通常用自卸卡车）的装载数量基本相等。根据各路段需要的选料数量按计算距离卸料。在该料场供应的路段范围内，由远及近将土料堆放在路的一侧。应该严格掌握卸料的距离，避免选料不够或过多。

如果选料中有较大石块，或小于 5mm 的土团（石料除外）少于 80%，则应该进行粉碎，然后用平地机整平。如选料中超尺寸的石料颗粒过多，则应该在料场进行筛除。

（2）摊铺集料。

应事先通过试验确定集料的松铺系数（或压实系数，它是混合料的松铺干密度与压实干密度的比值）。人工摊铺混合料时，其松铺系数可参考表 10.2。

表 10.2　混合料松铺系数参考表

材料名称	松铺系数	备　注
水泥稳定砂砾	1.30～1.35	
水泥土	1.53～1.58	现场人工摊铺土和水泥，机械拌和，人工整平

摊铺集料应在摊铺水泥之前一天进行。摊料长度应以日进度的需要量控制，满足次日完成掺加水泥、拌和、碾压成型即可。但在雨季施工，不宜提前一天将料铺开，应及时摊铺混合料并保证后续工艺在降雨之前全部完成。

用平地机或其他合适的机具将混合料均匀地摊铺在预定的宽度上，表面应力求平整，并有规定的路拱。摊料过程中，应将土块、超尺寸颗粒及其他杂物拣除。如集料中有较多土块，应进行粉碎。及时检验松铺材料层的厚度，视其是否符合预计要求（松铺厚度=压实厚度×松铺系数）。

（3）拌和。

摊铺完毕，用稳定土拌和机、农用旋耕机或多铧犁进行拌和，拌和深度应达到稳定层底部，略扰动下承层，使基层与下承层结合良好。在拌和过程中，应设专人跟随拌和机行进，以便随时调整拌和深度并检查拌和质量。混合料应充分拌和均匀，严禁在拌和层底留有“素土”或夹层，否则会严重影响稳定层的强度和稳定性。拌和时应适时检查混合料的含水量，若含水量不符合设计要求，应通过自然蒸发或补充洒水使之处于最佳值，并再次拌和均匀。

（4）整形。

混合料拌和均匀后，立即用平地机初平、整型。在直线段，平地机由两侧向路中心刮平，在曲线段，平地机由内侧向外侧刮平。初平后，用拖拉机、平地机或轮胎式压路机快速碾压 1～2 遍，使可能的不平整部位暴露出来，再用平地机整形，如此反复 1～2 遍。整形过程中要及时消除集料离析现象，特别是粗集料集中的部位。低洼处应用齿耙将距表面 5cm 深度范围内的混合料耙松，再用新拌和的混合料找平。初步整形后，应检查混合料松铺厚度，并进行必要的补料和减料。

碾压作业与厂拌法施工相同。碾压结束前，用平地机再终平一次，使基层纵向顺适，路拱、超高、高程等符合设计要求，特别要将高出部分刮除并扫出路外，以保证上层路面结构的有效厚度。

3. 施工时应注意的问题

（1）施工季节。

半刚性基层宜在春末或夏季组织施工。施工期间的最低气温应在5℃以上，在冰冻地区，应保证在结冻前有一定成型时间，即在第一次重冰冻（−5～−3℃）到来之前的半个月到一个月（水泥稳定类）或一个月到一个半月（石灰、工业废渣稳定类）完成。若不能达到上述要求，则碾压成型的半刚性基层应采取覆盖措施以防冻融破坏。多雨地区应避免在雨季施工石灰土结构层。雨季施工水泥稳定土或石灰稳定中、粗粒土时，应特别注意气候变化，采取措施避免结合料或混合料遭雨淋。降雨时应停止施工，及时排除地表水，使运到路上的材料不过分潮湿。已经摊铺的混合料应尽快碾压密实。

（2）接缝及“掉头”处的处理。

无论用厂拌法还是路拌法施工，均应尽量减少横向接缝和纵向接缝，必须设置接缝时，应妥善处理。对于水泥稳定类基层，同一天施工的两个作业段衔接处应搭接拌和，即前一段拌和后留下5～8m长的混合料不碾压，待后一段施工时，在前一段未碾压的混合料中加入水泥，并拌和均匀。每一工作日的最后一段水泥稳定类基层完工后，应将末端设置成垂直端面，以保证接缝处有良好的传荷能力。对于石灰稳定类和工业废渣稳定类基层，同一天施工的两作业段衔接处可按前述方法处理，但不再添加结合料。施工过程中出现的纵向接缝应设置垂直接缝，接缝区的混合料应充分碾压密实。

拌和机等施工机械不应在已碾压成型的稳定类基层上“掉头”、制动或突然起动，若必须进行这些操作时，应采取有效的措施保护基层。

（3）水泥稳定类混合料基层施工作业段长度的确定。

确定水泥稳定类混合料基层的施工作业段长度应考虑水泥的终凝时间、延迟时间、工程质量要求、施工机械效率及气候条件等因素。延迟时间宜控制在3～4h内，不得超过水泥的终凝时间。在保证混合料强度符合要求的前提下，尽可能增长施工作业段长度。为此，水泥稳定类基层应采用流水作业法组织施工，使各工序紧密衔接，尽可能缩短延迟时间以增加施工流水段长度。一般条件下，每作业段长度以200m为宜。

10.2.2.2 粒料类基层（底基层）施工

粒料类基层是由有一定级配的矿质集料经拌和、摊铺、碾压，当强度符合规定时得到的基层，按强度形成原理的不同，矿质集料分为嵌锁型和密实型两种类型。嵌锁型粒料包括泥结碎石、泥灰结碎石、填隙碎石等，强度靠颗粒之间的摩擦和嵌挤锁结作用形成。密实型粒料具有连续级配，故也称级配型基层，材料包括级配碎（砾）石、符合级配要求的天然砂砾等。这里主要介绍级配碎（砾）石、填隙碎石基层的施工技术。

1. 级配碎（砾）石基层施工

级配碎（砾）石基层大都采用路拌法施工，施工次序为：准备下承层→施工放样→运输和摊铺主集料→运输和摊铺掺配集料→洒水拌和→整形→碾压→做封层。采用集中厂拌法施工，施工次序为：准备下承层→施工放样→混合料拌和与摊铺→整形→碾压→做封层。

下承层准备与施工放样按半刚性基层施工的方法和要求进行，运输和摊铺集料是确保级配碎（砾）石基层施工质量的关键工序之一，通过准确配料、均匀摊铺可使碎（砾）石混合料具有规定的级配，从而达到规定的强度等技术要求。施工时根据拟定的混合料配合比、基层宽度与厚度及预定达到的干密度等计算确定各规格集料的用量，以先粗后细的顺序将集料分层平铺在下承层上，然后用人工或平地机进行摊平，级配碎（砾）石混合料可用稳定土拌和机、自动平地机、多铧犁与缺口圆盘耙相配合拌和，拌和应均匀，避免出现集料离析现象，确保级配碎（砾）石基层具有良好的整体强度。

应边拌和边洒水，使混合料达到最佳含水量。混合料拌和均匀即可按松铺厚度摊平，级配碎石的松铺系数为1.4～1.5，级配砾石的松铺系数为1.25～1.35。

表面整理成规定的路拱横坡，随后用拖拉机、平地机或轮胎压路机在初平的混合料上快速碾压1～2遍，使潜在的不平整部位暴露出来，再用平地机整平。混合料整形完毕，含水量等于或略大于最佳含水量时，用12t以上三轮压路机或振动压路机碾压。在直线段，由路肩开始向路中心碾压；在平曲线段，由弯道内侧向外侧碾压，碾压轮重叠1/2轮宽，后轮超过施工段接缝。后轮压完路面全宽即为一遍，一般应碾压6～8遍，直到符合规定的密实度，表面无轮迹为止。压路机碾压头两遍的速度为1.5～1.7km/h，然后为2.0～2.5km/h。路面外侧应多压2～3遍。对于含细土的级配碎（砾）石，应进行滚浆碾压，一直到碎（砾）石基层中无多余细土泛到表面为止，泛到表面的泥浆应清除干净。用级配碎石做基层时，压实度不应小于98%；做底基层时，压实度不应小于96%。用级配砾石做基层时，压实度不应小于98%；做底基层时，压实度不应小于96%。

级配碎石用做薄沥青面层与半刚性基层间的中间层时，主要起防治反射裂缝的作用。碎石混合料应采用强制式拌和机、卧式双转轴桨叶式拌和机或普通水泥混凝土拌和机等集中拌和，用沥青混凝土摊铺机、水泥混凝土摊铺机或稳定土摊铺机摊铺，这样可使其具有良好的强度和稳定性，表面平整，质量明显高于路拌法施工的基层。

2. 填隙碎石基层施工

填隙碎石基层施工的顺序为：准备下承层→施工放样→运输和摊铺粗集料→稳压→撒布石屑→振动压实→第二次撒布石屑→振动压实→局部补撒石屑并扫匀→振动压实，填满空隙→洒水饱和（湿法）或洒少量水（干法）→碾压。其中，运输和摊铺粗集料及振动压实是确保施工质量的关键。

填隙碎石施工时，细集料应干燥，采用振动压路机充分碾压，尽量使粗碎石集料的空隙被细集料填充密实，而填隙料又不覆盖粗碎石表面自成一层，粗碎石应“露子”。填隙碎石的压实度用固体体积率来表示，用做基层时，不应小于83%；用做底基层时，不应小于85%。填隙碎石基层碾压完毕，铺封层前禁止开放交通。

10.2.3 沥青路面施工

沥青路面是用沥青材料作结合料黏结矿料修筑面层与基层的路面结构。沥青路面由于使用了沥青结合料，因而增强了集料间的黏结力，提高了混合料的强度和稳定性，使路面的使用质量和耐久性都得到提高。与水泥混凝土路面相比，沥青路面具有表面平整、无接缝、行车舒适、耐磨、振动小、噪声低、施工期短、养护维修简便等优点，因而获得越来越广泛的应用。

按施工工艺的不同，沥青路面可分为层铺法和路拌法两大类。

（1）层铺法。层铺法是用分层洒布沥青，分层铺撒矿料和碾压的方法修筑，其主要优点是工艺和设备简便，功效较高，施工进度快，造价较低，其缺点是路面成型期较长，需要经过炎热季节行车碾压之后路面才能成型。用这种方法修筑的沥青路面有沥青表面处治和沥青贯入式两种。层铺法施工宜选择在干燥和较热的季节施工，并在雨季前及日最高温度低于15℃到来以前半个月结束，使面层通过开放交通压实，成型稳定。

（2）拌和法。拌和法是由一定级配的矿料和沥青材料在沥青拌和厂（场、站）用专用设备加热拌和，然后送到工地摊铺碾压而成的路面。矿料中细颗粒含量少，含少量填料（或不加填料），压实后剩余空隙率在10%以上的半开式沥青混合料，称为沥青碎石混合料；若矿料中含有填料，各种粒径的颗粒级配连续，相互嵌挤密实的矿料与沥青拌和，压实后剩余空隙率小于10%的称为沥青混凝土混合料。

厂拌法按混合料铺筑时温度的不同，又可分为热拌热铺、热拌冷铺和冷拌冷铺三种。热拌热铺是混合料在专用设备加热拌和后立即趁热运到路上摊铺压实。如果混合料加热后储存一段时间再在常温下运到路上摊铺压实，即为热拌冷铺，热拌冷铺一般用于小面积修补。当采用乳化沥青作结合料，修筑乳化沥青碎石混合料路面时，沥青与矿料常温下拌和压实，称为冷拌冷铺法施工。另外，沥青表面处治也可采用拌和法施工。

10.2.3.1 沥青表面处治

沥青表面处治路面是指用沥青和集料按层铺法或拌和法施工的厚度不大于3cm的一种薄层面层。由于处治层很薄，一般不起提高强度作用，其主要作用是抵抗行车的磨耗，增强防水性，提高平整度，改善路面的行车条件。

层铺法表面处治按照洒布沥青及铺撒矿料的层次多少，可分为单层式、双层式和三层式三种。单层式为浇洒一次沥青，撒布一次集料铺筑而成，厚度为1～1.5cm（乳化沥青表面处治为0.5cm）；双层式为浇洒两次沥青，撒布两次集料铺筑而成，厚度为1.5～2.5cm（乳化沥青表面处治为1cm）；三层式为浇洒三次沥青，撒布三次集料铺筑而成，厚度为2.5～3cm。

沥青表面处治适用于三级及三级以下公路、城市道路的支路、县镇道路、各级公路的施工便道以及在旧沥青面层上加铺的罩面层或磨耗层。

沥青表面处治所用的集料最大粒径应与处治层的厚度相等，其规格和用量按规定选用。当采用乳化沥青时，为减少乳液流失，可在主层集料中掺加20%以上的较小粒径的集料。沥青面层用粗集料规格时，当生产的粗集料规格不符合规定，但确认与其他材料配合后的级配符合各类沥青面层的矿料使用要求时，也可使用。沥青表面处治可采用道路石油沥青、煤沥青或乳化沥青。

层铺法沥青表面处治施工一般采用“先油后料”法，即先洒布一层沥青，后铺撒一层矿料，以双层式沥青表面处治为例，其施工工序如下：备料→清理基层及放样→浇洒透层沥青→洒布第一层沥青→铺撒第一层集料→碾压→洒布第二层沥青→铺撒第二层集料→碾压→初期养护。

单层式和三层式沥青表面处治的施工程序与双层式相同，仅需相应地减少或增加一次洒布沥青、一次集料和碾压工序。

（1）浇洒透层沥青。为使沥青面层与非沥青材料基层结合良好，在基层上浇洒乳化沥青、煤沥青或液体沥青而形成的透入基层表面的薄层即为透层沥青。透层沥青宜采用慢裂的洒布型乳化沥青，也可采用中、慢凝液体石油沥青或煤沥青，透层沥青的规格和质量应符合施工技术规范的要求。在无机结合料稳定半刚性基层上浇洒透层沥青后，宜立即撒布用量为$(2\sim3)m^3/1000m^2$的石屑或粗砂，并用6～8t钢筒式压路机稳压一遍。

（2）洒布沥青。在透层沥青充分渗透，或在已作透层或封层并已开放交通的基层清扫后，即可按要求洒布第一层沥青。沥青要洒布均匀，不应有空白或积聚现象。采用沥青洒布车时，应根据单位面积的沥青用量选定洒布车排档和油泵机档。洒布汽车行速要均匀。

(3) 铺撒矿料。浇洒主层沥青后（不必等全段洒完），应立即撒布第一层次集料，集料要撒布均匀，达到全部覆盖一层，厚度一致，集料不重叠，也不露出沥青的要求。

(4) 碾压。铺撒集料后（不必等全段铺完），立即用 6～8t 钢筒双轮压路机碾压，碾压时每次轮迹重叠约 30cm，宜碾压 3～4 遍。碾压速度开始不宜超过 2km/h，以后适当增加。第二层集料碾压可采用 8～10t 压路机。

(5) 初期养护。碾压结束后即可开放交通，但在路面完全成型前应限速（不超过 20km/h），要控制车辆行驶的路线，使路面全部宽度获得均匀压实，加速处治层泛油稳定成型。当发现有泛油时，应在泛油处补撒与最后一层石料规格相同的嵌缝料并扫匀，过多的浮动集料应扫出路外。如有其他破坏现象应及时进行修补。

10.2.3.2 沥青贯入式路面

在初步压实的碎石（或破碎砾石）上，分层浇洒沥青、撒布嵌缝料，或再在上部铺筑热拌沥青混合料封层，经压实而成的沥青面层称为沥青贯入式沥青路面。其厚度宜为 4～8cm，但乳化沥青贯入式路面的厚度不宜超过 5cm。当贯入式上部加铺拌和的沥青混合料封层时，总厚度宜为 6～10cm，其中拌和层的厚度宜为 2～4cm。

沥青贯入式路面适用于二级及二级以下的公路。沥青贯入层也可作为沥青混凝土路面的联结层。

沥青贯入式路面具有较高的强度和稳定性，其强度的构成，主要以矿料的嵌挤为主，沥青的黏结力为辅而构成的。由于沥青贯入式路面是一种多空隙结构，为防止路表面水的浸入和增强路面的水稳定性，最上层应撒布封层料或加铺拌和层。乳化沥青贯入式路面铺筑在半刚性基层上时，应铺筑下封层。沥青贯入层作为联结层使用时，可不撒表面封层料。

沥青贯入式路面的集料应选择有棱角、嵌挤性好的坚硬石料，其规格和用量应根据贯入层厚度按规范选用。

沥青贯入式路面的施工程序如下：整修和清扫基层→浇洒透层或黏层沥青（黏层沥青是为了加强在路面的沥青层与沥青层之间，沥青层与水泥混凝土路面之间的黏结而洒布的沥青材料薄层）→撒布主层集料→第一次碾压→浇洒第一层沥青→撒布第一层嵌缝料→第二次碾压→浇洒第二层沥青→撒布第二次嵌缝料→第三次碾压→洒布第三层沥青→撒布封层料→最后碾压→初期养护。沥青贯入式路面施工要求与沥青表面处治基本相同。

10.2.3.3 拌和法沥青路面的施工

拌和法施工的沥青路面包括沥青混凝土、沥青碎石和沥青表面处治，其施工过程可分为沥青混合料的拌制与运输及现场铺筑两个阶段。

1. 沥青混合料的拌制与运输

沥青混合料必须在沥青拌和厂（场、站）采用拌和机械拌制。热拌沥青混合料可采用间歇式拌和机或连续式拌和机拌制。各类拌和机均应有防止矿粉飞扬散失的密封性能及除尘设备，并有检测拌和温度的装置。近年来我国引进了不少国外先进的沥青拌和设备，其中大部分是间歇式的，也有少量连续式的。经我国的实验和使用实践证明，采用间歇式拌和机更能保证拌和质量。

沥青与矿料的加热温度应调节到能使拌和的沥青混合料出厂温度符合规范要求。沥青混合料拌和时间应以混合料拌和均匀，所有矿料颗粒全部裹覆沥青结合料为度，并经试拌确定。间歇式拌和机每锅拌和时间宜为 30～50s。

沥青混合料用自卸汽车运至工地，车厢底板及周壁应涂一薄层油水（柴油：水为 1：3）混合液。

2. 铺筑

（1）基层准备和放样。铺筑沥青混合料前，应检查下承层的质量。当下承层质量不符合要求，或未按规定洒布透层油、铺筑下封层时，不得摊铺沥青面层。施工放样包括标高测定与平面控制两项内容。根据正式施工前铺筑试验段所得的松铺系数（松铺厚度与压实厚度之比）、下层标高确定松铺厚度。当采用自动调平摊铺机时，还在一侧放出引导摊铺机运行走向和标高的控制基准线。

（2）摊铺。热拌沥青混合料应采用机械摊铺。路面狭窄部分，平曲线半径过小的匝道或加宽部分以及小规模工程可用人工摊铺。摊铺温度应符合要求。摊铺沥青混合料应缓慢、均匀、连续不间断。

3. 碾压

沥青混合料摊铺后，应趁热及时碾压。碾压过程分为初压、复压和终压三个阶段，初压应在较高温度下进行，但碾压温度过高，会引起压路机两旁混合料隆起、碾轮后的摊铺层裂纹，应经试铺试压确定，并符合要求。复压应紧接在初压后进行。终压应紧接在复压后进行，路面压实成型的终了温度应符合要求。

热拌沥青混合料路面应待摊铺层完全自然冷却，混合料表面温度低于 50℃后，方可开放交通。需提早开放交通时，可洒水冷却降低混合料温度。

10.2.3.4　质量管理与检查验收

施工过程中对沥青混合料性能抽检项目有：马歇尔稳定度、流值、空隙率、饱和度、沥青含量试验、沥青混合料的矿料级配组成、油温等。

竣工后的沥青路面检测项目有：厚度、平整度、宽度、标高、横坡度等。对于沥青混凝土及沥青碎石路面除上述项目外还要检验压实度、弯沉，对于抗滑表层沥青混凝土还要检验构造深度、摩擦系数摆值或横向力系数。其中压实度的测定以钻孔法为准；弯沉的测定应在竣工后第二年的不利季节进行；横向力系数用横向力摩擦系数测定车测定，测定时间必须在石料表面的沥青膜磨掉以后再进行，一般至少在通车 6 个月以后或通车后第二年的不利季节进行。

10.2.4　混凝土路面施工

水泥混凝土路面具有强度高、水稳定性好、耐久性好、养护费用少、经济效益高、夜间能见度好等优点，近年来在高等级、重交通的道路上有较大的发展。水泥混凝土路面，包括素混凝土、钢筋混凝土、连续配筋混凝土、预应力混凝土、装配式混凝土、钢纤维混凝土、碾压混凝土和混凝土小块铺砌等面层板和基（垫）层所组成的路面。目前采用最广泛的是就地浇筑的素混凝土路面，简称混凝土路面。本节主要介绍这种路面的施工。

混凝土路面板下必须设置厚度约 0.15～0.20m 的基层，或者具有足够刚度的老路面。在水温状况不良路段的路基与基层之间宜设置垫层，垫层应具有一定的强度和较好的水稳定性，在冰冻地区尚需具有较好的抗冻性。

10.2.4.1　对面层混凝土材料的要求

修筑水泥混凝土面层所用的混合料，比其他结构物所使用的混合料要有更高的要求，因为它受到动荷载的冲击、摩擦和反复弯曲作用，同时还受到温度和湿度反复变化的影响。面层混合料必须具有较高的抗弯拉强度和耐磨性，良好的耐冻性以及尽可能低的膨胀系数和弹性模量。此外，湿混合料还应有适当的施工和易性，一般规定其坍落度为0～30mm。在施工时，应力求混凝土强度满足设计要求。通常，要求面层混凝土的28d抗弯拉强度达到4.0～5.0MPa，28d抗压强度达到30～35MPa。

混凝土混合料中的粗集料（大于5mm）宜选用岩浆岩或未风化的沉积岩碎石。最好不用石灰岩碎石，因它易被磨光，导致表面过滑。合乎使用要求的砾石也可采用，但由于砾石混合料的强度（特别是弯拉强度）低于碎石混合料，故在使用时宜掺加占总量1/2～1/3以上的轧碎砾石。砾石混凝土一般用于双层式板的下层。采用连续级配的集料，混凝土的和易性和均匀性较好；采用间断级配的集料则强度较高。粗集料（碎石或砾石）应质地坚硬、耐久、洁净，符合规定级配，最大粒径不应超过40mm。

为使混凝土路面提早开放交通，可在混凝土中掺加早强剂。掺入早强剂的混凝土，能使路面在铺筑3～5d后，即可开放交通。

为了提高混凝土的和易性和抗冻性，以及防止为融化路面冰雪所用盐类对混凝土的侵蚀，国外常掺入引气剂，使混凝土具有3.5%～5.5%（体积比）的含气量。加气混凝土的强度稍有降低，此时可采用降低水灰比和含砂率的办法来补救。为提高混凝土的强度，国内外还采用干硬性混凝土，并掺入增塑剂或减水剂，以改善其施工和易性。

10.2.4.2 施工准备工作

（1）选择混凝土拌和场地。根据施工路线的长短和所采用的运输工具，混凝土可集中在一个场地拌制，也可以在沿线选择几个场地，随工程进展情况迁移。拌和场地的选择首先要考虑使运送混合料的运距最短。同时拌和场还要接近水源和电源。此外，拌和场应有足够的面积，以供堆放砂石材料和搭建水泥库房。

（2）进行材料试验和混凝土配合比设计。根据技术设计要求与当地材料供应情况，做好混凝土各组成材料的试验，进行混凝土各组成材料的配合比设计。

（3）基层的检查与整修。基层的宽度、路拱与标高、表面平整度和压实度，均应检查其是否符合要求。如有不符之处，应予整修；否则，将使面层的厚度变化过大，而增加其造价或减少其使用寿命。半刚性基层的整修时机很重要，过迟难以修整且很费工。当在旧砂石路面上铺筑混凝土路面时，所有旧路面的坑洞、松散等损坏，以及路拱横坡或宽度不符合要求之处，均应事先翻修调整压实。

混凝土摊铺前，基层表面应洒水润湿，以免混凝土底部的水分被干燥的基层吸去，变得疏松以致产生细裂缝，有时也可在基层和混凝土之间铺设薄层沥青混合料或塑料薄膜。

10.2.4.3 混凝土板的施工程序与施工技术

面层板的施工程序为：安装模板→设置传力杆→混凝土的拌和与运送→混凝土的摊铺和振捣→接缝的设置→表面整修→混凝土的养生与填缝。

1. 边模的安装

在摊铺混凝土前，应先安装两侧模板。如果采用手工摊铺混凝土，则边模的作用仅在于支撑混凝土，可采用厚约4～8cm的木模板，在弯道和交叉口路缘处，应采用1.5～3cm厚的薄模板，以便弯成弧形。条件许可时宜用钢模，这不仅节约木材，而且保证工程质量。钢模可用厚4～5mm的钢板冲压制成，或用3～4mm厚钢板与边宽40～50mm的角钢或槽钢组合构成。

当用机械摊铺混凝土时，轨道和模板的安装精度直接影响到轨道式摊铺机的施工质量和施工进度，安装前应先对轨道及模板的有关质量指标进行检查和校正，安装中要用水平仪、经纬仪、皮尺等定出路面高程和线型，每 5～10m 一点，用挂线法将铺筑线型和高程固定下来。

侧模按预先标定的位置安放在基层上，两侧用铁钎打入基层以固定位置。模板顶面用水准仪检查其标高，不符合时予以调整。模板的平面位置和高程控制都很重要，稍有歪斜和不平，都会反映到面层，使其边线不齐、厚度不准和表面呈波浪形。因此，施工时必须经常校验，严格控制。模板内侧应涂刷肥皂液、废机油或其他润滑剂，以便利拆模。

2. 传力杆设置

当两侧模板安装好后，即在需要设置传力杆的胀缝或缩缝位置上设置传力杆。混凝土板连续浇筑时设置胀缝传力杆的做法，一般是在嵌缝板上预留圆孔以便传力杆穿过，嵌缝板上面设木制或铁制压缝板条，其旁再放一块胀缝模板，按传力杆位置和间距，在胀缝模板下部挖成倒 U 形槽，使传力杆由此通过。传力杆的两端固定在钢筋支架上，支架脚插入基层内（图 10.10）。

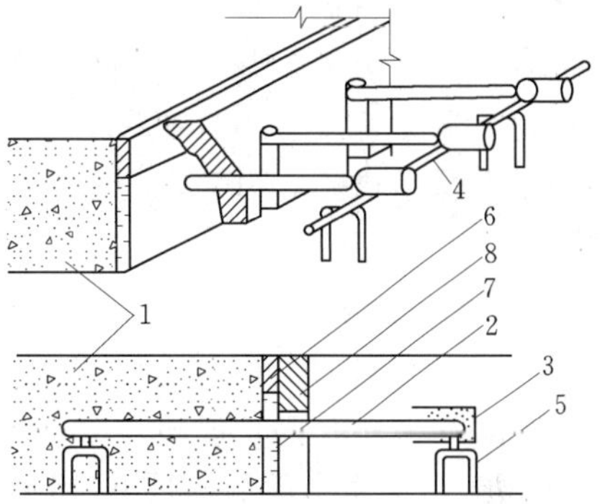

图 10.10 胀缝传力杆的架设（钢筋支架法）
1—先浇筑的混凝土；2—传力杆；3—金属套管；4—钢筋；5—支架；6—压缝板条；7—嵌缝板；8—胀缝模板

对于不连续浇筑的混凝土板在施工结束时设置的胀缝，宜用顶头木模固定传力杆的安装方法。即在端模板外侧增设一块定位模板，板上同样按照传力杆间距及杆径钻成孔眼，将传力杆穿过端模板孔眼并直至外侧定位模板孔眼。两模板之间可用按传力杆一半长度的横木固定（图 10.11）。继续浇筑邻板时，拆除挡板、横木及定位模板，设置胀缝板、木制压缝板条和传力杆套管。

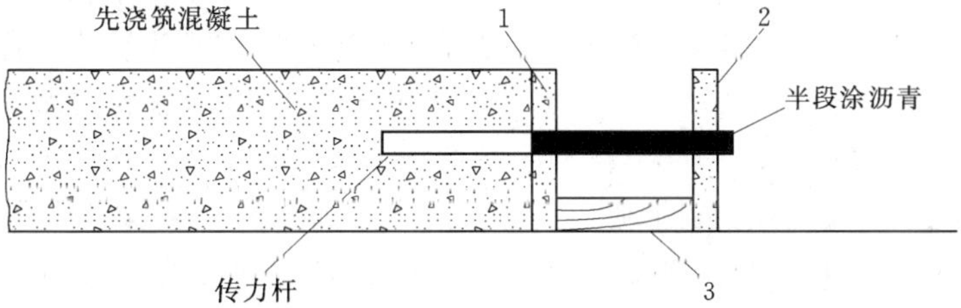

图 10.11 胀缝传力杆的架设（顶头模固定法）
1—端头挡板；2—外侧定位模板；3—固定模板

3. 制备与运送混凝土混合料

混合料的制备可采用两种方式：①在工地由拌和机拌制；②在中心工厂集中制备，而后用汽车运送到工地。

在工地制备混合料时，应在拌和场地上合理布置拌和机和砂石、水泥等材料的堆放地点，力求提高拌和机的生产率。拌制混凝土时，要准确掌握配合比，特别要严格控制用水量。每天开始拌和前，应根据天气变化情况，测定砂、石材料的含水量，以调整拌制时的实际用水量。每拌所用材料应过秤。每一工班应检查材料量配的精确度至少 2 次，每半天检查混合料的坍落度 2 次。拌和时间为 1.5～2.0min。

当用机械摊铺混凝土时须进行匀料，匀料工序的主要任务是用匀料机将运输车卸下的混凝土均匀分布在铺筑路段内，并使其大致平整，留有一定的虚高，以保证混凝土经振实、整平后与路面施工厚度相同，预留虚高的大小，与混凝土的压（振）实系数、混凝土的级配组成、坍落度及振实机械的性能等有关，顶留虚高应经试验确定，在一般情况下，当坍落度为 1～5cm 时，匀料机匀料的松铺厚度按振实后路面厚度的 1.15～1.25 倍控制。

混合料用手推车、翻斗车或自卸汽车运送。合适的运距视车辆种类和混合料容许的运输时间而定。通常，夏季不宜超过 30～40min，冬季不宜超过 60～90min。高温天气运送混合料时应采取覆盖措施，以防混合料中水分蒸发。运送用的车厢必须在每天工作结束后，用水冲洗干净。

4. 摊铺和振捣

当运送混合料的车辆运达摊铺地点后，一般直接倒向安装好侧模的路槽内，并用人工找补均匀。要注意防止出现离析现象。摊铺时应考虑混凝土振捣后的沉降量，虚高可高出设计厚度约 10%，使振实后的面层标高同设计相符。

混凝土混合料的振捣器具，应由平板振捣器、插入式振捣器和振动梁配套作业。混凝土路面板厚在 0.22m 以内时，一般可一次摊铺，用平板振捣器振实，凡振捣不到之处，如面板的边角部、窨井、进水口附近，以及设置钢筋的部位，可用插入式振捣器进行振实；当混凝土板厚较大时，可先插入振捣，然后再用平板振捣，以免出现蜂窝现象。

平板振捣器在同一位置停留的时间，以达到表面振出浆水、混合料不再沉落为宜。平板振捣器振捣后，用带有振捣器的、底面符合路拱横坡的振捣梁，两端搁在侧模上，沿摊铺方向振捣拖平。拖振过程中，多余的混合料将随着振捣梁的拖移而刮去，低陷处则应随时补足。随后，再用直径 75～100mm 长的无缝钢管，两端放在侧模上，沿纵向滚压一遍。必须注意，当摊铺或振捣混合料时，不要碰撞模板和传力杆，以避免其移动变位。

当用机械摊铺混凝土时，摊铺工序包括用螺旋摊铺器或叶浆摊铺器将匀料后的松铺混凝土表面进一步摊铺平整，并通过机械的自重对混凝土进行压实，为振实工序提供平整的外形和更为准确的虚高。摊铺作业时要将 VOGELE 机型的叶浆摊铺器的底面调节到弧形振动梁的前沿并保持在同一高度，C-450X 机型的螺旋摊铺器旋转直径比整平滚筒的直径小 3cm，已经考虑了部分虚高，调节的范围较小。施工中，摊铺器前必须保持一定高度的混凝土拥料，以保证有足够的料来找平，拥料高度以 5～15cm 控制比较合适。振实工序的工作内容主要是用插入式振捣机组或弧形振动梁对摊铺整平后的混凝土振捣密实、均匀，使混凝土路面成形后获得尽可能高的抗折、抗压强度。本工序是路面内在质量的关键，影响振实效果的主要因素有混凝土坍落度、集料级配组成、粗集料最大粒径及振捣方式等。采用 VOGELE 机型施工，混凝土坍落度、粗集料最大粒径对振捣效果的影响最为敏感，混凝土坍落度较大时容易振实，较小时则不易振实，最大粒径为 40mm 时边部振实比较困难，因此，当混凝土坍落度小于 2cm 时，须用插入式振捣器对边部进行预振才能保证混凝土的密实和均匀性。振实机械的工作速度对混凝土的振实效果也有影响，当混凝土坍落度为 2～3cm 时 VOGELE 机型振实机的工作速度为 0.3m/min 比较适合，随着坍落度的增减，工作速度可适当加快或减慢。国产 C-450X 机型改进后的插入式振捣机组，振实效果好，对坍落度的适用范围较宽，但在设置钢筋的部位振捣时须特别小心，施工中应根据传力杆、拉杆的设置情况准确地将部分振捣器提起或落下，并辅以平板振捣器振实，以保证振实效果。

5. 筑做接缝

(1) 胀缝。先浇筑胀缝一侧混凝土，取去胀缝模板后，再浇筑另一侧混凝土，钢筋支架浇在混凝土内。压缝板条使用前应涂废机油或其他润滑油，在混凝土振捣后，先抽动一下，而后最迟在终凝前将压缝板条抽出。抽出时为确保两侧混凝土不被扰动，可用木板条压住两侧混凝土，然后轻轻抽出压缝板条，再用铁抹板将两侧混凝土抹平整。缝隙上部浇灌填缝料，留在缝隙下部的嵌缝板是用沥青浸制的软木板或油毛毡等材料制成。

(2) 横向缩缝，即假缝。用下列两种方法筑做。

1) 切缝法。在混凝土捣实整平后，利用振捣梁将“T”形振动刀准确地按缩缝位置振出一条槽，随后将铁制压缝板放入，并用原浆修平槽边。当混凝土收浆抹面后，再轻轻取出压缝板，并即用专用抹子修整缝缘。这种做法要求谨慎操作，以免混凝土结构受到扰动和接缝边缘出现不平整（错台）。

2) 锯缝法。在结硬的混凝土中用锯缝机（带有金刚石或金刚砂轮锯片）锯割出要求深度的槽口。这种方法可保证缝槽质量和不扰动混凝土结构，但要掌握好锯割时间，过迟因混凝土过硬而使锯片磨损过大且费工，而且更主要的可能在锯割前混凝土会出现收缩裂缝。过早混凝土因还未结硬，锯割时槽口边缘易产生剥落。合适的时间视气候条件而定，炎热而多风的天气，或者早晚气温有突变时，混凝土板会产生较大的湿度或温度坡差，使内应力过大而出现裂缝，锯缝应早在表面整修后 4h 即可开始。如天气较冷，一天内气温变化不大时，锯割时间可晚至 12h 以上。

3) 纵缝，筑做企口式纵缝。模板内壁做成凸榫状。拆模后，混凝土板侧面即形成凹槽。需设置拉杆时，模板在相应位置处要钻成圆孔，以便拉杆穿入。浇筑另一侧混凝土前，应先在凹槽壁上涂抹沥青。

6. 表面整修与防滑措施

混凝土终凝前必须用人工或机械抹平其表面。当用人工抹光时，不仅劳动强度大、工效低，而且会把水分、水泥和细砂带至混凝土表面，致使它比下部混凝土或砂浆有较高的干缩性和较低的强度。而采用机械抹面时可以克服以上缺点。目前国产的小型电动抹面机有两种装置：装上圆盘即可进行粗光，装上细抹叶片即可进行精光。在一般情况下，面层表面仅需粗光即可。抹面结束后，有时再用拖光带横向轻轻拖拉几次。

为保证行车安全，混凝土表面应具有粗糙抗滑的表面。最普通的做法是用棕刷顺横向在抹平后的表面上轻轻刷毛；也可用金属丝梳子梳成深 1～2mm 的横槽。近年来，国外采用在已硬结的路面上，用锯槽机将路面锯割成深 5～6mm、宽 2～3mm、间距 20mm 的小横槽的方法。也可在未结硬的混凝土表面塑压成槽，或压入坚硬的石屑来防滑。

7. 养护与填缝

为防止混凝土中水分蒸发过速而产生缩裂，并保证水泥水化过程的顺利进行，混凝土应及时养护。一般用下列两种养护方法：

(1) 湿治养护。混凝土抹面 2h 后，当表面已有相当硬度，用手指轻压不现痕迹时即可开始养护。一般采用湿麻袋或草垫，或者 20～30mm 厚的湿砂覆盖于混凝土表面。每天均匀洒水数次，使其保持潮湿状态，至少延续 14d。

(2) 塑料薄膜或养护剂养护。当混凝土表面不见浮水，用手指按压无痕迹时，即均匀喷洒塑料溶液，形成不透水的薄膜粘附于表面，从而阻止混凝土中水分的蒸发，保证混凝土的水化作用。

填缝工作宜在混凝土初步结硬后及时进行。填缝前，首先将缝隙内泥砂杂物清除干净，然后浇灌填缝料。

理想的填缝料应能长期保持弹性、韧性，热天缝隙缩窄时不软化挤出，冷天缝隙增宽时能胀大并不脆裂，同时还要与混凝土粘牢，防止土砂、雨水进入缝内，此外还要耐磨、耐疲劳、不易老化。实践表明，填料不宜填满缝隙全深，最好在浇灌填料前先用多孔柔性材料填塞缝底，然后再加填料，这样夏天胀缝变窄时填料不致受挤而溢至路面。

混凝土强度必须达到设计强度的90%以上时，方能开放交通。

近年来，国内已推广使用滑动模板摊铺机来修筑混凝土路面。此机尾部两侧装有模板随机前进，能兼做摊铺、振捣、压入杆件、切缝、整面和刻划防滑小槽等作业，成型的路面即在机后延伸出来。此机可铺筑不同厚度和不同宽度的混凝土路面，对无筋和配筋混凝土路面均可使用。工序紧凑，施工质量高，行进速度为1.2～3.0m/min，每天能铺筑长达1600m的双车道路面，能大大降低路面造价。此机的出现是混凝土路面施工技术的一大变革。这种摊铺机目前在我国一些省市和机场已开始使用。至于混凝土拌和机，随着干硬性混凝土混合料的使用，强制式混凝土拌和机已在我国广泛使用。

8. 冬季和夏季施工

混凝土强度的增长主要依靠水泥的水化作用。当水结冰时，水泥的水化作用即停止，而混凝土的强度也就不再增长，而且当水结冰时体积会膨胀，促使混凝土结构松散破坏。因此，混凝土路面应尽可能在气温高于5℃时施工。由于特殊情况必须在低温情况下（昼夜平均气温低于5℃和最低气温低于－3℃时）施工时应采取下述措施：

(1) 采用高强度等级快凝水泥，或掺入早强剂，或增加水泥用量。

(2) 加热水或集料。较常用的方法是仅将水加热，一因加热设备简单，水温容易控制；二因水的热容量比粒料热容量大，1kg水升高1℃所吸收的热量比同样重的粒料升高1℃所吸收的热量多4倍左右，所以提高水温的方法最为有效。

拌制混凝土时，先用温度超过70℃的水同冷集料相拌和，使混合料在拌和时的温度不超过40℃，摊铺后的温度不低于10（气温为0℃时）～20℃（气温为－3℃时）。

(3) 混凝土整修完毕后，表面应覆盖蓄热保温材料，必要时还应加盖养生暖棚。

在持续寒冷和昼夜平均气温低于－5℃，或混凝土温度在5℃以下时，应停止施工。

在气温超过25℃时施工，应防止混凝土的温度超过30℃，以免混凝土中水分蒸发过快，致使混凝土干缩而出现裂缝，必要时可采取下列措施：①对湿混合料，在运输途中要加以遮盖；②各道工序应紧凑衔接，尽量缩短施工时间；③搭设临时性的遮光挡风设备，避免混凝土遭到烈日暴晒并降低吹到混凝土表面的风速，减少水分蒸发。

单 元 小 结

本单元内容涉及三部分内容：路基、路面施工概述，土质（石质）路基施工的基本方法，路面施工的基本工序。路基、路面施工概述分别介绍了路基、路面施工的特点以及进行施工前所需要的准备工作；土质（石质）路基施工描述了土质路基填筑的施工工艺流程、路基填筑施工的主要工序及三种填筑方法，介绍了土质路堑的几种开挖方法与石质路基的爆破方法，学习本单元可结合本书“爆破工程施工”“土方工程施工”等单元的有关知识对照学习；路面施工工序按其特有的层面构造内容包括路面基层（底基层）施工、沥青路面施工、混凝土板施工等施工工序的介绍，特别应注意沥青表面处治与沥青贯入式路面的施工区别。

拓　展　讨　论

党的二十大报告提出，坚持人民城市人民建、人民城市为人民，提高城市规划、建设、治理水平，加快转变超大特大城市发展方式，实施城市更新行动，加强城市基础设施建设，打造宜居、韧性、智慧城市。

请思考：城市道路如何适应城市更新行动？

习　　题

1. 路基填筑施工有哪些工艺流程？
2. 路基填筑方法可分为哪几种？各自的适用性如何？
3. 土质路堑常用的施工方法可分为哪几种？各自的适用性如何？
4. 常用的公路面层有哪些？从路基向上路面结构分层的顺序是什么？
5. 路面基层施工应注意的问题有哪些？
6. 各种沥青路面的施工程序是什么？
7. 试述水泥混凝土路面常用的施工方法及施工工序。

单元11 地下工程施工

教学目标：了解地下工程开挖的施工特点，熟悉地下工程开挖工作面的选择、爆破布置方法、钻爆出碴工作循环表的编制；熟悉地下工程的衬砌方法，模板、钢筋施工方法，熟悉回填灌浆、固结灌浆施工方案的编制；掌握喷混凝土支护、锚杆支护、挂钢筋网持护等喷锚支护技术方法；了解掘进机与盾构机施工方法。

课题11.1 地下工程开挖

11.1.1 开挖方式

地下工程开挖方式有全断面开挖法和导洞开挖法两种。开挖方式的选择主要取决于隧洞围岩的类别、断面尺寸、机械设备和施工技术水平。合理选择开挖方式，对加快施工进度、节约工程投资、保证施工质量和施工安全意义重大。

11.1.1.1 全断面开挖法

全断面开挖法是将整个断面一次钻爆开挖成洞，待全洞贯通后或待掘进相当距离以后，根据围岩允许暴露的时间和具体施工安排再进行衬砌和支护。这种施工方法适用于围岩坚固完整的场合。全断面开挖，洞内工作面较大，工序作业干扰相对较小，施工组织工作比较容易安排，掘进速度快。全断面开挖可根据隧洞断面面积大小和设备能力采用垂直掌子掘进或台阶掌子掘进，如图11.1所示。

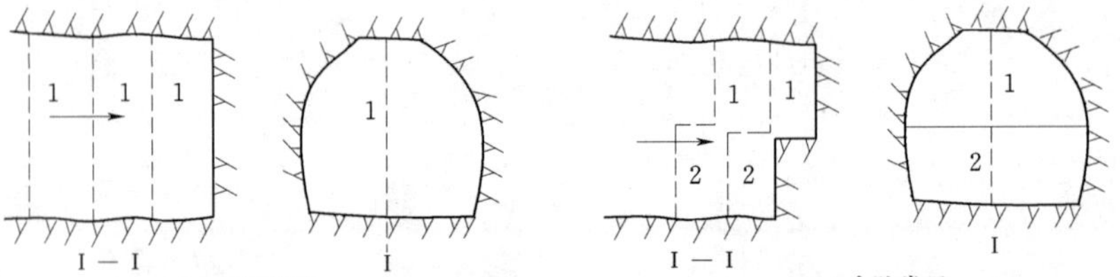

(a)垂直掌子　(b)台阶掌子

图11.1 全断面开挖的基本型式

1、2—开挖顺序

垂直掌子掘进因开挖面直立，作业空间大，当具有大型施工机械设备时，作业效率高，施工进度快。图11.2为垂直掌子掘进机械化施工示意图。

台阶掌子掘进是将整个断面分为上下两层，上层超前于下层一定距离掘进。为了方便出碴，上层超前距离不宜超过2～3.5m，且上下层应同时爆破，通风散烟后，迅速清理上台阶并向下台阶扒碴，下台阶出碴的同时，上台阶可以进行钻孔作业。由于下台阶爆破是在两个临空面情况下进行的，可以节省炸药。当隧洞断面面积较大，但又缺乏钻孔台车等大型施工机械时，可以采用这种开挖方式。

11.1.1.2 导洞开挖法

导洞开挖法就是在开挖断面上先开挖一个小断面洞（即导洞）作为先导，然后再扩大至

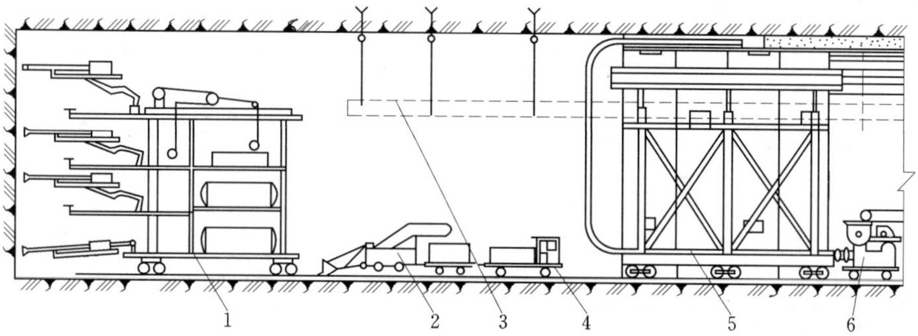

图 11.2 全断面开挖机械化程序

1—钻孔台车 2—装渣机；3—通风管；4—电瓶车；5—钢模台车；6—混凝土泵

设计要求的断面尺寸和形状。这种开挖方式，可以利用导洞探明地质情况、解决施工排水问题，导洞贯通后还有利于改善洞内通风条件，扩大断面时导洞可以起到增加临空面的作用，从而提高爆破效果。

根据导洞与扩大部分的开挖次序，有导洞专进和导洞并进两种方法。导洞专进法是将导洞全部贯通后，再进行扩大部分开挖，有利于通风和全面了解地质情况，但洞内施工设施一般要进行二次铺设，费工费事。除地质情况复杂外，一般不采用。导洞并进法是将导洞开挖一段距离（一般为 10～15m）后，导洞与断面扩大同时并进。导洞开挖法一般是在工程地质条件恶劣、断面尺寸较大、不利于全断面开挖时才采用的开挖方法。

导洞开挖，根据导洞位置不同，有上导洞、下导洞、中间导洞和双导洞等不同方式。

1. 上导洞开挖法

导洞布置在隧洞的顶部，断面开挖对称进行，开挖与衬砌程序如图 11.3 所示。这种方法适用于地质条件较差、地下水不多、机械化程度不高的情况。其优点是安全问题比较容易解决，如顶部围岩破碎，开挖后可先行衬砌，以策安全。缺点是出渣线路需二次铺设，施工排水不方便，顶拱衬砌和开挖相互干扰，施工速度较慢。

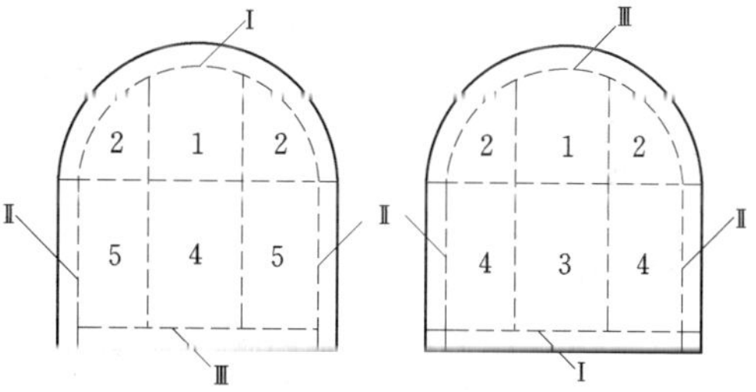

(a)先拱后墙衬砌 (b)先墙后拱衬砌

图 11.3 上导洞开挖与衬砌施工顺序

1～5—开挖顺序；Ⅰ～Ⅲ—衬砌顺序

图 11.3（b）是上导洞开挖的先墙后拱法，主要特点是将隧洞全断面挖好后，再进行衬砌。此法适用于地质条件较好的情况。图 11.3（a）是上导洞开挖的先拱后墙法，主要特点是上部（1、2）开挖后，立即进行顶拱衬砌，以后其他部分的开挖与衬砌均在混凝土顶拱的保护下进行，施工安全，但施工干扰大，衬砌整体性差，还需要解决马口（即隧洞边墙处支承混凝土顶拱的岩石）的开挖问题。马口开挖分对开马口和错开马口两种，如图 11.4 所示。

对开马口是将同一衬砌段的左右两个马口同时开挖，随即进行衬砌，如图 11.4（a）所示。为安全起见，每次开挖马口不应过长，一般以 4～8m 为宜。在地质条件较好，围岩与拱圈黏结较牢的条件下，采用对开马口，可以减少施工干扰，避免爆破打坏对面边墙。当围岩较松散破碎时，应采用错开马口方法，如图 11.4（b）所示。即每个衬砌段的两个马口的开挖不同时进行，一个马口开挖后立即进行衬砌混凝土浇筑，待其强度达到设计强度的70%时，再开挖和浇筑另一个马口。各段马口的开挖可交叉进行。也有把隧洞顶拱挖得大一些，使顶拱衬砌混凝土直接支承在围岩上，而不需要再挖马口，如图11.5所示。

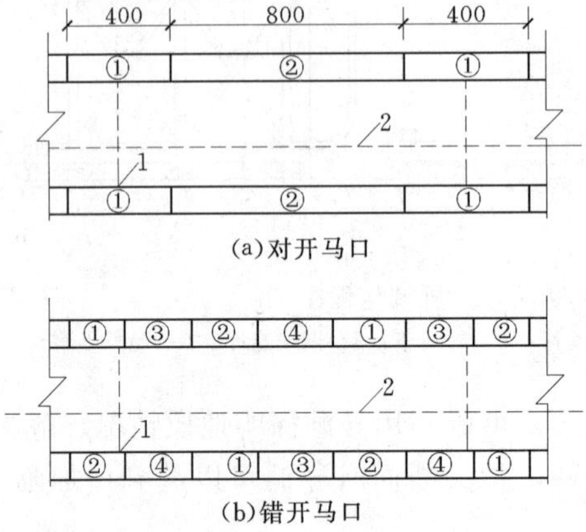

图11.4　马口开挖顺序（单位：cm）

1—拱圈中心线；2—隧洞中心线

①～④—开挖顺序

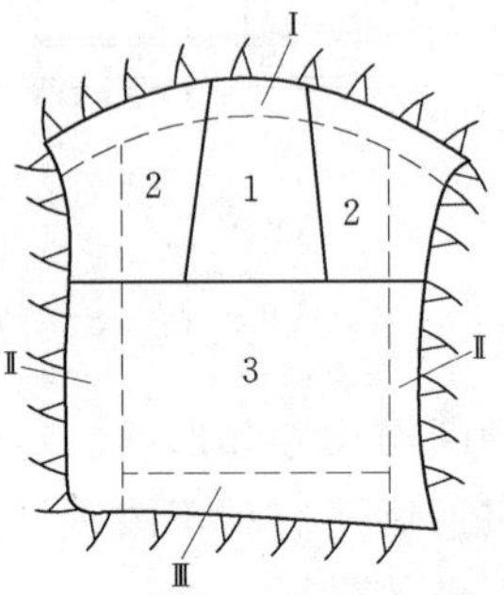

图11.5　不挖马口的先拱后墙法

1～3—开挖顺序；

Ⅰ～Ⅲ—浇筑顺序

2. 下导洞开挖法

导洞布置在断面的下部，如图11.6所示。这种开挖方法适用于围岩稳定、洞线较长、断面不大、地下水比较多的情况。其优点是：洞内施工设施只铺设一次，断面扩大时可以利用上部岩石的自重提高爆破效果，出渣方便，排水容易，施工速度快；缺点是：顶部扩大时钻孔比较困难，石块依自重爆落，岩石块度不易控制。如遇不良地质条件，施工不够安全。

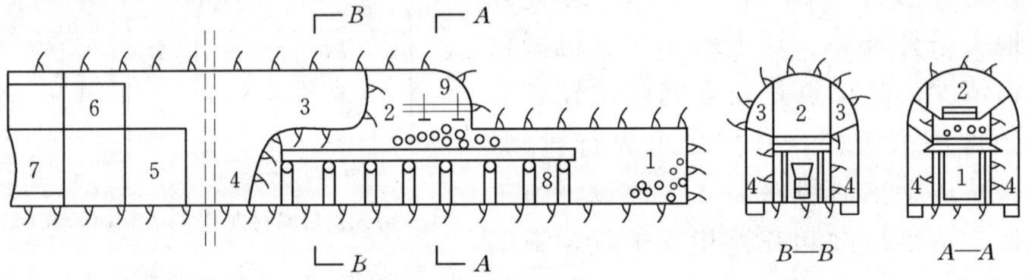

图11.6　下导洞开挖法施工顺序

1—下导洞；2—顶部扩大；3—上部扩大；4—下部扩大；5—边墙衬砌；6—顶拱衬砌；7—底板衬砌；8—漏斗棚架；9—脚手架

3. 中间导洞开挖法

导洞在断面的中部，导洞开挖后向四周扩大。这种方法适用于围岩坚硬、不需临时支撑且具有柱架式钻机的场合。柱架式钻机可以向四周钻辐射炮眼，断面扩大快，但导洞与扩大部分同时并进，导洞出渣困难。

4. 双导洞开挖法

双导洞开挖又分为两侧导洞法和上下导洞法两种。两侧导洞开挖法是在设计开挖断面的边墙内侧底部分别设置导洞，这种开挖方法适用于围岩松软破碎、地下水严重、断面较大，需边开挖边衬砌的情况。上下导洞法是在设计开挖断面的顶部和底部分别设置两个导洞，这种方法适用于开挖断面很大、缺少大型设备、地下水较多的情况，其上导洞用来扩大，下导洞用于出渣和排水，上下导洞之间用竖井连通。

导洞一般采用上窄下宽的梯形断面，这样的断面受力条件较好，并且可以利用断面的两个底角布置风、水、电等管线。导洞的断面尺寸应根据开挖、支撑、出渣运输工具的大小和人行道布置的要求确定。在方便施工的前提下，导洞尺寸应尽可能小一些，以便加快施工进度，节省炸药用量。导洞高度一般为 2.2～3.5m，宽度为 2.5～4.5m（其中人行道宽度可取 0.7m）。

11.1.2 炮孔布置及装药量计算

11.1.2.1 炮孔布置

开挖断面上的炮孔，按其作用不同分为掏槽孔、崩落孔和周边孔等三种。

1. 掏槽孔

用于掏槽的炮孔即为掏槽孔。掏槽就是在开挖断面中间先挖出一个小的槽穴来，利用这个小的槽穴为断面扩大爆破增加临空面，以提高爆破效果。常见的掏槽孔的布置方式有楔形掏槽、锥形掏槽和垂直掏槽等，其具体布置方式和适用条件见表 11.1。掏槽布置方式的选择应根据岩石性质、岩层构造、断面大小和钻爆方法等因素确定。

表 11.1　　常用掏槽孔布置简图和适用条件

掏槽方式	布置简图	适用条件
楔形掏槽	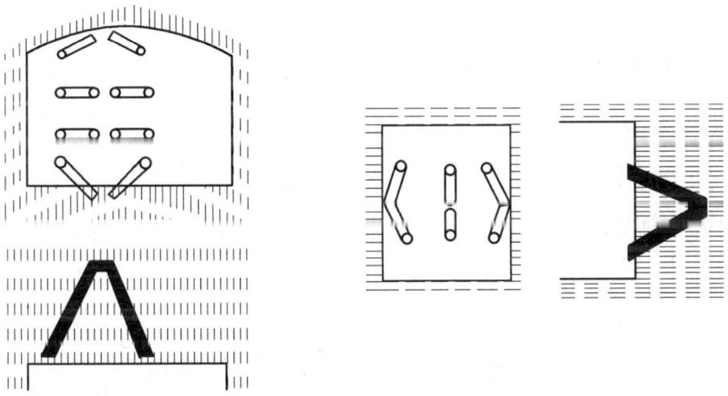 (a)垂直楔形掏槽眼　(b)水平楔形掏槽眼	适用于中等硬度的岩层。有水平层理时，采用水平楔形掏槽，有垂直层理时，采用垂直楔形掏槽，断面上有软弱带时，炮孔孔底宜沿软弱带布置。开挖断面的宽度或高度要保证斜孔能顺利钻进
锥形掏槽	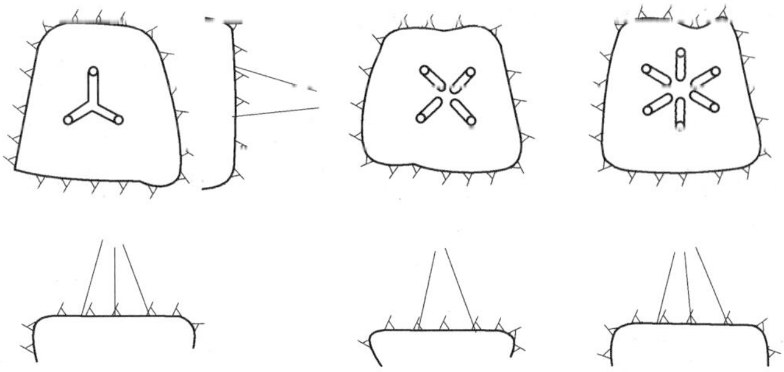 (a)三角锥掏槽眼　(b)四角锥掏槽眼　(c)圆锥掏槽眼	适用于紧密的均质岩体。开挖断面的高度和宽度相差不大，并能保证斜孔顺利钻进

续表

掏槽方式	布 置 简 图	适 用 条 件
垂直掏槽	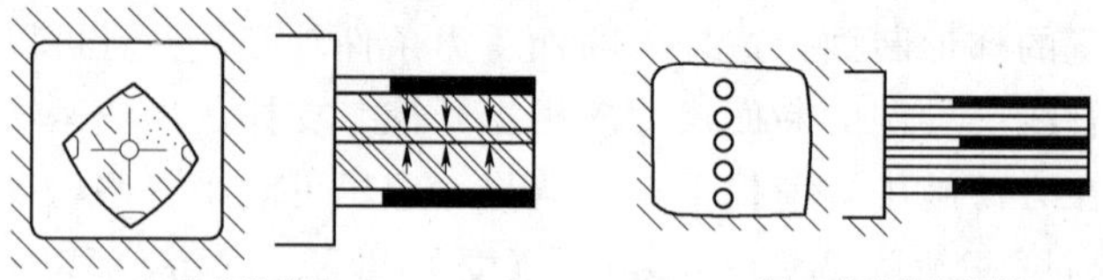 (a)角柱掏槽眼 (b)直线裂缝掏槽眼	适用于致密的均质岩体，不同尺寸的开挖断面或斜孔钻进困难的场合

在满足掏槽要求的前提下，掏槽孔的数目应尽可能少，但不宜少于2个。掏槽孔的深度应比崩落孔深15～20cm，以提高崩落孔的利用率。有时为了增强掏槽效果，在极坚硬的岩层中或一次掘进深度较大的情况下，还可以在掏槽孔中心布置2～4个直径75～100mm不装药的空孔，其深度与掏槽孔相同。

2. 崩落孔

崩落孔的主要作用是爆落岩体，故应大致均匀地布置在掏槽孔的四周。崩落孔通常与开挖断面垂直，为了保证开挖面的平整，其孔底应落在同一平面上。

为了使爆后的石渣大小适中，便于装车，应注意掌握炮孔间距。如用国产2号岩石硝铵炸药，炮孔间距为软岩100～120cm、中硬岩80～100cm、坚硬岩60～80cm、特硬岩50～60cm。

3. 周边孔

周边孔的主要作用是控制开挖轮廓，它布置在开挖断面的设计边线附近。周边孔的孔口距离开挖边线10～20cm，以利钻孔。钻孔时应略向外倾斜，孔底应落在同一平面上。孔底与设计边线的距离，视岩石强度而定。对于中硬岩石（坚固系数 $f>4$），孔底可达设计边线；对于软岩（$f\leqslant 2\sim 4$），孔底不必达到设计边线；对于极坚硬岩石，孔底应超出设计边线10～15cm。

图11.7是隧洞开挖的炮孔布置示意图。断面开挖分为导洞开挖和扩大部分开挖。上导洞共布置了18个炮孔，其中1～4号是锥形掏槽孔，5～6号是崩落孔，7～18号是周边孔。扩大部分共布置了13个炮孔，其中19～24号是垂直崩落孔，承担掘进任务；25～31号是水平周边孔，控制开挖底边线。开挖断面底部周边孔布置比顶部要密一些，这是因为底边开挖，岩石的夹制作用大，且不能利用岩石自重来提高爆破效果。

11.1.2.2 炮孔数目和深度

隧洞开挖断面上的炮孔总数 N 与岩石性质、炸药品种、临空面数目、炮孔大小和装药方式等因素有关。对炮孔数目，由于影响因素多，精确计算尚有困难，施工前可采用下面的经验公式估算，在爆破过程中再加以检验和修正：

$$N=K\sqrt{fS} \tag{11.1}$$

式中 K——临空面影响系数，一个临空面取2.7，两个临空面取2.0；

f——岩石的坚固系数；

S——开挖断面面积，m^2。

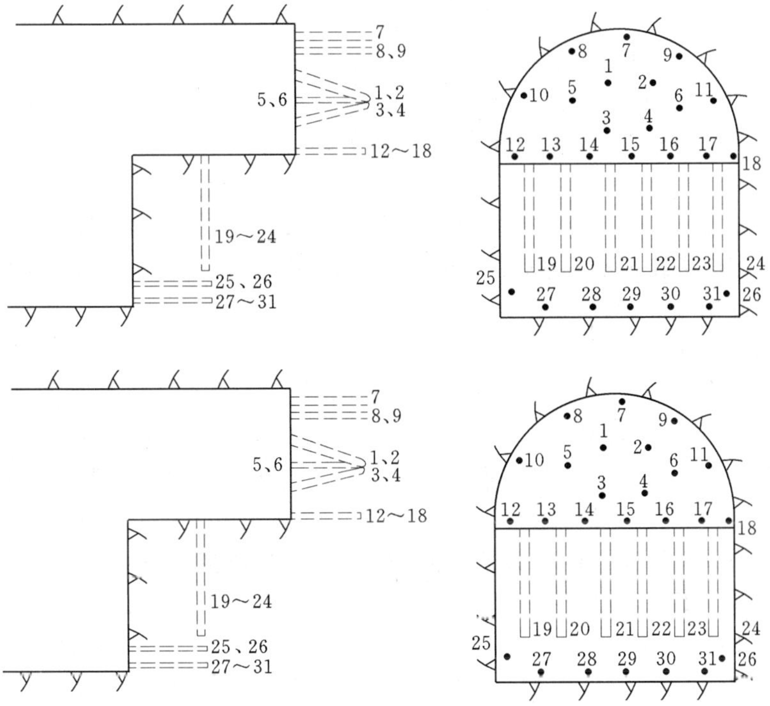

图 11.7　隧洞炮孔布置图

炮孔深度应考虑开挖断面尺寸、围岩类别、钻孔机具、出渣能力和掘进循环作业时间等因素确定。一般情况下，加大炮孔深度后，装药、放炮、通风等工序所占用的时间将相对减少，单位进尺的速度可以加快。但是钻孔深度加大后，钻机凿岩速度会有所降低，炮孔利用率将相对减少，炸药消耗量会随之增加，一次爆落的岩石数量增加，出渣时间也相应增加。故加大炮孔深度的多少，应进行综合分析后确定。为简单起见，一个工作循环进尺深度可参照下列原则确定：当围岩为Ⅰ～Ⅲ类时，风钻钻孔可取 1.2m，钻孔台车钻孔可取 2.5～4m；当围岩为Ⅳ～Ⅴ类时，不宜超过 1.5m。

掏槽孔和周边孔的深度可根据崩落孔的深度确定。

11.1.2.3　装药量

隧洞开挖，装药量的多少直接影响开挖断面的轮廓、掘进速度、爆落岩体的块度、围岩稳定和爆破安全。施工前可按下式估算炸药用量，并在施工中加以修正。

$$Q=KSL \tag{11.2}$$

式中　Q——一次爆破的炸药用量，kg；

K——单位耗药量，kg/m^3；

S——开挖断面面积，m^2；

L——崩落炮孔深度，m。

11.1.3　钻爆循环作业

11.1.3.1　钻孔作业

钻孔作业工作强度很大，所花时间占循环时间的 1/4～1/2，因此应尽可能采用高效钻机完成钻孔作业，以提高工程进度。常用钻孔机具有风钻和钻孔台车。风钻是用压缩空气作为动力使钻头产生冲击作用破岩成孔的。有手持式风钻和气腿式风钻，每台风钻控制面积约为 2～4m^2。风钻钻孔适用于开挖面积不大、机械化程度不高的情况。钻孔台车一般由底盘、钻臂、推进器、凿岩机和气动或液压操纵系统等部分组成，其钻臂有时多达 15 台，是一种高效钻孔机械。按行走装置不同分为轮胎式、轨道式和履带式三种。钻孔台车适用于开挖断面较大的情况，如图 11.2 所示。

为了保证开挖质量，钻孔时应严格控制孔位、孔深和孔斜。掏槽孔和周边孔的孔位偏差要小于 50mm，其他炮孔则不得超过 100mm。所有炮孔的孔底均应落在设计规定的平面上，以保证循环进尺的掘进深度。

11.1.3.2　装药和起爆

炮孔应严格按设计要求的装药方式进行装药，炮孔的装药深度随炮孔类型而异。通常掏槽孔的装药深度为炮孔孔深的 60%～67%，药卷直径为炮孔直径的 3/4；崩落孔和周边孔的装药深度为炮孔深度的 40%～55%，崩落孔药卷直径为孔径的 3/4，周边孔为 1/2。炮孔其余长度用黏土和砂的混合物（比例为 1∶3）堵塞。爆破顺序依次为掏槽孔、崩落孔、周边孔。起爆一般采用秒延发或毫秒延发电雷管起爆。隧洞开挖轮廓控制应采用光面爆破技术，以保证开挖面的光滑平整，尽量减少超、欠挖。

11.1.3.3　临时支护

隧洞爆破开挖后，为了预防围岩产生松动掉块、塌方或其他安全事故，应根据地质条件、开挖方法、隧洞断面等因素，对开挖出来的空间及时进行必要的临时支护。临时支护的时间，取决于地质条件和施工方法，一般要求在开挖后，围岩变形松动到足以破坏之前支护完毕，尽可能做到随开挖随支护，只有当岩层坚硬完整，经地质鉴定后，才可以不设临时支护。

临时支护应具有足够的强度和稳定性，能适应围岩松动变形、爆破振动、机具碰撞等情况。此外，临时支护还要求结构简单，便于安装和拆除，不过分占用空间。临时支护可分为喷锚支护和构架支护两类。除特殊情况外，应优先选用喷锚支护。构架支护现一般采用钢拱架支撑。

钢拱架支撑适用于破碎而不稳定的岩层，能承受很大的山岩压力，耐久性好，所占空间小。钢支护可以重复使用，但耗材多，费用高，只有在不良地质段施工才采用，如图 11.8 所示。

图 11.8　钢支护

11.1.3.4　装渣运输

装渣与运输是隧洞开挖中最繁重的工作，所花时间约占循环时间的 50%～60%，是影响掘进速度的关键工序。因此，应合理选择装渣运输机械，并进行配套计算，做好洞内出渣的施工组织工作，确保施工安全，提高出渣效率。

隧洞出渣常见的装运方式如下。

1. 挖掘式装载机装渣、车辆出渣

挖掘式装载机（俗称：扒渣机）是一种

连续出渣设备，如图 11.9 所示，可满足小断面隧洞施工装渣的需要。设备采用履带或轮胎底盘，采用反铲来扒取石渣，将石渣扒入刮板运输槽，并依靠刮板运输机构将石渣从前部输送至后部的接续设备中（各类矿车、皮带机、汽车等），同时，挖掘式装载机的铲斗也可以用来清理工作面。设备采用液压马达驱动履带行走机构，性能强劲、爬坡力强、机动灵活，可在潮湿有积水的隧洞里工作。设备由液压系统、电控系统、工作臂、底盘、运输槽、驾驶室系统、机架总成等组成。

图 11.9　液压扒渣机

2. 装载机或液压正铲装渣、车辆出渣。这种出渣方式适用于开挖断面较大的情况。装岩采用斗容量为 1～3m^3 的装载机或液压正铲，如图 11.10 所示，自卸汽车洞内运输宜设置双车道，如设置单车道时，每隔 200～300m 应设错车道，运输道路要符合矿山道路的有关规定。

11.1.3.5　隧洞开挖的辅助作业

隧洞开挖的辅助作业有通风、散烟、防尘、防有害气体、供水、排水、供电照明等。辅助作业是改善洞内劳动条件、加快工程进度的必要保证。

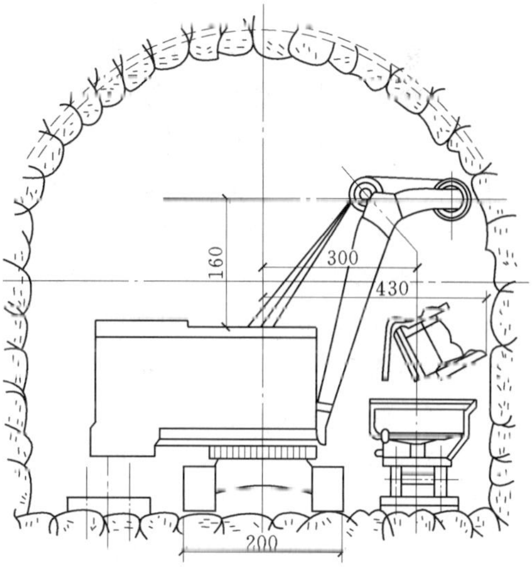

图 11.10　隧洞 1m^3 短臂正向铲

1. 通风与防尘

通风和防尘的主要目的是为了排除因钻孔、爆破等原因而产生的有害气体和岩尘，向洞内供应新鲜空气，改善洞内温度、湿度和气流速度。

(1) 通风方式。通风方式有自然通风和机械通风两种。自然通风只有在掘进长度不超过 40m 时，才允许采用。其他情况下都必须有专门的机械通风设备。

机械通风布置方式有压入式、吸入式和混合式三种，如图 11.11 所示。压入式是用风管将新鲜空气送到工作面，新鲜空气送入速度快，可保证及时供应，但洞内污浊空气是经洞身流出洞外；吸入式是将污浊空气由风管排出，新鲜空气从洞口经洞身吸入洞内，但流动速度缓慢；混合式是在经常性供风时用压入式，而在爆破后排烟时改用吸入式，充分利用了上述两种方式的优点。

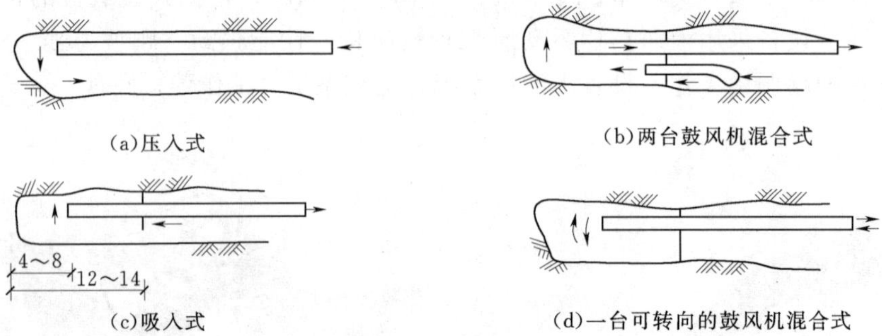

图 11.11 隧洞机械通风方式

(2) 通风量。通风量可按以下要求分别计算，并取其中最大值，再考虑 20%～50%的风管漏风损失。

1) 按洞内同时工作的最多人数计算，每人所需通风量为 $3m^3/min$。

2) 按冲淡爆破后产生的有害气体的需要计算，使其达到允许的浓度（CO 的允许浓度应控制在 0.02%以下）。

3) 按洞内最小风速不低于 0.15m/s 的要求，计算和校核通风量。

(3) 防尘、防有害气体。除按地下工程施工规定采用湿钻钻孔外，还应在爆破后通风排烟、喷雾降尘，对堆渣洒水，并用压力水冲刷岩壁，以降低空气中的粉尘含量。

2. 排水与供水

隧洞施工，应及时排除地下涌水和施工废水。当隧洞开挖是上坡进行且水量不大时，可沿洞底两侧布置排水沟排水；当隧洞开挖是下坡进行或洞底是水平时，应将隧洞沿纵向分成数段，每段设置排水沟和集水井，用水泵排出洞外。

对洞内钻孔、洒水和混凝土养护等施工用水，一般可在洞外较高处设置水池利用重力水头供水，或用水泵加压后沿洞内铺设的供水管道送至工作面。

3. 供电与照明

洞内供电线路一般采用三相四线制。动力线电压为 380V，成洞段照明用 220V，工作段照明用 24～36V。在工作段较大的场合，也可采用 220V 的投光灯照明。由于洞内空间小、潮湿，所有线路、灯具、电气设备都必须注意绝缘、防水、防爆，防止安全事故发生。开挖区的电力起爆线，必须与一般供电线路分开，单独设置，以示区别。

11.1.3.6 循环作业施工组织

开挖循环作业是指在一定时间内，使开挖面掘进一定深度（即循环进尺）所完成的各项工作。循环时间是指完成一个工作循环所需要的时间的总和。循环时间常采用 4h、6h、8h、12h 等，以便于按时交接班。隧洞开挖循环作业所包括的主要工作有钻孔、装药、爆破、通风散烟、爆后检查处理、装渣运输、铺接轨道等。为了确保掘进速度，常采用流水作业法组织工程施工，编制工序循环作业图，对各工序的起止时间进行控制，见表 11.2。

表 11.2　　隧洞开挖循环作业

序号	工　序	时间/h	工时/h							
			1	2	3	4	5	6	7	8
1	工作面检查清理	0.5								
2	上台阶扒渣	0.5								
3	上台阶钻孔	5.9								
4	出渣	2.9								
5	下台阶钻孔	3.1								
6	装药、爆破、通风	1.0								

课题 11.2　地下工程的衬砌与灌浆

11.2.1　隧洞衬砌

隧洞开挖后，为了使围岩不致因暴露时间太久而引起风化、松动或塌落，需尽快进行衬砌或支护。对于水工隧洞来说，衬砌还可以减小糙率，增大隧洞的输水能力。隧洞衬砌是一种永久性的支护，根据使用材料的不同可分为现浇混凝土或钢筋混凝土衬砌、混凝土预制块或块石衬砌等。这里仅介绍现浇钢筋混凝土衬砌。

11.2.1.1　混凝土衬砌的分段与分块

由于隧洞一般较长，衬砌混凝土需要分段浇筑。当衬砌在结构上设有永久伸缩缝时，永久缝即可作为施工缝；当永久缝间距过大或无永久缝时，则应设施工缝分段浇筑，分段长度视断面大小和混凝土浇筑能力而定，一般可取 6～18m。为了提高衬砌的整体性，施工缝应进行处理。分段方式有以下两种。

1. 浇筑段之间设伸缩缝或施工缝

各衬砌段长度基本相同，如图 11.12 所示。可采用顺序浇筑法或跳仓浇筑法施工。顺序浇筑时，一段浇筑完成后，需等混凝土硬化再浇筑相邻一段，施工缓慢；而跳仓浇筑时，先浇奇数号段，再浇偶数号段，施工组织灵活，进度快，但封拱次数多。

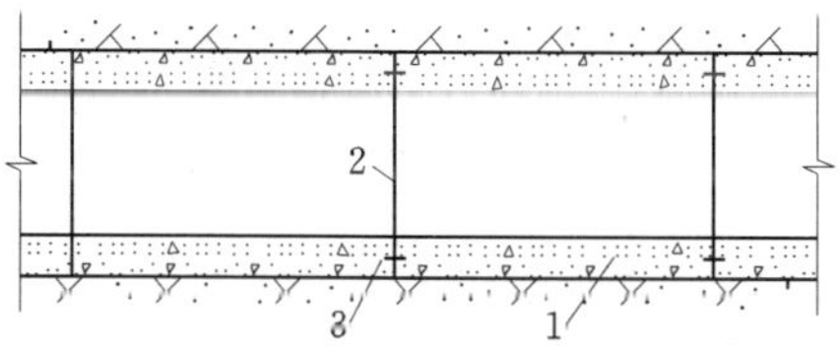

图 11.12　浇筑段之间设伸缩缝

1—浇筑段；2—缝；3—止水

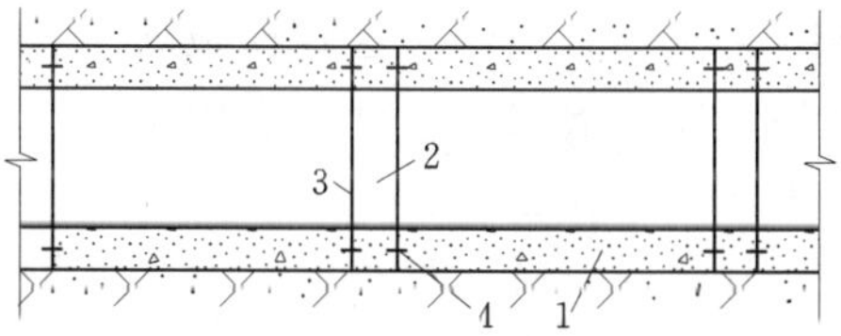

图 11.13　浇筑段之间设空档

1—浇筑段；2—空档；3—缝；4—止水

2. 浇筑段之间设空档

如图 11.13 所示，空档长度 1m 左右，可使各段独立浇筑，大部分衬砌能尽快完成，但遗留空档的混凝土浇筑比较困难，封拱次数很多。当地质条件不利、需尽快完成衬砌时才采用这种方式。

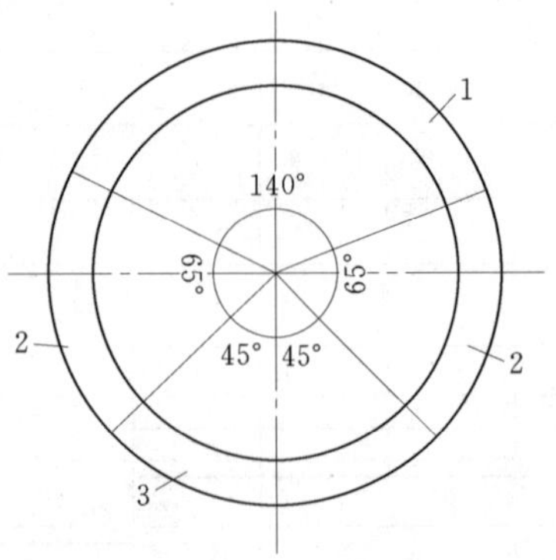

图 11.14 圆形隧洞衬砌断面的分块
1—顶拱；2—边墙；3—底拱

混凝土衬砌，除了在纵向分段外，在横向还应分块。一般分成顶拱、边墙（边拱）、底拱等四块，如图 11.14 为圆断面衬砌分块示意图。分块接缝位置应设在结构弯矩和剪力较小的部位，同时应考虑施工方便。分缝处应有受力钢筋通过，缝面亦需进行凿毛处理，必要时还应设置键槽和插筋。

隧洞横断面上各块的浇筑顺序是：先浇筑底拱（底板），然后是边墙和顶拱。在地质条件较差时，也可以先浇筑顶拱，再浇筑边墙和底拱，此时由于顶拱混凝土下方无支托，应注意防止衬砌的位移和变形，并做好分块接头处的反缝的处理。对反缝，除按一般接缝处理外，还需进行接缝灌浆。

11.2.1.2 隧洞衬砌的模板

隧洞衬砌用的模板，随浇筑部位的不同，其构造和使用特点也不同。

1. 底拱模板

当底拱中心角较小时，可以不用表面模板，只安装浇筑段两端的端部模板。在混凝土浇筑后，用弧形样板将混凝土表面刮成弧形即可。当中心角较大时，一般采用悬吊式弧形模板，如图 11.15 所示。浇筑前先立好端部模板和弧形模板桁架，混凝土入仓后，自中间向两边安装表面模板。必须注意，混凝土运输系统的支撑不要与模板支撑连在一起，以防混凝土运输产生振动，引起模板位移。

此外，当洞线较长时，常采用底拱拖模，如图 11.16 所示，它通过事先固定好的轨道用卷扬机索引拖动，边拖动边浇筑混凝土，浇筑的混凝土在模板的保护下成型好后（控制拖动速度）才脱模。

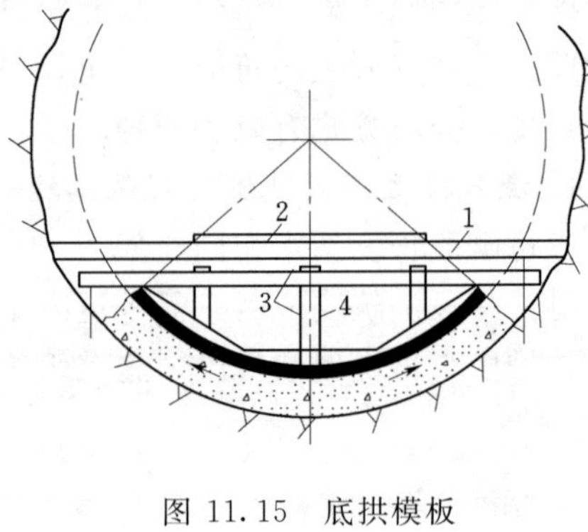

图 11.15 底拱模板
1—脚手架；2—路面板；3—模板桁架；
4—桁架立柱

2. 边墙和顶拱模板

边墙和顶拱模板有拆移式和移动式两种。拆移式模板又称为装配式模板，主要由面板、桁架、支撑及拉条组成（图 11.17）。这种模板通常在现场架立，安装时通过拉条或支撑将模板固定在预埋铁件上，装拆费时，费用也高。

移动式模板有钢模台车和针梁台车。钢模台车如图 11.18 所示，主要由车架和模板两部分组成。车架下面装有可沿轨道移动的车轮。模板装拆时，利用车架上的水平、垂直千斤顶将模板顶起、撑开或放下；当台车轴线与隧洞轴线不相符合时，可用车架上的水平螺杆来调整模板的水平位置，保证立模的准确性。模板面板由定型钢模板和扣件拼装而成。

钢模台车使用方便，可大大减少立模时间，从而加快施工进度。钢模台车可兼作洞内其他作业的工作平台，车架下空间大，可以布置运输线路。

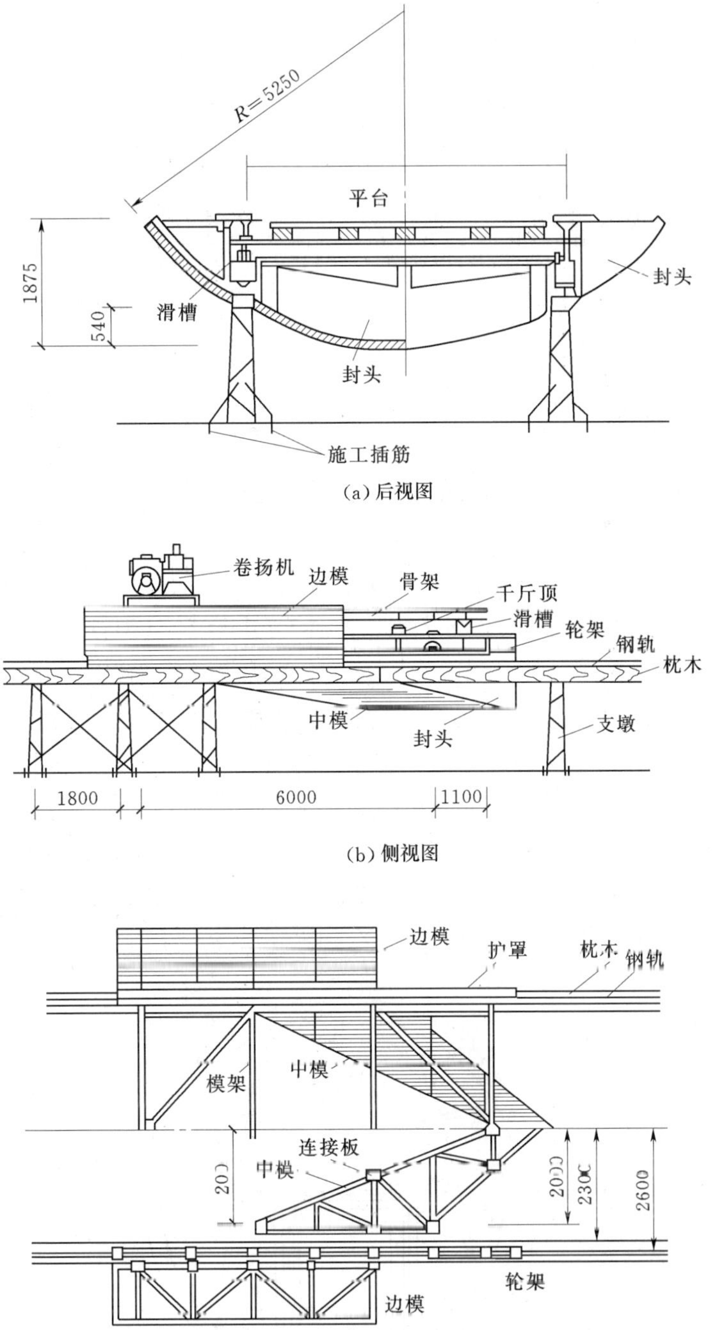

(a)后视图

(b)侧视图

(c)俯视图

图 11.16　V形拖模构造示意图（单位：mm）

3. 针梁模板

针梁模板是较先进的全断面一次成型模板，它利用两个多段长的型钢制作的方梁（针梁），通过千斤顶，一端固定在已浇混凝土面上，另一端固定在开挖岩面上，其中一段浇筑混凝土，另一段进行下一浇筑面的准备工作（如进行钢筋施工），如图 11.18 所示。

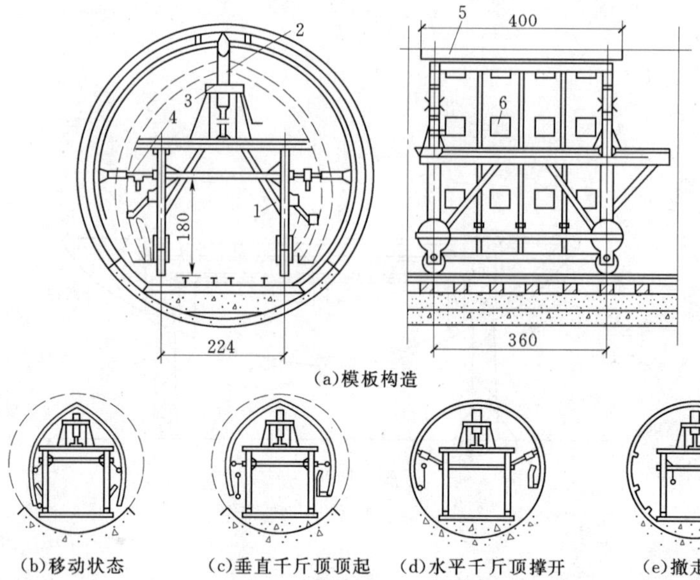

图 11.17　钢模台车（单位：cm）

1—车驾；2—垂直千斤顶；3—水平螺杆；4—水平千斤顶；5—拼版；6—混凝土进入口

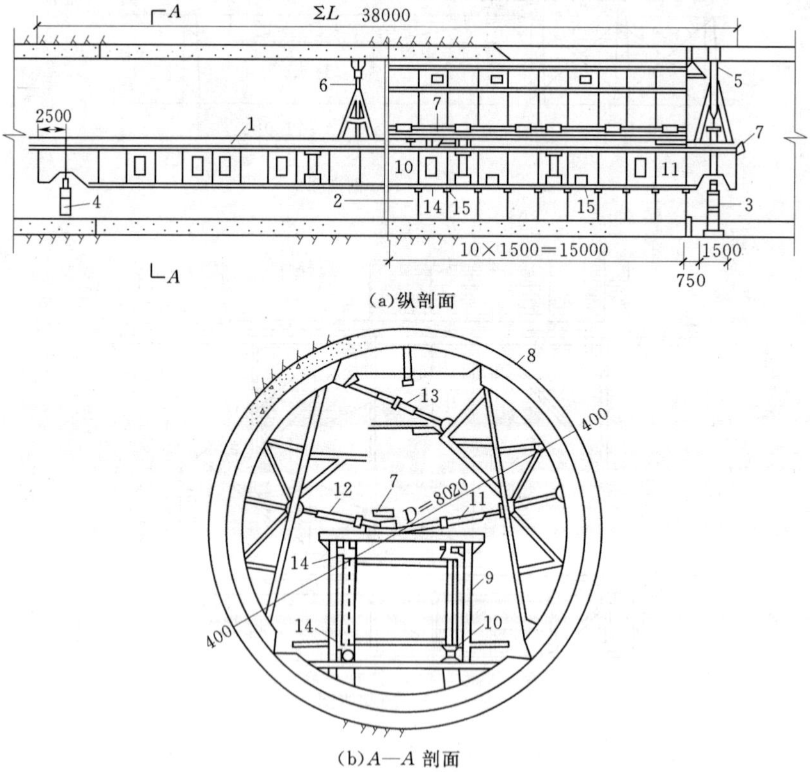

图 11.18　针梁模板（单位：mm）

1—大梁；2—钢模；3—前支座液压千斤顶；4—后支座液压千斤顶；5—前抗浮液压千斤顶平台；6—后抗浮液压千斤顶平台；7—行走装置系统；8—混凝土衬砌；9—大梁梁框；10—行走轮；11、12—千斤顶（伸缩边模）；13—千斤顶（供缩顶模）；14—钢轨；15—千斤顶定位螺栓

11.2.1.3　钢筋施工

衬砌混凝土内的钢筋，形状比较简单，沿洞轴线方向变化不大，但在洞中运输和安装比较困难。钢筋安装前，应先在岩壁上打孔安插架立钢筋。钢筋的绑扎宜采用台车作业，以提高工效。

11.2.1.4　混凝土浇筑

模板、钢筋、预埋件、浇筑面清洗等准备工作完成后，即可开仓浇筑衬砌混凝土。由于洞内工作面狭小，大型机械设备难以采用，所以混凝土的入仓运输一般以混凝土泵为主。图11.19为用混凝土泵浇筑边墙和顶拱的布置示意图。

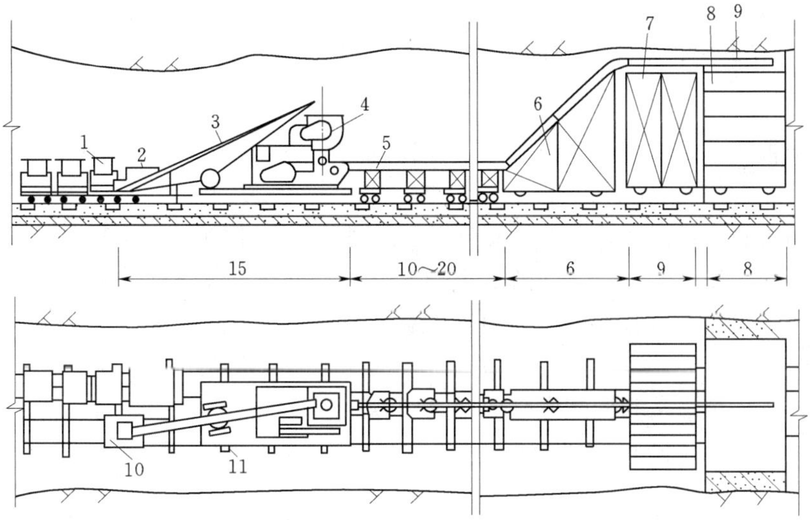

图 11.19　用混凝土泵浇筑边墙和顶拱的布置图（单位：m）

1—斗车；2—机车；3—皮带机；4—混凝土泵；5—水平导管；6—支架；7—轧钢筋用脚手架；8—模板；9—尾管；10—混凝土斗；11—混凝土泵

浇筑边墙时，混凝土由边墙模板上预留的“窗口”送入。两侧边墙的混凝土面应均衡上升，以免一侧受力过大使模板发生位移。浇筑顶拱时，混凝土由模板顶部预留的几个窗口送入，顺隧洞轴线方向边浇边退，直至浇完一段。如相邻段的混凝土已浇而无处可退时，则应从最后一个窗口退出，最后一个窗口拱顶处的混凝土浇筑，称为封拱。在最后一个窗口浇筑时，由于受到已浇段的限制，要想将混凝土送到拱顶处则异常困难。封拱的目的是使衬砌混凝土形成完整的拱圈。

用混凝土泵浇筑边墙和顶拱是隧洞混凝土衬砌最有效的方法。封拱时，在输送混凝土的导管末端接上冲大尾管，垂直穿过模板伸入仓内，如图 11.20 所示。尾管的位置应根据浇筑段长度和混凝土扩散半径来定，其间距一般为 4～6m。尾管出口与岩面的距离原则上是越近越好，但应保证压出的混凝土能自由扩散，一般为 20cm 左右。封拱时为了排除和调节仓内空气、检查拱顶填充情况，可以在浇筑面最高处设置通气管。在仓中央部位还需设置进人孔，以便进入仓内进行必要的辅助工作。

用混凝土泵封拱的步骤如下：

（1）当混凝土浇筑到拱顶处时，撤出工人和浇筑设备，封闭进人孔。

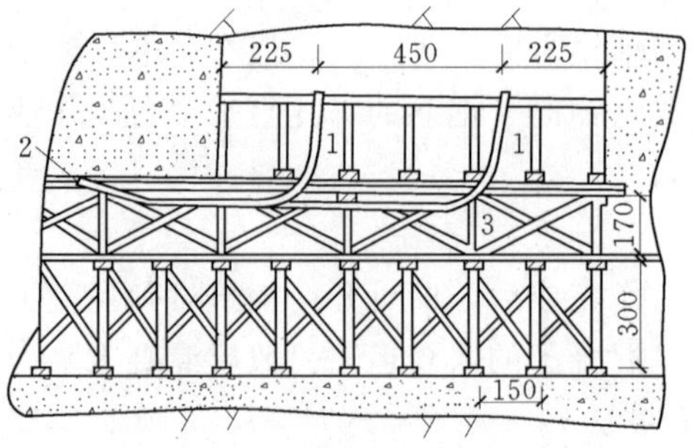

图 11.20 用混凝土泵封拱的布置（单位：cm）

1—垂直尾管；2—通混凝土泵；3—支架

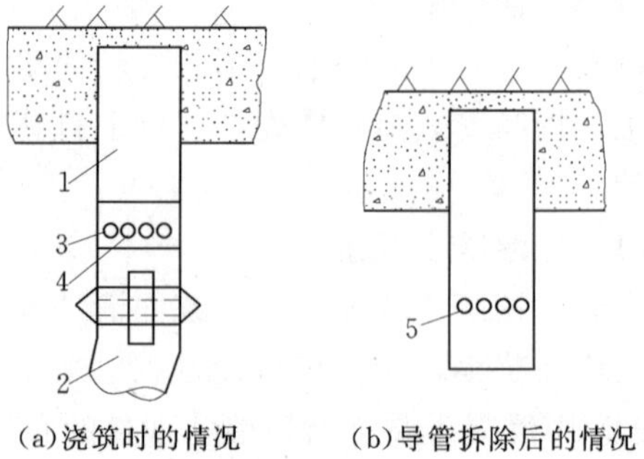

图 11.21 垂直尾管上的孔眼

1—尾管；2—导管；3—直径 2～3cm 的孔眼；4—铁皮；5—插入孔眼中的钢筋

（2）增大混凝土坍落度至 14～16cm，同时加大混凝土泵的输送速度，保证仓内混凝土的连续供应。

（3）当通气管开始漏浆，说明拱顶处已经填满，可停止输送混凝土，将尾管上包住预留孔眼的铁箍去掉（图 11.21），在孔眼中插入钢筋，防止混凝土下落，然后拆除混凝土导管。

（4）拱顶拆模后，将露在外面的导管用氧气割去，并用砂浆抹平。

11.2.2 隧洞灌浆

隧洞灌浆有回填灌浆和固结灌浆两种。回填灌浆目的是填塞围岩与衬砌之间的空隙，确保衬砌对围岩的支承，防止围岩变形；固结灌浆的目的是加固围岩，提高围岩的整体性和强度。

为了节省钻孔工作量，防止钻孔时切断钢筋，灌浆前要在衬砌中预埋灌浆管，直径为 38～50mm。

回填灌浆孔一般只布置在拱顶中心角 120°范围内。固结灌浆孔则应根据需要布置在整个断面四周。灌浆孔沿隧洞轴线每 2～4m 布置一排，各排孔位呈梅花形布置。此外，还应根据规范要求布置一定数目的检查孔。

隧洞灌浆必须在衬砌混凝土达到一定强度后才能进行。回填灌浆可在衬砌混凝土浇筑两周后安排进行，固结灌浆可在回填灌浆一周后进行。灌浆时应先用压缩空气清孔，然后用压力水清洗。灌浆在断面上应自下而上进行，以充分利用上部管孔排气；在轴线方向应采用隔排灌注、逐渐加密的方法。

为了保证灌浆质量，必须严格控制灌浆压力。对回填灌浆，无压隧洞第一序孔压力可采用 0.1～0.3MPa，有压隧洞第一序孔用 0.2～0.4MPa；第二序孔可增大 1.5～2 倍。固结灌浆压力应比回填灌浆压力高一些，以灌实围岩裂缝，但压力不能太高，防止衬砌结构破坏。

课题 11.3 喷锚支护技术

喷锚支护是喷混凝土支护、锚杆支护及喷混凝土与锚杆、钢筋网联合支护的统称。它是地下工程支护的一种新型式，也是新奥地利隧洞工程法（简称新奥法）的主要支护措施。喷锚支护适用于不同地层条件、不同断面大小的地下洞室工程，既可用作临时支护也可用作永久性支护。

喷锚支护是在隧洞开挖后，及时在围岩表面喷射一层厚 3～5cm 的混凝土，必要时加上锚杆、钢筋网以稳定围岩。这一层混凝土一般作为临时支护，以后再在其上加喷混凝土至设计厚度作为永久支护。这种施工方法称为“新奥法”。

11.3.1 锚杆支护

锚杆是为了加固围岩而锚固在岩体中的金属杆件。锚杆插入岩体后，将岩块串联起来，改善了围岩的原有结构性质，使不稳定的围岩趋于稳定，锚杆与围岩共同承担山岩压力。锚杆支护是一种有效的内部加固方式。

11.3.1.1 锚杆的作用

（1）悬吊作用。即利用锚杆把不稳定的岩块固定在完整的岩体上，如图 11.22（a）所示。

（2）组合岩梁。将层理面近似水平的岩层用锚杆串联起来，形成一个巨型岩梁，以承受岩体荷载，如图 11.22（b）所示。

（3）承载岩拱。通过锚杆的加固作用，使隧洞顶部一定厚度内的缓倾角岩层形成承载岩拱。但在层理、裂隙近似垂直，或在松散、破碎的岩层中，锚杆的作用将明显降低，如图 11.22（c）所示。

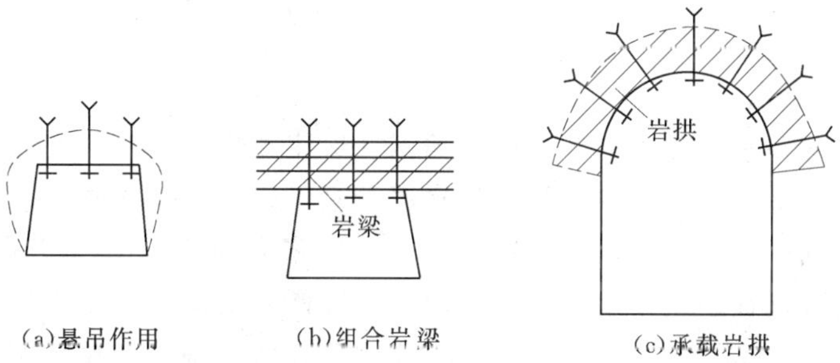

图 11.22 锚杆的作用

11.3.1.2 锚杆的分类

按锚固方式的不同可将锚杆分为张力锚杆和砂浆锚杆两类。前者为集中锚固，后者为全长锚固。

1. 张力锚杆

张力锚杆有楔缝式锚杆和胀圈式锚杆两种。楔缝式锚杆由楔块、锚栓、垫板和螺帽等四部分组成，如图 11.23（a）所示。锚栓的端部有一条楔缝，安装时将钢楔块少许楔入其内，将楔块连同锚栓一起插入钻孔，再用铁锤冲击锚栓尾部，使楔块深入楔缝内，楔缝张开并挤压孔壁岩石，锚头便锚固在钻孔底部。然后在锚栓尾部安上垫板并用螺帽拧紧，在锚栓内便形成了预应力，从而将附近的岩层压紧。

胀圈式锚杆的端部有四瓣胀圈和套在螺杆上的锥形螺帽，如图 11.23（b）所示。安装时将其同时插入钻孔，因胀圈撑在孔壁上，锥形螺帽卡在胀圈内不能转动，当用扳手在孔外旋转锚杆时，螺杆就会向孔底移动，锥形螺帽作向上的相对移动，促使胀圈张开，压紧孔壁，锚固螺杆。锚杆上的凸头的作用是当锚杆插入钻孔时，阻止锚杆下落。胀圈式锚杆除锚头外，其他部分均可回收。

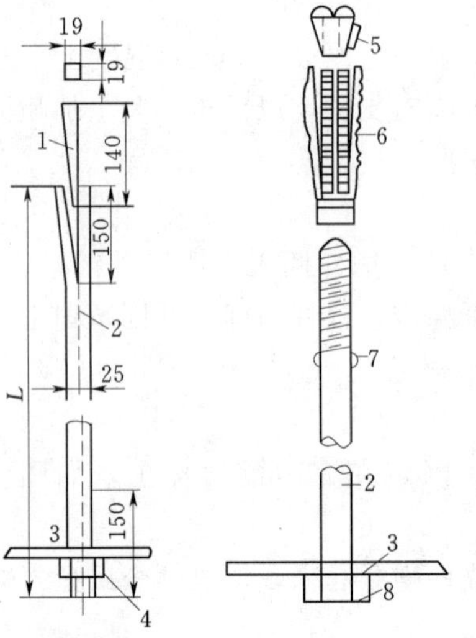

(a)楔缝式　　(b)胀圈式

图 11.23　张力锚杆（单位：mm）

1—楔块；2—锚栓；3—垫板；4、8—螺帽；5—锥形螺帽；6—胀圈；7—凸头

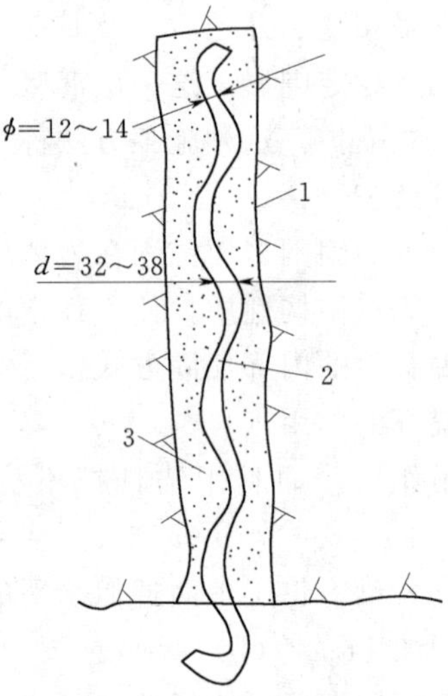

图 11.24　钢筋砂浆锚杆（单位：mm）

1—钻孔；2—钢筋；3—水泥砂浆

2. 砂浆锚杆

在钻孔内先注入砂浆后插入锚杆，或先插锚杆后注砂浆，待砂浆凝结硬化后即形成砂浆锚杆，如图 11.24 所示。因砂浆锚杆是通过水泥砂浆（或其他胶凝材料）在杆体和孔壁之间的摩擦力来进行锚固的，是全长锚固，所以锚固力比张力锚杆大。砂浆还能防止锚杆锈蚀，延长锚杆寿命。这种锚杆多用作永久支护，而张力锚杆多用作临时支护。

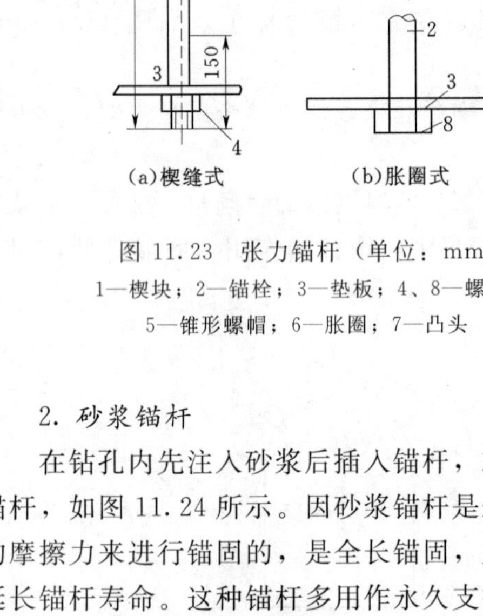

图 11.25　风动压浆罐构造简图

1—储气间；2—气孔（ϕ10mm）；3—装料口；4—风管；5—隔板；6—出料口；7—支架；8—注浆管；9—进气口；10—输料软管

先注砂浆后插锚杆的施工程序一般为：钻孔、清洗钻孔、压注砂浆和安插锚杆。钻孔时要控制孔位、孔径、孔向、孔深符合设计要求。一般要求孔位误差不大于 20cm，孔径比锚杆直径大 10mm 左右，孔深误差不大于 5cm。钻孔清洗要彻底，可用压气将孔内岩粉、积水冲洗干净，以保证砂浆与孔壁的黏结强度。

由于向钻孔内压注砂浆比较困难（当孔口向下时更困难），所以钢筋砂浆锚杆的砂浆常采用风动压浆罐（图 11.25）灌注。灌浆时，先将砂浆装入罐内，再将罐底出料口的铁管与输料软管接上，打开进气阀，使压缩空气进入罐内，在压气作用下，罐内砂浆即沿输料软管和注浆管压入钻孔内。为了保证压注质量，注浆管必须插至孔底，确保孔内注浆饱满密实。注满砂浆的钻孔，应采取措施将孔口封堵，以免在插入锚杆前砂浆流失。

风动压浆罐的工作风压为 0.5～0.6MPa；砂浆的配合比一般为 0.4（水）：1.0（水泥）：0.5（细砂）。

安装锚杆时，应将锚杆徐徐插入，以免砂浆被过量挤出，造成孔内砂浆不密实而影响锚固力。锚杆插到孔底后，应立即楔紧孔口，24h 后才能拆除楔块。

先设锚杆后注砂浆的施工工艺要求基本同上。注浆用真空压力法如图 11.26 所示。注浆时，先启动真空泵，通过端部包以棉布的抽气管抽气，然后由灰浆泵将砂浆压入孔内，一边抽气一边压注砂浆，砂浆注满后，停止灰浆泵，而真空泵仍工作几分钟，以保证注浆的质量。

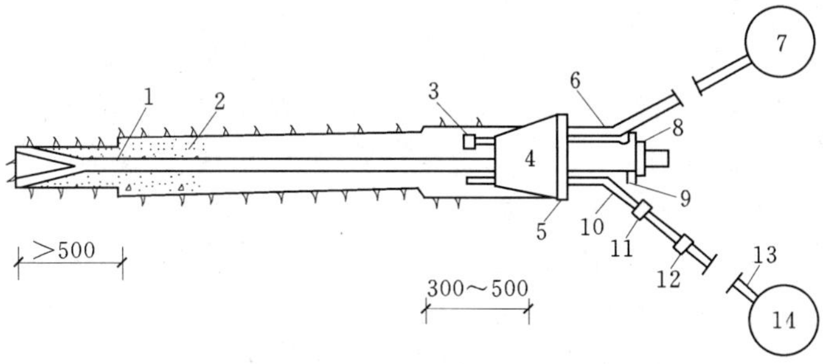

图 11.26 真空压力灌浆布置图（单位：mm）

1—锚杆；2—砂浆；3—布包；4—橡皮塞；5—垫板；6—抽气管；7—真空泵；8—螺帽；9—套筒；10—灌浆管；11—关闭阀；12—灌浆阀；13—高压软管；14—灰浆泵

11.3.1.3 锚杆的布置

锚杆的布置主要是确定锚杆的插入深度、间距及布置形式。

锚杆的布置有局部锚杆和系统锚杆。局部锚杆主要是用来加固危石，防止掉块。系统锚杆主要用来提高围岩的强度和整体性。锚杆的方向应尽量与岩体结构面垂直，当结构面不明显时，可与周边轮廓垂直。圆断面隧洞可采用径向布置。锚杆在平面上的布置要求呈梅花形或方格形。

锚杆的布置参数主要是通过工程类比和现场试验选择。系统锚杆，锚杆深入岩体深度一般为 1.5～3.5m，但不一定要深入稳定岩层，当岩层破碎时，用短而密的系统锚杆，同样可取得较好的锚固效果。系统锚杆间距为插入深度的 1/2，但不得大于 1.5m。局部锚杆，必须插入稳定岩体内，插入深度和间距根据实际情况而定。大于 5m 的深孔锚杆应作专门设计。

11.3.2 喷混凝土支护

喷混凝土就是将水泥、砂、石等干料按一定比例拌和后装入喷射机中，再用压缩空气将混合料送到喷嘴处与高压水混合，喷射到岩石表面，经凝结硬化而成的一种薄层支护结构。喷射到岩面上的混凝土，能填充围岩的缝隙，将分离的岩面黏结成整体，提高围岩的强度，增强围岩抵抗位移和松动的能力，还能封闭岩石，防止风化，缓和应力集中。

喷混凝土支护是一种不用模板就能成型的新型支护结构，具有生产效率高、施工速度快、支护质量好的优点。

11.3.2.1 原材料及配合比

喷混凝土原材料与普通混凝土基本相同，但在技术上有一些差别。

（1）水泥。普通硅酸盐水泥，强度等级不低于 32.5MPa，以利混凝土早期强度的快速增长。

（2）砂子。一般采用中砂或中、粗混合砂，平均粒径0.35～0.5mm。砂子过粗，容易产生回弹；过细，不仅使水泥用量增加，而且还会引起混凝土的收缩，降低强度，还会在喷射中产生大量粉尘。砂子的含水量应控制在4%～6%。含水量过低，混合料在管路中容易分离而造成堵管；含水量过高，混合料有可能在喷射罐中就已凝结，无法喷射。

（3）石子。用卵石、碎石均可作为喷混凝土骨料。石料粒径为5～20mm，其中大于15mm的颗粒应控制在20%以内，以减少回弹。石子的最大粒径不能超过管路直径的1/2。石料使用前应经过筛洗。

（4）水。喷混凝土用水与一般混凝土对水的要求相同。

（5）速凝剂。为了加快喷混凝土的凝结硬化速度，防止在喷射过程中坍落，减少回弹，增加喷射厚度，提高喷混凝土在潮湿地段的适应能力，一般要在喷混凝土中掺入水泥重量2%～4%的速凝剂。速凝剂应符合国家标准，初凝时间不大于5min，终凝时间不大于10min。

喷混凝土配合比应满足强度和工艺要求。水泥用量一般为375～400kg/m^3，水泥与砂石的重量比一般为1∶4～1∶4.5，砂率为45%～55%，水灰比为0.4～0.5。

水灰比的控制，主要依靠操作人员喷射时对进水量的调节，在很大程度上取决于操作人员的经验。若水灰比太小，喷射时不仅粉尘大，料流分散，回弹量大，而且喷射层上会产生干斑、砂窝等现象，影响混凝土的密实性；若水灰比过大，不但影响混凝土强度，而且还可能造成喷射层流淌、滑移，甚至大片坍塌。水灰比控制恰当时，喷混凝土的表面呈暗灰色，有光泽，混凝土黏性好，能一团一团地粘附在喷射面上。水灰比的控制，除了提高操作人员的技术水平外，还必须维持供水压力的稳定。

11.3.2.2 混凝土喷射机

工程中常用的喷射机有冶建69型双罐式喷射机和HP-Ⅲ型转体式喷射机，如图11.27和图11.28所示。

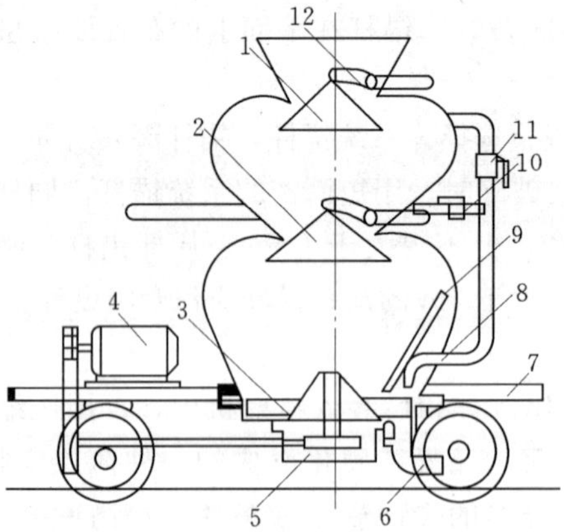

图11.27 双罐式喷射机

1—上钟形罩；2—下钟形罩；3—输料盘；4—电动机；5—蜗轮油箱；6—出料口；7—车架；8—主风口；9—折形刮刀；10—主风阀；11—上灌进气阀；12—橡皮垫圈

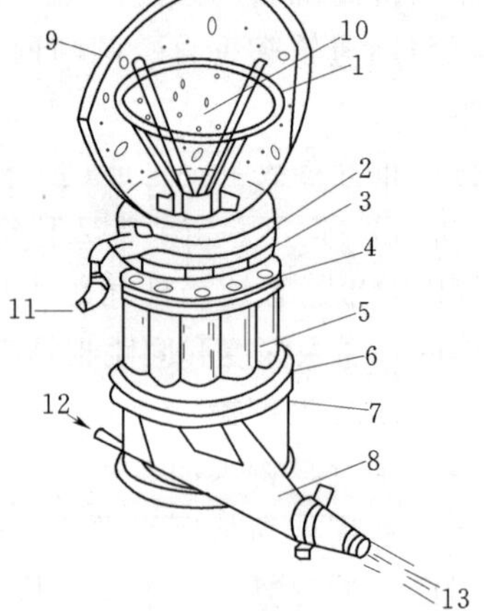

图11.28 转体式喷射机

1—搅拌器；2—上底座；3—上接合板；4—旋转板；5—旋转体；6—下接合板；7—下底座；8—出料弯头；9—料斗；10—干拌和料；11—压缩空气进气口；12—进风管；13—出料口

双罐式喷射机的工作原理是上罐储料，下罐工作，下罐中的干拌和料通过涡轮机构带动的输料盘，均匀地把料送到出料口，再通过压气送至喷嘴，在喷嘴处穿过水环所形成的水幕与水混合后高速喷射到岩面上。转体式喷射机的工作原理是混凝土干料从料斗落到一个多孔形的旋转体中，随孔道旋转至出料口，再在压缩空气的作用下将干料送至喷嘴，与高压水混合后喷射到岩面。转体式喷射机出料量可以调整，体积小，重量轻，操作简单，且可远距离控制，但结构复杂，制造要求高。

喷混凝土施工，劳动条件差，喷枪操作劳动强度大，施工不够安全。有条件时应尽量利用机械手操作。图 11.29 为国产 QPS－Ⅰ型机械手简图，它适用于大断面隧洞喷混凝土作业。

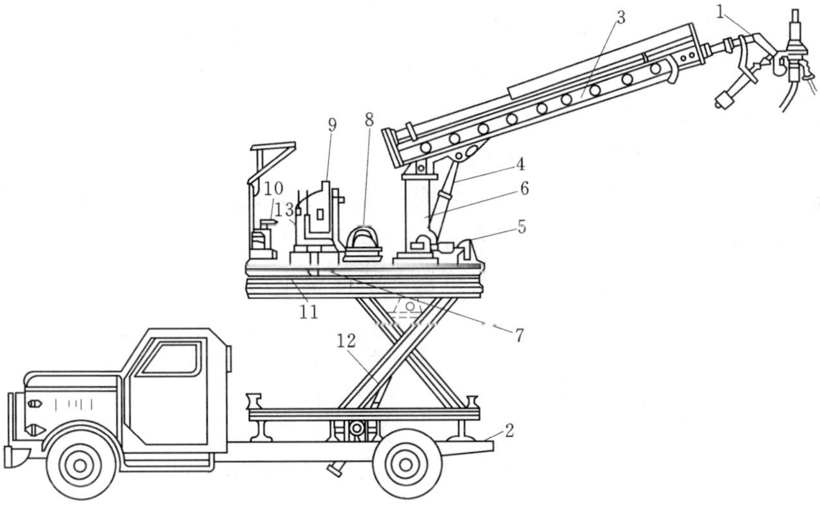

图 11.29　QPS－Ⅰ型混凝土机械手简图

1—喷头装置；2—汽车；3—大臂；4—大臂俯仰油缸；5—立柱回转油缸；
6—立柱；7—冷却系统；8—动力装置；9—操作台；10—坐椅；
11—剪刀架平台；12—剪刀架升起油缸；13—动力油路

11.3.2.3 喷混凝土施工

1. 施工准备

喷射混凝土前，应做好各项准备工作，内容包括：搭建工作平台、检查工作面有无欠挖、撬除危石、清洗岩面和凿毛、钢筋网安装、埋设控制喷射厚度的标记、混凝土干料准备等。

2. 喷枪操作

喷枪操作直接影响喷射混凝土的质量，应注意对以下几个方面的控制：

(1) 喷射角度。喷射角度是指喷射方向与喷射面的夹角。一般宜垂直并稍微向刚喷射的部位倾斜（约 10°），以使回弹量最小，如图 11.30 (b) 所示。

(2) 喷射距离。是指喷嘴与受喷面之间的距离。其最佳距离是按混凝土回弹最小和最高强度来确定的，根据喷射试验一般为 1m 左右。

(3) 一次喷射厚度。在设计喷射厚度大于 10cm 时，一般应分层进行喷射。一次喷射太厚，特别是在喷射拱顶时，往往会因自重而分层脱落；一次喷射也不可太薄，当一次喷射厚

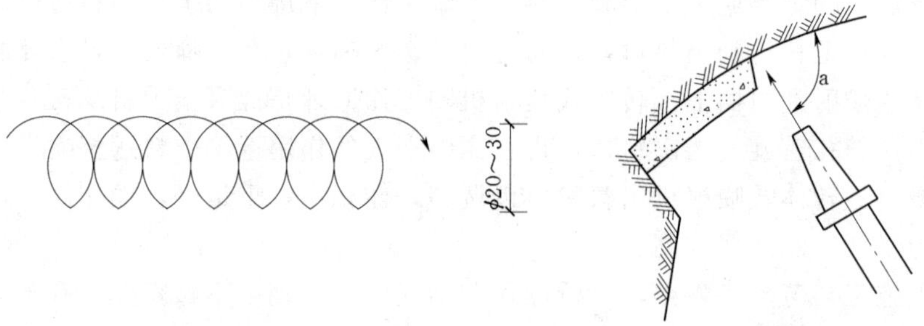

(a)料流轨迹　　(b)喷射角度

图 11.30　料流轨迹与喷射角度（单位：cm）

度小于最大骨料粒径时，回弹率会迅速增高。当掺有速凝剂时，墙的一次喷射厚度为 7～10cm，拱为 5～7cm；不掺速凝剂时，墙的一次喷射厚度为 5～7cm，拱为 3～5cm。分层喷射的层间间隔时间与水泥品种、施工温度和是否掺有速凝剂等因素有关。较合理的间歇时间为内层终凝并且有一定的强度。

（4）喷射区的划分及喷射顺序。当喷射面积较大时需要进行分段、分区喷射。一般是先墙后拱，自下而上地进行，如图 11.31 所示。这样可以防止溅落的灰浆粘附于未喷的岩面上，以免影响混凝土与岩面的黏结，同时可以使喷混凝土均匀、密实、平整。

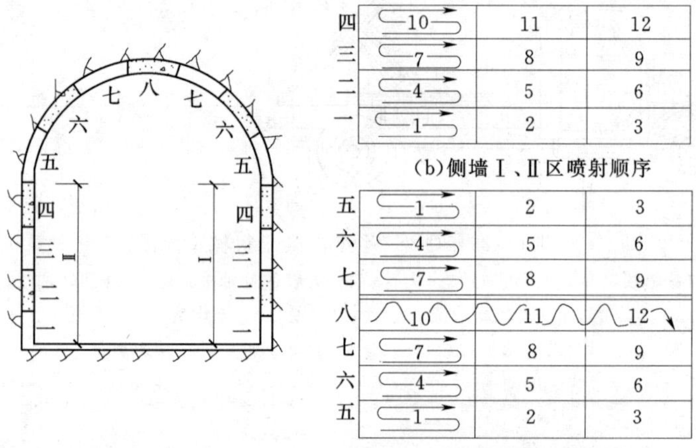

(a)喷射分区　　(c)顶拱Ⅲ区喷射顺序

图 11.31　喷射区划分示意图

施工时操作人员应使喷嘴呈螺旋形划圈，圈的直径以 20～30cm 为宜，以一圈压半圈的方式移动，如图 11.31（a）所示。分段喷射长度以沿轴线方向 2～4m 较好，高度方向以每次喷射不超过 1.5m 为宜。

喷射混凝土的质量要求是表面平整，不出现干斑、疏松、脱空、裂隙、露筋等现象，喷射时粉尘少、回弹量小。

11.3.2.4　养护

喷混凝土单位体积水泥用量较大，凝结硬化快。为使混凝土的强度均匀增加，减少或防止不均匀收缩，必须加强养护。一般在喷射 2～4h 后开始洒水养护，日洒水次数以保持混凝土有足够的湿润为宜，养护时间一般不应少于 14d。

课题 11.4　掘进机与盾构机施工

11.4.1　掘进机施工

11.4.1.1　概述

自美国罗宾斯（Robbins）公司1952年生产了第一台能实用的、刀盘直径8m的掘进机以来，发展至今已有50多年，掘进机在技术上已成熟。在国外使用掘进机掘进隧洞已很普遍，尤其是3km以上的长隧洞，很多业主在招标中规定，要求投标商必须采用掘进机施工。掘进机对困难地质的适应能力大大增强，独头掘进的长度超过10km。掘进速度达到最高日进尺172.4m、最高周进尺703.3m、最高月进尺2163m。

我国"引大入秦"工程一个长17km的输水隧洞，使用刀盘直径5.53m的双护盾式掘进机开挖。工程1991年开工，1992年完工。平均月进尺980m，最高月进尺达1400m。在万家寨引黄工程实施更大规模的长距离引水时，对所有的长隧洞（有12km，22km，44km等几条长隧洞）均使用掘进机施工。在主干线的一条12km、洞径6.1m的隧洞，1994开工，1995年完工，平均月进尺810m。南干线上总长86km的隧洞使用了4台双护盾掘进机，1998年开工，2002年完工。平均月进尺约784m，最高月进尺达1821.49m。

11.4.1.2　掘进机的分类和适用范围

（1）敞开式。切削刀盘的后面均为敞开的，没有护盾保护。敞开式又有单支撑结构和双支撑结构两种设计风格。敞开式适用于岩石整体性较好或中等的情况。

双支撑结构：分双水平支撑式（图11.32）和双X形支撑式两种（图11.33）。双水平支撑方式，共有5个支撑腿：2组水平的，加1条垂直的。双X形支撑方式，共有8个支撑腿。

（2）护盾式。切削刀盘的后面均被护盾所保护，并且在掘进机后部的全部洞壁都被预制的衬砌管片所保护护盾式分为单护盾式、双护盾式和三护盾式（图11.34）。护盾式适用于松散和复杂的岩石条件，当然也能够在岩石条件较好的情况下工作。

（3）护孔式。扩孔式的用途是，将先打好的导洞进行一次性的扩孔成形。扩孔式在小导洞贯通后，进行导洞的扩挖。

（4）摇臂式。安装在回转机头上的摇臂，一边随机头作回转运动，一边作摆动，这样，臂架前端的刀具能在掌子面上开挖出圆形或矩形的断面。摇臂式扩挖较软的岩石，开挖非圆形断面的隧洞。

11.4.1.3　全断面岩石掘进机的构造和工作原理

1. 敞开式掘进机的工作原理

敞开式掘进机由刀盘、导向壳体、传动系统、主梁、推进油缸、水平支撑装置、后支撑以及出渣皮带机组成（图11.35）。

全断面岩石掘进机的掘进循环由掘进作业和换步作业组成。在掘进作业时，伸出水平支撑板→撑紧洞壁收起后支撑→刀盘旋转，启动皮带机→推进油缸向前推压刀盘，使盘型滚刀切入岩石，由水平支撑承受刀盘掘进时传来的反作用力和反扭矩→岩石面上被破碎的岩渣在自重下掉落到洞底，由刀盘上的铲斗铲起，然后落入掘进机皮带机向机后输出→当推进油缸将掘进机机头、主梁、后支撑向前推进了一个行程时（图11.35中掘进工况），掘进作业停止，掘进机开始换步。

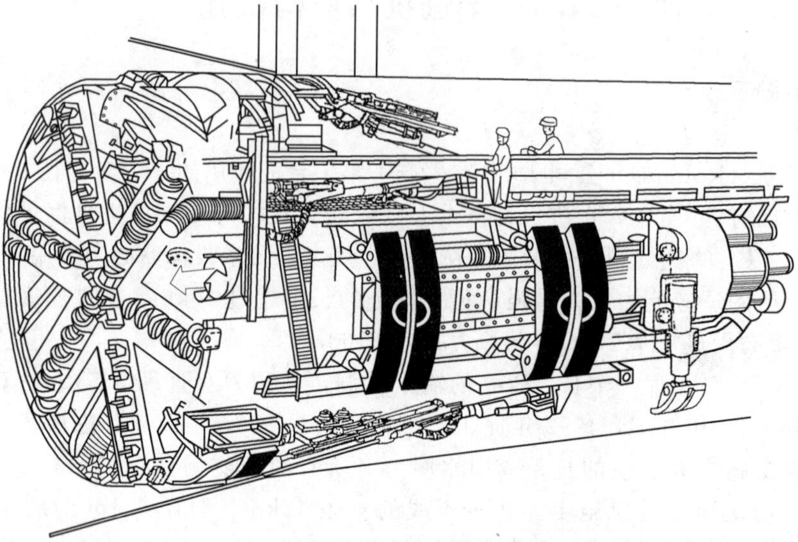

(a)罗宾斯 MK 型双支撑式掘进机(外形)

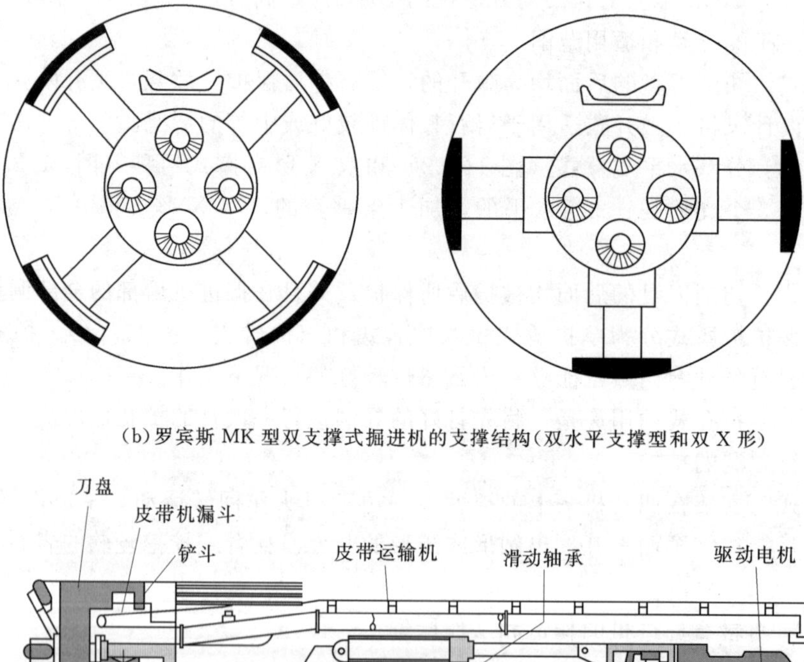

(b)罗宾斯 MK 型双支撑式掘进机的支撑结构(双水平支撑型和双 X 形)

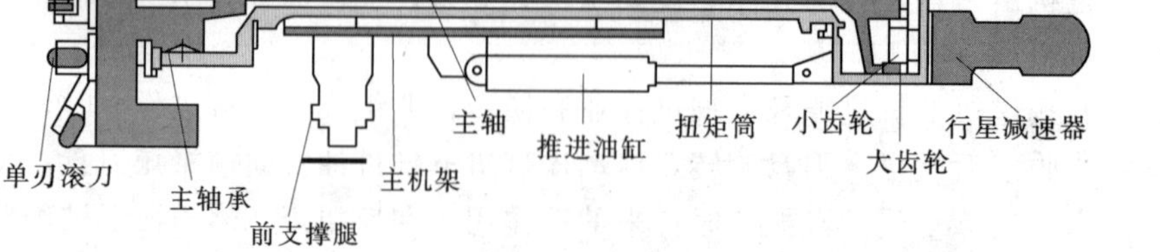

(c)罗宾斯 MK 型双支撑式掘进机(结构简图)

图 11.32　罗宾斯 MK 双支撑式掘进机

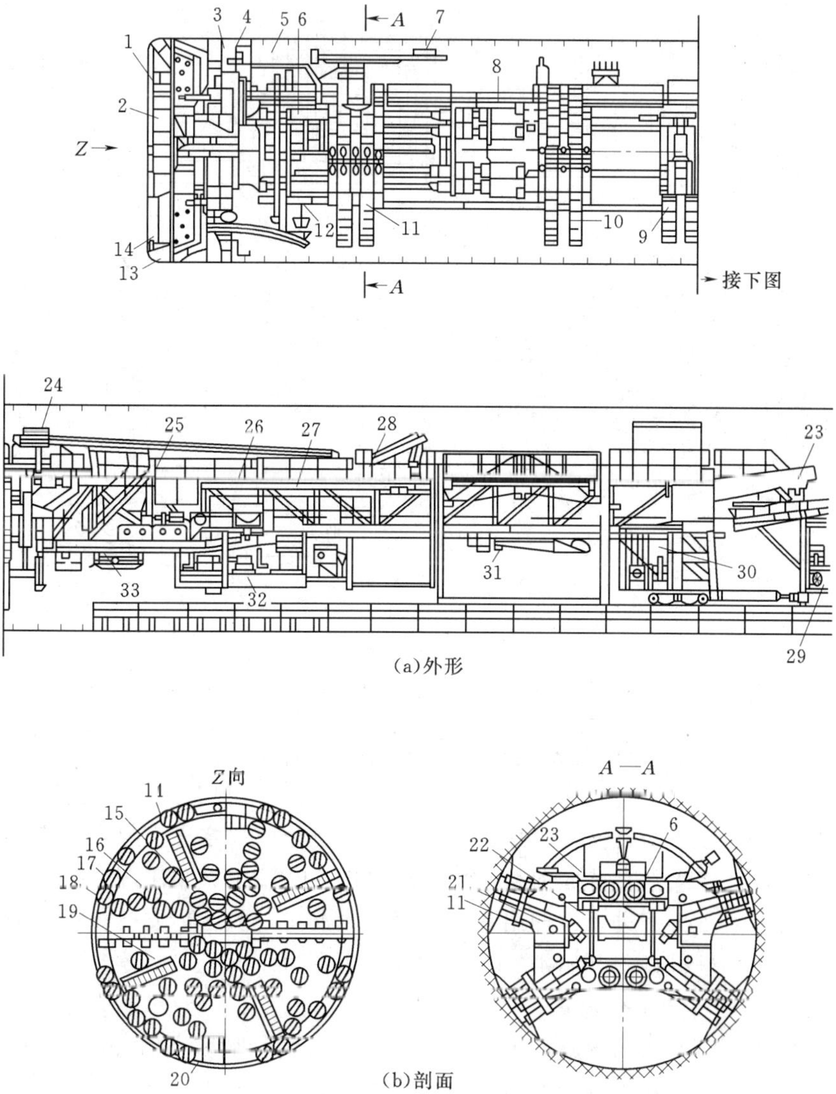

(a)外形

(b)剖面

图 11.33　维尔特双支撑式掘进机

1—盘形滚刀；2—刀盘；3—刀盘护盾；4—圈梁安装器；5—锚杆钻机；6—推进液压缸；7—超前钻机；8—刀盘回转机构；9—后下支承；10—“X”后支撑；11—“X”前支撑；12—刀具吊机；13—铲斗；14—切刀；15—中心刀；16—正（面）刀；17—边刀；18—铲斗；19—刀盘；20—扩孔刀；21—前凯氏外方机架；22—凯氏内方机架；23—出渣皮带机；24—运输小车；25—水泵；26—除尘器；27—皮带桥；28—吊机 1；29—平架车；30—司机室；31—吊机；32—注浆机；33—仰拱吊机

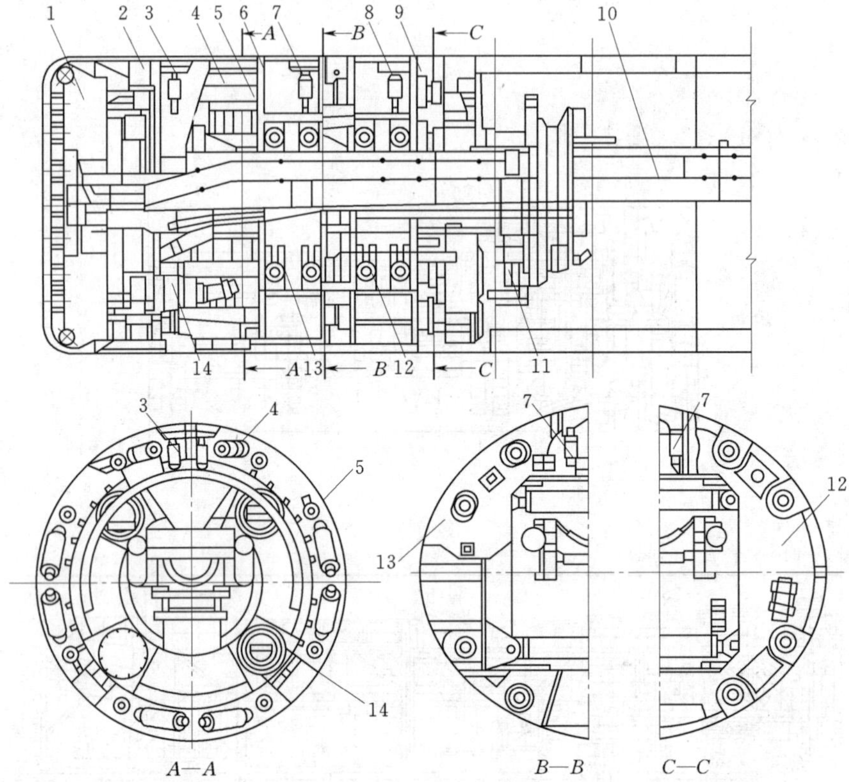

图 11.34 三护盾掘进机

1—刀盘部件；2—前护盾；3—前稳定靴；4—推进油缸 1；5—推进油缸 2；6—中护盾；7—中稳定靴；8—后稳定靴；9—后护盾；10—出渣皮带机；11—管片铺设机；12—后支撑靴；13—前支撑靴；14—刀盘回转驱动机构

在换步作业时，刀盘停止回转→伸出后支撑，撑紧洞壁→收缩水平支撑，使支撑靴板离开洞壁→收缩推进油缸，将水平支撑向前移一个行程（图 11.35 中换步工况）。

换步结束后，准备再掘进。再伸出水平支撑撑紧洞壁→收起后支撑→回转刀盘→伸出推进油缸，新的一个掘进机行程开始了（图 11.35 中再掘进工况）。

2. 双护盾式掘进机的工作原理

双护盾式掘进机由装切削刀盘的前盾，装支撑装置的后盾（或称主盾），连接前后盾的伸缩部分以及安装预制混凝土管片的尾盾组成（图 11.36）。

双护盾掘进机在良好地层和不良地层中的工作方式是不同的。

(1) 在自稳并能支撑的岩石中掘进。此时掘进机的辅助推进油缸全部回缩，不参与掘进过程的推进，掘进机的作业与敞开式掘进机一样（图 11.37 中工况一）。它的动作如下：

推进作业：伸出水平支撑油缸撑紧洞壁→启动皮带机→回转刀盘→伸出推进油缸，将刀盘和前护盾向前推进一个行程实现掘进作业。

换步作业：当推进油缸推满一个行程后，就进行换步作业。刀盘停止回转→收缩水平支撑离开洞壁→收缩推进油缸，将掘进机后护盾前移一个行程。

此时也可以利用辅助推进油缸加压顶住管片，一方面将管片挤紧到位，另一方面也帮助

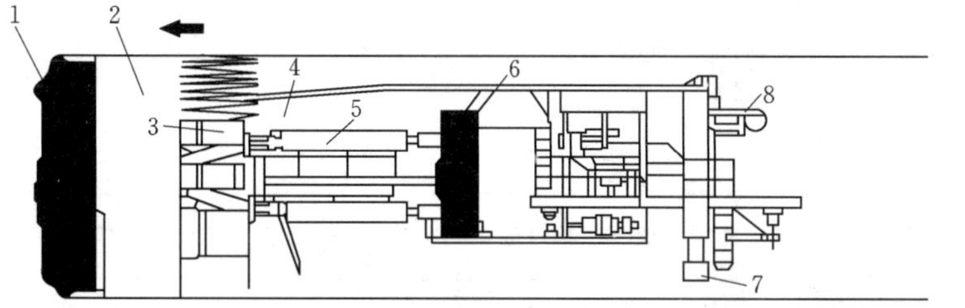

掘进工况：水平支撑 6 撑紧洞壁→收起后支撑 7→回转刀盘 1→伸出推进缸 5

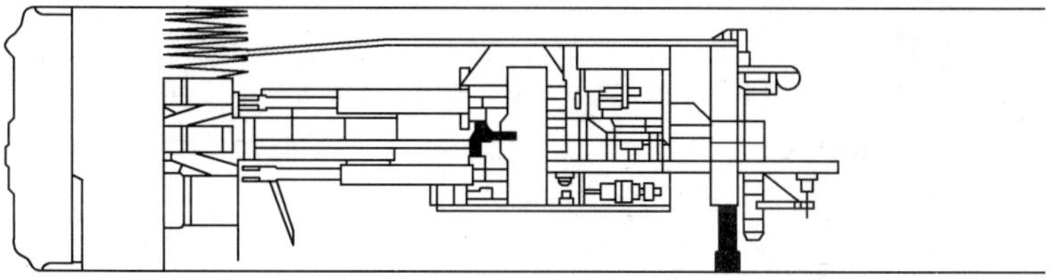

换步工况：停止回转刀盘 1→伸出后支撑7 着地→收缩水平支撑 6→收缩推进缸5

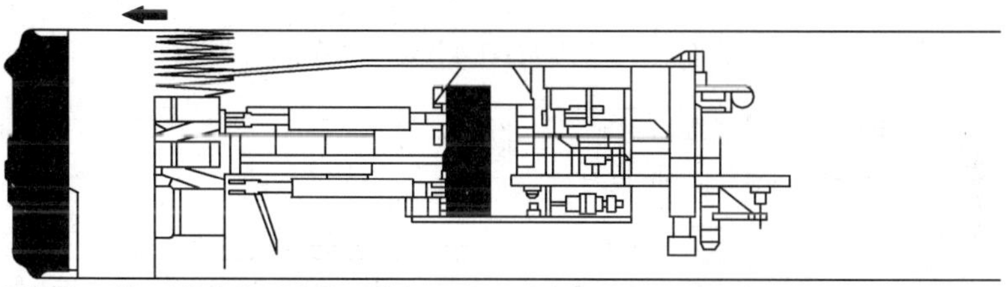

再掘进工况：再伸出水平支撑 6 撑紧洞壁 →收起后支撑 7→回转刀盘 1→伸出推进缸 5

图 11.37　敞开式掘进机的工作原理

1—刀盘；2—护盾；3—传动系统；4—主梁；5—推进缸；
6—水平支撑；7—后支撑；8—胶带机

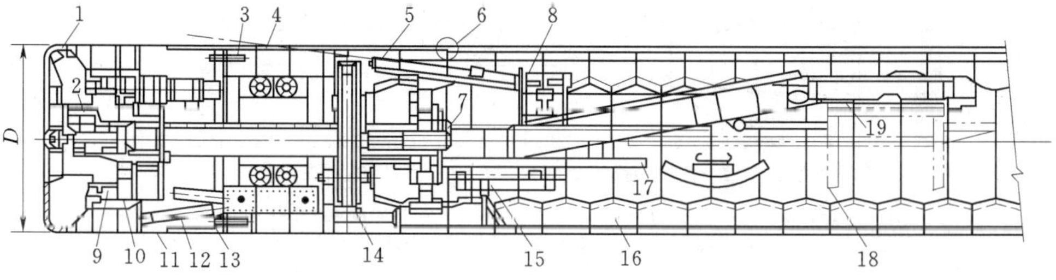

图 11.38　罗宾斯双护盾机的构造

1—刀盘；2—岩渣漏斗；3—铰接油缸；4—支撑护盾；5—超前钻机；6—回填灌浆操作；7—管片安装器；
8　操作盘；9　二轴主轴承与密封装置；10　刀盘支承；11　前护盾；12　主推进油缸，13　伸缩护盾，
14—副推进油缸；15—岩心钻机；16—管片输送系统；17—管片吊机梁；18—后配套；
19—主机的皮带枪送机

后护盾前移。不断重复上述动作，则实现不断掘进。在此工况下，混凝土管片安装与掘进可同步进行，成洞速度很快。但在这种工况下，辅助推进油缸的主要用途应是将各管片挤紧到位，而不是帮助推进作业。

(2) 在能自稳但不能支撑的岩石中掘进。此时，推进油缸处于全收缩状态，并将支撑靴

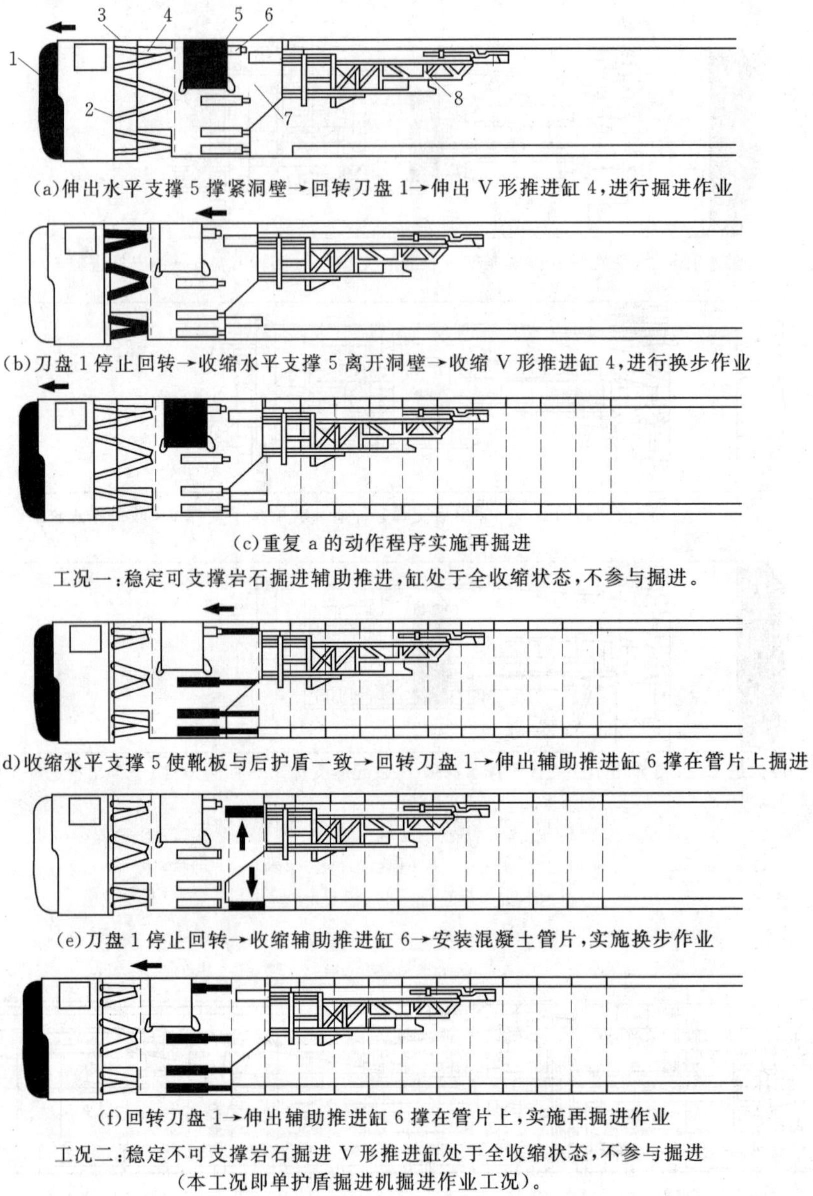

(a)伸出水平支撑 5 撑紧洞壁→回转刀盘 1→伸出 V 形推进缸 4，进行掘进作业

(b)刀盘 1 停止回转→收缩水平支撑 5 离开洞壁→收缩 V 形推进缸 4，进行换步作业

(c)重复 a 的动作程序实施再掘进

工况一：稳定可支撑岩石掘进辅助推进，缸处于全收缩状态，不参与掘进。

(d)收缩水平支撑 5 使靴板与后护盾一致→回转刀盘 1→伸出辅助推进缸 6 撑在管片上掘进

(e)刀盘 1 停止回转→收缩辅助推进缸 6→安装混凝土管片，实施换步作业

(f)回转刀盘 1→伸出辅助推进缸 6 撑在管片上，实施再掘进作业

工况二：稳定不可支撑岩石掘进 V 形推进缸处于全收缩状态，不参与掘进

（本工况即单护盾掘进机掘进作业工况）。

图 11.39　双护盾机的工作原理

1—刀盘；2—刀盘支撑；3—前护盾；4—V 形推进缸；5—水平支撑；6—辅助推进缸；7—后护盾；8—胶带机

板收缩到与后护盾外圈一致，前后护盾联成一体，就如单护盾掘进机一样掘进（图 11.39 中工况二）。它的动作如下：

掘进作业：回转刀盘→伸出辅助推进油缸，撑在管片上掘进，将整个掘进机向前推进一个行程。

换步作业：刀盘停止回转→收缩辅助推进油缸→安装混凝土管片。

重复上述动作实现掘进。此时管片安装与掘进不能同时进行，成洞速度减半。

11.4.2　盾构机施工

11.4.2.1　概述

盾构法隧道施工的基本原理是用一件圆形的钢质组件，成为盾构，沿隧道设计轴线一边开挖土体一边向前行进。在隧道前进的过程中，需要对掌子面进行支撑。支撑土体的方法有机械的面板、压缩空气支撑、泥浆支撑、土压平衡支撑。

盾构可分为敞开式盾构或普通盾构、普通闭胸式盾构、机械化闭胸盾构、盾构掘进机（指在岩石条件下使用的全断面岩石掘进机）等四大类。

盾构技术对环境干扰小，不影响城市建筑物的安全，不影响地下水位，施工对周围环境的破坏干扰最小；施工速度快；但盾构机的造价较昂贵，隧道的衬砌、运输、拼装、机械安装等工艺较复杂。

11.4.2.2　土压盾构的工作原理

土压平衡盾构的原理在于利用土压来支撑和平衡掌子面（图 11.38）。土压平衡式盾构刀盘的切削面和后面的承压隔板之间的空间称为泥土室。刀盘旋转切削下来的土壤通过刀盘上的开口充满了泥土室，与泥土室内的可塑土浆混合。盾构千斤顶的推力通过承压隔板传递到泥土室内的泥土浆上，形成的泥土浆压力作用于开挖面。它起着平衡开挖面处的地下水压、土压、保持开挖面稳定的作用。

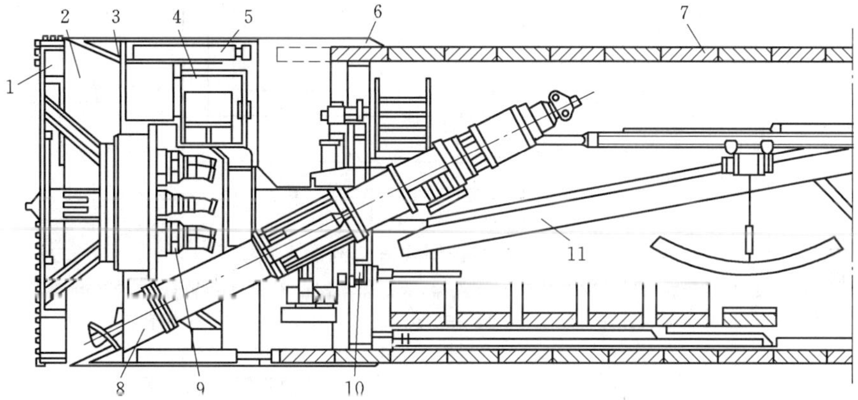

图 11.38　土压盾构原理

1—切削轮；2—开挖舱；3—压力舱壁；4—压缩空气闸；5—推进油缸；6—盾尾密封；7—管片；8—螺旋输送机；9—切削轮驱动装置；10—拼装器；11—皮带输送机

螺旋输送机从承压隔板的开孔处伸入泥土室进行排土。盾构机的挖掘推进速度和螺旋输送机单位时间的排土量（或其旋转速度）依靠压力控制系统两者保持着良好的协调，使泥土室内始终充满泥土，且土压与掌子面的压力保持平衡。

对开挖室内土压的测量则会提供更多的开挖面稳定控制所需的信息。现在都采用安装在承压隔板上下不同位置的土压传感器来进行测量。土压通过改变盾构千斤顶的推进速度或螺旋输送机的旋转速度来进行调节。

土压盾构的通常土压平衡盾构由前、中、后护盾三部分壳体组成。中、后护盾间用铰接，基本的装置有切削刀盘及其轴承和驱动装置、泥土室以及螺旋输送机。后护盾下有管片安装机和盾构千斤顶，尾盾处有密封。

11.4.2.3 泥水盾构的工作原理

与土压平衡盾构不同，泥水盾构机施工时，稳定开挖面靠泥水压力，用它来抵抗开挖面的土压力和水压力以保持开挖面的稳定；同时控制开挖面的变形和地基沉降。

在泥水式盾构机中，支护开挖面的液体同时又作为运输渣土的介质。开挖的土料在开挖室中与支护液混合。然后，开挖土料与悬浮液（膨润土）的混合物被泵送到地面。在地面的泥水处理场中支护液与土料分离。随后，如需要添加新的膨润土，再将此液体泵回隧洞开挖面。

在构造组成方面，泥水盾构与土压平衡盾构的主要不同是没有螺旋输送机，而用泥浆系统取而代之。泥浆系统担负着运送渣土、调节泥浆成分和压力的重要作用。

泥水盾构有直接控制型、间接控制型、混合式等三种。

1. 直接控制型泥水盾构

直接控制型泥水盾构如图 11.39 所示。

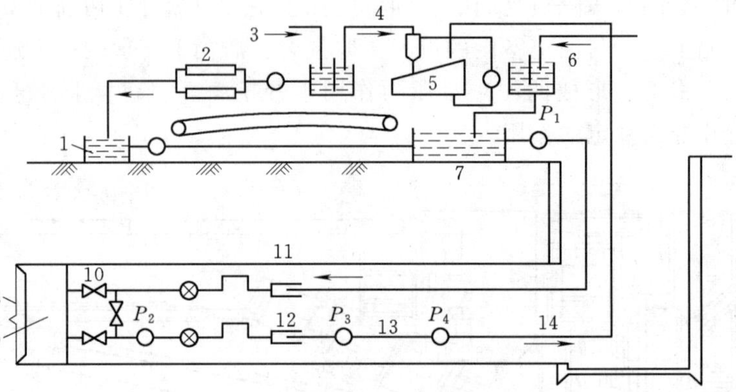

图 11.39 直接控制式盾构的泥水系统

1—清水槽；2—压滤机；3—加药；4—旋流器；5—振动器；6—黏土溶解；7—泥水调整槽；8—大刀盘；9—泥水室；10—流量计；11—密度计；12—伸缩管；13—供泥管；14—排水管

控制泥水室的泥水压力，通常有两种方法：①控制供泥浆泵的转速；②调节节流阀的开口比值。

为保证盾构掘进质量，应在进排泥水管路上分别装设流量计和密度计。通过检测的数据，即可算出盾构排土量。将检测到的排土量与理论掘进排土量进行比较，并使实际排土量控制在一定范围内，就可避免和减小地表沉陷，如图 11.40 和图 11.41 所示。

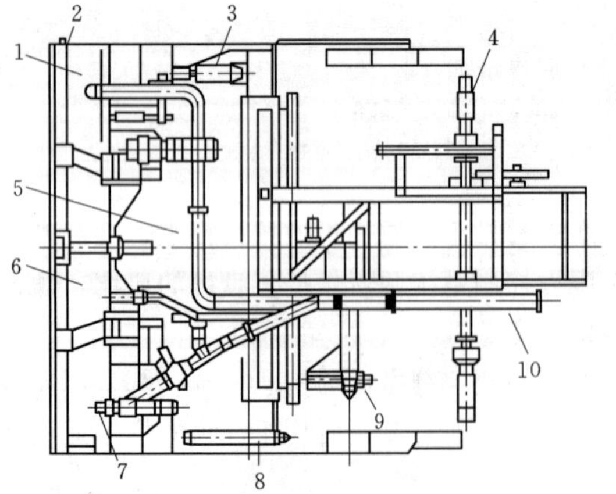

图 11.40 泥水式盾构剖面图

1—泥浆注入口；2—刀盘；3—铰接油缸；4—管片定位装置；5—供浆管；6—开挖室；7—搅拌器；8—推进油缸；9—管片安装器；10—排渣管

2. 间接控制型

间接控制型泥水盾构如图 11.42 所示。间接控制型的工作特征是，通过气垫压力来保持泥水压力和开挖面压力的稳定。

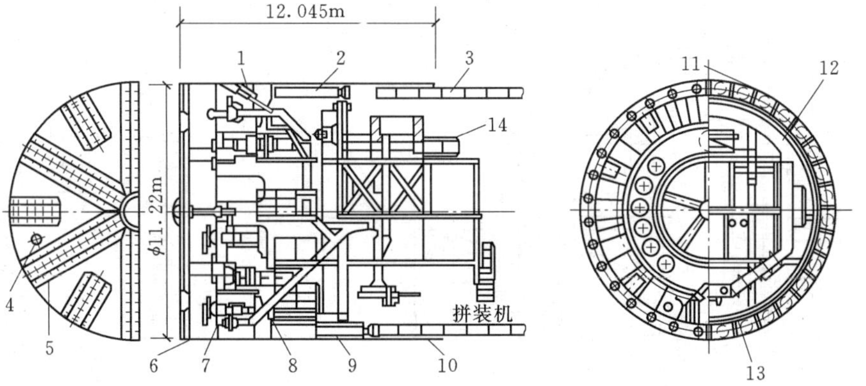

图 11.41　11.22m 泥水盾构

1—化学注浆；2—纠偏千斤顶；3—管片；4—入孔；5—刀盘；6—仿形刀；7—转轴；8—气压舱；9—搅拌器；10—盾尾刷；11—同步注浆孔；12—作业台；13—拼装孔；14—刀盘驱动马达

[注：在这种泥水盾构中，隧洞开挖面支护压力直接受开挖室（或称泥水室）中添加或排出泥水的影响。]

在盾构泥水室内，装有一道半隔板（或称沉浸墙），将泥水室分隔成两部分，在半隔板的前面充满压力泥浆，半隔板后面在盾构轴线以上部分加入压缩空气，形成一个“气垫”。气压作用在隔板后面的泥浆接触面上。由于在接触面上的气、液具有相同的压力，因此只要调节空气压力，就可以确定开挖面上相应的支护压力。

当盾构掘进时，由于泥浆的流失或盾构推进速度变化，进出泥浆量将会失去平衡，空气和泥浆接触面位置就会出现上下波动现象。通过液位传感器，可以根据液位的变化控制供泥泵的转速，使液位恢复到设定位置，以保持开挖面支护压力的稳定。当液位达到最高极限位置时，可以自动停止供泥泵；当液位到达最低极限位置时，可以自动停止排泥泵。

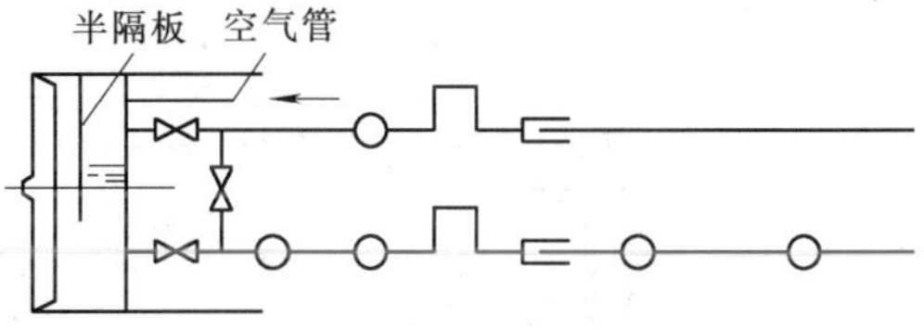

图 11.42　间接控制式原理

“气垫”的压力是根据开挖室需要的支护泥浆压力而确定的。空气压力可通过空气控制阀使压力保持恒定。同时由于“气垫”的弹性作用，使液位波动时对支护液也无明显影响。因此，间接控制型泥水平衡盾构与直接控制型相比，控制相对更为简化，对开挖面土层支护更为稳定，对地表沉陷的控制更为方便。实际的泥水盾构结构如图 11.43 所示。

3. 混合式

这种盾构可以根据地质变化情况对开挖面的支撑方式进行转换。混合型盾构的基本结构是间接控制型泥水盾构。在盾构运行过程中，可以根据需要通过旋转喂料器（图 11.44）转换为土压平衡模式或压缩空气模式等，因此其适应的地质范围较广。

这种盾构要适应从泥水支撑到气压支撑或土压支撑方式之间的快速转换，盾构上需常备以下系统：适用于泥水盾构工况的泥浆系统，适用于土压盾构工况的螺旋输送机和皮带机系统等。盾构的结构和后配套设备也要适应这几种转换。

实际上，为减少配置，大多数混合型盾构都是运行在间接控制型泥水盾构的模式，而不转换到别的模式。

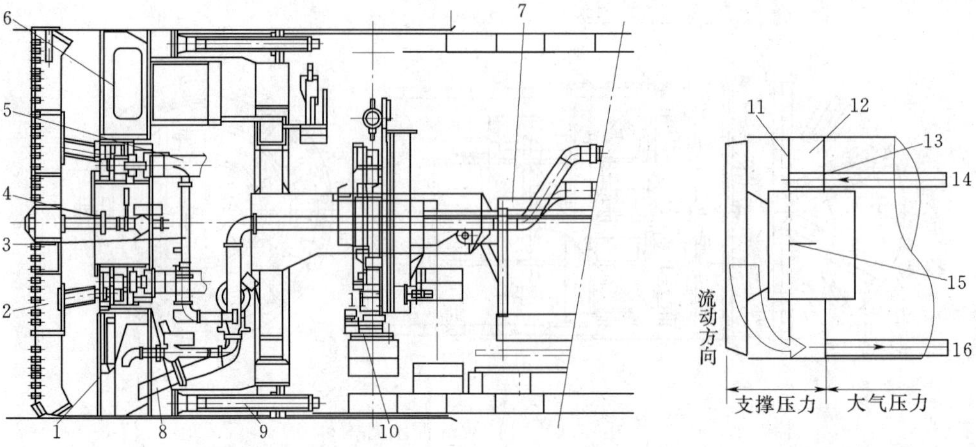

(a)气垫式泥水盾构剖面图　　(b)气垫式原理

图 11.43　气垫式泥水盾构

1—安全门；2—刀盘；3—注泥浆管；4—回转接头；5—刀盘回转驱动；6—气垫室；7—连接梁；8—排渣管；9—推进油缸；10—管片安装器；11—浸润墙；12—气垫；13—承压构件；14—供泥浆管；15—泥浆液位；16—排泥浆管

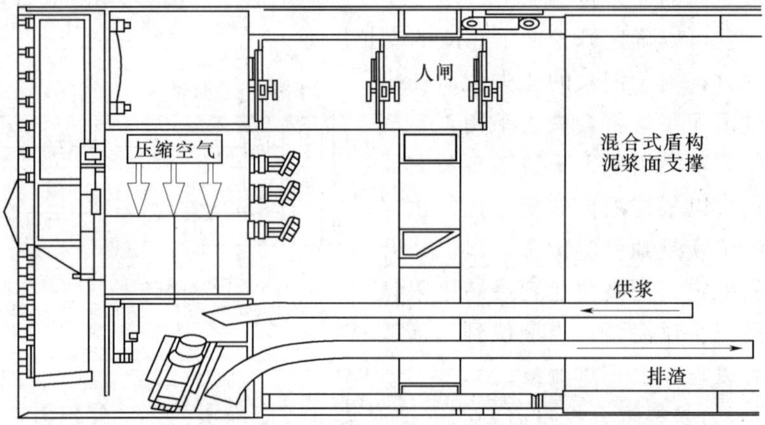

图 11.44　混合式盾构的模型

单 元 小 结

本单元内容包括地下工程开挖、地下工程的衬砌与灌浆、喷锚支护技术、掘进机与盾构机施工等。重点阐述了地下工程开挖的原理和方法；系统介绍了地下工程衬砌与灌浆的施工工艺和质量要求；简要概述了喷锚支护技术、掘进机与盾构机施工等的方法。

拓 展 讨 论

党的二十大报告提出，坚持安全第一、预防为主，建立大安全大应急框架，完善公共安全体系，推动公共安全治理模式向事前预防转型。推进安全生产风险专项整治，加强重点行业、重点领域安全监管。提高防灾减灾救灾和重大突发公共事件处置保障能力，加强国家区域应急力量建设。

请思考：地下工程施工属于危险作业，如何坚持安全第一、预防为主做好安全防范工作？

习　　题

1. 隧洞开挖方式取决于哪些因素？
2. 隧洞全断面开挖法有何特点？
3. 隧洞导洞开挖法有何特点？
4. 隧洞掏槽孔、崩落孔、周边孔如何布置？
5. 隧洞炮孔数目和深度如何确定？
6. 隧洞装药和起爆要求有哪些？
7. 隧洞临时支护方式有哪些？
8. 隧洞开挖的辅助作业内容有哪些？
9. 如何用混凝土泵进行隧洞衬砌封拱？
10. 隧洞施工过程中可能产生的安全事故及处理、防止措施有哪些？
11. 塌方处理措施有哪些？
12. 掘进机有哪些类型？各适用于哪些场合？
13. 盾构机有哪些类型？各适用于哪些场合？

单元 12　供排水管网施工

教学目标：了解地下管道开槽施工原理，掌握地下管道开槽施工方法；了解地下管道不开槽施工的原理，掌握地下管道不开槽施工方法；了解管道附属设备及附属构筑物施工方法。

课题 12.1　地下管道开槽施工

管道工程使用的管材主要有金属管和非金属管两大类。金属管材有铸铁管、钢管；非金属管材有预应力钢筋混凝土管、自应力钢筋混凝土管、塑料管、混凝土管、钢筋混凝土管等。对于大型排水干管，还有采用现场浇筑或砌筑的管渠。由于管道的工艺特性不同，其所用管材、接口形式、基础类型以及施工方法各不相同。

12.1.1　沟槽开挖

12.1.1.1　施工要求

（1）一般要求。给水排水管道埋深应符合下列要求：

1）非冰冻区的金属管道管顶埋设深度一般不小于 0.7m，当管道强度足够或者采取相应措施时也可小于 0.7m；非金属管道管顶的埋设深度一般不宜小于 1m。

2）冰冻地区的管顶埋设深度除决定于上述因素外，还应考虑土壤的冻结深度，在无保温措施时，给水管道管顶的埋设深度一般不小于土壤冻结深度加 0.2m，排水管道管内底埋设深度不小于冰冻深度减 0.15m。

（2）沟槽开挖宜分段快速施工，敞沟时间不宜长，管道安装完毕及时验收，合格后立即回填。挖好的沟槽应保证管道安装后的中心线、标高和坡度均能符合设计要求，沟底应平整，沟边不坍塌，沟槽应有超够的宽度。

（3）给水排水管道与建筑物、铁路和其他管道的水平净距，应根据建筑物基础的结构、路面种类、卫生安全、管道埋深、管径、管材、施工条件、管内工作压力、管道上附属构筑物的大小及有关规定等条件确定。

12.1.1.2　沟槽断面

沟槽断面的形式有直槽、梯形槽、混合槽等。还有一种两条或多条管道埋设同一槽内的联合槽，如图 12.1 所示。

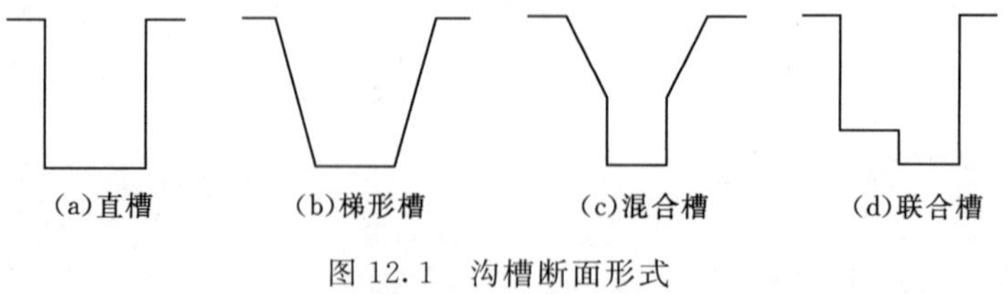

图 12.1　沟槽断面形式

正确选择沟槽的开挖断面，可以为管道施工创造便利条件，保证施工安全，减少开挖土方量。选定沟槽断面通常应考虑以下因素：土的种类、水文地质情况、施工方法、施工环境、支撑条件、管道断面尺寸、管节长度和管道埋深等。

12.1.1.3　沟槽开挖

在管道工程施工中，沟槽开挖的工作量占整个工程的比重很大，应该合理地组织沟槽开挖。对于埋设较深、距离较长、直径较大的管道，由于土方量多，管道穿越地段的水文地质和工程地质变化较大，在施工前应采取挖探和钻探的方法查明与施工相关的地下情况，调查的主要内容有：各管段的地下水位和土质情况，已有地下管道与施工管线有关或交叉的具体位置，地下各种电缆的具体位置，施工管道与已建的管道、构筑物衔接的平面位置和高程校对等，以便合理地采取相应的措施。沟槽开挖的方法有两种，即人工开挖与机械开挖、应根据沟槽的断面形式、地下管线的复杂程度、土质坚硬程度、工作量和施工场地的大小以及机械配备、劳动力等条件确定。

1. 机械开挖

机械开挖沟槽时应注意下列事项：

(1) 机械开挖应严格控制标高，为防止超挖或扰动槽底面，槽底应留 0.2～0.3m 厚的土层暂时不挖，待临铺管前用人工清理挖至标高，并同时修整槽底。

(2) 沟槽开挖需要井点降水时，应提前打设井点抽水，将地下水位稳定至槽底以下 0.5m 时方可开挖，以免产生挖土速度过快，因土层含水量过大支撑困难，不能及时支护导致塌方危险。

(3) 沟槽开挖需要支撑时，挖土应与支撑互相配合，机械挖土后及时支撑，以免槽壁失稳导致坍塌。当采用挖掘机挖土时，挖掘机不得进入未设支撑的区域内。

(4) 对地下管线和各种构筑物应尽可能临时迁移，如无法迁移，必须挖出使其外露，并采取吊、托等加固措施，同时对挖掘机司机作详细交底，如无把握，应改为人工挖土。

2. 人工开挖

在工作量不大、地面狭窄、地下有障碍物或无机械施工条件等情况下，采用人工开挖。人工开挖沟槽，应集中人力尽快挖成，转入下一工序施工。开挖时应注意下列事项：

(1) 沟槽应分段开挖，并应合理确定开挖顺序和分层开挖深度，若有坡度，应由低向高处进行，当接近地下水时，应先开挖最低处土方，以便在最低处排水。

(2) 开挖人员不应分布过密，以间隔 5m 为宜，在开挖过程中和敞沟期间应保持沟壁完整，防止坍塌，必要时应支撑保护。

(3) 开挖的沟槽如不能立即铺管，应在沟底留 0.15～0.2m 的一层暂不挖除，待铺管时再挖至设计标高。

(4) 沟槽底不得超挖，如有局部超挖，应用相同的土壤填补，并夯至接近天然密实度，或用砂、砂砾石填补。槽底遇有不易清除的大块石，应将其凿至槽底以下不少于 0.15m，再用砂土填补夯实。

(5) 开挖沟槽遇有管道、电缆或其他构筑物时，应严加保护，并及时与有关单位联系，会同处理。

3. 多层槽的层间留台宽度

当沟槽开挖深度较大时，应分层开挖，合理确定分层开挖的深度，并应在层间设置台阶。人工开挖沟槽时的槽深超过 3m 时应分层开挖，每层的深度不宜超过 2m。多层槽的层间留台宽度放坡时不应小于0.8m，直槽时不应小于0.5m，安装井点设备时不应小于1.5m。当沟槽采用机械开挖时，沟槽的分层深度应按机械性能确定。

12.1.1.4　沟槽回填

沟槽回填应在管道隐蔽工程验收合格后进行。凡具备回填条件，均应及时回填，防止管道暴露时间过长造成损失。

1. 沟槽回填前应具备的条件

（1）预制管节现场铺设管的现浇混凝土基础强度、接口抹带或预制构件现场装配的接缝水泥砂浆强度不小于$5N/mm^2$。

（2）现场浇筑混凝土管道的强度达到设计规定。

（3）混合结构的矩形管道或拱形管道，其砖石砌体水泥砂浆强度达到设计规定；当管道顶板为预制盖板时，应装好盖板。

（4）现场浇筑或预制构件现场装配的钢筋混凝土拱形管道或其他拱形管道应采取措施确保回填时不发生位移或损伤。

（5）压力管道水压试验前，除接口外，管道两侧及管顶以上回填高度不应小于0.5m。水压试验合格后，及时回填其余部分。

（6）管径大于900mm的钢管道，必要时可采取措施控制管顶的竖向变形。

（7）回填前必须将槽底杂物（草包、模板及支撑设备等）清理干净。

（8）回填时沟槽内不得有积水，严禁带水回填。

2. 沟槽回填土料的要求

（1）槽底至管顶以上0.5m范围内，不得含有机物、冻土以及大于50mm的砖石等硬块；在抹带接口处、防腐绝缘层或电缆周围，应采用细粒土回填。

（2）采用砂、石灰土或其他非素土回填时，其质量要求按施工设计规定执行。

（3）回填土的含水量，宜按土类和采用的压实工具控制在最佳含水量附近。

3. 回填施工

沟槽回填施土包括还土、摊平和夯实等施工过程。

（1）还土时应按基底排水方向由高至低分层进行，同时管腔两侧应同时进行。沟槽底至管顶以上50cm的范用内均应采用人工还土，超过管顶50cm以上时可采用机械还土。还土时按分层铺设夯实的要求，每一层应采用人工摊平。沟槽回填土的夯实通常采用人下夯实和机械夯实两种力法。

（2）回填土压实的每层虚铺厚度，应按采用的压实工具和要求的压实度确定。对一般压实工具，铺土厚度参见表12.1。

表12.1　**回填土压实每层的虚铺厚度**　单位：cm

压实工具	虚铺厚度	压实工具	虚铺厚度
木夯、铁夯	不应大于20	压路机	20～30
蛙式夯、人力夯	20～25	振动压路机	不应大于40

（3）回填土每层的压实遍数，应按回填土的要求压实度、采用的压实工具、回填土的虚铺厚度和含水量经现场试验确定。

（4）回填压实应逐层进打。管道两侧和管顶以上50cm范围内的压实，应采用薄铺轻夯夯实，管道两侧夯实面的高差不应超过 30cm。管顶 50cm 以上回填时，应分层整平和夯实，若使用重型压实机械压实或较重车辆在回填土上行使，管道顶部以上必须有一定厚度的压实回填土，其厚度通常不小 70cm。

3. 回填土的施工要点和注意事项

(1) 管道两侧和管顶以上 50cm 的范围内还土，应由沟槽两侧对称进行，不得直接扔在管道上。

(2) 需要拌和的回填材料，应在运入槽内前拌和均匀，不得在槽内拌和。

(3) 管道基础为弧形基础时，管道与基础之间的三角区应填实。夯实时，管道两侧应对称进行，且不得使管道位移或损伤。

(4) 采用木夯、蛙式夯等压实工具时，应夯夯相连；采用压路机时，碾压的重叠宽度不得小于 20cm。

(5) 管道覆土较浅，管道的承载能力较低，压实工具的荷载较大，或原土回填达不到要求的压实度时，可与设计单位协商采用石灰土、砂、砂砾等具有结构强度或容易压实的材料回填，其压实度标准应由设计文件规定。为提高管道的承载能力，也可采取措施加固管道。

(6) 检查井、雨水口及其他井室周围的回填，应符合下列规定：现场浇筑混凝土或砌体水泥砂浆强度应达到设计规定；路面范围内的井室周围，应采用石灰土、砂、砂砾等材料回填，其宽度不宜小于 40cm；井室周围的回填，应与管道沟槽的回填同时进行。当不便同时进行时，应留台阶形接茬；井室周围回填压实时应沿井室中心对称进行，且不得漏夯；回填材料压实后应与井壁紧贴。

12.1.2 管子的运输、装卸和堆放

1. 管子的运输

管子在运输过程中，应有防止滚动和互相碰撞的措施。非金属管材可将管子放在有凹槽或两侧钉有木楔的垫木上，管子上下层之间应用垫木、草袋或麻袋隔开。装好的管子应用缆绳或钢丝绑牢，金属管材与缆绳或钢丝绑扎的接触处，应垫以草袋或麻袋等软衬，以免防腐层受到损伤。铸铁直管装车运输时，伸出车体外部分不应超过管子长度的 1/4。

非金属管材应尽量避免在坚硬或碎石地面上滚动，短距离搬运可在管下垫以草袋或在木板上滚运。金属管材的短距离滚运，也应清除地面上的石块等杂物，以免损坏防腐层严禁在地面上托拉管子。

2. 管子的装卸

装卸管子宜用吊车，捆绑管子可用绳索兜底平吊或套捆立吊，不得将吊绳由管膛穿过吊运管子。采用兜底平吊管子时，吊绳与管子的夹角不宜过小，一般夹角大于 45°为宜。装卸管子时，严禁管子互相碰撞和自由滚落，更不得向地面抛掷。

3. 管子的堆放

管子堆放场地要平整，不同类别和不同规格的管子要分开堆放。跺与跺之间要留有通道，以便进出管理。

管径较小时，金属管材可以纵横交错堆放，每层管子的承插口相间平放，但应注意堆放时将管子用木块垫好，以免管子滚动。非金属管材应用垫木垫起，每层管子之间的垫木必须上下对齐在一条直线上，每根管子的两块垫木间距宜为 0.6 倍的管子长度。铸铁管、钢管堆放管垛高度不得超过 3m，垛旁设支柱，防止管子滚动。

12.1.3 下管

下管是在沟槽和管道基础已经验收合格后进行。为了防止将不合格或已经损坏的管材及管件下入沟槽，下管前应将管材进行检查与修补。管子经过检验、修补后，在下管前应先在槽上排列成行（称排管），经核对管节、管件无误方可下管。重力流管道一般从最下游开始逆水流方向铺设，排管时应将承口朝向施工前进的方向。压力流管若为承插铸铁管，承口应朝向介质流来的方向，并宜从下游开始铺设，以插口去承口；在坡度较大的地段，承口应朝上，为便于施工，由低处向高处铺设。

下管的方法要根据管材种类、管节的重量和长度、现场条件及机械设备等情况来确定，一般分为机械下管和人工下管两种形式。

1. 人工下管

人工下管多用于施工现场狭窄、不便于机械操作或重量不大的中小型管子，以方便施工、操作安全为原则。可根据工人操作的熟练程度、管节长度与驻量、施工条件及沟槽深浅等情况，考虑采用何种下滑方法。常用的下管方法有压绳下管法和塔架下管法及溜管下管法。

(1) 压管下管法。压绳下管法在人工下管法中应用较为广泛，方式也较多，如人工压绳下管法和立管压绳下管法，如图12.2和图12.3所示。人工压绳下管法适用于管径为400～600mm的管子，立管压绳下管法适用于较大管径。它们的基本操作方法是在管子两端各套一根大绳，然后由人工再借助一些工具（如撬棍、立木或管子）控制大绳，使管子沿槽壁徐徐溜入槽底。

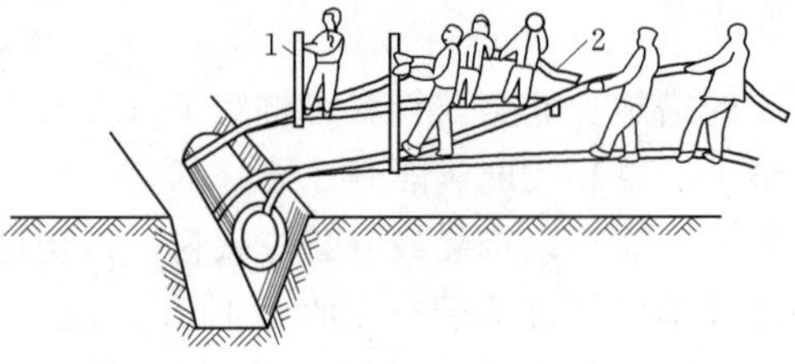

图12.2 人工压绳下管法

1—撬棍；2—下管大绳

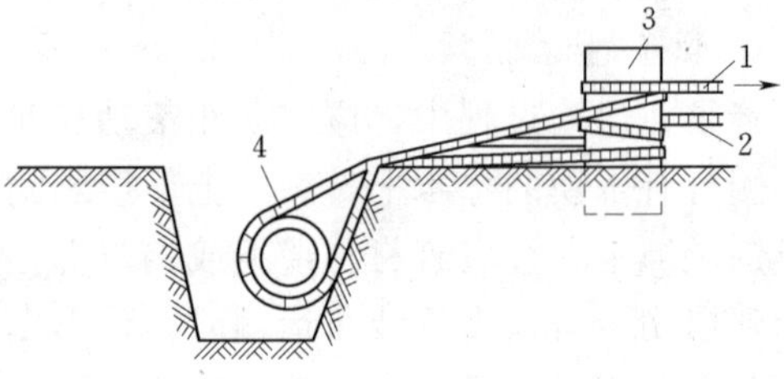

图12.3 立管压绳下管法

1—放松绳；2—绳子固定端；3—立管；4—管子

下管用的大绳应质地坚固，不断股，不腐朽，无夹心。

(2) 塔架下管法。利用装在塔架下的吊链进行下管，其方法是先将管子滚至架下横跨沟槽的横梁上，然后将它吊起，撤掉横梁后，将管子下到槽底。塔架的种类有三角塔架、四角塔架及高凳等，如图12.5所示。

(3) 立管溜管法。将由两块木板组成的三角木槽斜放在沟槽内，管子的一端用带有铁钩的大绳钩住管子，绳子的另一端由人工控制将管子沿木槽溜入沟槽内。此法适用于管径小于300mm的混凝土管、缸瓦管。

2. 机械下管

机械下管一般是用汽车式或履带式起重机械进行下管，机械下管有分段下管和长管段下管两种方式。分段下管是起重机械将管子分别吊起后下入沟槽内，这种方式适用于大直径的铸铁管和钢筋混凝土管。长管段下管是将钢管节焊接连接成长串管段，用2～3台起重机联

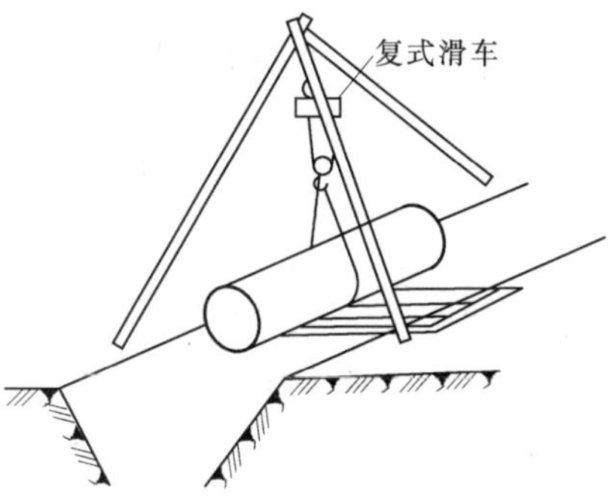

(a)三角塔架下管

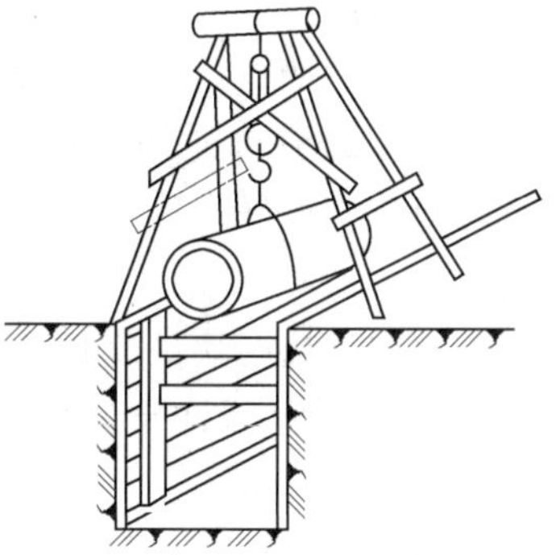

(b)高凳下管

图 12.4 塔架下管法

合下管，故每段管道一般不宜多于 3 台起重机联合下管。长管段下管方式如图 12.5 所示。

机械下管应注意以下事项：

(1) 机械下管时，起重机沿沟槽开行距沟边应间隔 1m 的距离，以避免沟壁坍塌。

(2) 吊车不得在架空输电线路下作业，在架空线路附近作业时，其安全距离应符合当地电业管理部门的规定。

(3) 机械下管应有专人指挥。指挥人员必须熟悉机械吊装的有关安全操作规程和指挥信号，驾驶员必须听从信号进行操作。

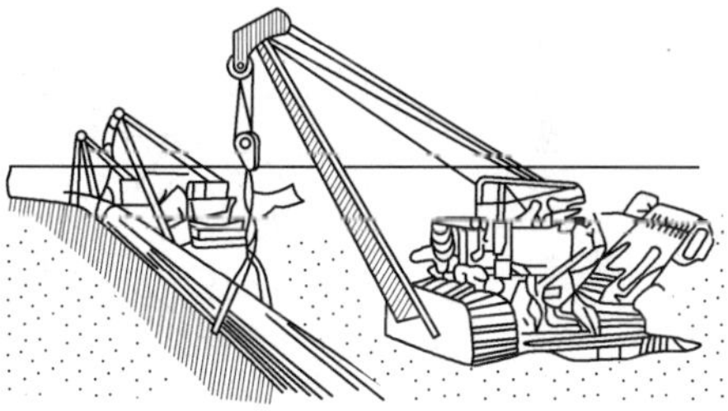

图 12.5 长管段下管示意图

(4) 绑（套）管子应找好重心，平吊轻放，不得忽快忽慢和突然制动。

(5) 起吊及搬运管材、配件时，对于法兰盘面、非金属管材承插口工作面、金属管防腐层等，均应采取保护措施，以防损坏。吊装闸阀等配件，不得将钢丝绳捆绑在操作轮及螺栓孔上。

(6) 在起吊作业区内，任何人不得在吊钩或被吊起的重物下面通过或站立。

(7) 管节下入沟槽时，不得与槽壁支撑及槽下的管道相互碰撞；沟内运管不得扰动天然地基。

12.1.4 稳管

稳管是将管子按设计高程和位置，稳定在地基或基础上。对距离较长的重力流管道工程一般由下游向上游进行施工，以便使已安装的管道先期投入使用，同时也有利于地下水的排除。

稳管时，控制管道的轴线位置和高程是十分重要的，也是检查验收的主要项目。管道轴线位置的控制常用的有中心线法和边线法，高程控制是沿管线每 10～15m 埋设一坡度板（又称龙门板、高程样板），板上有中心钉和高程钉，利用坡度板上的高程钉进行控制。

1. 高程控制

在稳管前面测量人员将管道的中心钉和高程钉测设在坡度板上，两高程钉之间的连线即为管底坡度的平行线，称为坡度线。坡度线上的任何一点到管底的垂直距离为一常数，称为下反数。稳管时用一木制样尺（或称高程尺）垂直放入管内底中心处，根据下反数和坡度线则可控制高程。样尺高度一般取整数，以50cm一档为宜，使样尺高度固定，不易搞错。

坡度板应设置在稳定地点，每一管段两头的检查井处和中间部位防测的三块坡度板应能通视。坡度板必须经复核方可使用，在挖至底层土、做基础、稳管等施工过程中应经常复核，发现偏差及时纠正，放样复核的原始记录必须妥善保存，以备查验。

2. 轴线位置控制

（1）中心线法。在连接两块坡度板的中心钉之间的中线上挂一垂球，在管内放置一块带有中心刻度的水平尺，当垂球线穿过水平尺的中心刻度时，表示管子已对中，如图12.6（a）所示。

（2）边线法。即在管子同一侧，钉一排边桩，边桩高度接近中心处。在每个边桩上钉一小钉，其位置距管道轴线的水平距离为一常数。稳管时，在边桩上的小钉挂上边线，使管外皮与边线保持同一距离，则管道即处于中心位置，如图12.6（b）所示。

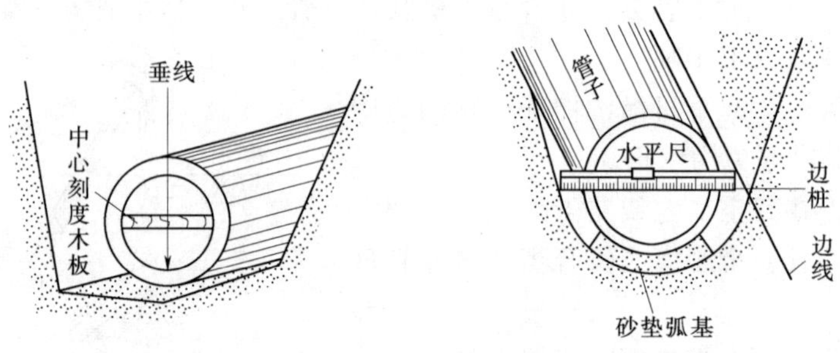

图12.6　中心控制

课题12.2　地下管道不开槽施工

12.2.1　概述

地下管道不开槽施工是指一切在地下铺设或修复旧管道利用少开挖或不开挖技术的施工方法。采用这一方法不需要在地面全线开挖，而只要在管线的特定场所出发，采用暗挖的方法就可在地下敷设管道。改明挖敷设为暗挖敷设这是管道不开挖施工的特点。这一特点对交通繁忙、人口密集、地面建筑物众多、地下构筑物和管线复杂的城市来说是非常重要的。为了减少对交通、市民正常活动的干扰，减少房屋的拆迁，改善市容和环境卫生，地下管道的不开挖槽施工目前已成为市政基础设施施工中的最佳方案。

不开槽施工敷设管道的应用有以下几个方面：

（1）穿越管道。管道穿越的对象通常有高速公路、高等级公路、城区交通干道以及铁路等不便中断交通的交通要道，另外还有穿越江河等不便中断水上交通或无法排水施工的河流、大江和海峡。

（2）通向水域管道。通向水域的管道通常有深水取水管道和深水排污管道等两大类，管道的一端与水体连通。

（3）构（建）筑物下管道。管道在地面构（建）筑物下敷设，这在城区是经常遇到的，这些构（建）筑物通常有居民区、厂区、公园、街道、地下已有管道、隧道、防洪大堤等。

（4）埋置较深的管道。有些管道虽然可以开槽埋设，但因埋置太深，土方量较大，也往往采用不开槽方法施工。

地下管道不开槽敷管施工通常有顶管法、定向钻法、气动矛法、夯管锥法等。本节主要介绍顶管法施工。

12.2.2　顶管的工艺与特点

采用顶管法，在敷设管道前，管线的一端事先建造一个工作坑（井），如图 12.7 所示。在坑内的顶进轴线后方，布置一组行程较长的油缸（称主站油缸，简称主油缸）。一般左右成对布置，如 2 只、4 只、6 只、8 只，根据管径大小而定。将敷设的管道放在主油缸前面的导轨上，管道的最前端安装工具管。主油缸顶进时，以工具管开路，推着前面的管道穿过坑壁上的穿墙（管）孔把竹管压入土中。与此同时，进入工具管的泥土被不断挖掘排出管外。当主油缸达到最大行程后缩回，放入顶铁，主油缸继续顶进。如此不断加入顶铁，管道不断向土中延伸。当坑内导轨上的管道几乎全部顶入土中后，缩回主油缸，吊去全部顶铁，将下一节段吊下坑，安装在管段的后面，接着继续顶进。如此循环施工，直至顶完全程。

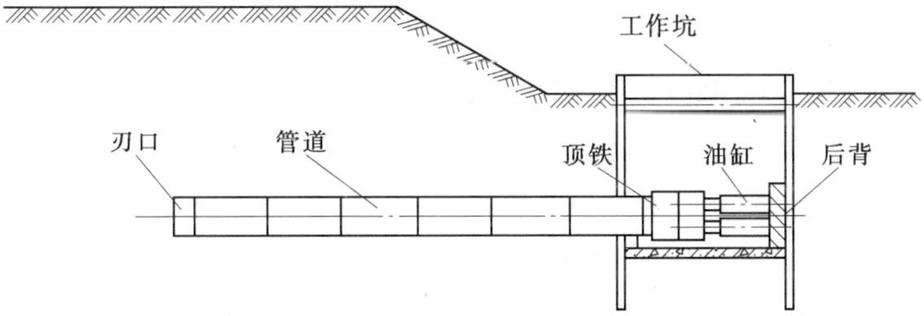

图 12.7　顶管示意图

顶管法的特点是顶管管道既起掘进空间的支护作用，又是构筑物的本身。顶管法与盾构法在这一双重功能上是相同的，所不同的是顶管法（插入）以顶入管段延长管道，拼装处在管道的尾部，而盾构法以拼装管片延长管道，拼装处在盾构的后部，管片要通过管内运输。两者相比，顶管法适合于较小的管径，盾构法适合于较大的管径。顶管法敷设的管道整体性好、刚度大。盾构适合于较大的管径，管径越大越显示其优越性。

12.2.3　钢筋混凝土管材

12.2.3.1　接头

钢筋混凝土管是由管段互相承插连接起来的，相邻管端之间的连接称为接头。接头不但要承插方便，而且要密封。管道接头性能好坏与顶管施工、管线的质量关系极大。顶管施工中钢筋混凝土管接头有作用有：①顶进时在管段间传递纵向顶力，防止钢筋混凝土管管壁裂缝；②在管轴线弯曲或曲线顶管时传递横向力，防止相邻管段错位；③管段间的密封，防止管道内外互相渗漏。

为了可靠地传递纵向顶力，需要在管段之间设置弹性垫片。这种垫片必须能够比较均匀地将顶力由前一管段传递到下一管段上去。设计顶力在钢筋混凝土管段上的平均应力并不高，为 9～13MPa，但管道一旦产生偏差，管端的局部应力就很快升高，偏差越大，局部应力也越大。对 C50 的钢筋混凝土管，要求局部应力应控制在 30MPa 以内，这就要求接头有良好的性能。为了减小局部应力，传力面上应加上垫片，而且应当柔软。垫片的另一作用是补偿管段端面的不平整度。在传递顶力的过程中，要求垫片应发生塑性变形，同时又不会变硬；垫片要有弹性，但弹性不能太大。弹性太大的垫片，在主站或中继站油缸卸载时，会导致管段一段一段地回弹，使顶进行程受到损失。因此垫片的选择在顶顶管施工中是重要的。

为了将两段管段连接在一起，可按图 12.8（a）所示，用一个钢套管套在两相邻管段之间，在直线顶进情况下足以保证管段间的连接。但在偏差段或在曲线段，由于横向力的出现，两管端之间则可能发生相对错动，这样会使钢套管倾斜。因为钢套管仅有两点支承，当支承点变位时，钢套环必然倾斜，如图 12.8（b）所示。如果将带着倾斜钢套管的管子继续向前顶进，便会把泥土挤入管端与钢套之间，这将导致顶进阻力的迅速增加，结果是刮松了土体，并造成钢套管的撕裂，顶管施工的停顿。

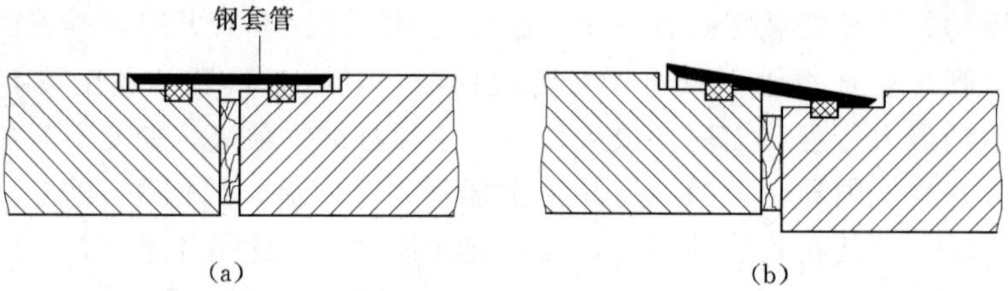

图 12.8 钢套管倾斜示意图

改用 T 形接头，用腹板定位，情况有所好转，但危险依然存在。后来为了避免这种危险，将钢套管与前方管段的混凝土浇铸成一体，这就是 T 形接头向 F 形接头的演变过程。

F 形接头的钢套管在管段上必须要牢固地固定。应用短钢筋将钢套管与钢筋笼焊接在一起［图 12.9（a）］，或在钢套管内侧焊上一个完整的钢环［图 12.9（b）］，不使钢套管松动。有了钢环，对提高钢套管与钢筋混凝土管之间的水密性也有利。

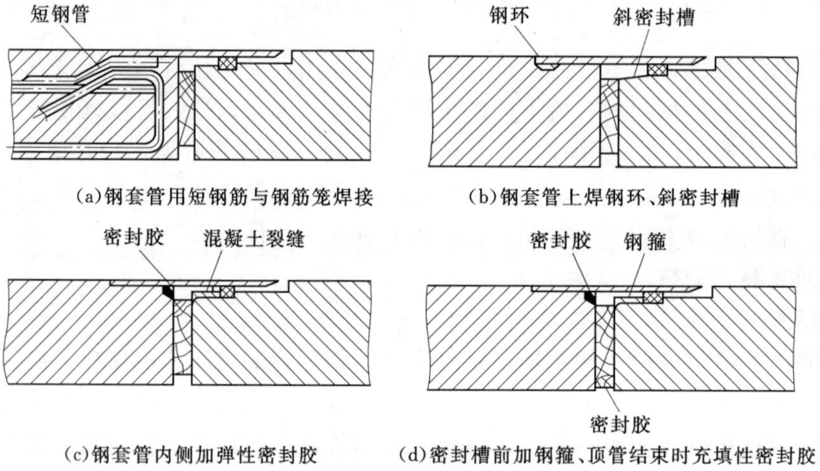

图 12.9 F 形接头密封和受力示意图

钢套管与钢筋混凝土管虽然浇铸在一起，但毕竟是两种弹性模量不一样的材料，而且黏结表面有限，所以还存在结合面渗漏的可能性。为了阻止给合面的渗漏，浇筑时在管端平面上靠钢套管一侧留有一个梯形槽，在梯形槽内充填弹性密封胶［图 12.9（c）］。

F 形接头的密封采用双重形式。第一道密封是在钢套管与后续管段的插头之间安装一条橡胶密封圈。设计必须保证在承插时或在横向力作用下，橡胶密封圈不会受到损坏，同时还要考虑浇筑混凝土时插头的脱模方便。图 12.9（b）表示的插头其密封圈槽是个斜面，混凝土浇筑后脱模是方便的，接头承插也是方便的，但不能承受较高的外部水压力。图 12.9（a）表示的插头其密封圈槽是条环形的凹槽。橡胶密封圈的前后都有挡肩，可以承受较大的内外水压力。但脱模比较困难，特别是管端的挡肩容易损坏，不但脱模时容易损坏，运输过程容易损坏，而且在传递纵向应力时也容易损坏［图 12.9（c）］。为此，浇筑时可在管端挡肩处加上一个钢箍［图 12.9（d）］保护管段的承插头。第二道密封在两相邻管段的端面之间。木垫片的内径应比管道内径大 20mm，顶管施工结束后，在该缝隙封堵弹性密封胶［图 12.9（d）］。封堵时，应特别注意混凝土表面一定要清洗干净，密封胶与混凝土的黏结要牢固，不致发生密封胶由混凝土表面松脱的现象。弹性密封胶可用聚氨醋类密封胶，要求既防水，又和混凝土有较强的黏着力，展延率要大于 20%，寿命要长。接头中的橡胶密封圈不但密封性能要好、弹性好、耐老化而且要有一定的强度。

常见的接头有以下三种。

1. 企口接头

企口接头如图 12.10 所示。管段间采用企口连接，其间设有一道密封圈。这种形式的接头，将管壁在接头处分成内外两部分，插口深度和插头长度是不一样长的，一般要差 3～5mm，插入后间隙小的部分传递顶力，另一半不传递顶力。企口接头传递顶力的能力是比较小的，还不及其他接头的一半。企口接头的钢筋混凝土管不宜用于较长距离的顶管，特别是中长距离的顶管。

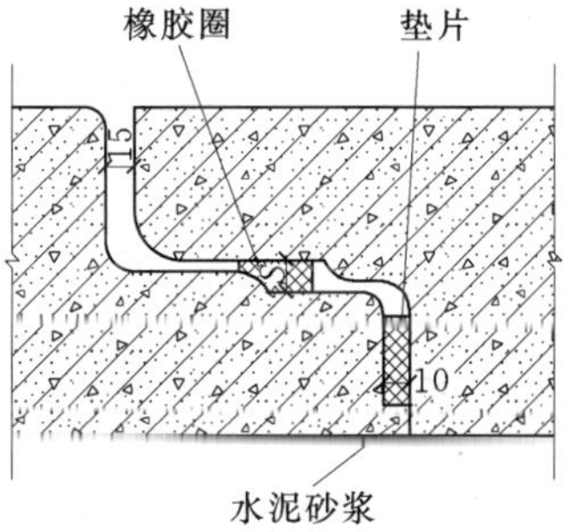

图 12.10　企口接头

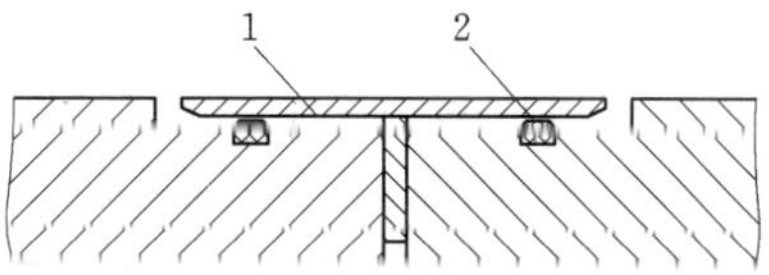

图 12.11　T 形接头

1—T 形套管；2—密封圈

2. T 形接头

T 形接头是在两管段之间插入一钢套管，钢套管与两侧管段的插入部分均有橡胶密封圈（图 12.11）。

3. F 形接头

F 形接头是 T 形接头的发展。典型的 F 形接头如图 12.12 所示。钢套管是一个钢筒，与管段的一端浇筑成一体，形成插口。管段的另一端混凝土做成插头，插头上有密封圈的凹槽。相邻管段连接时，先在插头上安装好密封圈，在插口上安装好木垫片，然后将插头插入插口就完成连

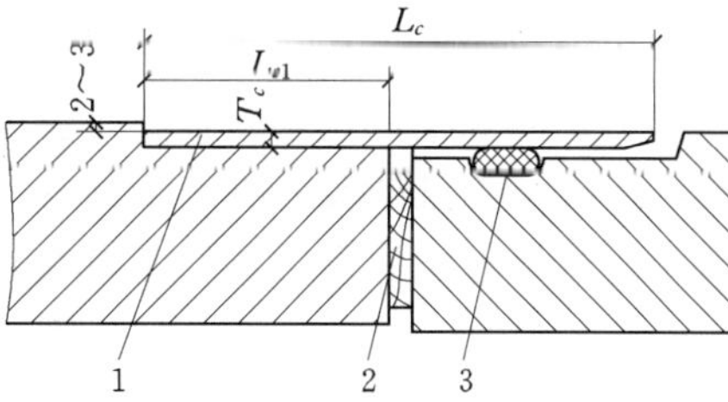

图 12.12　F 形接头

1—钢套管；2—垫片；3—密封圈

接。这种接头在使用时一定要注意方向，插口始终是朝后的。

(1) 钢套管。钢套管在接头中主要起连接的作用。钢套管的厚度为 6～10mm，宽度为 250～300mm，可由条形钢板卷制而成，宜采用耐腐蚀的钢材。钢套管的一端有坡口，便于压入密封圈；另一端与混凝土浇筑成一体，内外要涂上防腐涂料。钢套管的外径一般比混凝土管的外径小 2～3mm。

(2) 密封圈。密封圈形式很多，常用的有三种：O 形、楔形和锯齿形。

1) O 形密封圈。O 形密封圈是最早采用的一种密封圈，形状简单，成本低，但压缩率小。密封圈的装配间隙要精确，设计压缩率可采用 30%。O 形密封圈可用于地下水压力较小或无地下水的场合，不适合用于曲线顶管。

2) 楔形密封圈。楔形密封圈是后期发展起来的新型密封圈，如图 12.13 所示。压缩率最大可达 57%，设计时可采用 40%。装配间隙宽、容量大，可用于曲线顶管。楔形断面的滑动侧留有唇边，密封性能好，能承受较大的地下水压力。

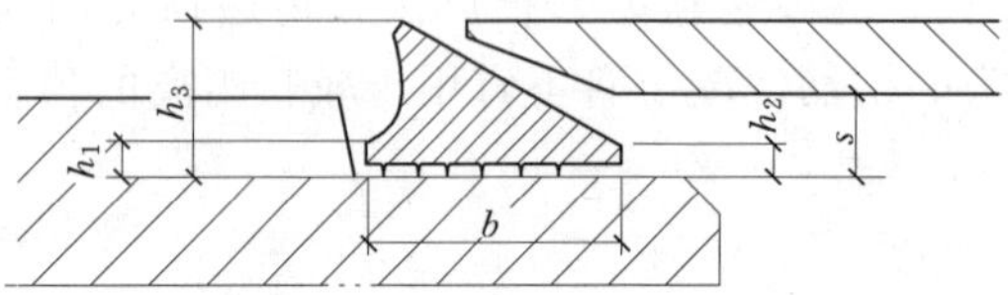

图 12.13　楔形密封圈

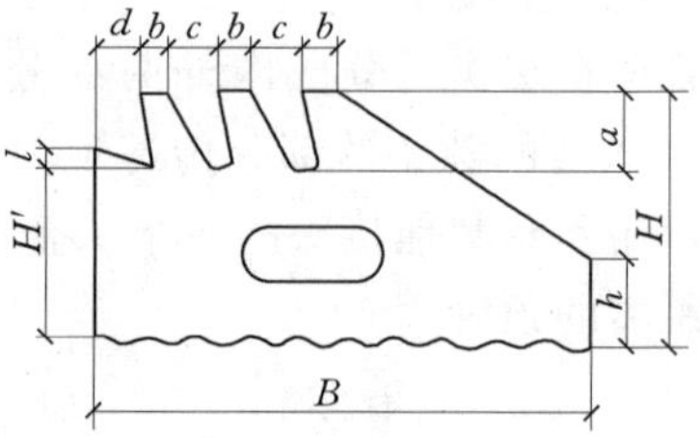

图 12.14　齿形密封圈

3) 齿形密封圈。齿形密封圈（图 12.14）的压缩率较大，设计时可采用 38%。装配间隙的宽容量较大，可用于曲线顶管。密封性能好，能承受较大的水压力，但断面形状复杂，制造比较困难。

F 形接头的密封圈可根据具体情况，在此三种形式中挑选。

(3) 木垫片。木垫片的作用是传递顶力，使顶力传递均匀。木垫片的材料最好是软到中等硬度的木材，质地要均匀，并有弹性，如松木、杉木等，不宜用硬木。其厚度一般采用 20～30mm，在曲线顶进或管径较大的场合应采用较厚的木垫片，反之管径较小的直线顶管或顶力偏小的场合可采用较薄的木垫片。木垫片由弧形拼接而成，垫片上要去掉木节，垫片的宽度要比管壁小，安装时每边至少要留出 20mm，以防止混凝土的边缘开裂。有的地方木垫片也有被木屑板、层压板等所代替，但弹性不如木材。在顶力较大、口径较大或曲线顶管中均不宜代用。

12.2.3.2　钢筋混凝土管段的长度与壁厚

钢筋混凝土管段的长度决定于制管、吊装和运输能力，另外还根据曲顶管的曲率大小而定。对于直线顶进，如果吊装和运输能力允许，管段长度宜放长，一般采用 2.5～3.0m。如采用长行程油缸，管段长度可放长到 3.5m。从经济角度审视，因钢套管较贵，所以管段宜长不宜短。管段长还有利于加快施工速度，降低施工成本。

钢筋混凝土管的壁厚，一般为内径的 1/12～1/10，曲线顶管还要加厚。日本标准的管壁较薄，德国较厚。根据我国的具体情况，制作工艺还不够成熟，宜采用较厚的管壁。

12.2.3.3　钢筋混凝土管允许顶力

钢筋混凝土管的混凝土强度等级一般都要求在 C50 以上，但设计取用的允许应力各不相同。钢筋混凝土管的允许顶力可按下式计算：

$$F=\frac{\pi}{K}\sigma(t-L_1-L_2)(d+t) \tag{12.1}$$

式中　F——钢筋混凝土管允许顶力，kN；

K——安全系数，取 $K=6$；

σ——混凝土抗压强度，kPa；

t——壁厚，m；

L_1——密封圈槽底与外壁距离，m；

L_2——木垫片至内壁的预留距离，m；

d——钢筋混凝土管内径，m。

12.2.4　工具管

工具管是顶管的关键机具，一般应具有以下功能：掘进、防坍、出泥和导向等。不同工具管有不同的特性，所以应依据工程的特点、地质情况和设计要求选择工具管。

目前常用的几种工具管如下：

1. 简易工具管

简易工具管一般是指刃口工具管。这种工具管纠偏简单，人工挖掘。这是顶管发展初期最早采用的一种工具管，至今在特定的土质条件下仍然被采用。这是因为刃口工具管构造简单，只要土质好，适合掘进，施工成本是比较低的。

刃口工具管有两类：无纠偏装置和有纠偏装置（图 12.15）。刃口又分有格栅和无格栅两种。有无格栅应根据管径的大小和土体稳定程度而定，一般而论，管径较大的应有格栅；但也有这种情况，管径虽大而土体稳定的也可以不用格栅。合理的办法是格栅做成活动的，可拆可装，根据实际情况决定装或拆除。

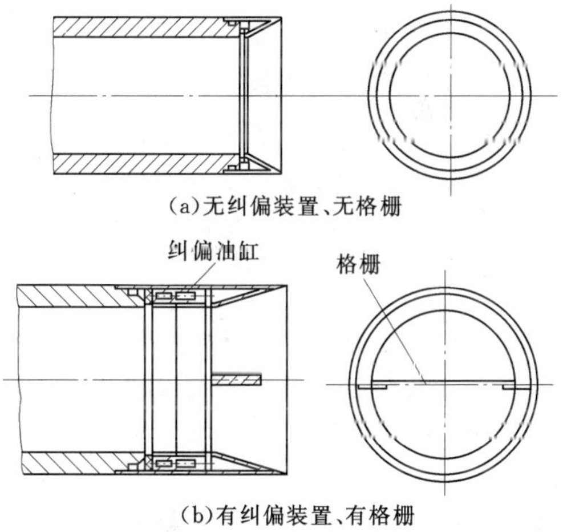

(a)无纠偏装置、无格栅

(b)有纠偏装置、有格栅

图 12.15　刃口工具管

刃口工具管的刃口起切土作用并保护钢筋混凝土管，另外还起导向作用。

有纠偏装置的刃口，依靠纠偏油缸改变刃口的方向，实现纠偏。无纠偏装置的刃口工具管纠偏方法如下（图 12.16）：

（1）管内挖土纠偏。开挖面的一边保留土体，另一边被开挖，顶进时土体的正面阻力移向保留土体的一侧。管道向该侧纠偏。

（2）管外挖土纠偏。管内的土被挖净，并挖出刃口，管外形成洞穴。洞穴的边缘一边在刃口的内侧，一边在刃口的外侧，顶进时管道顺着洞穴方向移动。

简易工具管刃口切土，人工掘进，格栅防坍，简易纠偏。简易工具管适用于无地下水（包括降水）并对沉降无严格要求的粗砂、细砂、粉砂、砂质粉土、黏质粉土，不适用于渗

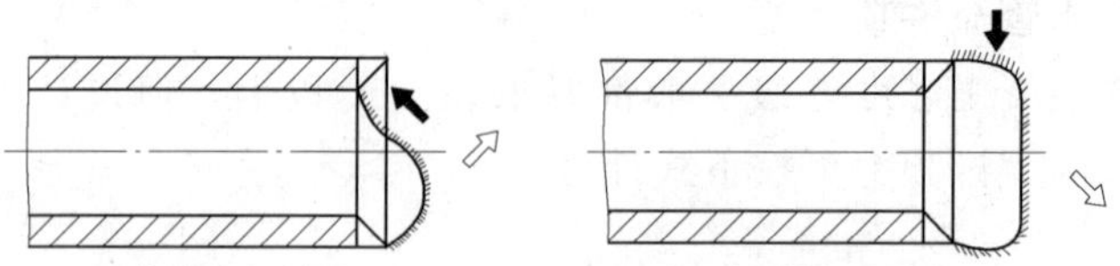

(a)管内挖土纠偏　　(b)管外挖土纠偏

图 12.16　挖土纠偏示意图

⬆—纠偏阻力；⇧—纠偏方向

透系数较大的土层，例如含水卵石层、砂土、砂质粉土，也不适用含水量较高的淤泥；适用中、大口径管径顶管；适用中、短距离顶管。

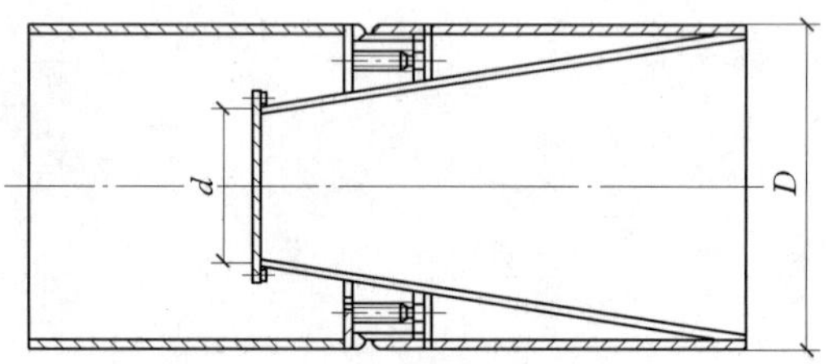

图 12.17　挤压式工具管

2. 挤压式工具管

挤压式工具管是由刃口发展而来的。对含水量较高、孔隙比较大的淤泥质土和部分淤泥，可采用挤压式工具管。

将刃口工具管的刃口锥面向内延长呈喇叭状，即成挤压式工具管（图 12.17）。

喇叭口的大端是工具管的外径，小端是进泥口，进泥口的面积与工具管进泥面的面积之比叫挤压式工具管的开口率。

$$\alpha = d^2 / D^2 \tag{12.2}$$

式中　α——开口率；

D——工具管的外径；

d——进泥口的内径。

挤压式工具管的工作原理是：当工具管在顶力的作用下向前推进时，工具管正面的土体向压力较低的方向流动，从进泥口进入工具管。要实现上述过程，需要具备以下条件：

（1）要有足够厚的覆盖层。工具管正面土体的最大被动土压力要大于土体挤入工具管的阻力，否则地面会隆起。

（2）工具管进泥口要有一定的阻力，使工具管的正面土体不会流入工具管。否则，地面会下沉。

土体挤入工具管的阻力大小随开口率的改变而改变。阻力与开口率成反比，开口率大阻力就小，开口率小阻力就大。开口率的大小应该根据土的流动性来决定。土的流动性大，开口率要小；流动性小，开口率要大。土的流动性大小，可根据天然含水量和孔隙比判别。

均质土工具管开口率可以固定。但对不均质土，开口率最好能改变。这时可将锥管分段，可拆、可装、可接长。要增加阻力将锥管接长，要减小阻力又可将锥管拆卸。在淤泥层中顶进，挤压式工具管在息工期间应将进泥口封住，以防止涌土和预防管涌。

挤压式工具管刃口切土，挤压出泥，挤压防坍，简易纠偏。挤压式工具管适用于淤泥质土和部分淤泥土质；适用于中、小口径管径的顶管；适用于中、短距离的顶管。

12.2.5　中继环

顶管的关键设备是工具管，长距离顶进的关键设备是中继环。距离较长的管道，因管道四周的摩阻力越来越大，单凭主站油缸顶推是不够的。一方面主站的顶力有限，不可能无限增加，另一方面主站所能施加的顶力受到管道允许顶力和后背允许顶力的制约。为了解决上述问题，就出现了中继环。中断环的作用是分散主站的顶力，管道由中继环分段顶进。

图 12.18 是中继顶进的示意图。最前面的是工具管，紧跟着的是管道，随着顶进距离的增长，主站的顶力不断增加，当顶力增加到预定顶力时，安装一号中继环。中继环后再安装管道。中继环加入顶管时，先启动第一只中继环，承担第一区段管道的顶进。主站顶进时，一号中继环回缩，第二区段的管道被主站顶进，距离再增加。用同样的方法再增加二号中继环、三号中继环。

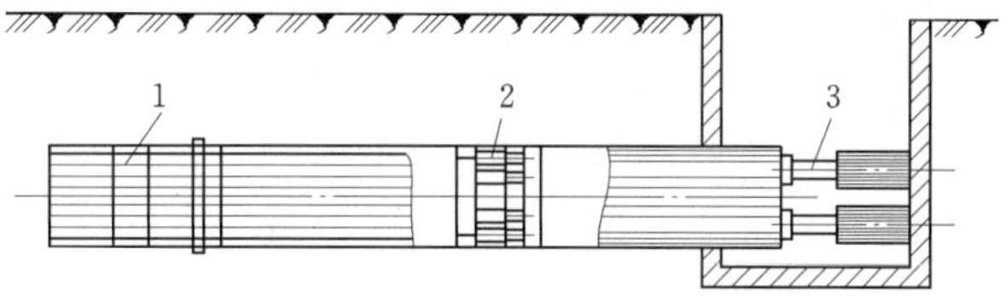

图 12.18　中继顶进示意图

1—工具管；2—中继环；3—主油缸

采用中继环顶管，就是将一根长管道分成数个区段。区段与区段之间加入中继环，每只中继环只承担顶推前面区段的管道，后面区段由它后面的中继环顶推，最后区段由主站承担顶推。一般主站的顶力要大于中继环的顶力。

钢筋混凝土顶管中继环的构造常见的如图 12.19 所示。这种中继环前后的管段是特制的。在前后管段之间加入一只钢护套管，钢护套管与管段套接，也有在预制时浇筑在一起的。不论是前者还是后者，中继环动作时，钢护套管与前方管段是相对静止的。中继环的后方管段，预制时在其管端埋入一只带有凹槽的密封座，密封圈及其调节密封圈的弧形压板安装在此槽内，凹槽后方还有顶推弧形压板的调节螺栓，可以调节密封圈的压紧程度。密封圈磨损后，通过调节螺栓再压紧密封圈仍然起密封作用。数十只油缸安装在前后管段之间，固定在钢护套管上。密封圈的断面可以较大，部分磨损后仍然可以使用，但磨损到一定程度后，仍然需要更换。更换时需要在气压下进行。

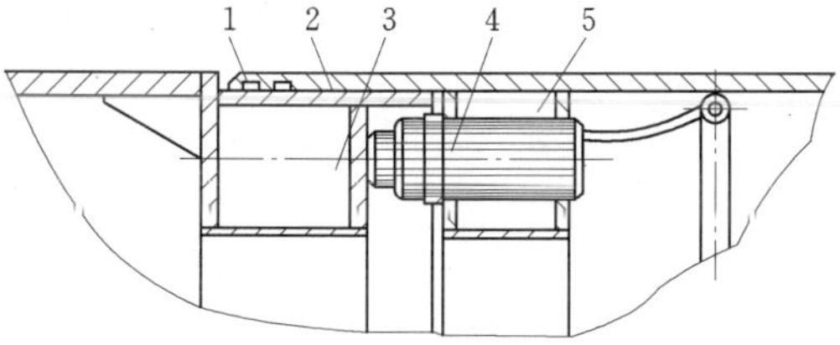

图 12.19　钢管中继环构造图

1—密封圈；2—钢护套管；3—后段环形梁；4—中继油缸；5—前段环形梁

顶管结束后，拆掉油缸，前后管段靠拢，其余处理与普通管段相同。

这种钢筋混凝土管中继环的优点是密封圈的压缩率可调，密封圈磨损后，再次压紧可以继续使用。与钢管中继环相比，可以承受较高的水压力，使用寿命较长。但更换密封圈仍然比较困难，同样需要在气压下进行。不适用于超长距离顶管。

12.2.6　顶进系统

安装在工作坑（井）内的顶推设备统称为顶进系统，其中主要设备是主油缸，其作用是造成强大的顶力将管道沿着设计轴线顶出工作坑（井）。

12.2.6.1　定位

1. 主油缸的合力中心

数台主油缸组成顶管主站。主油缸布置原则是左右对称，可以是 2 台、4 台、6 台、8 台。无论采用几台油缸，其合力中心是依据顶推的需要决定的。在穿墙阶段，与主油缸顶力抗衡的是工具管的正面阻力，如果主站的合力中心偏上，管道穿墙后可能偏下。反之，合力中心偏下，管道可能偏上。

管道穿墙时，工具管入土较浅，土的支承面较小，支承面的应力就较大，工具管容易下沉。入土深度增加后支承面应力很快就减少，工具管不再下沉。为了防止穿墙初期工具管下沉，顶力的合力中心也应偏下。

一方面覆土较薄时，合力中心需要下移；另一方面，穿墙时为防止管道下偏，合力中心也需要下移。所以，顶力合力中心一般要求低于管中心，约 $R/5 \sim R/4$。

2. 坑（井）底标高

钢筋混凝土管顶进设备布置如图12.20所示。

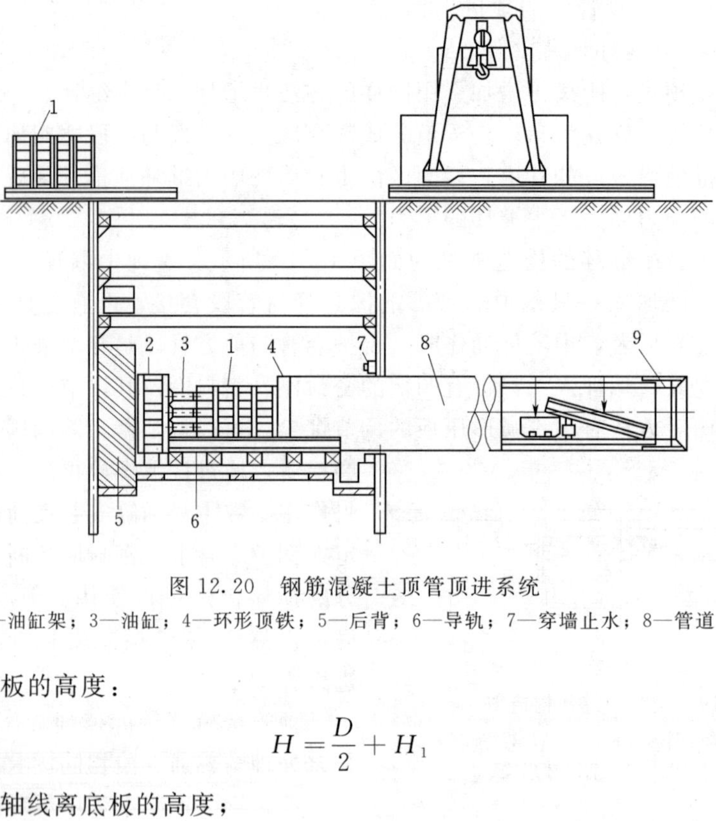

图12.20 钢筋混凝土顶管顶进系统

1—顶铁；2—油缸架；3—油缸；4—环形顶铁；5—后背；6—导轨；7—穿墙止水；8—管道；9—工具管

管轴线离底板的高度：

$$H=\frac{D}{2}+H_1 \tag{12.3}$$

式中 H——管轴线离底板的高度；

D——管道的外径；

H_1——管底离底板的高度，钢管取 $H_1=800\sim900$mm，钢筋混凝土管取 $H_1=400\sim450$mm。

12.2.6.2 顶进设备

管轴线离底板的高度确定以后，主油缸的合力中心高度也相应确定。顶进设备安装时均应以此为依据。顶进设备包括导轨、主油缸、顶铁、后背及后座。

1. 导轨

导轨安装在前方，接近穿墙管。它的作用是支托未入土的管段和顶铁，起导向的作用。

钢筋混凝土管导轨如图12.22所示，支托轨道有面支承、线支承两种。管道较大时，宜采用面支承。

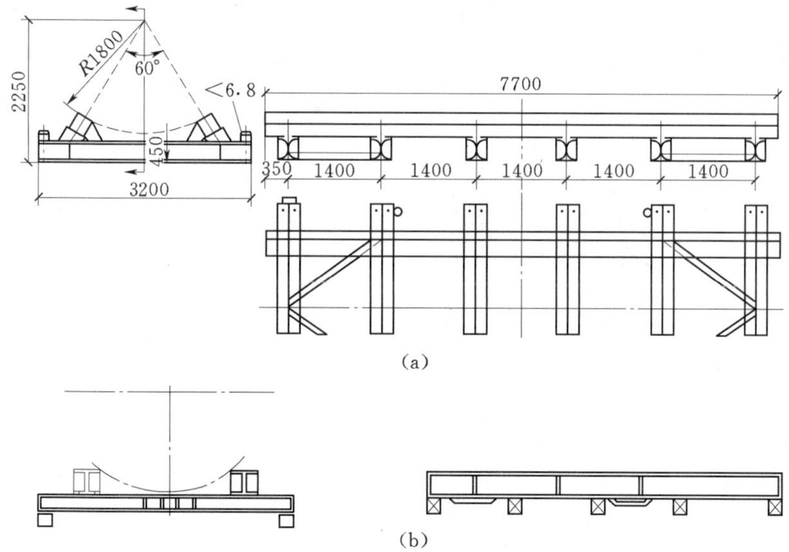

图 12.21　钢筋混凝土管顶管导轨（单位：mm）

导轨应牢固地固定在底板上，底板上应有预埋板与导轨联结。导轨对管道的支承角一般选用 60°。导轨安装应顺直、平行，等高或略高于该处管道的设计高程，其纵坡应与管道的设计一致。

2. 主油缸

主油缸是顶进系统的核心，安装时，应根据已确定的合力中心位置，左右对称布置。主油缸轴线应与管轴线平行，与后背（或后座）垂直。油缸着力点无间隙。主油缸一般应安放在支架上。对自重较轻的主油缸可以不用支架。

主油缸的顶力一般采用 1000kN、2000kN、3000kN 和 4000kN，行程要长，一般应大于 1m，否则影响顶管施工效率。长行程油缸是发展方向，行程长可以减少吊放顶铁的次数，提高施工效率，如行程长度超过下井管段的长度，则可以取消顶铁，施工效率更高，如图 12.22 所示。钢筋混凝土管段一般长度为 2.0m 或 2.5m。所以采用行程 3.0m 的主油缸就可以取消顶铁。

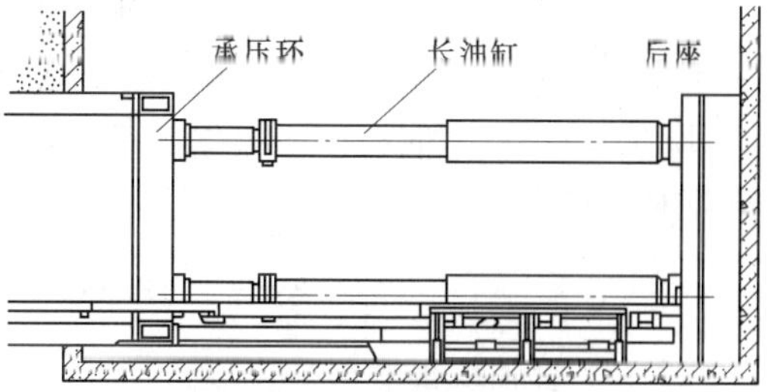

图 12.22　长行程油缸顶管（单位：mm）

长行程油缸一般是双行程等推力油缸，油缸行程分两节，而且每节顶力不减。第一节工作时，顶力由大活塞产生。第一节顶到位后，第二节活塞杆继续向前伸出。第二节的顶力由第二节活塞杆的液压面加第二节活塞杆内的小活塞面共同产生。该油缸的工作原理也可以理解为由两只双作用油缸组成，其中第二只油缸是第二活塞杆，这是一只倒装的油缸。

3. 顶铁

顶铁是为了弥补油缸行程不足而设置的。顶铁要传递顶力，所以顶铁两面要平整，厚度要均匀，受压强度要高，刚度要大，以确保工作时不会失稳。顶铁厚度要小于主油缸的行程。

顶铁形状有两种：弧形顶铁和 U 形顶铁，如图 12.23 所示。弧形顶铁的开口是向上的，它是由两块弧形的钢板之间焊上筋板或无缝钢管而成的。弧形顶铁一般用于钢筋混凝土顶管。弧形的内圆与钢筋混凝土管的内径相等，内缘焊上钢板，便于行走和车辆进出。

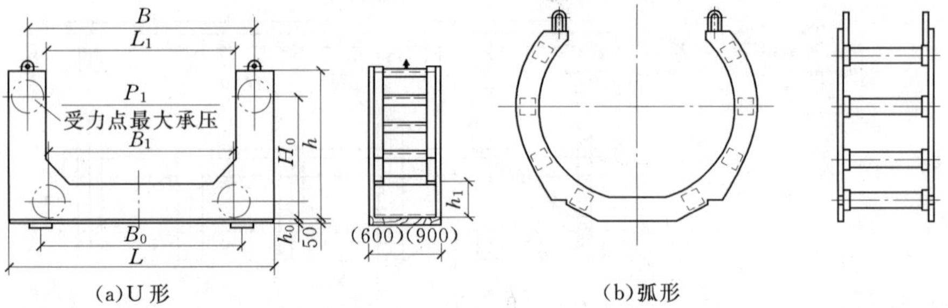

图 12.23 顶铁（单位：mm）

U形顶铁的开口也是向上的，结构与弧形顶铁相同，仅仅外形不相同，一般用于钢管顶铁。这种顶铁便于人员行走，但车辆进出不便，适用于管道排泥。

4. *后背及后座*

后背是指将主油缸的顶力传递到土体上去的承重结构。例如钢板桩围成的基坑，承受不了主站的后座反力，因此需要另浇筑钢筋混凝土的后背，或者吊放一块钢后背。但是如果基坑是沉井，则井墙就是很大的后背，不需要再添后背。这时为了使作用于井墙上的油缸反力扩散，保护井墙不受损伤，在井墙前才加上后座。

12.2.7 吊装设备

基坑上下的吊装以门式吊车为宜。门吊吊装方便，操作安全。门吊的起吊能力以满足大众吊运件为主。工具管自重如果超过门吊的起重能力，则可以另行处理。门吊有变跨度和固定跨度两种。

钢管顶管往往遇到这种情况，工作井大小不一，要求门吊跨度也能变。变跨度门吊可以根据现场具体情况改变跨度图。图 12.24 是一台专为顶管设计的门吊。根据需要可拼装成两种不同高度和多种不同跨度，根据起吊重量和跨度，可以拼成单梁或双梁，以适应施工的流动性和不同跨度要求。

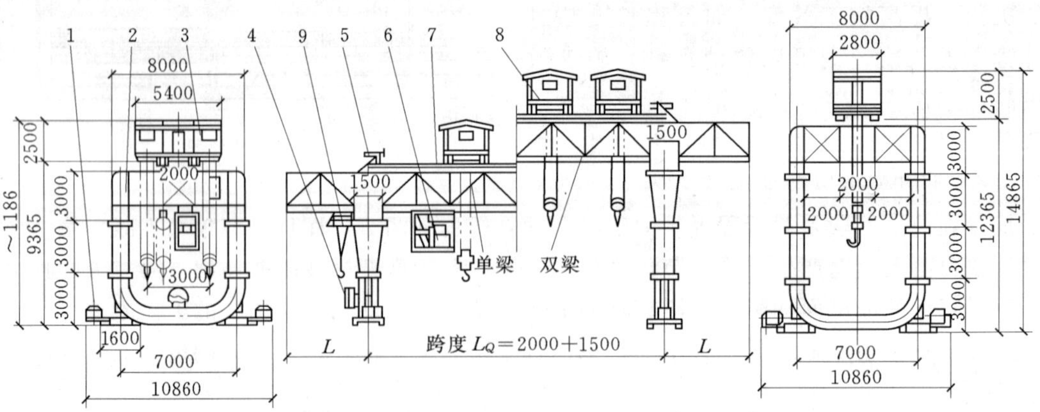

图 12.24 拼装式门吊（单位：mm）

1—吊车行走机构；2—牛腿；3—起重小车；4—电缆卷筒；5—弹簧缓冲器；6—操纵室；7—横梁；8—起重小车；9—电动葫芦

12.2.8 出泥设备

顶管出泥有两类：管道输送和车辆运输。出泥的效率往往制约着顶管施工进度，因此出泥设备的选择要与工具管搭配。

12.2.8.1 管道运输

管道运输的优点是连续高效，适用于中长距离和超长距离顶管。缺点是不适合输送较大的碎石和卵石。管道运输的方法有以下几种。

1. 水力吸泥机

水力吸泥机也称水力机械，是一种射流泵（图 12.25）。高压水流从进水口进入，从喷嘴高速射向出口，在喉管产生负压，泥水从吸口被吸入，与高速水流混合后经过扩散管向后排放，这就是水力吸泥机的工作原理。

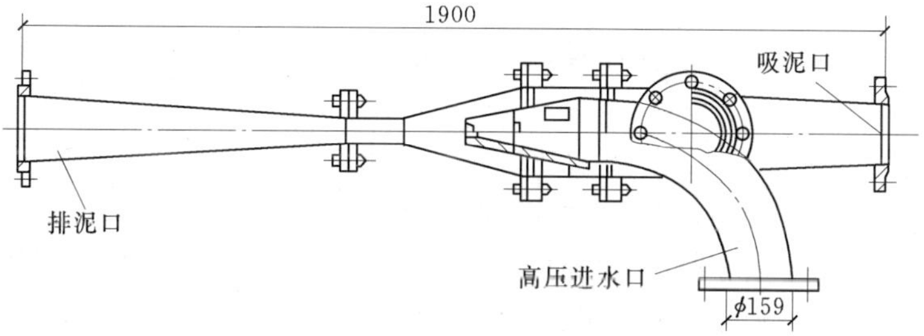

图 12.25 水力吸泥机（单位：mm）

水力吸泥机特点是高压水走弯道，泥水混合体走直道。泥水中夹着泥砂、石块等，如果走弯道，要猛烈撞击管壁，使管磨损严重，能量损失大，效率降低。该水力吸泥机无上述弊病，效率高，扬程大。水力吸泥机输送的是泥水，只能与水力挖掘配合。

水力吸泥机的优点是设备简单，吸泥机的动力不需要进管道，可大大减小管内供电量。缺点是噪声大，排放的颗粒不能大于 5cm，消耗的功率大。

2. 泥浆泵

泥浆泵有管道型无堵塞排污泵和螺旋不堵塞泵两种。

泥浆泵串联后，排放距离可以不断增加，但用电量也不断增加，串联后的群泵必须实现自动启动和自动停止，才能满足顶进的要求。泥浆泵的优点是可以不受顶进距离的限制，可输送较大的粒径。缺点是管内供电量增加。

适用于局部气压工具管、泥水平衡工具管及其他采用泥水排放的工具管（图 12.26）。

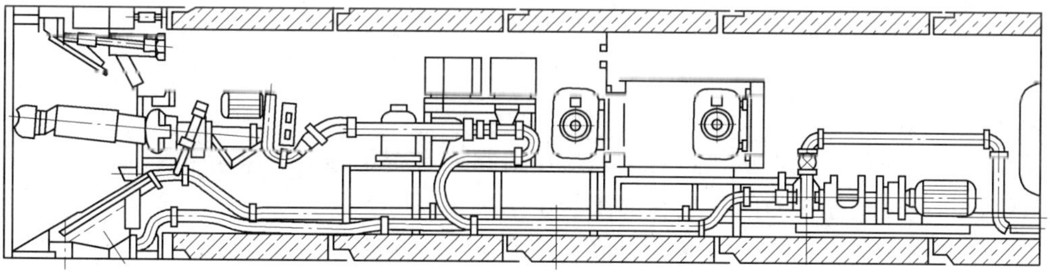

图 12.26 泥浆泵排泥

12.2.8.2　车辆运输

管道内通常采用的车辆运输有两种：有轨矿车和无轨矿车。矿车可由电瓶车牵引也可由绞车牵引，但不能用内燃机车牵引，因为要污染管道内的空气。

有轨矿车一般为双轨距离较长时要有交会车的地方，只有DN3500以上的管径才有条件铺设双轨。如果中短距离的顶管，则可采用无轨矿车，用绞车牵引。无轨矿车的车轮直接在管壁上滚动。

12.2.9　通风设备

对长距离和超长距离顶管，管道内的通风是必要的，操作人员在地下作业要不断补充新鲜空气，作业中产生的废气需要及时排除。这里所指的通风不包括为排除地下有害气体的通风。地下有害气体一般只有在开敞式挖掘时才进入工具管，如地下有有害气体，应避免使用这类工具管。

参考地下巷道的通风，地下作业通风的最低标准是$30m^3/(人\cdot h)$。这相当于$0.5m^3/min$的耗量。

管内通风通常采用鼓风机，并配上鼓风管。鼓风管一般采用塑料布加工的软皮管，距离增加后再设轴流风机接力通风。这种通风方法设备简单，成本低，因此常被采用。它的缺点是有季节性。在地面温度高于地下温度的季节不宜采用，因为地面的空气温度高，空气中含有大量的水分，送到地下温度降低，出现露点，空气中的水分被离析，管壁上出水珠。使管道内的湿度饱和，作业环境恶化。一方面表现为操作工人容易疲劳、气闷，另一方面电器设备容易漏电，并影响计算机等的正常运行。相反，在冬天地面温度较低，冷风送到地下后温度升高，空气中能溶解的水分增加，管内湿度降低，环境干燥。在这种季节采用鼓风机通风是合理的。鼓风机通风的另一缺点是，风量损失较大，距离越长时效率越低。经过长期的摸索，在长距离顶管中研制成功了一套专用的通风设备。该设备采用压缩空气通风。压缩空气经过干燥、净化后送到工具管或管内的其他工作面。来自空压机的压缩空气先送入储气包，并保持在0.6MPa的压力。从储气罐出来的压缩空气再送入冷却器和油水分离器，通过两次冷却除水和两次油水分离的压缩空气，再通过干燥器再次除去空气中的水分。后进入净化器除去空气中的杂质。然后经过送风管，送到工具管和管其他工作面。送风口有消音器，以减少送风时的噪音。

课题12.3　管道附属设备及附属构筑物施工

给排水管道上的附属构筑物主要有各种井室、管道支墩和进出水口构筑物。

12.3.1　阀件安装

安装阀件应注意：

（1）安装阀件前应检查填料是否完好，压盖螺栓有否足够调节余量。

（2）法兰或螺纹连接的阀件应在关闭状态下安装。

（3）焊接阀件与管道连接焊缝的封底宜采用氩弧焊施焊，以保证其内部平整光洁。焊接时阀件不宜关闭，以放止过热变形。

（4）安装阀件前，应按设计核对型号，并根据介质流向确定其安装方向。

（5）水平管道上的阀件，其阀杆一般应安装在上半圆范围内。

（6）阀件传动杆（伸长杆）轴线的夹角不应大于 30°，其接头应传动灵活。有热位移的阀件，传动杆应具有补偿措施。

（7）阀件的操作机构和传动装置应做必要的调整和整定，使其传动灵活，指示准确。

（8）安装铸铁、硅铁阀件时，须防止因强力连接或受力不均而引起损坏。

（9）安装高压阀件前，必须复核产品合格证和试验记录。

12.3.2　井室

给水排水井室多为砖结构，部分用混凝土或钢筋混凝土现浇，对一部分小型构筑物也有用预制装配构件的，如雨水口、圆形井室及井筒、井盖板等。顶管施工中的检查井，也有采用钢筋混凝土沉井结构的。井壁需在稳好管子和做好接口后方可砌筑或浇筑混凝土。

1. 管道附件与井室的控制尺寸

给水管道的井室安装闸阀时，井底距承口或法兰盘的下缘不得小于 100mm。井壁与承口或法兰盘外缘的距离，当管径不大于 400mm 时，不应小于 250mm；当管径不小于 500mm 时，不应小于 350mm。

2. 井室砌筑

井底基础应与管道基础同时浇筑。砌筑井室时，用水冲净基础后，先铺一层砂浆，再压砖砌筑，必须做到满铺满挤，砖与砖间灰缝保持 1cm。排水管检查井内的流槽，宜与井壁同时砌筑。当采用砖石砌筑时，表面应用砂浆分层压实抹光，流槽应与上下游管道接顺，管内底高程应符合非金属管道基础及安装的允许偏差。砖砌圆形检查井时，应随时检测直径尺寸，当需要收口时，如为四面收进，则每次收进不应大于 30mm；如为三面收进，则每次收进不应大于 50mm。砌筑检查井及雨水口的内壁应用原浆勾缝，有抹面要求时，内壁抹面应分层压实，外壁用砂浆搓缝并应压实。砌筑井内的踏步应随砌随安，位置准确，踏步安装后，在砌筑砂浆或混凝土未达到规定抗压强度前不得踩踏。混凝土井壁的踏步在预制或现浇时安装。砌筑检查井的预留支管应随砌随安，预留管的管径、方向、标高应符合设计要求，管与井壁衔接处应严密不得漏水，预留支管口宜用低强度等级砂浆砌筑封口抹平。如井身不能一次砌完，在二次接高时，应将原砖面上的泥土杂物清理干净，然后用水清洗砖面并浸透。检查井接入圆管的管口应与井内壁平齐，当接入管径大于 300mm 时，应砌砖圈加固。管子穿越井室壁或井底，应留有 30～50mm 的环缝，用油麻-水泥砂浆，油麻-棉水泥或黏土填塞并捣实。检查井采用预制装配式构件施工时，企口坐浆与竖缝灌浆应饱满，装配后的砂浆凝结硬化期间应加强养护，并不得受外力碰撞或震动。检查井及雨水口砌筑或安装至规定高程后，应及时浇筑或安装井圈，盖好井盖。雨期检查井或雨水口，在管道铺设后井身应一次砌起。为防止漂管，必要时可在检查井的井室底部预留进水孔，但还土前必须砌堵严实。冬期检查井应有覆盖等防寒措施，井应在两端管头加设风挡。特殊严寒地区管道施工应在解冻后砌筑。

3. 井室砌筑的质量要求

检查井及雨水口的周围回填前各项应符合下列规定：①井壁的勾缝抹面和防渗层应符合质量要求；②井盖高程的允许偏差为±5mm；③井壁同管道连接处应严密，不得漏水；④闸阀的启闭杆中心应与井口对中。检查井施工允许偏差应符合规定。

雨水口施工质量应符合下列规定：位置应符合设计要求，不得歪扭；井圈与井墙吻合，允许偏差不得大于 10mm；井圈与道路边线相邻边的距离应相等，其相邻近两端允许偏差为

10mm；雨水支管的管口与井墙相齐；井圈的高程应比周围路面低10～30mm。

4. 雨水口与检查井的连管

雨水口与检查井的连管应符合：连管必须顺直、无错口，坡度符合设计规定；连管埋设深度较小时，应根据施工荷载校核埋管负荷，超过破坏荷载时，对连管应采取必要的加固措施；雨水口底座及连管应设在坚实土质上。

12.3.3 进出水口构筑物

进出水口一般分为一字式翼墙和八字式翼墙两种。一字式用于与渠道顺接，八字式用于与渠道成90°～135°交错相接。进出水口可用砖砌、石砌（片石、料石、块石等）及混凝土，但有冰冻情况时不可采用砖砌。

进出水口构筑物宜在枯水期施工，进出水口构筑物的基础应建在原状土上，当地基松软或被扰动时，可采用砂石回填、块石砌筑或填混凝土，处理后的地基应符合设计要求；进出水口的泄水孔必须畅通，不得倒流；翼墙变形缝应位置准确，安设顺直，上下贯通，其宽度允许偏差为0～5mm。

翼墙背后填土应满足下列要求：在混凝土或砌筑砂浆达到设计抗压强度标准值以后，方可进行；当未达到设计抗压强度以前进行回填时，其允许填土高度应与设计单位协商确定；填土时，墙后不得有积水；墙后随铺设反滤层随填土，反滤层铺筑断面不得小于设计规定；泄水孔的滤层应根据设计要求铺设；回填土应分层压实，其压实度不得小于95%。

管道出水口防潮闸门井的混凝土浇筑前，应将防潮闸门框架的预埋铁准确固定，并不得因混凝土的浇捣而产生位移。其预埋件允许偏差应符合现浇钢筋混凝土管渠模板安装允许偏差的规定。护坦干砌时，嵌缝应严密，不得松动；浆砌时灰缝砂浆应饱满，缝宽均匀，无裂缝、无鼓起，表面平整。护坡砌筑的施工顺序应自下而上，石块间相互交错咬搭，使砌起缝隙严密，砌块稳定，坡面平整，并不得有通缝、叠砌和架空现象。干砌护坡应使砌体边沿封砌整齐、坚固，不被掏空，必要时应加护坡。

12.3.4 支墩

压力管道为防止管道内水压通过弯头、三通、堵头和叉管等处产生拉力，以至接头产生松动脱节现象，应根据管径大小、转角、管内压力、土质情况及设计设置支墩。

支墩材料可采用砖、石、混凝土或钢筋混凝土，其材质应满足下列要求：砖的强度等级应不低于MU7.5、片石的强度等级应不低于MU20、混凝土应不低于C10、砌筑用砂浆应不低于M5。

管道支墩的施工要求：

（1）管道及闸件的支墩和锚定结构应位置准确，锚定必须牢固。

（2）支墩应在密实的土基或坚固的基础上修筑。其后背应紧密与承载力相当的原状土或基背相接触。当无条件靠在原状土上时，应采取措施保证在受力情况下，不致破坏管道接口。当采用砌筑支墩时，原状土与支墩间应用砂浆填塞。

（3）管道支墩应在管道接口做完，管道位置固定后修筑。管道安装过程中的临时固定支架，应在支墩的砌筑砂浆或混凝土达到规定强度后方可拆除。

单元小结

本单元内容包括地下管道开槽施工、地下管道不开槽施工、管道附属设备及附属构筑物施工等。重点阐述了地下管道开槽施工、不开槽施工的原理和方法；简要概述了管道附属设备及附属构筑物施工方法。

拓　展　讨　论

党的二十大报告提出，加快建设制造强国、质量强国、航天强国、交通强国、网络强国、数字中国。

请思考：管道工程属于地下隐蔽工程，如何保证管道施工质量？

习　　题

1. 地下管道开槽施工沟槽开挖要求有哪些？
2. 地下管道开槽施工沟槽断面如何确定？
3. 地下管道开槽施工沟槽支撑方式如何确定？
4. 地下管道开槽施工沟槽回填应注意哪些问题？
5. 地下管道开槽施工下管方法有哪些？
6. 地下管道不开槽施工顶管的管材有哪些要求？
7. 顶进系统如何构成？
8. 阀件安装应注意哪些问题？
9. 如何组织给水排水井室施工？
10. 如何组织进出水口构筑物施工？

单元13 水利水电工程施工

教学目标：了解水利水电工程施工导流与水流控制的原理和方法，掌握土石坝、堆石坝、混凝土坝、水电站、水闸等建筑物的施工要求和施工方法。

课题13.1 施工导流与水流控制

13.1.1 施工导流

施工导流首先要修建导流泄水建筑物，然后修筑围堰进行河道截流，迫使河道水流改由导流泄水建筑物下泄；此后还要进行施工过程中的基坑排水并保证汛期在建的建筑物和基坑安全度汛；当主体建筑物修建到一定高程后，再对导流泄水建筑物进行封堵。

13.1.1.1 导流的基本方法

水利水电施工导流方法主要取决于坝型及地形、地质条件，导流流量的大小也有重要影响，一些位于通航河流的工程还必须妥善解决施工期间的航运问题。施工导流的基本方法可分为全段围堰法导流和分段围堰法导流两类。

1. 全段围堰法

全段围堰法导流是指在河床外距主体工程轴线（如大坝、水闸等）上下游一定的距离各修筑一道拦河堰体，使河道中的水流经河床外修建的临时泄水道或永久泄水建筑物下泄，待主体工程建成或接近建成时，再将临时泄水道封堵或将永久泄水建筑物的闸门关闭。

全段围堰法导流一般适用于枯水期流量不大、河道狭窄的中小河流，按其导流泄水建筑物的类型可分为明渠导流、隧洞导流、涵管导流等。

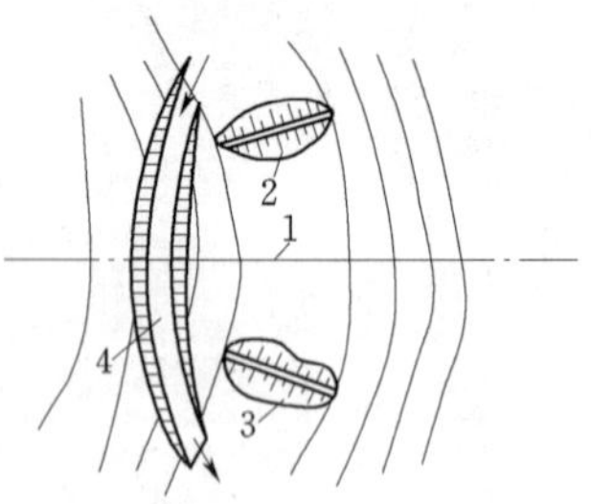

图13.1 明渠导流
1—水工建筑物轴线；2—上游围堰；3—下游围堰；4—导流明渠

（1）明渠导流。明渠导流是在河岸或河滩上开挖渠道，在基坑的上下游修建横向围堰，河道的水流经渠道下泄，如图13.1所示。这种施工导流方法一般适用于岸坡平缓或有一岸具有较宽的台地、垭口或古河道的地形时采用。如工程修建在河流弯道上，裁弯取直开挖明渠往往更为经济。

布置导流明渠，一定要保证明渠中的水流顺畅、泄水安全、施工方便、渠线短。为此，明渠进出口处的水流与原河道主流的交角宜小于30°。为保证明渠中水流顺畅，明渠的弯道半径不宜小于3～5倍的渠底宽度。渠道的进出口与上下游围堰间的距离不宜小于50m，以防止明渠进出口处的水流冲刷围堰的堰脚。为了延长渗径，减少明渠中的水流渗入基坑，明渠与基坑之间要有足够的距离。导流明渠最好是单岸布置，以利于工程施工。导流明渠的断面形式一般多采用梯形断面，在岩石完整、渠道不深时，宜采用矩形断面。

（2）隧洞导流。隧洞导流是在河岸边开挖隧洞，在基坑的上下游修筑围堰，施工期间河道的水流由隧洞下泄，如图13.2所示。这种导流方法适用于河谷狭窄、两岸地形陡峻、地质条件良好、分期导流和明渠导流均难以采用的山区河流，特别是在深山狭谷修建各类挡水建筑物，更是常用的导流方式。但是，由于隧洞的泄水能力有限，汛期往往不能满足泄洪的要求，而在汛期施工度汛时常需另外采取其他泄洪度汛措施，如采用过水围堰允许淹没基坑，或采用隧洞与其他导流泄水建筑物联合泄洪度汛。

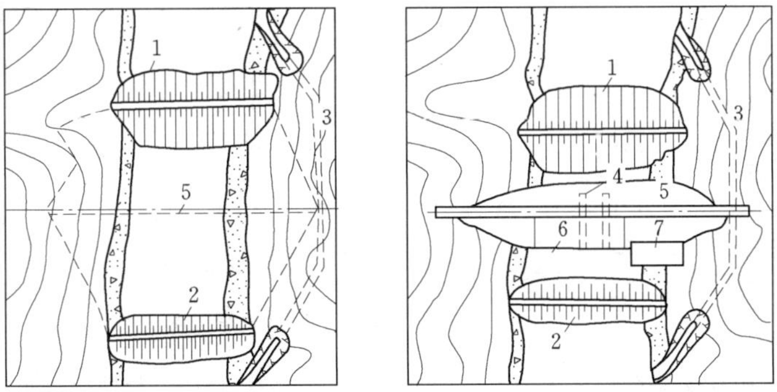

(a)隧洞导流　　(b)隧洞导流并配合底孔宣泄汛期洪水

图 13.2　隧洞导流示意图

1—上游围堰；2—下游围堰；3—导流隧洞；4—底孔；
5—坝轴线；6—溢流坝段；7—水电站厂房

(3) 涵管导流。涵管导流一般在修筑土坝、堆石坝等工程中采用。由于涵管的泄水能力较小，因此一般用于导流流量较小的河流或只用来担负枯水期的导流，如图 13.3 所示。

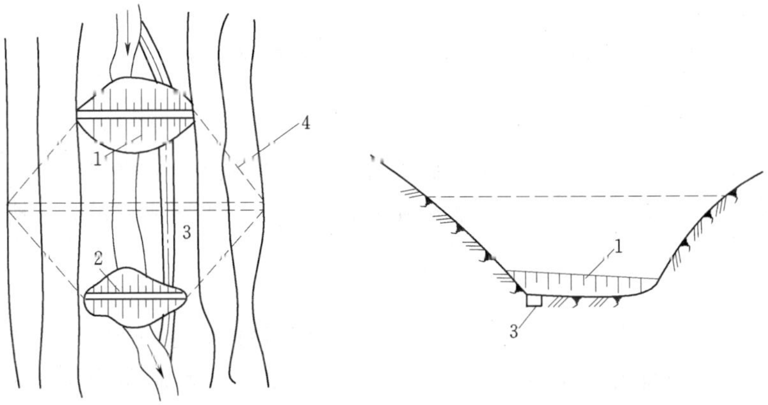

(a)平面图　　(b)上游立视图

图 13.3　涵管导流示意图

1—上游围堰；2—下游围堰；3—涵管；4—坝体

(4) 渡槽导流。渡槽导流方式结构简单，但泄流量较小，一般用于流量小、河床窄、导流期短的中小型工程，如图 13.4 所示。

2. 分段围堰法

分段围堰法导流也称分期围堰法或河床内导流。用围堰将水工建筑物分段分期围护起来进行施工，如图 13.5 所示。所谓分段，就是从空间上用围堰将拟建的水工建筑物圈围成若干施工段；所谓分期，就是从时间上将导流分为若干时期。导流的分期数和围堰的分段数并不一定相同，如图13.6所示。段数分得越多，施工越复杂；期数分得越多，工期拖延越长。因此工程实践中两段两期导流采用得最多。

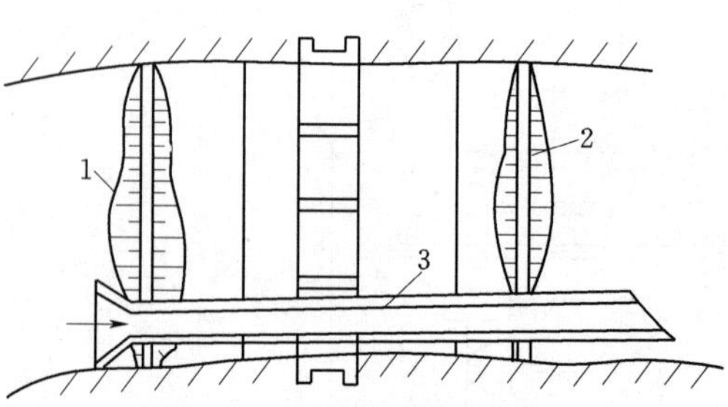

图13.4 渡槽导流示意图

1—上游围堰；2—下游围堰；3—渡槽

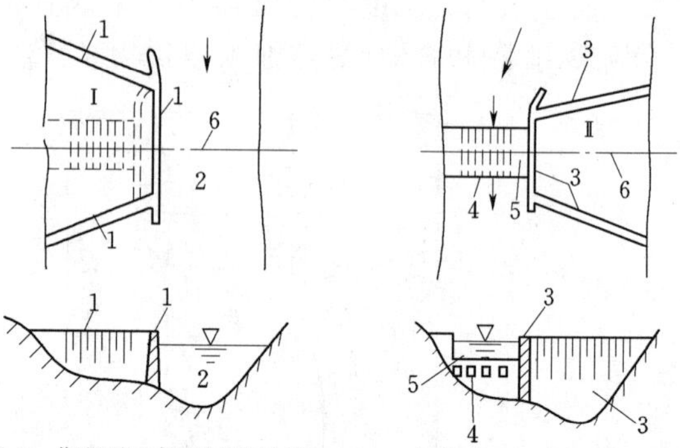

(a)一期导流(束窄河床导流) (b)二期导流(底孔与缺口导流)

图13.5 分期导流布置示意图

1—一期围堰；2—束窄河床；3—二期围堰；4—底孔；5—坝体缺口；6—坝轴线

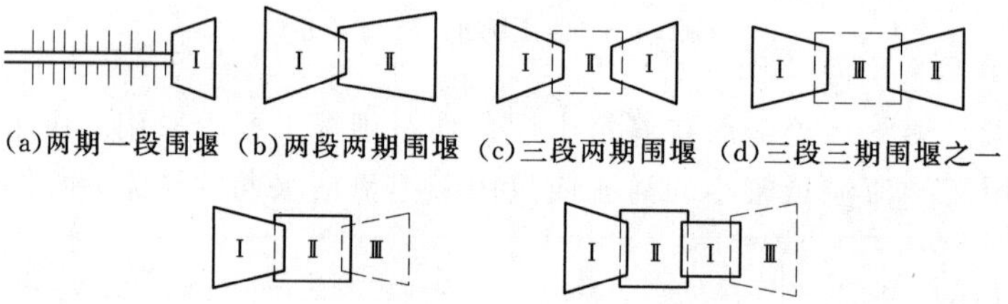

(a)两期一段围堰 (b)两段两期围堰 (c)三段两期围堰 (d)三段三期围堰之一

(e)三段三期围堰之二 (f)四段三期围堰

图13.6 导流分期与围堰分段示意图

分段围堰法前期由束窄的河道导流，后期可利用事先修好的泄水建筑物导流。常用泄水建筑物的类型有底孔、缺口等。分段围堰法导流，一般适用于河流流量大、槽宽、施工工期较长的工程中。

13.1.1.2 围堰工程

围堰是保护大坝或厂房等水工建筑物干地施工的必要挡水建筑物，一般属临时性工程，但也常与主体工程结合而成为永久工程的一部分。通常按使用材料将围堰分为土石围堰、草土围堰、钢板桩格型围堰、木笼围堰、混凝土围堰等；按所处的位置将围堰分为横向围堰、纵向围堰；按围堰是否过水分为不过水围堰、过水围堰。

(1) 草袋围堰。草袋围堰的断面型式如图13.7所示，围堰的双面或单面叠放盛装土料的草袋或者编织袋，中间夹填黏性土或在迎水面叠放装土草袋，背水面回填土石。这种围堰适用于施工期较短的小型水利工程的施工。

(2) 土石混合围堰。土石混合围堰的断面型式如图13.9所示，它与土围堰比较具有较大的抗冲刷性能且底部宽度也小，在流量及流速均较大的河流中可以进行水下抛填堆筑，必要时还可做成过水土石围堰。这种围堰适用于施工期较长的大/中型水利工程。土石混合围堰在拆除时需要用较大型的挖掘机械和专用的水下挖掘机械。通常当工地有充裕的开挖石碴可以利用时或需要将围堰做成过水围堰以及在完成底部工程后不需拆除或仅部分拆除时，采

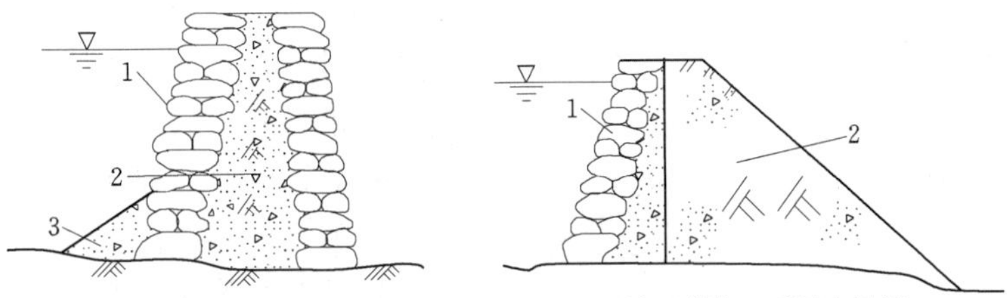

(a)双面草袋围堰　　(b)单面草袋土石混合围堰

图 13.7　草袋围堰断面示意图

1—草袋盛土；2—回填黏性土；3—填土方压脚

用这种围堰是经济合理的。

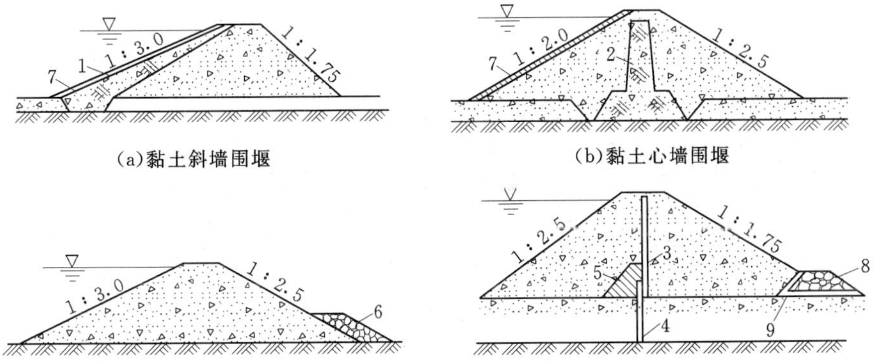

(a)黏土斜墙围堰　　(b)黏土心墙围堰

(c)均质壤土围堰　　(d)木板心墙围堰

图 13.8　土石混合围堰断面示意图

1—斜墙；2—心墙；3—木板心墙；4—钢板桩防渗墙；5—黏土；
6—压重；7—护面；8—滤水棱体；9—反滤层

(3) 混凝土围堰。混凝土围堰常用于在岩基土修建的水利枢纽工程，这种围堰的特点是：挡水水头高，底宽小，抗冲能力大，堰顶可溢流，尤其是在分段围堰法导流施工中，用混凝土浇筑的纵向围堰可以两面挡水，而且可与永久建筑物相结合作为坝体或闸室体的一部分。图 13.9 为混凝土围堰结构型式，通常在低水土石围堰保护下于干地上施工。一般在山区河流水位变幅较大而且又采用全段围堰法施工时，上游的横向围堰可以采用混凝土拱型围堰，且为过水围堰型式，可使围堰工程量小，施工工期短，拆除也较为方便。

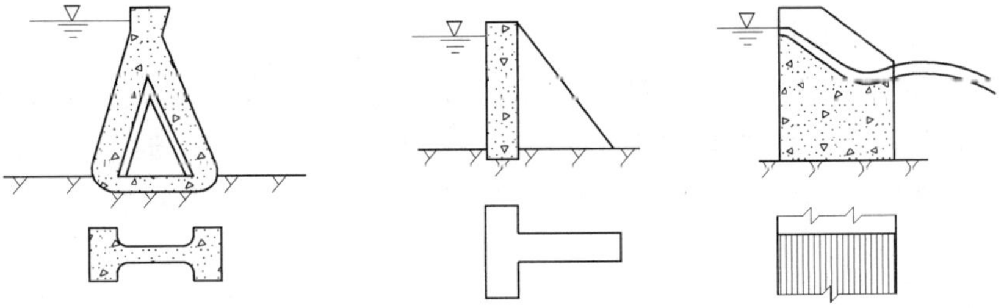

(a)双向挡水支墩式　　(b)撑墙式　　(c)溢流重力式

图 13.9　混凝土围堰断面示意图

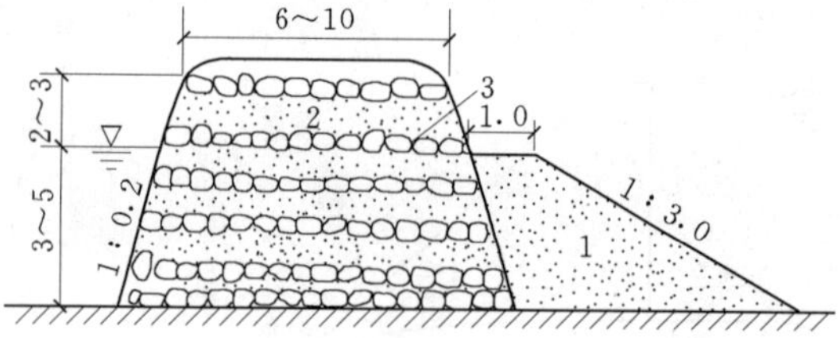

图 13.10　草土围堰断面示意（单位：m）
1—戗土；2—土料；3—草捆

(4) 草土围堰。草土围堰是一种草土结构（图 13.10）。我国劳动人民自古以来常用它进行河堤堵口。草土围堰的型式较多，如草袋围堰、捆草围堰、捆厢帚围堰等。所用草料为麦秸、稻草、芦柴、柳枝等。其优点是施工简单、进度快、取材易、造价低、拆除方便，有一定抗冲、抗渗能力。但堰体容重小，适用于软土地基，且因柴草易腐烂，一般用于短期的或辅助性围堰。

13.1.2　截流

1. 立堵法截流

立堵法截流是将截流材料从龙口一端向另一端，或从两端向中间抛投进占，逐渐束窄龙口直到全部拦断，如图 13.12 所示。

就水力学条件而言，立堵法是从侧向束窄水流，直至最后将水流截断。在相同分流条件下，立堵合龙过程中所出现的最大流速比平堵大，因此所需要的材料粒径也较大。同时水流绕截流戗堤端部使水流产生强烈的立轴漩涡，在水流分离线附近造成紊流，易造成河床冲刷。因此立堵截流对河床护底的要求比平堵法高，也就是说，立堵法适于岩基或覆盖层较薄的岩基河床。但是国内外大量实践表明，对于软基河床只要有适当的护底措施，采用立堵法截流同样也很成功。在立堵截流过程中，抛投材料是沿戗堤前缘边坡滚动或滑动至河底稳定的。因此除了采用一般块石和混凝土四面体、立方体外，尚可采用铅丝笼、梢捆、废弃的预制构件等长条状截流材料，使沿长边顺水流方向，既可增加材料的抗冲稳定性能，又容易使材料沿端部边坡滚入水中。

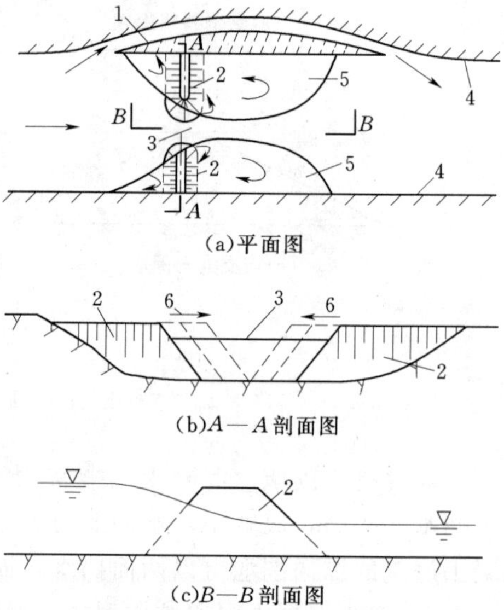

图 13.11　立堵法截流示意图
1—分流建筑物；2—截流戗堤；3—龙口；4—河岸；5—回流区；6—进占方向

2. 平堵法截流

平堵法截流是将料物沿截流戗堤轴线均匀地抛入水中，使戗堤均衡上升，最终抛出水面封堵河流。这种截流方法，水力学指标相对较好，抛投料物粒径小，但需架设昂贵的浮桥，且架桥时受到允许流速在 3m/s 以内的限制，浮桥架设和锚定工作常常碍航。因此平堵法截流主要用于平原软基河流，如图 13.12 所示。

13.1.3　基坑排水

基坑排水工作，按排水时间及性质分，有基坑开挖前的初期排水和基坑开挖建筑物施工过程中的经常性排水。按排水方法分，有明式排水和人工降低地下水位两种。

1. 初期排水

初期排水主要包括基坑积水、围堰与基坑渗水、降水等。因为初期排水是在截流戗堤合龙闭气后立即进行的，通常是在枯水期，降雨很少，所以一般不考虑降水。但现行规范规定，可按抽水时段内的多年日平均降水量计算。除了积水、渗水和降水外，有时还需考虑填方和基础中的饱和水。

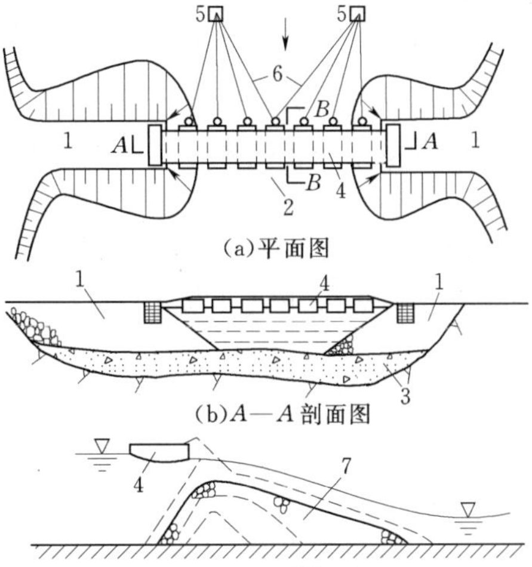

(a)平面图

(b)A—A 剖面图

(c)B—B 剖面图

图 13.12 平堵截流示意图

1—截流戗堤；2—龙口；3—覆盖层；4—浮桥；5—锚缆；6—钢缆；7 平堵截流抛石体

排水设备常用离心式水泵，为运转方便，应选择容量不同的水泵，以便组合运用。一般初期排水可采用固定式或浮动式水泵站，固定式泵可设在围堰上［图 13.13（a）］，这种布置适用于吸水高度小于 6m 的情况。如果基坑内水深或吸水高度超过 6m，则需将泵站转移至较低高程，例如转移到设置在基坑内的固定平台［图 13.13（b）］。这种平台可以是桩台、木笼墩台或围堰内坡上的平台。如果水深远大于 6m，则应考虑选用浮式泵站。一种方法是将水泵放在沿滑道移动的平台上［图 13.13（c）］，用绞车操纵逐步下放；另一种方法是将水泵放在浮船上［图 13.13（d）］。

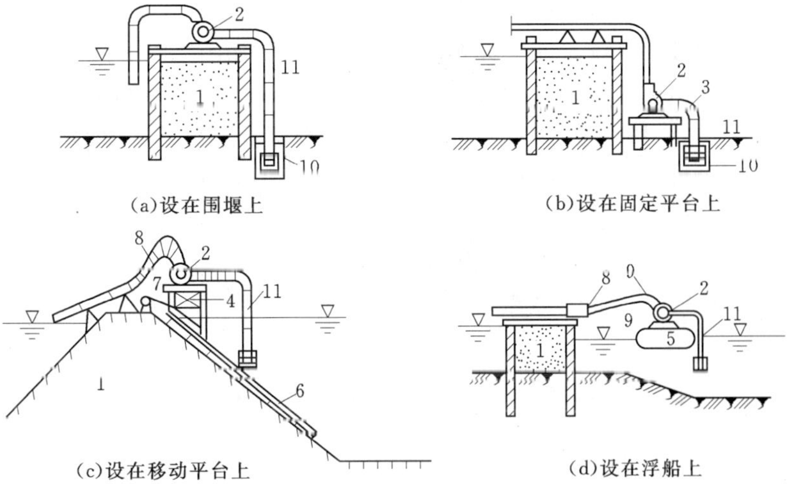

(a)设在围堰上

(b)设在固定平台上

(c)设在移动平台上

(d)设在浮船上

图 13.13 水泵站的布置

1—围堰；2—水泵；3—固定平台；4—移动平台；5—浮船；6—滑道；7—绞车；8—橡皮接头；9—铰接桥；10、11—吸水管

2. 经常性排水

基坑内积水排干后，紧接着进行经常性排水。在排水设计中，除了正确估算排水量和选择排水设备外，必须进行周密的排水系统布置。经常性排水的方法有明式排水和人工降低地下水位两种方法。人工降低地下水位方法同前。

明式排水系统布置通常应考虑两种不同的情况：一种是基坑开挖过程中的排水系统布

置；另一种是基坑开挖完成后修建建筑物时的排水系统布置。在进行布置时，最好能同时兼顾这两种情况，并且使排水系统尽可能不影响施工。

基坑开挖过程中排水系统布置，应以不妨碍开挖和运输工作为原则。一般将排水干沟布置在基坑中部，以利两侧出土（图13.14）。随基坑开挖工作的进展，逐渐加深排水干沟和支沟，通常保持干沟深度为1～1.5m，支沟深度为0.3～0.5m。集水井多布置在建筑物轮廓线外侧，井底应低于干沟沟底。但是，由于基坑坑底高程不一，有的工程就采用层层设截流沟、分级抽水的办法。为了防止在砂土或壤土地基中的深挖方边坡坍塌，也采用分层拦截渗水的办法。实践证明，渗透系数为20～30m/d的细砂层，挖排水沟降低浸润线，并用砾石草包压坡，可使砂坡稳定在1∶2.5左右。

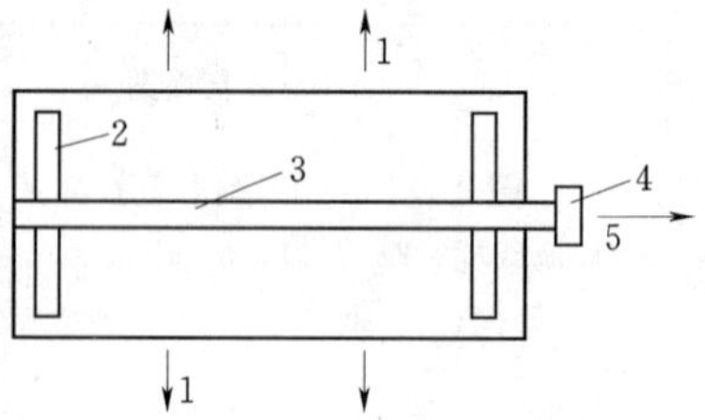

图13.14　基坑开挖排水系统布置
1—运土方向；2—支沟；3—干沟；
4—集水井；5—水泵抽水

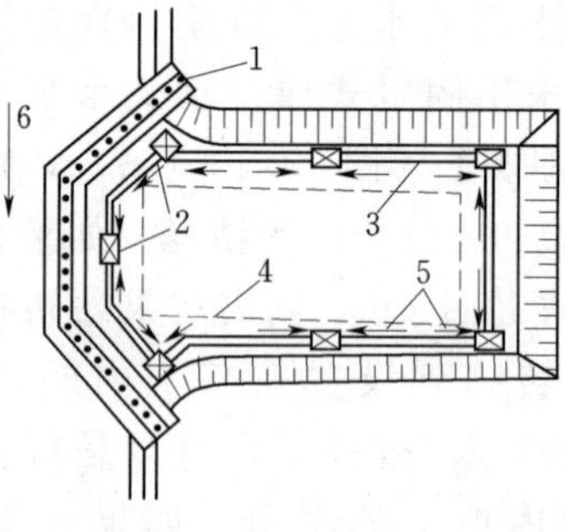

图13.15　建筑物施工时的排水系统布置
1—围堰；2—集水井；3—排水沟；4—建筑物
轮廓线；5—排水沟中的水流方向；6—河流

建筑物施工时的排水系统，通常都布置在基坑四周，如图13.15所示。排水沟应布置在建筑物轮廓线外侧，距离基坑边坡坡脚不小于0.3～0.5m，排水沟的断面尺寸和底坡大小，取决于排水量的大小。一般排水沟宽不小于0.3m，沟深大于1.0m，底坡不小于0.002。在密实土层中，排水沟可以不用支撑；但在松土层中，需用木板或麻袋装石来加固。水经排水沟流入集水井后，利用在井边设置的水泵站，将水从集水井中抽出。集水井布置在建筑物轮廓线外较低的地方，它与建筑物外侧的距离必须大于井的深度。井的容积至少要能保证水泵停止抽水10～15min时，井水不致漫溢。

课题13.2　土石建筑物施工

13.2.1　土石坝施工

13.2.1.1　土石坝施工程序及作业内容

1. *土石坝施工程序*

土石坝的施工方法有：干填碾压、水平倒土、水力冲填和定向爆破修筑等类型。

干填碾压筑坝（亦称碾压式土石坝）即是在坝基清理之后将开挖合格的土石料装运上坝，卸到指定的部位，按规定的厚度铺平，经过碾压密实而逐层填筑到坝体设计断面。

水中倒土筑坝就是在清理后的坝基上，将坝面用畦埂分隔成若干个畦块，在畦块中灌入一定深度的水，等水深稳定后，由一边开始向畦中填土；如此逐层筑埂、灌水、填土，直到坝体设计断面筑成。其特点是坝体填筑不需用专门的碾压工具，坝坡较碾压式土坝平缓，一般不适宜在汛前抢修拦洪断面。

水力冲填筑坝是利用水力冲击土壤，使土壤形成流动的泥浆，然后通过输泥管道或输泥渠，把泥浆送到筑坝地点，再经过沉淀、脱水固结而成，其主要用于北方黄土丘陵区。

定向爆破筑坝是利用炸药爆炸能量的作用，将一定数量的土岩经破碎后，按预定的方向，抛掷到坝址处，形成具有一定质量和形状的建筑物，经修整、坝身加高而成。它主要适用于山体雄厚、岸坡山高坡陡，地质条件较好的狭窄河谷。

2. 作业内容

碾压式土石坝的施工作业包括准备作业、基本作业及为基本作业服务的辅助作业和附加作业。其内容如下：

（1）准备作业。平整场地，修筑道路，架设电力、通信线路，敷设用水管路，修建临时用房及基坑排水、清基等项工作。

（2）基本作业。料场的土石开采、挖、装、上坝过程的运输，坝面的土料卸铺，平土及逐层压实等。

（3）辅助作业。清除料场的覆盖层、杂物，降低地下水、控制土料含水量的加水及翻晒，坝面刨毛及松土等。辅助作业是为基本作业创造良好的施工条件，从而保证基本作业的顺利进行。

（4）附加作业。修整坝坡、铺石护面及铺植草皮等项工作。附加作业是保证坝体长期安全运行的保护及修整工作。

13.2.1.2　料场规划

土石坝用料量很大，在坝型选择阶段应对土石料场全面调查，在施工前还应结合施工组织设计，对料场作进一步勘探、规划和选择。料场的规划包括空间、时间和质量等方面的全面规划。

空间规划，是指对料场的空间位置、高程进行恰当选择，合理布置。土石料场应尽可能靠近大坝，并有利于重车下坡。坝的上下游、左右岸最好都有料场，以利于各个方向同时向大坝供料，保证坝体均衡上升。用料时，原则上低料低用、高料高用，以减少垂直运输。

时间规划，是指料场的选择要考虑施工强度、季节和坝前水位的变化。在用料规划上力求做到近料和上游易淹的料场先用，远料和下游不易淹的料场后用；含水量高的料场旱季用，含水量低的料场雨季用。上坝强度高时充分利用运距近、开采条件好的料场，上坝强度低时用运距远的料场，以平衡运输任务。在料场使用计划中，还应保留一部分近料场供合拢段填筑和拦洪度汛施工高峰时使用。

料场质与量的规划，是指对料场的质量和储料量进行合理规划。在选择规划和使用料场时，应对料场的地质成因、产状、埋深、储量以及各种物理力学性能指标进行全面勘探试验。

料场规划时还应考虑主要料场和备用料场。主要料场，是指质量好、储量大、运距近的料场，且可常年开采；备用料场，是指在淹没范围以外，当主要料场被淹没或因库水位抬高而导致土料过湿或其他原因不能使用时，在备用料场取料，保证坝体填筑的正常进行。应考虑到开采自然方与上坝压实方的差异，杂物和不合格土料的剔除，开挖、运输、填筑、削坡、施工道路和废料占地不能开采以及其他可能产生的损耗。

此外，为了降低工程成本，提高经济效益，料场规划时应充分考虑利用永久水工建筑物和临时建筑物的开挖料作为大坝填筑用料。如建筑物的基础开挖时间与上坝填筑时间不相吻合，则应考虑安排必要的堆料场地储备开挖料。

13.2.1.3 挖运配套方案

常用土石料挖运配套方案一般采用挖掘机挖装，自卸汽车、拖拉机运输。适宜运距2～5km，双线路宽5～5.5m，转弯半径不宜小于50m，坡度不宜大于10%。

挖运方案选择，应根据工程量大小、上坝强度高低、运距远近和可供选择的机械型号、规格等因素，进行综合经济技术比较后确定。

13.2.1.4 坝体填筑施工作业

土石坝的坝基开挖、基础处理及隐蔽工程等验收合格后，就可以全面展开坝体填筑。坝体填筑包括基本作业（卸料、平料、压实及质检）和辅助作业（洒水、刨毛、清理坝面和接缝处理）。

1. 坝面作业施工组织

坝体土方填筑的特点是：作业面狭窄、工种多、工序多、机械设备多，施工干扰大，若组织不好将导致窝工，影响工程进度和施工质量。为了避免施工干扰、充分发挥各不同工序施工机械的生产效率，一般采用流水作业法组织坝面施工。

采用流水作业法组织施工时，首先应根据施工工序将坝面划分成若干区段，然后组织各工种专业施工队依次进入所划分的区段施工。于是，各专业施工队按工序依次连续在同一施工区段施工；对各专业施工队而言，则不停地轮流在各个施工区段完成本专业的施工工作。其结果是完成不同工序的施工机械均由相应的专业施工队来操作，实现了施工专业化，有利于工人操作熟练程度的提高；同时在施工过程中保证了人、机、地三不闲，避免了施工干扰，有利于坝面作业连续、均衡地进行。

2. 卸料和平料

通常采用自卸汽车、胶带机直接进入坝面卸料，由推土机平铺成要求的厚度。自卸汽车倒土的间距应使后面的平料工作减小，而且便于铺成要求的厚度。

在坝面各料区的边界处，铺料会有出入，通常规定其他材料不准进入防渗区边界线的内侧，边界外侧铺土距边界线的距离不能超过50cm。

为配合碾压施工，防渗体土料铺筑应平行于坝轴线方向进行。

3. 碾压方法

坝面的填筑压实，应按一定的次序进行，避免发生漏压与超压。漏压达不到设计干密度要求，超压会使土料（尤其是黏性土料）内部产生剪力破坏面，都会影响施工质量。防渗体土料的碾压方向，应平行坝轴线方向进行，不能垂直于坝轴线方向碾压，避免局部漏压形成横穿坝体的几种渗流带。碾压机械行驶的行与行之间必须重叠20～30cm，以免产生漏压。此外，坝料分区之间的边界也容易成为漏压的薄弱带，必须特别注意要互相重叠碾压。

根据工程实践经验，碾压机械行驶速度大小，对坝料（如黏性土）压实效果有一定的影响，各种碾压机械的行驶速度，一般应通过试验确定。自行式碾压机械的行驶速度以1～2档为宜；羊脚碾、气胎碾可采用进退错距法或转圈套压法两种压实方法，如图13.16所示；振动碾宜采用进退错距法；夯板应采用连环套打法夯实。

4. 结合部位施工

土石坝施工中，坝体的防渗土料不可避免地要与地基、岸坡、周围其他建筑的边界相结合；由于施工导流、施工方法、分期分段分层填筑等的要求，还必须设置纵横向接坡、接缝。所有这些结合部位，都是影响坝体整体性和质量的关键部位，也是施工中的薄弱环节，

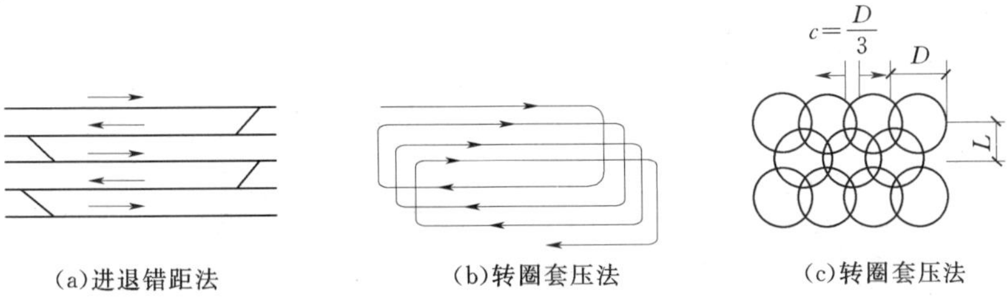

图 13.16　碾压方式

处理工序复杂，施工技术要求高，且多是手工操作，质量不易控制。

对结合部位的施工，必须采取可靠的技术措施，加强质量控制和管理，确保坝体的填筑质量满足设计要求。

13.2.2　堆石坝施工

1. 堆石体的施工方法

堆石体的施工方法目前一般多采用控制级配的薄层碾压法，即控制上坝石料的粒径级配和填筑层厚度及洒水量，并采用振动碾压实。堆石料一般采用后退法卸料，推土机随时铺平，这样大粒径块石易推至铺料的前沿下部，细料填入堆石上部孔隙，使表面平整，便于车辆行驶，如图 13.17 所示。

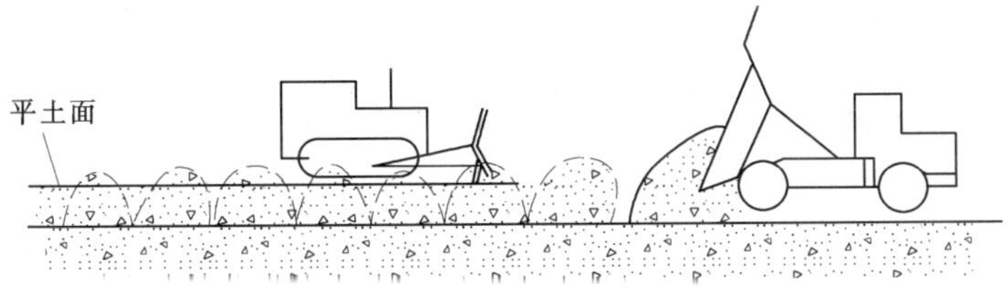

图 13.17　汽车后退法卸料示意图

压实采用振动碾，它是一种将振动和碾压作用相结合的压实机械。振动装置由滚筒内的偏心轴及装在机架后面的柴油机组成。由于轴的旋转使装在轴上的激振偏心块也旋转，迫使碾滚产生高频率的振动。在振动力的作用下，颗粒产生振动而达到密度。采用振动碾压实，可使压实层土料孔隙率大为减小，相对密度大为提高，从而使填筑体的沉陷量大幅度降低，稳定性明显增强，抗震性能大为改善。振动碾生产效率高，结构简单，是压实非黏性土的良好机械。

采用控制级配的薄层碾压施工法原因是：由于混凝土防渗面板直接浇筑在上游堆石坝坡上，因此，坝体较大的变形和不均匀沉陷，可能引起混凝土面板的严重裂缝或靠近岸边连接处拉裂，而面板的变形仅取决于坝体堆石的变形；所以堆石的压实变形大小是建成这种防渗面板的关键。要使堆石体的沉陷变形最小，最重要的措施是充分压实。故采用坚硬的岩石，最优的级配和最优填筑层厚度，用重型振动碾碾压，便可使其达到最大密实度（或最小孔隙率），从而满足质量要求。

2. 堆石体的分区填筑压实

根据面板堆石坝不同部位的受力情况，将坝体进行分区，如图 13.18 所示。

(1) 垫层区。主要作用是为面板提供平整、密实的基础，将面板承受的水压力均匀传递

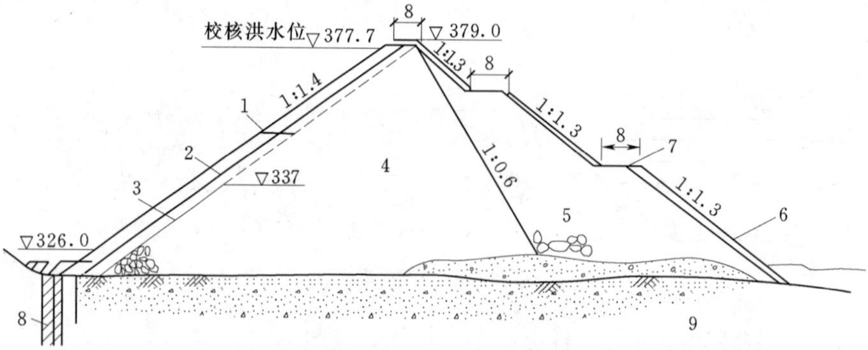

图 13.18 面板堆石坝标准剖面图（单位：m）

1—混凝土面板；2—垫层区；3—过渡区；4—主堆石区；5—下游堆石区；6—干砌石护坡；7—上坝公路；8—灌浆帷幕；9—砂砾石

给主堆石体。要求用石质新鲜、级配良好的碎石料填筑。

（2）过渡区。主要作用是保护垫层区在高水头作用下不产生破坏。其粒径、级配要求符合垫层料与主堆石料间的反滤要求。一般最大粒径不超过 350～400mm。

（3）主堆石区。主要作用是维持坝体稳定。要求石质坚硬，级配良好，允许存在少量分散的风化料，该区粒径一般为 600～800mm。

（4）次堆石区。主要作用是保护主堆石体和下游边坡的稳定。要求采用较大石料填筑，允许有少量分散的风化石料，粒径一般为 1000～1200mm。由于该区的沉陷对面板的影响很小，故对填筑石料的要求可放宽一些。

3. 垫层区的处理

对于上游堆石区（垫层区），要进行平整、压实处理，才能开始浇筑防渗面板混凝土。一般采用三道处理工序：

（1）整平坝坡面。可避免混凝土面板厚薄不匀，受力不均。要求堆石面不得超过设计值 ±（3～5）cm。施工时随堆石分层施工，用人工和机械配合及时完成。

（2）压实坡面。由于水平分层碾压只保证距边缘 1m 左右压实合格，故坡面必须另行碾压，以免产生大量初期沉陷。用振动碾碾压垫层区坡面的施工工艺如下：

1）坡面先用静力碾碾压 4 遍，同时整平高突出点。

2）在坡面上用振动碾自下而上碾压 4 遍，同时整平凹凸处。

3）坝坡面保护采用沥青乳胶防水层防护。沥青护面处理程序是分三次连续涂抹阳离子乳胶，每次用手撒入一些经 3mm 筛筛选的砂子，形成坚固的工作表面。也可采用碾压砂浆法防护。

4）保护层施工后的第二天，坡面上再用振动碾自下向上碾压 8 遍。

（3）保护坝坡面。保护坝坡面免受风化，防止人与机械在坝坡面上活动。

课题 13.3 混凝土建筑物施工

13.3.1 大体积混凝土温度控制

13.3.1.1 混凝土的温度变化过程

混凝土凝固过程中，由于水泥水化，释放大量水化热，使混凝土内部温度逐步上升。对尺寸小的结构，由于散热较快，温度不高，不致引起严重后果。但对大体积混凝土，最小尺寸也常在 3～5m 以上，而混凝土导热性能随热传导距离呈非线性衰减，大部分水化热将积蓄在浇筑块内，使块内温度达 30～50℃，甚至更高。由于内外温差的存在，随着时间的推移，坝内温度逐渐下降而趋于稳定，与多年平均气温接近。大体积混凝土的温度变化过程，可分为如图 13.19 所示的三个阶段，即温升期、冷却期（或降温期）和稳定期。显然，混凝土内的最高温度 T_{max} 等于混凝土浇筑入仓温度 T_p 与水化热温升值 T_r 之和。由 T_p 到 T_{max} 是温升期，由 T_{max} 到稳定温度 T_f 是降温期，之后混凝土体内温度围绕稳定温度随外界气温略有起伏。

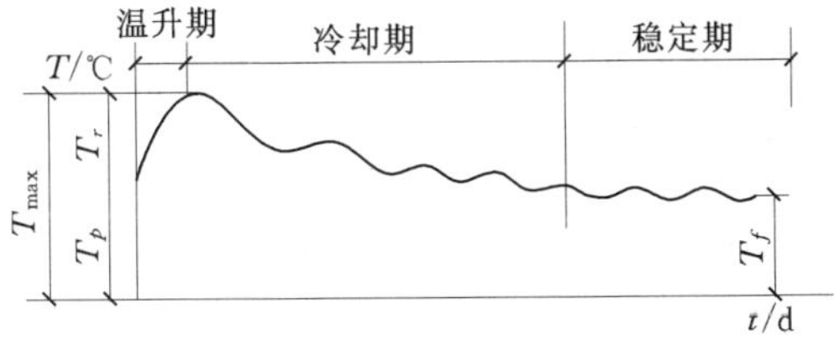

图 13.19 大体积混凝土的温度变化过程线

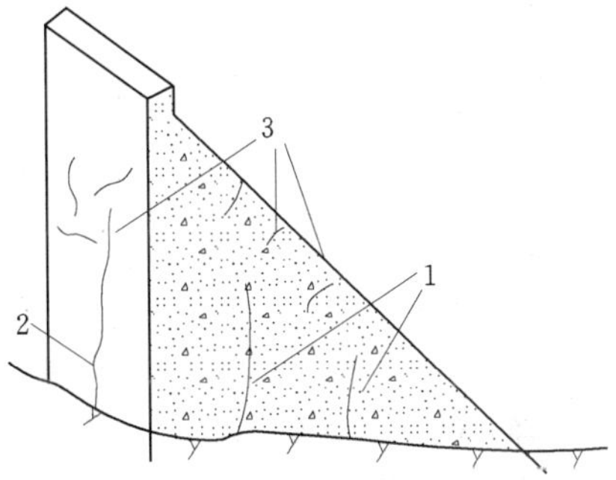

图 13.20 混凝土坝裂缝型式

1—贯穿裂缝；2—深层裂缝；3—表面裂缝

13.3.1.2 温度应力与温度裂缝

混凝土温度的变化会引起混凝土体积变化，即温度变形。而温度变形一旦受到约束不能自由伸缩时，就必然引起温度应力。若为压应力，通常无大的危害；若为拉应力，当超过混凝土抗拉强度极限时，就会产生温度裂缝，如图 13.20 所示。

1. *表面裂缝*

大体积混凝土结构块体各部分由于散热条件不同，温度也不同，块体内部散热条件差，温度较高，持续时间也较长；而块体外表由于和大气接触，散热方便，冷却迅速。当表面混凝土冷却收缩时，就会受到内部尚未收缩的混凝土的约束产生表面温度拉应力，当它超过混凝土的抗拉极限强度时，就会产生裂缝。

一般表面裂缝方向不规则，数量较多，但短而浅，深度小于 1m，缝宽小于 0.5mm。有的后来还会随着坝体内部温度降低而自行闭合，因而对一般结构威胁较小。但在混凝土坝体上游面或其他有防渗要求的部位，表面裂缝形成了渗透途径，在渗水压力作用下，裂缝易于发展；在基础部位，表面裂缝还可能与其他裂缝相连，发展成为贯穿裂缝。这些对建筑物的安全运行都是不利的，因此必须采取一些措施，防止表面裂缝的产生和发展。

防止表面裂缝的产生，最根本的是把内外温差控制在一定范围内。防止表面裂缝还应注意防止混凝土表面温度骤降（冷击）。冷击主要是冷风寒潮袭击和低温下拆模引起的，这时会形成较大的内外温差，最容易发生表面裂缝。因此在冬季不要急于拆模，对新浇混凝土的表面，当温度骤降前应进行表面保护。表面保护措施可采用保温模板、挂保温泡沫板、喷水泥珍珠岩、挂双层草垫等。

2. *深层裂缝和贯穿裂缝*

混凝土凝结硬化初期，水化热使混凝土温度升高，体积膨胀，基础部位混凝土由于受基岩的约束，不能自由变形而产生压应力，但此时混凝土塑性较大，所以压应力很低。随着混凝土温度的逐渐下降，体积也随之收缩，这时混凝土已硬化，并与基础岩石黏结牢固，受基础岩石的约束不能自由收缩，而使混凝土内部除抵消了原有的压应力外，还产生了拉应力，当拉应力超过混凝土的抗拉极限强度时，就产生裂缝。裂缝方向大致垂直于岩面，自下而上开展，缝宽较大（可达1～3mm），延伸长，切割深（缝深可达3～5m以上），称之为深层裂缝。当平行坝轴线出现时，常常贯穿整个坝段，则称为贯穿裂缝。

基础贯穿裂缝对建筑物安全运行是很危险的，因为这种裂缝发生后，就会把建筑物分割成独立的块体，使建筑物的整体性遭到破坏，坝内应力发生不利变化，特别对于大坝上游坝踵处将出现较大的拉应力，甚至危及大坝安全。防止产生基础贯穿裂缝，关键是控制混凝土的温差。

混凝土浇筑块经过长期停歇后，在长龄期老混凝土上浇筑新混凝土时，老混凝土也会对新混凝土起约束作用，产生温度应力，可能导致新混凝土产生裂缝，所以新老混凝土间的内部温差（即上下层温差），也必须进行控制，一般允许温差为15～20℃。

13.3.1.3 大体积混凝土温度控制的措施

1. 减少混凝土发热量

采用水化热较低的普通大坝水泥、矿渣大坝水泥及低热膨胀水泥。采用掺混合材料、调整骨料级配，提高骨料最大粒径、采用低流态混凝土、掺外加剂（减水剂、加气剂）、采用埋石混凝土坝体分区使用不同强度等级的混凝土利用混凝土的后期强度等措施降低水泥用量。

2. 降低混凝土的入仓温度

（1）在料场加大骨料堆积高度、地弄取料、搭盖凉棚、喷水雾降温（石子）等措施降低骨料入拌和机温度。

（2）用喷水冷却、浸水冷却等措施降低骨料温度。

（3）冷水或加冰拌和混凝土。

3. 散发浇筑块热量

（1）表面自然散热。采用薄层浇筑，浇筑层厚度采用3～5cm，在基础地面或老混凝土面上可以浇1～2m的薄层，上、下层间歇时间宜为5～10d。浇筑块的浇筑顺序应间隔进行，尽量延长两相邻块的间隔时间，以利侧面散热。

（2）人工强迫散热——埋冷却水管。利用预埋的冷却水管通低温水以散热降温。混凝土浇后立即通水，以降低混凝土的最高温升；在接缝灌浆时将坝体温度降至灌浆温度，扩张缝隙以利灌浆。

13.3.2 混凝土坝施工

13.3.2.1 混凝土坝的分缝与分块

由于各种条件限制，不可能将整个坝体连续不断地一次浇筑完毕；需要采用便于处理的规则缝，将坝体划分成许多浇筑块进行混凝土浇筑，以防止发生影响坝体整体性的难于处理的不规则裂缝。坝体浇筑块的划分称为坝体施工的分缝分块。

混凝土坝的分缝分块，首先沿坝轴线方向，将坝的全长划分为15～20m作业的若干坝段。坝段之间的缝称为横缝。重力坝的横缝一般与伸缩沉陷缝结合而不需要接缝灌浆，故称为永久缝。拱坝的横缝由于有传递应力的要求，需要进行接缝灌浆，故称为临时缝。其次，每个坝段又用纵缝划分成若干坝块，或者整个坝段不再设缝而进行通仓浇筑。

分缝方式有垂直纵缝法、错缝法、斜缝法、通仓浇筑法等，如图 13.21 所示。

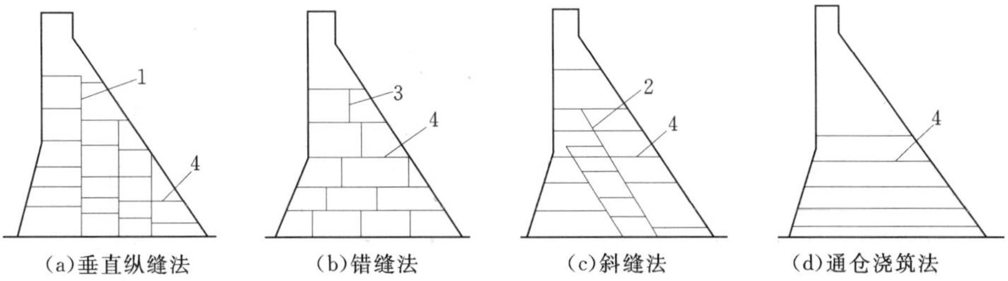

图 13.21 大坝分缝方式

1—纵缝；2—斜缝；3—错缝；4—水平缝

(1) 纵缝法。用垂直纵缝把坝段分成独立的柱状体，因此又叫柱状分块。它的优点是温度控制容易，混凝土浇筑工艺较简单，各柱状块可分别上升，彼此干扰小，施工安排灵活，但为保证坝体的整体性，必须进行接缝灌浆；模板工作量大，施工复杂。纵缝间距一般为 20～40m，以便降温后接缝有一定的张开度，便于接缝灌浆。为了传递剪应力的需要，在纵缝面上设置键槽，并需要在坝体到达稳定温度后进行接缝灌浆，以增加其传递剪应力的能力，提高坝体的整体性和刚度。

相邻坝块的高差一般不超过 10～12m。

(2) 错缝法。错缝分块是用沿高度错开的竖缝进行分块，又叫砌砖法。浇筑块不大，对浇筑设备及温控的要求相应较低。竖缝不贯通，不需接缝灌浆。然而施工时各块相互干扰，影响施工速度；浇筑块之间相互约束，容易产生温度裂缝，尤其容易使原来错开的竖缝变为相互贯通。目前这种分块方式已很少采用。

(3) 斜缝法。斜缝一般沿平行于坝体第二主应力方向设置，缝面剪应力很小，只要设置缝面键槽不必进行接缝灌浆。斜缝法往往是为了便于坝内埋管的安装，或利用斜缝形成临时挡洪面采用的。但斜缝法施工干扰大，斜缝顶并缝处容易产生应力集中，斜缝前后浇筑块的高差和温差需严格控制，否则会产生很大的温度应力。斜缝不能直通到坝的上游面，以避免库水渗入缝内。

(4) 通缝法。通缝法即通仓浇筑法，它不设纵缝，混凝土浇筑按整个坝段分层进行；一般不需埋设冷却水管。同时由于浇筑仓面大，便于大规模机械化施工，简化了施工程序，特别是大量减少模板作业工作量，施工速度快，但因其浇筑块长度大，容易产生温度裂缝，所以温度控制要求比较严格。

13.3.2.2 混凝土运输

混凝土运输通常可分为两个过程：①从拌和厂到起重机起吊点，一般以水平运输为主；②从起吊点到浇筑仓面，一般以垂直运输为主。

1. 水平运输

(1) 自卸汽车运输。

自卸汽车运输机动灵活，应用广泛。最基本的方式是自卸汽车将料卸入卧罐（图 13.22），再由起重机吊入仓内。有的工程将立罐（图 13.23）装在自卸汽车内运输，可以较少一次倒运，这时汽车车厢内要加装固定立罐的设施，保证立罐放置平稳。

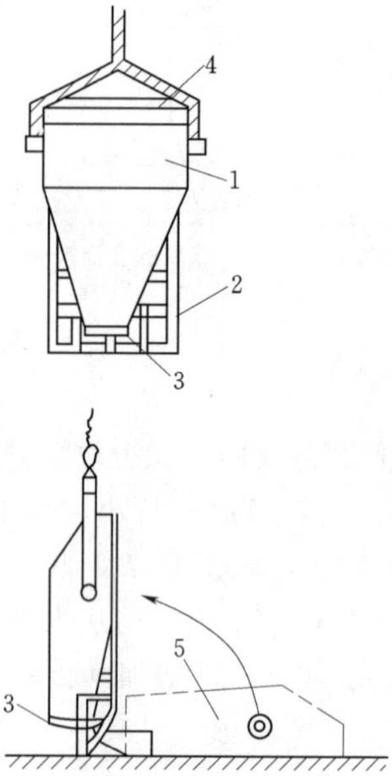

图 13.22　混凝土卧罐
1—装料斗；2—滑架；3—斗门；
4—吊梁；5—平卧状态

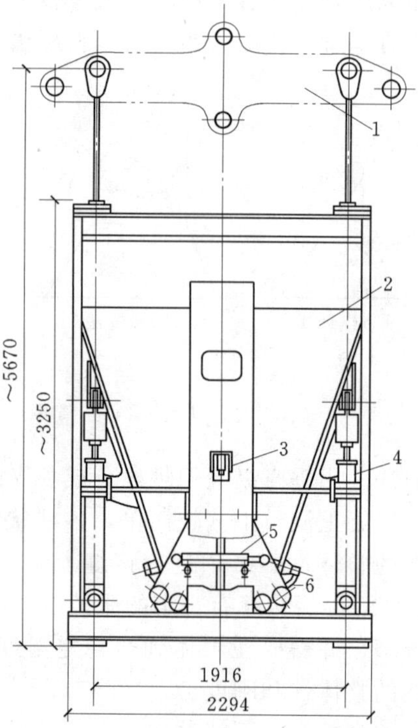

图 13.23　HG系列液压蓄能式
混凝土吊罐（单位：mm）
1—缆机横梁板；2—罐体；3—手动换向阀；
5—蓄能油缸；5—启闭油缸；6—下料弧门

在坝的基础部位，自卸汽车可直接驶入仓内。一种方式是在仓面架设简易栈桥，汽车在栈桥上行驶并将料卸入仓内，因卸料落差大容易发生分离，所用这种方式没有推广应用。另一种方式是汽车直接在仓面混凝土面上行驶，分送混凝土。汽车进入仓面以前，要将轮胎冲洗干净；当汽车在老混凝土面上行驶时，其强度应能满足轮压要求；当汽车在刚浇筑的混凝土面上行驶时，则必须在仓面上铺垫钢板。具体方法如下：

1）自卸汽车-栈桥-溜筒。如图 13.24 所示，用组合钢筋柱或预制混凝土柱作立柱，用钢轨梁和面板作桥面构成栈桥，下挂溜筒，自卸汽车通过溜筒入仓。它要求坝体能比较均匀地上升，浇筑块之间高差不大。这种方式可从拌和楼一直运至栈桥卸料，生产率高。

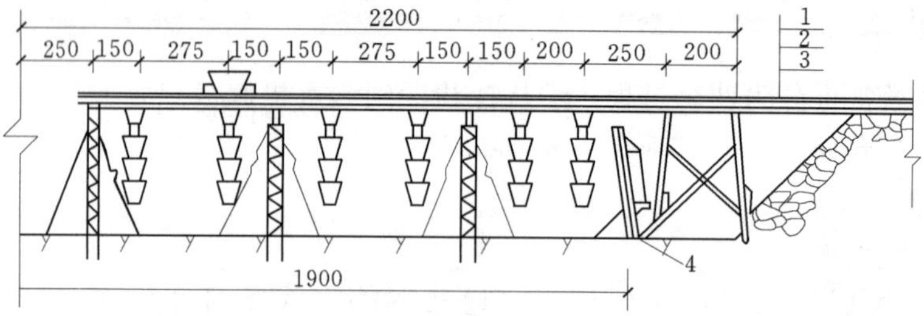

图 13.24　自卸汽车-栈桥入仓（单位：cm）
1—护轮木；2—木板；3—钢轨；4—模板

2）卸汽车-履带式起重机。自卸汽车自拌和楼受料后运至基坑后转至混凝土卧罐，再用履带式起重机吊运入仓。履带式起重机可利用土石方机械改装。

3）自卸汽车-溜槽（溜筒）。自卸汽车转溜槽（溜筒）入仓适用于狭窄、深塘混凝土回填。斜溜槽的坡度一般在 1∶1 左右，混凝土的坍落度一般为 6cm 左右。每道溜槽控制的浇筑宽度为 5～6m，如图 13.25 所示。

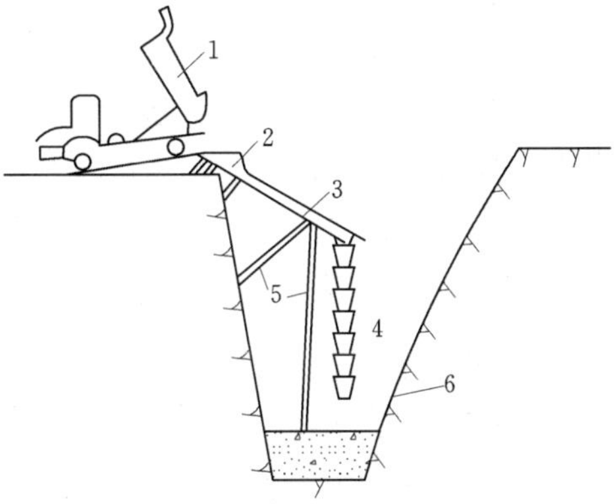

图 13.25 自卸汽车转溜槽、溜筒入仓

1—自卸汽车；2—储料斗；3—斜溜槽；4—溜筒（漏斗）；5—支撑；6—基岩面

4）自卸汽车直接入仓。

(a) 端进法：端进法是在刚捣实的混凝土面上铺厚 6～8mm 的钢垫板，自卸汽车在其上驶入仓内卸料浇筑，如图 13.26 所。浇筑层厚度不超过 1.5m。端进法要求混凝土坍落度小于 3～4cm，最好是干硬性混凝土。

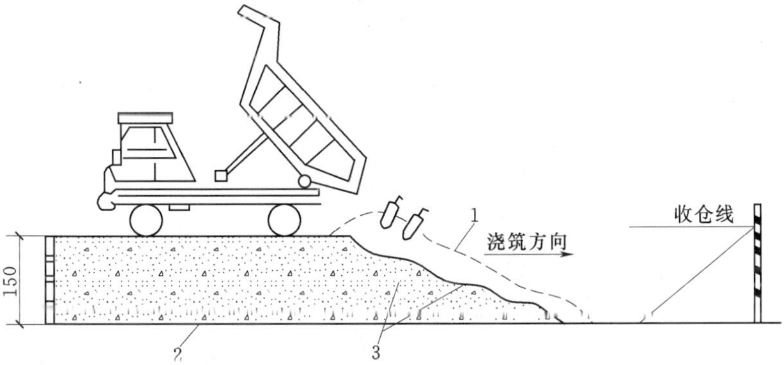

图 13.26 端进法示意图（单位：cm）

1—新入仓混凝土；2—老混凝土面；3—振捣后的台阶

(b) 端退法：自卸汽车在仓内已有一定强度的老混凝土面上行驶。汽车铺料与平仓振捣互不干扰，且因汽车卸料定点准确，平仓工作量也较小，如图 13.27 所示。老混凝土的龄期应据施工条件通过试验确定。

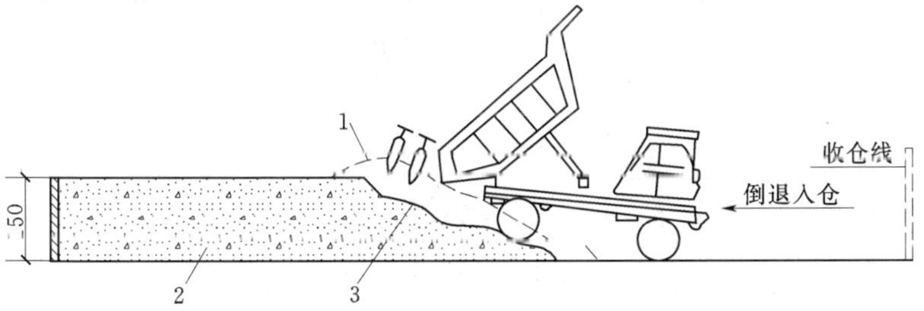

图 13.27 端退法示意图（单位：cm）

1—新入仓混凝土；2—老混凝土面；3—振捣后的台阶

用汽车运输凝土时，应遵守下列技术规定：装载混凝土的厚度不应小于 40cm，车厢应严密平滑，砂浆损失应控制在 1%以内；每次卸料，应将所载混凝土卸净，并应及时清洗车

厢，以免混凝土粘附；以汽车运输混凝土直接入仓时，应有确保混凝土质量的措施。

(2) 有轨运输。

在工程量比较集中，地形比较平坦时，常采用有轨运输。有轨料罐车均为侧卸式，大多采用传统的柴油机车牵引，如图13.28所示。

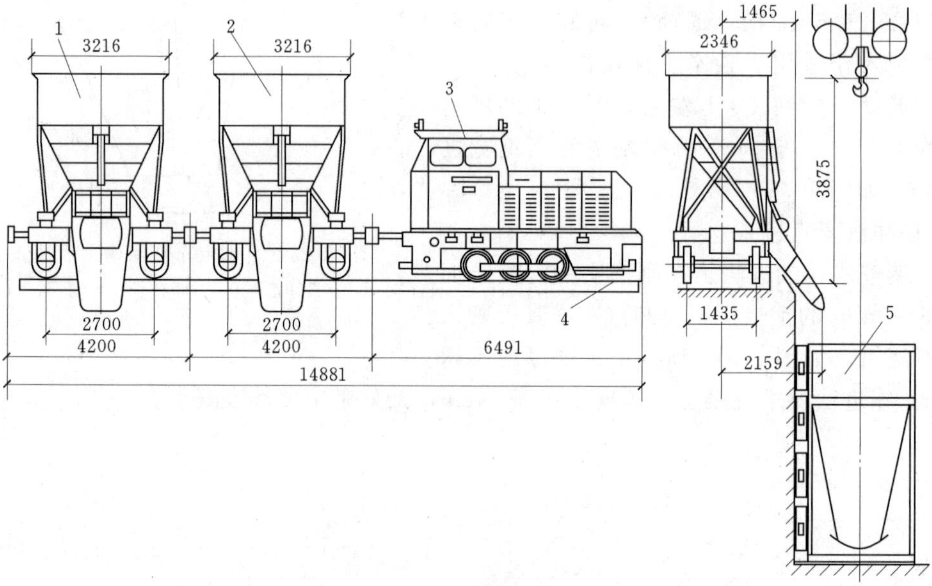

图13.28 GHC6 轨式混凝土运输车（单位：mm）

1—Ⅰ号混凝土运输车；2—Ⅱ号混凝土运输车；3—JM150内燃机车；4—钢轨；5—缆机吊罐

(3) 无轨的轮胎自行式料罐车运输。

容量为 $3m^3$、$4m^3$ 者一般是用卡车底盘改装，而大容量的（$6m^3$、$9m^3$）则用铰接转向底盘单轴牵引车来牵引，其料罐采用液压机构开门，向吊罐供料，如图13.29所示。

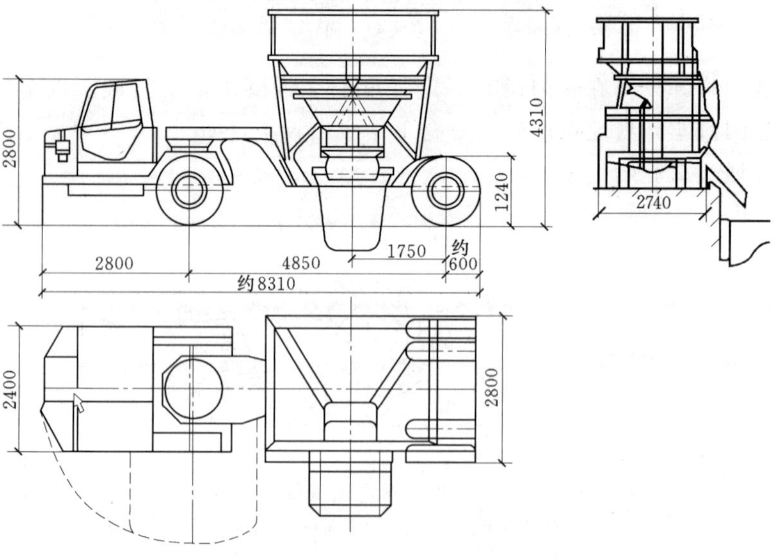

图13.29 PWH $6m^3$ 轮式侧卸式混凝土运输车（单位：mm）

2. 垂直运输

（1）缆机。缆式起重机（简称缆机）由一套凌空架设的缆索系统、起重小车、主塔架、副塔架等组成，如图 13.30 所示。缆机是水利水电工程常用的起吊设备，尤其适用于高山峡谷地区的混凝土高坝。

（2）门机。门式起重机（简称门机）是一种大型移动式起重设备。它的下部为一钢结构门架，门架底部装有车轮，可沿轨道移动。门架下有足够的净空，能并列通行 2 列运输混凝土的平台列车。门架上面的机身包括起重臂、回转工作台、滑轮组（或臂架连杆）、支架及平衡重等。整个机身可通过转盘的齿轮作用，水平回转 360°。该机运行灵活、移动方便，起重臂能在负荷下水平转动，但不能在负荷下变幅。变幅是在非工作时，利用钢索滑轮组使起重臂改变倾角来完成。图 13.31 为高架门机，起重高度可达 60～70m。

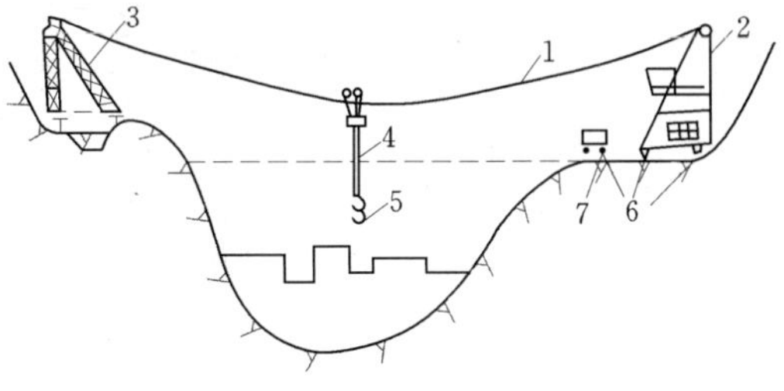

图 13.30　缆式起重机简图
1—承重索；2—首塔；3—尾塔；4—起重索；5—吊钩；6—起重机轨道；7—混凝土列车

（3）塔机。塔式起重机（简称塔机）是在门架上装置高达数十米的钢架塔身，用以增加起吊高度。其起重臂多是水平的，起重小车钩可沿起重臂水平移动，用以改变起重幅度，如图 13.32 所示。

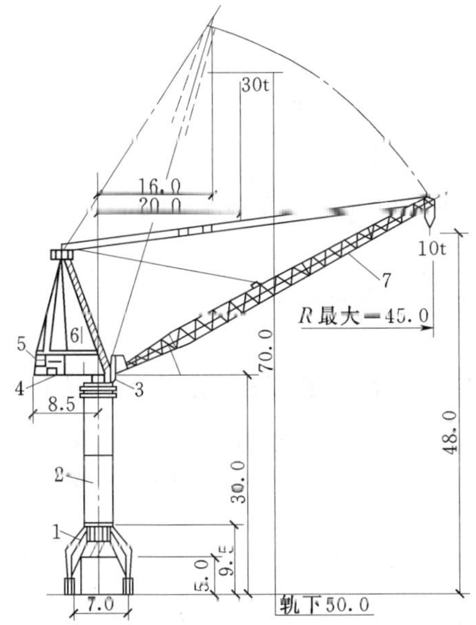

图 13.31　10/30t 高架门机（单位：m）
1—门架；2—圆筒形高架塔身；3—回转盘；4—机房；5—平衡重；6—操纵台；7—起重臂

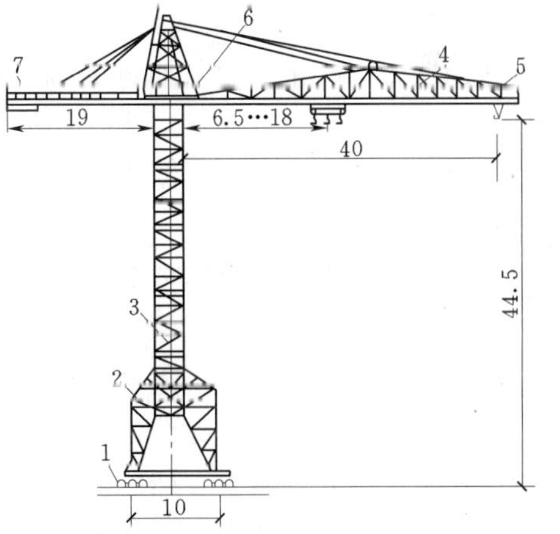

图 13.32　10/25 型塔式起重机（单位：m）
1—车轮；2—门架；3—塔身；4—伸臂；5—起重小机；6—回转塔架；7—平衡重

13.3.2.3　混凝土浇筑

混凝土坝施工中混凝土的平仓振捣除采用常规的施工方法外，一些大型工程在无筋混凝土仓面常采用平仓振捣机作业，采用类似于推土机的装置进行平仓，采用成组的硬轴振捣器进行振捣，用以提高作业效率，如图13.33所示。

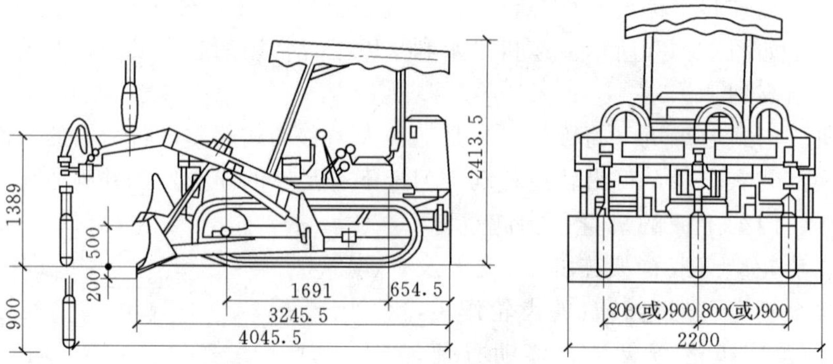

图13.33　PCY-50型平仓振捣机外形图（单位：mm）

13.3.2.4　碾压混凝土坝施工

碾压混凝土采用干硬性混凝土，施工方法接近于碾压式土石坝的填筑方法，采用通仓薄层浇筑、振动碾压实。碾压混凝土筑坝可减少水泥用量、充分利用施工机械、提高作业效率、缩短工期。

1. 碾压混凝土的材料及性质

（1）碾压混凝土的材料。

水泥：碾压混凝土一般掺混合材料，水泥应优先采用硅酸盐水泥和普通水泥。

混合材料：混合材料一般采用粉煤灰，它可改善碾压混凝土的和易性和降低水化热温升。粉煤灰的作用一是填充骨料的空隙，二是与水泥水化反应的生成物进行二次水化反应，其二次水化反应进程较慢，所以一般碾压混凝土设计龄期常为90d、180d，以利用后期强度。

骨料：碾压混凝土所用骨料同普通混凝土，其中粗骨料最大粒径的选择应考虑骨料级配、碾压机械、铺料厚度和混凝土拌和物分离等因素，一般不超过80mm。

外加剂和拌和水：碾压混凝土采用的外加剂和拌和水同普通混凝土。

（2）碾压混凝土的性质。

碾压混凝土的稠度：碾压混凝土为干硬性混凝土，在一定的振动条件下，碾压混凝土达到一个临界时间后混凝土迅速液化，这个临界时间称为稠度（*VC*值，单位：s）。

稠度是碾压混凝土的一个重要特性，对不同振动特性的振动碾和不同的碾压层厚度应有与之相适应的混凝土稠度，方能保证混凝土的质量。

碾压混凝土的表观密度：碾压混凝土的表观密度一般指振实后的表观密度。它随着用水量和振动时间不同而变化，对应最大表观密度的用水量为最优用水量。施工现场一般用核子密度仪测定碾压混凝土的表观密度来控制碾压质量。

2. 碾压混凝土坝施工

碾压混凝土坝的施工一般不设与坝轴线平行的纵缝，而与坝轴线垂直的横缝是在混凝土浇筑碾压后尚未充分凝固时用切割混凝土的方法设置，或者在混凝土摊铺后用切缝机压入锌钢片形成横缝。一般用推土机平仓，碾压机振实，刷毛机做层间处理，振动切缝机切割横缝。

为了满足防渗性和耐久性的要求，碾压混凝土坝上、下游面及与基岩接触面的混凝土采用普通混凝土。

(1) 混凝土拌和。碾压混凝土的拌和采用双锥形倾翻出料搅拌机或强制式搅拌机。拌和时间较普通混凝土要延长。

(2) 混凝土运输。碾压混凝土的运输常用自卸汽车直接运料至坝面散料、缆机吊运立罐或卧罐入仓、皮带机运至坝面，用摊铺机或推土机铺料等方式。

(3) 铺料。碾压混凝土的浇筑面要除去表面浮皮、浮石和清除其他杂物，用高压水冲洗干净。在准备好的浇筑面上铺上砂浆或小石混凝土，然后摊铺混凝土。砂浆或小石混凝土的摊铺范围以1～2h内能浇筑完混凝土的区域为准。砂浆摊铺厚度在水平浇筑面为1.5cm，基岩面为2.0cm，小石混凝土厚3～5cm。摊铺方法可采用人工或装载机。

混凝土入仓后再用推土机按规定厚度推铺。

(4) 碾压。混凝土的碾压采用振动碾，在振动碾碾压不到之处用平板振动器振动。碾压厚度和碾压遍数综合考虑配合比、硬化速度、压实程度、作业能力、温度控制等，通过试验确定。

碾压时以碾具不下沉、混凝土表面水泥浆上浮等现象来判定。当用表面型核子密度仪测得的表观密度达到规定指标时，即可停碾。

(5) 养护。碾压混凝土因为存在二次水化反应，养护时间比普通混凝土更长，养护时间应符合设计或规范规定的时间。

13.3.3 水电站厂房施工

13.3.3.1 厂房施工特点

水电站厂房发电机层以上的结构，统称为上部结构；发电机层以下的结构，统称为下部结构。

上部结构由承重构架与不承重的砖墙组成。承重构架多为钢筋混凝土结构，可以现场浇筑或预制安装，如有必要，也可采用钢结构。上部结构的施工方法与一般工业厂房基本相同。

下部结构主要包括基础板、尾水管、蜗壳、机墩和上下游墙等。其特点是结构尺寸大，形状不规则，埋件多，承重的荷载比较复杂，施工技术要求高。

坝后式厂房位于挡水坝之后，厂、坝之间用永久缝分开，厂房可以与大坝分开施工，厂房施工对坝体工期不起控制作用。河床式厂房，厂房兼作挡水建筑物。该类型厂房因其流量较大，水头较低，常采用钢筋混凝土蜗壳，确定施工方案时应与大坝统筹考虑。坝内式厂房，厂房和坝体是一个整体，厂房施工与大坝施工之间干扰较大。由于机组安装在厂房封顶后进行，所以二期混凝土施工较为困难。引水式厂房远离挡水建筑物，厂房、引水和挡水等建筑物可以分别确定施工方案和场地布置，各建筑物施工相互干扰小，但施工路线长。

13.3.3.2 混凝土结构的分缝分块

水电站厂房下部结构尺寸大、孔洞多，受力复杂，必须分层分块进行浇筑。合理的分层分块是削减温度应力、防止或减少混凝土裂缝、保证混凝土施工质量和结构的整体性的重要措施。

(1) 通仓浇筑。通仓浇筑法施工可加快进度，有利于结构的整体性。当厂房尺寸小，又可安排在低温季节浇筑时，采用分层通仓浇筑最为有利。对于中型厂房，其顺水流方向的尺寸在 25m 以下，低温季节虽不能浇筑完毕，但有一定的温控手段时，也可采用这种形式。

（2）错缝分块。大型水电站厂房下部结构尺寸较大，多采用错缝浇筑法。错缝搭接范围内的水平施工缝允许有一定的变形，以解除或减少两端的约束而减少块体的温度应力。

（3）预留宽槽。对大型厂房，为加快施工进度，减少施工干扰，可在某些部位设置宽槽。槽的宽度一般为 1m 左右。由于设置宽槽，可减少约束区高度，同时增加散热面，从而减少温度应力。对预留宽槽，回填应在低温季节施工，届时其周边老混凝土要求冷却到设计要求温度。回填混凝土应选用收缩性较小的材料。

（4）封闭块。当厂房框架结构顶板的跨度大或者墩体刚度大时，施工期间会出现较大的温度应力。在采取一般温控措施仍不能解决时，应增设封闭块。待水化热散发和混凝土体积变形基本结束后，选择适当时间用微膨胀混凝土回填。

13.3.3.3　施工布置与施工程序

（1）施工布置。水电站厂房混凝土的施工布置，应根据厂房形式、导流方式、地形及水文条件等，结合施工总布置统筹安排。在厂坝相连的枢纽中，尽可能与坝体混凝土的施工布置相结合；对于单独的厂房系统，则进行专门的施工布置。

混凝土的水平运输通常采用机车立罐、汽车卧罐、自卸汽车等；垂直运输多采用塔机、门机或缆机。其主要的大型运输机械，应根据厂房的浇筑范围和起重机械的工作特性，并结合混凝土的水平运输方式，进行平面布置和里面高程的布置。施工初期，塔机或门机都布置在厂房的上下游，一般不设栈桥；后期根据施工需要，将塔机或门机转移至尾水平台或厂坝间等部位。

缆机由于机械特性及厂房结构特点，很少专门用于厂房混凝土浇筑。在坝体施工中若布置有缆机，可结合进行厂房下部结构的混凝土浇筑，但上部结构仍需配备塔机或门机。

厂房混凝土施工中，主要起重机械难以达到的部位，也可采用胶带运输机和混凝土泵送混凝土。某水电站为坝后式厂房，厂房施工布置如图 13.34 所示。

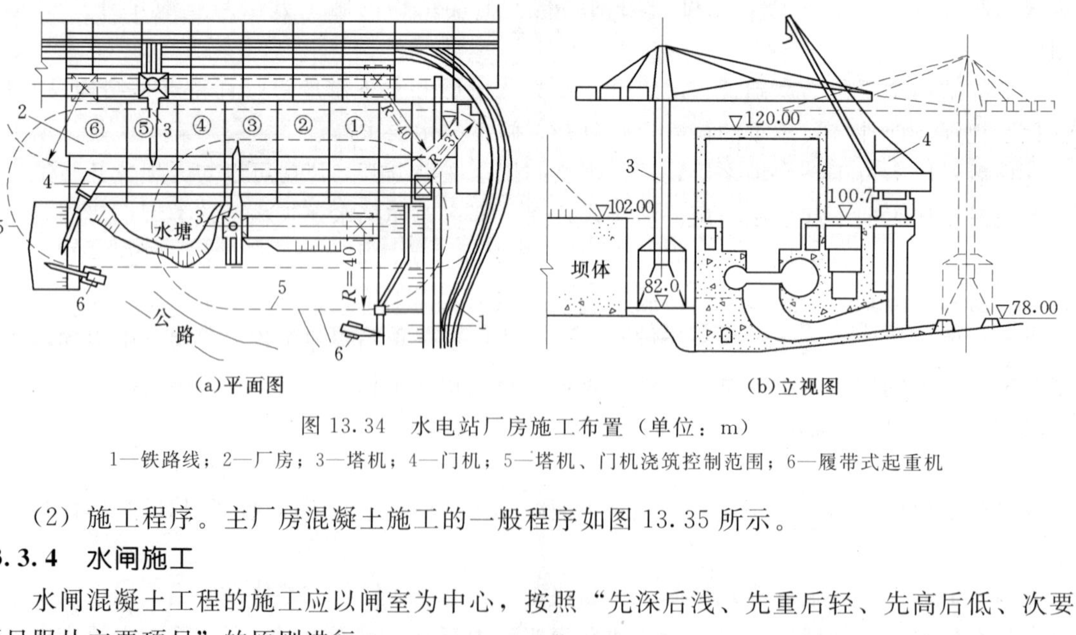

图 13.34　水电站厂房施工布置（单位：m）

1—铁路线；2—厂房；3—塔机；4—门机；5—塔机、门机浇筑控制范围；6—履带式起重机

（2）施工程序。主厂房混凝土施工的一般程序如图 13.35 所示。

13.3.4　水闸施工

水闸混凝土工程的施工应以闸室为中心，按照“先深后浅、先重后轻、先高后低、次要项目服从主要项目”的原则进行。

(1) 先深后浅。即先浇深基础，后浇浅基础，以免浅基土体受扰动破坏。同时，可降低排水工作的难度。

(2) 先重后轻。即先浇荷重较大的部分，待其完成部分沉陷后，再浇筑与其相邻的荷重较小的部分，以减小两者之间的沉陷差。

(3) 先高后低。即某些高度较大，要分几次浇筑的部位或有上层建筑物的部位应先行浇筑，如底板与闸墩应尽量先安排浇筑，以便于上部桥梁与启闭设备的安装，而翼墙、消力池等则可安排稍后施工。

(4) 次要项目服从主要项目。次要项目指那些工程部位不论排前或排后对其他部位的施工进度和工程质量并无影响或影响甚微的项目。次要项目应服从主要项目的进展，穿插于期间施工。

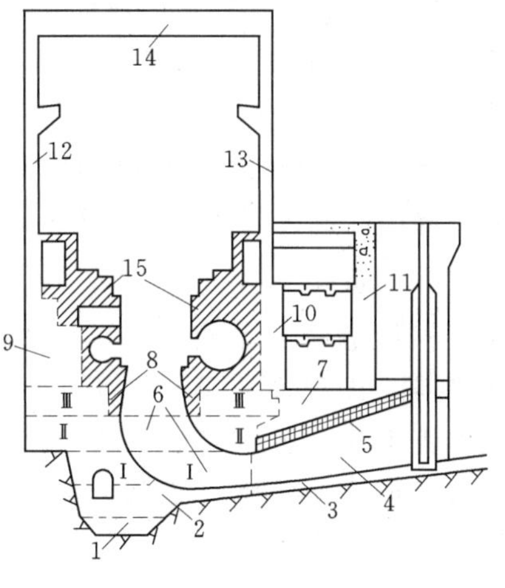

图 13.35 水电站主厂房混凝土施工程序

1—填塘；2—弯管段底板；3—扩散段底板；4—扩散段墙墩；5—倒"T"形梁；6—弯管段；7—扩散段顶板；8—锥管段；9—蜗壳上游侧墙；10—蜗壳下游侧墙；11—挡水墙墩；12—上游墙；13—下游墙；14—屋顶；15—二期混凝土

13.3.4.1 底板施工

闸室地基处理后，对于软基应铺素混凝土垫层 8～10cm，以保护地基，找平基面。垫层养护 7d 后即在其上放出底板的样线。

首先进行扎筋和立模。距样线隔混凝土保护层厚度放置样筋，在样筋上分别画出分布筋和受力筋的位置并用粉笔标记，然后依次摆上设计要求的钢筋，检查无误后用丝扎扎好，最后垫上事先预制好的保护层垫块以控制保护层厚度。上层钢筋是通过绑扎好的下层钢筋上焊上三脚架后固定的，齿墙部位弯曲钢筋是在下层钢筋绑扎好后焊在下层钢筋上的，在上层钢筋固定好后再焊在上层钢筋上。立模作业可与扎筋同时进行，底板模板一般采用组合钢模，模板上口应高出混凝土面 10～20cm，模板固定应稳定可靠。模板立好后标出混凝土面的位置，便于浇筑时控制浇筑高程。

一般中小型水闸采用手推车或机动翻斗车等运输工具运送混凝土入仓，须在仓面设脚手架，如图 13.36 所示。

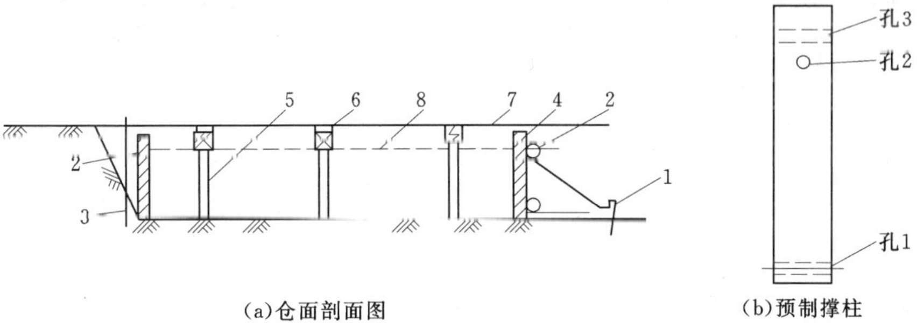

(a)仓面剖面图 (b)预制撑柱

图 13.36 底板仓面布置

1—地龙；2—围令；3—支杆（钢管）；4—模板；5—撑柱；6—撑木；7—钢管脚手；8—混凝土面

为方便施工，一般穿插安排底板与消力池的混凝土浇筑。由于闸室部分重量大，沉陷量也大，而相邻的消力池重量较轻，沉陷量也小。如两者同时浇筑，较大的不均匀沉陷会将止水片撕裂，为此一般在消力池靠近底板处留一道施工缝，将消力池分成大小两部分，如图13.37所示。当闸室已有足够沉陷后即浇筑消力池二期混凝土，在浇筑消力池二期混凝土前，施工缝应注意进行凿毛冲洗等处理。

13.3.4.2　闸墩施工

水闸闸墩的特点是高度大、厚度薄、模板安装困难，工程面狭窄，施工不便，在门槽部位，钢筋密，预埋件多，干扰大。当采用整浇底板时，两沉陷缝之间的闸墩应对称同时浇筑，以免产生不均匀沉陷。

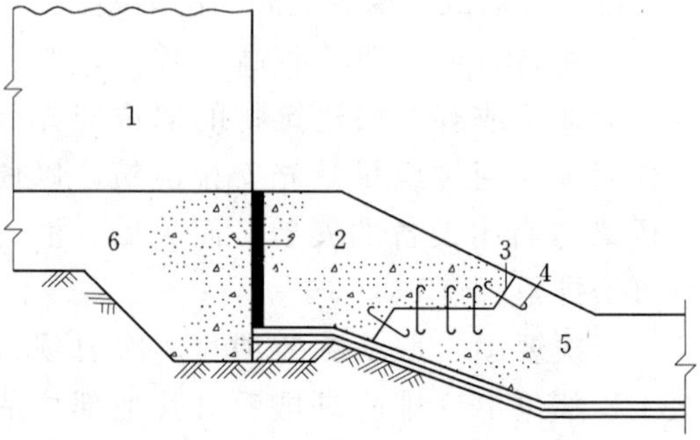

图13.37　消力池的分缝

1—闸墩；2—二期混凝土；3—施工缝；4—插筋；5—一期混凝土；6—底板

1. 闸墩模板安装

立模时，先立闸墩一侧平面模扳，然后按设计图纸安装绑扎钢筋，再立另一侧的模板，最后再立前后的圆头模板。

闸墩立模要求保证闸墩的厚度和垂直度。闸墩平面部分一般采用组合钢模，通过纵横围令、木枋和对拉螺栓固定，内撑竹管保证浇筑厚度，如图13.38所示。

闸墩圆头模板的构造和架立，如图13.39所示。

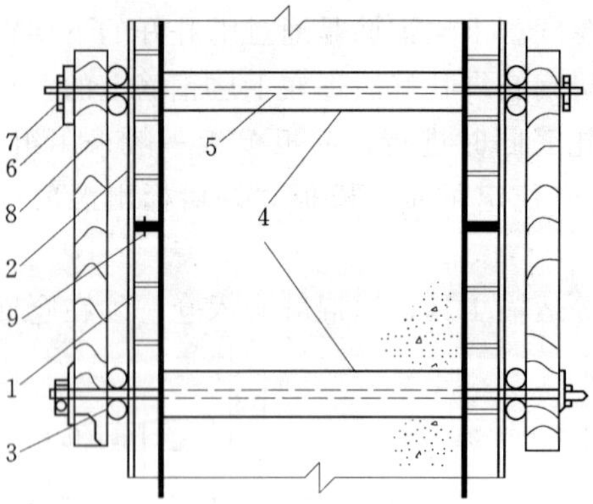

图13.38　闸墩侧模固定示意图

1—组合钢模；2—纵向围令（两根）；3—横向围令（两根）；4—竹撑杆；5—对拉钢筋；6—铁板；7—螺栓；8—木枋；9—“U”形卡

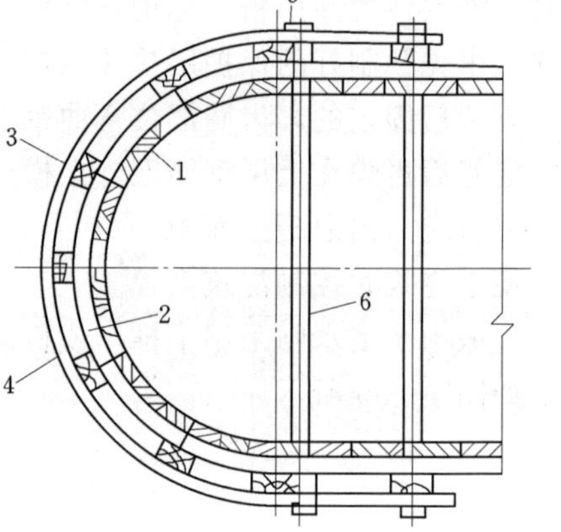

图13.39　闸墩圆头模板

1—模板；2—板带；3—垂直围令；4—钢环；5—螺栓；6—撑管

2. 混凝土浇筑

闸墩模板立好后，随即进行清仓工作。用压力水冲洗模板内侧和闸墩底面，污水由底层模板上的预留孔排出。清仓完毕堵塞小孔后，即可进行混凝土浇筑。

闸墩混凝土的浇筑，主要是解决好两个问题：一是每块底板上闸墩混凝土的均衡上升；

二是流态混凝土的入仓及仓内混凝土的铺筑。

为了保证混凝土的均衡上升，运送混凝土入仓时应很好地组织，使在同一时间运到同一底板各闸墩的混凝土量大致相同。由于仓内工作面窄，浇捣人员走动困难，可把仓内浇筑面分划成几个区段，每区段内固定浇捣工人，这样可提高工效。

3. 基础及墩墙止水

一般中小型水闸接缝止水采用止水片，缝内充填填料。止水片可用紫铜片、镀锌铁片或塑料止水带。紫铜止水片常用的形状有两种，如图 13.40 所示。

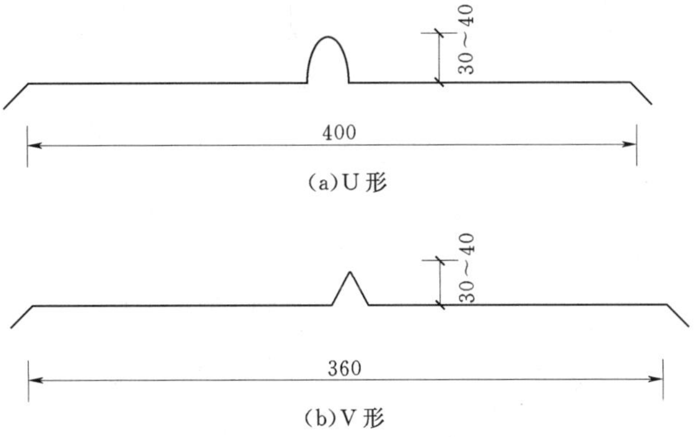

图 13.40　紫铜止水片（单位：mm）

止水片安装一般采用两次成型就位法，如图 13.41 所示，它可以提高立模、拆模速度，止水片伸缩段易对中。U 形鼻子内应填塞沥青膏或油浸麻绳。

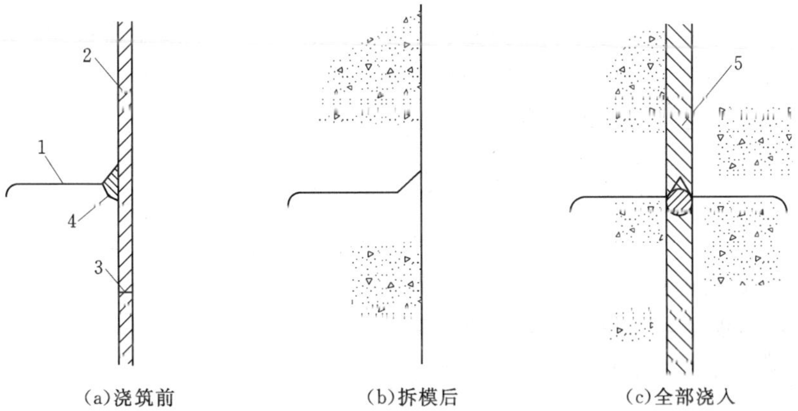

图 13.41　止水片两次成型示意图

1—止水片；2—模板；3—铁钉；4—贴角木条；5—接缝填料

4. 门槽二期混凝土施工

采用平面闸门的中小型水闸，在闸墩部位都设有门槽。为了减少闸门的启闭力及闸门封水，门槽部分的混凝土中埋有导轨等铁件，如滑动导轨、主轮、侧轮及反轮导轨等。

中、小型水闸闸门槽施工可采用预埋一次成型法或先留槽后浇二期混凝土两种方法。一次成型法是将导轨事先钻孔，然后预埋在门槽模板的内侧，如图 13.42 所示。闸墩浇筑时，导轨即浇入混凝土中。二期混凝土法是在浇第一期混凝土时，在门槽位置留出一个较门槽为宽的槽位，在槽内预埋一些开脚螺栓或锚筋，作为安装导轨时的固定点；待一期混凝土达到一定强度后，用螺栓或电焊将导轨位置固定，调整无误后，再用二期混凝土回填预留槽，如图13.43所示。

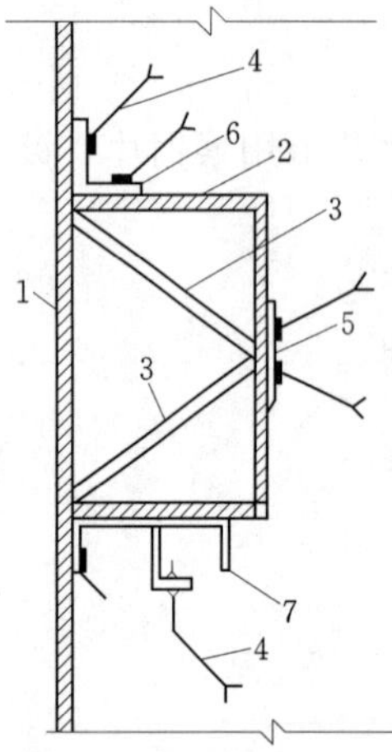

图13.42　闸门槽一次成型法

1—闸墩模板；2—门槽模板；3—撑头；4—开脚螺栓；5—侧导轨；6—门槽角铁；7—滚轮导轨

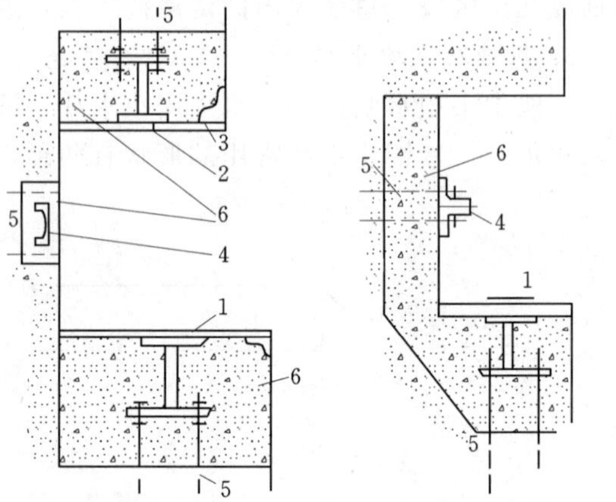

(a)平面滚轮闸门的门槽　(b)平面滑动闸门的门槽

图13.43　平面闸门槽的二期混凝土

1—主轮（滑轮）导轨；2—反轮导轨；3—侧水封座；4—侧导轮；5—预埋基脚螺栓；6—二期混凝土

单元小结

本单元内容包括施工导流与水流控制、土石建筑物施工、混凝土建筑物施工等。重点阐述了水利水电工程施工导流与水流控制的原理和方法；系统介绍了土石坝、堆石坝、混凝土坝、水电站、水闸等建筑物的施工方法和质量要求。

拓展讨论

党的二十大报告提出，深入推进环境污染防治。坚持精准治污、科学治污、依法治污，持续深入打好蓝天、碧水、净土保卫战。加强污染物协同控制，基本消除重污染天气。统筹水资源、水环境、水生态治理，推动重要江河湖库生态保护治理，基本消除城市黑臭水体。加强土壤污染源头防控，开展新污染物治理。提升环境基础设施建设水平，推进城乡人居环境整治。

请思考：水利水电工程中如何对江河湖库进行生态保护？

习　题

1. 施工导流的方法有哪些？
2. 截流方法有哪些？
3. 经常性排水系统如何布置？
4. 面板堆石坝坝体如何进行分区？
5. 混凝土面板的浇筑顺序如何？

6. 混凝土坝为什么要分缝分块？有哪几种分缝分块方式？它们各有什么特点？
7. 混凝土的水平与垂直运输可采用哪些机械设备？它们各有什么特点？
8. 混凝土入仓铺料的方法有哪些？各有什么特点？
9. 混凝土浇筑有哪些工序？
10. 水电站厂房上下部结构的施工各有何特点？
11. 厂房混凝土施工有哪些特点？

参 考 文 献

[1] 本书编写组．建筑施工手册［M］.5版．北京：中国建筑工业出版社，2012.
[2] 姚谨英．建筑施工技术［M］.5版．北京：中国建筑工业出版社，2014.
[3] 陈守兰．建筑施工技术［M］.4版．北京：科学出版社，2011.
[4] 祖青山．建筑施工技术［M］．北京：中国环境科学出版社，2012.
[5] 李伟，王飞．建筑工程施工技术［M］.2版．北京：机械工业出版社，2014.
[6] 应惠清．土木工程施工［M］.2版．上海：同济大学出版社，2007.
[7] 张厚先，王志清．建筑施工技术［M］.2版．北京：机械工业出版社，2008.
[8] 廖代广．土木工程施工技术［M］.3版．武汉：武汉理工大学出版社，2007.
[9] 毛鹤琴．土木工程施工［M］.4版．武汉：武汉理工大学出版社，2012.
[10] 钟汉华．混凝土工程施工机械设备使用指南［M］．郑州：黄河水利出版社，2002.
[11] 余丹丹．道路与桥梁工程施工技术［M］. 北京：中国水利水电出版社，2011.
[12] 程玉华，余丹丹．公路施工技术［M］. 武汉：武汉理工大学出版社，2014.